DELIUS KLASING

Dr. Etzold
Diplom-Ingenieur für Fahrzeugtechnik

So wird's gemacht

pflegen – warten – reparieren

Band 148

Golf VI

Benziner
1,2 l/ 63 kW (85 PS) 6/10 – 10/12
1,2 l/ 77 kW (105 PS) 8/09 – 10/12
1,4 l/ 59 kW (80 PS) 10/08 – 10/12
1,4 l/ 90 kW (122 PS) 10/08 – 10/12
1,4 l/118 kW (160 PS) 10/08 – 10/12
1,6 l/ 75 kW (102 PS) 10/08 – 9/10
1,8 l/118 kW (160 PS) 3/09 – 10/12
2,0 l/155 kW (211 PS) 3/09 – 10/12
2,0 l/173 kW (235 PS) 5/11 – 10/12
2,0 l/199 kW (270 PS) 12/09 – 10/12

Diesel
1,6 l/ 66 kW (90 PS) 5/09 – 10/12
1,6 l/ 77 kW (105 PS) 5/09 – 10/12
2,0 l/ 81 kW (110 PS) 10/08 – 10/09
2,0 l/103 kW (140 PS) 10/08 – 10/12
2,0 l/125 kW (170 PS) 5/09 – 10/12

Delius Klasing Verlag

Redaktion: Günter Skrobanek (Text)
Christine Etzold (Bild)

Bibliografische Information der Deutschen Nationalbibliothek
Die Deutsche Nationalbibliothek verzeichnet diese Publikation in der Deutschen Nationalbibliografie; detaillierte bibliografische Daten sind im Internet über http://dnb.dnb.de abrufbar.

5. Auflage / C
ISBN 978-3-7688-2652-5

Alle Angaben ohne Gewähr
Druck: Kunst- und Werbedruck, Bad Oeynhausen
Printed in Germany 2017

Delius Klasing Verlag, Siekerwall 21, D-33602 Bielefeld
Tel.: 0521/559-0, Fax: 0521/559-115
E-Mail: info@delius-klasing.de
www.delius-klasing.de
http://sowirdsgemacht.com

Lieber Leser,

die Automobile werden von Modellgeneration zu Modellgeneration technisch immer aufwändiger und komplizierter. Ohne eine Anleitung kann man mitunter nicht einmal mehr die Glühlampe eines Scheinwerfers auswechseln. Und so wird verständlich, dass von Jahr zu Jahr immer mehr Heimwerker zum »So wird´s gemacht«-Handbuch greifen.

Doch auch der kundige Hobbymonteur sollte bedenken, dass der Fachmann viel Erfahrung hat und durch die Weiterschulung und den ständigen Erfahrungsaustausch über den neuesten Technikstand verfügt. Mithin kann es für die Überwachung und Erhaltung der Betriebs- und Verkehrssicherheit des eigenen Fahrzeugs sinnvoll sein, in regelmäßigen Abständen eine Fachwerkstatt aufzusuchen.

Grundsätzlich muss sich der Heimwerker natürlich darüber im Klaren sein, dass man mithilfe eines Handbuches nicht automatisch zum Kfz-Mechaniker wird. Auch deshalb sollten Sie nur solche Arbeiten durchführen, die Sie sich zutrauen. Das gilt insbesondere für jene Arbeiten, die die Verkehrssicherheit des Fahrzeugs beeinträchtigen können. Gerade in diesem Punkt sorgt das »So wird´s gemacht«-Handbuch jedoch für praktizierte Verkehrssicherheit. Durch die Beschreibung der Arbeitsschritte und den Hinweis, die Sicherheitsaspekte nicht außer Acht zu lassen, wird der Heimwerker vor der Arbeit entsprechend sensibilisiert und informiert. Auch wird darauf hingewiesen, im Zweifelsfall die Arbeit lieber von einem Fachmann ausführen zu lassen.

Sicherheitshinweis
Auf verschiedenen Seiten dieses Buches stehen »Sicherheitshinweise«. Bevor Sie mit der Arbeit anfangen, lesen Sie bitte diese Sicherheitshinweise aufmerksam durch und halten Sie sich strikt an die dort gegebenen Anweisungen.

Vor jedem Arbeitsgang empfiehlt sich ein Blick in das vorliegende Buch. Dadurch werden Umfang und Schwierigkeitsgrad der Reparatur offenbar. Außerdem wird deutlich, welche Ersatz- oder Verschleißteile eingekauft werden müssen und ob unter Umständen die Arbeit nur mithilfe von Spezialwerkzeug durchgeführt werden kann. **Besonders empfehlenswert: Wenn Sie eine elektronische Kamera zur Hand haben, dann sollten Sie komplizierte Arbeitsschritte für den Wiedereinbau fotografisch dokumentieren.**

Für die meisten Schraubverbindungen ist das Anzugsdrehmoment angegeben. Bei Schraubverbindungen, die in jedem Fall mit einem Drehmomentschlüssel angezogen werden müssen (Zylinderkopf, Achsverbindungen usw.), ist der Wert **f e t t** gedruckt. Nach Möglichkeit sollte man generell jede Schraubverbindung mit einem Drehmomentschlüssel anziehen. Übrigens: Für viele Schraubverbindungen sind Innen- oder Außen-Torxschlüssel erforderlich.

Als ich Anfang der siebziger Jahre den ersten Band der »So wird´s gemacht«-Buchreihe auf den Markt brachte wurden im Automobilbau nur ganz wenige elektronische Bauteile eingesetzt. Inzwischen ist das elektronische Management allgegenwärtig; ob bei der Steuerung der Zündung, des Fahrwerks oder der Gemischaufbereitung. Die Elektronik sorgt auch dafür, dass es in verschiedenen Bereichen keine Verschleißteile mehr gibt. Das Überprüfen elektronischer Bauteile ist wiederum nur noch mit teuren und speziell auf das Fahrzeugmodell abgestimmten Prüfgeräten möglich, die dem Heimwerker in der Regel nicht zur Verfügung stehen. Wenn also verschiedene Reparaturschritte nicht mehr beschrieben werden, so liegt das ganz einfach am vermehrten Einsatz von elektronischen Bauteilen.

Das vorliegende Buch kann nicht auf jedes technische Fahrzeug-Problem eingehen. Dennoch hoffe ich, dass Sie mithilfe der Beschreibungen viele Arbeiten am Fahrzeug durchführen können. Eines sollten Sie jedoch bei Ihren Arbeiten am eigenen Auto beachten: Ständig werden am aktuellen Modell Änderungen in der Produktion durchgeführt, so dass sich die im Buch veröffentlichten Arbeitsanweisungen und Einstelldaten für Ihr spezielles Modell geändert haben könnten. Sollten Zweifel auftreten, erfragen Sie bitte den aktuellen Stand beim Kundendienst des Automobilherstellers.

Rüdiger Etzold

Inhaltsverzeichnis

GOLF VI

Aus dem Inhalt:

- Modellvarianten
- Fahrzeugidentifizierung
- Motordaten

GOLF VI

Im Oktober 2008 wurde die sechste Modell-Generation des VW GOLF der Öffentlichkeit präsentiert. Es folgten im Februar 2009 der GOLF PLUS und im Juli 2009 der GOLF VARIANT.

Gegenüber dem Vorgängermodell wirkt der GOLF der sechsten Generation etwas breiter, was vor allem auf die flacheren Heckleuchten und Scheinwerfer zurückzuführen ist. Aus aerodynamischen Gründen wurden beim GOLF die seitlichen Schutzleisten weggelassen.

Für den GOLF stehen in Leistung, Hubraum und Bauart unterschiedliche Benzin- und Dieselmotoren zur Verfügung, so dass je nach persönlicher Anforderung zwischen sehr wirtschaftlicher und sportlicher Motorisierung ausgewählt werden kann. Ihre Leistung bringen die Aggregate über Frontantrieb oder Allradantrieb auf die Straße.

Der GOLF verfügt über umfangreiche Sicherheitseinrichtungen. Dazu zählen Fahrer-, Beifahrer-, Seiten- und Kopfairbags sowie ein Knie-Airbag auf der Fahrerseite. Serienmäßig wird der GOLF mit Klimaanlage angeboten. Als neue Zusatzausstattung ist der »Park Assist« erhältlich, der Parklücken von ausreichender Größe erkennt und das Fahrzeug selbsttätig einparkt.

GOLF VI, Modell 2009

V-6635

GOLF VI Plus

V-6636

GOLF VI Variant

V-6637

Fahrzeug- und Motoridentifizierung

Die **Fahrgestellnummer** oder **Fahrzeug-Identifizierungs-Nummer** (VIN = Vehicle Identification Number) befindet sich an folgenden Positionen:

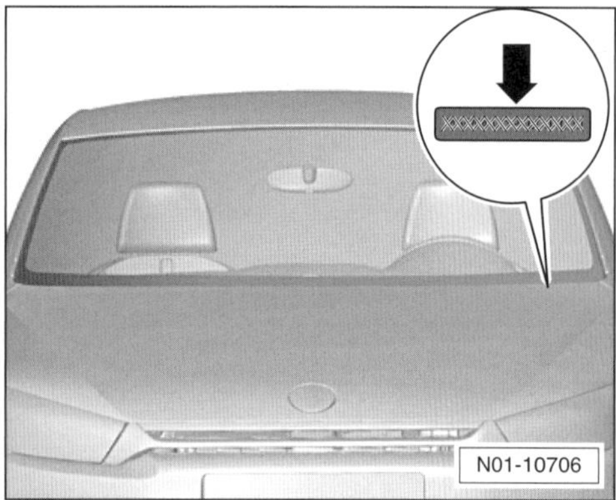

- Die Fahrzeug-Identifizierungsnummer (Fahrgestellnummer) –Pfeil– lässt sich von außen durch ein Sichtfenster in der Frontscheibe ablesen. Das Sichtfenster befindet sich unterhalb vom linken Scheibenwischer.

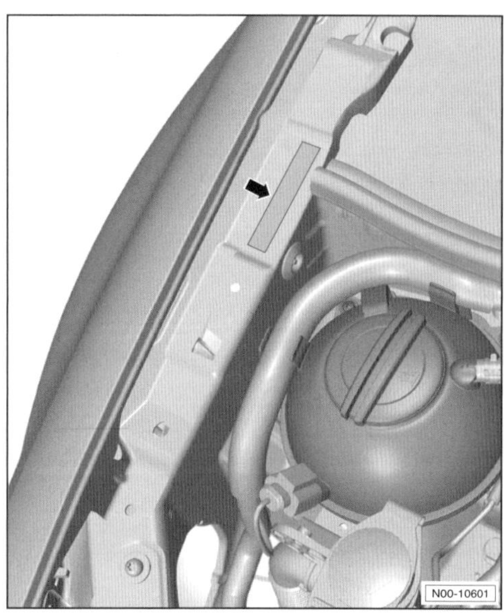

- Die Fahrgestellnummer –Pfeil– ist auch auf der Verlängerung des Längsträgers eingeschlagen.

Aufschlüsselung der Fahrgestellnummer:

WVW	ZZZ	5K	Z	A	P	121 321
①	②	③	④	⑤	⑥	⑦

① Herstellerzeichen: WVW = Volkswagen AG
② Füllzeichen
③ 2stellige Typenkurzbezeichnung aus den ersten beiden Stellen der offiziellen Typenbezeichnung. 5K = GOLF VI Limousine/Variant; 52 = GOLF PLUS, AJ = GOLF VARIANT
④ Weiteres Füllzeichen
⑤ Angabe des Modelljahres: 9 = 2009, A = 2010, B = 2011, C = 2012 usw.
⑥ Produktionsstätte, zum Beispiel: W – Wolfsburg, E – Emden, H – Hannover, S – Salzgitter
⑦ Laufende Nummerierung

Motornummer

Die Motornummer besteht aus 4 Motor-Kennbuchstaben und einer fortlaufenden, sechsstelligen Nummer. Ältere Motor-Grundmuster haben 3 Kennbuchstaben.

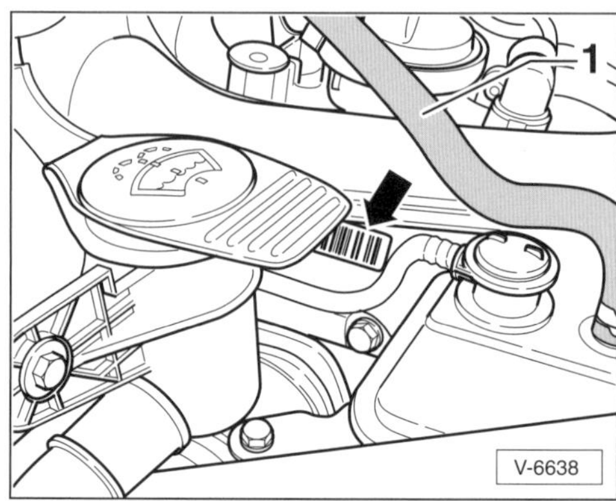

- Die Kennbuchstaben des Motors und die Motornummer –Pfeil– befinden sich auf einem Aufkleber am Steuergehäuse. **Hinweis:** Um sie einzusehen, vorher Schlauch –1– für Aktivkohlebehälter am Schlauchclip aushängen und zur Seite drücken.

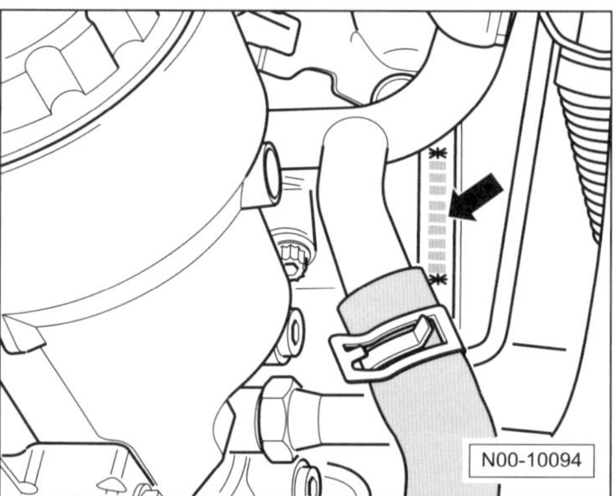

- Motorkennbuchstaben und Motornummer –Pfeil– sind ebenfalls in den Motorblock eingeschlagen, und zwar auf der linken Seite unterhalb der Trennstelle Zylinderkopf/Motorblock.

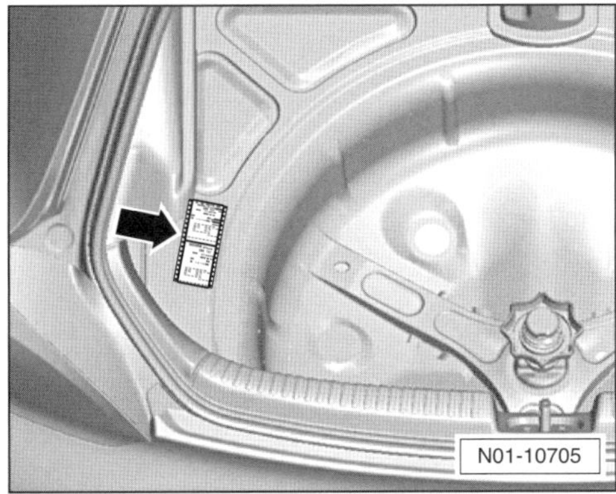

- Motorkennbuchstaben und Motornummer sowie die Fahrgestellnummer stehen ebenfalls auf dem Fahrzeugdatenträger –Pfeil– in der Reserveradmulde links oder im Serviceplan des Fahrzeugs.

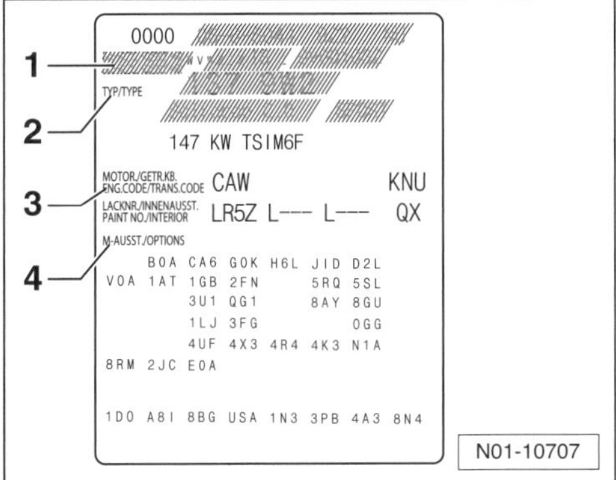

Der Fahrzeugdatenträger enthält folgende Fahrzeugdaten:

1 – Fahrzeug-Identifizierungsnummer (Fahrgestellnummer)
2 – Fahrzeugtyp, Motorleistung, Getriebe
3 – Motor- und Getriebekennbuchstaben, Lacknummer, Innenausstattung
4 – Mehrausstattungs-Kennnummern, PR-Nummern

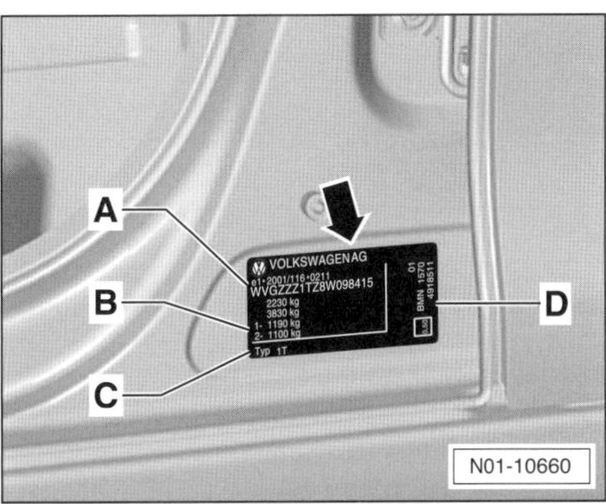

- Fahrgestellnummer und Motorkennbuchstaben stehen ebenfalls auf dem Typschild –Pfeil–. Das Typschild ist im unteren Bereich der linken B-Säule aufgeklebt und nach Öffnen der Fahrertür sichtbar.
  A – Fahrzeug-Identifizierungsnummer (Fahrgestellnummer)
  B – Angaben zu Achslasten, zulässigem Gesamtgewicht und zulässigem Zuggewicht.
  C – Typ-Kennnummer
  D – Motorkennbuchstaben

Hinweis: Bei 2-türigen Fahrzeugen befindet sich das Typschild an der linken B-Säule unterhalb vom Tür-Schließzapfen.

Motordaten

Motor/Modell		1.2 TSI	1.2 TSI	1.4	1.4 TSI	1.4 TSI	1.6	1.8 TSI
Motor-Kennbuchstaben		CBZA	CBZB	CGGA	CAXA	CAVD	BSE/BSF	CDAA
Fertigung	von – bis	6/10 – 10/12	8/09 – 10/12	10/08 – 10/12	10/08 – 10/12	10/08 – 10/12	10/08 – 9/10	3/09 – 10/12
Hubraum	cm^3	1197	1197	1390	1390	1390	1595	1798
Leistung	kW bei 1/min PS bei 1/min	63/4800 86/4800	77/5000 105/5000	59/5000 80/5000	90/5000 122/5000	118/6000 160/6000	75/5600 102/5600	118/4500 160/4500
Drehmoment	Nm bei 1/min	160/1500	175/1550	130/4200	200/1500	240/1750	148/3800	250/1500
Bohrung	∅ mm	71,0	71,0	76,5	76,5	76,5	81,0	82,5
Hub	mm	75,6	75,6	75,6	75,6	75,6	77,4	84,2
Verdichtung		10,0	10,0	10,5	9,7	9,7	10,5	9,6
Zylinder/Ventile pro Zylinder		4/2	4/2	4/4	4/4	4/4	4/2	4/4
Motormanagement		Simos10	Simos10	MM 4HV	MED 17	MED 17.5.5	Simos 7.1	MED 17.5
Kraftstoff (ROZ)		S 95	S 95	Super 95	Super 95	Super 95	Super 95	Super 95
Wechselmengen Motoröl Kühlflüssigkeit	 Liter Liter	 3,6 5,6	 3,6 5,6	 3,2 5,6	 3,6 5,6	 3,6 5,6	 4,5 8,0	 4,7 8,0

Motor/Modell		2.0 GTI	2.0 GTI-E35	2.0 GTI-R	1.6 CR-TDI	1.6 CR-TDI	2.0 CR-TDI	2.0 CR-TDI	2.0 CR-TDI
Motor-Kennbuchstaben		CCZB	CDLG	CDLF	CAYB	CAYC	CBDC	CBAB/CJAA	CBBB/CFGB
Fertigung	von – bis	3/09 – 10/12	5/11 – 10/12	12/09 – 10/12	5/09 – 10/12	5/09 – 10/12	10/08 – 10/09	10/08 – 10/12	5/09 – 10/12
Hubraum	cm^3	1984	1984	1984	1598	1598	1968	1968	1968
Leistung	kW bei 1/min PS bei 1/min	155/5300 211/5300	173/6000 235/6000	199/6000 270/6000	66/4200 90/4200	77/4400 105/4400	81/4200 110/4200	103/4000 140/4000	125/4200 170/4200
Drehmoment	Nm bei 1/min	280/1700	300/2400	350/2500	230/1500	250/1500	250/1500	320/1750	350/1750
Bohrung	∅ mm	82,5	82,5	82,5	79,5	79,5	81,0	81,0	81,0
Hub	mm	92,8	92,8	92,8	80,5	80,5	95,5	95,5	95,5
Verdichtung		9,6	9,8	9,8	16,5	16,5	16,5	16,5	16,5
Zylinder/Ventile pro Zylinder		4/4	4/4	4/4	4/4	4/4	4/4	4/4	4/4
Motormanagement		MED 17.5	MED 9.1	MED 9.1	CR	CR	CR	CR	CR
Kraftstoff		Super 95	Super 98	Super 98	Diesel	Diesel	Diesel	Diesel	Diesel
Wechselmengen Motoröl Kühlflüssigkeit	 Liter Liter	 4,7 8,0	 4,6 8,0	 4,6 8,0	 4,3 8,0	 4,3 8,0	 4,3 8,0	 4,0 8,0	 4,0 8,0

Achtung: Die Füllmengen sind ungefähre Angaben. Flüssigkeitsstände auf jeden Fall mit dem Ölmessstab beziehungsweise anhand der Markierungen auf dem Kühlmittel-Ausgleichbehälter überprüfen.

Abkürzungen:

TSI = 90/155 kW-Motoren: **T**urbo **S**tratified **I**njection = Turbo-Benzin-Direkteinspritzer.
= 118/199 kW-Motoren: **T**wincharger **S**tratified **I**njection = Benzin-Direkteinspritzer mit Turbolader und Kompressor (Doppelaufladung).

CR-TDI = **C**ommon **R**ail - **T**urbo **D**irect **I**njektion = Diesel-Direkteinspritzer mit Abgasturbolader und Common-Rail-System.

Motormanagement **MED** = BOSCH-**M**otronic mit **E**lektrischer Gasbetätigung und Benzin-**D**irekteinspritzung.
Simos = **Si**emens **Mo**tor-**S**teuerung, **MM 4HV** = Magneti Marelli 4HV-Motorsteuerung.

1,4-l-TFSI-Benzinmotor
90 kW (122 PS), Ansicht von vorn

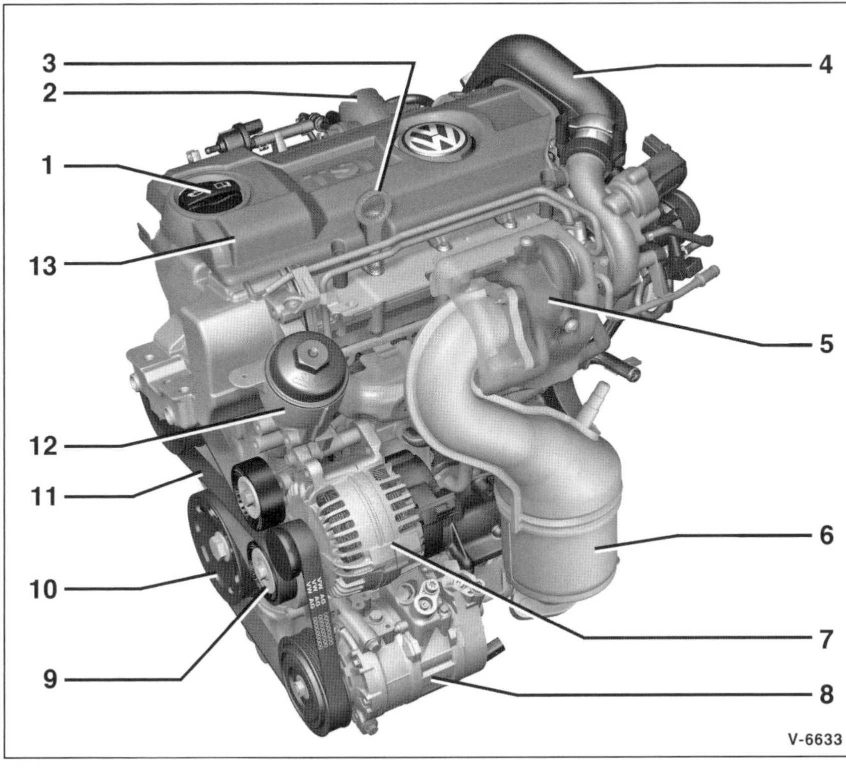

1 – **Öleinfülldeckel**

2 – **Hochdruckpumpe**
Für Kraftstoffversorgung.

3 – **Ölmessstab**

4 – **Ladeluftschlauch**

5 – **Abgasturbolader**

6 – **Katalysator**

7 – **Drehstromgenerator**

8 – **Klimakompressor**

9 – **Keilrippenriemen-Spannrolle**

10 – **Kurbelwellen-Riemenscheibe**

11 – **Keilrippenriemen**

12 – **Ölfiltergehäuse**

13 – **Zylinderkopfdeckel**

1,4-l-TFSI-Benzinmotor
90 kW (122 PS), Ansicht von hinten

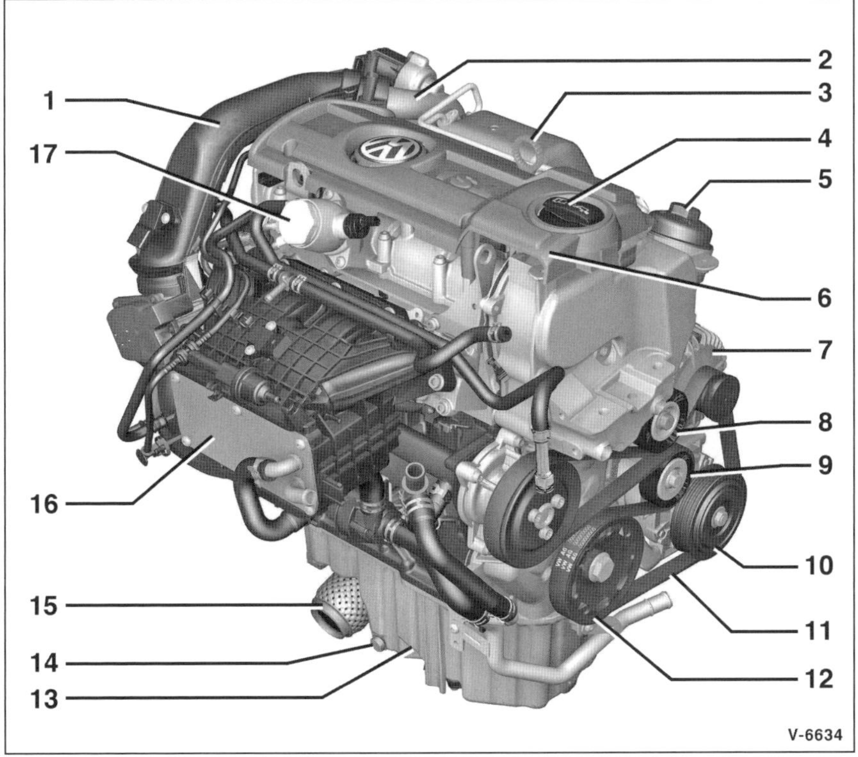

1 – **Ladeluftschlauch**

2 – **Abgasturbolader**

3 – **Ölmessstab**

4 – **Öleinfülldeckel**

5 – **Ölfilterdeckel**

6 – **Zylinderkopfdeckel**

7 – **Drehstromgenerator**

8 – **Umlenkrolle**

9 – **Keilrippenriemen-Spannrolle**

10 – **Klimakompressor-Riemenscheibe**

11 – **Keilrippenriemen**

12 – **Kurbelwellen-Riemenscheibe**

13 – **Ölwanne**

14 – **Ölablassschraube**
Anzugsdrehmoment M14-Schraube: **30 Nm**; M24-Schraube: **50 Nm**. **Achtung:** Das Anzugsdrehmoment darf nicht überschritten werden, sonst können Undichtigkeiten auftreten.

15 – **Abgas-Flexrohr**

16 – **Ladeluftkühler**

17 – **Hochdruckpumpe**
Für Kraftstoffversorgung.

Wartung

Aus dem Inhalt:

- **Wartungsplan**
- **Wartungsarbeiten**
- **Werkzeugausrüstung**
- **Motorstarthilfe**
- **Fahrzeug aufbocken**

Der **GOLF** kann nach unterschiedlichen Wartungssystemen gewartet werden.

Fahrzeuge mit der PR-Nummer »QG1« werden nach dem Longlife-Service-System mit flexiblen Wartungsintervallen gewartet.

Fahrzeuge mit der PR-Nummer »QG0« und »QG2« werden nach festen Wartungsintervallen gewartet.

Die PR-Nummer steht auf dem Fahrzeugdatenträger, siehe Seite 12.

Erläuterung der Begriffe:

PR-Nummer = Produktions-Steuerungs-Nummer. Damit werden während der Produktion Ausstattungen, Mehrausstattungen oder länderspezifische Abweichungen gekennzeichnet.

QG0 = Fahrzeuge sind werksseitig **nicht** mit Komponenten für den Longlife-Service ausgestattet.

QG1 = Fahrzeuge sind werksseitig mit Komponenten für den Longlife-Service ausgestattet. Motorölstandssensor und Bremsverschleißanzeige sind vorhanden. Die flexible Service-Intervall-Anzeige ist aktiviert.

QG2 = Ausstattung wie QG1, aber die Service-Intervall-Anzeige ist **nicht** auf »flexible«, sondern auf »feste« Service-Intervalle eingestellt.

Longlife-Service

Normalerweise wird der **GOLF** nach dem »Longlife-Service«-System gewartet. Die Motoren sind ab Werk mit einem alterungsbeständigen Longlifeöl befüllt. Dadurch sind je nach Motorbelastung lange Wartungsintervalle möglich.

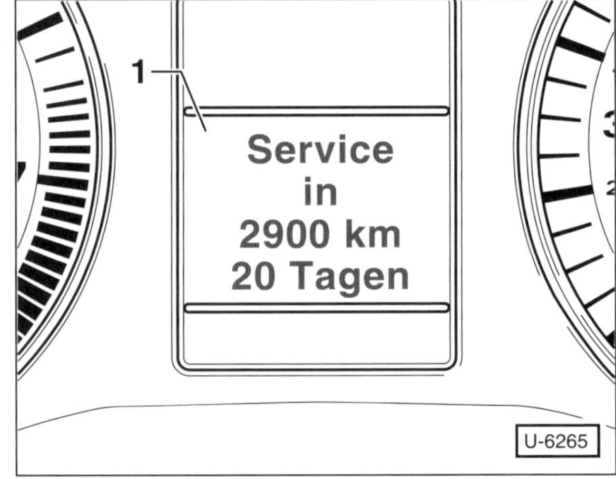

Der Zeitpunkt für die Wartung wird dem Fahrer über die »**Flexible Service-Intervall-Anzeige**« nach dem Einschalten der Zündung im Display des Kombiinstruments angezeigt.

Steht eine Wartung an, erscheint nach dem Einschalten der Zündung beispielsweise der in Abbildung U-6265 dargestellte Wartungs-Ankündigungstext.

Bei Erreichen der vom Steuergerät berechneten Intervalldauer erscheint im Display die Meldung »**SERVICE JETZT**«. Bei Fahrzeugen ohne Textmeldung ertönt ein Gongsignal und es erscheint ein blinkendes Schraubenschlüssel-Symbol 🔧. Die Wartung sollte dann umgehend durchgeführt werden.

Nach einigen Sekunden oder nachdem der Motor gestartet wurde erlischt die Serviceanzeige. Sie kann auch durch Drücken des »OK«-Tasters für die Multifunktionsanzeige im Scheibenwischerhebel abgeschaltet werden.

Hinweis: Eine überfällige Wartung wird durch ein Minuszeichen vor der Kilometer- oder Tagesangabe angezeigt.

Nach einer durchgeführten Wartung muss die Service-Intervallanzeige zurückgesetzt werden. Die Fachwerkstatt verwendet dazu das VW-Diagnosegerät. Die Service-Intervall-Anzeige kann auch über die Schalter am Scheibenwischerhebel, am Multifunktionslenkrad oder am Kombiinstrument zurückgesetzt werden, siehe Seite 55.

Wird im Rahmen einer Wartung oder Reparatur **kein** Longlife-Motoröl nach VW-Norm eingefüllt, dann muss das System von »flexiblen« auf »feste« Service-Intervalle umgestellt werden (Werkstattarbeit). In diesem Fall ist alle 15.000 km oder 12 Monate ein Ölwechsel-Service erforderlich.

Hinweis: Die Fachwerkstätten fragen bei jeder Inspektion mit Hilfe des Fehlerauslesegerätes die Fehlerspeicher der elektronischen Steuergeräte von Motor, ABS, Airbag und Wegfahrsicherung ab. Es kann daher sinnvoll sein, in regelmäßigen Abständen eine Fachwerkstatt aufzusuchen, auch wenn die Wartung in Eigenregie durchgeführt wird. Die Abfrage der Fehlerspeicher wird am Diagnoseanschluss vorgenommen. Bei dieser Gelegenheit kann auf Wunsch auch die Intervallanzeige zurückgestellt werden.

Feste Wartungsintervalle

Die Service-Intervall-Anzeige kann, falls kein Longlife-Öl verwendet wird, von den »flexiblen« Service-Intervallen (Longlife-Service) auf »feste« Service-Intervalle umgestellt werden. Dazu muss die Service-Intervall-Anzeige nach einer durchgeführten Wartung mit dem Fahrzeug-Diagnosegerät umgestellt werden. Als Maßstab für die Anzeige der Wartungszyklen in der Service-Intervall-Anzeige werden die Zeit seit dem letzten Zurücksetzen der Anzeige beziehungsweise die gefahrenen Kilometer berechnet. Bei abgeklemmter Fahrzeugbatterie bleiben die Werte der Service-Anzeige erhalten.

Ölwechsel-Service

Der Ölwechsel-Service ist entsprechend der Service-Intervall-Anzeige in folgenden Intervallen durchzuführen:

Bei **festen Service-Intervallen** oder wenn **kein Longlife-Öl** eingefüllt ist, ist der Ölwechsel **alle 15.000 km** oder **nach 1 Jahr** durchzuführen, je nachdem was zuerst eintritt.

Achtung: Bei erschwerten Betriebsbedingungen, wie überwiegend Stadt- und Kurzstreckenverkehr, häufigen Gebirgsfahrten, Anhängerbetrieb und staubigen Straßenverhältnissen, Ölwechsel-Service öfters durchführen.

- ● Motor: Öl wechseln, Ölfilter ersetzen.
- ● Scheibenbremsbeläge vorn und hinten: Dicke prüfen.
- ● Service-Intervallanzeige zurücksetzen (Werkstattarbeit).

Wartungsplan

Die Wartung ist in folgenden Abständen durchzuführen:

Bei Fahrzeugen mit **Longlife-Service** beziehungsweise mit **flexiblen Service-Intervallen:** Entsprechend der Service-Intervallanzeige sind die mit ● und ■ gekennzeichneten Wartungsarbeiten durchzuführen.

Bei festen Service-Intervallen: Entsprechend der Service-Intervallanzeige. Auf jeden Fall **alle 2 Jahre** oder 30.000 km nach der letzten Wartung die mit ● gekennzeichneten Wartungsarbeiten durchführen.

Erstmalig nach 3 Jahren und 60.000 km, dann alle 2 Jahre und 60.000 km, sind die mit ■ gekennzeichneten Wartungsarbeiten durchzuführen (VW-Vorschrift). Es empfiehlt sich allerdings im Rahmen jeder Wartung sowohl die mit ● wie auch die mit ■ gekennzeichneten Wartungsarbeiten durchzuführen.

Flexible und feste Service-Intervalle: Im Rahmen der Wartung sind ebenfalls die zusätzlichen, mit ◆ gekennzeichneten, Wartungsarbeiten entsprechend den angegebenen Intervallen durchzuführen.

Achtung: Bei häufigen Fahrten in staubiger Umgebung Wechselintervall für Motor-Luftfilter und Pollenfilter halbieren.

Motor

- ● Motor: Öl wechseln, Ölfilter erneuern.
- ■ Motor/Motorraum: Sichtprüfung auf Undichtigkeiten.
- ■ Kühl- und Heizsystem: Flüssigkeitsstand prüfen, Konzentration des Frostschutzmittels prüfen. Sichtprüfung auf Undichtigkeiten und äußere Verschmutzung des Kühlers.
- ■ Abgasanlage: Auf Beschädigungen, Undichtigkeiten und lockere Befestigung sichtprüfen.
- ■ Keilrippenriemen: Zustand prüfen, bei Verschleißspuren wechseln.

Getriebe/Achsantrieb

- ■ Getriebe/Achsantrieb: Auf Undichtigkeiten und Beschädigungen sichtprüfen.
- ■ Automatikgetriebe: ATF-Stand prüfen, gegebenenfalls auffüllen.

Vorderachse/Lenkung

- ■ Spurstangenköpfe: Spiel und Befestigung prüfen, Staubkappen prüfen.
- ■ Achsgelenke: Staubkappen prüfen.
- ■ Manschetten der Antriebswellen: Auf Undichtigkeiten und Beschädigungen sichtprüfen.

Bremsen/Reifen/Räder

- ● Bremsen: Belagstärke der vorderen und hinteren Bremsbeläge prüfen.
- ● Bereifung: Profiltiefe und Reifenfülldruck prüfen; Reifen auf Verschleiß und Beschädigungen (einschließlich Reserverad) prüfen.

- ● Reifen-Kontroll-Anzeige, falls vorhanden: Grundeinstellung durchführen.
- ■ Bremsanlage: Leitungen, Schläuche, Bremszylinder und Anschlüsse auf Undichtigkeiten und Beschädigungen prüfen.
- ■ Bremsflüssigkeitsstand: Prüfen, gegebenenfalls auffüllen.

Karosserie/Innenausstattung

- ● Verbandkasten: Haltbarkeitsdatum überprüfen, gegebenenfalls Verbandkasten ersetzen.
- ■ Beifahrerairbag: Schlüsselschaltung kontrollieren.
- ■ Türfeststeller: Befestigungsbolzen schmieren.
- ■ Schiebedach: Führungsschienen reinigen und fetten.
- ■ Wasserkasten und Wasserablauföffnungen sichtprüfen und reinigen.
- ■ Abnehmbare Anhängerkupplung: Funktion prüfen.
- ■ Unterbodenschutz: Auf Beschädigungen sichtprüfen.

Elektrische Anlage

- ● Batterie: Prüfen.
- ● Eigendiagnose: Fehlerspeicher auslesen (Werkstattarbeit).
- ● Service-Intervallanzeige: Zurücksetzen.
- ■ Front- und Heckbeleuchtung, Blinkanlage, Warnblinkanlage, automatische Fahrlichtsteuerung: Funktion prüfen.
- ■ Sämtliche Stromverbraucher/Bedienelemente/Anzeigen/Innenbeleuchtung/Hupe: Funktion prüfen.
- ■ Scheibenwischerblätter: Wischergummis auf Verschleiß prüfen.
- ■ Scheibenwaschanlage: Funktion prüfen, Düsenstellung kontrollieren, Flüssigkeit nachfüllen, Scheinwerfer-Waschanlage prüfen.
- ■ Scheinwerfer: Einstellung prüfen (Werkstattarbeit).

Folgende Arbeiten zusätzlich durchführen:

Erstmalig nach 3 Jahren, dann alle 2 Jahre

- ◆ Bremsflüssigkeit: Erneuern.
- ◆ Abgasuntersuchung (AU): Leerlaufdrehzahl, CO-Gehalt, Zündzeitpunkt prüfen; Fehlerspeicher abfragen (Werkstattarbeit).

Alle 30.000 km

- ◆ 1,4-/1,6-l-Benzinmotor CGGA/BSE/BSF mit 59/75 kW: Zahnriemen für Nockenwellenantrieb auf Beschädigung sichtprüfen, gegebenenfalls ersetzen (erstmals nach 90.000 km, dann alle 30.000 km).
- ◆ 2,0-l-Benzinmotor CDLF mit 199 kW: Lagergummis der Motorabdeckung erneuern, siehe Seite 181.
- ◆ Dieselmotor: Diesel-Partikelfilter prüfen, falls vorhanden (erstmals nach 150.000 km, dann alle 30.000 km, Werkstattarbeit).

Alle 60.000 km oder 2 Jahre

- ◆ Lüftung/Heizung: Staub-/Pollenfilter-Einsatz erneuern, Gehäuse reinigen.

Alle 4 Jahre

- ◆ Reifenreparatur-Set, falls vorhanden: Ersetzen, dabei Haltbarkeitsdatum beachten.

Alle 60.000 km oder 4 Jahre

- ◆ 1,4-/1,6-l-Benziner: Zündkerzen erneuern.

Alle 60.000 km

- ◆ Direktschaltgetriebe DSG: Öl und Filter wechseln.
- ◆ Allradantrieb 4MOTION: Öl für Haldexkupplung wechseln.

Alle 90.000 km

- ◆ Dieselmotor: Kraftstofffilter erneuern.

Alle 90.000 km oder 6 Jahre

- ◆ 1,8-/2,0-l-Benziner: Zündkerzen erneuern.
- ◆ Motor-Luftfilter: Filtereinsatz erneuern, Filtergehäuse reinigen.

Alle 180.000 km

- ◆ 2,0-l-Dieselmotor: Zahnriemen ersetzen.

Alle 300.000 km

- ◆ 1,6-l-Dieselmotor: Zahnriemen ersetzen.

Alle 360.000 km

- ◆ Dieselmotor: Zahnriemen-Spannrolle ersetzen.

Hinweis: Bei folgenden Motoren erfolgt der Antrieb der Nockenwellen durch eine **wartungsfreie Steuerkette**:

- ■ 1,4-l-TSI-Benzinmotor
- ■ 1,8-l-TSI-Benzinmotor
- ■ 2,0-l-TSI-Benzinmotor

Wartungsarbeiten

Hier werden, nach den verschiedenen Baugruppen des Fahrzeugs aufgeteilt, alle Wartungsarbeiten beschrieben, die gemäß dem Wartungsplan durchgeführt werden müssen. Auf die erforderlichen Verschleißteile sowie das möglicherweise benötigte Sonderwerkzeug wird jeweils hingewiesen.

Es empfiehlt sich Reifendruck, Motorölstand und Flüssigkeitsstände für Kühlung, Wisch-/Waschanlage etc. mindestens alle 4 bis 6 Wochen zu prüfen und gegebenenfalls zu ergänzen.

Achtung: Beim **Einkauf von Ersatzteilen** ist zur Identifizierung des Fahrzeuges unbedingt die **Fahrzeug-Ident-Nummer** (Fahrgestellnummer) beziehungsweise der **KFZ-Schein** mitzunehmen. Sonst ist eine genaue Zuordnung der Ersatzteile oftmals nicht möglich.

Um ganz sicher zu sein, dass man die richtigen Ersatzteile erhalten hat, empfiehlt es sich nach Möglichkeit, das Altteil auszubauen und zum Ersatzteilhändler mitzunehmen. Dort kann man es mit dem Neuteil vergleichen.

Motor und Abgasanlage

Folgende Wartungspunkte müssen nach dem Wartungsplan in unterschiedlichen Intervallen durchgeführt werden:

- Motor/Motorraum: Sichtprüfung auf Undichtigkeiten.
- Motor: Öl wechseln, Ölfilter erneuern.
- Kühl- und Heizsystem: Flüssigkeitsstand prüfen, Konzentration des Frostschutzmittels prüfen. Sichtprüfung auf Undichtigkeiten und äußere Verschmutzung des Kühlers.
- Dieselmotor: Kraftstofffilter ersetzen.
- Motor-Luftfilter: Filtereinsatz erneuern, Filtergehäuse reinigen.
- Keilrippenriemen: Zustand prüfen, bei Verschleißspuren wechseln.
- Abgasanlage: Auf Beschädigungen, Undichtigkeiten und lockere Befestigung sichtprüfen.
- Zündkerzen: Erneuern.
- 1,4-/1,6-l-Benzinmotor CGGA/BSE/BSF mit 59/75 kW: Zahnriemen für Nockenwellenantrieb auf Beschädigung sichtprüfen, gegebenenfalls ersetzen (Werkstattarbeit), siehe auch Seite 185.
- Dieselmotor: Zahnriemen erneuern (Werkstattarbeit), siehe auch Seite 187.
- Abgasuntersuchung (AU) durchführen; Fehlerspeicher abfragen (Werkstattarbeit).

Motor/Motorraum: Sichtprüfung auf Undichtigkeiten

Spezialwerkzeug: nicht erforderlich.

- Obere Motorabdeckung ausclipsen und abnehmen.
- Untere Motorraumabdeckung ausbauen, siehe Seite 260.
- Leitungen, Schläuche und Anschlüsse der
  - Kraftstoffanlage,
  - des Kühl- und Heizungssystems,
  - der Bremsanlage

  auf Undichtigkeiten, Scheuerstellen, Porosität und Brüchigkeit sichtprüfen.

Ölundichtigkeit suchen

Bei ölverschmiertem Motor und hohem Ölverbrauch überprüfen, wo das Öl austritt. Dazu folgende Stellen überprüfen:

- Öleinfülldeckel öffnen und Dichtung auf Porosität oder Beschädigung prüfen.
- Kurbelgehäuse-Entlüftung: Zum Beispiel Belüftungsschlauch vom Zylinderkopfdeckel zum Luftansaugschlauch.
- Zylinderkopfdeckel-Dichtung.
- Zylinderkopf-Dichtung.
- Ölablassschraube (Dichtring).
- Ölfilterdichtung: Ölfilter am Ölfilterflansch.
- Ölwannendichtung.
- Wellendichtringe links und rechts für Nockenwellen und Kurbelwelle.

Da sich bei Undichtigkeiten das Öl meistens über eine größere Motorfläche verteilt, ist der Austritt des Öls nicht auf den ersten Blick zu erkennen. Bei der Suche geht man zweckmäßigerweise wie folgt vor:

- Motorwäsche durchführen: Generator mit Plastiktüte abdecken. Motor mit handelsüblichem Kaltreiniger einsprühen und nach einer kurzen Einwirkungszeit an einer Autowaschanlage mit Wasser abspritzen.
- Trennstellen und Dichtungen am Motor von außen mit Kalk oder Talkumpuder bestäuben.
- Ölstand kontrollieren, gegebenenfalls auffüllen.
- Probefahrt durchführen. Da das Öl bei heißem Motor dünnflüssig wird und dadurch schneller an den Leckstellen austreten kann, sollte die Probefahrt über eine Strecke von ca. 30 km auf einer Schnellstraße durchgeführt werden.
- Anschließend Motor mit Lampe anstrahlen, undichte Stelle lokalisieren und Fehler beheben.

Kühlsystem prüfen

- Kühlmittelschläuche durch Zusammendrücken und Verbiegen auf poröse Stellen untersuchen, hart gewordene und aufgequollene Schläuche erneuern.
- Die Schläuche dürfen nicht zu kurz auf den Anschlussstutzen sitzen.
- Festen Sitz der Schlauchschellen kontrollieren, gegebenenfalls Schellen erneuern.
- Dichtung des Verschlussdeckels für den Ausgleichbehälter auf Beschädigungen überprüfen.

Achtung: Ein zu niedriger Kühlmittelstand kann auch von einem nicht richtig aufgeschraubten Verschlussdeckel herrühren.

- Deutlicher Kühlmittelverlust und/oder Öl in der Kühlflüssigkeit sowie weiße Abgaswolken bei warmem Motor deuten auf eine defekte Zylinderkopfdichtung hin.

Achtung: Mitunter ist es schwierig, die Leckstelle ausfindig zu machen. Dann empfiehlt sich eine Druckprüfung durch die Werkstatt (Spezialgerät erforderlich). Hierbei kann ebenfalls das Überdruckventil des Verschlussdeckels geprüft werden.

- Obere Motorabdeckung einbauen.
- Motorraumabdeckung unten einbauen, siehe Seite 260.

Motorölstand prüfen/Motoröl auffüllen

Der Motor soll auf einer Fahrstrecke von ca. 1.000 km nicht mehr als 1,0 Liter Öl verbrauchen. Mehrverbrauch ist ein Anzeichen für verschlissene Ventilschaftabdichtungen und/oder Kolbenringe beziehungsweise Öldichtungen.

Spezialwerkzeug: nicht erforderlich.

Erforderliche Betriebsmittel/Verschleißteile:

- Nur ein von VW freigegebenes Motoröl verwenden.
  Ölspezifikation:
  Benzinmotor mit Longlife-Service: VW-504 00
  Benzinmotor mit festen Wartungsintervallen: VW-502 00
  Dieselmotor: VW-507 00

Prüfen

- Motor warm fahren und auf einer ebenen, waagerechten Fläche abstellen.
- Nach Abstellen des Motors mindestens 3 Minuten lang warten, damit sich das Öl in der Ölwanne sammelt.

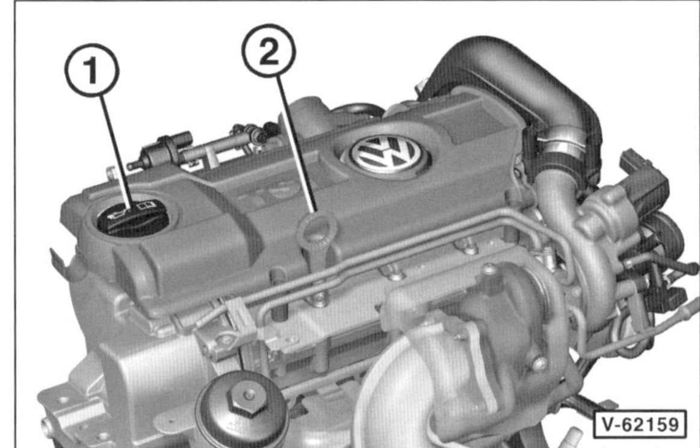

- Ölmessstab –2– herausziehen und mit einem sauberen Lappen abwischen. 1 – Öleinfülldeckel.
- Anschließend Messstab bis zum Anschlag einführen und wieder herausziehen.

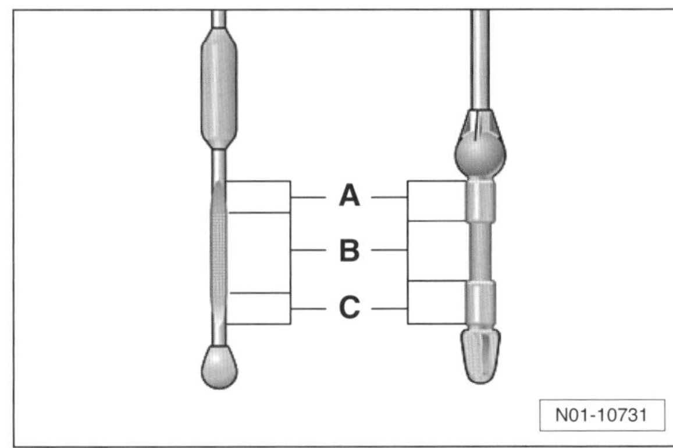

- Der Ölstand ist in Ordnung, wenn er im Bereich –B– liegt. Liegt er im Bereich –C–, muss Öl bis zum Bereich –B– nachgefüllt werden. Bei einem Ölstand im Bereich –A– darf kein Motoröl nachgefüllt werden.

Achtung: Zu viel eingefülltes Motoröl (oberhalb von Bereich –A–) muss wieder abgesaugt werden, da sonst die Motordichtungen beziehungsweise der Katalysator beschädigt werden können.

- Bei hoher Motorbeanspruchung wie zum Beispiel längeren Autobahnfahrten im Sommer und bei Anhängerbetrieb oder Gebirgsfahrten sollte der Ölstand im oberen Teil von Bereich –B– liegen.
- Nachgefüllt wird am Verschluss des Zylinderkopfdeckels. Beim Nachfüllen richtige Ölsorte verwenden, keine Ölzusätze verwenden, siehe auch Kapitel »Motor-Schmierung«.
- Ölmessstab einsetzen, Einfülldeckel aufschrauben.

Motoröl wechseln/Ölfilter ersetzen

Erforderliches Spezialwerkzeug:

- Benzinmotor 75 – 155 kW: Handelsüblichen Spannbandschlüssel oder HAZET 2169 zum Lösen der Filterpatrone.
- Dieselmotor: Stecknuss SW 32 oder HAZET 2169-32 zum Lösen des Ölfilterdeckels.

Wenn das Motoröl abgesaugt wird:

- Ölabsauggerät. **Hinweis:** Darauf achten, dass die Sonde in das Führungsrohr des Ölmessstabes passt.
- Ölauffangbehälter.

Wenn das Motoröl abgelassen wird:

- Grube oder hydraulischer Wagenheber mit Unterstellböcken.
- Ölauffangwanne, die je nach Motor bis zu 5 Liter Öl fasst.

Erforderliche Betriebsmittel/Verschleißteile:

- Je nach Motor 3,5 bis 5,0 Liter Motoröl. Dabei nur ein von VW freigegebenes Motoröl verwenden.
  Ölspezifikation:
  Benzinmotor mit Longlife-Service: VW-504 00
  Benzinmotor mit festen Wartungsintervallen: VW-502 00
  Dieselmotor: VW-507 00
- Je nach Motor Ölfiltereinsatz oder Ölfilterpatrone.
- **Neue(n)** Dichtring(e) für Ölfilterdeckel.
- Nur wenn Öl abgelassen wird: **Neue** Ölablassschraube mit **neuem** Dichtring.

Hinweis: Die Öl-Verkaufsstellen nehmen die entsprechende Menge Altöl kostenlos entgegen, daher beim Ölkauf Quittung und Ölkanister für spätere Altölrückgabe aufbewahren! **Um Umweltschäden zu vermeiden, keinesfalls Altöl einfach wegschütten oder dem Hausmüll mitgeben.**

Die Werte für die **Ölwechselmenge** mit Filterwechsel stehen in der Tabelle »Motordaten« auf Seite 14.

Hinweis: Die dort angegebenen Ölwechselmengen sind ungefähre Mengenangaben. Auf jeden Fall nach dem Ölwechsel den Ölstand mit dem Ölmessstab prüfen und gegebenenfalls korrigieren.

Das Motoröl kann entweder durch das Ölmessstab-Führungsrohr abgesaugt werden oder aus der Ölwanne abgelassen werden. Zum Absaugen ist eine geeignete Absaugpumpe erforderlich, dabei darauf achten, dass der Absaugschlauch in das Ölmessstab-Führungsrohr passt.

Motoröl ablassen

- Motor warm fahren.
- **Motor mit stehendem Ölfilter:** Deckel am Filtergehäuse abschrauben beziehungsweise Filterpatrone lösen, damit das Öl aus dem Filter in den Motor zurücklaufen kann, siehe Abschnitt »Ölfilter wechseln«.
- Steht das Ölabsauggerät nicht zur Verfügung, Motoröl ablassen. Dazu Fahrzeug waagerecht aufbocken oder über eine Montagegrube fahren.

Sicherheitshinweis
Beim Aufbocken des Fahrzeugs besteht Unfallgefahr! Deshalb vorher das Kapitel »Fahrzeug aufbocken« durchlesen.

- Untere Motorraumabdeckung ausbauen, siehe Seite 260.
- Altöl-Auffangwanne unter die Ölablassschraube stellen.

Sicherheitshinweis
Darauf achten, dass beim Herausdrehen der Ölablassschraube das heiße Motoröl nicht über die Hand läuft. Deshalb beim Abschrauben mit den Fingern den Arm waagerecht halten.

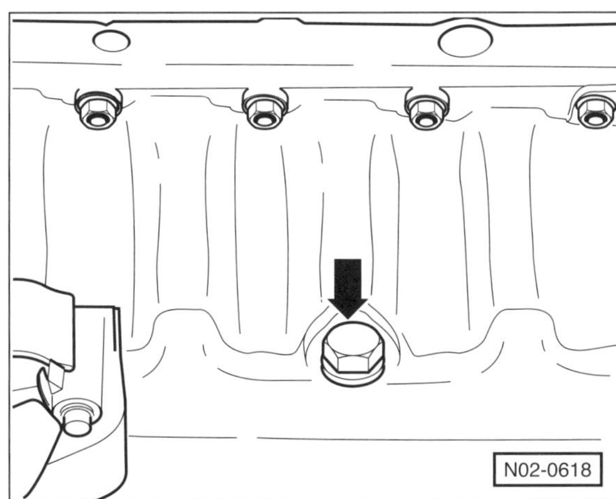

- Ölablassschraube –Pfeil– aus der Ölwanne herausdrehen und Altöl ganz ablassen.

Achtung: Werden im Motoröl Metallspäne und Abrieb in größeren Mengen festgestellt, deutet dies auf Fressschäden hin, zum Beispiel Kurbelwellen- oder Pleuellagerschäden. Um Folgeschäden nach erfolgter Reparatur zu vermeiden, ist die sorgfältige Reinigung von Ölkanälen und Ölschläuchen und das Erneuern des Ölkühlers unerlässlich.

- Anschließend **neue** Ölablassschraube mit **neuem** Dichtring einschrauben. **Achtung:** Das zulässige Anzugsdrehmoment darf nicht überschritten werden, sonst kann es zu Undichtigkeiten oder Schäden kommen.
  Anzugsdrehmomente:
  M14-Schraube .... **30 Nm**
  M24-Schraube .... **50 Nm**
- Fahrzeug ablassen.

Ölfilter wechseln

Achtung: Benutzte Ölfilter oder Filtereinsätze müssen als Sondermüll entsorgt werden.

1,4-l-Benzinmotor CGGA (59 kW)

- Ölfilter –Pfeil– mit einem Maul- oder Ringschlüssel SW-30 am Sechskant lösen. (SW = Schlüsselweite).
- Anschließend Ölfilter von Hand abschrauben. Auslaufendes Motoröl mit Lappen auffangen.
- Ölfilterflansch am Motorblock mit Kaltreiniger reinigen. Eventuell dort verbliebene Filterdichtung abnehmen.
- Gummidichtring am neuen Ölfilter dünn mit sauberem Motoröl bestreichen.
- **Neuen** Ölfilter nur mit der Hand festschrauben. Wenn die Filterdichtung am Motorblock anliegt, Filter noch um ½ Umdrehung weiterdrehen. Hinweise auf dem Ölfilter beachten.
- Fahrzeug ablassen.

TSI-Benzinmotor (63 - 199 kW)

- Vor dem Ausbau der Filterpatrone insbesondere Drehstromgenerator und Keilrippenriemen mit einem dicken Lappen abdecken.

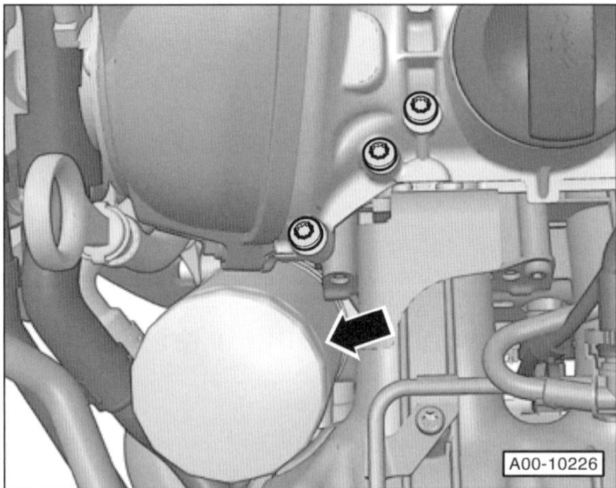

- Ölfilterpatrone –Pfeil– mit handelsüblichem Spannbandschlüssel oder HAZET-2169 lösen und ein paar Minuten warten, damit das Motoröl aus dem Filter in den Motor zurückfließen kann.
- Filterpatrone abschrauben. **Achtung:** Dabei darf kein Motoröl auf den Keilrippenriemen oder Drehstromgenerator tropfen.
- Dichtfläche am Steuergehäuse reinigen.
- Gummidichtung am neuen Filter dünn mit sauberem Motoröl einölen, dadurch wird eine bessere Abdichtung beim Anziehen des Filters erzielt.
- **Neuen** Ölfilter nur mit der Hand festschrauben, bis die Filterdichtung am Motorblock anliegt. Anschließend Filter noch um ½ Umdrehung weiterdrehen. Falls vorhanden, Hinweise auf dem Ölfilter beachten. Falls der HAZET-Schlüssel 2169 verwendet wird, Ölfilter mit **20 Nm** festziehen.

1,6-l-Benzinmotor BSE/BSF (75 kW)

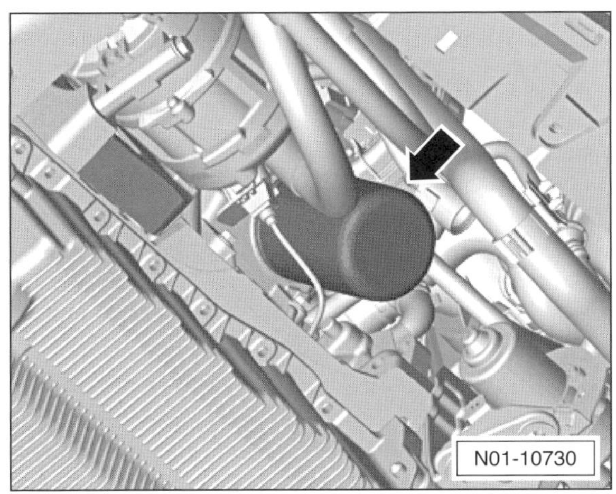

- Ölfilterpatrone –Pfeil– mit handelsüblichem Spannbandschlüssel oder HAZET-2172 lösen und abschrauben.
- Dichtfläche am Ölkühler reinigen.
- Gummidichtung am neuen Filter dünn mit sauberem Motoröl einölen, dadurch wird eine bessere Abdichtung beim Anziehen des Filters erzielt.
- Ölfilter anschrauben und von Hand festziehen.

Dieselmotor

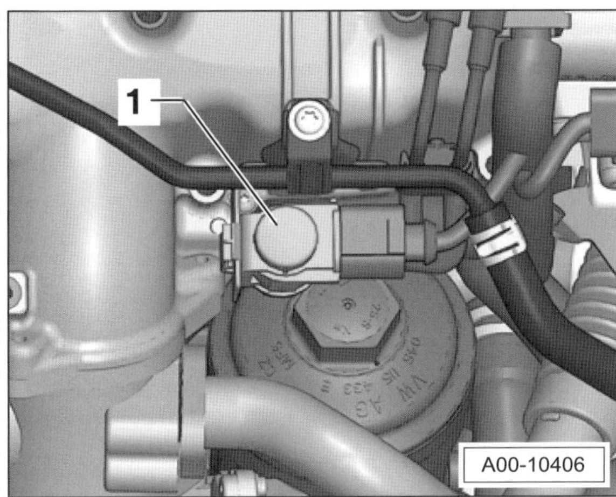

- Magnetumschaltventil –1– ausclipsen.

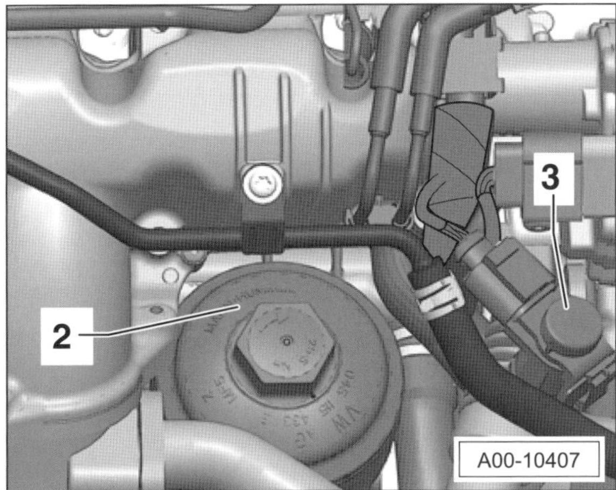

- Ölfilterdeckel –2– mit einer Stecknuss SW-32 oder HAZET 2169-32 abschrauben. 3 – Magnetumschaltventil.
- Dichtflächen am Filterdeckel und am Ölfiltergehäuse mit Kaltreiniger oder Kraftstoff und einem Lappen reinigen.

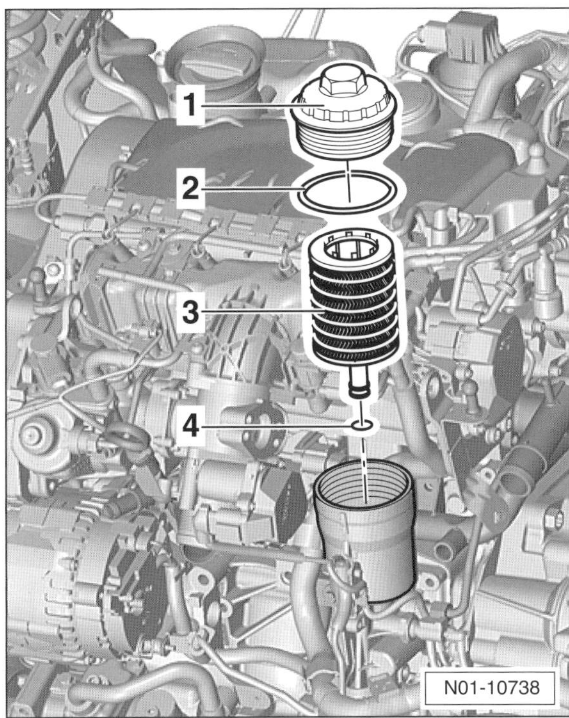

- O-Ringe –2– und –4– sowie Filtereinsatz –3– ersetzen.
- Filterdeckel –1– aufschrauben und mit **25 Nm** festziehen.
- Magnetumschaltventil ansetzen und hörbar einrasten.

Motoröl auffüllen

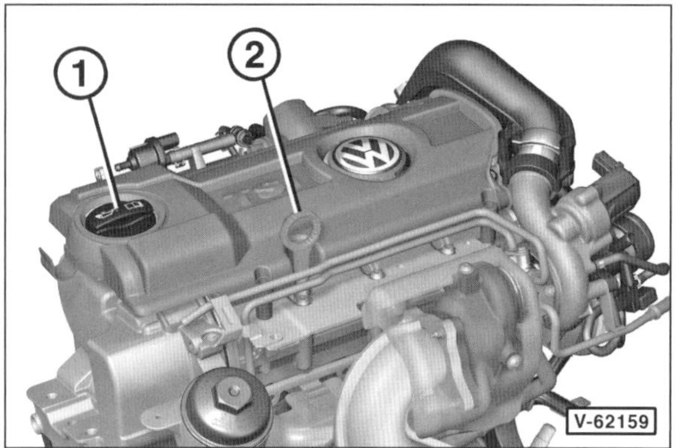

- Verschlussdeckel –1– öffnen und neues Öl am Einfüllstutzen des Zylinderkopfdeckels einfüllen. 2 – Ölmessstab.

Achtung: Grundsätzlich empfiehlt es sich, zunächst ½ Liter Motoröl weniger einzufüllen, den Motor warm laufen zu lassen und nach einigen Minuten den Ölstand mit dem Messstab zu kontrollieren und gegebenenfalls zu ergänzen. Zu viel eingefülltes Motoröl muss wieder abgesaugt werden, da sonst die Motordichtungen beziehungsweise der Katalysator beschädigt werden können.

- Nach ca. 5 Minuten den Ölstand mit dem Ölmessstab kontrollieren.

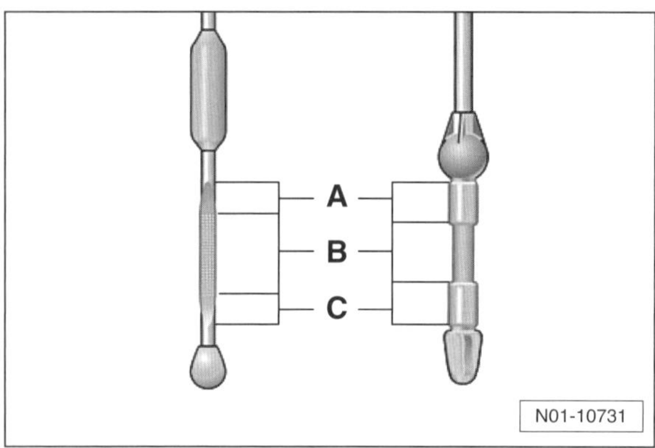

- Der Ölstand ist in Ordnung, wenn er im Bereich –B– liegt. Liegt er im Bereich –C–, muss Öl bis zum Bereich –B– nachgefüllt werden. Bei einem Ölstand im Bereich –A– darf kein Motoröl nachgefüllt werden.

Achtung: Zu viel eingefülltes Motoröl (oberhalb von Bereich –A–) muss wieder abgesaugt werden, da sonst die Motordichtungen beziehungsweise der Katalysator beschädigt werden können.

- Nach Probefahrt Dichtigkeit der Ablassschraube und des Ölfilters überprüfen, gegebenenfalls vorsichtig nachziehen.
- Ölstand ca. 3 Minuten nach Abstellen des Motors nochmals prüfen, gegebenenfalls korrigieren.
- Motorraumabdeckung unten einbauen, siehe Seite 260.

Kühlmittelstand prüfen/auffüllen

Ein zu niedriger Kühlmittelstand wird im Display des Kombiinstruments angezeigt. Vor jeder größeren Fahrt sollte dennoch grundsätzlich der Kühlmittelstand geprüft werden.

Spezialwerkzeug ist nicht erforderlich.

Erforderliche Betriebsmittel zum Nachfüllen:

- VW-Kühlerfrost- und Korrosionsschutzmittel »**G13**«, Farbe lila, oder ein anderes Kühlkonzentrat mit dem Vermerk »gemäß VW/AUDI-TL-774-**J**«, zum Beispiel »Glysantin GG 40« oder »MAINTAIN FRICOFIN V«.
  Hinweis: G13 ist mischbar mit dem älteren, ebenfalls lilafarbenen G12++ oder G12+.
- Destilliertes Wasser.

Prüfen/Nachfüllen

Sicherheitshinweis
Verschlussdeckel bei heißem Motor vorsichtig öffnen. **Verbrühungsgefahr!** Beim Öffnen Lappen über den Verschlussdeckel legen. Verschlussdeckel nur bei einer Kühlmitteltemperatur unter +90° C öffnen.

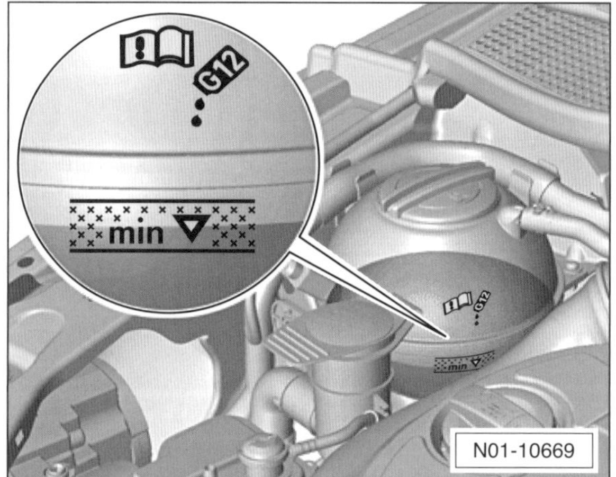

- Der Kühlmittelstand soll bei kaltem Motor (Kühlmitteltemperatur ca. +20° C) zwischen der MAX- und der MIN-Markierung (gerasterter Bereich) am Ausgleichbehälter liegen. Bei warmem Motor darf der Kühlmittelstand etwas über der MAX-Markierung stehen.
- Größere Mengen **kaltes** Kühlmittel nur bei **kaltem Motor** nachfüllen, um Motorschäden zu vermeiden.
- Verschlussdeckel beim Öffnen zuerst etwas aufdrehen und Überdruck entweichen lassen. Danach Deckel weiterdrehen und abnehmen.
- Sichtprüfung auf Dichtheit durchführen, wenn der Kühlmittelstand in kurzer Zeit absinkt.

Frostschutz prüfen/korrigieren

Regelmäßig vor Winterbeginn sollte sicherheitshalber die Konzentration des Frostschutzmittels geprüft werden, insbesondere wenn zwischendurch reines Wasser nachgefüllt wurde.

Erforderliches Spezialwerkzeug:

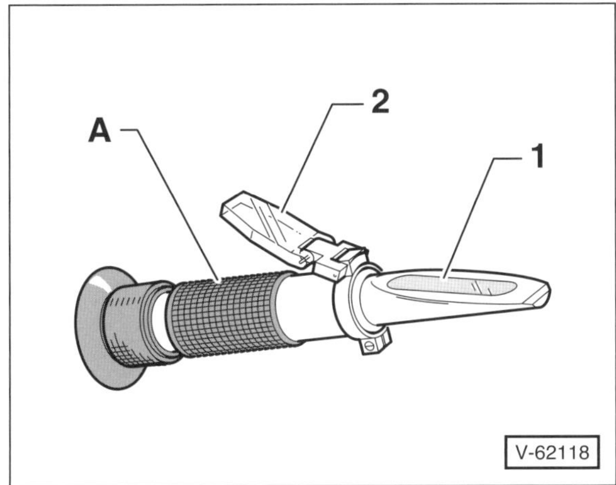

- Prüfspindel zum Messen des Frostschutzanteils beziehungsweise ein Refraktometer –A–, zum Beispiel HAZET 4810-C oder VW-T10007A. Mit dem Refraktometer können Kühlmittel- oder Scheibenwasch-Frostschutzanteil gemessen werden. **Hinweis:** Für die Messung mit einem Refraktometer wird der Umstand ausgenutzt, dass sich der Lichtbrechungsindex der Flüssigkeit abhängig von der Konzentration des gelösten Stoffes ändert.

Erforderliche Betriebsmittel zum Nachfüllen:

- VW-Kühlerfrost- und Korrosionsschutzmittel »**G13**«, Farbe lila, oder ein anderes Kühlkonzentrat mit dem Vermerk »gemäß VW/AUDI-TL-774-**J**«, zum Beispiel »Glysantin GG 40« oder »MAINTAIN FRICOFIN V«.
  Hinweis: G13 ist mischbar mit dem älteren, ebenfalls lilafarbenen G12++ oder G12+.
- Destilliertes Wasser.

Prüfen

- Motor kurz warm fahren bis der obere Kühlmittelschlauch zum Kühler etwa handwarm ist. Bei der Frostschutzmessung soll die Kühlflüssigkeitstemperatur ca. +20° C betragen.

Sicherheitshinweis
Verschlussdeckel bei heißem Motor vorsichtig öffnen. **Verbrühungsgefahr!** Beim Öffnen Lappen über den Verschlussdeckel legen. Verschlussdeckel nur bei einer Kühlmitteltemperatur unter +90° C öffnen.

- Verschlussdeckel am Ausgleichbehälter vorsichtig öffnen.

Prüfung mit einer Prüfspindel:

Hinweis: Eventuell ist es erforderlich, die **Prüfspindel zu eichen**. Dabei ist folgendermaßen vorzugehen: 50 ml Kühlkonzentrat mit 50 ml destilliertem Wasser mischen. Diese Mischung hat einen Frostschutz von –35° C. Frostschutz mit der Prüfspindel messen und eventuelle Abweichung zum Sollwert von –35° C notieren. **Beispiel:** Die Prüfspindel zeigt –31° C an. Die Abweichung beträgt also –4° C. Wird dann am Fahrzeug ein Wert von –16° C gemessen, dann beträgt der tatsächliche Frostschutz (–16°) + (–4°) = –20° C.

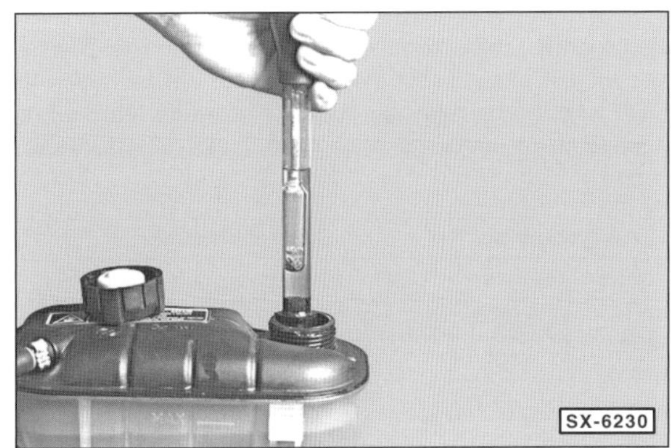

- Mit der Prüfspindel Kühlflüssigkeit ansaugen und am Schwimmer die Kühlmitteldichte ablesen. **Hinweis:** Die Abbildung zeigt nicht den GOLF.
- Der Frostschutz soll in unseren Breiten bis –25° C reichen, bei extrem kaltem Klima bis –35° C.

Prüfung mit einem Refraktometer

- Mit einer Pipette ein wenig Kühlflüssigkeit auf das Messprisma –1– des Refraktometers –A– auftragen und Deckel –2– zuklappen, siehe Abbildung V-62118.

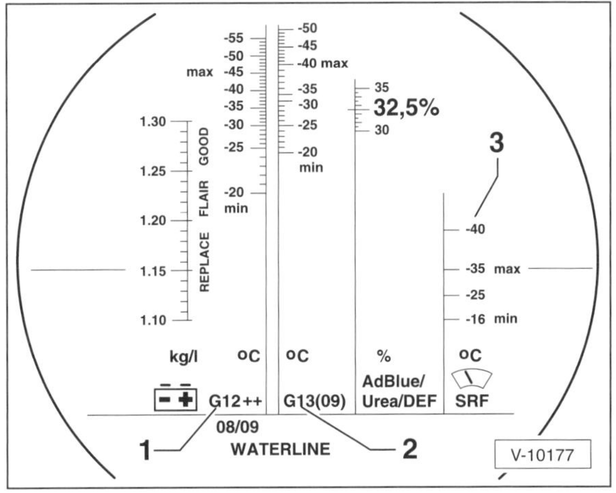

- Durch das Einblick-Okular schauen und an der Skala –2– den Frostschutzanteil ablesen. **Hinweis:** Die Skala –1– bezieht sich auf die Kühlmittelzusätze G12, G12Plus, G12PlusPlus.
  2 – Skala für das Frostschutzmittel G13.
  3 – Skala zur Kontrolle des VW-Scheibenreinigungskonzentrats G 052 164.

Kühlkonzentrat ergänzen

Bei einem Frostschutz bis –25° C muss der Anteil an Frostschutzmittel in der Kühlflüssigkeit 40 % betragen. Soll der Frostschutz bis –35° C reichen, müssen Wasser und Kühlkonzentrat im Verhältnis 1:1 gemischt werden.

Achtung: Ist ein stärkerer Frostschutz erforderlich, kann bis auf maximal 60 % Frostschutzmittelanteil erhöht werden, dann reicht der Frostschutz bis –40° C. Wird mehr Frostschutzmittel (Kühlkonzentrat) zugegeben, verringert sich der Frostschutz wieder, außerdem verschlechtert sich die Kühlwirkung.

Die folgende Tabelle zeigt, wie viel Frostschutzmittel zugegeben werden muss, damit die gewünschte Konzentration erreicht wird. Es handelt sich nur um Richtwerte, da die Füllmengen der Kühlflüssigkeit je nach Motor unterschiedlich sind.

Frostschutz bis		Differenzmenge	
Istwert	**Sollwert**	**1,2-/1,4-l-Motor**	**1,6-/1,8-/2,0-l**
0°	– 25°	2,5 l	3,5 l
	– 35°	3,0 l	4,0 l
– 5°	– 25°	2,0 l	3,0 l
	– 35°	2,5 l	3,5 l
– 10°	– 25°	1,5 l	2,0 l
	– 35°	2,0 l	3,0 l
– 15°	– 25°	1,0 l	1,5 l
	– 35°	1,5 l	2,0 l
– 20°	– 25°	1,0 l	1,0 l
	– 35°	0,5 l	1,5 l
– 25°	– 35°	0,5 l	1,0 l
– 30°	– 35°	0,5 l	0,5 l
– 35°	– 40°	0,5 l	0,5 l

Beispiel: Die Frostschutz-Messung mit der Spindel ergibt beim 1,6-l-Motor einen Frostschutz bis –10° C. In diesem Fall aus dem Kühlsystem 2,0 l Kühlflüssigkeit ablassen und dafür 2,0 l reines VW/AUDI-Frostschutzkonzentrat auffüllen. Der Frostschutz reicht dann bis –25° C.

- Verschlussdeckel am Kühler verschließen und nach Probefahrt Frostschutz erneut überprüfen.

Diesel-Kraftstofffilter: Filtereinsatz erneuern

Achtung: Auslaufender Dieselkraftstoff muss besonders von Gummiteilen, wie beispielsweise Kühlmittelschläuchen, sofort abgewischt werden, sonst werden die Gummiteile im Lauf der Zeit zerstört.

Achtung: Dieselkraftstoff ist ein Problemstoff und darf auf keinen Fall einfach weggeschüttet oder dem Hausmüll mitgegeben werden. Gemeinde- und Stadtverwaltungen informieren darüber, wo sich die nächste Problemstoff-Sammelstelle befindet.

Erforderliches Werkzeug:

- Winkel-Schlitzschraubendreher, zum Beispiel VAS-6543.
- Dieselsauger, zum Beispiel VAS-5226.

Erforderliche Verschleißteile:

- O-Ring.
- Filtereinsatz.

Ausbau

- Obere Motorabdeckung ausbauen, siehe Seite 180.

Achtung: Kraftstoffschläuche **nicht** vom Filterdeckel abziehen und **nicht** an den Anschlussstutzen hebeln. Dies führt zu Undichtigkeiten am Kraftstofffilter-Oberteil.

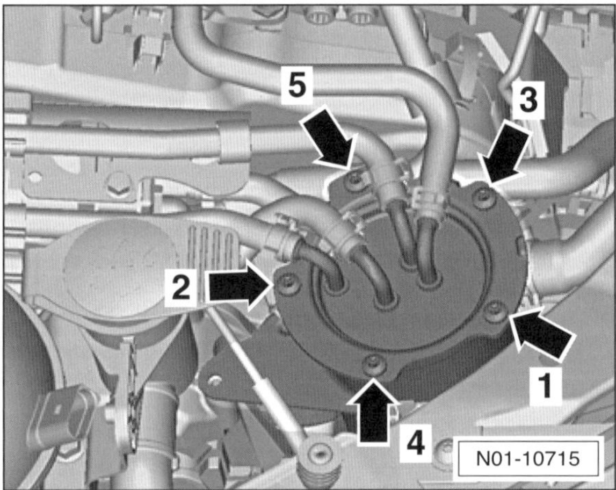

- Alle Schrauben am Kraftstofffilter in der Reihenfolge von 1 bis 5 um ca. 1½ bis 2 Umdrehungen lockern.
- Schrauben ganz herausdrehen und Kraftstofffilter-Oberteil abnehmen.

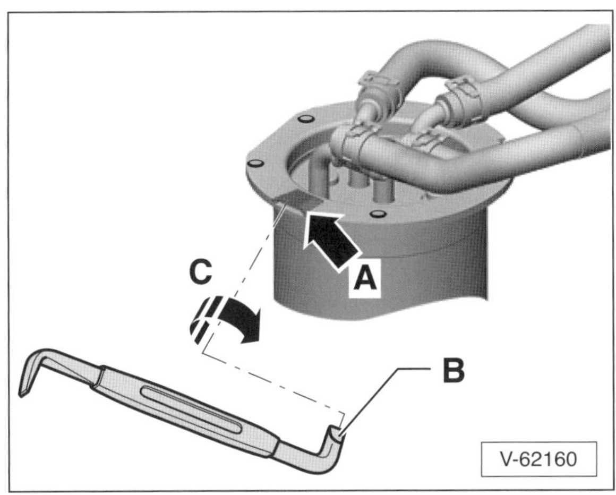

Achtung: Falls das Kraftstofffilter-Oberteil festsitzt, einen Winkelschrauber –B– in die Montagenut –Pfeil A– einsetzen. Schraubendreher in Pfeilrichtung –C– drehen und dadurch Kraftstofffilter-Oberteil anheben. **Hinweis:** Die Montagenut kann je nach Ausführung des Filters unterschiedlich groß sein.

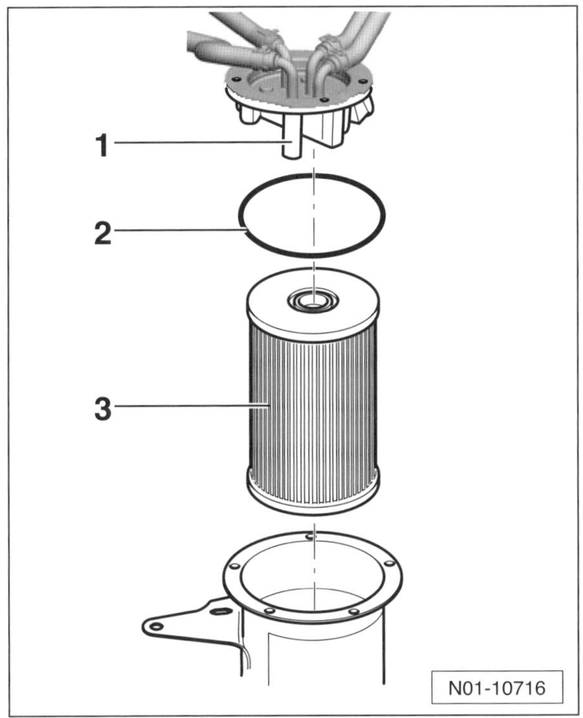

- Filtereinsatz –3– aus dem Kraftstofffilter-Unterteil herausnehmen. **Achtung:** Abtropfenden Dieselkraftstoff mit einem dicken, saugfähigen Lappen auffangen. 1 – Kraftstofffilter-Oberteil, 2 – Dichtring.

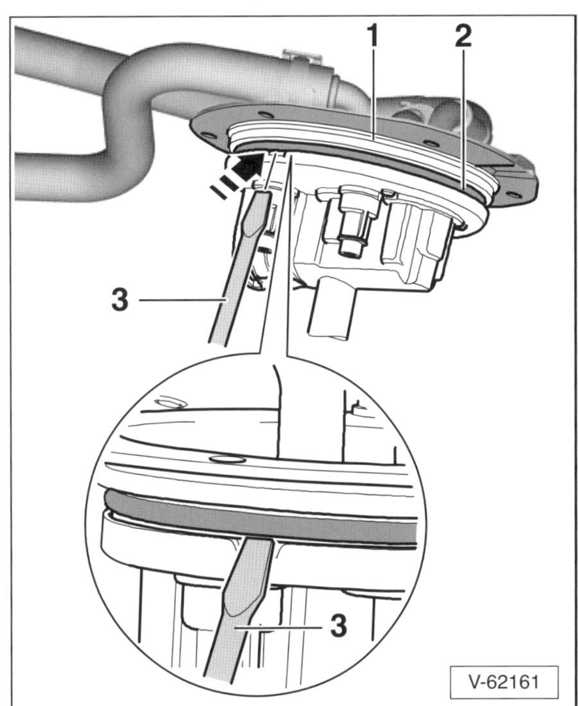

- Dichtring –2– mit einem Schraubendreher –3– aus der Nut –Pfeil– am Kraftstofffilter-Oberteil –1– heraushebeln.
- Mit einem geeigneten Dieselsauger beziehungsweise einer kleinen Spritze mit kraftstoffresistentem Schlauch etwas Flüssigkeit aus dem unteren Bereich des Filtergehäuses absaugen. Dadurch werden eventuell vorhandene Wasser- und Schmutzrückstände entfernt. **Achtung:** Den Dieselkraftstoff nicht wiederverwenden, sondern vorschriftsmäßig entsorgen.

Einbau

- **Neuen** Filtereinsatz –3– in das Kraftstofffilter-Unterteil einsetzen, siehe Abbildung N01-10716.
- Filtergehäuse vollständig mit sauberem Dieselkraftstoff auffüllen. Dies erleichtert das spätere Entlüften der Kraftstoffanlage.

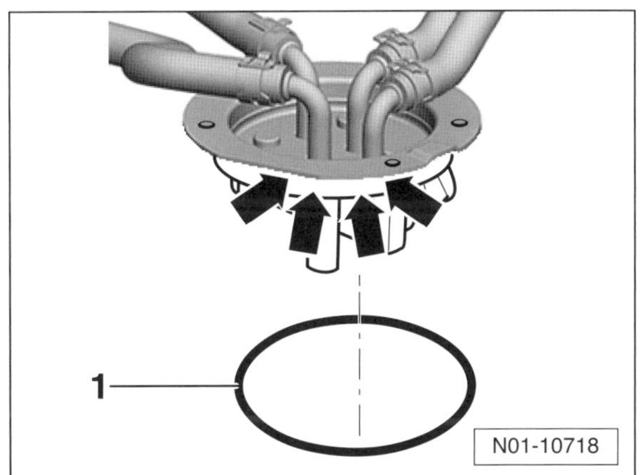

- **Neuen** Dichtring –1– mit etwas sauberem Dieselkraftstoff benetzen und in die Nut –Pfeile– am Kraftstofffilter-Oberteil einsetzen.

- Kraftstofffilter-Oberteil mit Dichtring am Unterteil ansetzen und gleichmäßig festdrücken, bis das Kraftstofffilter-Oberteil vollständig aufliegt.
- Schrauben etwa 1 Umdrehung eindrehen.

Achtung: Schrauben nicht festziehen, bevor das Oberteil nicht vollständig auf dem Unterteil aufliegt. Oberteil nicht mithilfe der Schrauben an das Unterteil heranziehen.

- Befestigungsschrauben in der Reihenfolge von 1 bis 5 bis zur Anlage anschrauben und schließlich mit **5 Nm** festziehen, siehe Abbildung N01-10715. **Achtung:** Schrauben nur über Kreuz anziehen, wie in der Abbildung dargestellt, sonst kann das Oberteil verkanten und der Dichtring beschädigt werden.

Kraftstoffsystem entlüften

Achtung: Die Hochdruckpumpe darf auf keinen Fall trockenlaufen, sonst wird sie beschädigt. Im Kraftstofftank muss genügend Dieselkraftstoff vorhanden sein um eine einwandreie Entlüftung zu gewährleisten.

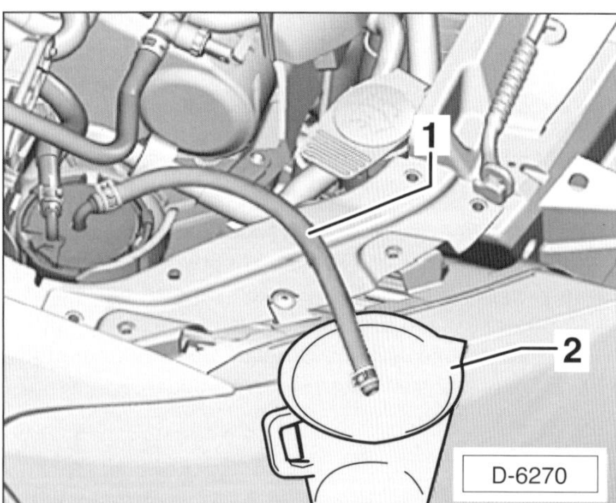

D-6270

- Kraftstoffvorlaufleitung zum Motor am Anschluss der Hochdruckpumpe abziehen, dazu Schlauchschhelle mit einer geeigneten Zange öffnen und zurückschieben.
- Anschluss sofort mit einem geeigneten Stopfen verschließen.
- Kraftstoffschlauch –1– in einen geeigneten Auffangbehälter –2– führen.
- Zündung einschalten. Dadurch läuft die elektrische Kraftstoffpumpe kurzzeitig an und fördert Kraftstoff aus dem Tank in den Filter und dann in den Auffangbehälter.
- Diesen Vorgang mehrmals wiederholen, bis Kraftstoff aus dem Filter austritt und im Auffangbehälter aufgefangen wird.

Hinweis: In der Fachwerkstatt wird die Kraftstoffpumpe mithilfe des Fahrzeugdiagnosetesters angesteuert.

- Stopfen am Kraftstoffanschluss abnehmen, Kraftstoffschlauch aufschieben und mit Schelle sichern.
- Zündung für ca. 30 Sekunden einschalten, Motor nicht starten.
- Motor starten und einige Zeit mit mittlerere Drehzahl laufen lassen.
- Motor abstellen.
- Kraftstoffsystem (Anschlüsse) auf Dichtigkeit sichtprüfen.
- Obere Motorabdeckung einbauen, siehe Seite 180.
- Fehlerspeicher auslesen und gegebenenfalls löschen lassen (Werkstattarbeit).

Motor-Luftfilter: Filtereinsatz erneuern

Spezialwerkzeug: nicht erforderlich.

Erforderliche Betriebsmittel/Verschleißteile:

- Luftfiltereinsatz.

1,4-l-Benzinmotor CGGA, 59 kW

Ausbau

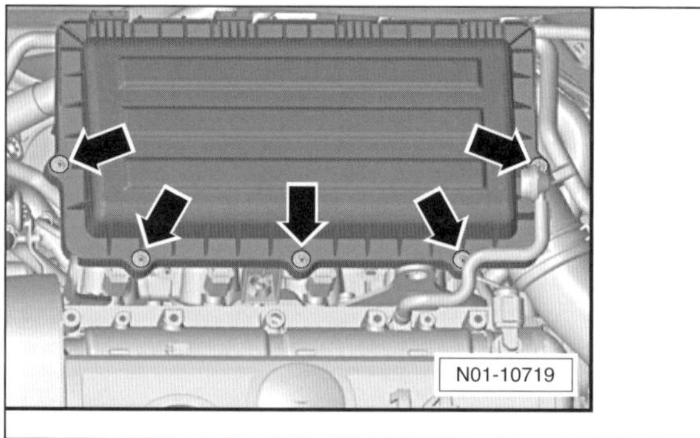
N01-10719

- Schrauben –Pfeile– für Luftfilterdeckel lösen und Luftfilterdeckel nach oben klappen. Deckel gegebenenfalls aushängen.

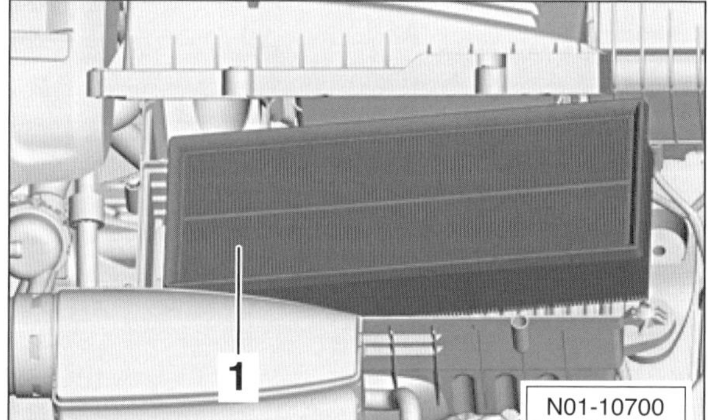

N01-10700

- Filtereinsatz –1– herausnehmen.
- Filtergehäuse mit einem Lappen auswischen.

Einbau

- Neuen Filtereinsatz in das Gehäuse legen. Dabei auf korrekten Sitz der Dichtung des Filtereinsatzes am Filtergehäuse achten.
- Deckel am Filtergehäuse einhängen, runterklappen und anschrauben.

1,2-/1,4-l-TSI-Benzinmotor 63/77/90 kW
1,6-l-Benzinmotor BSE/BSF, 75 kW

Ausbau

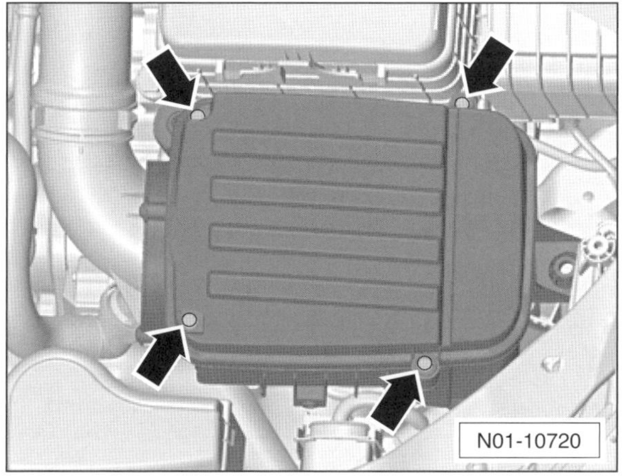

- Schrauben –Pfeile– herausdrehen und Luftfilterdeckel abnehmen.

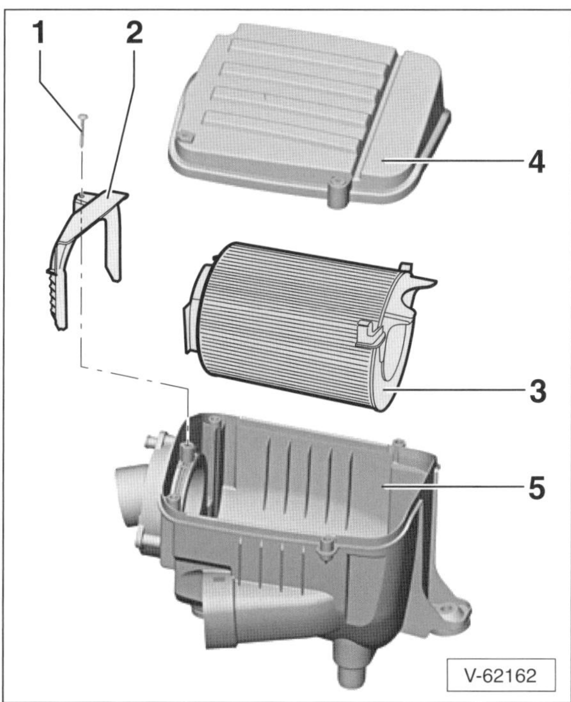

- Halter –2– abschrauben –1– und Filtereinsatz –3– herausnehmen. 4 – Filterdeckel.
- Filtergehäuse –5– mit einem Lappen auswischen.

Einbau

- Neuen Filtereinsatz in das Gehäuse legen.
- Halter und Filterdeckel von Hand festschrauben. **Anzugsdrehmomente:** Halter – **2 Nm**, Deckel – **3 Nm**.

1,4-l-TSI-Benzinmotor CAVD, 118 kW
1,8-l-TSI-Benzinmotor CDAA, 118 kW
2,0-l-TSI-Benzinmotor CCZB, 155 kW
Dieselmotor

Ausbau

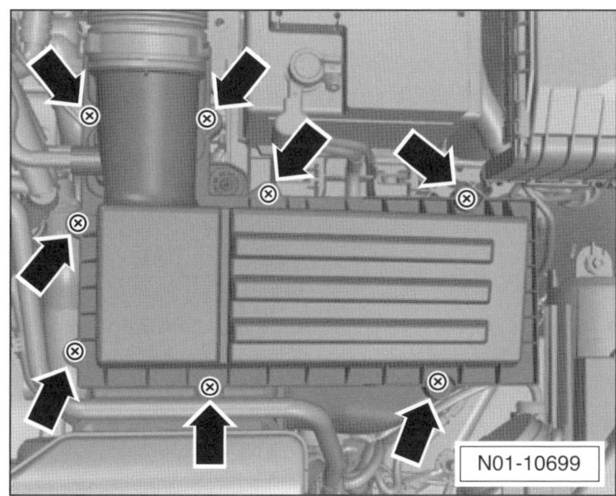

- Schrauben –Pfeile– herausdrehen.
- Unterdruckschlauch am Filterstutzen abziehen. **Achtung:** Dabei keine scharfkantigen Werkzeuge verwenden, sonst wird der Anschlussstutzen beschädigt.
- Luftfilterdeckel hochheben und Filtereinsatz herausnehmen.
- Filtergehäuse mit einem Lappen auswischen.

Einbau

- Neuen Filtereinsatz in das Gehäuse einsetzen.
- Deckel aufsetzen und mit **9 Nm** festschrauben.

2,0-l-TSI-Benzinmotor CDLF, 199 kW

Ausbau

- Obere Motorabdeckung ausbauen und auf eine weiche Unterlage legen, siehe Seite 181.

Achtung: Luftfilter-Oberteil und -Unterteil sind mit selbstschneidenden Schrauben verbunden. Daher Schrauben nur von Hand lösen und festziehen, keinen Akkuschrauber verwenden.

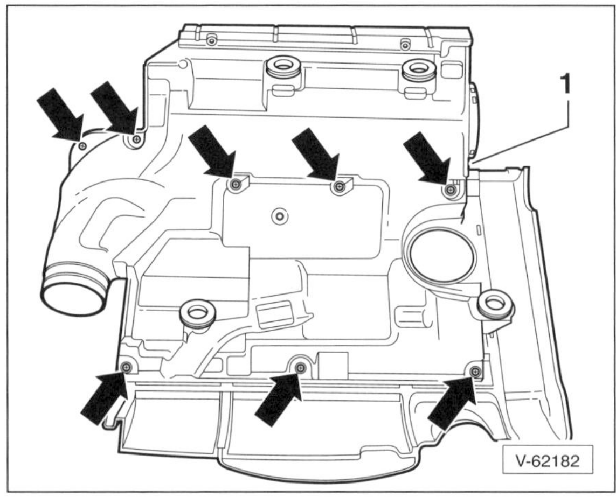

- Schrauben –Pfeile– herausdrehen. **Hinweis:** Je nach Ausführung befindet sich eine zusätzliche Schraube an Position –1–.
- Luftfilter-Unterteil vom Luftfilter-Oberteil trennen, dazu seiltiche Verrastungen lösen, siehe auch Seite 221.
- Filtereinsatz aus dem Luftfilteroberteil herausnehmen.

Einbau

- Filtereinsatz in das Luftfilterunterteil einsetzen.
- Luftfilter-Oberteil mit den Haltenasen am Luftfilter-Unterteil einhaken, siehe Seite 221.
- Luftfilter-Oberteil auf das Luftfilter-Unterteil drehen und andrücken.
- Beide Gehäusehälften müssen bündig anliegen.
- Schrauben einsetzen und von Hand festschrauben.
- Obere Motorabdeckung einbauen, siehe Seite 181.

Keilrippenriemen prüfen

Der Keilrippenriemen muss nicht nachgespannt werden, da eine automatische Spannrolle die Riemenspannung konstant hält. Im Rahmen der Wartung muss der Keilrippenriemen auf Beschädigungen geprüft, gegebenenfalls erneuert werden.

Spezialwerkzeug: nicht erforderlich.

Erforderliche Betriebsmittel/Verschleißteile bei defektem Keilrippenriemen:

- Keilrippenriemen für die jeweilige Motorausführung.

Prüfen

- Getriebe in Leerlaufstellung bringen.

> **Sicherheitshinweis**
> Beim Aufbocken des Fahrzeugs besteht Unfallgefahr! Deshalb vorher das Kapitel »Fahrzeug aufbocken« durchlesen.

- Fahrzeug aufbocken.
- Motorraumabdeckung unten ausbauen, siehe Seite 260.
- Falls vorhanden, Abdeckkappe für Keilrippenriemenscheibe ausbauen.

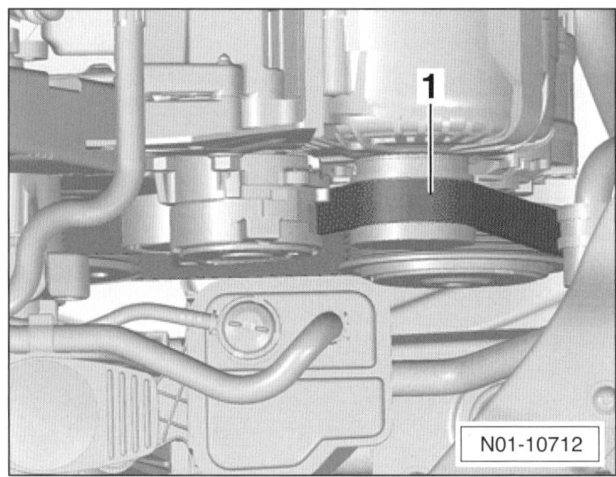

- Riemen –1– mit einem Kreidestrich quer zum Riemen markieren.
- Von der Fahrzeugunterseite her den Motor mit einer Stecknuss an der Kurbelwellen-Riemenscheibe in Motordrehrichtung, also im Uhrzeigersinn, jeweils ein Stück weiterdrehen, bis die Kreidemarkierung wieder sichtbar wird. Dabei Keilrippenriemen Stück für Stück sichtprüfen.

Keilrippenriemen auf folgende Beschädigungen prüfen:

- Öl- und Fettspuren.
- Richtige Spannung.

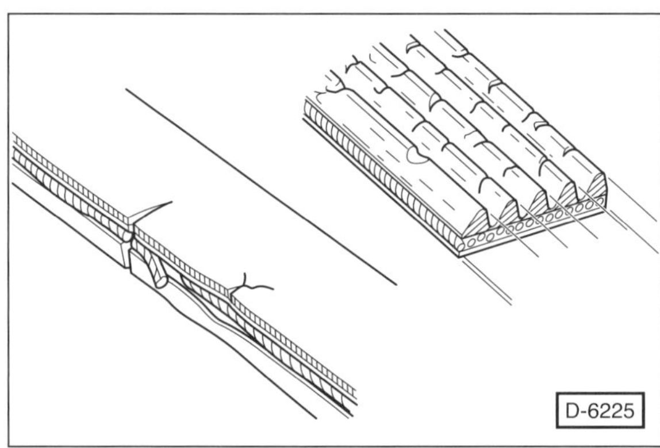

- Flankenverschleiß: Rippen laufen spitz zu, neu sind sie trapezförmig.
- Flankenverhärtungen, glasige Flanken.
- Querrisse auf der Rückseite des Riemens.
- Einzelne Rippen lösen sich ab.
- Ausfransungen der äußeren Zugstränge. Zugstrang seitlich herausgerissen. Querrisse in mehreren Rippen. Ausbruch am Unterbau.
- Rippenbrüche, einzelne Rippenquerrisse. Einlagerung von Schmutz, Steinen zwischen den Rippen. Gummiknollen im Rippengrund.

- Wenn eine oder mehrere dieser Beschädigungen vorhanden sind, Keilrippenriemen **unbedingt** ersetzen, siehe Seite 189.
- Falls vorhanden, Abdeckkappe für Keilrippenriemenscheibe einbauen.
- Motorraumabdeckung unten einbauen, siehe Seite 260.

Sichtprüfung der Abgasanlage

Sicherheitshinweis
Beim Aufbocken des Fahrzeugs besteht Unfallgefahr! Deshalb vorher das Kapitel »Fahrzeug aufbocken« durchlesen.

- Fahrzeug aufbocken.
- Befestigungsschellen auf festen Sitz prüfen.
- Abgasanlage mit Lampe anstrahlen und auf Löcher, durchgerostete Teile sowie Scheuerstellen absuchen.
- Stark gequetschte Abgasrohre ersetzen.
- Gummihalterungen durch Drehen und Dehnen auf Porosität überprüfen und gegebenenfalls austauschen.
- Fahrzeug ablassen.

Zahnriemenzustand prüfen

1,4-/1,6-l-Benzinmotor CGGA/BSE/BSF, 59/75 kW

Spezialwerkzeug: nicht erforderlich

Erforderliches Verschleißteil:

- Gegebenenfalls Zahnriemen.

Prüfen

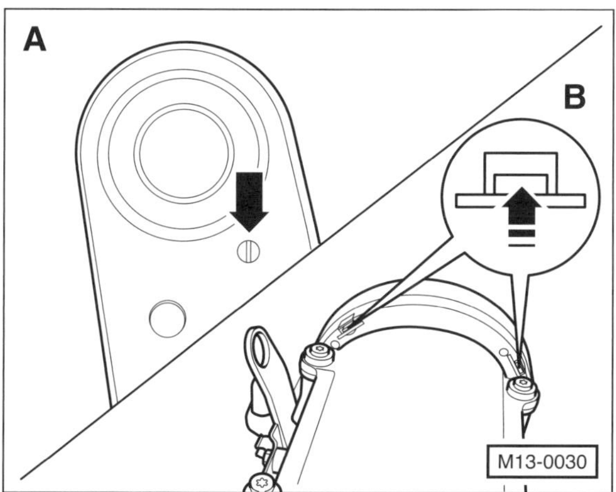

Achtung: Einbaulage der oberen Zahnriemen-Abdeckung besonders am Übergang zur mittleren Zahnriemen-Abdeckung für den Wiedereinbau merken.

- Drehverschluss gegen den Uhrzeigersinn verdrehen, –Pfeil A–, so dass der Schraubenschlitz in senkrechter Position steht.
- Obere Zahnriemen-Abdeckung ausclipsen. Dazu Rastnasen vom Clipverschluss nach oben abdrücken –Pfeil B–.
- Obere Zahnriemen-Abdeckung abnehmen.

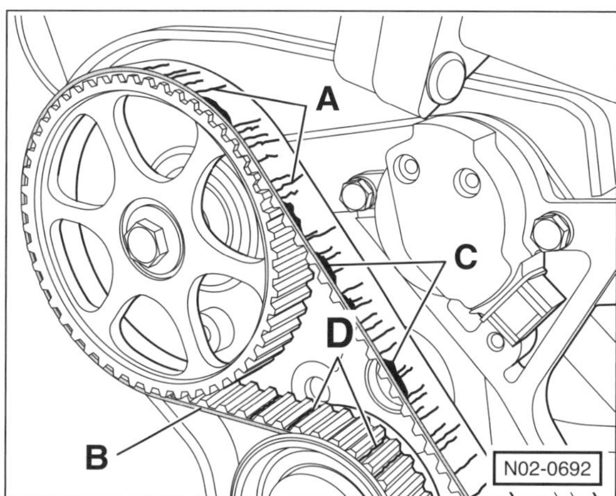

- Zahnriemen sichtprüfen auf:
  - Anrisse –A–, Querschnittbrüche in der Abdeckung.
  - Seitliches Anlaufen –B– des Zahnriemens.
  - Ausbrüche, Ausfransungen –C– der Zugstränge.
  - Risse –D– im Zahnriemengrund.
  - Lagentrennung von Zahnriemen/Zugsträngen.
  - Öl- und Fettspuren.
- Beschädigten Zahnriemen **unbedingt** ersetzen, siehe auch Kapitel »Motor-Mechanik«.
- Obere Zahnriemenabdeckung einbauen.

Zündkerzen erneuern

Erforderliches Spezialwerkzeug:

- Zündkerzenschlüssel, zum Beispiel HAZET 4766-1.
- Je nach Motor unterschiedliche Abziehwerkzeuge:
  - 1,4-l-Motor: Abzieher VW-T10094 oder HAZET 1849-7.
  - 1,6-l-Benzinmotor BSE/BSF: Abzieher VW-T10112 oder HAZET 1849-9.
  - 1,8-/2,0-l-TSI-Motor: Abzieher VW-T40039 oder HAZET 1849-10.

Achtung: Wenn die erforderlichen Spezialwerkzeuge nicht vorliegen, dann müssen die Teile, welche den freien Zugang zu den Zündspulen beziehungsweise Steckern verhindern, ausgebaut werden. Es besteht aber immer die Gefahr, insbesondere beim 1,8-/2,0-l-Motor, dass beim Ausbau mit einem anderen Werkzeug die Zündspule beschädigt wird.

Erforderliche Verschleißteile:

- 4 Zündkerzen. Die vorgeschriebene Zündkerze, siehe Seite 35.

Achtung: Zündkerzen nur bei kaltem oder handwarmem Motor wechseln. Wenn die Zündkerzen bei heißem Motor herausgedreht werden, kann das Zündkerzengewinde des Leichtmetall-Zylinderkopfes ausreißen.

1,2-l-TSI-Motor 63/77 kW

Ausbau

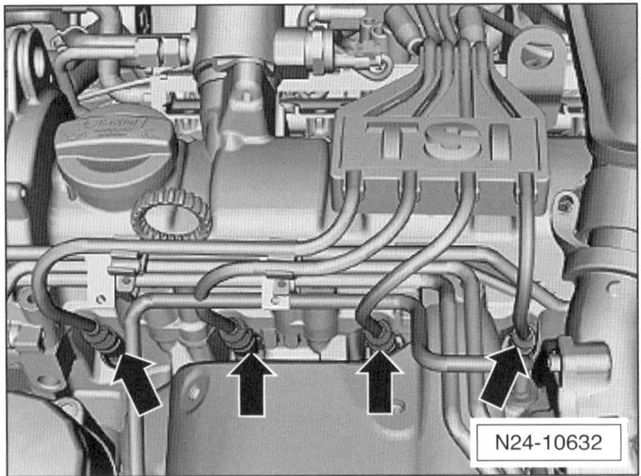

- Zündkerzenstecker –Pfeile– abziehen.
- Zündkerzen mit Zündkerzenschlüssel VW-3122B oder HAZET 4766-1 herausdrehen.

Einbau

- Neue Zündkerzen vorsichtig reinschrauben und dann mit **25 Nm** festziehen.
- Zündkerzenstecker mit Kerzensteckerfett nachfetten, siehe Abbildung N28-10079.
- Zündkerzenstecker auf die Zündkerzen aufdrücken. **Achtung:** Die Zündkerzenstecker müssen spürbar einrasten.

1,4-l-Benzinmotor CGGA, 59 kW

Ausbau

- Obere Motorabdeckung ausbauen und mit der Oberseite auf eine weiche Unterlage legen, um Kratzer zu vermeiden, siehe Seite 180.

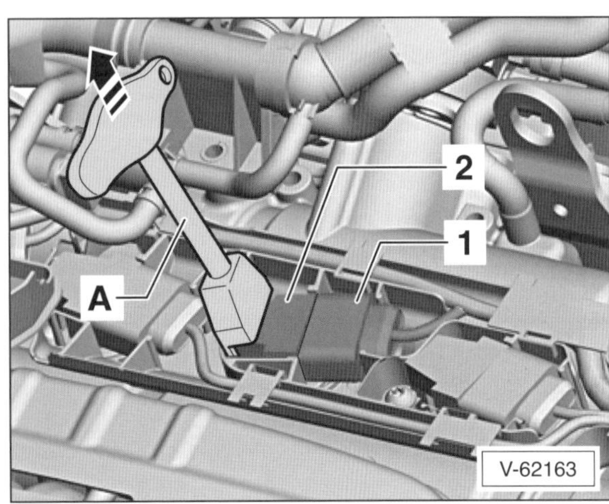

- Zündspulen mit geeignetem Abzieher –A– etwas nach oben abziehen, zum Beispiel mit VW-T10094 oder HAZET-1849-7.
- Stecker –1– in Richtung Zündspulen –2– drücken, von Hand auf die Stecker-Verriegelung drücken und Stecker von den Zündspulen abziehen.
- Zündspulen herausnehmen.

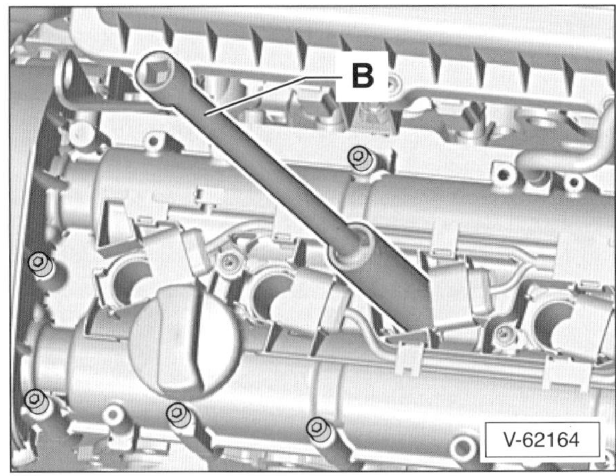

- Zündkerzen mit Zündkerzenschlüssel –B–, zum Beispiel VW-3122B oder HAZET 4766-1, herausdrehen.

Einbau

- Neue Zündkerzen vorsichtig einschrauben und mit **30 Nm** festziehen.

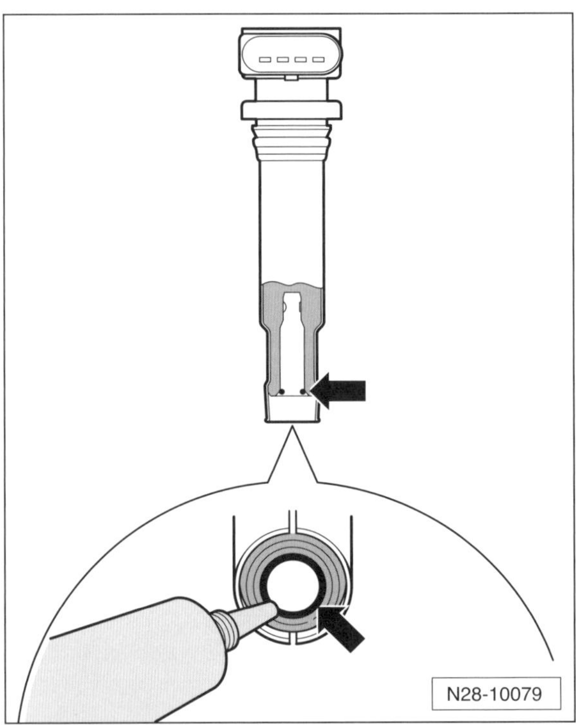

- Zündspulen mit Kerzensteckerfett, zum Beispiel VW-G052141A3 nachfetten. Dazu eine dünne Raupe Kerzensteckerfett umlaufend auf den Dichtschlauch der Zündspule auftragen –Pfeile–. Die Fettraupe muss 1 – 2 mm dick sein. **Hinweis:** Neue Zündspulen sind bereits mit Fett versehen und müssen beim Ersteinbau nicht nachgefettet werden.

- Stecker auf die Zündspulen aufstecken und einrasten.
- Zündspulen in die Zündkerzenschächte einführen.
- Zündspulen auf die Zündkerzen stecken, in den Aussparungen des Zylinderkopfdeckels ausrichten und fest aufdrücken. **Achtung:** Die Zündspulen müssen spürbar einrasten.
- Obere Motorabdeckung einbauen, siehe Seite 180.

1,4-l-TSI-Benzinmotor CAXA/CAVD, 90/118 kW

Ausbau

- Obere Motorabdeckung ausbauen und mit der Oberseite auf eine weiche Unterlage legen, um Kratzer zu vermeiden, siehe Seite 180.

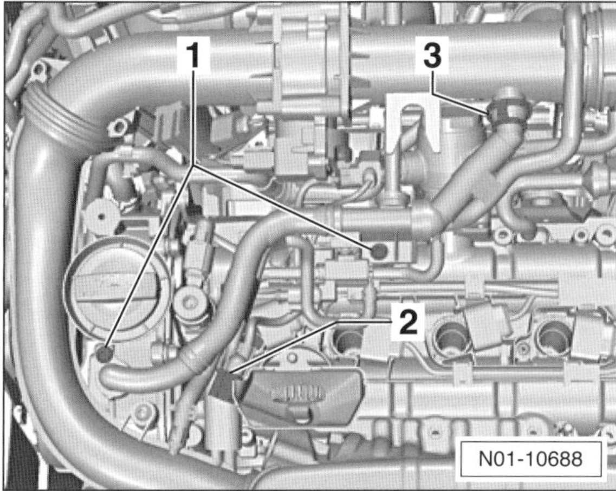

- Stecker –2– abziehen.
- Schlauchenden –3– zusammendrücken, dadurch entriegeln, und abziehen.
- Schrauben –1– herausdrehen.
- Schlauch mit Halter und Magnetventil für Ladedruckbegrenzung anheben und zur Seite legen.

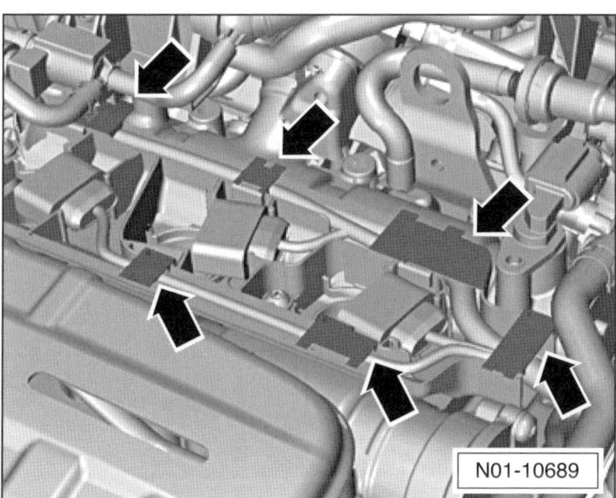

- Leitungsführung ausclipsen –Pfeile–.

Achtung: Einbaulage der Zündspulen markieren.

Hinweis: Beim Herausziehen der Zündspulen können die Leitungen beziehungsweise die Stecker der Zündspulen angeschlossen bleiben. **Achtung:** Die Leitungen dürfen nicht geknickt oder beschädigt werden.

- Der weitere Ausbau erfolgt wie beim 1,4-l-Benzinmotor CGGA mit 59 kW.

Einbau

- Neue Zündkerzen vorsichtig einschrauben und mit **25 Nm** festziehen.
- Der Einbau der Zündspulen erfolgt wie beim 1,4-l-Benzinmotor CGGA mit 59 kW.
- Kabel in der Kabelführung wie vor dem Ausbau verlegen.
- Leitungsführung einclipsen.
- Schlauch mit Halter und Magnetventil für Ladedruckbegrenzung in die ursprüngliche Einbaulage bringen.
- Stecker Schläuche aufstecken und einrasten, siehe unter »Ausbau«
- Obere Motorabdeckung einbauen, siehe Seite 180.

1,6-l-Benzinmotor BSE/BSF, 75 kW

Ausbau

- Obere Motorabdeckung ausbauen und mit der Oberseite auf eine weiche Unterlage legen, um Kratzer zu vermeiden, siehe Seite 180.
- Stecker für die Einspritzventile des 1. und 4. Zylinders abziehen. Die Zylinder werden in der Reihenfolge von 1 bis 4 gezählt, Zylinder 1 befindet sich an der Keilrippenriemenseite des Motors.

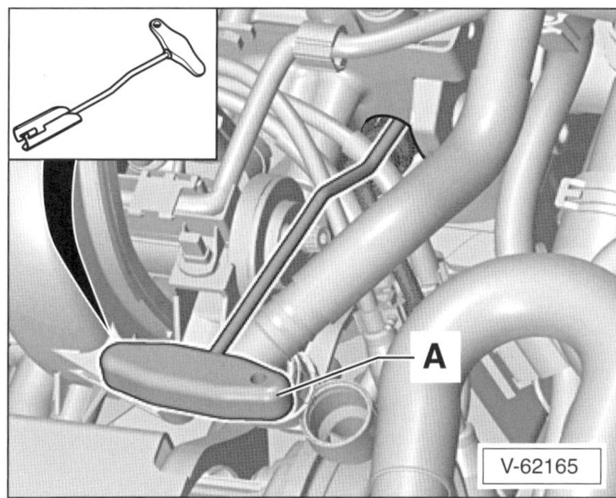

- Zündkerzenstecker mit Abzieher –A– abziehen, zum Beispiel VW-T10112 oder HAZET 1849-9.

Hinweis: Wenn das Spezialwerkzeug nicht vorliegt, müssen alle Bauteile, die die Zugänglichkeit der Kerzenstecker behindern, ausgebaut werden. Es empfiehlt sich in diesem Fall die Zündkerzen in der Werkstatt wechseln zu lassen.

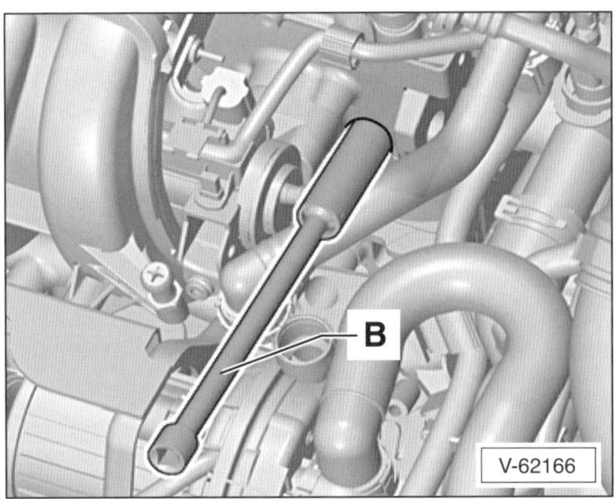

- Zündkerzen mit Zündkerzenschlüssel –B–, zum Beispiel VW-3122B oder HAZET 4766-1, herausdrehen.

Einbau

- Neue Zündkerzen vorsichtig einschrauben und mit **25 Nm** festziehen.
- Zündkerzenstecker mit Abzieher –A– aufschieben und einrasten. Zündkerzenstecker durch leichtes Ziehen auf festen Sitz prüfen.
- Stecker auf Einspritzventile aufstecken und einrasten. Anschließend Stecker auf festen Sitz prüfen.
- Obere Motorabdeckung einbauen, siehe Seite 180.

1,8-/2,0-l-TSI-Motor 118/155/199 kW

Ausbau

- Obere Motorabdeckung ausbauen und mit der Oberseite auf eine weiche Unterlage legen, um Kratzer zu vermeiden, siehe Seite 180.

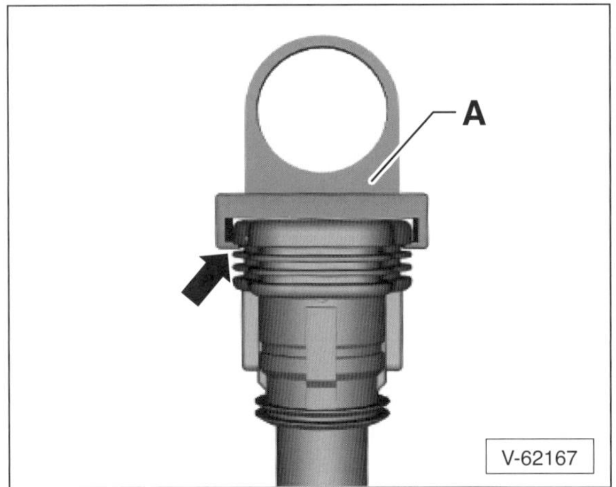

Hinweis: Zum Abziehen der Zündspulen wird der Abzieher –A– benötigt, zum Beispiel HAZET 1849-10 oder VW-T40039. Dabei Abzieher nur an der obersten dicken Rippe –Pfeil– ansetzen. Die unteren Rippen sind zu schwach und können beim Abziehen beschädigt werden.

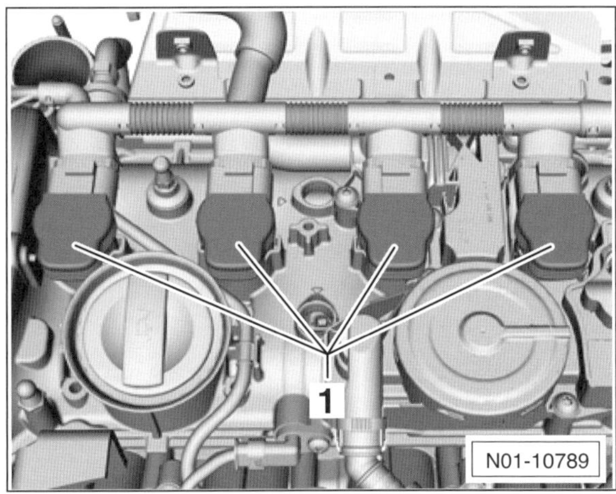

- Einbaulage der Zündspulen –1– prüfen und merken.

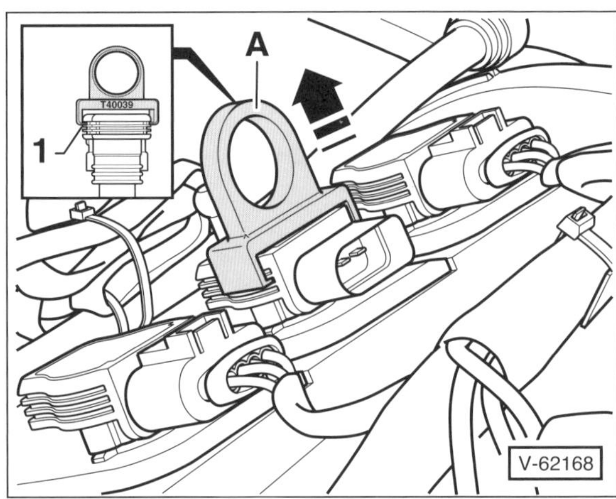

- Zündspulen mit dem Abzieher –A–, zum Beispiel VW-T40039 oder HAZET 1849-10, ca. 30 mm aus dem Zylinderkopf herausziehen –Pfeil–.

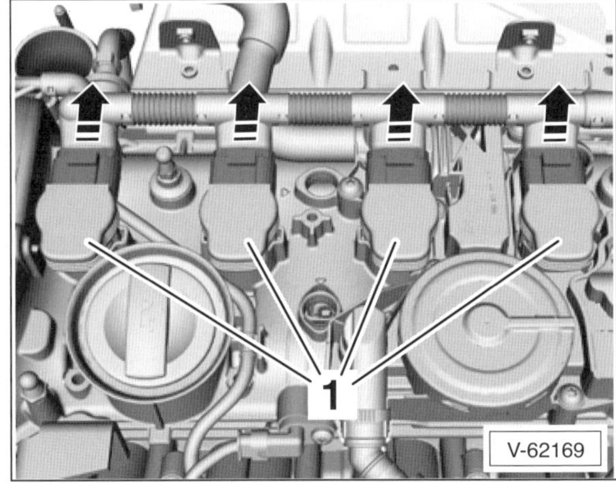

- Stecker der Zündspulen nacheinander in Richtung Zündspulen –1– drücken, von Hand auf die Verriegelung drücken und Stecker in Pfeilrichtung etwas abziehen. Anschließend alle 4 Stecker gleichzeitig abziehen.

- Zündspulen nach oben aus dem Zylinderkopf herausziehen.

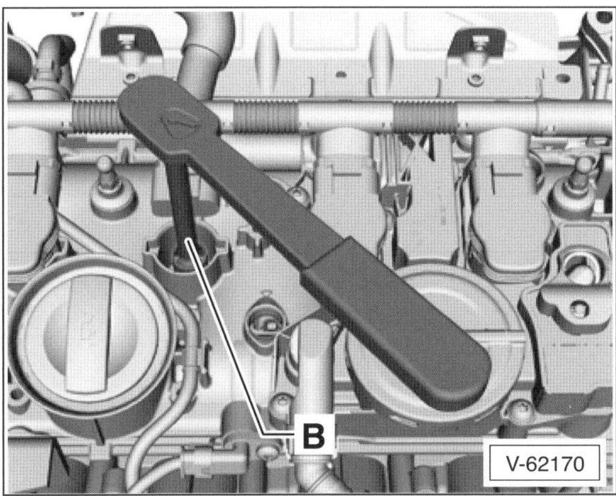

- Zündkerzen mit Zündkerzenschlüssel –B–, zum Beispiel VW-3122B oder HAZET 4766-1, herausdrehen.

Einbau

- Neue Zündkerzen vorsichtig einschrauben und dann mit **25 Nm** festziehen.
- Zündspulen nachfetten, siehe Abschnitt »1,4-l-Benzinmotor CGGA« mit 59 kW.
- Zündspulen locker in den Zündkerzenschacht stecken.
- Alle Zündspulen zu den abgezogenen Zündspulensteckern ausrichten.
- Stecker auf die Zündspulen aufstecken und einrasten.
- Zündkerzenstecker der Zündspulen von Hand auf die Zündkerzen aufdrücken. **Achtung:** Die Zündkerzenstecker müssen spürbar einrasten.
- Obere Motorabdeckung einbauen, siehe Seite 180.

Zündkerzengewinde erneuern

Hinweis: Falls festgestellt wird, dass das Zündkerzengewinde beschädigt ist, muss dieses erneuert werden. Dazu gibt es unter anderem von BERU einen entsprechenden Werkzeug- und Reparatursatz. Mit einem Spezialbohrer wird das alte Gewinde herausgeschält; der Zylinderkopf muss dazu nicht ausgebaut werden. Anschließend wird ein neues Gewinde in den Zylinderkopf geschnitten und die Zündkerze mit einem speziellen Gewindeeinsatz eingeschraubt. Nachträglich eingebaute Zündkerzen-Gewindeeinsätze sitzen sicher und sind kompressionsdicht.

Zündkerzenwerte für die VW GOLF-Motoren

Achtung: Die technische Entwicklung geht ständig weiter. Es kann sein, dass inzwischen für einzelne Motoren andere Zündkerzenwerte gelten und daher die Tabelle möglicherweise nicht auf dem neuesten Stand ist. Um die aktuelle Zündkerze für Ihren Fahrzeugmotor zu ermitteln, benötigt der Fachhandel die **Fahrzeug-Ident-Nummer** (FIN) sowie die **3 Schlüsselnummern** aus dem Kfz-Schein. Diese Nummern sollten beim Kauf von Zündkerzen angegeben werden.

Wenn in der Tabelle für einen bestimmten Motor keine Zündkerze angegeben ist, dann ist zur Zeit nur die über den VW-Kundendienst erhältliche Zündkerze freigegeben.

Motor	Motor-Kenn-buchstaben	BOSCH	EA*	BERU	EA*	NGK	EA*	Anzugs-drehmoment
1.2 TSI	CBZA/CBZB	–	–	–	–	T40227C-G08	0,7-0,8	25 Nm
1.4	CGGA	FR 7 HC+	0,9	–	–	ZFR6T-11G	1,1	30 Nm
1.4 TSI	CAXA	–	–	–	–	PZFR6R	0,9	25 Nm
1.4 TSI	CAVD	–	–	–	–	PZFR6R	0,9	25 Nm
1.6	BSE/BSF	FR 7 LDC+	0,9	14 FGH 7 DTURX	0,9-1,1	BKUR 6 ET-10	1,0	25 Nm
1.8 TSI	CDAA	FR 6 KPP 332 S	0,7	–	–	PFR7S8EG	0,8	25 Nm
2.0 GTI/ GTI-E35/GTI-R	CCZB/ CDLG/CDLF	FR 6 KPP 332 S	0,7	–	–	PFR7S8EG	0,8	25 Nm

*) EA = Elektrodenabstand in mm.

Getriebe/Achsantrieb

Folgende Wartungspunkte müssen nach dem Wartungsplan in unterschiedlichen Intervallen durchgeführt werden:

- Getriebe/Achsantrieb: Auf Undichtigkeiten und Beschädigungen sichtprüfen.
- Direktschaltgetriebe DSG: Öl und Ölfilter wechseln (Werkstattarbeit).
- Allradantrieb 4MOTION: Öl für Haldexkupplung wechseln.

Getriebe-Sichtprüfung auf Dichtheit

Spezialwerkzeug: nicht erforderlich.

Folgende Leckstellen sind möglich:

- Trennstelle zwischen Motorblock und Getriebe (Schwungraddichtung/Wellendichtung-Getriebe).
- Antriebswelle an Getriebe.
- Öleinfüllschraube.
- Ölablassschraube.

Bei ölverschmiertem Getriebe und Ölverlust überprüfen, wo das Öl austritt. Bei der Suche nach der Leckstelle folgendermaßen vorgehen:

- Getriebegehäuse mit Kaltreiniger reinigen.
- Mögliche Leckstellen mit Kalk oder Talkumpuder bestäuben.
- Probefahrt durchführen. Damit das Öl besonders dünnflüssig wird, sollte die Probefahrt auf einer Schnellstraße über eine Entfernung von ca. 30 km durchgeführt werden.

> **Sicherheitshinweis**
> Beim Aufbocken des Fahrzeugs besteht Unfallgefahr! Deshalb vorher das Kapitel »Fahrzeug aufbocken« durchlesen.

- Fahrzeug aufbocken und Getriebe mit einer Lampe anstrahlen und nach der Leckstelle absuchen.
- Leckstelle umgehend beseitigen. Anschließend Getriebeöl auffüllen.

1,4-/1,6-l-Benzinmotor 59/75/90 kW

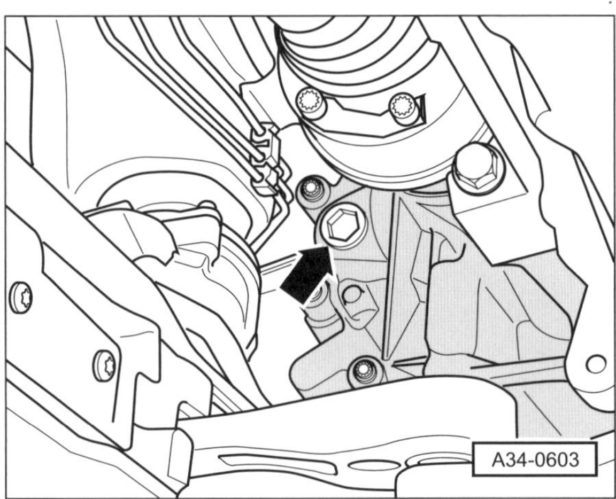

Falls erforderlich, Getrieböl durch die Kontrollbohrung für Getriebeölstand auffüllen. Dazu Innensechskant- beziehungsweise Innenvielzahn-Verschlussschraube –Pfeil– seitlich am Getriebe beziehungsweise neben dem Gelenkwellenflansch herausdrehen. Der Ölstand muss bis zur Unterkante der Kontrollbohrung reichen. Innensechskant-Verschlussschraube mit **30 Nm**, Innenvielzahnschraube mit **25 Nm** festziehen.

2,0-l-Benzinmotor 155 kW/2,0-l-Dieselmotor mit 103/125 kW

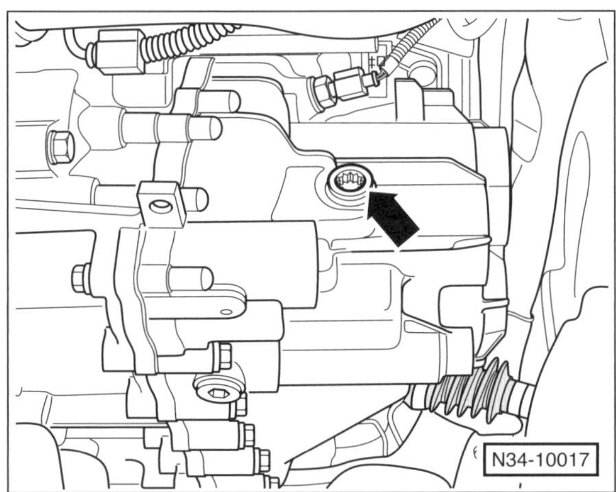

Falls erforderlich, Getrieböl durch die Kontrollbohrung für Getriebeölstand auffüllen. Dazu Innensechskant- beziehungsweise Innenvielzahn-Verschlussschraube –Pfeil– vorn am Getriebe herausdrehen. Der Ölstand muss bis zur Unterkante der Kontrollbohrung reichen. Innensechskant-Verschlussschraube mit **30 Nm**, Innenvielzahnschraube mit **45 Nm** festziehen.

Allradantrieb: Öl für Haldex-Kupplung wechseln

Erforderliche Betriebsmittel/Verschleißteile:

- 0,7 l Hochleistungsöl für Haldex-Kupplung (Wechselmenge). **Hinweis:** Die Gesamtfüllmenge beträgt 0,85 l.
- Dichtringe für Ablass- und Einfüllschrauben der Haldex-Kupplung.

Erforderliches Sonderwerkzeug:

- Auffangwanne für Getriebeöl.

Öl wechseln

> **Sicherheitshinweis**
> Beim Aufbocken des Fahrzeugs besteht Unfallgefahr! Deshalb die Hinweise im Kapitel »Fahrzeug aufbocken« beachten.

- Fahrzeug waagerecht aufbocken.
- Auffangwanne unter die Haldex-Kupplung stellen.

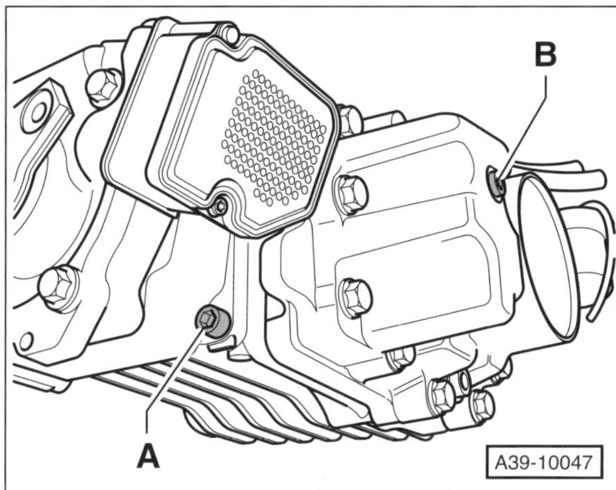

- Ablassschraube –A– unten am Kupplungsgehäuse herausschrauben, Öl ablassen und auffangen.
- Ablassschraube mit **neuem** Dichtring einschrauben und mit **30 Nm** festziehen.
- Öleinfüllschraube –B– herausschrauben.

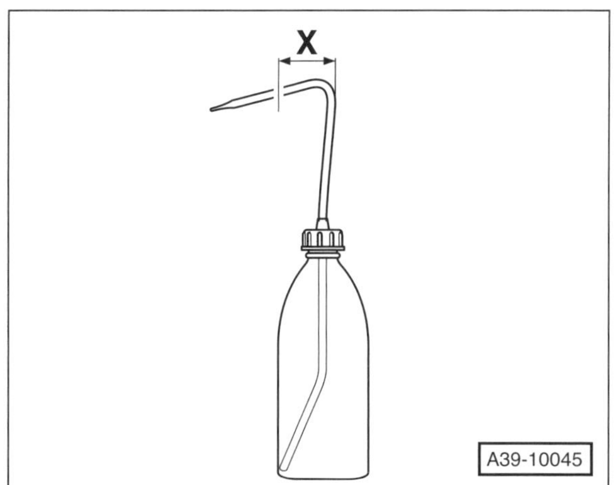

- Einfüllrohr einer handelsüblichen Befüllflasche auf X = 50 mm kürzen.

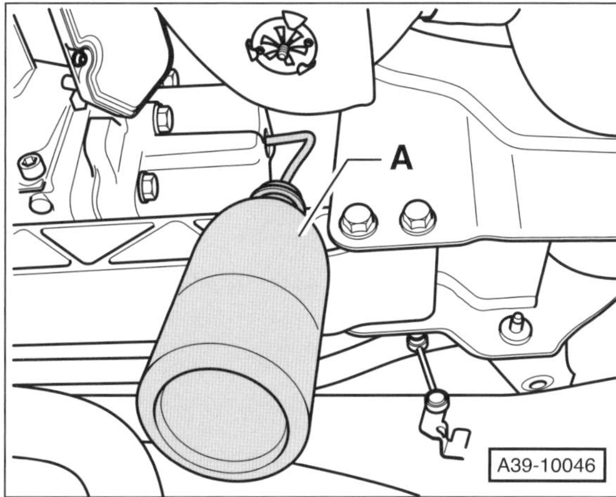

- Hochleistungsöl für Haldex-Kupplung mit der Befüllflasche –A– bis zur Unterkante der Einfüllöffnung einfüllen.
- Der Ölstand ist in Ordnung, wenn bei einer Öltemperatur zwischen +20° C und +40° C das Öl bis zur Unterkante der Einfüllöffnung oder 3 mm darunter reicht.
- Öleinfüllschraube mit neuem Dichtring einschrauben und mit **15 Nm** festziehen.
- Fahrzeug ablassen.

Vorderachse/Lenkung

Folgende Wartungspunkte müssen nach dem Wartungsplan in unterschiedlichen Intervallen durchgeführt werden:

- Spurstangenköpfe: Spiel und Befestigung prüfen, Staubkappen prüfen.
- Achsgelenke/Achslager: Auf Beschädigung prüfen.
- Manschetten der Antriebswellen: Auf Undichtigkeiten und Beschädigungen sichtprüfen.

Achsgelenke und Spurstangenköpfe prüfen/ersetzen

Erforderliches Spezialwerkzeug:

- Werkstattwagenheber.
- Lampe.

Sicherheitshinweis
Beim Aufbocken des Fahrzeugs besteht Unfallgefahr! Deshalb vorher das Kapitel »Fahrzeug aufbocken« durchlesen.

- Fahrzeug vorn aufbocken, die Räder müssen frei hängen.

Achsgelenke:

Staubkappen prüfen

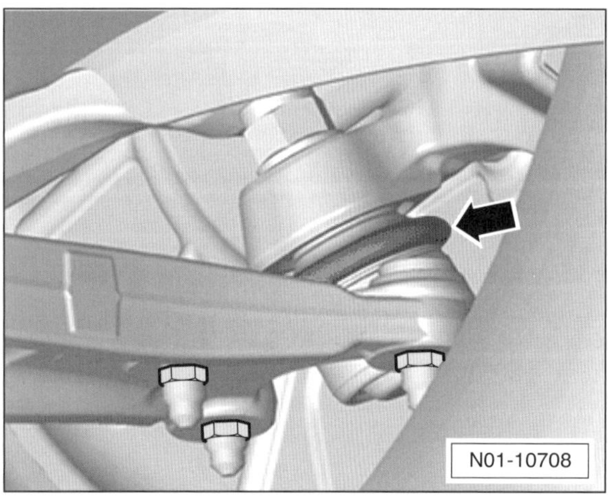

- Staubkappen –Pfeil– für untere Achsgelenke links und rechts mit Lampe anstrahlen und auf Beschädigungen und Undichtigkeit überprüfen.

Spiel prüfen

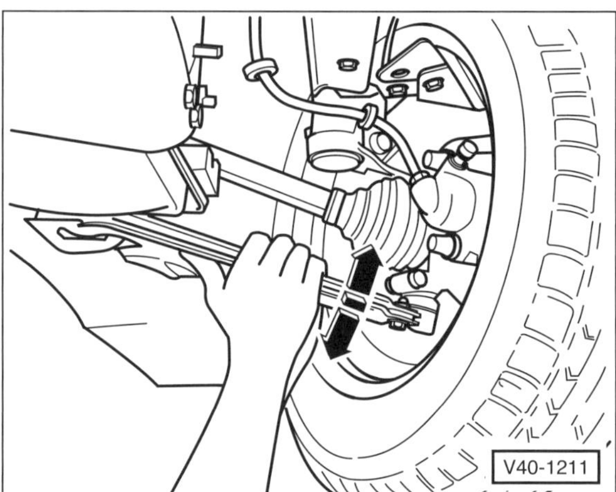

- Querlenker kräftig nach oben drücken und nach unten ziehen, dabei das Achsgelenk beobachten.
- Rad unten kräftig nach außen und innen drücken, dabei das Achsgelenk beobachten.
- Bei beiden Prüfungen darf kein fühlbares und sichtbares Spiel im Achsgelenk vorhanden sein.

Hinweis: Eventuell vorhandenes Radlagerspiel oder Spiel im Federbeinlager oben berücksichtigen.

Ersetzen

- Gelenkwelle aus der Radnabe herausziehen, siehe Seite 134.
- Einbaulage der 3 Muttern am Querlenker mit Reißnadel kennzeichnen und Muttern abschrauben.

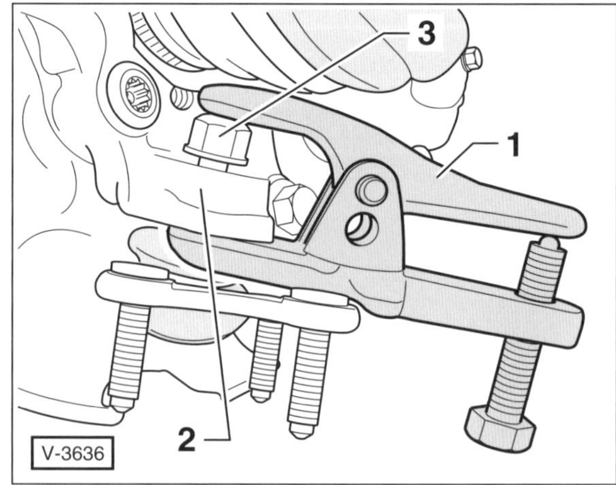

- Mutter –3– am Achslenker lösen, siehe Abbildung.
- Querlenker nach unten abziehen und Achsgelenk mit Kugelgelenkabzieher –1–, zum Beispiel HAZET 1790-7, aus dem Achsschenkel –2– herausdrücken.

Hinweis: Beim Abdrücken die Mutter –3– zum Schutz des Gewindes einige Gewindegänge auf dem Achsgelenk belassen.

Achtung: Einbaulage des Achsgelenkes beachten. Bei falscher Einbaulage ändert sich der Nachlauf.

- Achsgelenk in den Achsschenkel einsetzen und mit **neuer, selbstsichernder Mutter** handfest anschrauben.
- Gelenkwelle in Radlager einschieben.
- Achsgelenk festziehen. Dabei Gelenk-Kugelbolzen mit Innentorxschlüssel gegenhalten. Anzugsdrehmoment siehe Seite 129.
- Achsgelenk in den Querlenker einsetzen, Dichtungsbalg des Achsgelenks dabei nicht verdrillen oder beschädigen. **Neue selbstsichernde Muttern** aufschrauben und festziehen. Anzugsdrehmoment siehe Seite 129.
- Nabenschraube einbauen, siehe Seite 136.
- Reifen-Laufrichtung beachten, Rad anschrauben, Fahrzeug ablassen, erst dann Radschrauben über Kreuz mit **120 Nm** festziehen. **Achtung:** Unbedingt Hinweise im Kapitel »Rad aus- und einbauen« beachten.

Achslager:

Prüfen

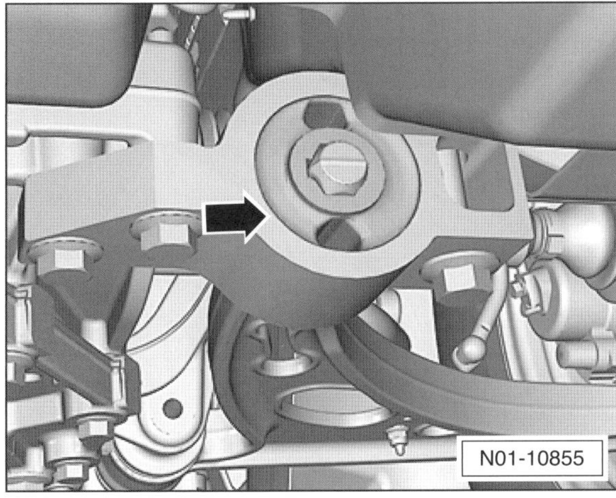

- Achslager –Pfeil– links und rechts mit Lampe anstrahlen und auf Beschädigungen sichtprüfen. Es darf kein Spiel vorhanden sein. Das vulkanisierte Gummilager darf keine Risse und poröse Stellen aufweisen. Gegebenenfalls Achslager ersetzen lassen (Werkstattarbeit).

Spurstangenköpfe/Lenkmanschetten:

Staubkappen und Manschetten prüfen

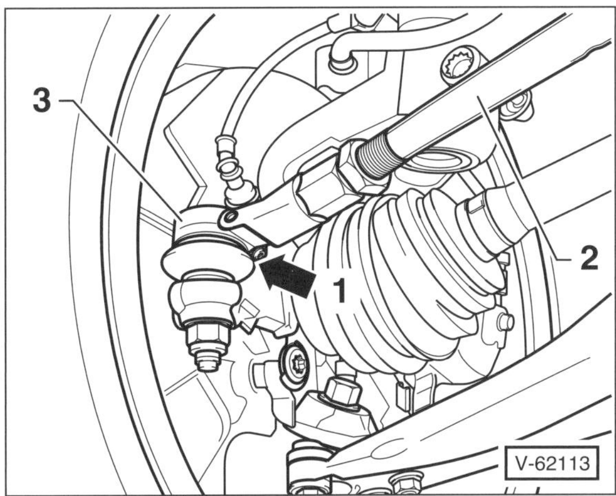

- Staubkappe –1– für Kugelgelenk der Spurstange links und rechts mit Lampe anstrahlen und auf Beschädigungen überprüfen.
- Bei beschädigter Staubkappe sicherheitshalber entsprechendes Gelenk mit Schutzkappe auswechseln. Eingedrungener Schmutz zerstört mit Sicherheit das Gelenk. Spurstangenkopf ersetzen, siehe Seite 150.
- Spurstange –2– links und rechts kräftig von Hand hin- und herbewegen. Das jeweilige Kugelgelenk –3– darf kein Spiel aufweisen, andernfalls Spurstangengelenk ersetzen, siehe Seite 150.
- Festsitz der Kontermutter am Spurstangenkopf und Befestigungsmutter des Kugelgelenks prüfen, ohne sie dabei zu verdrehen.
- Manschetten am Lenkgetriebe auf Beschädigung prüfen, gegebenenfalls erneuern.

Manschetten der Antriebswellen prüfen

Erforderliches Spezialwerkzeug:

- Werkstattwagenheber.
- Lampe.

Prüfen

Sicherheitshinweis
Beim Aufbocken des Fahrzeugs besteht Unfallgefahr! Deshalb vorher das Kapitel »Fahrzeug aufbocken« durchlesen.

- Fahrzeug aufbocken.

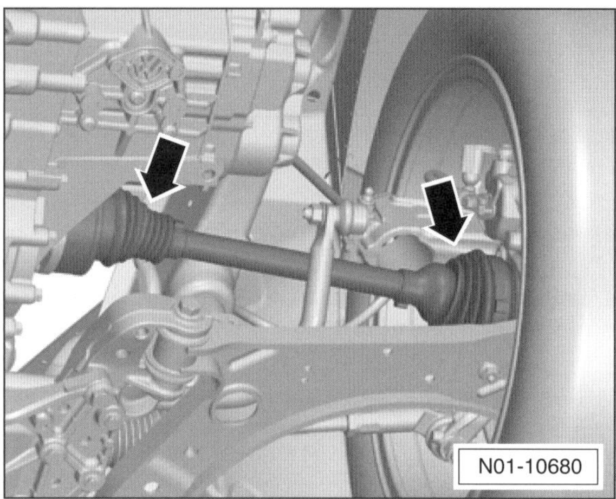

- Manschetten –Pfeile– mit Lampe anstrahlen und auf Porosität und Risse untersuchen. Eingerissene Manschetten umgehend erneuern.
- Manschetten auf der anderen Fahrzeugseite auf die gleiche Weise prüfen.
- Sollte eine Manschette durch Unterdruck im Gelenk nach innen gezogen oder defekt sein, so ist sie umgehend auszutauschen.
- Auf sichtbare Fettspuren an den Manschetten und in deren Umgebung achten.
- Festen Sitz der Klemmschellen prüfen.
- Fahrzeug ablassen.

Bremsen/Reifen/Räder

Folgende Wartungspunkte müssen nach dem Wartungsplan in unterschiedlichen Intervallen durchgeführt werden:

- Bremsflüssigkeitsstand: Prüfen.
- Belagstärke der vorderen und hinteren Bremsbeläge prüfen.
- Sichtprüfung von Bremsleitungen, -schläuchen und Anschlüssen auf Undichtigkeiten und Beschädigungen.
- Bremsflüssigkeit: Erneuern.
- Bereifung (einschließlich Reserverad): Profiltiefe, Reifenfülldruck und Reifenventil prüfen; Reifen auf Verschleiß und Beschädigungen prüfen.
- Reifenreparaturset, falls vorhanden: Haltbarkeitsdatum prüfen, gegebenenfalls Reifenreparaturset ersetzen.
- Reifen-Kontroll-Anzeige: Grundeinstellung durchführen.

Bremsflüssigkeitsstand prüfen

Spezialwerkzeug: nicht erforderlich.

Erforderliche Betriebsmittel/Verschleißteile zum Nachfüllen:

- Bremsflüssigkeit der Spezifikation **VW-501 14.**

Der Vorratsbehälter für die Bremsflüssigkeit befindet sich im Motorraum.

Der Vorratsbehälter ist durchscheinend, so dass der Bremsflüssigkeitsstand von außen überprüft werden kann. Außerdem wird ein zu niedriger Bremsflüssigkeitsstand durch eine Warnleuchte im Kombiinstrument signalisiert. Dennoch ist es ratsam, bei der regelmäßigen Motor-Ölstandkontrolle auch einen Blick auf den Vorratsbehälter für Bremsflüssigkeit zu werfen.

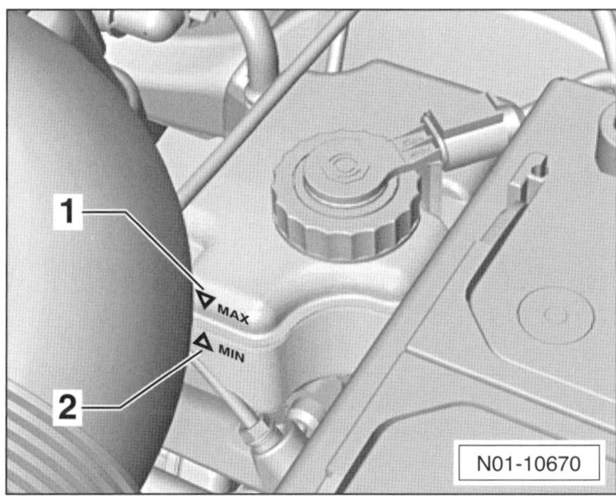

- Der Bremsflüssigkeitsstand soll zwischen der MAX- –1– und der MIN-Marke –2– liegen.
- Bei Bedarf nur **neue** Bremsflüssigkeit der VW-Spezifikation **501 14** einfüllen.

Achtung: Durch Abnutzung der Scheibenbremsbeläge entsteht ein geringfügiges Absinken der Bremsflüssigkeit. Das ist normal. Es muss keine Bremsflüssigkeit nachgefüllt werden. Beispielsweise kann die Bremsflüssigkeit bis zur MIN-Marke absinken, wenn die Bremsbeläge annähernd die Verschleißgrenze erreicht haben. In diesem Fall **keine** Bremsflüssigkeit nachfüllen.

- Sinkt die Bremsflüssigkeit jedoch innerhalb kurzer Zeit stark ab oder liegt der Flüssigkeitsspiegel unter der MIN-Marke, ist das ein Zeichen für Bremsflüssigkeitsverlust.
- Bei Bremsflüssigkeitsverlust muss die Leckstelle sofort ausfindig gemacht werden. Sicherheitshalber sollte die Überprüfung und Reparatur der Anlage von einer Fachwerkstatt durchgeführt werden.

Bremsbelagdicke prüfen

Erforderliches Spezialwerkzeug:

- Taschenlampe und Spiegel.
- Schieblehre.

Prüfvoraussetzung

Hinweis: Durch Schmutzpartikel am Fahrbahnrand ist der Belagverschleiß auf der Beifahrerseite erfahrungsgemäß minimal größer als auf der Fahrerseite. Daher ist es sinnvoll, das vordere Rad auf der Beifahrerseite abzunehmen.

Sicherheitshinweis
Beim Aufbocken des Fahrzeugs besteht Unfallgefahr! Deshalb vorher das Kapitel »Fahrzeug aufbocken« durchlesen.

- Reifen-Laufrichtung mit Pfeil am Reifen markieren. Radschrauben lösen. Fahrzeug aufbocken und Räder abnehmen. **Achtung:** Unbedingt Hinweise im Kapitel »Rad aus- und einbauen« beachten.

Achtung: Bei der Belagkontrolle gleichzeitig auf verschmierte Beläge achten. In diesem Fall Bremsbeläge umgehend erneuern und Defekt beseitigen.

Vorderrad-Scheibenbremse

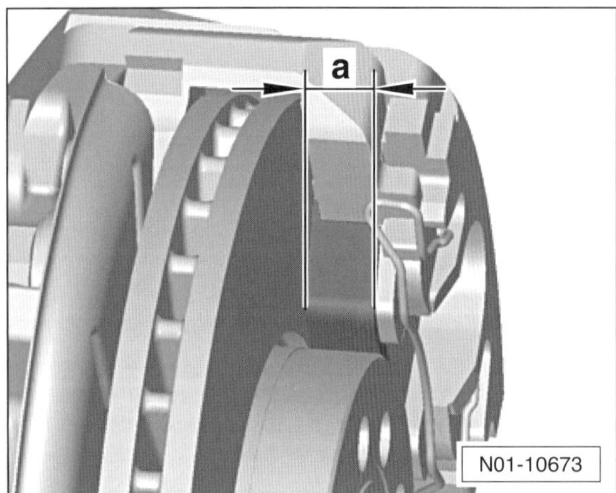

- Belagdicke –a–, ohne Metall-Trägerplatte, mit einer Schieblehre messen.
- Die Verschleißgrenze der vorderen Scheibenbremsbeläge ist erreicht, wenn ein Belag nur noch eine Dicke –a– von **2 mm** (ohne Metall-Trägerplatte) aufweist. In diesem Fall Bremsbeläge an der Vorderachse wechseln, siehe Seite 162.

Hinweis: Wenn die Bremsbeläge ersetzt werden, Bremsscheiben auf Verschleiß prüfen, siehe Seite 169.

- Reifen-Laufrichtung beachten, Räder anschrauben, Fahrzeug ablassen, erst dann Radschrauben über Kreuz mit **120 Nm** festziehen. **Achtung:** Unbedingt Hinweise im Kapitel »Rad aus- und einbauen« beachten.

Hinweis: Nach einer Faustregel entspricht 1 mm Bremsbelag einer Fahrleistung von mindestens 1000 km. Diese Faustregel gilt unter ungünstigen Bedingungen.

Hinterrad-Scheibenbremse

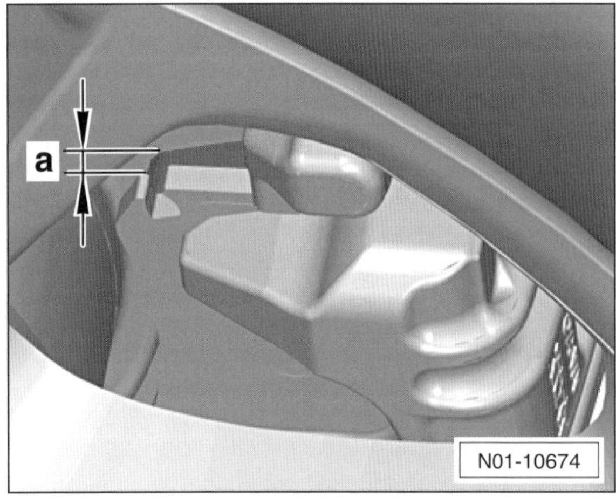

- Dicke der äußeren Bremsbeläge –a– durch einen Durchbruch im Scheibenrad prüfen, falls erforderlich, Lampe verwenden. Das Rad muss nicht abgenommen werden. Falls vorhanden, Radvollblende abziehen.
- Inneren Belag mit Hilfe einer Lampe und eines Spiegels sichtprüfen.
- Die Verschleißgrenze der Scheibenbremsbeläge ist erreicht, wenn ein Belag ohne Metall-Trägerplatte nur noch eine Dicke von a = **2 mm** aufweist.

Sichtprüfung der Bremsleitungen

Spezialwerkzeug: nicht erforderlich.

Sicherheitshinweis
Beim Aufbocken des Fahrzeugs besteht Unfallgefahr! Deshalb vorher das Kapitel »Fahrzeug aufbocken« durchlesen.

- Fahrzeug aufbocken.
- Verschmutzte Bremsleitungen reinigen.

Achtung: Die Bremsleitungen sind zum Schutz gegen Korrosion mit einer Kunststoffschicht überzogen. Wird diese Schutzschicht beschädigt, kann es zur Korrosion der Leitungen kommen. Daher dürfen Bremsleitungen nicht mit Drahtbürste oder Schmirgelleinen gereinigt werden.

- Bremsleitungen vom Hauptbremszylinder zur ABS-Hydraulikeinheit und den einzelnen Radbremsen mit Lampe anstrahlen und überprüfen. Der Hauptbremszylinder sitzt im Motorraum unter dem Vorratsbehälter für Bremsflüssigkeit.
- Bremsleitungen dürfen weder geknickt noch gequetscht sein. Auch dürfen sie keine Rostnarben oder Scheuerstellen aufweisen. Andernfalls Leitung bis zur nächsten Trennstelle ersetzen.
- Bremsschläuche verbinden die Bremsleitungen mit den Radbremszylindern an den beweglichen Teilen des Fahrzeugs. Sie bestehen aus hochdruckfestem Material, können aber mit der Zeit porös werden, aufquellen oder durch scharfe Gegenstände angeschnitten werden. In einem solchen Fall sind die Bremsschläuche sofort zu ersetzen.

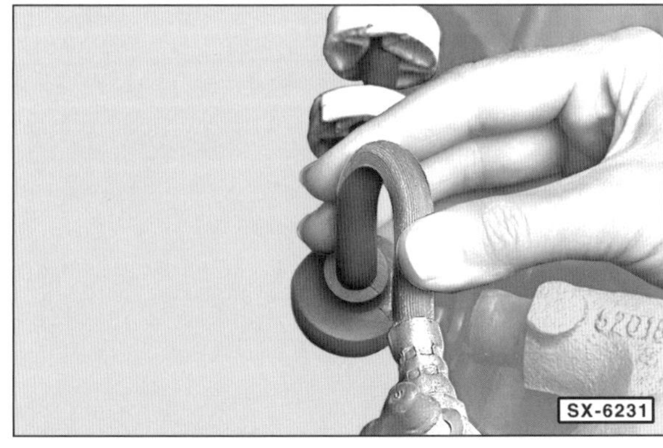

- Bremsschläuche mit der Hand hin- und herbiegen, um brüchige Stellen und Beschädigungen festzustellen. Die Schläuche dürfen nicht verdreht sein. Farbige Kennlinie beachten, falls vorhanden!

- Anschlussstellen von Bremsleitungen und -schläuchen dürfen nicht durch ausgetretene Flüssigkeit feucht sein.
- Lenkrad nach links und rechts bis zum Anschlag drehen. Die Bremsschläuche dürfen dabei in keiner Stellung Fahrzeugteile berühren.
- Fahrzeug ablassen.
- Lenkrad nochmals nach links und rechts bis zum Anschlag drehen und sicherstellen, dass die Bremsschläuche in keiner Stellung Fahrzeugteile berühren.

Bremsflüssigkeit wechseln

Erforderliches Spezialwerkzeug:

- Ringschlüssel für Entlüftungsschrauben.
- Durchsichtiger Kunststoffschlauch und Auffangflasche.

Erforderliches Betriebsmittel:

- Bremsflüssigkeit der Spezifikation **VW-501 14**.
  Fahrzeuge mit DSG- oder Automatikgetriebe: 1,0 l.
  Fahrzeuge mit Schaltgetriebe: 1,1 l.

Bremsflüssigkeit nimmt durch die Poren der Bremsschläuche sowie durch die Entlüftungsöffnung des Vorratsbehälters Luftfeuchtigkeit auf. Dadurch sinkt im Laufe der Betriebszeit der Siedepunkt der Bremsflüssigkeit. Bei starker Beanspruchung der Bremse kann es deshalb zu Dampfblasenbildung in den Bremsleitungen kommen, wodurch die Funktion der Bremsanlage stark beeinträchtigt wird.

Die Bremsflüssigkeit soll alle 2 Jahre, möglichst im Frühjahr, erneuert werden. Bei vielen Gebirgsfahrten, Bremsflüssigkeit in kürzeren Abständen wechseln.

Achtung: Die Arbeitsschritte zum Wechseln der Bremsflüssigkeit sind weitgehend gleich wie beim Entlüften der Bremsanlage. In der folgenden Beschreibung wird nur auf die Unterschiede eingegangen, daher muss auf jeden Fall auch das Kapitel »Bremsanlage entlüften« durchgelesen werden, siehe Seite 173.

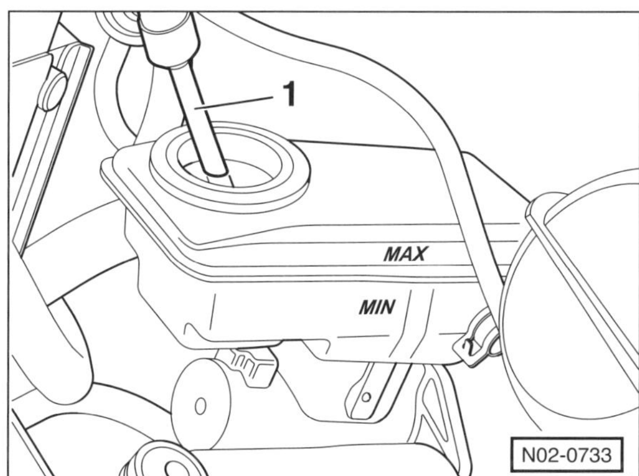

- Bremsflüssigkeitsstand auf dem Vorratsbehälter mit Filzstift markieren. Nach Erneuern der Bremsflüssigkeit ursprünglichen Flüssigkeitsstand wieder herstellen. Dadurch wird ein Überlaufen des Bremsflüssigkeitsbehälters beim Wechsel der Bremsbeläge vermieden.
- Mit einer Absaugflasche –1– aus dem Bremsflüssigkeitsbehälter so viel wie möglich Bremsflüssigkeit absaugen, maximal aber bis zu einem Stand von ca. 10 mm.

Achtung: Das Sieb im Bremsflüssigkeitsbehälter darf nicht entfernt werden. Abgesaugte Bremsflüssigkeit auf keinen Fall wieder verwenden.

- Vorratsbehälter bis zur MAX-Marke mit **neuer** Bremsflüssigkeit füllen.
- Alte Bremsflüssigkeit nacheinander aus den Bremssätteln herauspumpen. Die abfließende Bremsflüssigkeit muss in jedem Fall klar und blasenfrei sein. An den **vorderen** Bremssätteln jeweils ca. **200 cm³** , an den **hinteren** Bremssätteln jeweils **300 cm³** Bremsflüssigkeit herauspumpen. Dabei am vorderen linken Bremssattel beginnen, dann in der Reihenfolge vorn rechts, hinten links und hinten rechts fortfahren.

Achtung: Vorratsbehälter zwischendurch immer mit **neuer** Bremsflüssigkeit auffüllen. Er darf nie ganz leer sein, sonst gelangt Luft in das Bremssystem. **Falls der Bremsflüssigkeitsbehälter dennoch leer läuft, Bremsanlage in der Fachwerkstatt entlüften lassen, da für die Entlüftung der ABS-Hydraulik das Werkstatt-Diagnosegerät erforderlich ist.**

- Nach dem Bremsflüssigkeitswechsel das Bremspedal betätigen und Leerweg prüfen. Der Leerweg darf maximal ⅓ des gesamten Pedalwegs betragen.

Bei Fahrzeugen mit Schaltgetriebe Bremsflüssigkeit aus der Kupplungsbetätigung herausdrücken

Da die Kupplungsbetätigung ebenfalls mit Bremsflüssigkeit arbeitet, muss auch der Inhalt des Kupplungssystems ersetzt werden.

- Luftfilter ausbauen, siehe Seite 222.

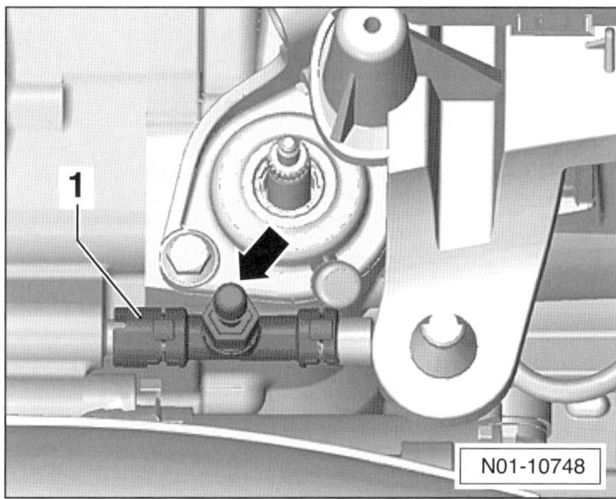

- Staubkappe –Pfeil– vom Entlüftungsventil am Kupplungs-Nehmerzylinder –1– abziehen. Entlüftungsventil reinigen.
- Durchsichtigen, sauberen Schlauch auf das Entlüftungsventil aufschieben.
- Freies Schlauchende in eine mit Bremsflüssigkeit halbvoll gefüllte Flasche stecken. Einen geeigneten Schlauch und passendes Gefäß gibt es im Autozubehör-Handel.

- Entlüftungsschraube lösen und durch Helfer Kupplungspedal betätigen lassen. Dabei 50 cm³ (50 ml) Bremsflüssigkeit herausfließen lassen.
- Kupplungspedal in gedrückter Stellung halten lassen und Entlüftungsschraube festziehen.
- Kupplungspedal zurücknehmen lassen.
- Kupplungspedal 10- bis 15-mal schnell hintereinander bis zum Anschlag durchtreten und loslassen.
- Entlüftungsschraube lösen und durch Helfer Kupplungspedal betätigen lassen. Dabei erneut 50 cm³ beziehungsweise 50 ml Bremsflüssigkeit herausfließen lassen.
- Kupplungspedal in gedrückter Stellung halten lassen und Entlüftungsschraube festziehen.
- Kupplungspedal zurücknehmen lassen.
- Kupplungspedal mehrmals bis Anschlag durchtreten und loslassen.
- Entlüftungsschlauch abziehen und mit Auffanggefäß zur Seite stellen.
- Luftfilter einbauen, siehe Seite 222.

- Bremsflüssigkeit im Vorratsbehälter bis zum markierten Stand vor dem Bremsflüssigkeitswechsel auffüllen.
- Verschlussdeckel am Behälter aufschrauben.

Achtung, Sicherheitskontrolle durchführen:
- Sind die Entlüftungsschrauben angezogen?
- Ist genügend Bremsflüssigkeit eingefüllt?
- Bei laufendem Motor Dichtheitskontrolle durchführen. Hierzu Bremspedal mit 200 bis 300 N (entspricht 20 bis 30 kg) etwa 10 Sekunden betätigen. Das Bremspedal darf nicht nachgeben. Sämtliche Anschlüsse auf Dichtheit kontrollieren.

- Nach dem Wechsel der Bremsflüssigkeit darf sich beim Treten auf das Bremspedal der Druck nicht schwammig anfühlen. Falls doch, Anlage nochmals entlüften. Dabei an jedem Bremssattel den Entlüftungsvorgang 5-mal durchführen.
- Anschließend einige Bremsungen auf einer Straße ohne Verkehr durchführen. Dabei sollte mindestens einmal die Bremsregelung des ABS-Systems geprüft werden, beispielsweise auf losem Untergrund. Dazu Bremse stark betätigen, bis am spürbaren Pulsieren des Bremspedals der Beginn der Bremsregelung erkennbar ist.

Achtung: Falls der Bremspedalweg nach der Probefahrt zu groß ist, obwohl er direkt nach dem Entlüften in Ordnung war, dann ist möglicherweise Luft in der ABS-Hydraulikeinheit. In diesem Fall Bremsanlage umgehend in der Fachwerkstatt entlüften lassen.

Reifenprofil prüfen

Spezialwerkzeug: nicht erforderlich.

Die Reifen ausgewuchteter Räder nutzen sich bei gewissenhaftem Einhalten des vorgeschriebenen Fülldrucks und bei fehlerfreier Radeinstellung und Stoßdämpferfunktion auf der gesamten Lauffläche annähernd gleichmäßig ab. Bei ungleichmäßiger Abnutzung können verschiedene Fehler vorliegen, siehe Kapitel »Räder und Reifen«. Im Übrigen lässt sich keine generelle Aussage über die Lebensdauer bestimmter Reifenfabrikate machen, denn die Lebensdauer hängt von unterschiedlichen Faktoren ab:

- Fahrbahnoberfläche
- Reifenfülldruck
- Fahrweise
- Witterung

Vor allem sportliche Fahrweise, scharfes Anfahren und starkes Bremsen fördern den schnellen Reifenverschleiß.

Achtung: Die Rechtsprechung verlangt, dass Reifen lediglich bis zu einer Profiltiefe von 1,6 mm abgefahren werden dürfen, und zwar müssen die Profilrillen auf der gesamten Lauffläche noch mindestens 1,6 mm Tiefe aufweisen. Es empfiehlt sich jedoch, sicherheitshalber die Reifen bereits bei einer Mindestprofiltiefe von 2 mm auszutauschen.

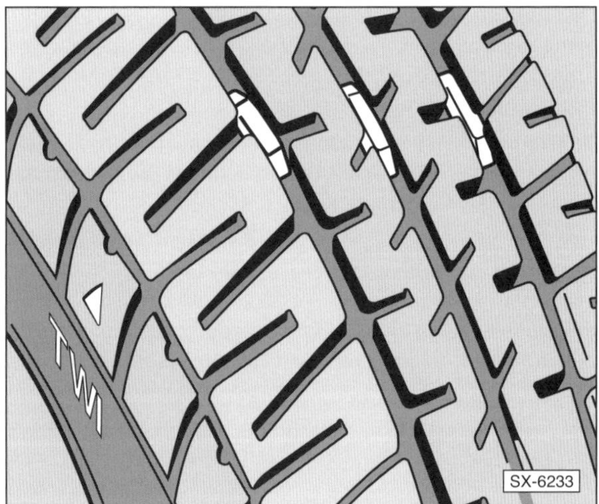

Nähert sich die Profiltiefe der gesetzlich zulässigen Mindestprofiltiefe, das heißt, weist der mehrmals am Reifenumfang angeordnete 1,6 mm hohe Verschleißanzeiger kein Profil mehr auf, müssen die Reifen gewechselt werden.

Achtung: »M+S«-Reifen haben auf Matsch und Schnee nur den gewünschten Grip, wenn ihr Profil noch mindestens 4 mm tief ist.

Achtung: Reifen auf Schnittstellen untersuchen und mit kleinem Schraubendreher Tiefe der Schnitte feststellen. Wenn die Schnitte bis zur Karkasse reichen, korrodiert durch eindringendes Wasser der Stahlgürtel. Dadurch löst sich unter Umständen die Lauffläche von der Karkasse, der Reifen platzt. Deshalb: Bei tiefen Einschnitten im Profil aus Sicherheitsgründen Reifen austauschen.

Reifenfülldruck prüfen

Erforderliches Spezialwerkzeug:

■ Reifenfüllgerät an der Tankstelle.

Prüfen

- Reifenfülldruck nur am kalten Reifen prüfen.
- Ventilkappe abschrauben.

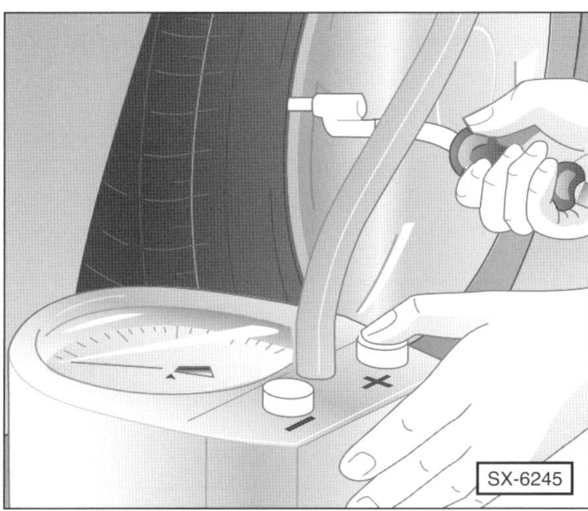

- Reifenfülldruck einmal im Monat sowie im Rahmen der Wartung (einschließlich Reserverad, falls vorhanden) prüfen.
- Zusätzlich sollte der Fülldruck vor längeren Autobahnfahrten kontrolliert werden, da hierbei die Temperaturbelastung für den Reifen am größten ist.

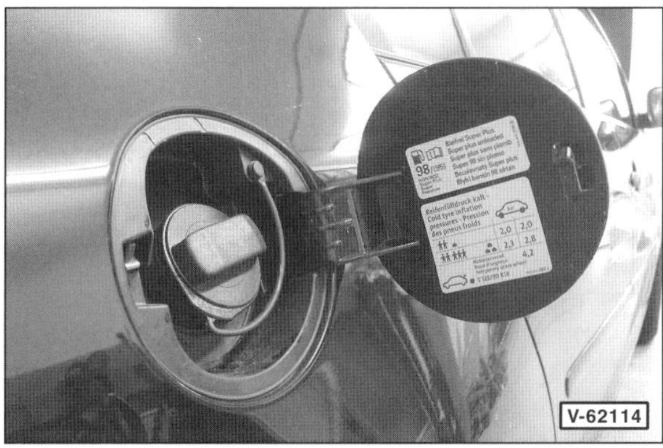

- Der richtige Fülldruck steht auf einem Aufkleber an der Innenseite der Tankklappe oder an der B-Säule und gilt für Sommer- und Winterreifen.
- Falls ein **Reserverad** vorhanden ist, entspricht der richtige Fülldruck dem der hinteren Reifen bei höchster Beladung.

Reifenventil prüfen

Erforderliches Spezialwerkzeug:

■ Ventil-Metallschutzkappe oder HAZET 666-1.

Prüfen

- Staubschutzkappe vom Ventil abschrauben.

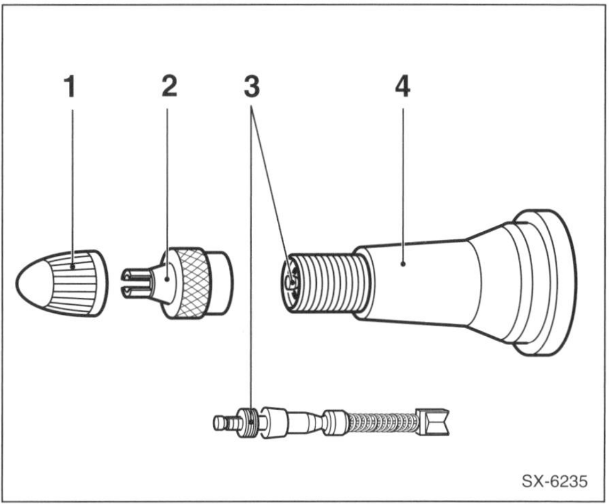

- Etwas Seifenwasser oder Speichel auf das Ventil geben. Wenn sich eine Blase bildet, Ventileinsatz –3– mit umgedrehter Metallschutzkappe –2– festdrehen.

Achtung: Zum Anziehen des Ventileinsatzes kann nur eine Metallschutzkappe –2– verwendet werden. Metallschutzkappen sind an der Tankstelle erhältlich. 1 – Gummischutzkappe, 4 – Ventil.

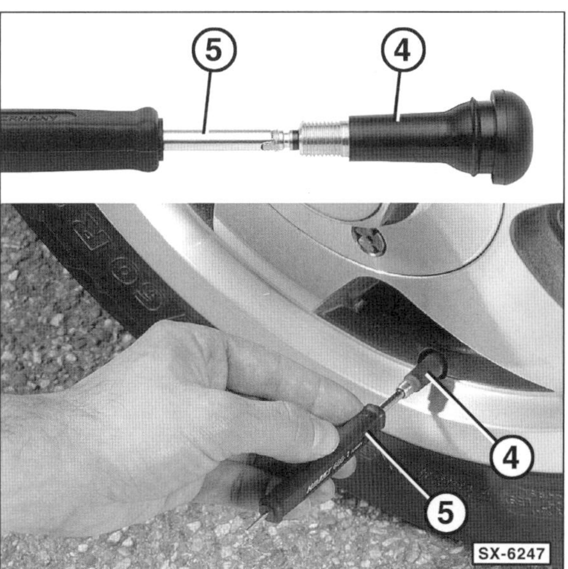

Hinweis: Anstelle der Metallschutzkappe kann auch das Werkzeug HAZET 666-1 –5– verwendet werden. 4 – Ventil.

- Ventil erneut prüfen. Falls sich wieder Blasen bilden oder das Ventil sich nicht weiter anziehen lässt, Ventileinsatz erneuern.
- Grundsätzlich Staubschutzkappe wieder aufschrauben.

Reifenreparatur-Set prüfen/ersetzen

Spezialwerkzeug: nicht erforderlich.

Prüfen/Ersetzen

Das Reifenpannen-Set befindet sich im Kofferraum in der Reserveradmulde.

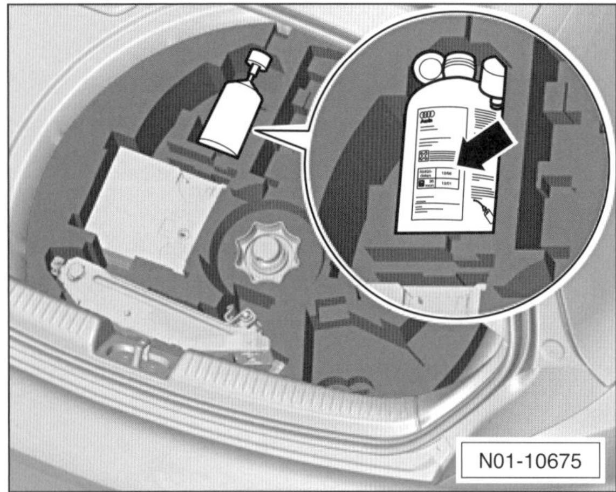

- Haltbarkeitsdatum –Pfeil– überprüfen. Bei Ablauf des Verfalldatums Flasche erneuern. In der Regel ist das Reifenpannen-Set alle 3 Jahre zu erneuern. Das Reifendichtungsmittel darf nicht älter als 4 Jahre sein.
- Nach Benutzung muss das Reifendichtungsmittel grundsätzlich ersetzt werden.

Reifen-Kontroll-Anzeige: Grundeinstellung durchführen

Spezialwerkzeug: nicht erforderlich.

Die Grundeinstellung der Reifen-Kontroll-Anzeige grundsätzlich nur durchführen, nachdem die Reifenfülldruckwerte, vorher auf die richtigen Werte korrigiert worden sind.

Hinweis: Wird nach einer Reifendruckwarnung kein Druckverlust und kein Reifenschaden festgestellt, so kann eine irrtümliche Warnung durch eine Grundeinstellung behoben werden.

Das Reifen-Kontroll-System vergleicht mit Hilfe der ABS-Sensoren die Drehzahl und somit den Abrollumfang der einzelnen Räder. Bei Veränderung des Abrollumfanges eines Rades wird dies durch die Reifen-Kontroll-Anzeige angezeigt. Der Abrollumfang des Reifens kann sich verändern wenn:

- der Reifenfülldruck zu gering ist.
- der Reifen Strukturschäden hat.
- das Fahrzeug einseitig belastet ist.
- die Räder einer Achse stärker belastet sind (zum Beispiel bei Anhängerbetrieb oder bei Berg- und Talfahrt).
- Schneeketten montiert sind.
- ein Rad pro Achse gewechselt wurde.

- Die Reifen-Kontroll-Anzeige erfolgt über eine gelbe Kontrollleuchte im Kombiinstrument (Schalttafeleinsatz) –Pfeil–.
- »BLINKENDE LEUCHTE« bedeutet, es wurde noch keine »ERSTMALIGE GRUNDEINSTELLUNG« durchgeführt.
- »STÄNDIGES LEUCHTEN«, in Verbindung mit einem Warnton, bedeutet, dass ein Druckverlust erkannt wurde. In diesem Fall Reifenfülldrücke prüfen und anschließend Systemgrundeinstellung durchführen.

Erstmalige Grundeinstellung durchführen

- Zündung einschalten.

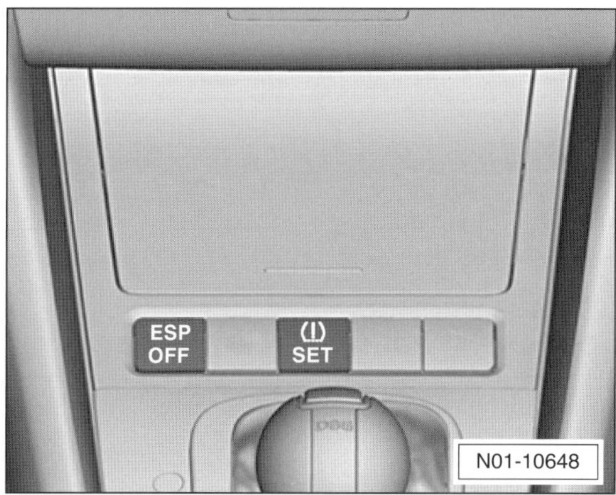

- Taste für »ESP«, sowie die Taste »SET« in der Mittelkonsole gleichzeitig drücken und länger als 2 Sekunden halten. **Hinweis:** Wenn »ESP« nicht vorhanden ist, stattdessen die Taste für »ASR« drücken. Der Beginn der Grundeinstellung wird durch einen Hinweiston bestätigt.
- Zündung ausschalten. Damit ist die erstmalige Grundeinstellung durchgeführt.

Grundeinstellung durchführen

- Zündung einschalten.
- Taste »SET« in der Mittelkonsole drücken und länger als 2 Sekunden halten.
- Die Kontrolllampe für Reifen-Kontroll-Anzeige im Kombiinstrument –Pfeil– leuchtet solange die Taste gedrückt wird. Der Beginn der Grundeinstellung wird durch einen Hinweiston bestätigt.
- Zündung ausschalten. Damit ist die Grundeinstellung durchgeführt.

Karosserie/Innenausstattung

Folgende Wartungspunkte müssen nach dem Wartungsplan in unterschiedlichen Intervallen durchgeführt werden:

- Türfeststeller: Befestigungsbolzen schmieren.
- Sicherheitsgurte: Auf Beschädigungen sichtprüfen.
- Beifahrerairbag: Schlüsselschaltung kontrollieren.
- Unterbodenschutz: Auf Beschädigungen sichtprüfen.
- Lüftung/Heizung: Staub-/Pollenfilter-Einsatz erneuern, Gehäuse reinigen.
- Verbandkasten: Haltbarkeitsdatum überprüfen, gegebenenfalls Verbandkasten ersetzen.
- Schiebedach: Führungsschienen reinigen und fetten.
- Wasserkasten und Wasserablauföffnungen sichtprüfen und reinigen.
- Abnehmbare Anhängerkupplung prüfen/instand setzen.

Sicherheitsgurte sichtprüfen

Spezialwerkzeug und Verschleißteile/Betriebsmittel sind nicht erforderlich.

Achtung: Geräusche, die beim Aufrollen des Gurtbandes entstehen, sind funktionsbedingt. Auf keinen Fall darf zur Behebung von Geräuschen Öl oder Fett verwendet werden. Der Aufroll- und Gurtstrafferautomat darf aus Sicherheitsgründen nicht zerlegt werden.

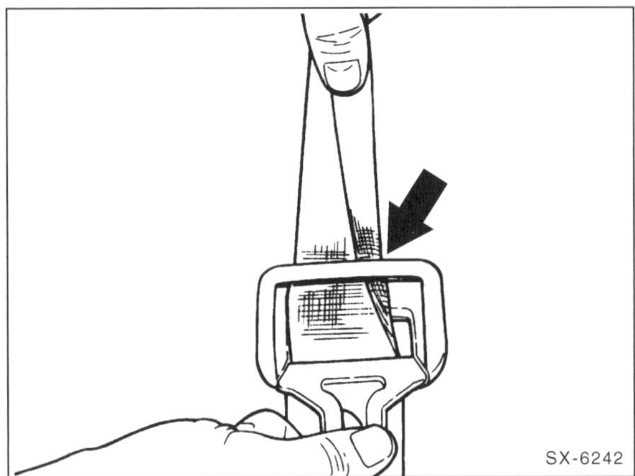
SX-6242

- Sicherheitsgurt ganz herausziehen und Gurtband auf durchtrennte Fasern prüfen.
- Beschädigungen können zum Beispiel durch Einklemmen des Gurtes oder durch brennende Zigaretten entstehen. In diesem Fall Gurt austauschen.
- Sind Scheuerstellen vorhanden, ohne dass Fasern durchtrennt sind, braucht der Gurt nicht ausgewechselt zu werden.
- Schwer gängigen Gurt auf Verdrehungen prüfen, gegebenenfalls Verkleidung an der Mittelsäule ausbauen.
- Wenn die Aufrollautomatik nicht mehr funktioniert, Gurt auswechseln (Werkstattarbeit).
- Gurtbänder nur mit Seife und Wasser reinigen, keinesfalls Lösungsmittel oder chemische Reinigungsmittel verwenden.

Beifahrerairbag: Schüsselschaltung überprüfen

Die Betätigung für »Airbag ON/OFF« befindet sich im Handschuhfach.

Funktion prüfen

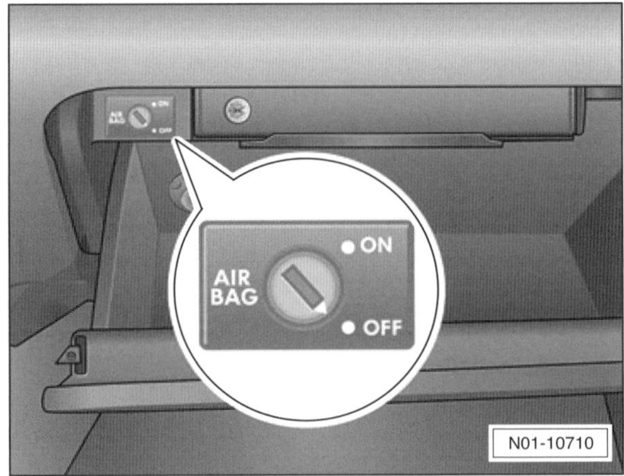

N01-10710

- Schlüsselschalter mit dem Fahrzeugschlüssel in die Position »AIRBAG OFF« drehen.

N01-10711

- Zündung einschalten. Die Kontrolllampe »PASSENGER AIRBAG OFF« –Pfeil– muss auch nach dem Selbstcheck leuchten. Das bedeutet, dass der Beifahrerairbag deaktiviert ist.

- Zündung ausschalten.
- Schlüsselschalter mit dem Fahrzeugschlüssel in die Position »AIRBAG ON« drehen.
- Zündung einschalten. Die Kontrollanzeige »PASSENGER AIRBAG OFF« erlischt nach dem Selbstcheck. Das bedeutet, der Beifahrerairbag ist aktiviert.
- Zündung ausschalten.

Staub-/Pollenfilter-Einsatz erneuern

Spezialwerkzeug: nicht erforderlich.

Erforderliche Betriebsmittel/Verschleißteile:

- Staub-/Pollenfilter.

Der Filter befindet sich unter dem Armaturenbrett.

Ausbau

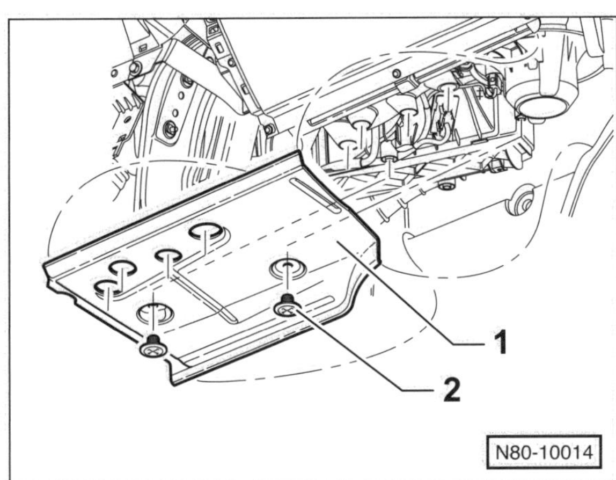

- Abdeckung –1– unter dem Handschuhfach ausbauen. Dazu 2 Schraubclips –2– herausdrehen. **Hinweis:** Es reicht auch, die Abdeckung nach dem Abschrauben herunterzuklappen.

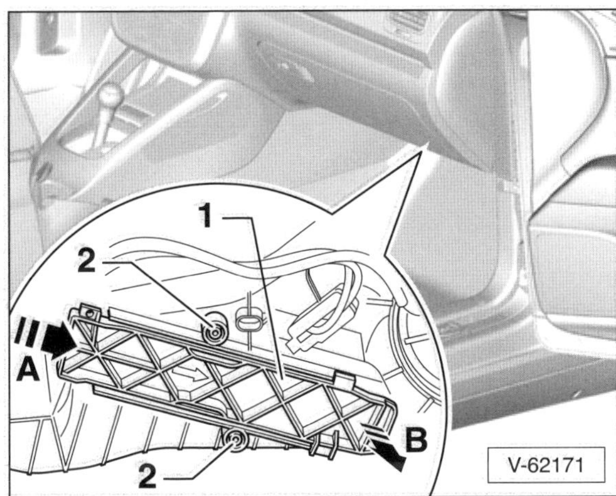

- Falls vorhanden, die Schrauben –2– herausdrehen. **Achtung:** Die Schrauben –2– sind nicht bei allen Fahrzeugen vorhanden. Die Schrauben sichern den Deckel –1–, falls die Verrastungen nicht mehr halten.
- Deckel –1– in Pfeilrichtung –A– schieben und und in Pfeilrichtung –B– abnehmen.

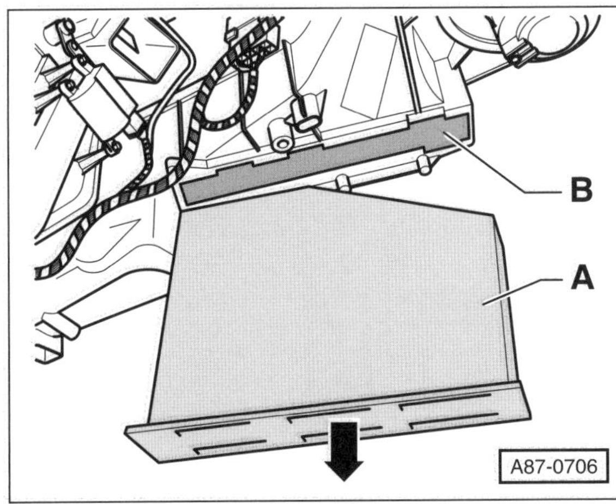

- Filtereinsatz –A– aus dem Schacht –B– des Klimagerätes beziehungsweise der Heizung herausnehmen.
- Schacht –B– mit einem Staubsauger reinigen.

Einbau

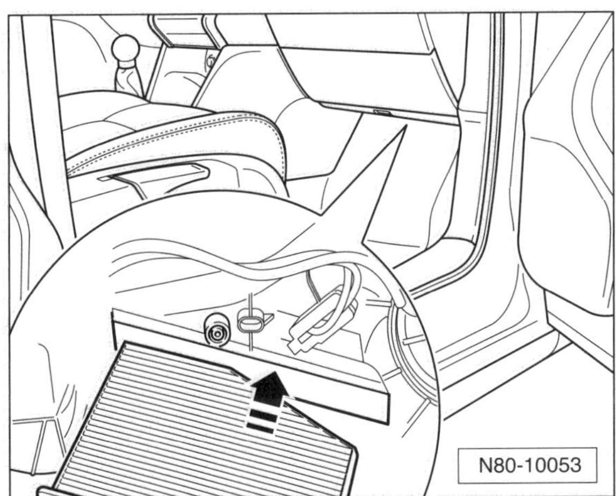

- Filtereinsatz in Pfeilrichtung in den Einbauschacht einsetzen, dabei auf richtige Einbaulage achten, siehe Abbildung.
- Der weitere Einbau erfolgt in umgekehrter Ausbaureihenfolge.

Türfeststeller und Befestigungsbolzen schmieren

Spezialwerkzeug: nicht erforderlich.

Erforderliches Betriebsmittel:

- Spezialfett VW-G 000 150

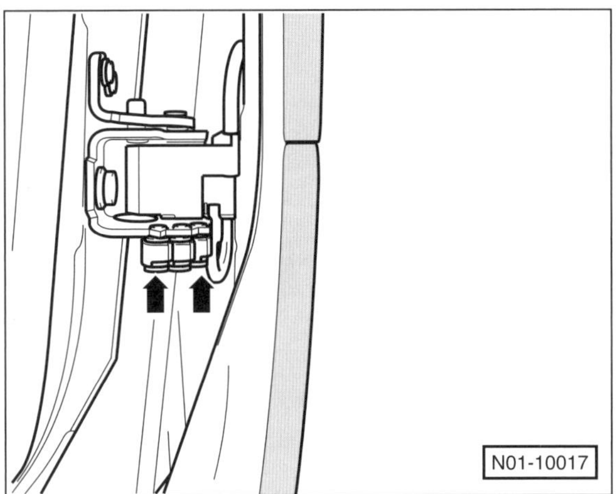

- Türfeststeller an den mit Pfeilen gekennzeichneten Stellen mit dem Schmierfett VW-G 000 150 schmieren.

Abnehmbare Anhängerkupplung prüfen/instand setzen

Spezialwerkzeug: Nicht erforderlich.

Erforderliches Betriebsmittel:

- Spezialfett VW-G 000 650 oder G 000 150.

Prüfen

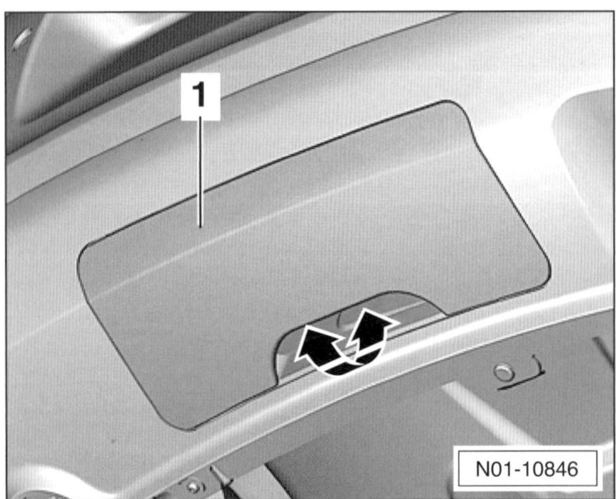

- Abdeckung –1– abnehmen –Pfeil–.

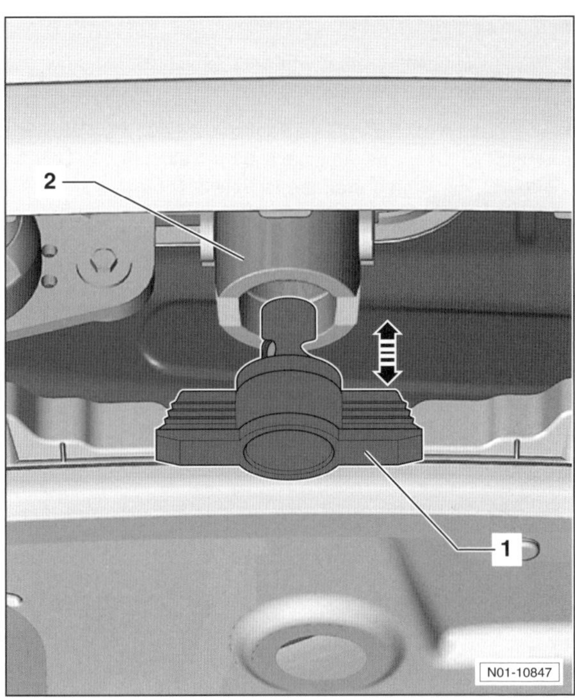

- Schutzkappe –1– von der Aufnahme –2– abziehen.
- Kugelhals in die Aufnahme einsetzen.
- Nachdem der Kugelhals eingesetzt wurde, muss die grüne Markierung am Handrad zur weißen Markierung am Kugelhals zeigen. Das Handrad muss vollständig anliegen.

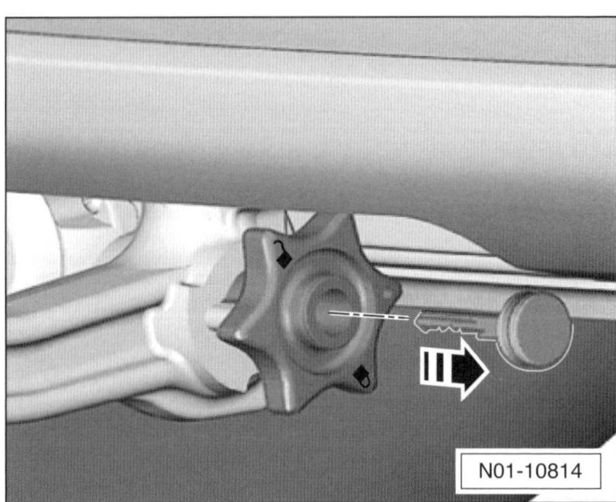

- Schlüssel abziehen –Pfeil– und dadurch prüfen, ob sich das Schloss der Anhängevorrichtung verschließen lässt. Andernfalls Anhängerkupplung instand setzen.

Instand setzen

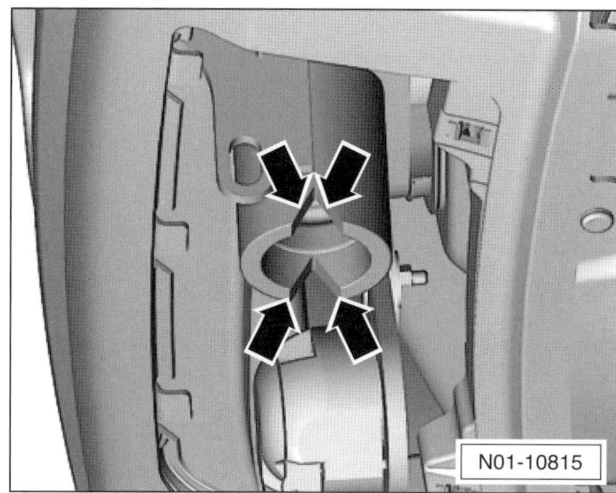
N01-10815

- Kontaktflächen –Pfeile– der Aufnahme auf Korrosion prüfen. Gegebenenfalls Korrosion mit einem Dreikantschaber beseitigen und die behandelten Stellen mit einem Silikonentferner reinigen.
- Festschmierstoffpaste VW-G 000 650 oder G 000 150 dünn auf die gereinigten Flächen auftragen.

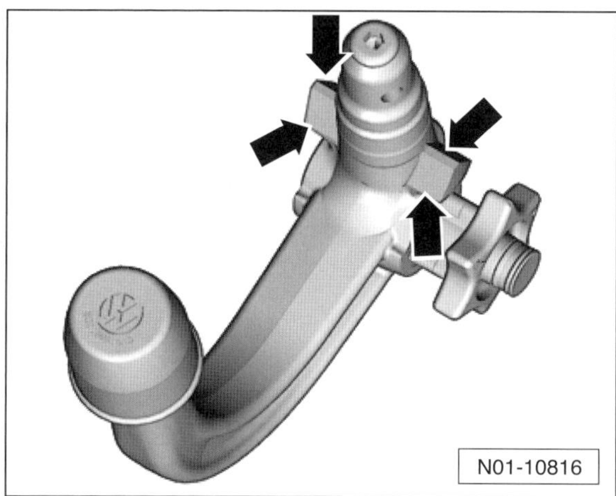
N01-10816

- Kontaktflächen –Pfeile– am Kugelhals auf Korrosion prüfen. Gegebenenfalls Korrosion mit einem Dreikantschaber beseitigen und die behandelten Stellen mit einem Silikonentferner reinigen.
- Festschmierstoffpaste VW-G 000 650 oder G 000 150 dünn auf die gereinigten Flächen auftragen.
- Erneut den Sitz des Kugelhalses in der Aufnahme prüfen.
- Schutzkappe in die Kugelhals-Aufnahme einsetzen. Sollte die Schutzkappe nicht vorhanden oder beschädigt sein, neue Ersatzteil-Schutzkappe einsetzen, um die Kugelhals-Aufnahme vor Korrosion zu schützen.

Schiebedach: Führungsschienen reinigen/schmieren

Spezialwerkzeug: nicht erforderlich.

Erforderliches Betriebsmittel:

- Spezialfett VW-G 052 147

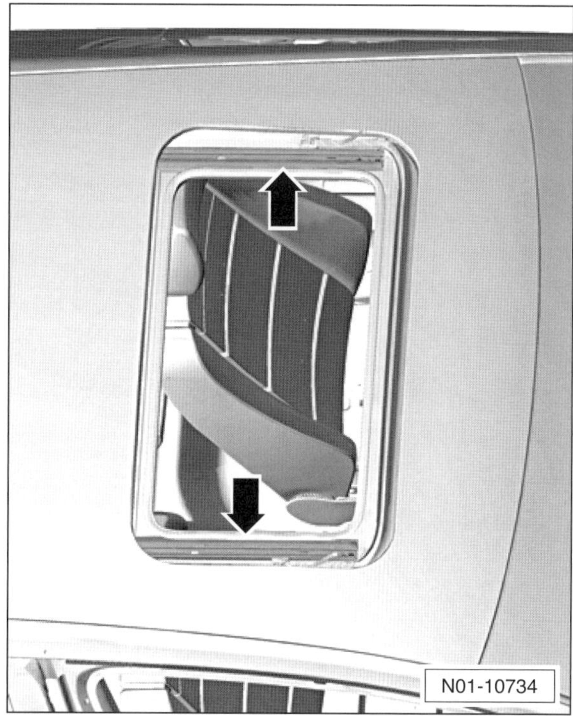
N01-10734

- Schiebedach öffnen und die sichtbar werdenden, blanken Führungsschienen –Pfeile– abwischen.

Achtung: Angrenzende Karosserieteile mit Zeitungspapier abdecken. Schmiermittel nicht auf den Autolack bringen, andernfalls sofort wieder abwischen.

- Führungsschienen mit dem Spezialfett VW-G 052 147 schmieren.
- Dringt bei Regen oder der Fahrzeugwäsche Wasser über das Schiebedach in den Innenraum, Undichtigkeiten von einer Fachwerkstatt beheben lassen.

Schiebedachabläufe: Auf Durchfluss prüfen/reinigen

Spezialwerkzeug:

- Biegsame Welle oder VW-Reinigungswerkzeug VAS-6620.

Betriebsmittel: nicht erforderlich.

Prüfen

- Schiebedach öffnen.

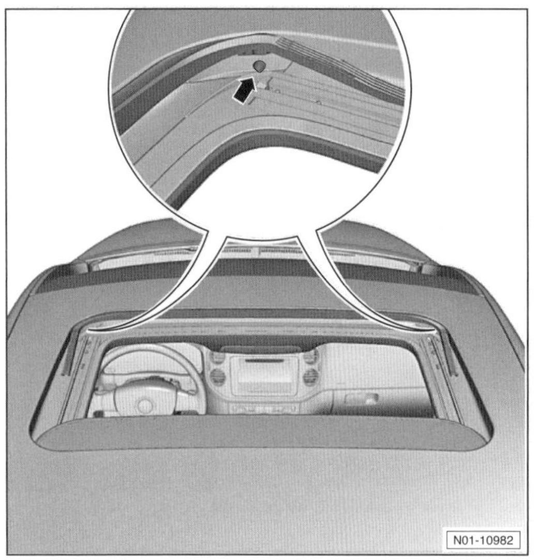

- Ablauflöcher –Pfeil– auf Schmutz prüfen. Gegebenenfalls Verschmutzung entfernen.
- Leitungswasser in die Schiebedachabläufe fließen lassen und prüfen, ob das Wasser in annähernd gleicher Menge aus den Radhauskästen herausläuft.
- Sollte nur wenig oder gar kein Wasser an den Radkästen austreten, Abläufe reinigen.

Reinigen

- Windlaufgrill ausbauen, siehe Seite 261.

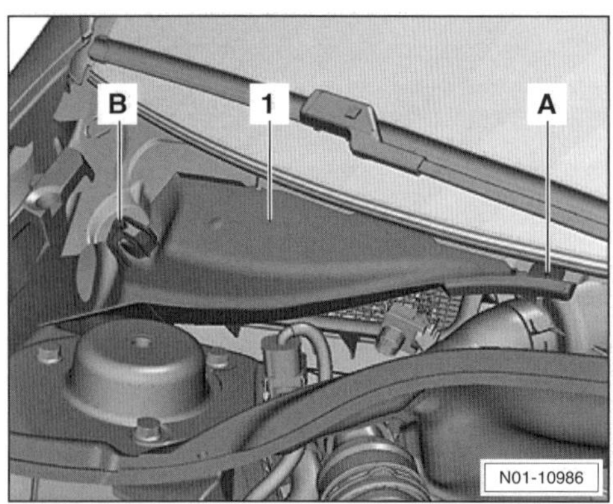

- Abdeckung –1– ausbauen. Dazu die Verrastungen –A– und –B– lösen.
- Biegsame Welle oder VW-Reinigungswerkzeug VAS-6620 in die Ablauföffnung langsam hineindrücken und herausziehen. Schließlich das Werkzeug bis zu den Ablaufventilen führen und damit den Schmutz herausdrücken.

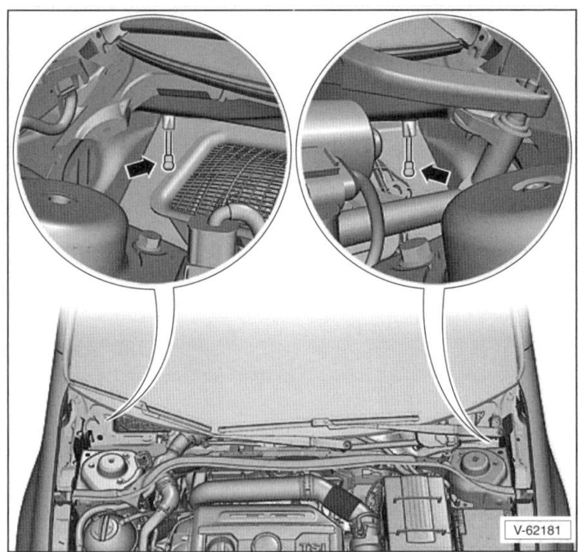

- Die Abläufe –Pfeile– befinden sich auf der linken und rechten Seite im Wasserkasten.
- Anschließend Wasserkasten-Abläufe auf Verschmutzung prüfen und gegebenenfalls reinigen.
- Zur Kontrolle nochmals Leitungswasser durch die Schiebedachablauflöcher fließen lassen.
- Seitliche Abdeckung einsetzen und einrasten.
- Windlaufgrill einbauen, siehe Seite 261.

Wasserkasten und Wasserablauföffnungen sichtprüfen und reinigen

Spezialwerkzeug und Verschleißteile/Betriebsmittel sind nicht erforderlich.

Reinigen

- Sämtliche Verschmutzungen, beispielsweise alte Blätter, aus dem Wasserkasten entfernen. Gegebenenfalls mit einem handelsüblichen flexiblen Greifwerkzeug herausnehmen.
- Gummitüllen der Wasserabläufe links und rechts reinigen und auf freien Durchgang prüfen.
- Feine Verschmutzungen mit einem dünnen Wasserstrahl und gegebenenfalls mit einer flexiblen Nylonsonde reinigen.

Elektrische Anlage

Folgende Wartungspunkte müssen nach dem Wartungsplan in unterschiedlichen Intervallen durchgeführt werden:

- Alle Stromverbraucher: Funktion prüfen.
- Scheibenwischerblätter: Wischergummis auf Verschleiß sichtprüfen.
- Scheibenwaschanlage, Scheinwerfer-Waschanlage: Flüssigkeitsstand, Frostschutz und Funktion prüfen, Düsenstellung kontrollieren, siehe Kapitel »Scheibenwischeranlage«.
- Batterie: Prüfen.
- Automatische Fahrlichtsteuerung prüfen.
- Service-Intervall-Anzeige zurücksetzen.

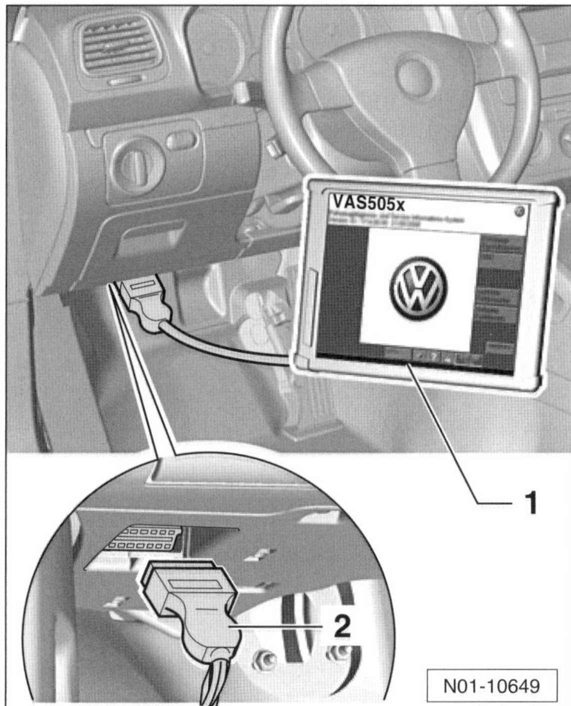

- Eigendiagnose: Fehlerspeicher auslesen (Werkstattarbeit). Dazu wird ein geeignetes Fahrzeugdiagnosegerät –1–, zum Beispiel VW-VAS-5052 mit einem passenden Verbindungskabel –2–, zum Beispiel VAS-5051/6A, benötigt. Diagnosegerät bei ausgeschalteter Zündung an den Diagnoseanschluss im Fahrerfußraum unter der Armaturentafel anschließen.
- Service-Intervallanzeige zurücksetzen: Die Serviceanzeige kann selbst über verschiedene Fahrzeugtasten oder mit dem Diagnosegerät zurückgesetzt werden. Zum Umcodieren der Serviceanzeige wird das Diagnosegerät benötigt. Durch Umcodieren wird die Service-Intervallanzeige von »flexible Wartungsintervalle« auf »feste Wartungsintervalle« umgestellt.

Stromverbraucher prüfen

Spezialwerkzeug: nicht erforderlich.

Folgende Funktionen prüfen, gegebenenfalls Fehler beheben. **Hinweis:** Je nach Ausstattung sind im Fahrzeug nicht alle hier aufgeführten Verbraucher vorhanden.

- Beleuchtung, Scheinwerfer, Nebellampen, Blinkleuchten, Warnblinkanlage, Schlussleuchten, Nebelschlussleuchten, Rückfahrleuchten, Bremsleuchten, Parklichtschaltung.
- Innen- und Leseleuchten (Abschaltautomatik für Innenleuchten vorn), beleuchtetes Handschuhfach, beleuchteter Ascher, Kofferraumbeleuchtung.
- Warnsummer für nicht ausgeschaltetes Licht und/oder Radio.
- Alle Schalter in der Armaturentafel beziehungsweise Mittelkonsole.
- Kombiinstrument (Schalttafeleinsatz) mit allen Anzeigen, Zählern, Leuchten und Beleuchtung.
- Hupe.
- Scheibenwisch-/Scheibenwaschanlage, Scheinwerferreinigungsanlage.
- Zigarettenanzünder.
- Elektrische Außenspiegel (beheizbar, einstellbar, anklappbar, Beifahrerspiegelabsenkung).
- Elektrische Fensterheber.
- Elektrisches Schiebe-/Ausstelldach.
- Zentralverriegelung, Funkfernbedienung, Komfortschließung.
- Elektrische Sitzverstellung, Gurthöhenverstellung.
- Beheizbare Sitze.
- Radio.

Batterie prüfen

Batterie sichtprüfen

- Gehäuse der Batterie auf Beschädigungen sichtprüfen. Bei beschädigtem Gehäuse kann Batteriesäure auslaufen und die umliegenden Bauteile beschädigen. Bei beschädigtem Gehäuse Batterie schnellstmöglich ersetzen.

Batterie/Batterieklemmen auf festen Sitz prüfen

Eine lockere Batterie hat eine verkürzte Lebensdauer durch Rüttelschäden. Lockere Batterieanschlüsse können einen Kabelbrand oder Funktionsstörungen in der elektrischen Anlage nach sich ziehen und die Crash-Sicherheit des Fahrzeuges vermindern.

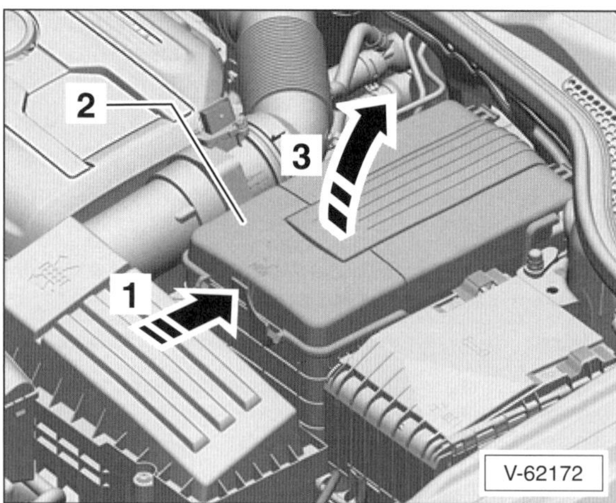

- Falls ein Batteriedeckel vorhanden ist, Verschluss –Pfeil 1– drücken, Deckel –2– hochschwenken –Pfeil 3–. Deckel hinten aushängen und abnehmen.
- Batterie kräftig hin- und herbewegen.
- Sitzt die Batterie lose, Batterie-Halteplatte mit **35 Nm** festziehen, siehe Kapitel »Batterie aus- und einbauen« auf Seite 67.

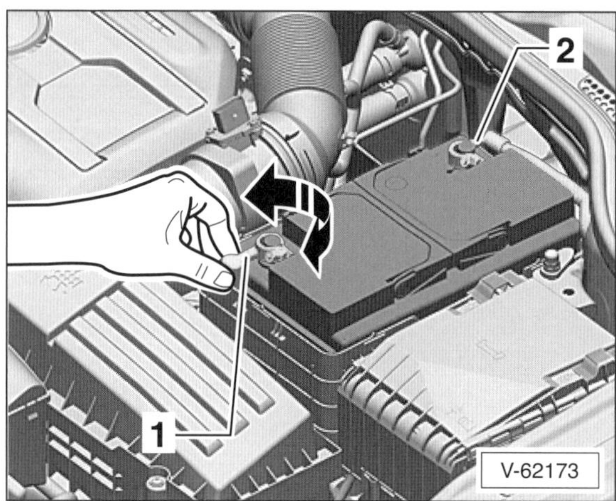

- Batterieklemmen –1– und –2– hin- und herbewegen und festen Sitz prüfen, gegebenenfalls Befestigungsmuttern nachziehen. Anzugsdrehmoment: **6 Nm**.

Achtung: Falls die Batterie-Plusklemme (+) locker ist, muss vor dem Festziehen der Plusklemme wegen Kurzschlussgefahr die Masseklemme (–) an der Batterie abgeklemmt werden. Nachdem die Plusklemme festgezogen ist, Massekabel wieder anklemmen. Batterie-Massekabel abklemmen, siehe Seite 67.

- Gegebenenfalls Batteriedeckel zurückklappen und einrasten.

Automatische Fahrlichtsteuerung prüfen

Spezialwerkzeug: nicht erforderlich.

- Prüfvoraussetzung: Fahrzeug muss sich im Tageslicht befinden.

Prüfen

- Zündung einschalten.
- Lichtschalter in Stellung 2 »AUTO« drehen. Die Scheinwerfer dürfen nicht leuchten.
- Zündung bleibt eingeschaltet und Lichtschalter steht weiterhin auf »AUTO«.

- Befestigungsbereich –Pfeil– des Innenspiegels außen an der Windschutzscheibe mit der Hand oder einem geeigneten Gegenstand abdecken. Daraufhin erkennt der Sensor für Regen- und Lichterkennung am Halter des Innenspiegels eine Helligkeitsabnahme und schaltet die Scheinwerfer ein.
- Lichtschalter in Stellung »0« drehen und Zündung ausschalten.

Service-Intervall-Anzeige zurücksetzen

Mit der Wippe am Scheibenwischerhebel

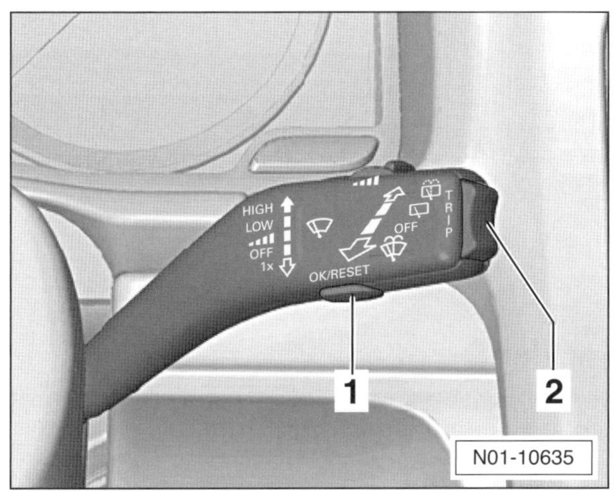

N01-10635

- Wippe –2– am Scheibenwischerhebel so oft betätigen, bis in der Multifunktionsanzeige das Menü »Einstellungen« angezeigt wird.
- Zunächst das Untermenü »Service« aufrufen, dann den Menüpunkt »Reset« markieren.
- »OK«-Taste –1– drücken und dadurch die Service-Intervall-Anzeige zurücksetzen.
- Anschließende Sicherheitsabfrage durch Drücken der »OK«-Taste bestätigen.

Mit den Tasten am Multifunktionslenkrad

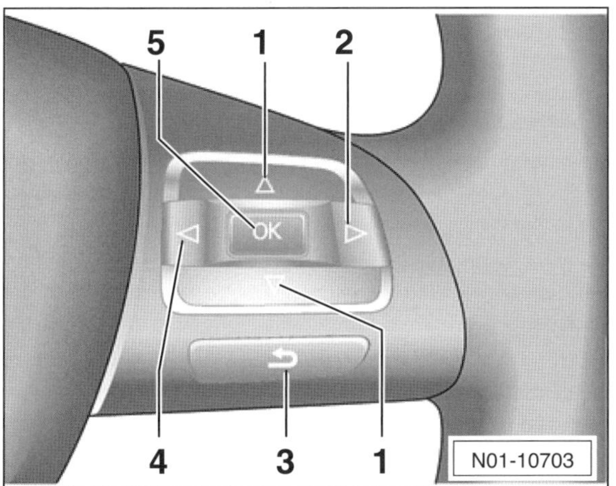

N01-10703

- Mit den Tasten –1– bis –4– am Multifunktionslenkrad das Menü »Einstellungen« aufrufen.
- Zunächst das Untermenü »Service« auswählen, dann den Menüpunkt »Reset« markieren.
- »OK«-Taste –5– drücken und dadurch die Service-Intervall-Anzeige zurücksetzen.
- Anschließende Sicherheitsabfrage durch Drücken der »OK«-Taste bestätigen.

Mit den Bedientasten am Kombiinstrument (Schalttafeleinsatz)

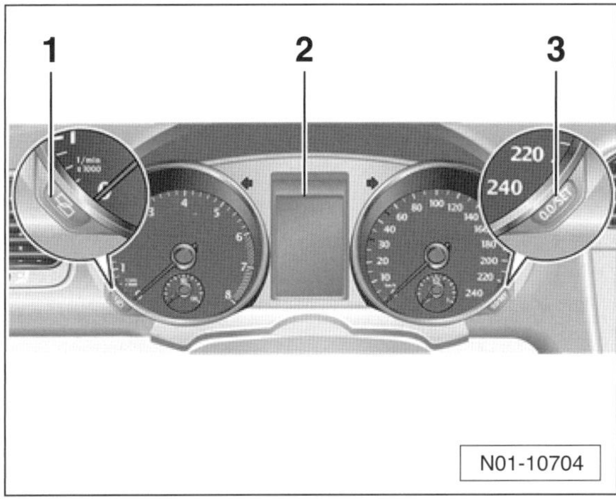

N01-10704

- Bei ausgeschalteter Zündung den Taster –3– drücken und halten.
- Zündung einschalten.
- Taster –3– loslassen.
- Stelltaste für die Uhr –1– einmal kurz drücken. Dadurch wird die Service-Intervall-Anzeige in den Rückstellmodus geschaltet. Nach kurzer Zeit schaltet das Display –2– in die Normalanzeige zurück. Die Service-Intervall-Anzeige ist damit zurückgesetzt.

Wagenpflege

Aus dem Inhalt:

- **Fahrzeug waschen**
- **Lackierung pflegen**
- **Unterbodenschutz/ Hohlraumkonservierung**
- **Polster reinigen**
- **Lackschäden ausbessern**

Fahrzeug waschen

Aus Umweltschutzgründen ist es in den meisten Gemeinden verboten, Fahrzeuge auf öffentlichen Plätzen zu waschen. Wird das Auto sehr oft in einer automatischen Waschanlage gewaschen, hinterlassen die rotierenden Waschbürsten Schleifspuren auf dem Lack. Diese lassen sich verhindern, wenn man den Wagen von Hand in einer entsprechenden Waschanlage wäscht.

- Vogelkot, Insekten, Baumharze, Teer- und Fettflecken, Streusalz und andere aggressive Ablagerungen sofort abwaschen, da sie ätzende Bestandteile enthalten, die Lackschäden verursachen.
- Bedienungshinweise für den Hochdruckreiniger bezüglich Druck und Düsenabstand des Sprühkopfes befolgen.
- Beim Waschen reichlich Wasser verwenden. Mit einem Schwamm oder Waschhandschuh beziehungsweise einer weichen Bürste mit dem Reinigen des Fahrzeugdachs beginnen; Schwamm oft ausspülen.
- Waschmittel nur bei hartnäckiger Verschmutzung verwenden. Mit klarem Wasser gründlich nachspülen, um die Reste des Waschmittels zu entfernen. Bei regelmäßiger Benutzung von Waschmitteln muss öfter konserviert werden. Dem Waschwasser kann ein Konservierungsmittel beigegeben werden.
- Darauf achten, dass kein Wasser in die Eintrittsöffnungen für die Innenraumbelüftung eindringt. Hochdruckdüse nicht gegen den Kühler oder schadhafte Lackflächen des Fahrzeugs richten.
- Zum Abtrocknen sauberes Leder verwenden. Verschiedene Reinigungsleder für Lack- und Fensterflächen verwenden, da Konservierungsmittelrückstände auf den Scheiben zu Sichtbehinderungen führen.
- Durch Streusalz besonders gefährdet sind alle innen liegenden Falze, Flansche und Fugen an Türen und Hauben. Diese Stellen müssen deshalb bei jeder Wagenwäsche – auch nach der Wäsche in automatischen Waschstraßen – mit einem Schwamm gründlich gereinigt und anschließend abgespült und abgeledert werden.
- Wagen niemals in der Sonne waschen oder trocknen. Wasserflecken sind sonst unvermeidlich.

Achtung: Nach der Wagenwäsche Bremspedal während der Fahrt leicht antippen, um den Wasserfilm abzubremsen.

Lackierung pflegen

Konservieren: Die gewaschene und getrocknete Lackierung möglichst oft mit einem Konservierungsmittel behandeln, um die Oberfläche durch eine Poren schließende und Wasser abweisende Wachsschicht gegen Witterungseinflüsse zu schützen. Auch wenn beim Waschen regelmäßig Waschkonservierer verwendet werden, empfiehlt es sich, den Lack mindestens zweimal im Jahr mit Hartwachs zu schützen.

Sofern Kraftstoff, Öl, Fett oder Bremsflüssigkeit auf den Lack gelangt, diese Flüssigkeiten **sofort entfernen,** sonst kommt es zu Lackverfärbungen.

Spätestens dann, wenn Wasser nicht mehr deutlich vom Lack abperlt, muss konserviert werden. Der Lack trocknet sonst aus.

Polieren: Das Polieren des Lackes ist nur dann erforderlich, wenn dieser infolge mangelhafter Pflege beziehungsweise unter der Einwirkung von Umwelteinflüssen unansehnlich geworden ist und sich durch eine Behandlung mit Konservierungsmitteln kein Glanz mehr erzielen lässt. Zu warnen ist vor stark schleifenden oder chemisch stark angreifenden Poliermitteln, auch wenn der erste Versuch damit noch so sehr zu überzeugen scheint.

Vor jedem Polieren muss der Wagen sauber gewaschen und sorgfältig abgetrocknet werden. Im Übrigen ist nach der Gebrauchsanweisung für das Poliermittel zu verfahren.

Die Bearbeitung soll in nicht zu großen Flächen erfolgen, um ein vorzeitiges Eintrocknen der Politur zu vermeiden. Bei manchen Poliermitteln muss anschließend noch konserviert werden. Nicht in der prallen Sonne polieren!

Kunststoffteile und matt lackierte Teile dürfen nicht mit Konservierungs- oder Poliermitteln behandelt werden, da sich sonst Flecken bilden.

Teerflecke entfernen: Frische Teerflecke können mit einem in Waschbenzin getränkten weichen Lappen entfernt werden oder mit speziellen Teerfleck-Entfernern. Notfalls kann auch Petroleum oder Terpentinöl verwendet werden. Sehr gut gegen Teerflecke eignet sich auch ein Lackkonservierer. Bei Verwendung dieses Mittels kann auf ein Nachwaschen verzichtet werden.

Insekten entfernen: Insekten enthalten aggressive Stoffe, die den Lackfilm beschädigen können. Sie müssen deshalb umgehend mit lauwarmer Seifen- oder Waschmittellösung abgewaschen werden. Es gibt auch spezielle Insekten-Entferner.

Außenbeleuchtung: Leuchten- und Scheinwerferabdeckungen sind aus Kunststoff. Verunreinigungen nur mit einem feuchten, weichen Tuch entfernen. Scheinwerferabdeckungen auf keinen Fall mit einem trockenen oder scheuernden Tuch reinigen. Keine Eiskratzer verwenden und nicht mit Reinigungs- oder Lösungsmitteln säubern.

Kunststoffteile pflegen: Kunststoffteile, Kunstledersitze, Himmel, Leuchtengläser sowie mattschwarz gespritzte Teile mit Wasser und Flüssigseife säubern. Fahrzeughimmel nicht durchfeuchten. Kunststoffteile gegebenenfalls mit Kunststoffreiniger behandeln.

Scheiben reinigen: Schnee und Eis von Scheiben und Spiegeln nur mit einem Kunststoffschaber entfernen. Um Kratzer durch Schmutz zu vermeiden, sollte der Schaber nicht nach vorn und dann zurückbewegt, sondern nur geschoben werden. Fensterscheiben innen und außen mit sauberem, weichem Lappen abreiben. Bei starker Verschmutzung helfen Spiritus oder Salmiakgeist und lauwarmes Wasser oder auch ein spezieller Scheibenreiniger. Beim Reinigen der Windschutzscheibe Scheibenwischerarme nach vorn klappen. Bei der Reinigung der Windschutzscheibe auch die Wischerblätter säubern.

Achtung: Bei Verwendung silikonhaltiger Mittel dürfen die zur Reinigung der Lackierung verwendeten Waschbürsten, Schwämme, Lederlappen und Tücher nicht für die Scheiben verwendet werden. Beim Einsprühen der Lackierung mit silikonhaltigen Pflegemitteln sollten die Scheiben mit Pappe oder anderem Material abgedeckt werden.

Gummidichtungen pflegen: Gummidichtungen durch Einpudern der Dicht- und Gleitflächen mit Talkum oder Besprühen mit Silikonspray geschmeidig halten. So werden auch quietschende oder knarrende Geräusche beim Schließen der Türen vermieden. Auch das Einreiben der betreffenden Flächen mit Schmierseife beseitigt die Geräusche.

Reifen reinigen: Reifen nicht mit einem Dampfstrahlgerät reinigen. Wird die Düse des Dampfstrahlers zu nahe an den Reifen gehalten, wird dessen Gummischicht innerhalb weniger Sekunden irreparabel zerstört, selbst bei Verwendung von kaltem Wasser. Ein auf diese Weise gereinigter Reifen sollte sicherheitshalber ersetzt werden.

Leichtmetall-Scheibenräder mit Felgenreiniger und Bürste reinigen, jedoch keine aggressiven, säurehaltigen, stark alkalischen und rauen Reinigungsmittel oder Dampfstrahler über +60° C verwenden.

Sicherheitsgurte nur mit milder Seifenlauge im eingebauten Zustand säubern, nicht chemisch reinigen, da dadurch das Gewebe zerstört werden kann. Automatikgurte nur in trockenem Zustand aufrollen.

Unterbodenschutz/ Hohlraumkonservierung

Die Unterbodenverkleidung ist aus Kunststoff und schützt den hinteren Bereich des Fahrzeugunterbodens. Die besonders stark gefährdeten Bereiche in den Radläufen sind zusätzlich mit Kunststoffschalen gegen Steinschlag geschützt. Vor der kalten Jahreszeit und nach einer Unterbodenwäsche sollte der Unterbodenschutz kontrolliert und gegebenenfalls ausgebessert werden.

Im Schleuderbereich des Unterbaues können sich Staub, Lehm und Sand ablagern. Den angesammelten Schmutz entfernen, zumal er während der Winterzeit auch noch mit Streusalz angereichert sein kann.

Polsterbezüge pflegen/reinigen

Textilbezüge: Polsterbezüge mit Staubsauger und Bürste reinigen. Flecken mit Flüssigseife, 25-prozentiger Ammoniaklösung oder Branntweinessig entfernen.

Fett- und Ölflecke mit Reinigungsbenzin oder Fleckenwasser behandeln. Das Reinigungsmittel darf aber nicht unmittelbar auf den Stoff gegossen werden, da sich sonst unweigerlich Ränder bilden. Fleck durch kreisförmiges Reiben von außen nach innen bearbeiten. Andere Verschmutzungen lassen sich meistens mit lauwarmem Seifenwasser entfernen.

Lederbezüge: Bei starker Sonneneinstrahlung und längerer Standzeit Sitze abdecken, damit sie nicht ausbleichen.

Trikot- oder Wolllappen mit Wasser leicht anfeuchten und Lederflächen säubern, ohne das Leder oder die Nahtstellen zu durchfeuchten. Anschließend das getrocknete Leder mit einem sauberen und weichen Tuch nachreiben.

Stärker verschmutzte Lederflächen mit einem milden Feinwaschmittel ohne Aufheller (2 Esslöffel auf 1 Liter Wasser) oder Flüssigseife reinigen. Fett- und Ölflecke ohne zu reiben vorsichtig mit Reinigungsbenzin abtupfen.

Lackierte Lederpolster sollten nach dem Reinigen mit einem handelsüblichen Pflegemittel für Lederflächen behandelt werden. Das Mittel vor Gebrauch gut schütteln und mit einem weichen Lappen dünn auftragen. Nach dem Eintrocknen mit einem sauberen und weichen Tuch nachreiben. Diese Behandlung empfiehlt sich bei normaler Beanspruchung alle 6 Monate.

Steinschlagschäden ausbessern

Ausbeul- und Lackierarbeiten an der Autokarosserie setzen Erfahrung über den Werkstoff und dessen Bearbeitung voraus. Derartige Fertigkeiten werden in der Regel erst durch eine langjährige Praxis erreicht. Aus diesem Grund wird hier nur das Ausbessern von kleineren Lackschäden erläutert.

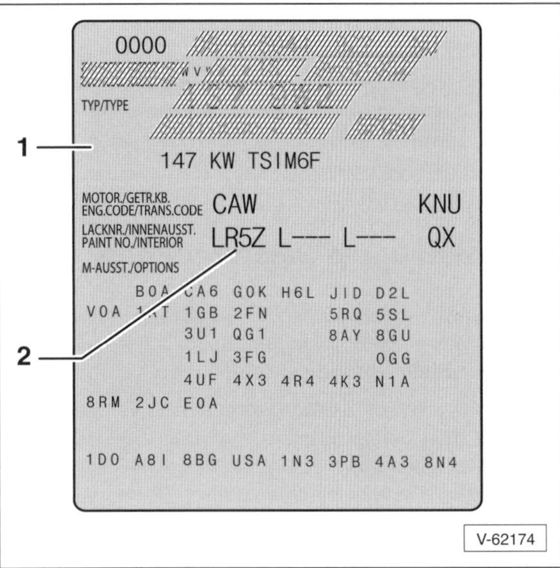

Zum Nachlackieren wird unbedingt dieselbe Lackfarbe benötigt, denn selbst kleinste Farbunterschiede fallen nach Abschluss der Arbeiten sofort ins Auge. Der jeweilige Fahrzeug-Farbton wird vom Hersteller durch die Lacknummer gekennzeichnet. Die Lacknummer –2– steht auf dem Fahrzeugdatenträger –1–. Der Fahrzeugdatenträger ist sowohl auf dem Kofferraumboden, links neben der Reserveradmulde sowie im Serviceheft aufgeklebt.

Treten dennoch Differenzen zwischen dem Originallack und dem Reparaturlack auf, dann liegt das daran, dass sich Fahrzeug-Lackierungen durch Alterung, ultraviolette Sonnenbestrahlung, extreme Temperaturdifferenzen, Witterungsbedingungen und chemische Einflüsse wie beispielsweise Industrieabgase mit der Zeit verändern. Außerdem können Oberflächenschäden, Farbveränderungen und Ausbleichen des Lackes eintreten, wenn Reinigung und Lackpflege mit ungeeigneten Mitteln durchgeführt wurden.

Die Metallic-Lackierung besteht aus 2 Schichten, dem Metallic-Grundlack und der farblosen Decklackierung. Beim Lackieren wird der Klarlack über den feuchten Grundlack gespritzt. Die Gefahr von Farbdifferenzen bei der nachträglichen Metallic-Lackierung ist besonders groß, da hier schon die unterschiedliche Viskosität des Reparaturlackes gegenüber dem Originallack zu Farbverschiebungen führt.

Es lohnt sich, auch kleinste Lackschäden regelmäßig zu beseitigen, da auf diese Weise Rostschäden und größere Reparaturen vermieden werden.

Für kleine Kratzer und Steinschläge, die lediglich den Decklack abgesplittert haben, also nicht bis aufs blanke Blech vorgedrungen sind, genügt im allgemeinen der Lackstift oder Tupflack. Dabei handelt es sich um eine kleine Lackdose, in deren Deckel ein Pinsel integriert ist. Der Lackstift wird im Auto-Zubehörhandel angeboten.

- Tiefere Steinschlagschäden, die schon kleine Rostnarben gebildet haben, mit einem »Rostradierer« beziehungsweise einem Messer oder einem kleinen Schraubendreher auskratzen, bis das blanke Blech erscheint. Wichtig ist, dass keine auch noch so kleine Roststelle mehr sichtbar ist. Bei »Rostradierern« handelt es sich um kleine Kunststoffhülsen, die zum Auskratzen des Rostes kurze Drahtborsten besitzen.
- Die blanken Stellen müssen einwandfrei trocken und fettfrei sein. Dazu Reparaturstelle sowie den umgebenden Lack mit Silikonentferner reinigen.
- Auf die blanke Metallfläche mit einem dünnen Pinsel etwas Lackgrundierung (»Primer«) auftragen. Da das Grundiermittel meist in Sprühdosen erhältlich ist, etwas Grundiermittel in den Deckel der Dose sprühen.
- Nachdem die Grundierung trocken ist, Stelle mit Tupflack ausbessern. Bei den Tupflackdosen ist ein Pinsel bereits im Deckel integriert. Falls nur eine Spraydose mit der entsprechenden Farbe zur Verfügung steht, etwas Farbe in den Deckel der Dose sprühen und Lack mit einem dünnen Wasserfarbenpinsel auftragen. Dabei in einem Arbeitsgang immer nur eine dünne Lackschicht anbringen, damit der Lack nicht herunterlaufen kann. Anschließend Farbe gut trocknen lassen. Vorgang so oft wiederholen, bis der Krater ausgefüllt ist und die ausgebesserte Stelle gegenüber der umgebenden Lackfläche keine Vertiefung mehr bildet.

Werkzeugausrüstung

Langfristig zahlt es sich immer aus, wenn man qualitativ hochwertiges Werkzeug kauft. Neben einer Grundausstattung mit Maul- und Ringschlüsseln in den gängigen Größen und verschiedenen Torxschraubendrehern sowie einem Satz Steckschlüssel empfiehlt sich auch der Kauf eines Drehmomentschlüssels. Darüber hinaus ist bei manchen Arbeitsgängen der Einsatz von Spezialwerkzeug zwingend erforderlich.

Gutes und stabiles Werkzeug wird von der Firma HAZET (42804 Remscheid, Postfach 100461) angeboten. In den Tabellen sind die Werkzeuge mit der HAZET-Bestellnummer aufgeführt. Vertrieben wird das Werkzeug über den Fachhandel.

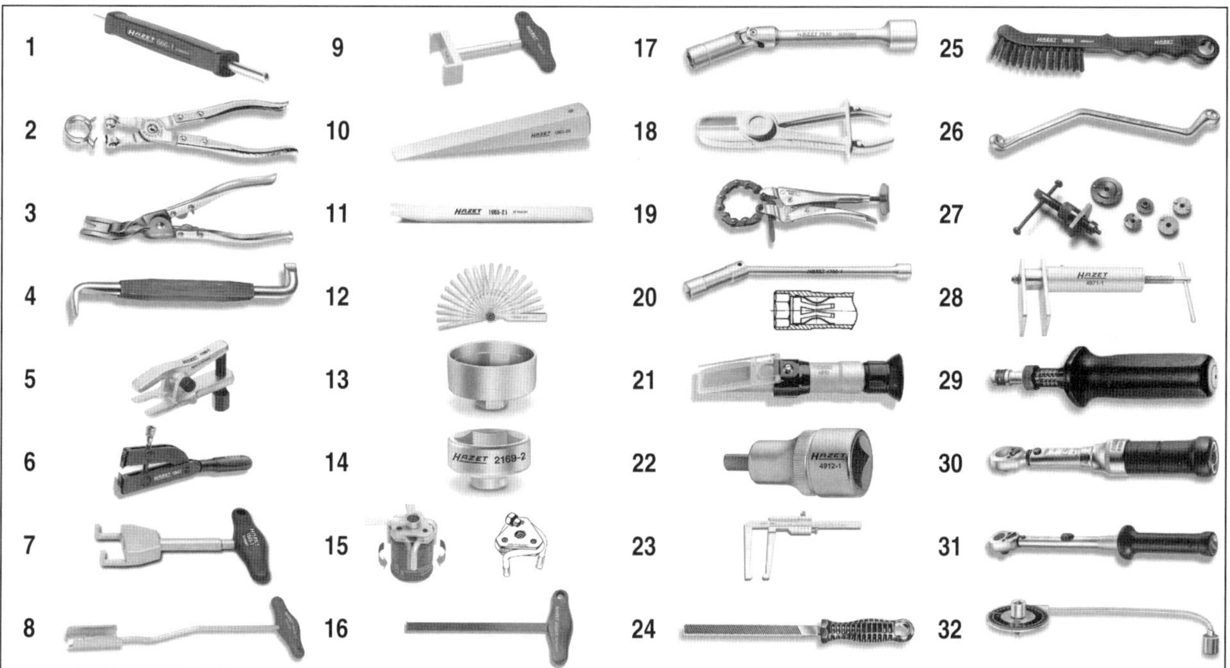

Abb.	Werkzeug	Hazet-Nr.
1	Ventildreher für Reifenventile	666-1
2	Schlauchklemmenzange für Lenkmanschette	798-5
3	Türverkleidungs-Lösezange	799-4
4	Abgewinkelter Schraubendreher zum Entriegeln von Steckern	–
5	Kugelgelenk-Abzieher	1790-7
6	Spannzange für Edelstahlklammern der Gelenkwellenmanschetten	1847
7	Zündkerzenstecker-Abzieher (1,4-l-Motor)	1849-7
8	Zündkerzenstecker-Abzieher (1,6-l-SRE-Motor)	1849-9
9	Zündkerzenstecker-Abzieher (1,8-/2,0-l-TSI-Motor)	1849-10
10	Montagekeil	1965-20
11	Montagekeil	1965-21
12	Fühlerblattlehre 0,05 - 1,0 mm	2147
13	Ölfilterschlüssel für Ölfilterpatrone	2169
14	Schlüssel für Ölfilterdeckel (Dieselm.)	2169-32
15	Ölfilterschlüssel zum Lösen der Ölfilterpatrone (1,6-l-Benziner)	2172

Abb.	Werkzeug	Hazet-Nr.
16	Abziehhaken	2520-1
17	Gelenkschlüssel für Glühkerzen	2530
18	Abklemmzangen-Satz	4590/3
19	Ketten-Abgasrohrschneider	4682
20	Zündkerzenschlüssel	4766-1
21	Messgerät für Säuredichte und Frostschutzanteil	4810 C
22	Spreizer für Federbein	4912-1
23	Bremsscheiben-Messschieber	4956-1
24	Bremssattelfeile	4968-1
25	Bremssatteldrahtbürste	4968-3
26	Brems-Entlüftungsschlüssel (Satz)	4968/5
27	Bremskolbendrehwerkzeug für hintere Scheibenbremsen	4970/6
28	Kolbenrücksetzvorrichtung für vordere Scheibenbremse	4971-1
29	Drehmomentschlüssel 1 – 6 Nm	6003 CT
30	Drehmomentschlüssel 4 – 40 Nm	6109-2 CT
31	Drehmomentschlüssel 40 – 200 Nm	6122–1CT
32	Winkelscheibe für drehwinkelgesteuerten Schraubenanzug	6690

Motorstarthilfe

Sicherheitshinweise

Werden die vorgeschriebenen Anschlusshinweise nicht genau eingehalten, besteht die Gefahr der Verätzung durch austretende Batteriesäure. Außerdem können Verletzungen oder Schäden durch eine Batterieexplosion entstehen oder Defekte an der Fahrzeugelektrik auftreten.

- Batterieflüssigkeit von Augen, Haut, Gewebe und lackierten Flächen fern halten. Die Flüssigkeit ist ätzend. Säurespritzer sofort mit klarem Wasser gründlich abspülen. Gegebenenfalls einen Arzt aufsuchen.
- Keine Funken oder offenen Flammen in Batterienähe, da aus der Batterie brennbare Gase austreten können.
- Augenschutz tragen.
- Darauf achten, dass die Starthilfekabel nicht durch drehende Teile wie zum Beispiel den Kühlerventilator beschädigt werden.

- Die Starthilfekabel sollten einen Leitungsquerschnitt von 25 mm² aufweisen und mit isolierten Kabelzangen ausgestattet sein. In der Regel ist der Leitungsquerschnitt auf der Packung der Starthilfekabel angegeben.
- Bei beiden Batterien muss die Spannung 12 Volt betragen. Die Kapazität der stromgebenden Batterie darf nicht wesentlich unter der der entladenen Batterie liegen.
- Falls vorhanden, Deckel über der Fahrzeugbatterie öffnen.
- Eine entladene Batterie kann bereits bei –10° C gefrieren. Vor Anschluss der Starthilfekabel muss eine gefrorene Batterie unbedingt aufgetaut werden.
- Die entladene Batterie muss ordnungsgemäß am Bordnetz angeklemmt sein.
- Wenn möglich, Säurestand der entladenen Batterie prüfen, gegebenenfalls destilliertes Wasser auffüllen und Batterie verschließen.
- Fahrzeuge so weit auseinander stellen, dass kein metallischer Kontakt besteht. Andernfalls könnte bereits beim Verbinden der Pluspole ein Strom fließen.
- Bei beiden Fahrzeugen Handbremse anziehen. Schaltgetriebe in Leerlaufstellung, automatisches Getriebe in Parkstellung »P« schalten.
- Alle Stromverbraucher, auch das Autotelefon, ausschalten.
- Grundsätzlich Motor des Spenderfahrzeuges ca. 1 Minute vor dem Startvorgang und während des Startvorganges mit Leerlaufdrehzahl drehen lassen. Dadurch wird eine Beschädigung des Generators durch Spannungsspitzen beim Startvorgang vermieden.

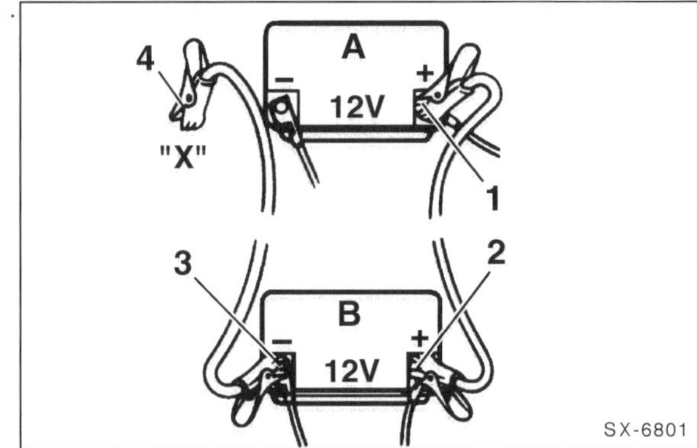

- Starthilfekabel in folgender Reihenfolge anschließen:
  1. Rotes Kabel –1– an den Pluspol (+) der entladenen Batterie –A– anklemmen.
  2. Das andere Ende des roten Kabels –2– an den Pluspol (+) der Strom gebenden Batterie –B– anklemmen.
  3. Schwarzes Kabel –3– an den Minuspol (–) der Strom gebenden Batterie anklemmen.
  4. Das andere Ende des schwarzen Kabels –4– an eine gute Massestelle –X– des Empfängerfahrzeuges anschließen. **Achtung: Nicht an den Minuspol (–) der leeren Batterie.** Am besten eignet sich ein mit dem Motorblock verschraubtes Metallteil. Unter ungünstigen Umständen könnte beim Anschließen des Kabels an den Minuspol der leeren Batterie, durch Funkenbildung und Knallgasentwicklung, die Batterie explodieren.

Achtung: Die Klemmen der Starthilfekabel dürfen bei angeschlossenen Kabeln nicht in Kontakt miteinander kommen, beziehungsweise die Plusklemmen dürfen keine Massestellen (Karosserie oder Rahmen) berühren – Kurzschlussgefahr!

- Motor des Empfängerfahrzeuges (leere Batterie) starten und laufen lassen. Beim Starten Anlasser nicht länger als 10 Sekunden ununterbrochen betätigen, da sich durch die hohe Stromaufnahme Polzangen und Kabel erwärmen. Deshalb zwischendurch eine »Abkühlpause« von mindestens ½ Minute einlegen.
- Bei Startschwierigkeiten nicht unnötig lange den Anlasser betätigen. Während des Anlassens wird permanent Kraftstoff eingespritzt. Fehlerursache ermitteln und beseitigen.
- Nach erfolgreichem Start beide Fahrzeuge mit der »Strombrücke« noch 3 Minuten laufen lassen.
- Um Spannungsspitzen beim Trennen abzubauen, im Fahrzeug mit der leeren Batterie Heizgebläse und Heckscheibenheizung einschalten. Nicht das Fahrlicht einschalten. Glühlampen brennen bei Überspannung durch.
- **Nach der Starthilfe** Kabel in **umgekehrter** Reihenfolge abklemmen: Zuerst schwarzes Kabel –4– (–) am Empfängerfahrzeug, dann am stromgebenden Fahrzeug abklemmen. Rotes Kabel –2– zuerst am stromgebenden und dann am Empfängerfahrzeug abklemmen.

Fahrzeug aufbocken

Bei Arbeiten unter dem Fahrzeug muss dieses, falls es nicht auf einer Hebebühne steht, auf zwei oder vier stabilen Unterstellböcken stehen.

Sicherheitshinweis
Wenn unter dem Fahrzeug gearbeitet werden soll, muss es mit geeigneten Unterstellböcken sicher abgestützt werden. Abstützen nur mit dem Wagenheber ist unzureichend. **Lebensgefahr!**

- Das Fahrzeug nur in unbeladenem Zustand auf ebener, fester Fläche aufbocken.
- Bei Arbeiten unter dem Fahrzeug, dieses zusätzlich mit Unterstellböcken so abstützen, dass jeweils ein Bein seitlich nach außen zeigt. Unterstellböcke an den Aufbockpunkten oder direkt daneben anordnen.

Aufnahmepunkte für Hebebühne und Werkstattwagenheber

Achtung: Um Beschädigungen am Unterbau zu vermeiden, geeignete Gummi- oder Holzzwischenlage verwenden. Der Wagen darf keinesfalls am Antriebsaggregat, der Motorölwanne oder an Vorder- oder Hinterachse angehoben werden, da dadurch große Schäden entstehen können.

- Vorderer Aufnahmepunkt an der senkrechten Versteifung –Pfeil– des Bodenblechs unterhalb der Einprägung am Unterholm.

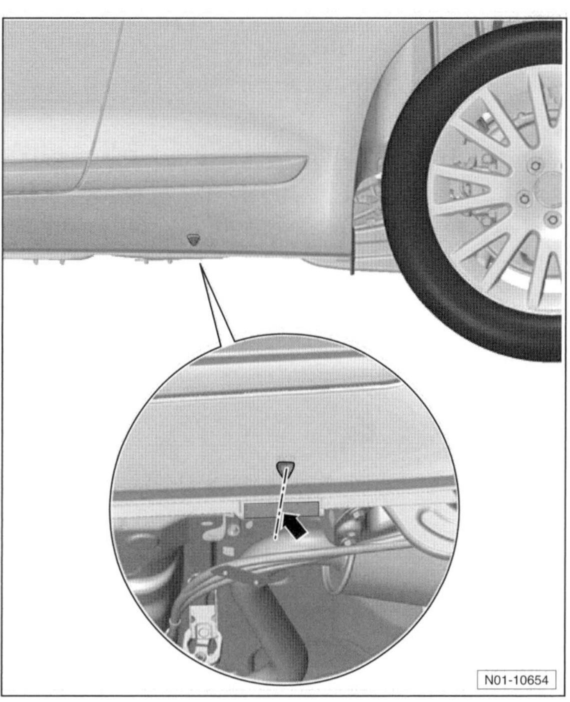

- Hinterer Aufnahmepunkt an der senkrechten Versteifung –Pfeil– des Bodenblechs unterhalb der Einprägung am Unterholm.
- Mit einem Werkstatt-Wagenheber oder einer Hebebühne darf das Fahrzeug nur an diesen Aufbockpunkten angehoben werden. Dabei muss die Versteifung mittig auf dem Aufnahmeteller von Hebebühne/Werkstattwagenheber aufliegen –Pfeil–.
- Die Räder, die beim Anheben auf dem Boden stehen bleiben, mit Keilen gegen Vor- oder Zurückrollen sichern. Nicht nur auf die Feststellbremse verlassen, diese muss bei einigen Reparaturarbeiten gelöst werden.

Achtung: Niemals bei angehobenem Fahrzeug den Motor anlassen und einen Gang einlegen, solange auch nur ein Rad noch den Boden berührt.

Achtung: Bevor die Schwerpunktlage des Fahrzeugs durch Demontagen erheblich verändert wird, muss das Fahrzeug auf der Hebebühne befestigt werden, zum Beispiel mit entsprechenden Gurten und Spannern.

Elektrische Anlage

Aus dem Inhalt:

- Sicherungen auswechseln
- Batterie ausbauen
- Generator prüfen
- Anlasser ausbauen
- Scheibenwischer
- Beleuchtungsanlage
- Armaturen/Schalter

Steckverbinder trennen

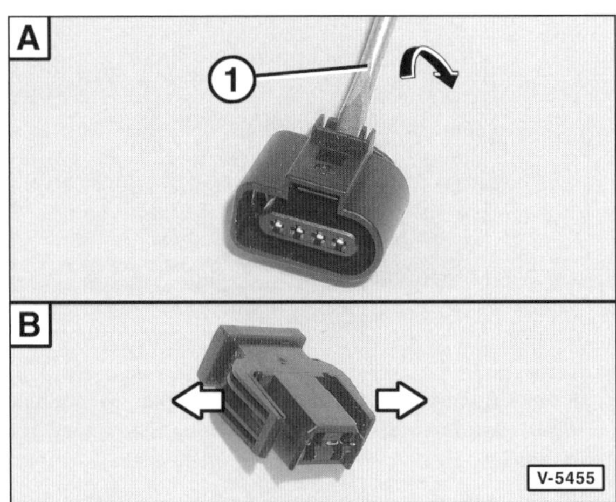

- –A–: Lasche mit einem Schraubendreher –1– herunterdrücken –Pfeil–, Stecker dabei ziehen und Verbindung trennen. Stecker beim Aufschieben hörbar einrasten lassen. **Hinweis:** An schwer zugänglichen Stellen zum Entriegeln der Lasche einen abgewinkelten Schraubendreher verwenden, zum Beispiel HAZET 818-1.
- –B–: 2 Laschen nach außen spreizen –Pfeile– und Steckverbindung trennen.

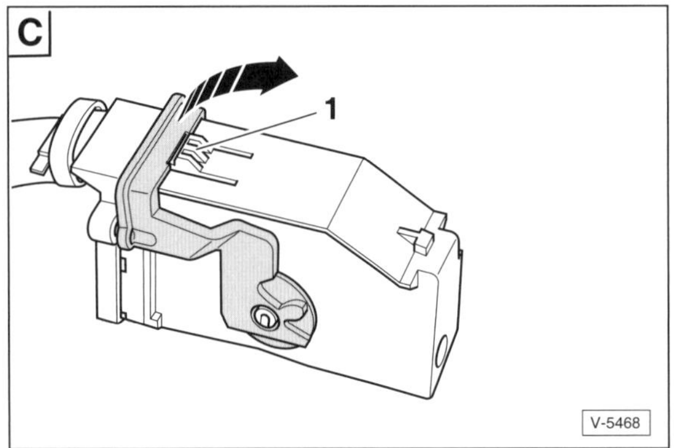

- –C–: Sicherungsraste –1– drücken, Haltebügel in Pfeilrichtung drehen und Stecker abziehen.

Lichtwellenleiter

Als Steuerleitungen kommen zum Teil Lichtwellenleiter zum Einsatz, die sich durch verlustarme Datenübertragung sowie eine hohe Bandbreite auszeichnen.

Sicherheitshinweise im Umgang mit Lichtwellenleitern beachten:

- Steckverbindungen für Lichtwellenleiter vorsichtig trennen.
- Die Übergangsstellen des Lichtwellenleiters dürfen nicht verschmutzt oder verkratzt werden.
- Lichtwellenleiter nicht knicken, strecken oder quetschen.
- **Kontaktstellen mit Abdeckkappen und Stopfen schützen.**

Signalhorn aus- und einbauen

Ausbau

Die beiden Signalhörner sind jeweils am linken und rechten Längsträger angeschraubt. Jedes Signalhorn besteht aus einem Hochtonhorn und einem Tieftonhorn, die parallel geschaltet sind.

- Zündung und alle elektrischen Verbraucher ausschalten, Zündschlüssel abziehen.
- Untere Motorraumabdeckung ausbauen, siehe Seite 260.

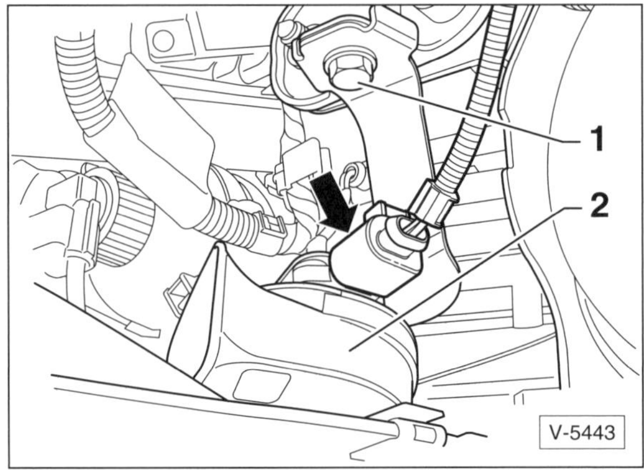

- Stecker –Pfeil– am Signalhorn abziehen.
- Schraube –1– herausdrehen und Signalhorn –2– zusammen mit dem Halter herausnehmen.

Einbau

- Der Einbau erfolgt in umgekehrter Ausbaureihenfolge. Dabei darauf achten, dass das Signalhorn nicht an umliegenden Bauteilen anliegt. Schraube am Längsträger mit **20 Nm** festziehen.

Batterien für Schlüssel mit Funkfernbedienung aus- und einbauen

Ausbau

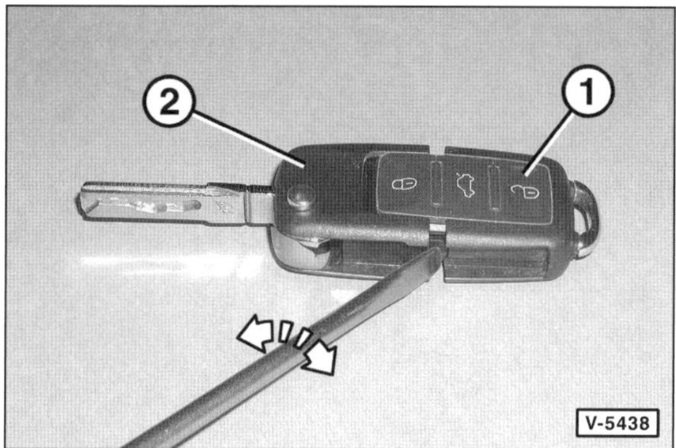

- Sendeeinheit –1– vom Schlüssel –2– trennen. Dazu Schraubendreher in den Schlitz einsetzen und in Pfeilrichtung drehen.

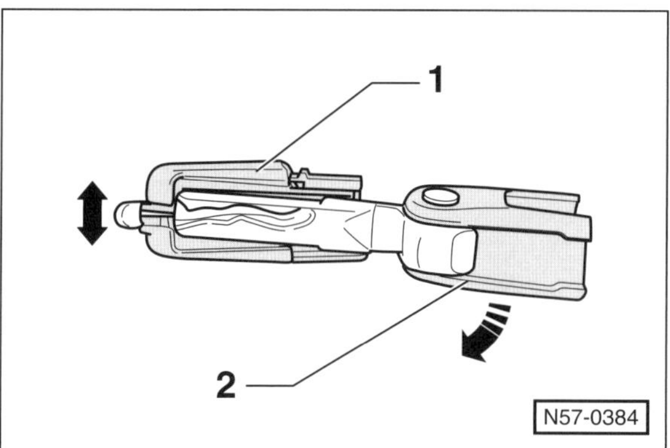

- Sendeeinheit –1– mit dem Schlüsselbart des Schlüssels –2– auseinander drücken.
- Batterie mit kleinem Schraubendreher nach oben aus der Halterung ausclipsen.

Achtung: Beim Ausbau der Batterien prüfen, ob die Polarität auf den Batterien eingeprägt ist, andernfalls Einbaulage notieren.

Einbau

- Batterie mit dem Pluspol nach unten in die Sendeeinheit einlegen und mit leichtem Druck einrasten lassen.
- Deckel auflegen und zusammen mit der Sendeeinheit am Schlüssel einrasten. Dabei darauf achten, dass die Dichtung nicht beschädigt wird.

Geber für Einparkhilfe aus- und einbauen

Die Sensoren sind in der vorderen und hinteren Stoßfängerabdeckung eingesetzt.

Ausbau

Achtung: Je nach Einbauort werden unterschiedliche Geber verwendet, daher Geber beim Ausbau markieren oder so ablegen, dass sie an gleicher Stelle wieder eingebaut werden können. Die Ausbaureihenfolge ist auf jeden Fall einzuhalten. Ausrichtung der Geberanschlüsse notieren.

- Zündung und alle elektrischen Verbraucher ausschalten, Zündschlüssel abziehen.
- Stoßfängerabdeckung ausbauen, siehe Seite 264.

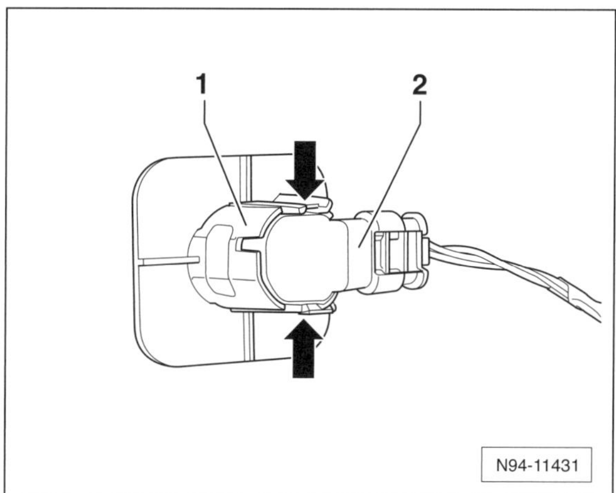

- Haltelaschen –Pfeile– am Halter –1– auseinanderdrücken und Geber –2– mit angeschlossenen Leitungen nach hinten herausziehen. **Achtung:** Dabei darauf achten, dass der schwarze Silikonring (Entkopplungsring) auf dem Geberkopf bleibt und nicht im Halter stecken bleibt oder verloren geht. Beim Ausbau des Gebers darf der Silikonring auf keinen Fall gedehnt werden.

Achtung: Durch zu große Krafteinwirkung auf den Geber können Haarrisse entstehen, die zu einem Ausfall des Gebers führen.

- Steckverbindung entriegeln und vom Geber abziehen.

Einbau

- Der Einbau erfolgt in umgekehrter Ausbaureihenfolge. Dabei ist Folgendes zu beachten:
- Entkopplungsring nicht dehnen.
- Beschädigten Entkopplungsring ersetzen.

Achtung: Bei falschem oder beschädigtem Entkopplungsring kann es zu Funktionsstörungen der Einparkhilfe kommen. Darauf achten, dass nicht versehentlich ein Entkopplungsring für den Parklenkassistent-Geber verwendet wird. Dieser ist 9,05 mm hoch, derjenige für den Einparkhilfe-Geber 5,7 mm.

- Der Entkopplungsring muss richtig auf dem Geber sitzen und darf sich beim Einstecken in den Halter nicht verwerfen oder aufrollen.
- Geber an gleicher Position wie vor dem Ausbau einbauen. Auf richtige Position der Geberanschlüsse achten.
- Beide Rastnasen des Halters müssen bei der Montage des Gebers hörbar einrasten.

Sicherungen auswechseln

Um Kurzschluss- und Überlastungsschäden an den Leitungen und Verbrauchern der elektrischen Anlage zu verhindern, sind die einzelnen Stromkreise durch Schmelzsicherungen geschützt.

- Vor dem Auswechseln einer Sicherung immer alle Stromverbraucher und die Zündung ausschalten.

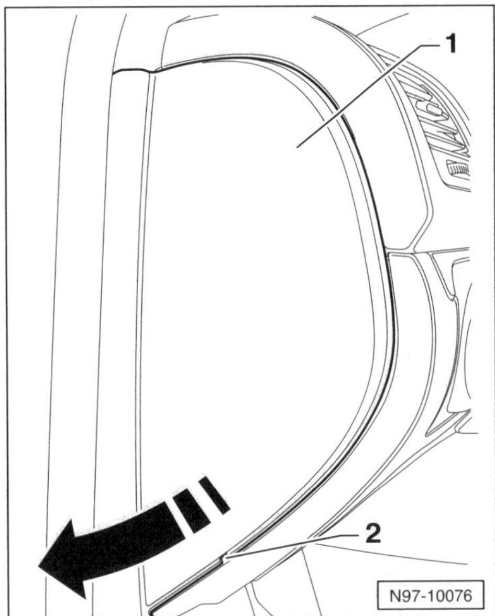

- Die Sicherungen befinden sich in einem Sicherungskasten links an der Stirnseite der Armaturentafel hinter einer Abdeckung.
- Abdeckung –1– abnehmen, dazu einen Schraubendreher in die Aussparung –2– unten an der Abdeckung einsetzen und Abdeckung etwas anheben. Damit das Armaturenbrett nicht verkratzt wird, einen Lappen unterlegen. Mit einem Montagekeil, zum Beispiel HAZET 1965-20, die Abdeckung ringsum abdrücken.
- Eine Übersicht der aktuellen Sicherungsbelegung befindet sich auf der Rückseite der Sicherungskasten-Abdeckung. **Hinweis:** Die Sicherungsbelegung ist abhängig von der Ausstattung und vom Baujahr des Fahrzeugs.

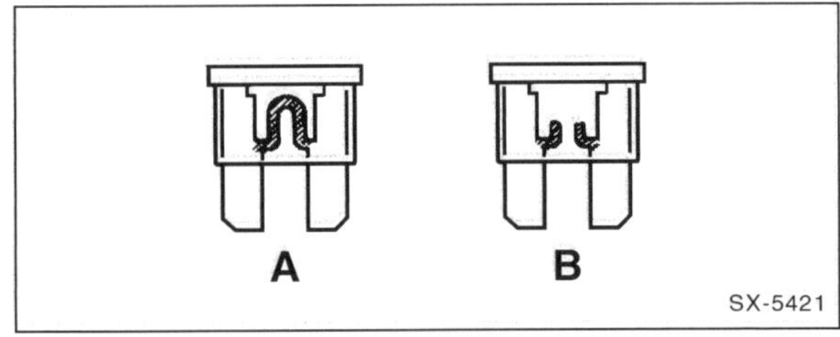

- Eine durchgebrannte Sicherung erkennt man am durchgeschmolzenen Metallstreifen. A – Sicherung in Ordnung, B – Sicherung durchgebrannt.

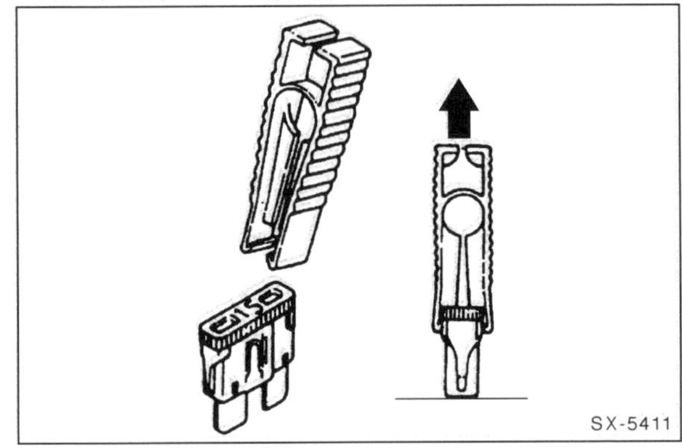

- Defekte Sicherung herausziehen. Eine Kunststoffklammer befindet sich an der Rückseite der Abdeckung seitlich am Armaturenbrett.

Nennstromstärke in Ampere	Kennfarbe
5	beige
7,5	braun
10	rot
15	blau
20	gelb
25	weiß
30	grün
35	grün-blau

- Neue Sicherung **gleicher Sicherungsstärke** einsetzen. Die Nennstromstärke der Sicherung ist auf der Rückseite des Sicherungsgriffes aufgedruckt. Außerdem hat der Griff der Sicherungen eine Kennfarbe, an der ebenfalls die Nennstromstärke zu erkennen ist.
- Es empfiehlt sich, stets einige Ersatzsicherungen im Wagen mitzuführen.
- Brennt eine neu eingesetzte Sicherung nach kurzer Zeit wieder durch, muss der entsprechende Stromkreis überprüft werden.
- Auf keinen Fall Sicherung durch Draht oder ähnliche Hilfsmittel ersetzen, weil dadurch ernste Schäden an der elektrischen Anlage auftreten können.
- Abdeckung mit den Clips über den Aussparungen im Armaturenbrett ansetzen, andrücken und einrasten.

Sicherungsbelegung

Hinweis: Die Sicherungsbelegung ist abhängig von der Ausstattung und vom Baujahr des Fahrzeugs. Die Belegung im aktuellen Fahrzeug kann von der hier aufgeführten Liste abweichen.

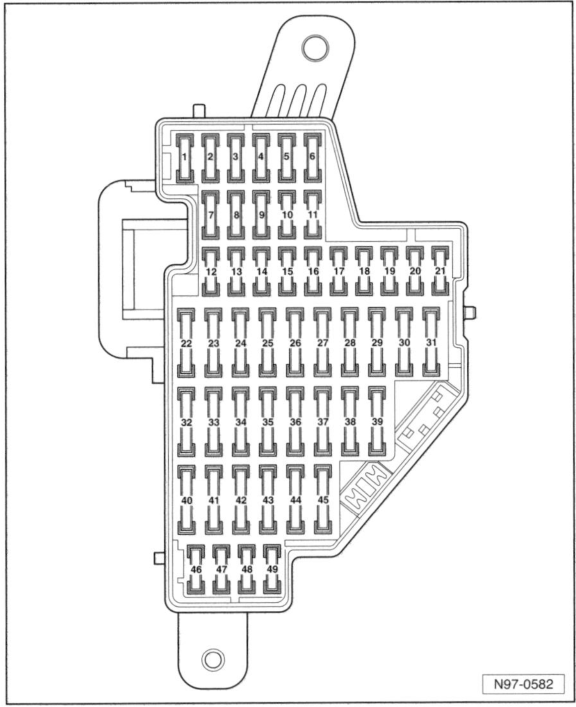

Nr.	Benennung	Stärke
F1	Regler Instrumentenbeleuchtung Luftmassenmesser, elektronisch geregelte Dämpfung, Kurvenlicht und Leuchtweitenregelung, Automatische Distanzregelung Bremslichtschalter, Parklenkassistent	10 A
F2	Lichtschalter, Bremslichtschalter, ABS, Schalttafeleinsatz (Kombiinstrument), Anhängererkennung, Lenkhilfe, Diagnose-Interface, Kraftstoffpumpe, Wählhebelsensorik, Motorsteuergerät, Mechatronik für DSG	10 A
F3	Steuergerät Airbag	5 A
F4	Hochdruckgeber, Ölstand- und Öltemperaturgeber, Steuergerät Climatronic, Automatisch abblendbarer Innenspiegel, Luftgütesensor, Schalter Rückfahrleuchten, Taster ASR und ESP Heizungsschalter, Taster Garagentoröffner, Reifenkontrollanzeige, Parklenkassistent	5 A
F5 – F11	nicht belegt	
F12	Türsteuergeräte links und rechts	10 A
F13	Lichtschalter, Diagnoseanschluss, Regen- und Lichterkennung, Rückfahrkamera	
F14	Steuergeräte für Climatronic, Klimaanlage, Wählhebelsensorik, Funkempfänger für Zusatzheizung	10 A
F15	Bordnetzsteuergerät	20 A
F16	Entriegelungselement Rückfahrkamera	–
F17	Alarmhorn, Innenraumüberwachung, Geber für Fahrzeugneigung	5 A
F18-F21	nicht belegt	
F22	Steuergerät für Heiz- und Frischluftgebläse	40 A
F23 – F24	Türsteuergeräte links und rechts	30 A
F25	Beheizbare Heckscheibe, Standheizung	25 A
F27	Türsteuergeräte links und rechts	30 A
F28 – F29	nicht belegt	
F30	Automatikgetriebe, Doppelkupplungsgetriebe	20 A
F31	Unterdruckpumpe (Vakuumpumpe) für Bremse	20 A
F32	Wechselrichter mit Steckdose	30 A
F33	Steuergerät Schiebedach	25 A
F34	Schalter für Verstellung der Lendenwirbelstütze der Vordersitze	15 A
F35	Elektronisch geregelte Dämpfung	10 A
F36	Relais und Pumpe der Scheinwerferreinigungsanlage	20 A
F37	Steuergerät für Sitzheizung vorn	30 A
F38 – F39	nicht belegt	
F40	Steuergerät für Klimaanlage, Relais für Standheizbetrieb	40 A
F41	Heckscheibenwischermotor	15 A
F42	Sperrdiode 2, Zigarettenanzünder, 12-Volt-Steckdose	20 A
F43	Steuergerät für Anhängererkennung	15 A
F44	Steuergerät für Anhängererkennung	20 A
F45	Steuergerät für Anhängererkennung	15 A
F46 – F49	nicht belegt	

Hinweis: In der Tabelle werden die Sicherungen mit F1 bis F49 bezeichnet, dabei steht das »F« für »Fuse« = Sicherung. In der Abbildung ist nur die Nummer der Sicherung aufgeführt.

Sicherungs- und Relaiskasten im Motorraum

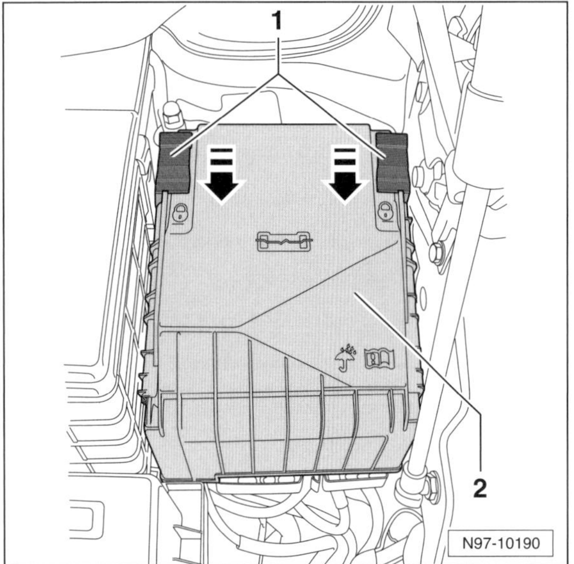

- Verriegelungsschieber –1– nach vorne schieben –Pfeile– und Deckel –2– nach oben vom Sicherungskasten abnehmen. Beim Einbau Deckel auf den Sicherungskasten setzen, andrücken und dabei die Schieber zum Verriegeln nach hinten drücken.

Hinweis: Die Sicherungsbelegung ist abhängig von der Ausstattung und vom Baujahr des Fahrzeugs.

Relaisbelegung

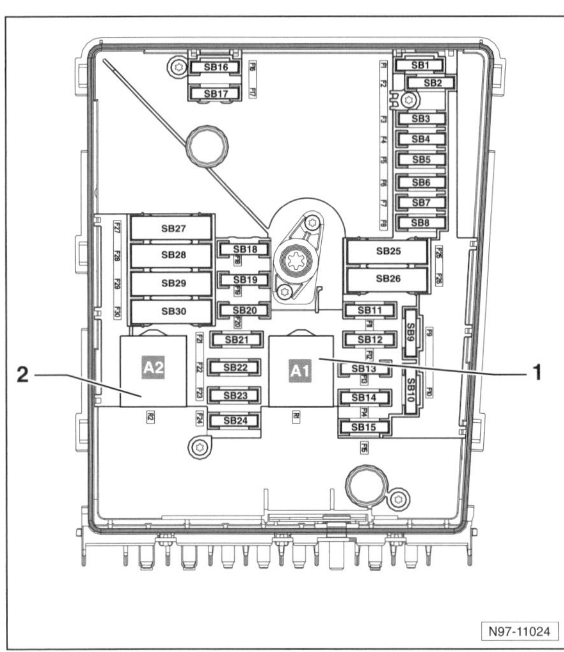

1 – Relais für Spannungsversorung der Klemme 30 (Dauerstrom) beziehungsweise Stromversorgungsrelais für die Motronic

2 – Relais für Sekundärluftpumpe
Dieselmotor: Leitungsbrücke

Am Zusatzrelaisträger unter dem Relaiskasten im Motorraum befindet sich das Steuergerät für Glühzeitautomatik.

Relaiskasten unter der Armaturentafel

Ein weiterer Relaisträger befindet sich im Fahrerfußraum hinter der oberen Abdeckung.

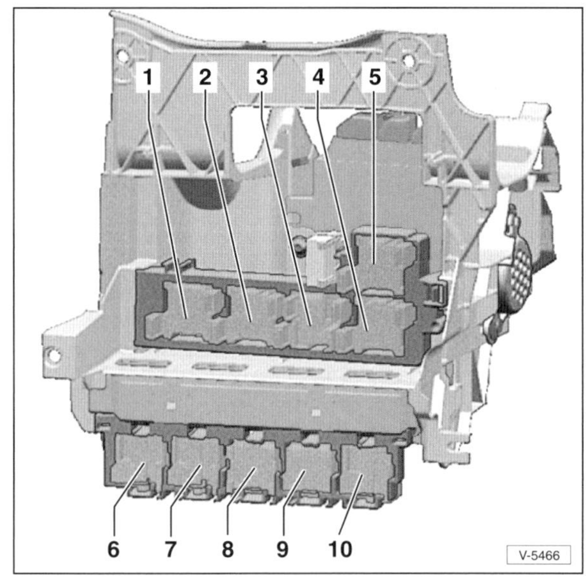

Nr.	Benennung
1	Relais für Spannungsversorgung Klemme 15 (Spannungsversorgung bei eingeschalteter Zündung)
2	Entlastungsrelais für X-Kontakt
3/1	Relais für Doppeltonhorn
3/2	Relais für Scheinwerferreinigungsanlage
4	Relais für heizbare Heckscheibe
5	Relais für Spannungsversorgung Klemme 50 (Anlasserstrom, nur Fahrzeuge ohne Start-Stopp-Funktion); Starterrelais (nur Fahrzeuge mit Start-Stopp-Funktion)
6/1	Relais für elektrische Kraftstoffpumpe
6/2	Relais für Kühlmittelnachlauf
7/1	Relais für Kraftstoffvorlauf
7/2	Kraftstoffpumpenrelais
8/1	Relais für kleine Heizleistung
8/2	Relais für Standheizbetrieb
9	Relais für große Heizleistung
10	Relais für Heiz- und Frischluftgebläse

Hinweis: »/1« und »/2« sind zwei Minirelais, die sich zusammen auf einem Relaissteckplatz befinden.

Batterie aus- und einbauen

Achtung: Durch das Abklemmen der Batterie werden einige **elektronische Speicher gelöscht**:

- Je nach Ausführung des Radios Radiocode vor Abklemmen der Batterie oder Ausbau des Radios feststellen. Ansonsten kann das Radio nur durch die Fachwerkstatt oder den Hersteller wieder in Betrieb genommen werden. Die Code-Nummer ist in der Radio-Bedienungsanleitung angegeben. Sie sollte nicht im Fahrzeug aufbewahrt werden. **Hinweis:** Die VW-Radioanlagen sind auf das Fahrzeug abgestimmt. Daher ist bei diesen Geräten keine Codeeingabe erforderlich.
- Nach dem Anklemmen der Batterie die elektrischen Fensterheber neu aktivieren:
  - ◆ Alle Türen schließen.
  - ◆ Alle Fenster ganz öffnen und wieder schließen.
  - ◆ An jedem Fenster Fensterheberschalter mindestens 2 Sekunden lang ziehen und so Fenster in Schließstellung halten.
  - ◆ Gesamten Vorgang ein zweites Mal durchführen.

Hinweis: Damit die gespeicherten Daten nicht verloren gehen, sollte möglichst ein Ruhestrom-Erhaltungsgerät verwendet werden. Das Gerät wird vor Abklemmen der Batterie nach Herstelleranweisung am Zigarettenanzünder angeschlossen.

Hinweis: Wird die Autobatterie ersetzt, unbedingt die Altbatterie zum Händler mitnehmen und zurückgeben. Sonst muss Pfand für die neue Batterie bezahlt werden.

Hinweis: Bei Ersatz einer AGM- oder Vlies-Batterie unbedingt wieder eine Vlies-Batterie einbauen.

Ausbau

- Alle elektrischen Verbraucher ausschalten. Zündung ausschalten. Dadurch werden Schäden an elektronischen Steuergeräten vermieden.
- Motorhaube öffnen.

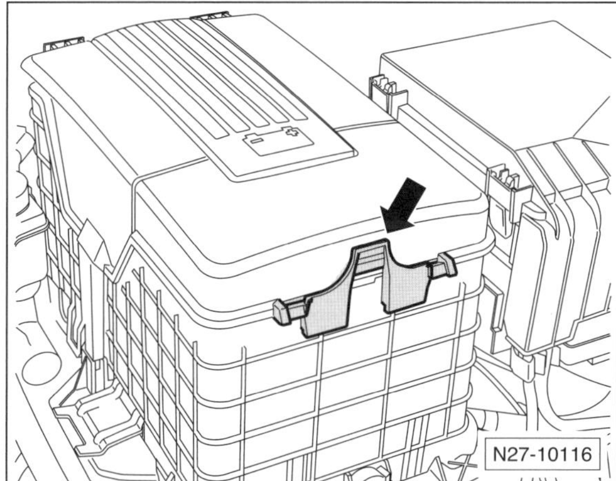

- Fahrzeuge mit Batteriekasten: Verriegelungslasche –Pfeil– drücken, Batteriedeckel nach oben schwenken und an der Gegenseite der Batterie aushängen.
- Fahrzeuge mit Batterieschutzhülle: Abdecklasche hochziehen und zur Seite klappen.

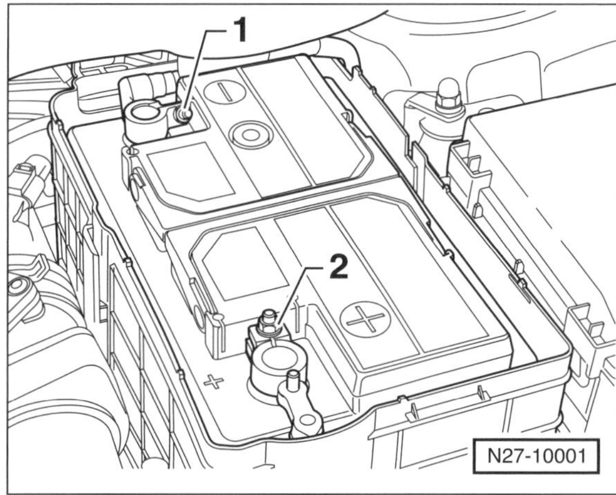

- **Zuerst Massekabel** von der Batterie abklemmen. Dazu Mutter –1– lockern, Klemme vom Minuspol (–) abziehen und Massekabel zur Seite legen.

Achtung: Niemals die Batterie-Plusklemme ab- oder anschrauben, wenn die Minusklemme angeschlossen ist. Kurzschlussgefahr.

Hinweis: Wird die Batterie lediglich abgeklemmt und nicht ausgebaut, aus Sicherheitsgründen **grundsätzlich beide Batterieklemmen von der Batterie entfernen**.

- Mutter –2– lockern, Klemme vom Pluspol (+) abziehen und Pluskabel zur Seite legen.

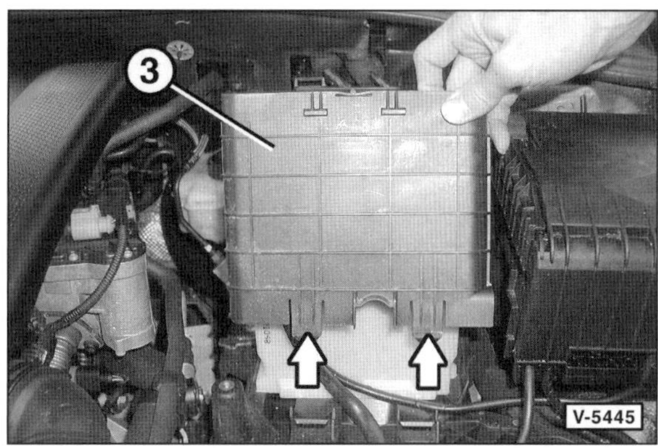

- 2 Haltelaschen unten drücken –Pfeile– und vordere Batterieabdeckung –3– nach oben aus den seitlichen Führungen herausziehen.
- Falls statt der Batterieabdeckung eine Vliestasche vorhanden ist, diese nach oben abziehen.

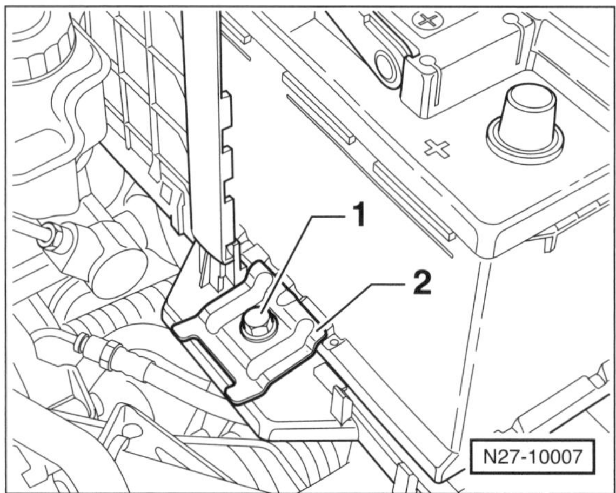

- Schraube –1– herausdrehen und Halteplatte –2– am Batteriefuß abnehmen.
- Batterie unter der Halteschiene hervorziehen.
- Falls vorhanden, Haltegriffe an der Batterie nach oben klappen und Batterie nach oben aus dem Batterieträger herausheben.

Einbau

- Sicherstellen, dass nur Batterien mit gleichen Abmessungen gegeneinander ausgetauscht werden.

Hinweis: Bei Ersatz einer AGM- oder Vlies-Batterie unbedingt wieder eine Vlies-Batterie einbauen.

- Sicherheitshinweise an der Batterie beachten. Originalteile-Batterien sind mit Sicherheitshinweisen ausgestattet.
- Vor dem Einbau gegebenenfalls Batteriepole blank kratzen, geeignet ist dazu eine Messingdrahtbürste.
- Batterie einsetzen und Batteriefuß unter die Halteschiene schieben. Dabei auf richtige Lage der Batterie auf dem Batterieträger achten.
- Batterie mit Schlauch für die Zentralentgasung: Darauf achten, dass der Schlauch nicht abgeklemmt wird.
- Bei einer Batterie ohne Schlauch für die Zentralentgasung darauf achten, dass eine Öffnung an der oberen Deckelseite der Batterie nicht verstopft ist.
- Halteplatte einsetzen und über den Batteriefuß legen, Schraube eindrehen und mit **35 Nm** festziehen. **Hinweis:** Schraube M8x35.
- Vordere Batterieabdeckung von oben in die seitlichen Führungen einschieben und einrasten. Falls vorhanden, Vliestasche einsetzen.
- Vor dem Anklemmen der Batterie sicherstellen, dass die Zündung und alle Stromverbraucher ausgeschaltet sind.

Achtung: Batteriepole nicht einfetten, andernfalls können sich die Polklemmen lockern.

- **Zuerst Pluskabel** am Pluspol (+) anklemmen, danach Massekabel am Minuspol (–). Muttern mit **6 Nm** festziehen. **Niemals** Batterie-Pluskabel anschließen, wenn die Minusklemme an der Batterie angeschlossen ist.

Achtung: Um Beschädigungen des Batteriegehäuses zu vermeiden, Batterie-Polklemmen nur von Hand aufstecken.

Hinweis: Durch eine falsch angeschlossene Batterie können erhebliche Schäden am Generator und an der elektrischen Anlage entstehen.

- Batteriedeckel hinten einhängen und nach unten klappen, bis die Verriegelungslasche einrastet.
- Anbauteile wie Wärmeschutzmantel, Entgasungsbehälter oder Entgasungsschlauch wieder ordnungsgemäß einbauen.
- Wenn nötig, Radiocode eingeben.
- Radioprogramme, falls erforderlich, neu eingeben.
- Zeituhr prüfen und gegebenenfalls neu einstellen.
- Elektrischen Fensterheber neu aktivieren.
- Wenn möglich, Fehlerspeicher mit einem Diagnosegerät auslesen und gegebenenfalls Reparaturmaßnahmen durchführen.
- Generatorspannung prüfen, siehe Seite 75.

Hinweis: Eine zu hohe Ladespannung des Generators kann die Ursache für den Ausfall der bisherigen Batterie sein und, falls der Fehler weiter besteht, die neue Batterie schädigen.

Batterieträger aus- und einbauen

Ausbau

- Batterie ausbauen, siehe entsprechendes Kapitel.

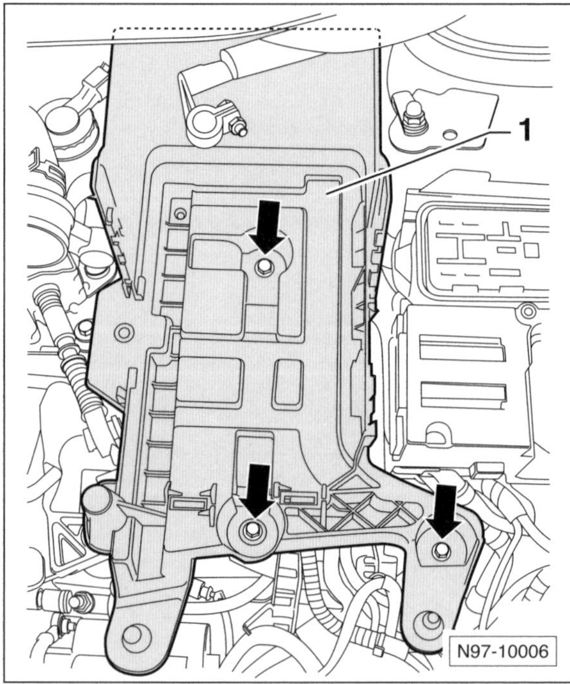

- Schrauben –Pfeile– herausdrehen und Batterieträger –1– aus dem Motorraum herausziehen.

Einbau

- Der Einbau erfolgt in umgekehrter Ausbaureihenfolge.

Batterie prüfen

Vor Beginn des Winters sollte die Batterie unbedingt überprüft werden. Bei großer Kälte sinkt die Batteriespannung einer nur mäßig geladenen Batterie während des Anlassvorgangs stark ab.

Wartungsarme Batterie

Bei einer wartungsarmen Batterie fehlen die Zellverschluss-Stopfen auf der Batterieoberseite. Kontrollmessungen des Säurestands oder der Säuredichte entfallen, da keine Flüssigkeit entweicht oder entgast.

In Fahrzeugen, in denen eine wartungsarme Batterie eingebaut ist, ist an der Batterie oftmals ein »magisches Auge« angebracht. Durch diese optische Anzeige werden der Säurestand und der Ladezustand der Batterie angegeben, und zwar durch unterschiedliche Farbkennung. Dazu das magische Auge mit einer Taschenlampe von oben anleuchten.

- Bevor eine Sichtprüfung am magischen Auge vorgenommen wird, vorsichtig mit dem Griff eines Schraubendrehers auf das magische Auge klopfen. Luftblasen, die die Anzeige beeinträchtigen könnten, steigen hierdurch auf. Die Farbanzeige des magischen Auges wird dadurch genauer.

Achtung: Es gibt Batterien mit 3-farbigem und mit 2-farbigem magischen Auge.

Batterie mit 3-farbigem magischen Auge

- Anzeige **grün**: Batterie ist in gutem Zustand.
- Anzeige **schwarz**: Batterie muss geladen werden.
- Anzeige **farblos** oder **hellgelb**: Kritischer Säurezustand. Die wartungsarme Batterie muss ausgetauscht werden.

Batterie mit 2-farbigem magischen Auge

Der Ladezustand der Batterie kann nicht am magischen Auge abgelesen werden. Hierzu ist eine Batterie-Belastungsprüfung erforderlich.

- Anzeige **schwarz**: Säurestand der Batterie ist in Ordnung.
- Anzeige **farblos** oder **hellgelb**: Säurezustand zu niedrig. Die wartungsarme Batterie muss ausgetauscht werden.

Achung: Batterien, bei denen das **magische Auge farblos** oder **hellgelb** anzeigt, **dürfen nicht geprüft oder geladen werden.** Es darf auch **keine Starthilfe** gegeben werden. Beim Prüfen, Laden oder Starthilfe besteht **Explosionsgefahr!**

Hinweis: Batterien neuester Generation sind mit einem Rückzündungsschutz, einer so genannten »Fritte«, ausgestattet. Das bei der Ladung entstehende Gas tritt durch eine Öffnung an der oberen Deckelseite aus, in die die Fritte eingesetzt ist. Die Fritte besteht aus einer kleinen, runden Glasfasermatte und arbeitet ähnlich wie ein Ventil.

Herkömmliche Batterie

Eine herkömmliche Batterie ist an abnehmbaren Zellverschluss-Stopfen beziehungsweise einer Verschluss-Leiste auf der Batterieoberseite erkennbar. Eine regelmäßige Kontrolle des Säurestands ist erforderlich.

Säurestand prüfen

Der Säurestand muss in den Batteriezellen etwa 5 mm über den Zellen-Elementen liegen. Ist bei manchen Batterien der Säurestand von außen erkennbar, muss dieser zwischen der oberen (MAX) und der unteren (MIN) Marke liegen. Bei Batterien mit einem Kunststoffsteg in den Einfüllöffnungen muss der Flüssigkeitsstand in dessen Höhe liegen. Einfüllöffnungen mit einer Taschenlampe von oben anleuchten – auf keinen Fall mit offener Flamme.

- Verschluss-Stopfen mit breitem Schraubendreher oder HAZET 4650-3 herausdrehen beziehungsweise Verschluss-Leiste mit Schraubendreher vorsichtig aufhebeln.
- Wenn nötig, destilliertes Wasser mit einem Trichter in die Einfüllöffnungen bis zur Markierung nachfüllen.
- Verschluss-Stopfen wieder eindrehen beziehungsweise Verschluss-Leiste aufdrücken.
- Batterie anschließend laden und unter Belastung prüfen, siehe entsprechende Kapitel.

Säuredichte prüfen

Die Säuredichte ergibt in Verbindung mit einer Spannungsmessung genauen Aufschluss über den Ladezustand der Batterie. Zur Prüfung der Säuredichte dient ein Säureheber, zum Beispiel HAZET 4650-1. Die Temperatur der Batteriesäure muss für die Prüfung mindestens +10° C betragen.

- Zündung ausschalten.
- Verschluss-Stopfen mit breitem Schraubendreher oder HAZET 4650-3 herausdrehen beziehungsweise Verschluss-Leiste mit Schraubendreher vorsichtig aufhebeln.

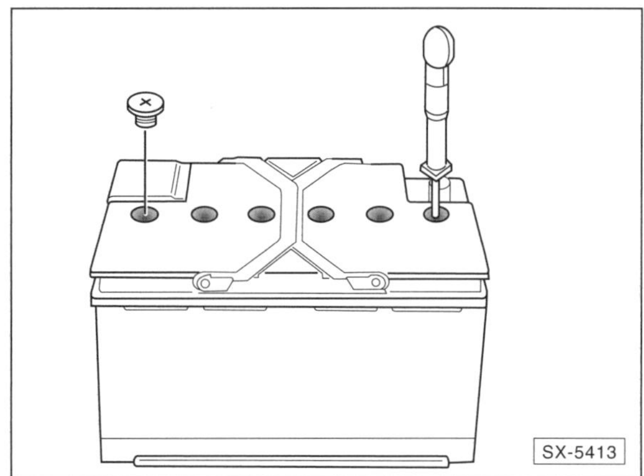

- Säureheber in eine der Batteriezellen eintauchen und soviel Säure ansaugen, bis der Schwimmer frei in der Säure schwimmt.
- Je größer das spezifische Gewicht (Säuredichte) der angesaugten Batteriesäure ist, desto mehr taucht der Schwimmer auf.
- An der Skala kann man die Säuredichte in spezifischem Gewicht (g/ml) oder Baumégrad (+°Bé) ablesen. Die Säuredichte muss mindestens 1,24 g/ml betragen. Ist die Säuredichte zu gering, Batterie laden.

Ladezustand	+°Bé	g/ml
entladen	16	1,12
halb entladen	24	1,20
gut geladen	30	1,28

- Nacheinander jede Batteriezelle prüfen, alle Zellen müssen die gleiche Säuredichte (maximale Differenz 0,04 g/ml) haben. Bei größeren Differenzen ist die Batterie wahrscheinlich defekt.
- Verschluss-Stopfen wieder eindrehen beziehungsweise Verschluss-Leiste aufdrücken.

Herkömmliche und wartungsarme Batterie

Batterie unter Belastung prüfen

Achung: Wenn das **magische Auge farblos** oder **hellgelb** anzeigt, darf die Batterie **nicht geprüft** werden. **Explosionsgefahr!**

- Voltmeter an die Batteriepole anschließen. Anschlusskabel **nicht** abklemmen.
- Motor starten und Spannung ablesen.
- Während des Startvorganges darf bei einer **vollen** Batterie die Spannung nicht unter 10 Volt (bei einer Säuretemperatur von ca. +20° C) abfallen.
- Bricht die Spannung sogar zusammen und wurde in den Zellen eine unterschiedliche Säuredichte festgestellt, ist die Batterie defekt.

Ruhespannung prüfen

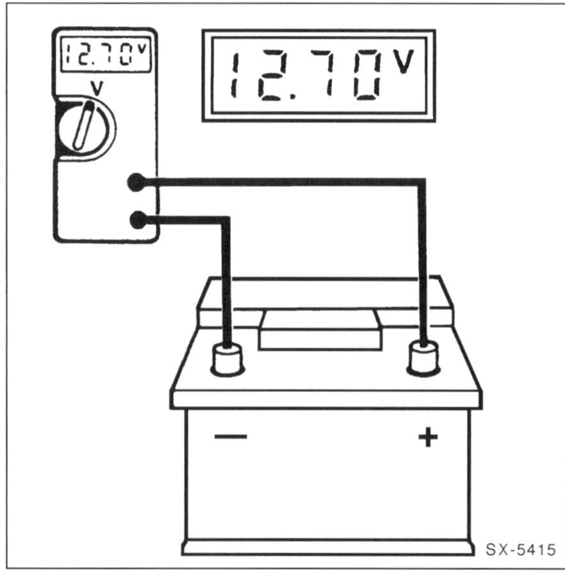

Der Batterie-Zustand wird durch Messen der Spannung mit einem Voltmeter zwischen den Batteriepolen überprüft.

- Batterie vom Stromnetz abklemmen, siehe Kapitel »Batterie aus- und einbauen«.
- Vor der Prüfung muss die Batterie mindestens zwei Stunden abgeklemmt sein.
- Voltmeter an die Batteriepole anschließen und Spannung messen.
- **Beurteilung des Spannungsmesswertes:**
  12,7 Volt oder darüber: Batterie in gutem Zustand.
  11,6 – 12,6 Volt: Batterie laden.
  unter 11,6 Volt: Batterie tiefentladen, Batterie laden oder ersetzen.
- Batterie anklemmen. Zuerst Batterie-Pluskabel (+) und dann Batterie-Massekabel (–) bei ausgeschalteter Zündung anklemmen.

Batterie laden

Sicherheitshinweise

- Batterie **nicht** bei laufendem Motor abklemmen.
- Batterie **niemals kurzschließen,** das heißt Plus- (+) und Minuspol (–) dürfen nicht verbunden werden. Bei Kurzschluss erhitzt sich die Batterie und kann platzen.
- Nicht mit offener Flamme in die Batterie leuchten. Batteriesäure ist ätzend und darf nicht in die Augen, auf die Haut oder die Kleidung gelangen, gegebenenfalls mit viel Wasser abspülen.
- Wenn das **magische Auge farblos** oder **hellgelb** anzeigt, darf die Batterie **nicht geprüft** werden. **Explosionsgefahr!**
- Die Verschluss-Stopfen bleiben bei einer Batterie mit Zentralentgasung beim Laden fest eingeschraubt. Sicherstellen, dass der Entgasungsschlauch nicht abgeklemmt ist.
- Gefrorene Batterie vor dem Laden auftauen. Eine geladene Batterie gefriert bei ca. –65° C, eine halbentladene bei ca. –30° C und eine entladene bei ca. –12° C. Aufgetaute Batterie vor dem Laden auf Gehäuserisse prüfen, gegebenenfalls ersetzen. Die von der ausgelaufenen Säure betroffenen Fahrzeugteile müssen umgehend mit Seifenlauge behandelt oder ausgetauscht werden.
- Batterie nur in gut belüftetem Raum oder im Freien laden. Beim Laden der eingebauten Batterie Motorhaube geöffnet lassen.

Zum Laden der Batterie mit einem **Normal- oder Schnellladegerät** Batterie ausbauen. Zumindest aber Massekabel (–) sowie Pluskabel (+) abklemmen. **Achtung:** Erfolgt das Laden der Batterie bei angeklemmten Batteriekabeln können Teile der Fahrzeugelektronik beschädigt werden.

Beim Laden muss die Batterie eine Temperatur von mindestens +10° C aufweisen.

Laden

- Batterie ausbauen, siehe entsprechendes Kapitel.
- Herkömmliche Batterie: Säurestand prüfen, gegebenenfalls destilliertes Wasser nachfüllen, siehe entsprechendes Kapitel.

- Falls am Ladegerät der Ladestrom eingestellt werden kann, Ladestrom für Normalladung auf ca. 10 % der Batteriekapazität einstellen. Bei einer 50-Ah-Batterie also etwa 5,0 A. Als Richtwert für die Ladezeit können dann 10 Stunden genommen werden.
- **Bei ausgeschaltetem Ladegerät** Pluskabel (+) des Ladegerätes an den Pluspol (+) der Batterie anschließen. Minuskabel (–) des Ladegerätes mit dem Minuspol (–) der Batterie verbinden.
- Netzstecker des Ladegerätes in die Steckdose stecken. Falls erforderlich, Ladegerät einschalten.
- Wird die Batterie mit einem konstanten Ladestrom geladen, Temperatur der Batterie durch Auflegen der Hand prüfen. Die Säuretemperatur darf während des Ladens ca. +55° C nicht überschreiten, gegebenenfalls Ladung unterbrechen oder Ladestrom herabsetzen.
- Nach dem Laden der Batterie Ladegerät ausschalten (wenn möglich) und Netzstecker des Ladegerätes ziehen.
- Anschlusskabel des Ladegerätes von der Batterie abklemmen.
- Geladene Batterie prüfen, siehe entsprechendes Kapitel.
- Batterie einbauen, siehe entsprechendes Kapitel.

Hinweise für Batterien ohne Zentralentgasung

- Vor dem Laden Verschluss-Stopfen abnehmen und leicht auf die Öffnungen legen. Dadurch werden Säurespritzer aus den Einfüllöffnungen heraus vermieden, während die beim Laden entstehenden Gase entweichen können.
- So lange laden, bis alle Zellen lebhaft gasen und bei drei im Abstand von je einer Stunde aufeinander folgenden Messungen das spezifische Gewicht der Säure und die Spannung nicht mehr angestiegen sind.
- Nach dem Laden Batterie ca. 20 Minuten ausgasen lassen. Dann Verschluss-Stopfen einsetzen.

Tiefentladene und sulfatierte Batterie laden

Eine Batterie, die längere Zeit unbenutzt war (zum Beispiel Fahrzeug stillgelegt), entlädt sich allmählich selbst und sulfatiert.

Wenn die Ruhespannung der Batterie unter 11,6 Volt liegt, bezeichnet man sie als tiefentladen. Ruhespannung prüfen, siehe unter »Batterie prüfen«.

Bei einer tiefentladenen Batterie besteht die Batteriesäure (Schwefelsäure-Wassergemisch) fast nur noch aus Wasser. **Achtung:** Bei Minustemperaturen kann diese Batterie einfrieren und das Gehäuse kann dann platzen.

Eine tiefentladene Batterie sulfatiert, das heißt die gesamte Plattenoberfläche der Batterie verhärtet. Die Batteriesäure ist dann nicht klar, sie hat eine schwach weißliche Einfärbung.

Wenn die tiefentladene Batterie unmittelbar nach der Entladung wieder geladen wird, bildet sich die Sulfatierung wieder zurück. Andernfalls verhärten die Batterieplatten weiter und die Ladungsaufnahme bleibt dauerhaft eingeschränkt.

- Eine tiefentladene und sulfatierte Batterie muss mit einem geringen Ladestrom von ca. 5 % der Batteriekapazität geladen werden. Der Ladestrom beträgt dann beispielsweise bei einer 60 Ah-Batterie ca. 3 A.
- Die Ladespannung darf maximal 14,4 Volt betragen.

Achtung: Eine tiefentladene Batterie darf keinesfalls mit einem Schnellladegerät geladen werden.

Schnellladen/Starthilfe

- Mit einem Schnellladegerät darf die Batterie nur ausnahmsweise geladen beziehungsweise durch Starthilfe belastet werden. Beim Schnellladen beträgt die Stromstärke des Ladestroms 20 bis 50% der Batteriekapazität. Durch Schnellladen wird die Batterie geschädigt, da sie kurzfristig einer sehr hohen Stromstärke ausgesetzt wird. Länger gelagerte und tiefentladene Batterien sollten nicht mit einem Schnellladegerät aufgeladen werden, da es sonst zur so genannten Oberflächenladung kommt.

Batterie lagern

Wird das Fahrzeug länger als 2 Monate stillgelegt, Batterie ausbauen und im aufgeladenen Zustand lagern. Die günstigste Lagertemperatur liegt zwischen 0° C und +27° C. Bei diesen Temperaturen hat die Batterie die günstigste Selbstentladungsrate. Spätestens nach 2 Monaten Batterie erneut aufladen, da sie sonst unbrauchbar wird.

Wenn eine über längere Zeit gelagerte Batterie mit einem Schnellladegerät geladen wird, nimmt sie unter Umständen keinen Ladestrom auf oder wird durch so genannte Oberflächenladung zu früh als »voll« ausgewiesen. Sie ist anscheinend defekt.

Bevor solch eine Batterie als defekt angesehen wird, ist sie folgendermaßen zu prüfen:

- Säuredichte prüfen. Weicht die Säuredichte in allen Zellen nicht mehr als 0,04 g/ml voneinander ab, so ist die Batterie mit einem Normalladegerät zu laden.
- Batterie nach der Ladung durch eine Belastungsprüfung testen, siehe entsprechendes Kapitel. Bei einem Spannungswert unter ca. 9,6 Volt ist die Batterie defekt.
- Weicht die Säuredichte in einer oder in zwei benachbarten Zellen merklich nach unten ab, hat die Batterie einen Kurzschluss und ist defekt.
- Tiefentladene und sulfatierte Batterie laden, siehe entsprechendes Kapitel.

Batteriepole reinigen

Batteriepole auf Korrosion überprüfen. Korrosion an den Batteriepolen zeigt sich in Form von weißen oder gelblichen pulverartigen Ablagerungen an den Polen.

- Batterie ausbauen, siehe entsprechendes Kapitel.
- Zur Entfernung von Korrosion Batteriepole mit einer Lösung aus Wasser und Soda bestreichen. Es kommt zu einer chemischen Reaktion mit Blasenbildung und einer braunen Verfärbung an den Polen.
- Gegebenenfalls Batteriepole mit einem Polreiniger oder einer Drahtbürste von Korrosionsrückständen reinigen.
- Nach Abklingen dieser Reaktion Batteriepole und Batterie mit klarem Wasser abwaschen und Batterie abtrocknen.
- Batterie einbauen, siehe entsprechendes Kapitel.

Zentralentgasung

Bei der Zentralentgasung tritt das Gas an einer definierten Stelle aus der Batterie aus. Mit Hilfe eines Entgasungsschlauches kann die Ableitung des Gases gezielt zu einer unkritischen Seite erfolgen. Je nach Einbau kann die Batterie von einer unterschiedlichen Seite entgasen.

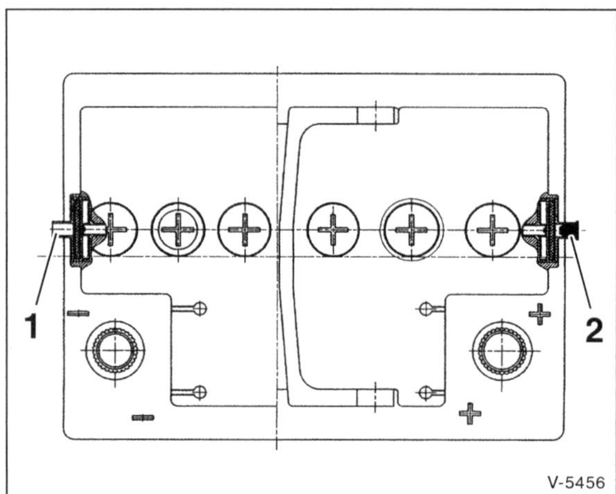

In der Regel sind Original-VW-Batterien mit jeweils einer Entgasungsöffnung –1/2– an jeder Polseite versehen. Von diesen beiden Öffnungen muss eine immer verschlossen sein –2–. Damit ist sichergestellt, dass die Entgasung nur gezielt über den angeschlossenen Schlauch erfolgt. Sollten beide Öffnungen verschlossen sein, unbedingt einen Stopfen aus der Entgasungsöffnung gemäß der Einbauanleitung der Batterie entfernen.

Batterietypen

Je nach Modell und Ausstattung können technisch recht unterschiedliche Batterietypen im Fahrzeug eingebaut sein.

Nassbatterien

Batterien mit flüssigem Elektrolyt werden als Nassbatterien bezeichnet. Diese Batterien gibt es mit Verschlussstopfen und ohne Verschlussstopfen. Nassbatterien mit Verschlussstopfen können gewartet werden und sind geeignet für den Einbau im Motorraum.

VRLA-Batterien

Bei den **V**alve-**R**egulated-**L**ead-**A**cid-Batterien (VRLA) handelt es sich um wartungsfreie Stromspeicher mit festgelegtem Elektrolyt. Die Zellverschluss-Stopfen lassen sich nicht herausschrauben. Wird die Batterie überladen, werden die entstehenden Wasserstoff- und Sauerstoffgase innerhalb der jeweiligen Zelle wieder zu Wasser zurückgewandelt. Bei zu starker Ladung tritt das überschüssige Gas über ein Entspannungsventil aus. Da diese Flüssigkeitsmengen nicht wieder ersetzt werden können, ist eine nachhaltige Beschädigung der Batterie möglich. Deshalb muss beim Laden unbedingt ein Batterieladegerät mit einer Ladebegrenzung von 14,4 Volt eingesetzt werden.

Gel-Batterien

Bei den Gel-Batterien ist der Elektrolyt durch die Zugabe von Kieselsäure zur Schwefelsäure in einer gelartigen Masse eingebunden. Entsprechend ihrem Entgasungsprinzip zählen Gel-Batterien zu den VRLA-Batterien. Dieser Batterietyp zeichnet sich durch eine hohe Zyklenfestigkeit aus, die Batterie kann also öfters ent- und geladen werden. Gel-Batterien haben kein magisches Auge. Sie sind wartungsfrei und auslaufsicher. Da die Batterien nicht hochtemperaturfähig sind, eignen sie sich nicht für den Einbau im Motorraum.

AGM-Batterie (Vlies-Batterie)

Absorbent-**G**lass-**M**at-Battery (AGM). Bei AGM-Batterien ist der Elektrolyt in einem Mikroglasvlies festgelegt; sie gelten dadurch als auslaufsicher. Die Batterie ist mit einem Batteriedeckel verschlossen, Zellverschluss-Stopfen und Entgasungskanal sind im Deckel integriert. AGM-Batterien haben kein magisches Auge. AGM-Batterien bieten folgende Vorteile: hohe Zyklenfähigkeit, Auslaufsicherheit, wartungsarm, geringe Gasung und gute Kaltstarteigenschaften.

Hinweis: Bei Ersatz einer AGM- oder Vlies-Batterie unbedingt wieder eine Vlies-Batterie einbauen.

Batterie entlädt sich selbstständig

Je nach Fahrzeugausstattung addiert sich zur natürlichen Selbstentladung der Batterie auch die Stromaufnahme der verschiedenen Stromverbraucher im Ruhezustand. Daher sollte die Batterie in einem abgestellten Fahrzeug alle 6 Wochen nachgeladen werden. Wenn der Verdacht auf Kriechströme besteht, Bordnetz nach folgender Anleitung prüfen:

- Zur Prüfung eine geladene Batterie verwenden.

Achtung: Da für diese Prüfung ein Ruhestrom-Erhaltungsgerät nicht angeschlossen werden kann, vorher mit der Fachwerkstatt klären, welche Speicher eventuell vor der Prüfung auszulesen und später wieder einzulesen sind.

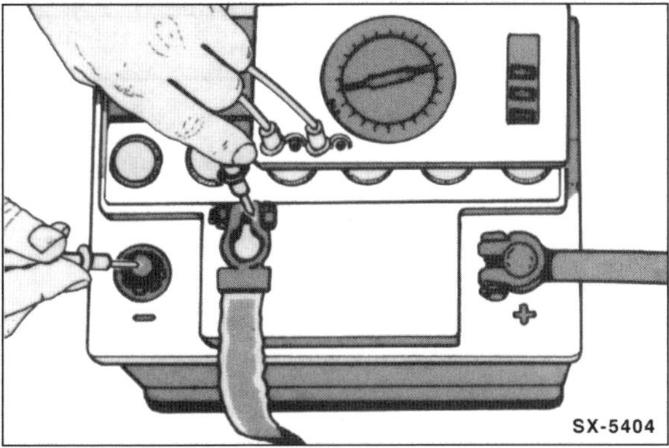

- Am Amperemeter den höchsten Messbereich einstellen.
- Batterie-Massekabel (–) abklemmen. **Achtung:** Hinweise im Kapitel »Batterie aus- und einbauen« beachten.
- Amperemeter zwischen Batterie-Minuspol (–) und Massekabel schalten: Amperemeter-Plus-Anschluss (+) an Massekabel und Minus-Anschluss (–) an Batterie-Minuspol (–).

Achtung: Die Prüfung kann auch mit einer Prüflampe durchgeführt werden. Leuchtet die Lampe zwischen Massekabel und Minuspol der Batterie jedoch nicht auf, ist auf jeden Fall ein Amperemeter zu verwenden.

- Alle Verbraucher ausschalten, vorhandene Zeituhr (und andere Dauerverbraucher) abklemmen, Türen schließen.
- Vom Amperebereich solange auf den Milliamperebereich zurückschalten bis eine ablesbare Anzeige erfolgt (1–3 mA sind zulässig).
- Durch Herausnehmen der Sicherungen nacheinander die verschiedenen Stromkreise unterbrechen. Geht bei einem unterbrochenen Stromkreis die Anzeige auf Null zurück, ist hier die Fehlerquelle zu suchen.
- Fehler können sein: korrodierte und verschmutzte Kontakte, durchgescheuerte Leitungen, interner Kurzschluss in Aggregaten.
- Wird in den abgesicherten Stromkreisen kein Fehler gefunden, so sind die Leitungen an den nicht abgesicherten Aggregaten, wie Generator und Anlasser, abzuziehen.
- Geht beim Abklemmen von einem der ungesicherten Aggregate die Anzeige auf Null zurück, betreffendes Bauteil überholen oder austauschen. Bei Stromverlust in der Anlasser- oder Zündanlage immer auch den Zünd-Anlassschalter nach Schaltplan prüfen.
- Batterie-Massekabel (–) anklemmen. **Achtung:** Hinweise im Kapitel »Batterie aus- und einbauen« beachten.

Störungsdiagnose Batterie

Störung	Ursache	Abhilfe
Abgegebene Leistung ist zu gering, Spannung fällt stark ab.	Batterie entladen.	■ Batterie nachladen.
	Ladespannung zu niedrig.	■ Spannungsregler prüfen, gegebenenfalls austauschen.
	Anschlussklemmen lose oder oxydiert.	■ Anschlussklemmen reinigen, Klemmenmuttern anziehen.
	Masseverbindungen Batterie/Motor/ Karosserie sind schlecht.	■ Masseverbindung überprüfen, gegebenenfalls metallische Verbindungen herstellen oder Schraubverbindungen festziehen. Korrodierte Schrauben durch verzinnte ersetzen.
	Zu große Selbstentladung der Batterie.	■ Batterie austauschen.
	Batterie sulfatiert.	■ Batterie mit geringer Stromstärke laden. Falls die abgegebene Leistung immer noch zu gering ist, Batterie austauschen.
	Batterie verbraucht, aktive Masse der Platten ausgefallen.	■ Batterie austauschen.
Nicht ausreichende Ladung der Batterie.	Fehler an Generator, Spannungsregler oder Leitungsanschlüssen.	■ Generator und Spannungsregler überprüfen, gegebenenfalls Generator austauschen.
	Keilrippenriemen locker, Spannvorrichtung defekt.	■ Spannvorrichtung prüfen, gegebenenfalls Keilrippenriemen ersetzen.
	Zu viele Verbraucher angeschlossen.	■ Stärkere Batterie einbauen; eventuell auch leistungsstärkeren Generator verwenden.
Batterie gast nach Abstellen des Motors sehr stark. Geruch nach faulen Eiern.	Spannungsregler am Generator defekt. Batterie wird zu stark geladen und beginnt zu gasen. Dabei bildet sich Schwefelwasserstoff (H_2S).	■ Ladespannung bzw. Spannungsregler des Generators prüfen, ggf. Spannungsregler ersetzen.
Säurestand zu niedrig.*)	Überladung oder Verdunstung, besonders im Sommer.	■ Bei geladener Batterie destilliertes Wasser bis zur vorgeschriebenen Höhe nachfüllen.
Säuredichte zu niedrig.*)	Batterie entladen.	■ Batterie laden.
	Kurzschluss im Leitungsnetz.	■ Elektrische Anlage überprüfen.
Säuredichte in einer Zelle deutlich niedriger als in den übrigen Zellen.*)	Kurzschluss in einer Zelle.	■ Batterie austauschen.
Säuredichte in zwei benachbarten Zellen deutlich niedriger als in den übrigen Zellen.*)	Zellen-Trennwand undicht, so dass eine leitende Verbindung zwischen den Zellen entsteht und sich die Zellen entladen.	■ Batterie austauschen.

*) Diese Punkte gelten nur für die herkömmliche Nassbatterie.

Generator aus- und einbauen/ Generator-Ladespannung prüfen

Je nach Modell und Ausstattung können Generatoren mit unterschiedlichen Leistungen eingebaut sein. **Achtung:** Wenn nachträglich elektrisches Zubehör mit hohem Stromverbrauch in das Fahrzeug eingebaut wird, sollte überprüft werden, ob die bisherige Generatorleistung noch ausreicht; gegebenenfalls stärkeren Generator einbauen.

Ladespannung prüfen

Wenn die Batterie nicht ausreichend geladen wird, Generatorspannung prüfen:

- Voltmeter zwischen Plus- und Minuspol der Batterie anschließen.
- Motor starten. Die Spannung darf beim Startvorgang bis etwa 8 Volt (bei + 20° C Außentemperatur) absinken.
- Motordrehzahl auf 3.000/min erhöhen. Die Spannung soll dann 13 bis 14,5 Volt betragen. Dies ist ein Beweis, dass Generator und Regler arbeiten. Die Generatorspannung (Bordspannung) muss höher als die Batteriespannung sein, damit die Batterie im Fahrbetrieb wieder aufgeladen wird.
- Regelstabilität prüfen. Dazu Fernlicht einschalten und Messung bei 3.000/min wiederholen. Die gemessene Spannung darf nicht mehr als 0,4 Volt über dem vorher gemessenen Wert liegen.
- Liegen die gemessenen Werte außerhalb der Sollwerte, Generator und Regler von Fachwerkstatt überprüfen lassen.

Sicherheitshinweise

Bei Arbeiten an der elektrischen Anlage im Motorraum grundsätzlich die Batterie abklemmen. **Achtung:** Dadurch werden elektronische Speicher gelöscht, wie zum Beispiel die Daten im Motor-Fehlerspeicher. Vor dem Abklemmen der Batterie bitte Hinweise im Kapitel »Batterie aus- und einbauen« beachten.

- Batterie oder Spannungsregler **nicht** bei laufendem Motor abklemmen.
- Generator **nicht** bei angeschlossener Batterie ausbauen.
- Beim Elektroschweißen Batterie grundsätzlich vom Bordnetz abklemmen.

1,4-l-Benzinmotor, 59 kW

Ausbau

- Batterie abklemmen. **Achtung:** Hinweise im Kapitel »Batterie aus- und einbauen« beachten.

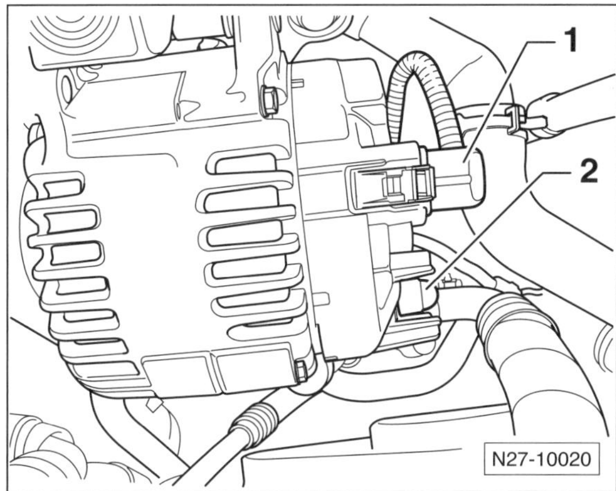

- Stecker –1– an der Rückseite des Generators abziehen und dünne (D+)-Leitung abnehmen.
- Kappe –2– abziehen, dahinter sitzende Mutter abschrauben und dicke (B+)-Leitung abnehmen. Einbaulage des Leitungshalters markieren, anschließend Halter abschrauben.
- Untere Motorabdeckung ausbauen, siehe Seite 260.
- Laufrichtung des Keilrippenriemens markieren, Keilrippenriemen entspannen und abnehmen, siehe Seite 189.

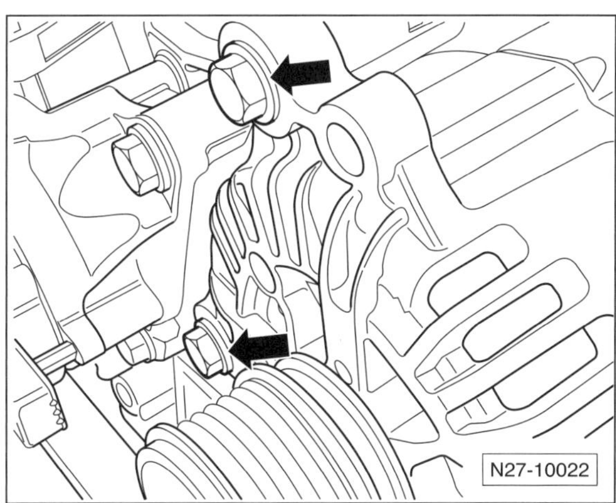

- 2 Schrauben –Pfeile– für Generator herausdrehen.

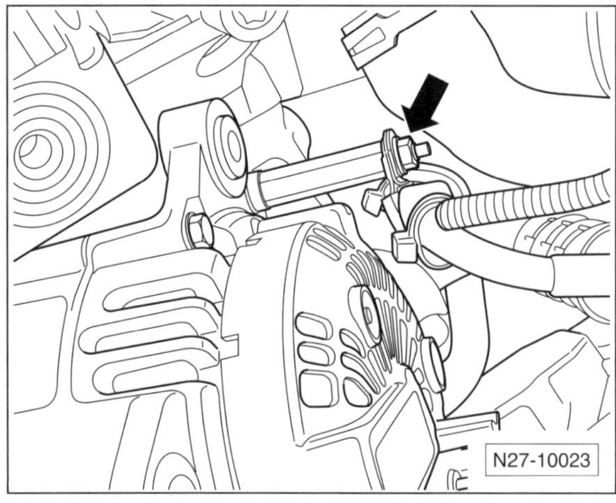

- Kabelhalterung –Pfeil– vom Generator abschrauben.
- Generator nach oben aus dem Fahrzeug herausziehen.

Einbau

- Vor dem Einbau die beiden Gewindebuchsen an der Anschlussseite des Generators etwa 4 mm nach außen heraustreiben.
- Der Einbau erfolgt in umgekehrter Ausbaureihenfolge. Dabei Leitungshalter für dicke (B+)-Leitung in gleicher Stellung, wie vor dem Ausbau, anschrauben.
  Anzugsdrehmomente:
  Schrauben für Generator . . . . **20 Nm**
  Mutter für (B+)-Leitung . . . . **15 Nm**

Achtung: Anzugsdrehmoment für (B+)-Leitung unbedingt einhalten, sonst wird die Batterie möglicherweise nicht vollständig geladen oder die Fahrzeugelektrik/-elektronik kann komplett ausfallen und das Fahrzeug bleibt liegen. Außerdem können durch Überspannung Schäden an elektronischen Bauteilen und Steuergeräten auftreten.

1,4-l-TSI-Motor, 90/118 kW/ 1,6-l-Benzinmotor 75 kW

Ausbau

- Batterie abklemmen. **Achtung:** Hinweise im Kapitel »Batterie aus- und einbauen« beachten.
- **1,4-l 118 kW, 1,6-l 75 kW-Benziner:** Obere Motorabdeckung ausbauen, siehe Seite 180.

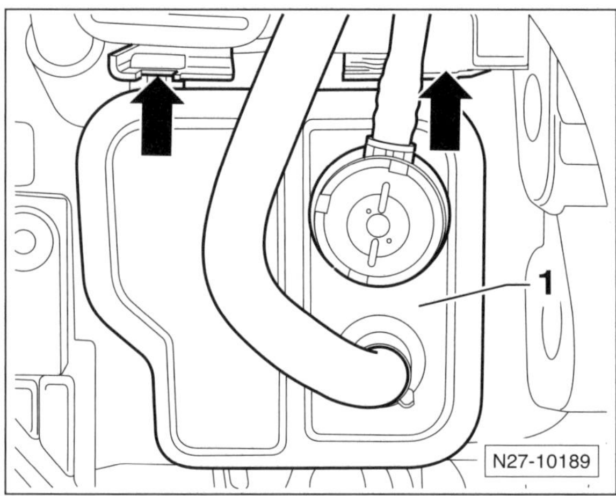

- Behälter für Aktivkohlefilter –1– nach oben aus der Halterung –Pfeile– herausziehen und mit angeschlossenen Schläuchen zur Seite legen.
- Keilrippenriemen ausbauen und beim **1,6-l-Benziner** das Spannelement mit einem geeigneten Dorn arretieren, siehe Seite 180.
- **1,4-l-118-kW-Benziner:** Oberen Riemenspanner ausbauen, siehe Seite 188.
- **1,6-l-75-kW-Benziner:** Keilrippenriemen ausbauen und Halter mit Spannelement abschrauben, siehe Seite 192.

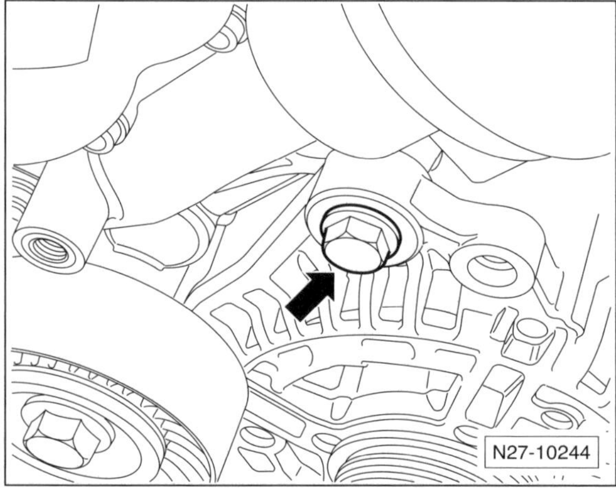

- Obere Schraube –Pfeil– für Generator herausdrehen.
- Untere Motorabdeckung ausbauen, siehe Seite 260.

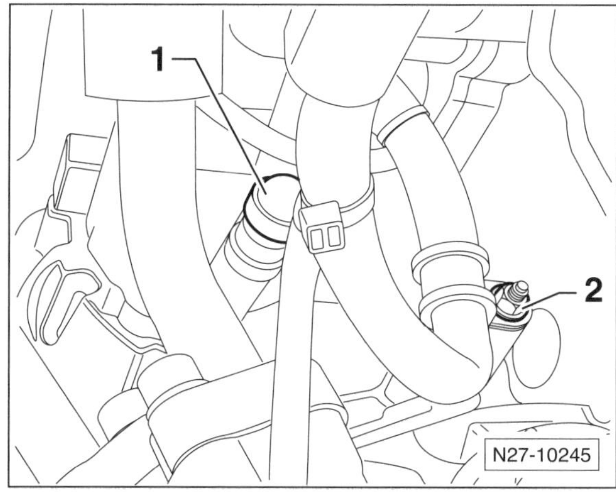

- Kabelhalterung –2– vom Generator abschrauben.
- Kappe –1– für (B+)-Leitung abziehen.

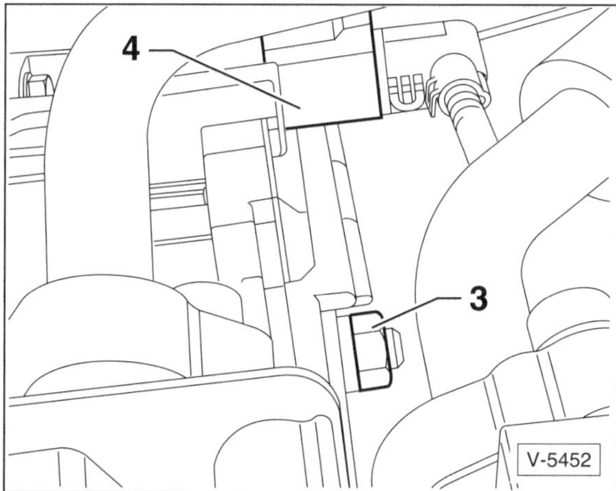

- Mutter –3– abschrauben und dicke (B+)-Leitung vom Generator abnehmen.
- Stecker –4– an der Rückseite des Generators abziehen und dünne (D+)-Leitung abnehmen.
- **1,4-l-Motor mit Klimaanlage:** 3 Schrauben für Klimakompressor herausdrehen. Steckverbindung am Klimakompressor trennen. Klimakompressor mit angeschlossenen Kältemittelschläuchen mit Draht an der Karosserie befestigen, dabei darauf achten, dass die Kältemittelschläuche nicht unter Zug stehen oder geknickt werden. **Kältekreislauf nicht öffnen.**
- Untere Befestigungsschraube am Generator herausdrehen und Generator nach unten aus dem Fahrzeug herausziehen.

Einbau

- Vor dem Einbau die beiden Gewindebuchsen an der Anschlussseite des Generators etwa 4 mm nach außen heraustreiben.
- **1,4-l-118-kW:** Bei der Montage des Klimakompressors darauf achten, dass beide Zentrierbolzen in die übereinanderstehenden Gewindebohrungen des Halters eingesetzt sind.
- Der weitere Einbau erfolgt in umgekehrter Ausbaureihenfolge.

  Anzugsdrehmomente:
  Schrauben für Generator . . . . **23 Nm**
  Schrauben für Klimakompressor . . . . **25 ± 2 Nm**
  Mutter für (B+)-Leitung . . . . **15 Nm**
  1,4-l-118-kW-, 1,6-l-75-kW:
  Schrauben für (obere) Spannrolle . . . . **23 Nm**
  1,6-l-75-kW-Benziner: Halter mit Keilrippenriemen-Spanner . . . . **23 Nm**

Achtung: Anzugsdrehmoment für (B+)-Leitung unbedingt einhalten, siehe auch Abschnitt für 59-kW-Motor.

1,8-l-TSI-Motor 118 kW

Ausbau

- Batterie abklemmen. **Achtung:** Hinweise im Kapitel »Batterie aus- und einbauen« beachten.
- Unterdruckschlauch am Kühlmittelrohr aushängen.

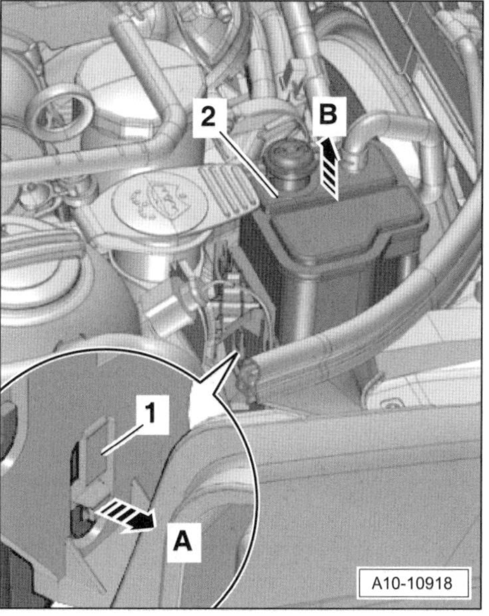

- Aktivkohlebehälter –2– mit angeschlossener Leitung nach oben aus der Halterung herausziehen –Pfeil B–. Dazu die Entriegelungslasche –1– abheben –Pfeil A–.
- Aktivkohlebehälter zur Seite legen.
- Keilrippenriemen ausbauen, siehe Seite 189.

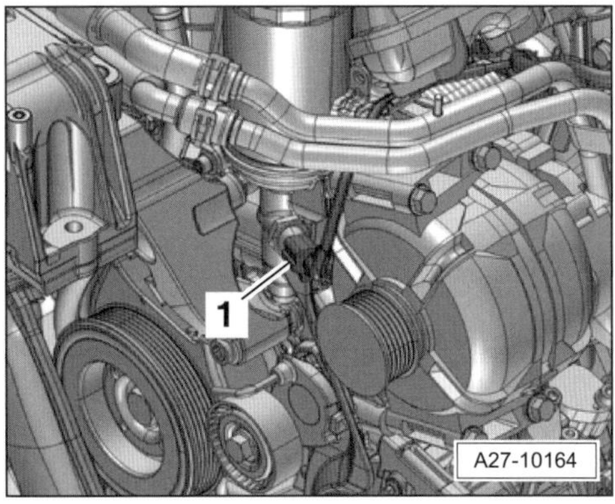

- Stecker –1– am Öldruckschalter abziehen.

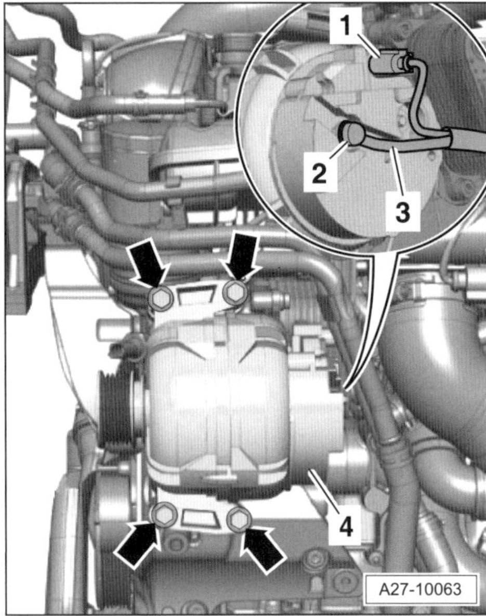

- Schrauben –Pfeile– herausdrehen und Generator –4– vom Halter für Nebenaggregate abnehmen.
- Generator mit angeschlossenen elektrischen Leitungen zur rechten Fahrzeugseite schwenken.
- Stecker –1– abziehen.
- Abdeckkappe –2– abhebeln und darunterliegende Mutter abschrauben. Leitung der Klemme 30/B+ vom Generator abnehmen.
- Generator nach oben herausnehmen.

Einbau

- Der Einbau erfolgt in umgekehrter Ausbaureihenfolge.
  Anzugsdrehmomente:
  Schrauben für Generator . . . . **23 Nm**
  Mutter für (B+)-Leitung . . . . **16 Nm**

Achtung: Anzugsdrehmoment für (B+)-Leitung unbedingt einhalten, siehe auch Abschnitt für 59-kW-Motor.

Dieselmotor

Ausbau

- Batterie abklemmen. **Achtung:** Hinweise im Kapitel »Batterie aus- und einbauen« beachten.
- Obere Motorabdeckung ausbauen, siehe Seite 180.
- Schlossträger in Servicestellung bringen, siehe Seite 262.
- Keilrippenriemen ausbauen, siehe Seite 189.
- Steckverbindung am Klimakompressor trennen.
- Klimakompressor mit 3 Schrauben abschrauben und mit angeschlossenen Leitungen und einem Bindedraht an geeigneter Stelle aufhängen. Dabei darauf achten, dass die Schläuche nicht gezogen oder geknickt werden.
- Hinten am Generator Stecker für DF-Leitung entriegeln und abziehen.
- Abdeckkappe von der (B+)-Klemme abhebeln, Mutter abschrauben und (B+)-Leitung vom Anschlussgewinde abnehmen.
- Einbaulage des Leitungshalters am Generator markieren und Halter abschrauben.

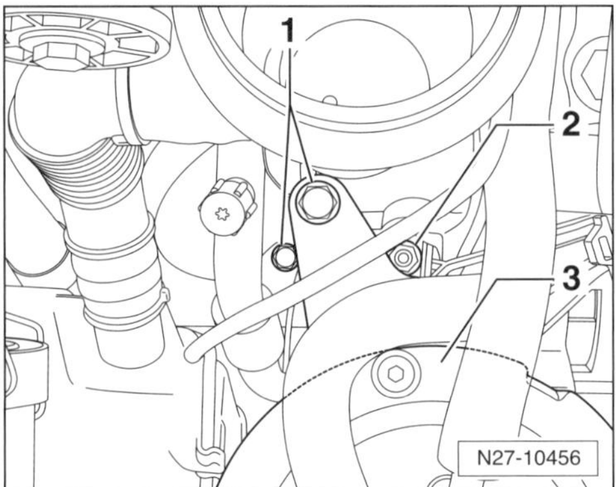

- Schrauben –1– sowie Mutter –2– abschrauben und Kraftstofffilter –3– mit angeschlossenen Leitungen beiseite legen.

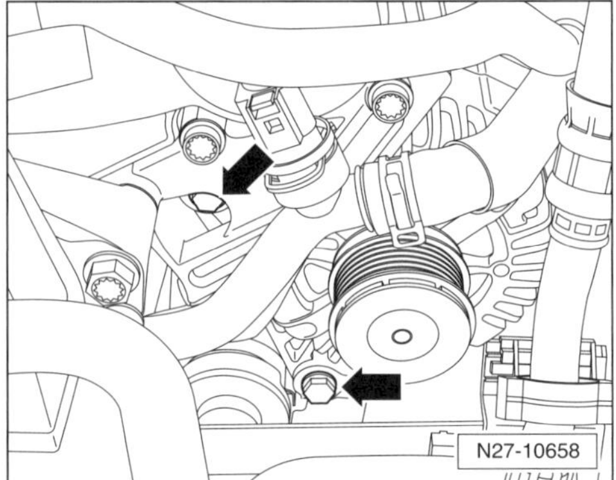

- Befestigungsschrauben –Pfeile– für Generator herausdrehen.
- Generator nach oben aus dem Fahrzeug herausnehmen.

Einbau

- Vor dem Einbau die beiden Gewindebuchsen an der Anschlussseite des Generators etwa 4 mm nach außen heraustreiben.
- Der weitere Einbau erfolgt in umgekehrter Ausbaureihenfolge.

Anzugsdrehmomente:

Schrauben für Generator	**20 Nm**
Mutter für (B+)-Leitung	**15 Nm**
Mutter für Halter	**3,2 Nm**
Schrauben für Klimakompressor	**25 ± 2 Nm**

Achtung: Anzugsdrehmoment für (B+)-Leitung unbedingt einhalten, siehe auch Abschnitt für 59-kW-Motor.

Spannungsregler aus- und einbauen

Der Spannungsregler ist immer dann zu ersetzen, wenn die Fahrzeugbatterie zu schwach oder zu stark geladen wird. Ist die Ladespannung zu hoch führt das zu einer Überladung und kann, je nachdem wie oft es geschieht, zum Ausfall der Batterie führen. Eine stark gasende Batterie beziehungsweise der Geruch nach faulen Eiern in der Nähe der Batterie kurz nach dem Abstellen des Motors kann auf einen defekten Spannungsregler hindeuten.

BOSCH-Generator

Ausbau

- Generator ausbauen, siehe entsprechendes Kapitel.

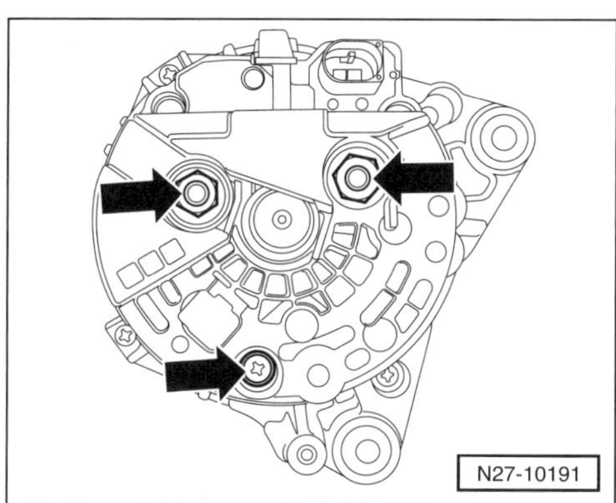

- Befestigungsschraube sowie die beiden Muttern –Pfeile– herausdrehen und Schutzkappe an der Rückseite des Generators abnehmen.

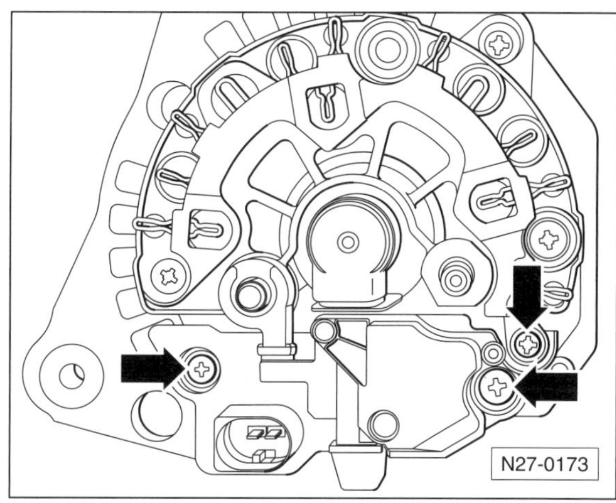

- Spannungsregler abschrauben –Pfeile– und abnehmen.

Einbau

- Spannungsregler einsetzen. Dabei darauf achten, dass die Kohlebürsten korrekt auf den Schleifbahnen aufliegen.
- Spannungsregler mit **2 Nm** festschrauben.
- Nach dem Einbau neue Kohlebürsten auf leichten Lauf in den Bürstenhaltern prüfen.
- Schutzabdeckung am Generator mit **4,5 Nm** anschrauben.
- Generator einbauen, siehe entsprechendes Kapitel.

VALEO-Generator

Ausbau

- Generator ausbauen, siehe entsprechendes Kapitel.

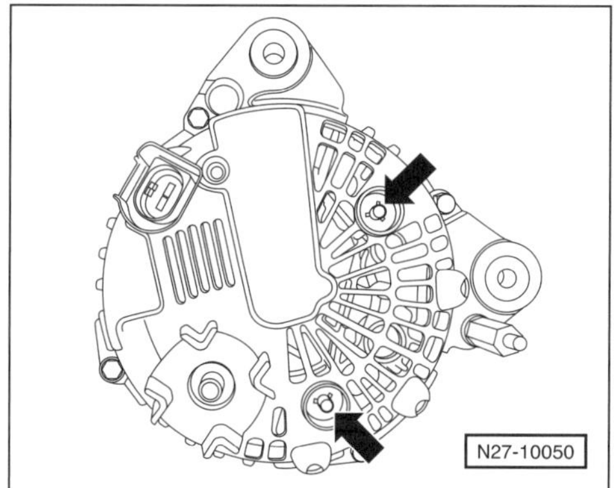

- Klemmringe –Pfeile– ausbauen und Schutzkappe an der Rückseite des Generators abnehmen.

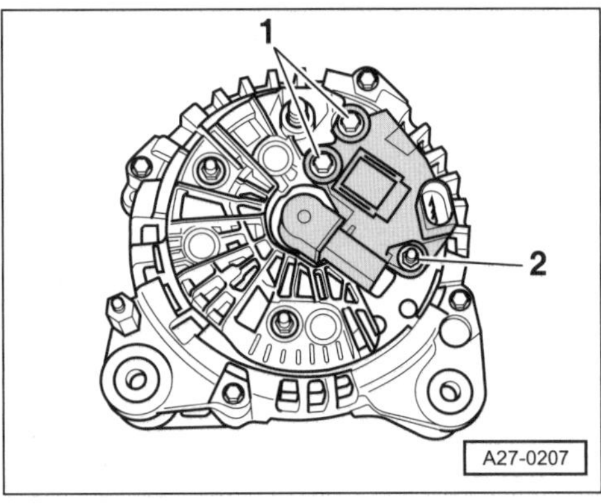

- Schrauben –1– und Doppelschraube –2– herausdrehen.
- Spannungsregler abnehmen.

Einbau

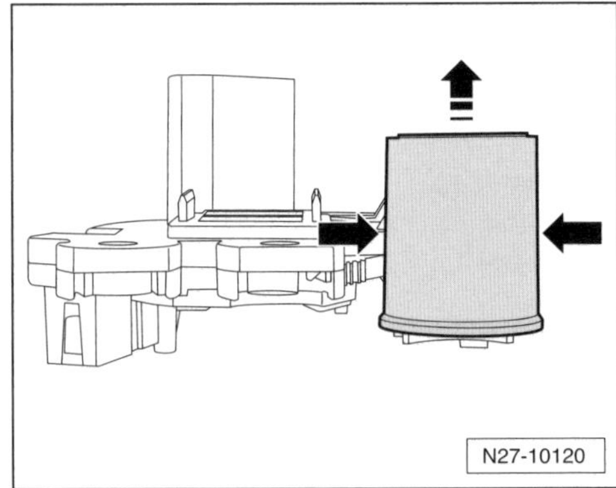

- Rastnasen –Pfeile– entriegeln und Schutzkappe vom Spannungsregler abziehen –Pfeil oben–.
- Kohlebürsten in das Gehäuse des Spannungsreglers drücken und Spannungsregler in den Generator einsetzen. Dabei darauf achten, dass die Kohlebürsten korrekt auf den Schleifbahnen aufliegen.
- Spannungsregler mit **2 Nm** festschrauben.
- Schutzabdeckung in die Führungsschienen am Generator einsetzen und hörbar einrasten.
- Generator einbauen, siehe entsprechendes Kapitel.

Störungsdiagnose Generator

Störung	Ursache	Abhilfe
Ladekontrolllampe brennt nicht bei eingeschalteter Zündung.	Batterie entladen.	■ Laden.
	Anschlusskabel an der Batterie locker oder korrodiert.	■ Kabel auf festen Sitz prüfen, Anschlüsse reinigen.
	Kabel am Generator locker oder korrodiert.	■ Kabel auf einwandfreien Kontakt prüfen, Mutter festziehen.
	Regler defekt.	■ Regler prüfen, gegebenenfalls austauschen.
	Unterbrechung in der Leitungsführung zwischen Generator, Zündschloss und Kontrolllampe.	■ Mit Ohmmeter nach Schaltplan untersuchen. Leitung gegebenenfalls reparieren beziehungsweise ersetzen.
	Kohlebürsten liegen nicht auf dem Schleifring auf.	■ Freigängigkeit der Kohlebürsten und Mindestlänge (5 mm) prüfen. Anpresskraft der Bürstenfedern prüfen lassen.
Ladekontrolllampe erlischt nicht bei Drehzahlsteigerung.	Keilrippenriemen locker, Riemen rutscht durch.	■ Keilrippenriemen prüfen, Spannvorrichtung prüfen, gegebenenfalls ersetzen.
	Kohlebürsten im Spannungsregler abgenutzt.	■ Kohlebürsten prüfen, gegebenenfalls Spannungsregler austauschen.
	Verkabelung schadhaft oder locker.	■ Verkabelung überprüfen, gegebenenfalls instand setzen.
Batterie gast kurz nach Abstellen des Motors sehr stark.	Spannungsregler am Generator defekt. Batterie wird zu stark geladen und beginnt zu gasen.	■ Ladespannung bzw. Spannungsregler des Generators prüfen, ggf. Spannungsregler ersetzen.

Anlasser aus- und einbauen

Zum Starten des Verbrennungsmotors ist ein elektrischer Motor erforderlich, der Anlasser. Damit der Motor überhaupt anspringen kann, muss der Anlasser den Verbrennungsmotor auf eine Drehzahl von mindestens 300 Umdrehungen in der Minute beschleunigen. Das funktioniert aber nur, wenn der Anlasser einwandfrei arbeitet und die Batterie hinreichend geladen ist.

Da zum Starten eine hohe Stromaufnahme erforderlich ist, ist im Rahmen der Wartung auf eine einwandfreie Kabelverbindung zu achten. Korrodierte Anschlüsse säubern und **nach dem Verbinden** mit Polschutzfett einstreichen.

Schaltgetriebe

Ausbau

Der Anlasser sitzt vorne am Motorblock. **Hinweis:** Der Ausbau des Anlassers erfolgt bei allen Motoren auf die gleiche Weise. Je nach Motor sind jedoch unterschiedliche Vorarbeiten nötig.

- Massekabel (–) und Pluskabel (+) von der Batterie abklemmen. **Achtung:** Hinweise im Kapitel »Batterie aus- und einbauen« beachten.
- **Dieselmotor:** Obere Motorabdeckung ausbauen, siehe Seite 180.
- **Alle Motoren, außer 1,4-l-59-kW-Motor:** Luftfiltergehäuse ausbauen, siehe Seite 222.

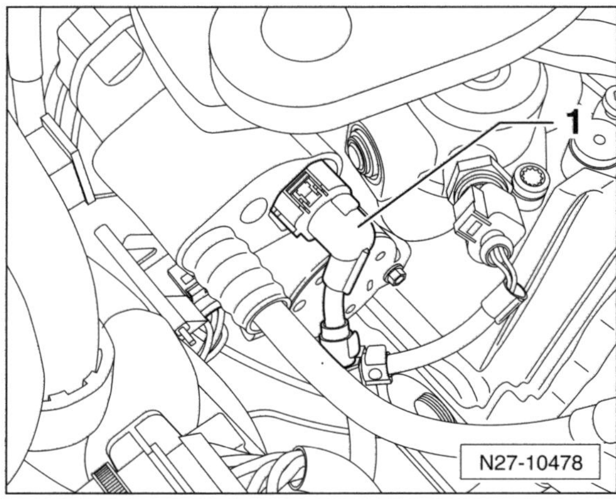

- **1,4-l-90-kW-Motor:** Stecker –1– an Klemme 50 am Magnetschalter entriegeln und abziehen.

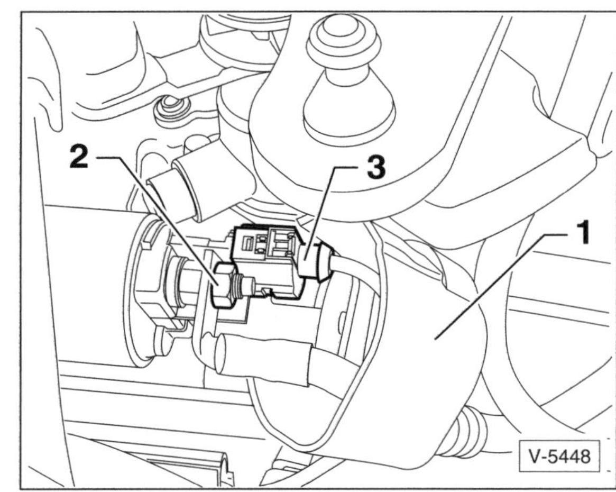

- Schutzkappe –1– am Magnetschalter abziehen.
- Mutter –2– an Klemme 30 (B+) abschrauben und dickes Pluskabel abnehmen.
- **Alle außer 1,4-l-90-kW-Motor:** Stecker –3– an Klemme 50 entriegeln und abziehen.

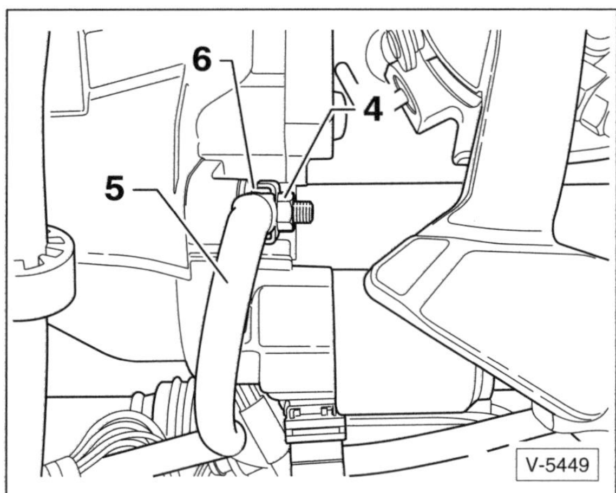

- Mutter –4– abschrauben und Massekabel –5– von der oberen Befestigungsschraube des Anlassers abnehmen.
- Obere Befestigungsschraube –6– des Anlassers herausdrehen.
- Untere Motorabdeckung ausbauen, siehe Seite 260.

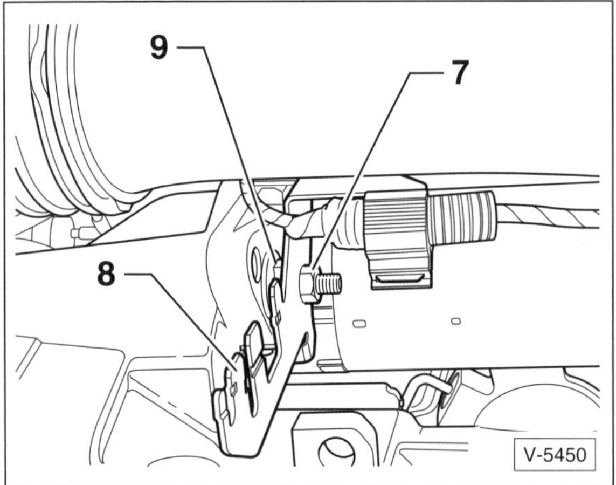

- Mutter –7– abschrauben und Kabelhalterung –8– von der unteren Befestigungsschraube des Anlassers abnehmen.
- Untere Befestigungsschraube –9– des Anlassers herausdrehen und Anlasser vom Motorblock abnehmen.
- Anlasser nach unten herausnehmen.

Einbau

- Der Einbau erfolgt in umgekehrter Ausbaureihenfolge.
- Anlasser einsetzen und mit **75 Nm** festschrauben. **Hinweis:** Beim **1,8-/2,0-l-Benzinmotor** beträgt das Anzugsdrehmoment **80 Nm**.
- Muttern für Kabelhalterung mit **23 Nm**, Massekabel und Pluskabel mit **15 Nm** festziehen; beim **125-/155-kW-Moto**r Kabelhalterung sowie Plus- und Massekabel mit **20 Nm** festzehen.

DSG-Getriebe

Ausbau

Hinweis: Der Ausbau des Anlassers erfolgt im Prinzip auf die gleiche Weise wie bei Fahrzeugen mit Schaltgetriebe. Hier werden nur die Unterschiede aufgeführt.

- **1,4-l-90-/118-kW-Motor, Dieselmotor:** Obere Motorabdeckung ausbauen, siehe Seite 180.
- **Alle Motoren, außer 1,4-90-kW:** Luftfiltergehäuse ausbauen, siehe Seite 222.
- **1,4-l-118-kW-, 1,8-l-118-kW-Motor:** Stecker für Klemme 50 abziehen wie beim 90-kW-Motor mit Schaltgetriebe, siehe Abbildung N27-10478.

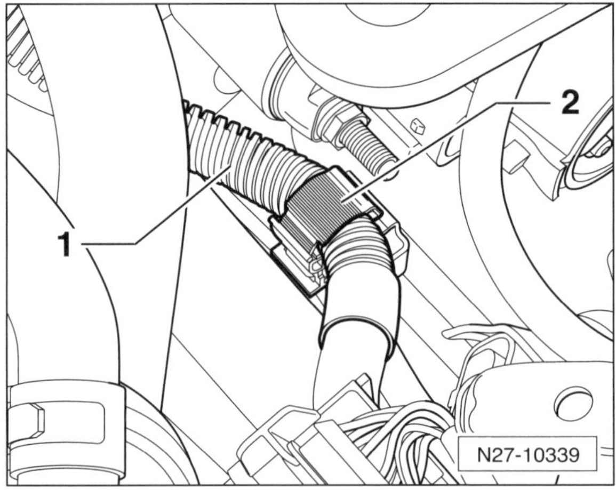

- **2,0-l-103-kW-TDI:** Leitung –1– aus dem Kabelhalter –2– ausclipsen.
- Anlasser nach oben herausnehmen.

Einbau

- Der Einbau erfolgt in umgekehrter Ausbaureihenfolge.
- **1,8-l-118 kW-Motor:** Anlasser mit **40 Nm** anschrauben.
- **2,0-l-155 kW-Motor:** Anlasser mit **80 Nm** anschrauben.
- **2,0-l-125-kW-TDI-Motor – Anzugsdrehmoment** für Anlasserschrauben:
  M12-Schraube . . . . **75 Nm**
  M10-Schraube . . . . **40 Nm**

Störungsdiagnose Anlasser

Störung	Ursache	Abhilfe
Anlasser dreht sich nicht beim Betätigen des Zündanlassschalters.	Batterie entladen.	■ Batterie laden.
	Anlasser läuft an nach Überbrücken der Klemmen 30 und 50; dann ist die Leitung vom Zündanlassschalter unterbrochen, oder der Anlassschalter ist defekt.	■ Unterbrechung beseitigen, defekte Teile ersetzen.
	Kabel oder Masseanschluss ist unterbrochen, oder die Batterie ist entladen.	■ Batteriekabel und Anschlüsse prüfen. Batteriespannung messen, ggf. laden.
	Ungenügender Stromdurchgang infolge lockerer oder oxydierter Anschlüsse.	■ Batteriepole und -klemmen reinigen. Stromsichere Verbindungen zwischen Batterie, Anlasser und Masse herstellen.
	Keine Spannung an Klemme 50.	■ Leitung unterbrochen, Zündanlassschalter defekt.
Anlasserwelle dreht sich zu langsam und zieht den Motor nicht durch.	Batterie teilentladen.	■ Batterie laden.
	Ungenügender Stromdurchgang infolge lockerer oder oxydierter Anschlüsse.	■ Batteriepole und -klemmen und Anschlüsse am Anlasser reinigen, Anschlüsse festziehen.
	Kohlebürsten liegen nicht auf dem Kollektor auf, klemmen in ihren Führungen, sind abgenutzt, gebrochen, verölt oder verschmutzt.	■ Kohlebürsten überprüfen, reinigen beziehungsweise auswechseln. Führungen prüfen.
	Ungenügender Abstand zwischen Kohlebürsten und Kollektor.	■ Kohlebürsten ersetzen und Führungen für Kohlebürsten reinigen.
	Kollektor riefig oder verbrannt und verschmutzt.	■ Anlasser ersetzen.
	Spannung an Klemme 50 zu niedrig (weniger als 10 Volt).	■ Zündanlassschalter oder Magnetschalter überprüfen.
	Lager ausgeschlagen.	■ Lager prüfen, gegebenenfalls auswechseln.
	Magnetschalter defekt.	■ Magnetschalter auswechseln.
Anlasserritzel spurt ein und zieht an, Motor dreht nicht oder nur ruckweise.	Ritzelgetriebe defekt.	■ Anlasser ersetzen.
	Ritzel verschmutzt.	■ Ritzel reinigen.
	Zahnkranz am Schwungrad defekt.	■ Schwungrad erneuern.
Ritzelgetriebe spurt nicht aus.	Ritzelgetriebe oder Steilgewinde verschmutzt beziehungsweise beschädigt.	■ Anlasser ersetzen.
	Magnetschalter defekt.	■ Magnetschalter ersetzen.
	Rückzugfeder schwach oder gebrochen.	■ Magnetschalter ersetzen.
Anlasserwelle läuft weiter, nachdem der Zündschlüssel losgelassen wurde.	Magnetschalter hängt, schaltet nicht ab.	■ Zündung sofort ausschalten, Magnetschalter ersetzen.
	Zündanlassschalter schaltet nicht ab.	■ Sofort Batterie abklemmen, Zündanlassschalter ersetzen.

Scheibenwischanlage

Scheibenwischergummi ersetzen

Sicherheitshinweis
Bei Wartungs- und Reparaturarbeiten an der Scheibenwischanlage besteht Verletzungsgefahr der Hände durch Klemmen oder Quetschen. Im Extremfall durch Abscheren von Gliedmaßen bei Eingriffen in die Scheibenwischermechanik. Vor jeglichen Reparaturarbeiten ist stets der Zündschlüssel abzuziehen.

Aero-Wischer/Frontscheibe

Das Wischerblatt besteht aus dem Wischergummi in das eine Metallversteifung eingearbeitet ist.

Ausbau

- Wischerarme in die »Servicestellung« fahren: Dazu Zündung ausschalten und innerhalb von 10 Sekunden Wischerschalter kurz nach unten drücken beziehungsweise antippen.
- Wischerarm hochklappen.

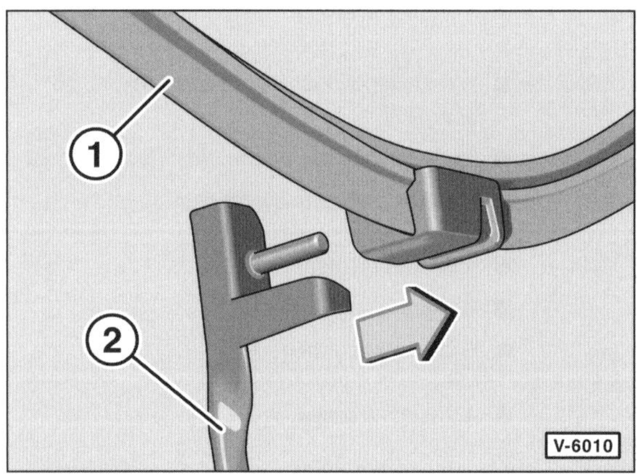

- Wischerblatt –1– rechtwinklig zum Wischerarm –2– stellen, Taste der Wischerblattbefestigung drücken und Wischerblatt von der Achse abziehen –Pfeil–.

Einbau

Hinweis: Darauf achten, dass das längere Wischerblatt auf der Fahrerseite eingesetzt wird.

- Wischerblatt in die Wischerblattbefestigung einschieben und hörbar einrasten.
- Wischerblatt auf der Achse des Wischerarmes bis zum Anschlag zurückdrehen.
- Wischerarm vorsichtig auf die Frontscheibe zurückklappen.

Aero-Wischer/Heckscheibe

Ausbau

- Wischerarm hochklappen.

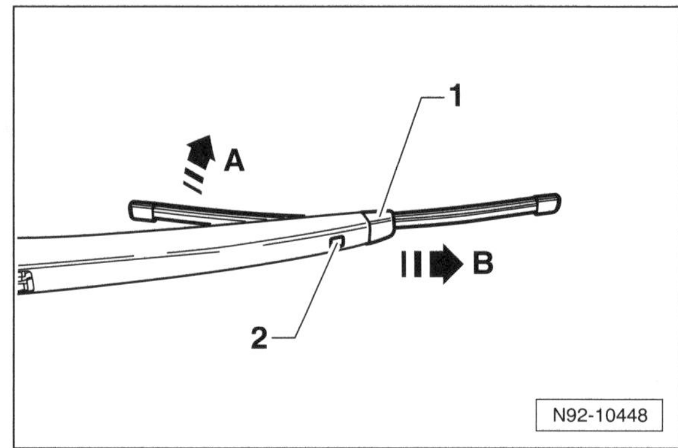

- Wischerblatt in Pfeilrichtung –A– schwenken und rechtwinklig zum Wischerarm stellen.
- Entriegelungstaste –2– drücken und Wischerblatt an der Wischerblattbefestigung –1– in Pfeilrichtung –B– aus dem Wischerarm herausziehen.

Einbau

- Wischerblatt mit dem Befestigungsclip in den Wischerarm schieben und einrasten.
- Wischerblatt zurückklappen und Wischerarm auf die Heckscheibe zurückklappen.

Wischerarm an der Frontscheibe aus- und einbauen

Ausbau

- Frontscheibe mit Wasser benetzen, Scheibenwischer kurze Zeit laufen lassen und über den Wischerschalter abschalten. Dadurch läuft der Wischer nach jedem 2. Abschalten in die Endstellung; Wischer dabei beobachten.

Hinweis: Die Scheibenwischeranlage ist mit der so genannten APS-Funktion ausgestattet. Sie bewirkt, dass der Wischer nach jedem 2. Abschalten entweder in der Endstellung zum Stillstand kommt, oder aus der Endstellung in die »**a**lternierende **P**ark**s**tellung« vorgeschoben wird.

- Stellung der Wischergummis auf der Frontscheibe markieren. Dazu Klebeband neben den Wischergummis auf die Scheibe kleben.
- Motorhaube öffnen.

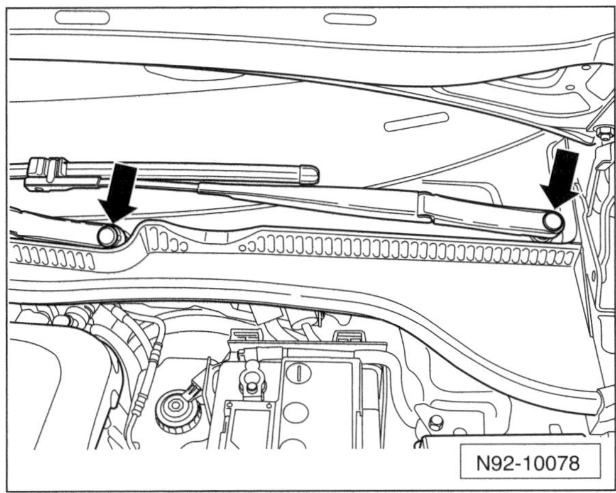

- Mit einem Schraubendreher die Abdeckkappen –Pfeile– an den Wischerarmen abhebeln.
- Mutter am jeweiligen Wischerarm um ca. 2 Umdrehungen lockern, noch nicht ganz abschrauben.
- Wischerarm leicht hin und her bewegen, bis er sich von der Wischerwelle löst. Mutter ganz abschrauben und Wischerarm von der Welle abziehen.

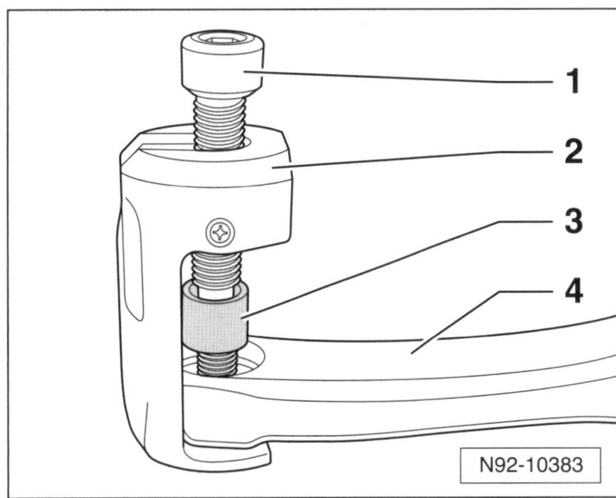

- Läßt sich der Wischerarm auf diese Weise nicht lösen, muss ein geeignetes Abziehwerkzeug verwendet werden. Dabei die Arme des Abziehers –2– unter den Wischerarm –4– schieben.

Achtung: Vorsichtig vorgehen, damit die Wischerwelle nicht beschädigt wird. Grundsätzlich geeignetes Druckstück –3– verwenden.

- Druckschraube –1– des Abziehers im Uhrzeigersinn drehen, bis das Druckstück –3– auf der Welle aufliegt.
- Druckschraube –1– mit einem Innensechskantschlüssel, Schlüsselweite 6 mm, im Uhrzeigersinn drehen, bis sich der Wischerarm –4– von der Welle löst.

Hinweis: Zum Abziehen kann das VW-Werkzeug T10369/1 oder die Spindel HAZET 4855-8 mit Abziehkopf 4855-1 verwendet werden.

Einbau

- Falls der Wischermotor bei ausgebauten Wischerarmen betätigt wurde, sicherstellen, dass sich der Scheibenwischermotor in Endstellung befindet. Gegebenenfalls Motor kurz laufen lassen und mit Wischerschalter abschalten, siehe unter »Ausbau«. Gegebenenfalls Markierungen auf Wischerwelle und umliegenden Bauteilen anbringen.
- Wischerarm anhand der beim Ausbau angebrachten Klebeband-Markierung ausrichten und auf die Wischerwelle aufsetzen. Klebeband-Markierung abnehmen.
- Mutter aufschrauben und handfest anziehen.
- Falls ausgebaut 2. Wischerarm auf dieselbe Weise einbauen.
- Endstellung der Wischerarme überprüfen. Dazu Motorhaube schließen, Scheibe mit Wasser benetzen und Scheibenwischer kurz laufen lassen. Die Wischerarme müssen nach jedem 2. Abschalten in die eingestellte Endstellung zurückkehren und dürfen sich beim Wischen nicht über den Scheibenrand hinausbewegen.
- Gegebenenfalls Muttern lösen und Einstellung korrigieren. Eventuell Ruhestellung der Wischerblätter prüfen, siehe entsprechendes Kapitel.
- Muttern für Wischerarme mit **20 Nm** festziehen.
- Abdeckkappen aufdrücken.

Ruhestellung der Wischerblätter prüfen

Frontscheibe

Prüfen

- Frontscheibe mit Wasser benetzen, Scheibenwischer kurze Zeit laufen lassen und über den Wischerschalter abschalten. Dadurch läuft der Wischer nach jedem 2. Abschalten in die Endstellung; Wischer dabei beobachten.

Hinweis: Die Scheibenwischeranlage ist mit der so genannten APS-Funktion ausgestattet. Sie bewirkt, dass der Wischer nach jedem 2. Abschalten entweder in der Endstellung zum Stillstand kommt, oder aus der Endstellung in die »**a**lternierende **P**ark**s**tellung« vorgeschoben wird.

- Zündung ausschalten.

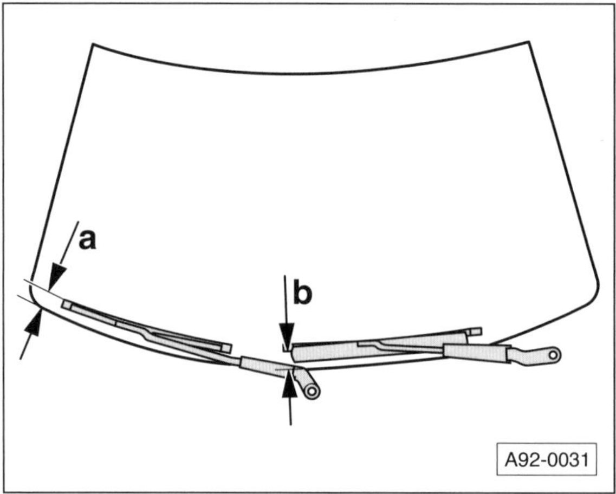

- Abstand der Wischerblattspitzen zur Oberkante der Wasserkastenabdeckung messen und mit Sollwert vergleichen: Maß –a/b– = 10 mm.
- Gegebenenfalls Wischerarme ausbauen und entsprechend umsetzen, siehe entsprechendes Kapitel.

Heckscheibe

Prüfen

- Heckscheibenwischer ein- und ausschalten und in Endstellung laufen lassen.

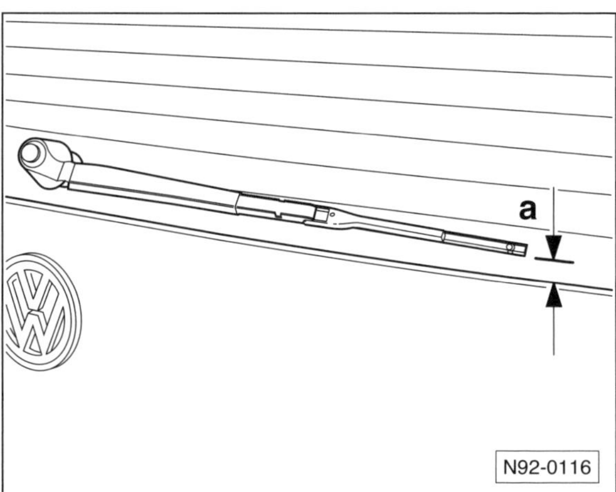

- Abstand der Wischerblattspitze zur Scheibenunterkante messen und mit Sollwert vergleichen:
Maß –a– = 15 mm.
- Gegebenenfalls Wischerarm ausbauen und entsprechend umsetzen, siehe entsprechendes Kapitel.

Wischergestänge/Wischermotor an der Frontscheibe aus- und einbauen

Ausbau

- Sicherstellen, dass sich der Scheibenwischer in Endstellung befindet, siehe Kapitel »Wischerarm aus- und einbauen«.
- Batterie abklemmen. **Achtung:** Hinweise im Kapitel »Batterie aus- und einbauen« beachten.
- Wischerarme ausbauen, siehe entsprechendes Kapitel.
- Windlaufgrill und gegebenenfalls Wasserkasten-Stirnwand ausbauen, siehe Seite 261.

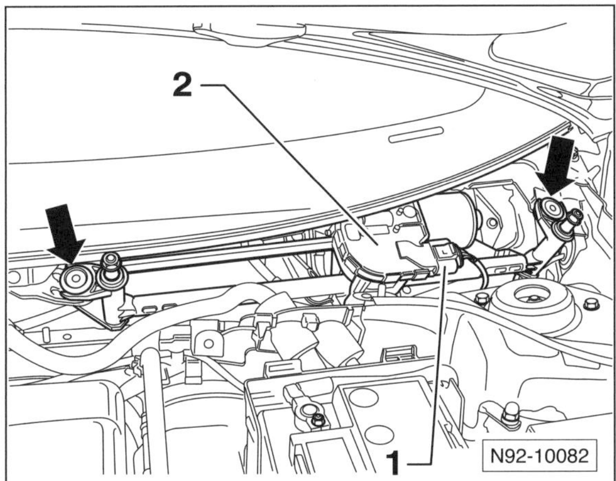

- Stecker –1– vom Wischermotor abziehen.
- Schrauben –Pfeile– am Wischerrahmen –2– herausdrehen und Wischerrahmen komplett mit Wischergestänge sowie Wischermotor nach oben herausschwenken.

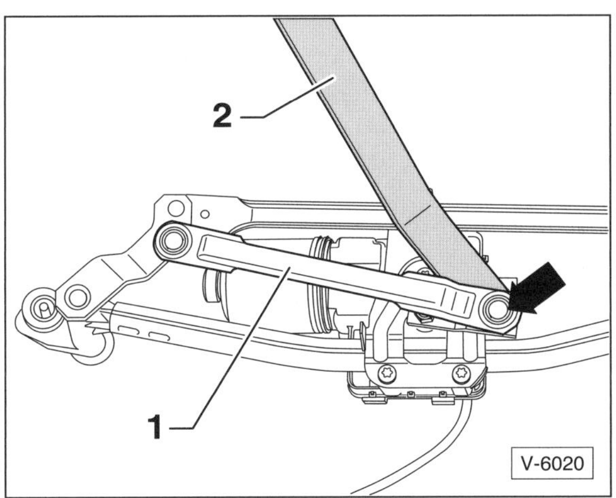

- Kugelkopf –Pfeil– des Gestänges –1– mit dem VW-Abdrückhebel 80-200 –2– oder einem großen Schraubendreher von der Kurbel des Scheibenwischermotors abhebeln.

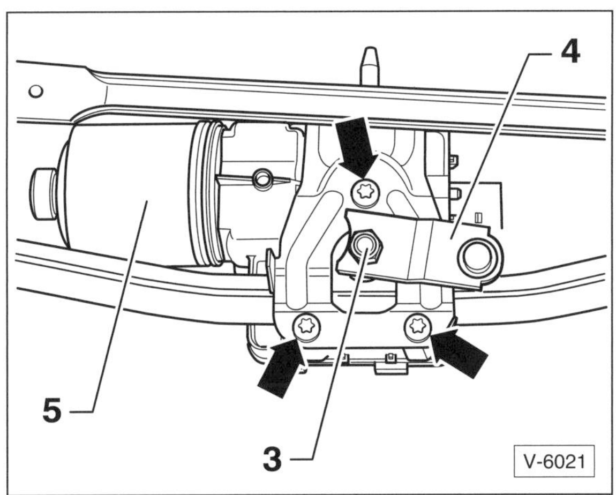

- Mutter –3– abschrauben und Kurbel –4– von der Motorwelle abziehen.
- 3 Schrauben –Pfeile– herausdrehen und Scheibenwischermotor –5– mit Steuergerät vom Wischerrahmen abnehmen.

Einbau

Achtung: Vor dem Einbau prüfen, ob sich der Wischermotor in Endstellung befindet. Dazu kurzzeitig Anschlussstecker aufschieben und Batterie anklemmen. Motor kurz laufen lassen und anschließend mit Wischerschalter ausschalten; der Motor bleibt nach jedem 2. Abschalten in Endstellung stehen.

- Wischermotor am Wischerrahmen mit **8 Nm** anschrauben.

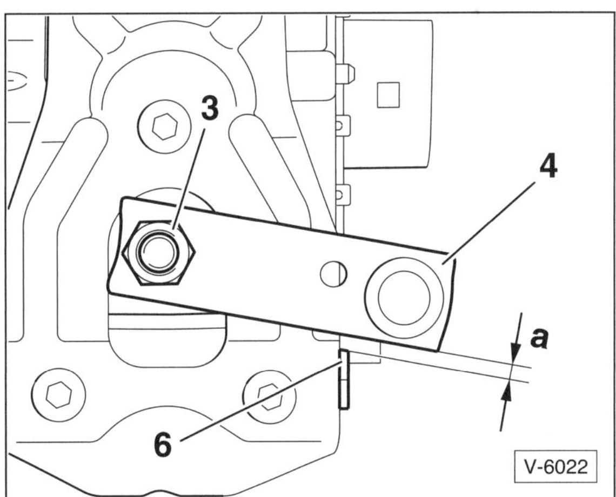

- Kurbel –4– auf die Motorwelle aufsetzen, dabei beträgt der Abstand –a– zum Anschlag –6– a = 3 ± 1 mm. In dieser Stellung Mutter –3– mit **18 Nm** anziehen.
- Kugelkopf des Gestänges auf die Kurbel aufdrücken und einrasten.

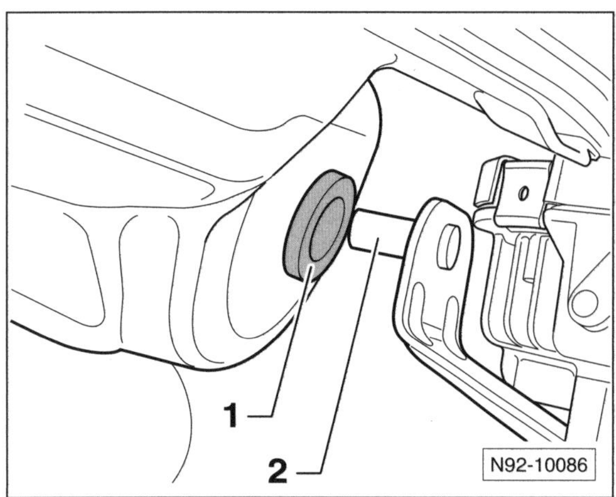

- Wischerrahmen mit Motor und Gestänge einsetzen, dabei darauf achten, dass der Zapfen –2– des Wischerrahmens in das Gummistück –1– der Aufnahme an der Spritzwand gesteckt wird.
- Wischerrahmen mit **8 Nm** an der Karosserie festschrauben.
- Stecker am Wischermotor aufschieben.
- Der weitere Einbau erfolgt in umgekehrter Ausbaureihenfolge.
- Einstellung der Wischerarme überprüfen.

Heckwischeranlage

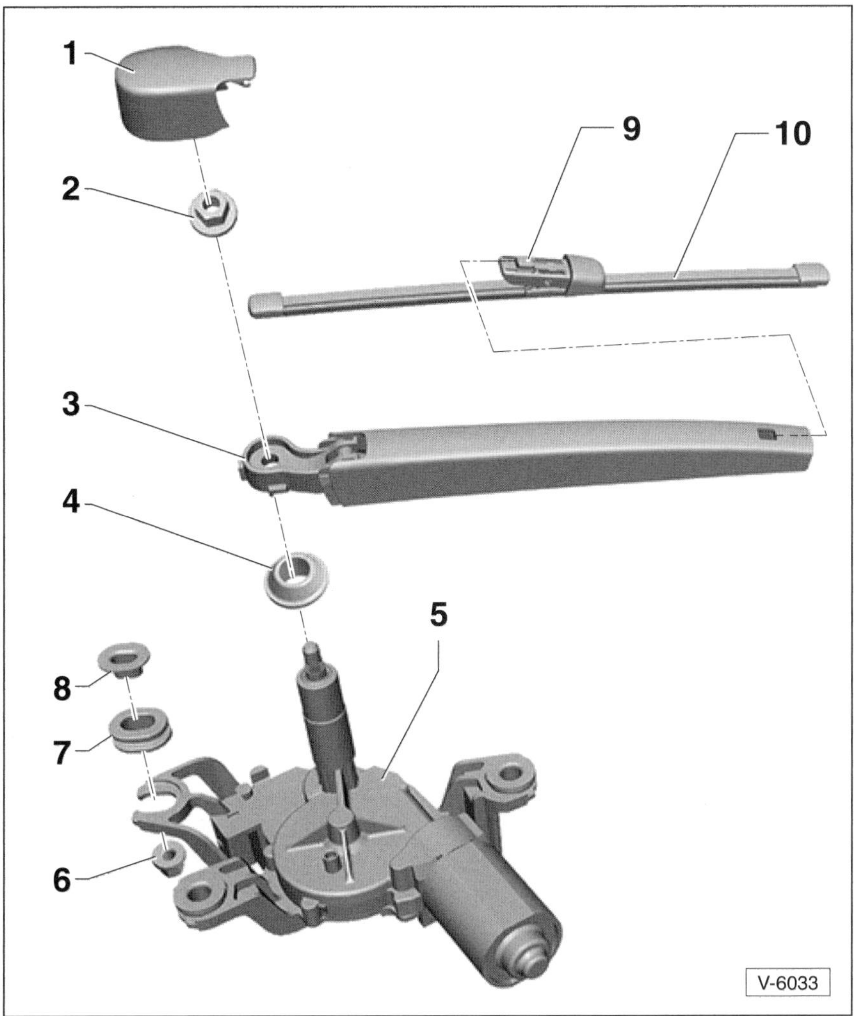

1 – **Abdeckkappe**

2 – **Mutter, 12 Nm**

3 – **Wischerarm**

4 – **Dichtung**
In der Heckscheibe.

5 – **Motor für Heckwischer**

6 – **Mutter, 8 Nm**
M6-Mutter mit Scheibe.

7 – **Gummiring**

8 – **Distanzstück**

9 – **Entriegelungstaste**

10 – **Aero-Wischerblatt**

Wischerarm an der Heckscheibe aus- und einbauen

Ausbau

- Heckscheibe mit Wasser benetzen.
- Heckscheibenwischer kurze Zeit laufen lassen und über den Scheibenwischerschalter abschalten. Dadurch läuft der Wischer in die Endstellung.
- Stellung des Wischergummis auf der Heckscheibe markieren. Dazu Klebeband neben dem Wischergummi auf die Scheibe kleben.

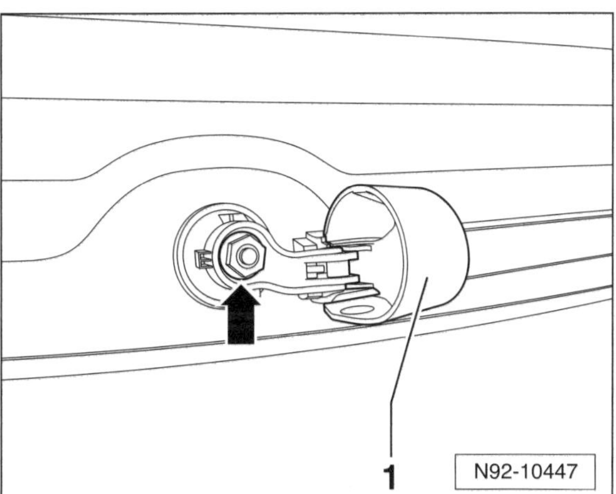

- Abdeckkappe –1– hochklappen und vom Wischerarm abziehen.
- Mutter –Pfeil– um ca. 2 Umdrehungen lockern.

- Wischerarm hochklappen und seitlich hin- und herbewegen. Dadurch wird der Wischerarm vom Konus der Wischerwelle gelöst.
- Mutter ganz abschrauben und Wischerarm abnehmen.

Einbau

- Sicherstellen, dass der Scheibenwischermotor in Endstellung steht. Gegebenenfalls Motor kurz laufen lassen und mit Wischerschalter abschalten.
- Wischerarm auf die Wischerwelle aufsetzen und anhand der beim Ausbau angebrachten Klebeband-Markierung ausrichten.
- Mutter aufschrauben und mit **12 Nm** festziehen.
- Abdeckkappe zurückklappen und hörbar einrasten.
- Heckscheibe mit Wasser benetzen.
- Heckscheibenwischer kurze Zeit laufen lassen und über den Scheibenwischerschalter abschalten. Stellung des Wischerarms kontrollieren, gegebenenfalls korrigieren, siehe entsprechendes Kapitel.

Wischermotor an der Heckscheibe aus- und einbauen

Ausbau

- Sicherstellen, dass sich der Scheibenwischer in Endstellung befindet, siehe Kapitel »Wischerarm aus- und einbauen«.
- Batterie abklemmen. **Achtung:** Hinweise im Kapitel »Batterie aus- und einbauen« beachten.
- Wischerarm ausbauen, siehe entsprechendes Kapitel.
- Heckklappe öffnen und untere Heckklappenverkleidung ausbauen, siehe Seite 276.

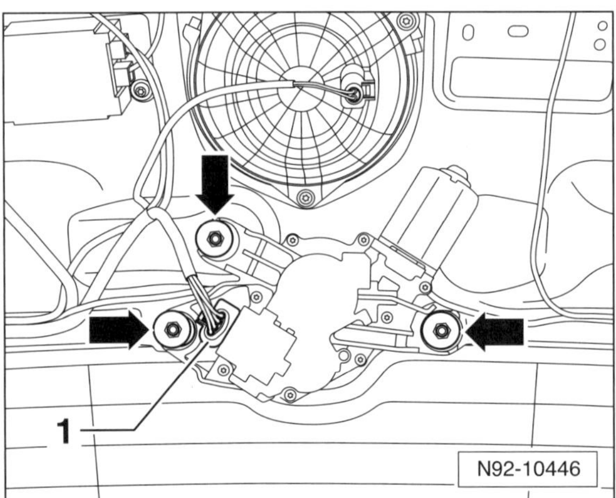

- Stecker –1– vom Wischermotor abziehen.
- Muttern –Pfeile– abschrauben und Wischermotor vorsichtig aus der Heckklappe herausziehen.

Einbau

Achtung: Vor dem Einbau prüfen, ob sich der Wischermotor in Endstellung befindet. Dazu kurzzeitig Anschlussstecker aufschieben und Batterie anschließen. Motor kurz laufen lassen und anschließend mit Wischerschalter ausschalten, damit der Motor in Endstellung stehen bleibt.

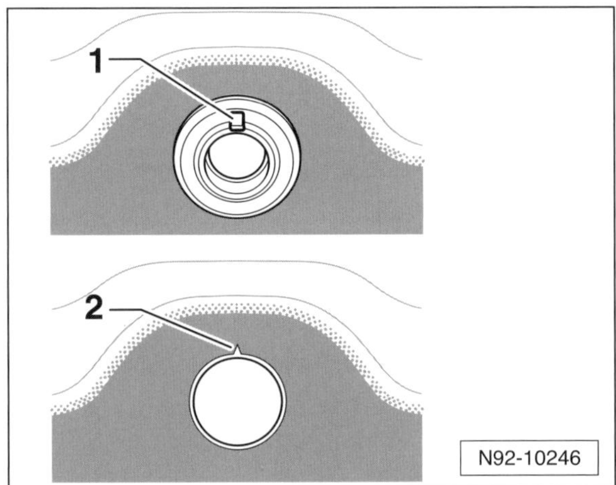

- Wischermotor vorsichtig durch die Öffnung in der Heckscheibe einsetzen. Dabei auf richtigen Sitz der Dichtung achten. Die Markierung –1– auf der Dichtung muss mit der Markierung –2– auf der Heckscheibe übereinstimmen.
- Wischermotor mit **8 Nm** anschrauben.
- Der weitere Einbau erfolgt in umgekehrter Ausbaureihenfolge. Einstellung des Wischerarms überprüfen.

Scheibenwaschanlage

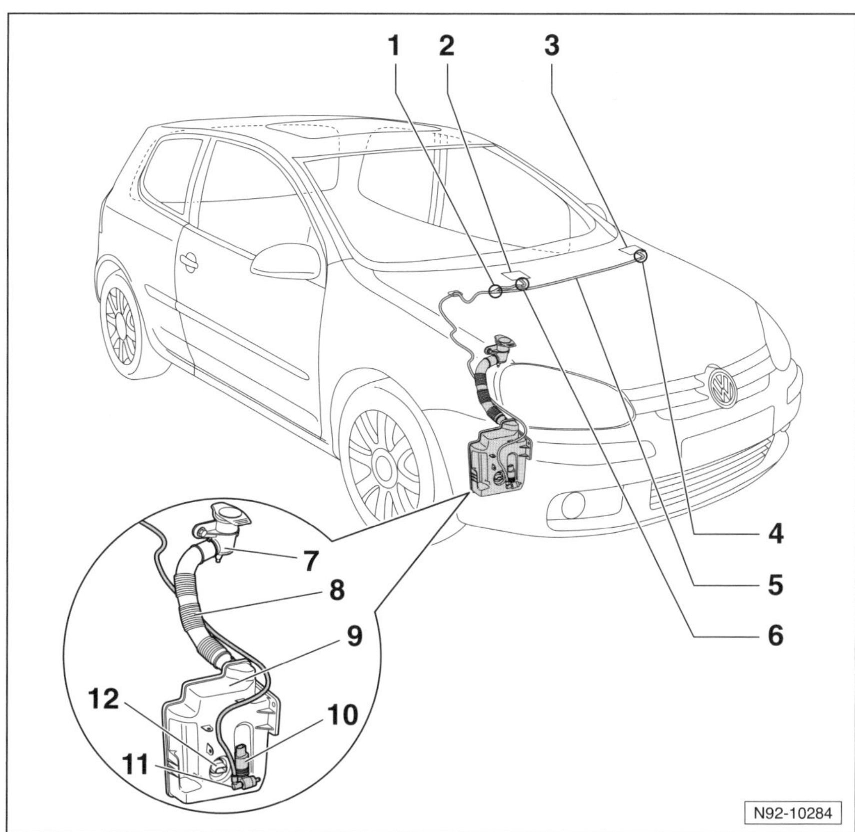

Frontscheiben-Waschanlage

1 – **Y-Stück**
Verteilung der Waschwasserleitung zu den Spritzdüsen.

2 – **Rechte Spritzdüse**

3 – **Linke Spritzdüse**

4 – **Winkelstück**
Anschluss an Spritzdüse links.

5 – **Schlauch**

6 – **Winkelstück**
Anschluss an Spritzdüse rechts.

7 – **Einfüllstutzen**
Für Waschwasserbehälter.

8 – **Verbindungsrohr**
Für Einfüllstutzen. Wird zusammen mit dem Waschwasserbehälter ausgebaut.

9 – **Waschwasserbehälter**
Anzugsdrehmoment der Befestigungsschrauben: **8 Nm**.

10 – **Waschwasserpumpe**
Für Front- und Heckscheibe.

11 – **Winkelanschlussstück**

12 – **Waschwasserstandsgeber**

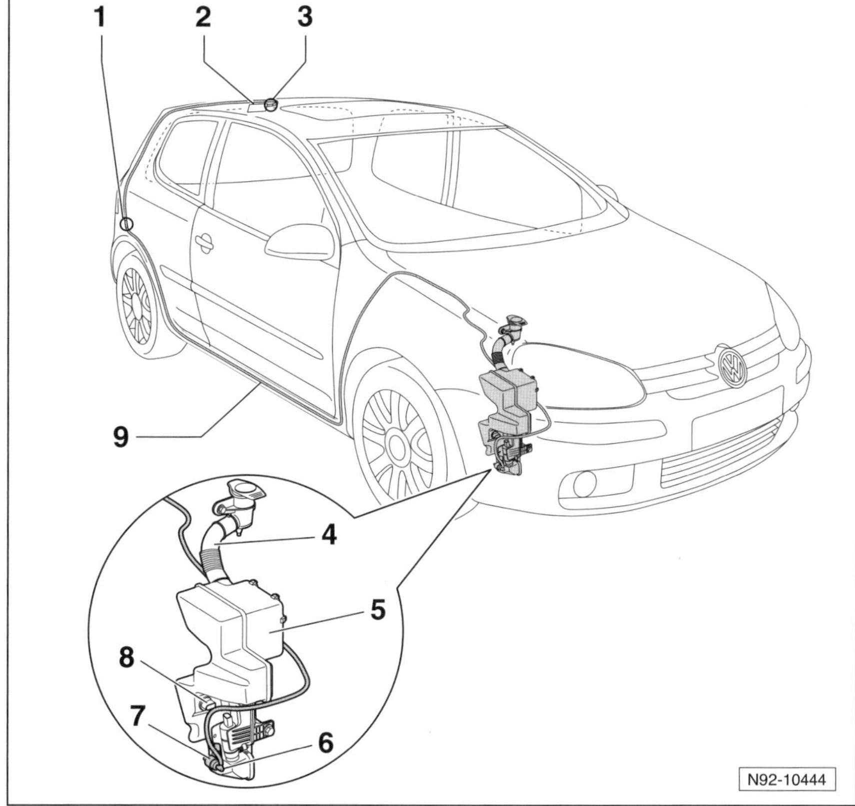

Heckscheiben-Waschanlage

1 – **Anschlussstück**
Trennstelle für Waschwasserleitung »Innenraum« an Leitung »Heckklappe«.

2 – **Spritzdüse**
Sitzt in der hochgesetzten Bremsleuchte beziehungsweise im Dachkantenspoiler (GTI).

3 – **Winkelanschlussstück**
Anschluss an Spritzdüse der Heckscheibe.

4 – **Einfüllrohr**

5 – **Waschwasserbehälter**
Für Scheiben- und Scheinwerfer-Waschanlage.

6 – **Winkelanschlussstück**
Für Anschluss an Waschpumpe.

7 – **Waschwasserpumpe**
Für Front- und Heckscheibe.

8 – **Waschwasserstandsgeber**

9 – **Schlauch**

Scheibenwaschdüse für Frontscheibe aus- und einbauen

Ausbau

- Motorhaube öffnen.

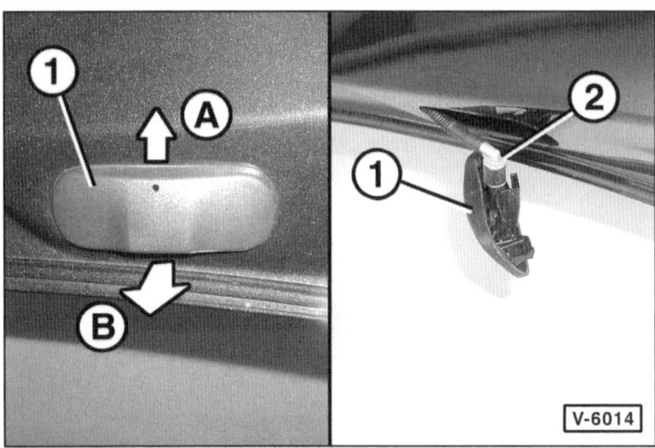

- Scheibenwaschdüse –1– nach oben drücken –Pfeil A– und unten aus der Motorhaube herausziehen –Pfeil B–.
- Scheibenwaschdüse –1– herausziehen.
- Sicherungsring am Schlauchanschluss –2– zum Entriegeln verdrehen und Wasserschlauch abziehen.
- Gegebenenfalls Stecker für Düsenbeheizung abziehen.

Einbau

- Wenn nötig, Scheibenwaschdüse reinigen. Dabei Scheibenwaschdüse mit Wasser entgegen der Spritzrichtung durchspülen. Dann Düse mit Druckluft entgegen der Spritzrichtung durchblasen.
- Der Einbau erfolgt in umgekehrter Ausbaureihenfolge, die Scheibenwaschdüse muss dabei hörbar einrasten.

Scheibenwaschdüse einstellen

Die Scheibenwaschdüsen sind voreingestellt. Es können nur kleine Höhenunterschiede ausgeglichen werden.

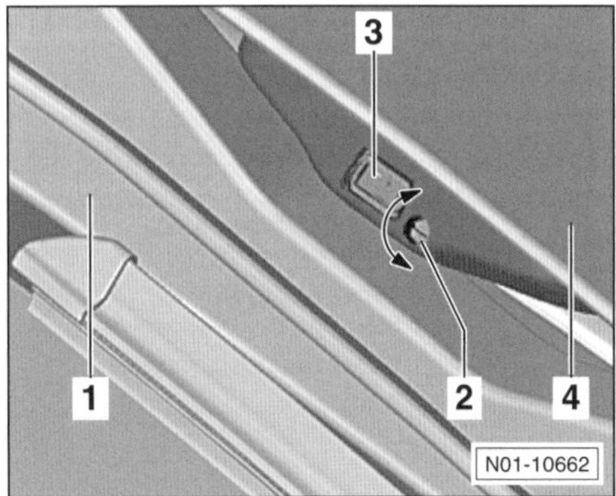

1 – Windlaufgrill
2 – Einsteller
3 – Fächerdüse
4 – Motorhaube

- Mit einem Schraubendreher die Spritzrichtung durch Drehen am Einsteller –2– verstellen. **Hinweis:** Drehen im Uhrzeigersinn bewirkt eine Verstellung nach unten; gegen den Uhrzeigersinn ergibt eine Verstellung nach oben.

Scheibenwaschdüse für Heckscheibe aus- und einbauen

Die Scheibenwaschdüse ist in der mittleren Bremsleuchte beziehungsweise beim GTI in den Dachkantenspoiler eingebaut.

Alle außer GTI

Ausbau

- Mittlere Bremsleuchte ausbauen, siehe Seite 110.

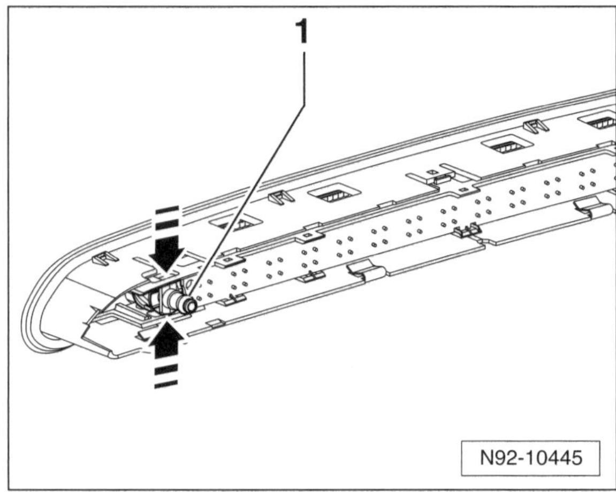

- Rasten der Scheibenwaschdüse zusammendrücken –Pfeile– und Scheibenwaschdüse nach hinten aus der Bremsleuchte herausziehen.

Einbau

- Scheibenwaschdüse in die Öffnung der Bremsleuchte drücken und einrasten.

Speziell GTI

Der Aus- und Einbau der Scheibenwaschdüse erfolgt prinzipiell auf die gleiche Weise wie bei den anderen Modellen. Allerdings muss hierzu der Dachkantenspoiler ausgebaut werden. Dieser Vorgang ist im vorliegenden Band nicht beschrieben, da für den Aus- und Einbau neben mehreren Spezialwerkzeugen auch eine spezielle Erfahrung im Verkleben von Materialien erforderlich ist, wie zum Beispiel beim Ersetzen von Heck- oder Frontscheibe.

Scheibenwaschdüse einstellen

- Spritzdüse mit dem Einstellwerkzeug, zum Beispiel VW-T10127 oder HAZET 4850-1, so einstellen, dass der Wasserstrahl auf das obere Drittel der Heckscheibe auftrifft.

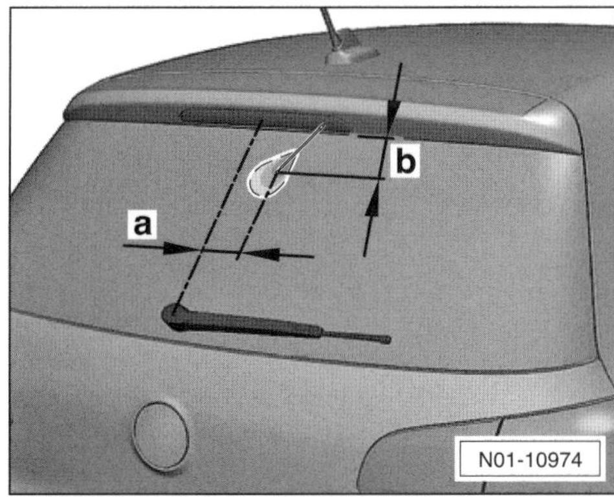

Alle außer GTI: a – ca. 100 mm; b – ca. 80 mm.
GTI: a – ca. 130 mm; b – ca. 100 mm.

Spritzdüse für Scheinwerfer-Reinigungsanlage aus- und einbauen

Ausbau

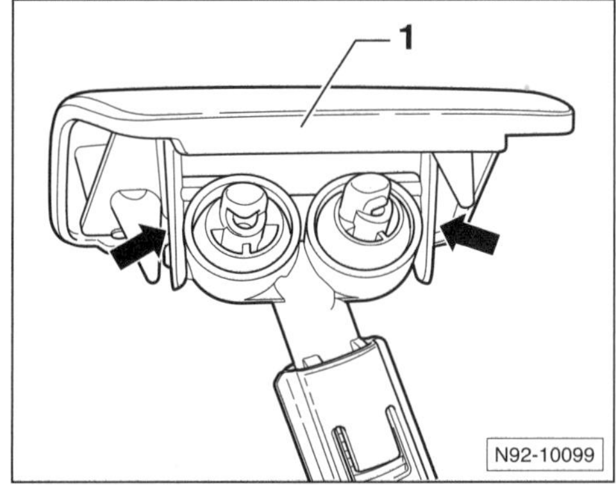

- Spritzdüse mit Abdeckkappe –1– mit der Hand bis zum Anschlag aus der Stoßfängerabdeckung herausziehen.
- Abdeckkappe von der Aufhängung –Pfeile– an der Spritzdüse abclipsen.

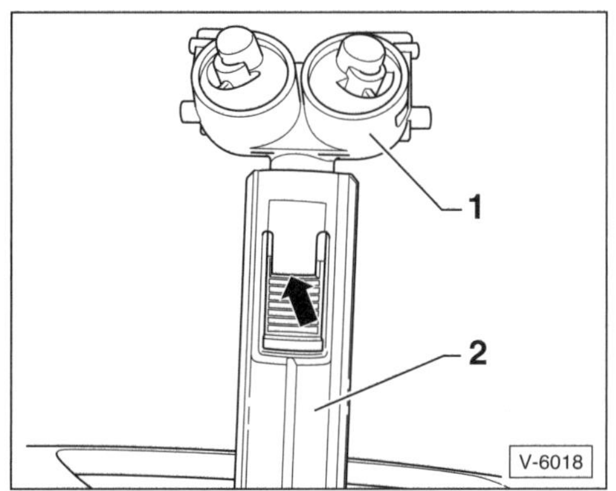

- Rasthaken –Pfeil– etwas anheben und Spritzdüse –1– aus dem Hubzylinder –2– herausziehen.

Einbau

- Spritzdüse in den Hubzylinder einschieben und einrasten.
- Abdeckkappe auf die Spritzdüse setzen und einrasten.
- Hubzylinder mit Spritzdüse in die Stoßfängerabdeckung absenken.
- Prüfen, ob die Spritzdüse gänzlich in der Stoßfängerabdeckung verschwindet und die Abdeckkappe korrekt verschlossen wird. Falls nötig, Spritzdüse auf eine andere Raststellung im Hubzylinder verschieben. **Hinweis:** Eine zu stark eingeschobene Spritzdüse kann die Abdeckkappe sowie die Stoßfängerabdeckung verformen.
- Scheinwerfer-Reinigungsanlage entlüften, siehe entsprechenden Abschnitt.

Scheinwerfer-Reinigungsanlage entlüften

- Scheibenwaschbehälter auffüllen.
- Motor starten und Abblendlicht einschalten.
- Scheinwerfer-Reinigung auslösen. Dazu Scheibenwischerhebel 5-mal anziehen und beim 5. Mal für 3 Sekunden halten.
- Vorgang gegebenenfalls wiederholen.

Wasserschlauchverbindungen lösen

Beim Anschluss der Schläuche an Pumpen und Spritzdüsen werden verschiedene Sicherungsarten verwendet.

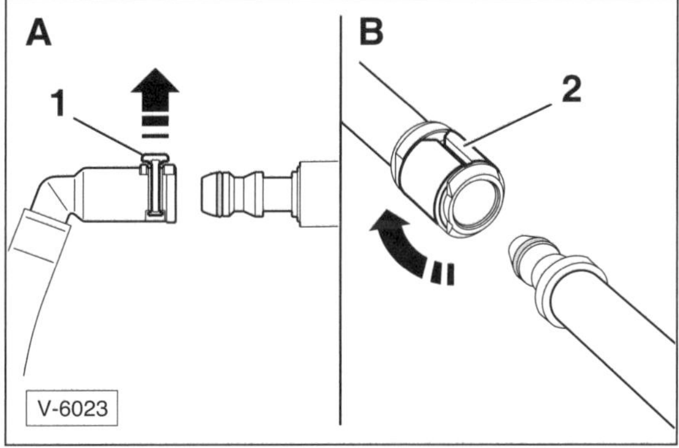

- Sicherungsclip –1– etwa 1 mm hochziehen –Pfeil A– und Schlauchanschluss abziehen. Zum Verbinden Schlauchanschluss aufstecken, Sicherungsclip eindrücken und einrasten.
- Sicherungsring –2– um 90° verdrehen –Pfeil B– und Schlauchanschluss abziehen. Zum Verbinden Schlauchanschluss aufstecken, dabei Sicherungsring verdrehen, und einrasten.

Scheibenwaschpumpe/ Wasserstandgeber aus- und einbauen

Ausbau

- Alle elektrischen Verbraucher und die Zündung ausschalten. Zündschlüssel abziehen.
- Fahrzeuge mit Standheizung: Innenkotflügel vorn rechts ausbauen, siehe Seite 268.
- Fahrzeuge ohne Standheizung: Je nach Ausstattung rechten Nebelscheinwerfer oder Blinddeckel in der Stoßfängerabdeckung ausbauen, siehe Seite 107.
- GOLF GTI: Stoßfängerabdeckung vorn ausbauen.

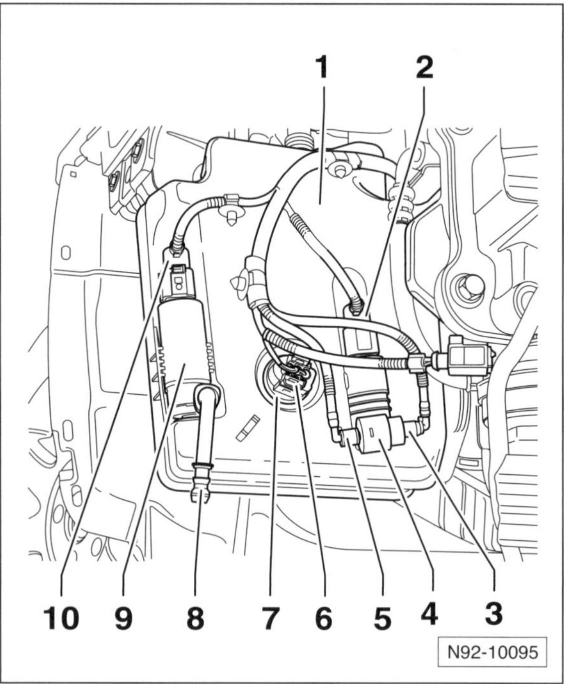

- Auffangbehälter für ausfließende Scheibenwasch-Flüssigkeit unterstellen.
- Sicherungsring an den Schlauchanschlüssen –3/5– zum Entriegeln verdrehen und Schläuche von der Scheibenwaschpumpe –4– abziehen.

Hinweis: Die Anschlüsse an der Scheibenwaschpumpe sowie an den Schläuchen für vordere und hintere Spritzdüsen sind zur Unterscheidung farblich gekennzeichnet.

- Stecker –6– vom Wasserstandgeber –7– abziehen. **Hinweis:** Wasserstandgeber zum Ausbau aus der Gummidichtung herausziehen.
- Scheibenwaschpumpe –4– nach oben aus der Halterung am Scheibenwaschbehälter –1– herausziehen.
- Stecker –2– von der Scheibenwaschpumpe abziehen.
- Je nach Ausstattung Schlauch –8– abziehen und Pumpe –9– für Scheinwerfer-Reinigungsanlage nach oben aus der Halterung herausziehen. Stecker –10– abziehen.

Einbau

- Der Einbau erfolgt in umgekehrter Ausbaureihenfolge.
- Scheinwerfer-Reinigungsanlage entlüften, siehe entsprechendes Kapitel.

Beleuchtungsanlage

Lampentabelle

12-Volt-Glühlampe für	Typ	Leistung
Fernlicht/Tagfahrlicht (Halogen)	–	15/55 W
Abblendlicht (Halogen)	H7	55 W
Blinklicht vorn	PSY-SV	24 W
Standlicht	W	5 W
Xenonlicht	D1S	35 W
Blinklicht	PSY	24 W
Standlicht	–	5 W
Nebelscheinwerfer GOLF	HB4	51 W
Nebelscheinwerfer GOLF GTI	H8	35 W
Einstiegsleuchte Fahrerseite	W	6 W
Brems-/Schlusslicht	W	16 W
Blinklicht hinten	WY	21 W
Nebelschlussleuchte/ Rückfahrscheinwerfer	W	21 W
Kennzeichenleuchte geschraubt	C	5 W
Kennzeichenleuchte geclipst	W	5 W

Hinweis: H: Halogenlampe; P: Bajonett-Sockel; W: Glassockel; C: Soffitte; Y: Leuchtenfarbe orange.

Als Tagfahrlicht und Standlicht können je nach Ausstattung auch LED-Module eingebaut sein.

Hinweis: Glühlampen grundsätzlich nur durch solche gleicher Ausführung ersetzen. Vor einem Lampenwechsel sicherstellen, dass der betreffende Schalter ausgeschaltet ist.

Achtung: Den Glaskolben einer leistungsstarken Glühlampe nicht mit bloßen Fingern berühren. Dies gilt insbesondere für die Haupt- und Nebelscheinwerfer. Am besten ein sauberes Stofftuch dazwischen legen oder Baumwollhandschuhe anziehen. Versehentlich entstandene Berührungsflecken auf dem Glaskolben mit einem sauberen, nicht fasernden Tuch und etwas Spiritus abwischen.

Achtung: Die mit einem Schutzlack beschichteten Kunststoffscheiben der Hauptscheinwerfer dürfen auf keinen Fall mit einem trockenen oder gar scheuernden Lappen gesäubert werden. Es dürfen auch keine Reinigungs- oder Lösungsmittel benutzt werden. Die Scheiben nur mit einem weichen, feuchten Tuch reinigen.

Glühlampen für Außenbeleuchtung vorn auswechseln

Beim Hauptscheinwerfer kommen neben **Halogenlampen** auch **Bi-Xenonlampen mit Kurvenlicht** zum Einsatz.

Hinweis: Der Aufbau sowie die Anordnung der Glühlampen bei Xenon-Scheinwerfern entspricht denen bei Halogen-Scheinwerfern.

Achtung: Halogen- und Xenon-Lampen stehen unter Druck und können platzen. Deshalb beim Lampenwechsel Schutzbrille und Handschuhe tragen. Xenon-Lampen sind Sondermüll, da sie Quecksilber und Spuren von Thallium enthalten. Hautkontakt mit zerstörten Lampen vermeiden.

Sicherheitshinweis/Xenon-Scheinwerfer
Vorsicht beim Lampenwechsel an Xenon-Scheinwerfern. Verletzungsgefahr durch Hochspannung! Personen mit Herzschrittmacher dürfen keine Arbeiten an Xenon-Scheinwerfern vornehmen. **Auf jeden Fall Scheinwerfer ausschalten und Zündschlüssel abziehen.** Anschließend Scheinwerferschalter kurz ein- und wieder ausschalten, um **Restspannungen abzubauen**. Sicherheitshalber Schutzbrille, Handschuhe sowie Schuhe mit Gummisohlen tragen.

- Das Steuergerät der Xenonlampe darf nicht ohne Lampe betrieben werden.
- Die Xenonlampe darf aufgrund der hohen Spannungen (über 28.000 Volt beim Zünden) nur im Scheinwerfergehäuse betrieben werden.
- Der Glaskolben der Xenonlampe steht unter Druck; bei kalter Lampe mit ca. 7 bar, bei heißer Lampe mit bis zu 100 bar. Am heißen Glaskolben können bis zu +700° C erreicht werden.

Allgemeine Hinweise zum Lampenwechsel

- Grundsätzlich Lichtschalter ausschalten, Zündung ausschalten, Zündschlüssel abziehen.
- Bei Arbeiten an **Xenon-Scheinwerfern** die **Sicherheitshinweise** im grauen Kasten beachten.
- Motorhaube öffnen.
- Beim Einbau darauf achten, dass die Steckverbindungen richtig einrasten und fest sitzen.
- Nach dem Einbau neue Glühlampe auf Funktion überprüfen. Gegebenenfalls Scheinwerfer-Einstellung von einer Werkstatt kontrollieren und einstellen lassen.
- Zum Wechseln der Lampen am **Halogen-Scheinwerfer** muss der Scheinwerfer nicht ausgebaut werden. In den folgenden Abbildungen werden die Arbeitsschritte der Übersichtlichkeit wegen teilweise am ausgebauten Scheinwerfer dargestellt.

- Sicherstellen, dass die Abdeckkappe hinten am Scheinwerfer fest sitzt. Bei undichter oder nicht richtig sitzender Abdeckkappe wird der Scheinwerfer durch Wassereintritt beschädigt.

Abblendlicht (Halogen-Scheinwerfer)

Hinweis: Es können Scheinwerfer der Firmen HELLA oder VALEO eingebaut sein.

Ausbau

- Zündung ausschalten, Zündschlüssel abziehen.
- Lichtschalter kurz ein- und wieder ausschalten.

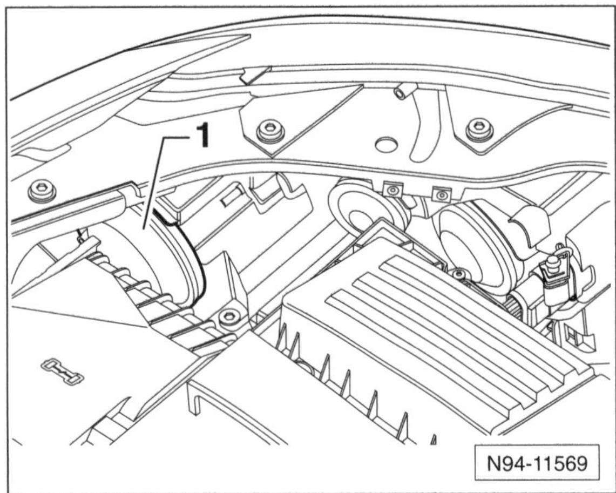

- HELLA: Abdeckkappe –1– von der Rückseite des Scheinwerfers abziehen.

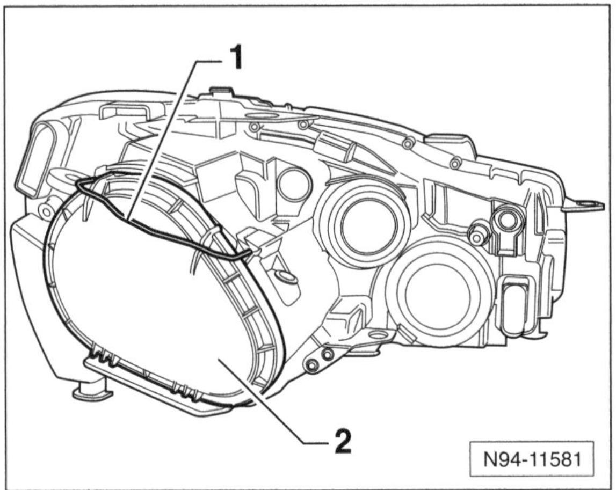

- VALEO: Halteklammer –1– nach oben schwenken und Abdeckkappe –2– von der Rückseite des Scheinwerfers abnehmen.

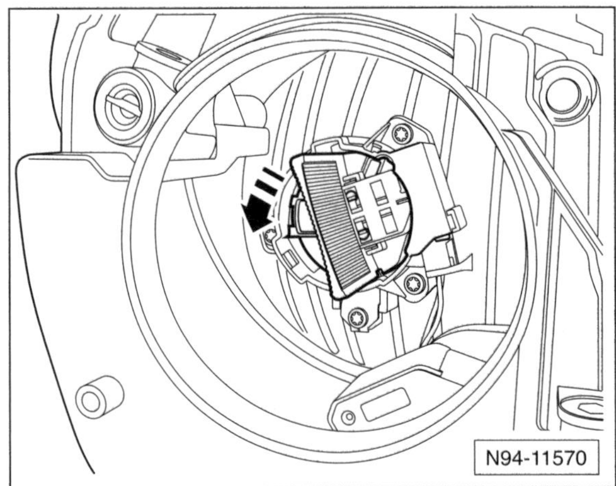

- Lampenfassung mit Lampe in Pfeilrichtung drehen und aus dem Scheinwerfer herausnehmen.

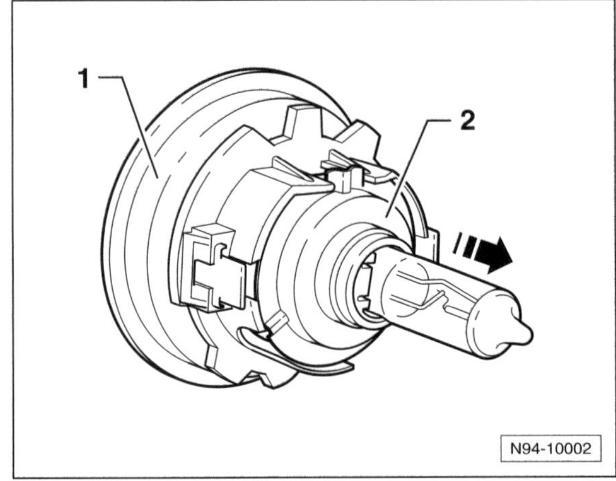

- Lampe –2– in Pfeilrichtung aus der Lampenfassung –1– herausziehen.

Einbau

Achtung: Glaskolben der Glühlampe nicht mit bloßen Fingern berühren.

- Neue Lampe in die Fassung eindrücken.
- Lampenfassung mit Lampe in die Öffnung am Scheinwerfer einsetzen und bis zum Anschlag im Uhrzeigersinn drehen.
- Festen Sitz der Lampe im Gehäuse nochmals kontrollieren.
- Abdeckkappe aufdrücken und, falls vorhanden, mit Drahtklammer sichern.
- Funktion der Abblendlichtlampe prüfen.

Fernlicht/Tagfahrlicht (Halogen-Scheinwerfer)

Die 2-Faden-Lampe übernimmt gleichzeitig die Funktion des Tagfahrlichts.

Ausbau

- Zündung ausschalten, Zündschlüssel abziehen.
- Lichtschalter kurz ein- und wieder ausschalten.

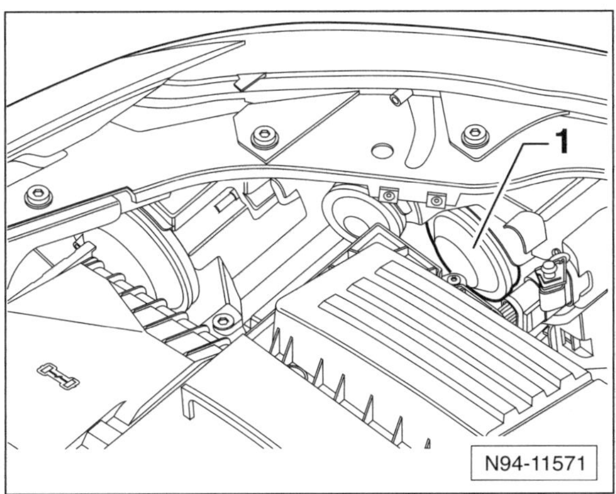

- Abdeckkappe –1– von der Rückseite des Scheinwerfers abziehen.

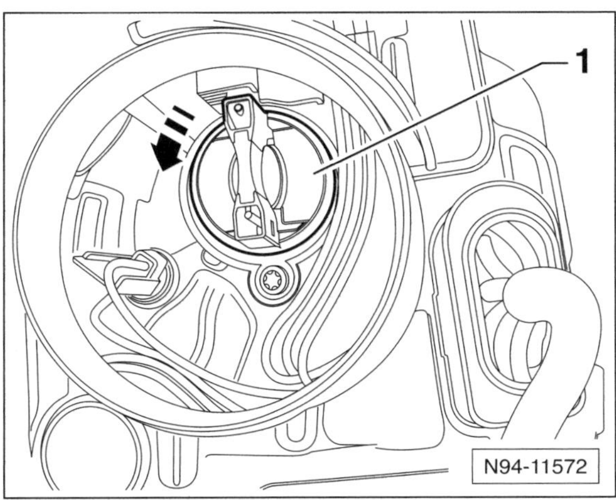

- Lampenfassung –1– mit Lampe in Pfeilrichtung drehen und aus dem Scheinwerfer herausnehmen.

Hinweis: Die Fernlichtlampe ist fest mit der Fassung verbunden und kann nicht weiter zerlegt werden.

Einbau

- Der Einbau erfolgt in umgekehrter Ausbaureihenfolge.

Standlicht (Halogen-Scheinwerfer)

Ausbau

- Zündung ausschalten, Zündschlüssel abziehen.
- Abdeckkappe für Fernlicht von der Rückseite des Scheinwerfers abziehen, siehe Abbildung N94-11571.

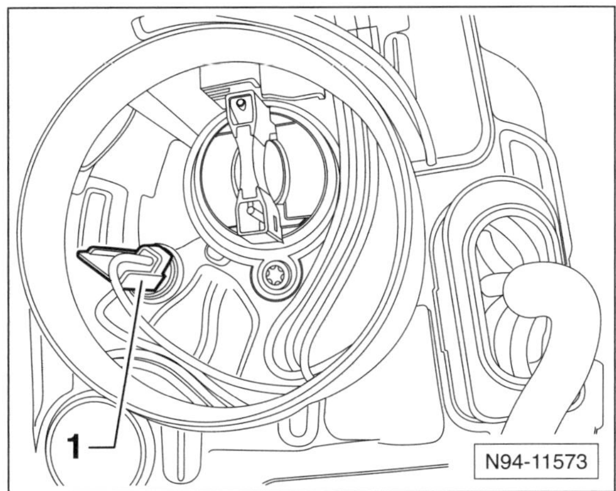

- Lampenfassung –1– mit Lampe aus dem Scheinwerfer herausziehen.

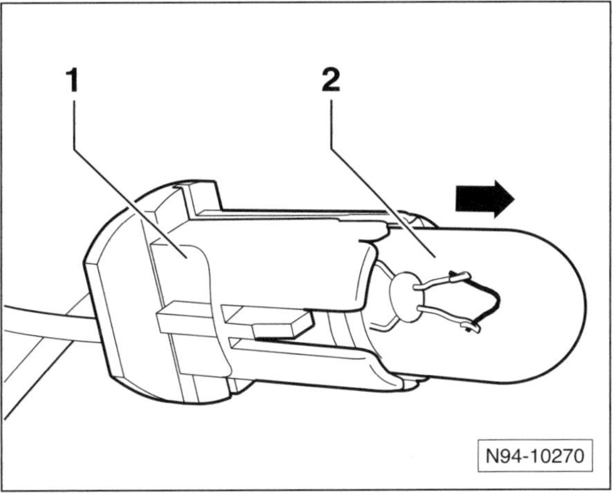

- Lampe –2– gerade aus der Lampenfassung –1– herausziehen.

Einbau

- Der Einbau erfolgt in umgekehrter Ausbaureihenfolge.

Blinklicht (Halogen-Scheinwerfer)

Ausbau

- Zündung ausschalten, Zündschlüssel abziehen.

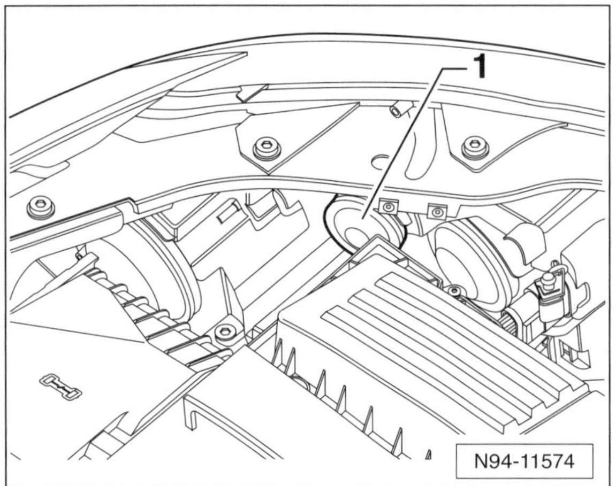

- Abdeckkappe –1– von der Rückseite des Scheinwerfers abziehen.

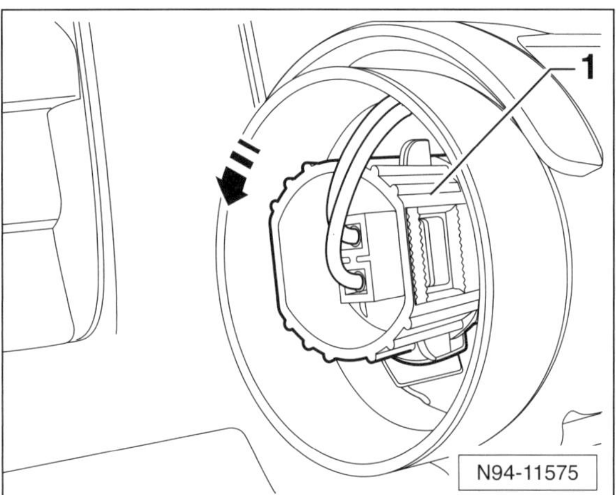

- Lampenfassung –1– mit Lampe in Pfeilrichtung drehen und aus dem Scheinwerfer herausnehmen.

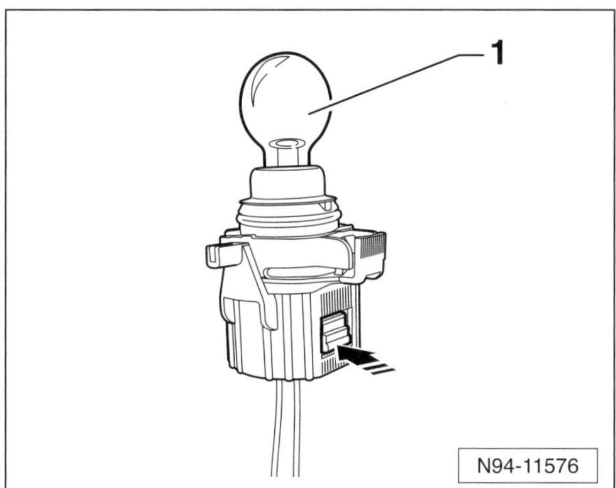

- Verriegelungstaste in Pfeilrichtung drücken und Blinklichtlampe –1– nach oben herausziehen. **Hinweis:** Die Lampe kann nicht weiter zerlegt werden.

Einbau

- Neue Lampe in die Fassung drücken und einrasten.
- Lampenfassung so am Scheinwerfer einsetzen, dass die längere Rastnase nach oben zeigt.
- Lampenfassung im Uhrzeigersinn bis zum Anschlag drehen.
- Festen Sitz der Lampe im Gehäuse nochmals kontrollieren.
- Abdeckkappe aufdrücken. Anschließend festen Sitz der Abdeckkappe prüfen.
- Funktion der Blinklichtlampe prüfen.

Abblend-/Fernlicht (Xenon-Scheinwerfer)

Ausbau

- Zündung ausschalten, Zündschlüssel abziehen.
- Lichtschalter kurz ein- und wieder ausschalten um Restspannungen abzubauen.
- Scheinwerfer ausbauen, siehe entsprechendes Kapitel.

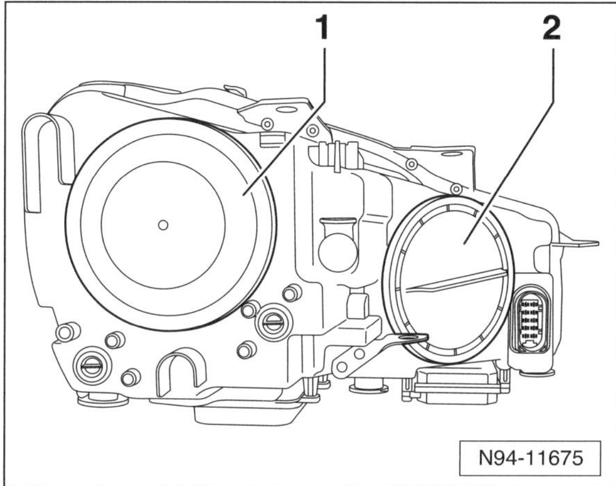

- Abdeckkappe –1– von der Scheinwerfer-Rückseite abziehen. 2 – Abdeckkappe für Blinklicht/Standlicht.

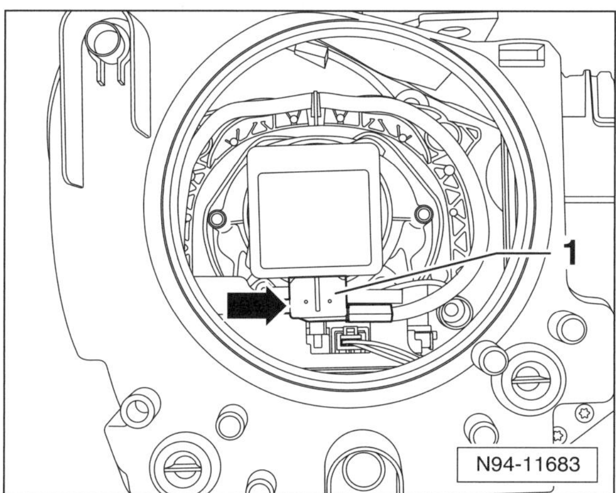

- Seitlich auf die Taste drücken –Pfeil– und dadurch den Stecker –1– entriegeln. Stecker nach unten abziehen.

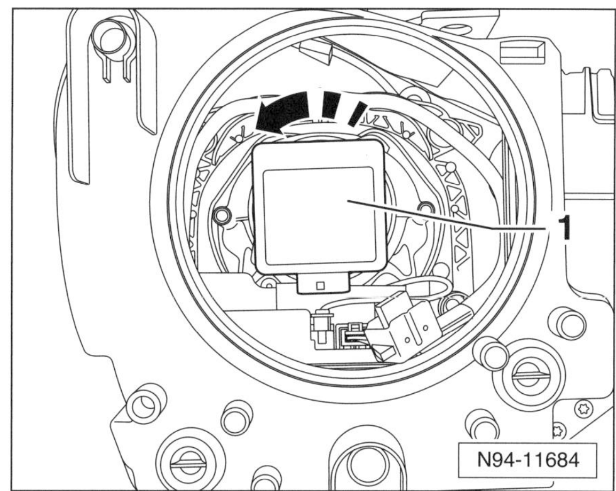

- Xenonlampe –1– in Pfeilrichtung drehen und vorsichtig nach hinten aus dem Reflektor herausziehen.

Einbau

- Der Einbau erfolgt in umgekehrter Ausbaureihenfolge.

Blinklicht (Xenon-Scheinwerfer)

Hinweis: Zum Wechseln der Lampe muss der Scheinwerfer nicht ausgebaut werden. In den folgenden Abbildungen werden die Arbeitsschritte der Übersichtlichkeit wegen teilweise am ausgebauten Scheinwerfer dargestellt.

Ausbau

- Zündung ausschalten, Zündschlüssel abziehen.
- Lichtschalter kurz ein- und wieder ausschalten.

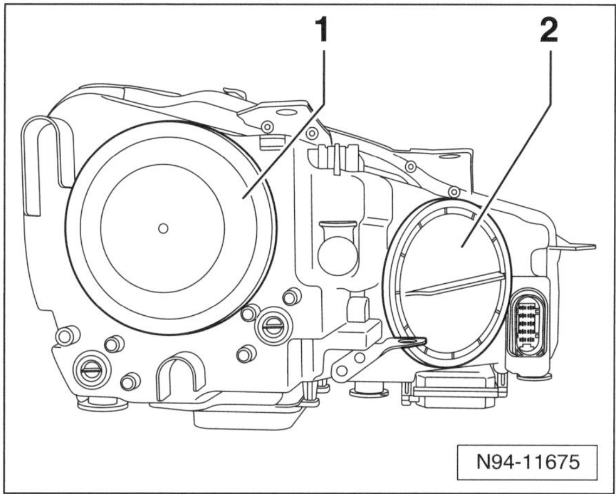

- Abdeckkappe –2– an der Scheinwerfer-Rückseite im Uhrzeigerzinn drehen und abziehen. 1 – Abdeckkappe für Abblend-/Fernlicht.

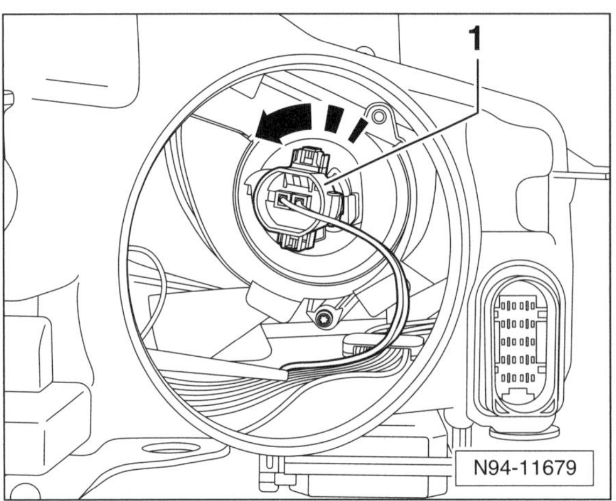

- Lampenfassung –1– in Pfeilrichtung drehen und zusammen mit der Lampe herausnehmen.

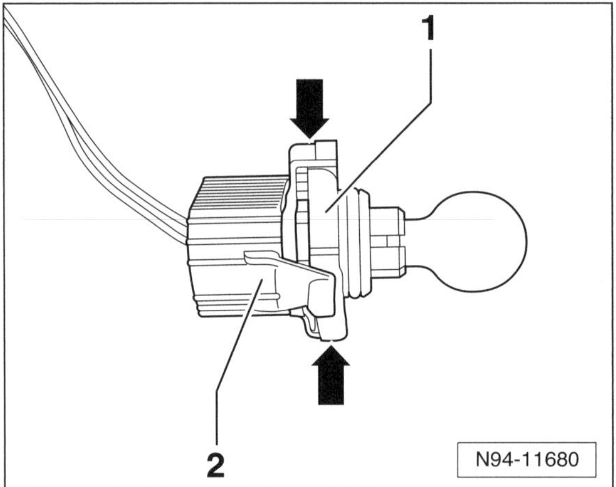

- Verriegelung in Pfeilrichtung zusammendrücken und Blinklichtlampe –1– aus der Fassung –2– herausziehen. **Hinweis:** Die Lampe kann nicht weiter zerlegt werden.

Einbau

- Der Einbau erfolgt in umgekehrter Ausbaureihenfolge.

Standlicht (Xenon-Scheinwerfer)

Hinweis: Zum Wechseln der Lampe muss der Scheinwerfer nicht ausgebaut werden. In den folgenden Abbildungen werden die Arbeitsschritte der Übersichtlichkeit wegen teilweise am ausgebauten Scheinwerfer dargestellt.

Ausbau

- Zündung ausschalten, Zündschlüssel abziehen um Restspannungen abzubauen.
- Lichtschalter kurz ein- und wieder ausschalten.

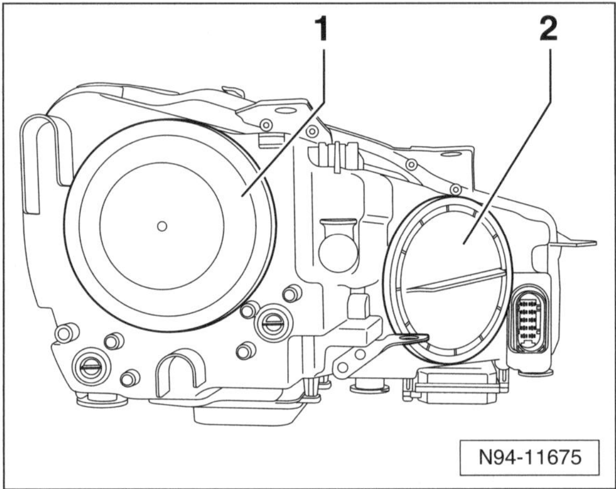

- Abdeckkappe –2– an der Scheinwerfer-Rückseite im Uhrzeigerzinn drehen und abziehen. 1 – Abdeckkappe für Abblend-/Fernlicht.

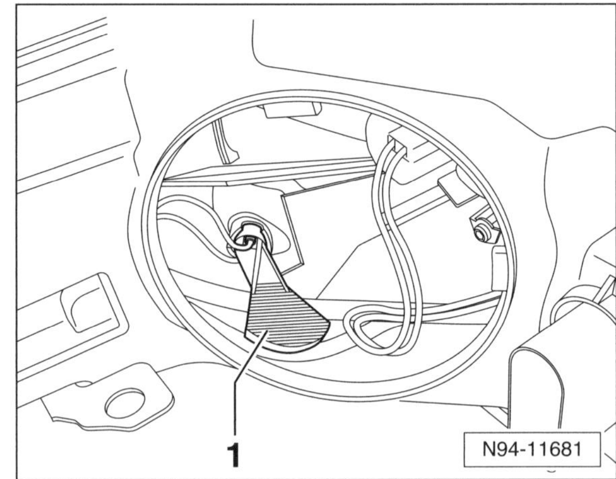

- Lampenfassung am Griff –1– zusammen mit der Lampe aus dem Reflektor herausnehmen.

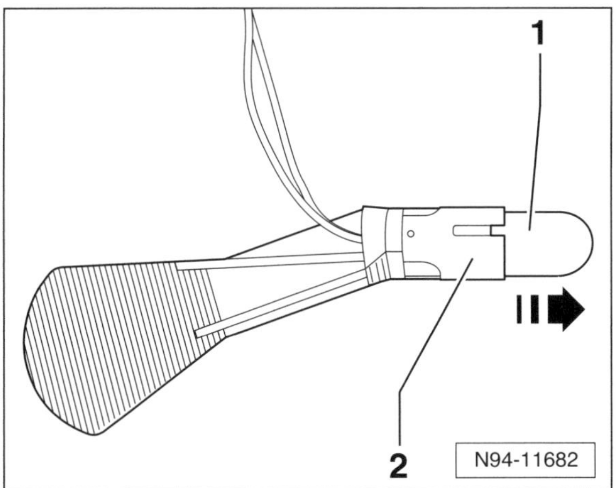

- Standlichtlampe –1– in Pfeilrichtung gerade aus der Fassung –2– herausziehen.

Einbau

- Der Einbau erfolgt in umgekehrter Ausbaureihenfolge.

Nebellicht vorn

Hinweis: Die Glühlampe im Nebelscheinwerfergehäuse übernimmt, je nach Ansteuerung, die Funktion des statischen Kurvenlichts oder die des Nebelscheinwerfers.

GOLF außer GTI

Ausbau

- Nebelscheinwerfer ausbauen, siehe entsprechendes Kapitel.

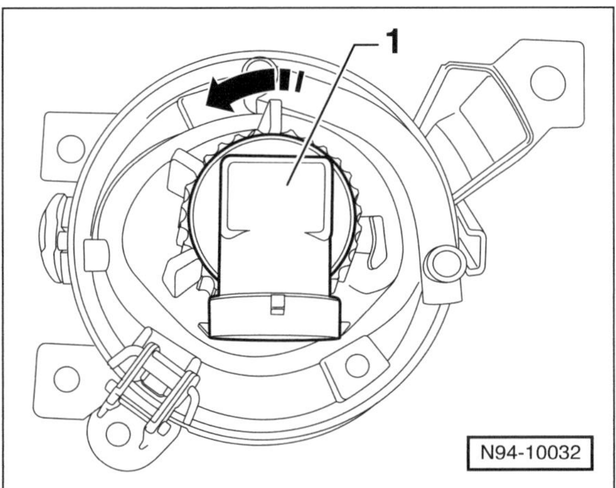

- Lampenfassung –1– mit Glühlampe in Pfeilrichtung drehen und aus dem Nebelscheinwerfer herausnehmen.

Hinweis: Die Glühlampe ist mit der Fassung fest verbunden und kann nicht einzeln ersetzt werden.

Einbau

- Der Einbau erfolgt in umgekehrter Ausbaureihenfolge.

GOLF GTI

Hinweis: Zum Wechseln der Lampe muss der Nebelscheinwerfer nicht ausgebaut werden.

Ausbau

- Zündung ausschalten, Zündschlüssel abziehen.

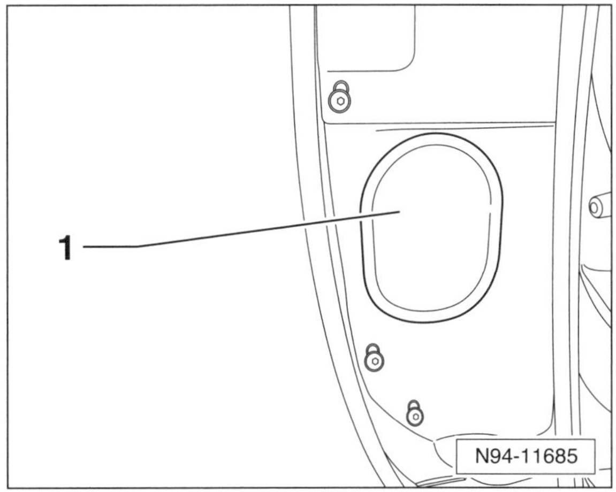

- Abdeckung –1– am vorderen Innenkotflügel ausclipsen.
- Stecker an der Lampenfassung entriegeln und abziehen.

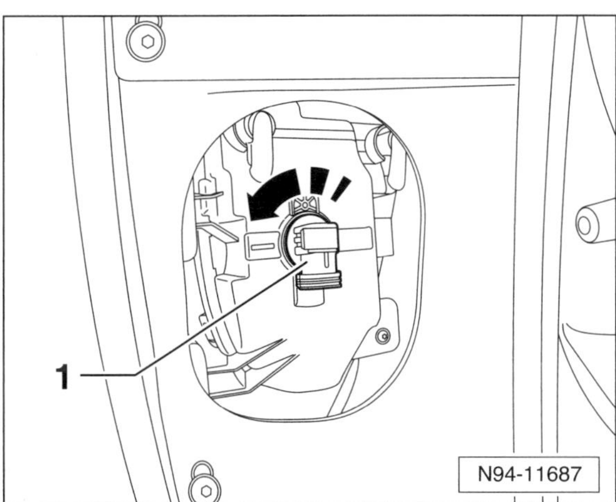

- Lampe –1– in Pfeilrichtung drehen und aus dem Reflektor herausziehen.

Hinweis: Die Glühlampe ist mit der Fassung fest verbunden und kann nicht einzeln ersetzt werden.

Einbau

- Der Einbau erfolgt in umgekehrter Ausbaureihenfolge. Sicherstellen, dass die Abdeckung im Innenkotflügel korrekt einrastet und abdichtet.

Seitenblinker/Einstiegsleuchte

In der Seitenblinkleuchte sind keine herkömmlichen Glühlampen, sondern Leuchtdioden (LED) eingebaut. Bei einem Defekt muss deshalb das komplette Spiegelgehäuse-Unterteil mit Leuchte ersetzt werden.

- Spiegelgehäuse-Unterteil ausbauen, siehe Seite 293.
- Falls erforderlich, Einstiegsleuchte aus dem Spiegelgehäuse-Unterteil herausdrücken.

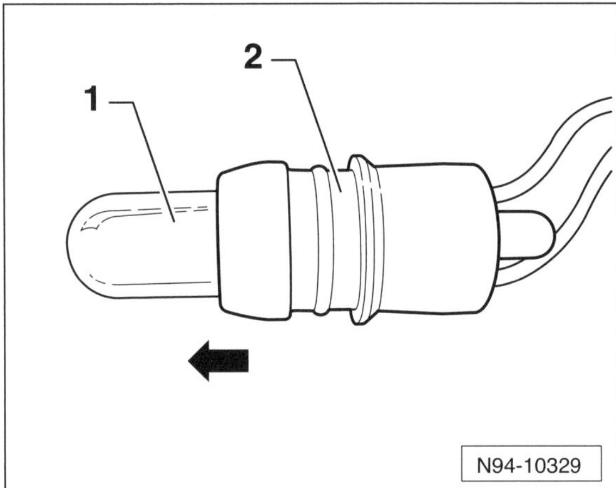

- Glassockellampe –1– in Pfeilrichtung aus der Fassung –2– herausziehen.

Einbau

- Der Einbau erfolgt in umgekehrter Ausbaureihenfolge.

Glühlampen für Außenbeleuchtung hinten auswechseln

Die Heckleuchte ist zweigeteilt, der äußere Teil sitzt im hinteren Seitenteil der Karosserie, der innere Teil befindet sich in der Heckklappe.

Seit 12/09 sind die Heckleuchten mit Leuchtdioden ausgestattet. Lediglich für Blinklicht und Rückfahrlicht sind Glühlampen vorhanden. Die Leuchtdioden (LEDs) lassen sich nicht auswechseln. Wenn mehr als 4 Einzel-LEDs ausgefallen sind, muss die komplette Heckleuchte ersetzt werden. Die Glühlampen für Blink- und Rückfahrlicht werden auf die gleiche Weise wie bisher ersetzt.

Hecklicht im Seitenteil

Ausbau

- Zündung ausschalten, Zündschlüssel abziehen.
- Schlussleuchte im Seitenteil ausbauen, siehe entsprechendes Kapitel.

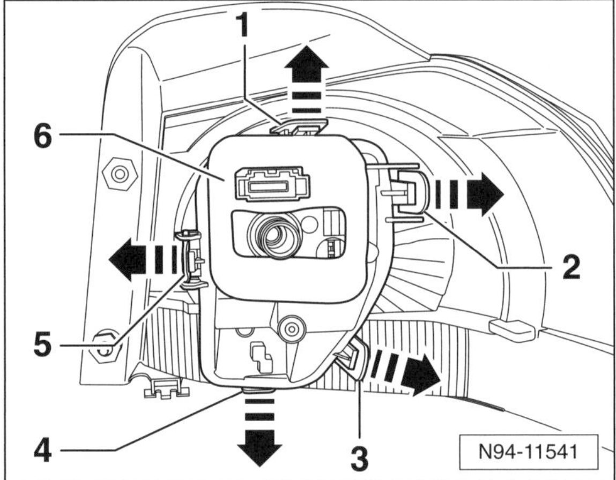

- Haltelaschen –1–, –2–, –3–, –4– und –5– jeweils in Pfeilrichtung entriegeln und Lampenträger –6– aus dem Leuchtengehäuse herausnehmen.

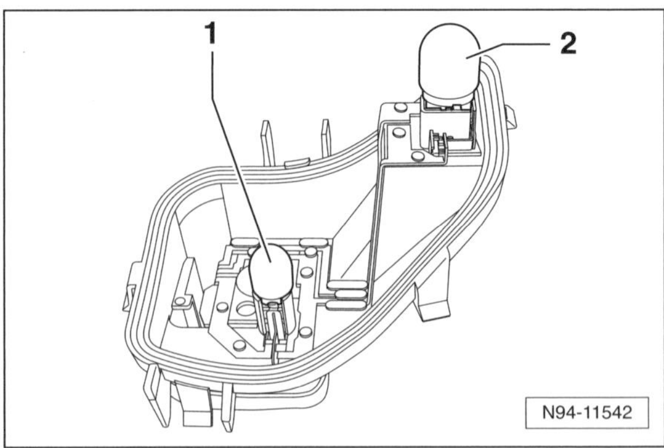

- Lampe für Brems- und Schlusslicht –1– gerade nach oben aus dem Lampenträger herausziehen.

Hinweis: Bei der Lampe für Brems- und Schlusslicht handelt es sich um eine Einfaden-Glassockellampe, die je nach Ansteuerung die Funktion des Schlusslichts oder des Bremslichts übernimmt.

- Gelbe Blinklichtlampe –2– gerade nach oben aus dem Lampenträger herausziehen.

Einbau

- Der Einbau erfolgt in umgekehrter Ausbaureihenfolge.

Hecklicht in der Heckklappe

Ausbau

- Zündung ausschalten, Zündschlüssel abziehen.

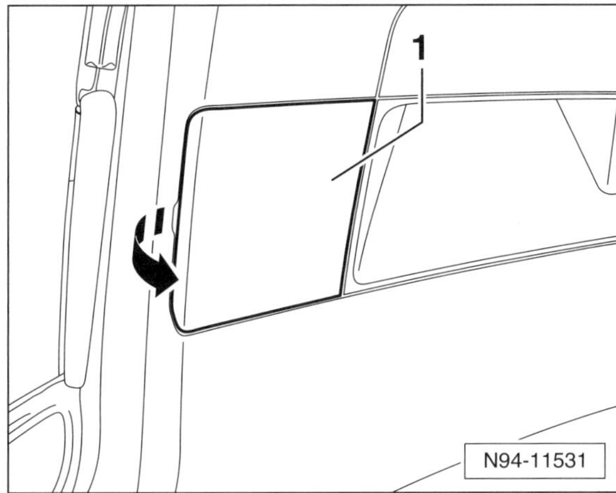

- Deckel –1– in Pfeilrichtung aus der Heckklappenverkleidung ausclipsen.

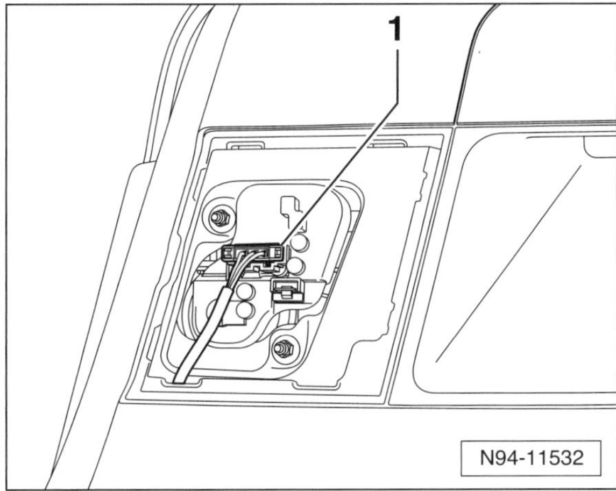

- Stecker –1– entriegeln und abziehen.

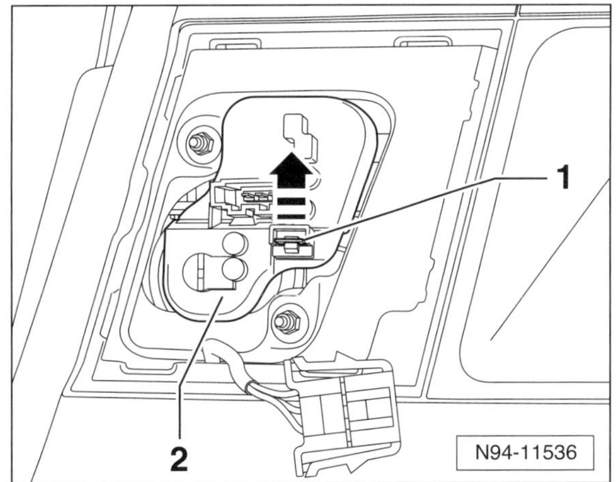

- Verriegelung –1– in Pfeilrichtung drücken und Lampenträger –2– herausnehmen.

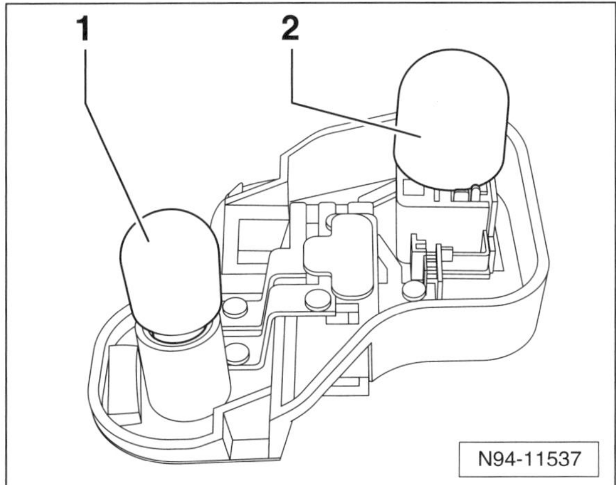

- Lampe für Schlusslicht –1– gerade nach oben aus dem Lampenträger herausziehen.
- Lampe –2– für Nebelschlusslicht (linke Seite) beziehungsweise Rückfahrlicht (rechte Seite) gerade nach oben aus dem Lampenträger herausziehen.

Einbau

- Der Einbau erfolgt in umgekehrter Ausbaureihenfolge. Darauf achten, dass der Lampenträger hörbar einrastet.

Kennzeichenlicht

Ausbau

- Zündung ausschalten, Zündschlüssel abziehen.
- Kennzeichenleuchte ausbauen, siehe entsprechendes Kapitel.

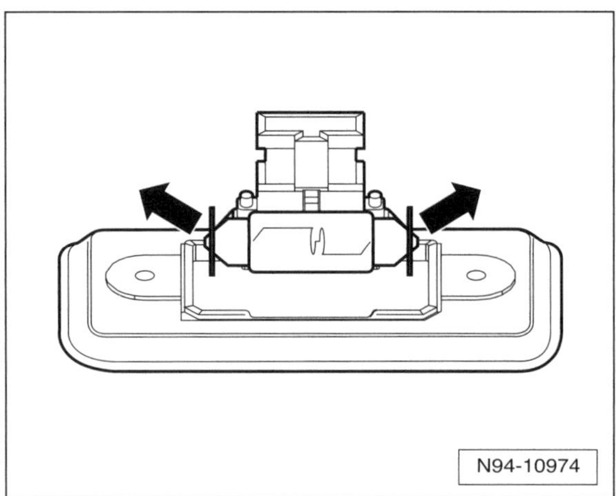

- Geschraubte Leuchte: Kontaktbleche in Pfeilrichtung auseinanderdrücken und Soffittenlampe herausnehmen.

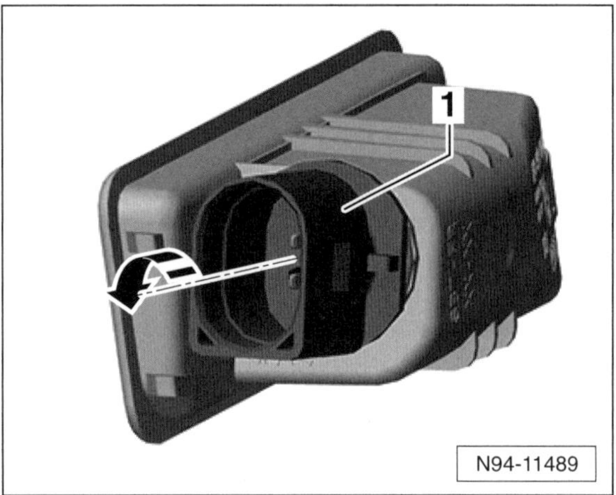

- Geclipste Leuchte: Lampenfassung –1– in Pfeilrichtung drehen und aus der Leuchte herausnehmen.

Hochgesetztes Bremslicht

In der hochgesetzten Bremsleuchte sind Leuchtdioden (LEDs) eingesetzt. Einzelne LEDs können nicht ersetzt werden. Bei Ausfall einer LED werden die anderen LEDs höher belastet. Sind mehr als 4 Einzel-LEDs ausgefallen, muss die komplette Bremsleuchte ersetzt werden, siehe Seite 110.

Scheinwerfer aus- und einbauen

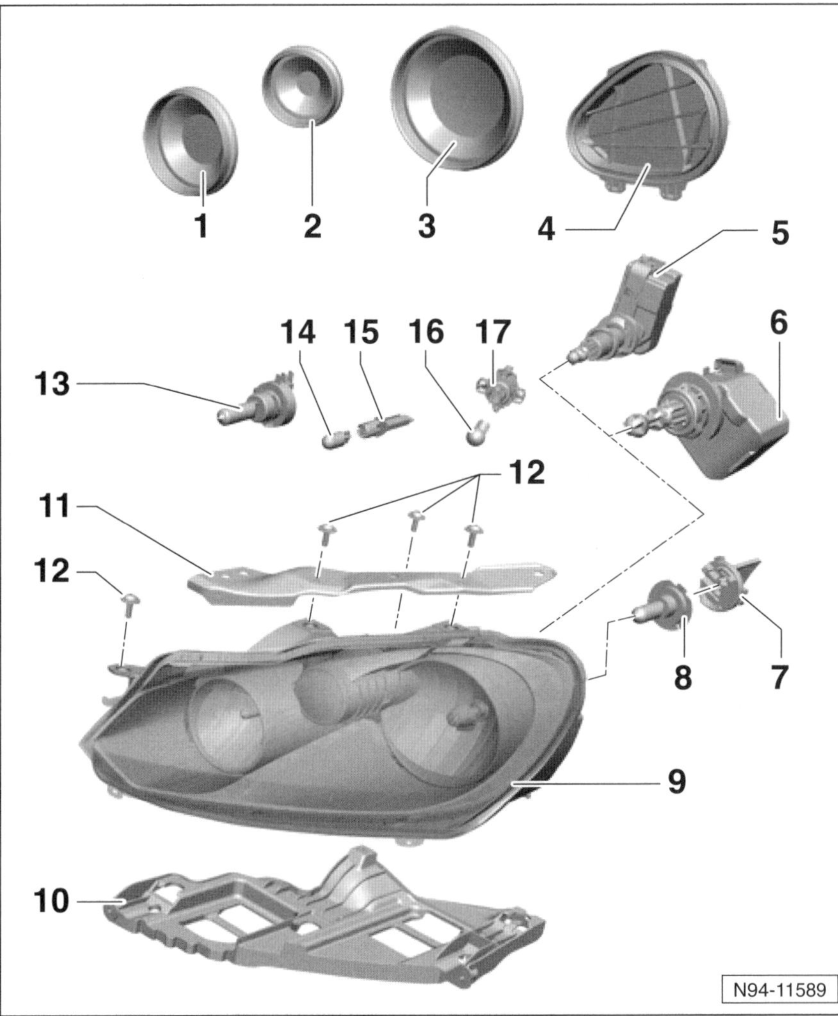

Hinweis: In der Abbildung ist der Halogen-Scheinwerfer dargestellt.

1 – **Abdeckkappe**
Für Fernlicht/Standlicht.

2 – **Abdeckkappe**
Für Blinklicht.

3 – **Abdeckkappe**
Für Abblendlicht.
Nur HELLA-Scheinwerfer.

4 – **Abdeckkappe**
Für Abblendlicht.
Nur VALEO-Scheinwerfer.

5 – **Stellmotor für Leuchtweitenregelung**
Nur HELLA-Scheinwerfer.

6 – **Stellmotor für Leuchtweitenregelung**
Nur VALEO-Scheinwerfer.

7 – **Lampenfassung mit Griffstück**
Für Abblendlicht.

8 – **Lampe Abblendlicht**
H7 12 V, 55 W.

9 – **Scheinwerfer**

10 – **Führungsteil**

11 – **Trägerteil oben**

12 – **Schrauben, 5 Nm**

13 – **Lampe Fernlicht/Tagfahrlicht**

14 – **Lampe Standlicht**

15 – **Lampenfassung mit Griffstück**
Für Standlicht.

16 – **Lampe Blinklicht**

17 – **Lampenfassung mit Griffstück**
Für Blinklicht.

Ausbau

Hinweis: Halogen- und Xenon-Scheinwerfer werden auf die gleiche Weise aus- und eingebaut.

- Zündung ausschalten, Zündschlüssel abziehen. Lichtschalter kurz ein- und ausschalten.
- Kühlergrill ausbauen, siehe Seite 266.
- Vordere Stoßfängerabdeckung ausbauen, siehe Seite 264.

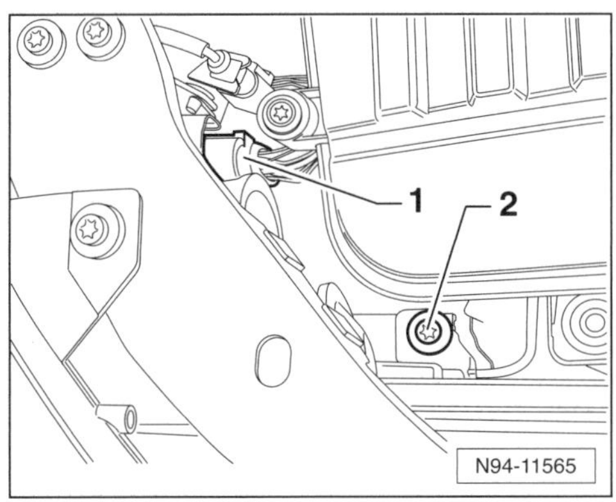

- Stecker –1– entriegeln und abziehen.
- Schraube –2– hinten am Scheinwerfer herausdrehen.

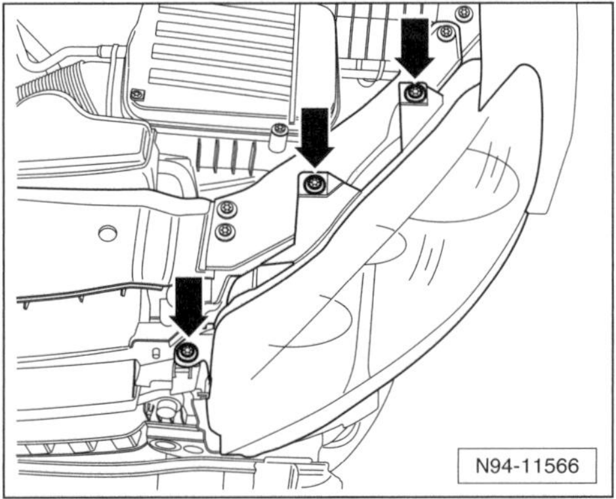

- 3 Schrauben –Pfeile– herausdrehen und Scheinwerfer gerade nach vorn aus dem Karosserie-Ausschnitt herausziehen.

Einbau

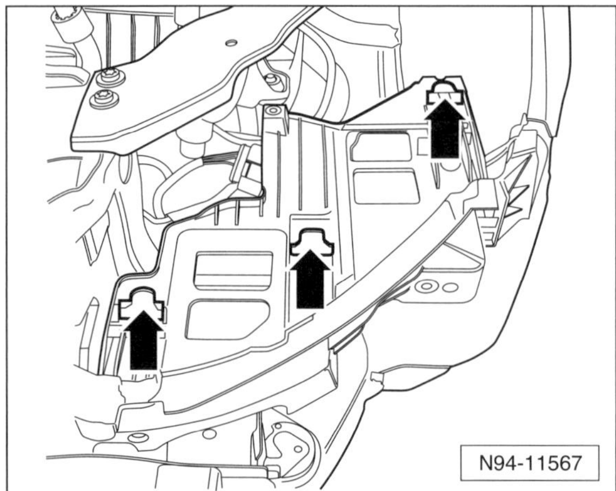
N94-11567

- Scheinwerfer mit den 3 Führungen an der Unterseite in die Aufnahmen –Pfeile– am Führungsteil einschieben.
- Der weitere Einbau erfolgt in umgekehrter Ausbaureihenfolge. Dabei darauf achten, dass der Scheinwerfer zu den umliegenden Bauteilen bündig ist und gleichmäßige Spaltmaße aufweist.

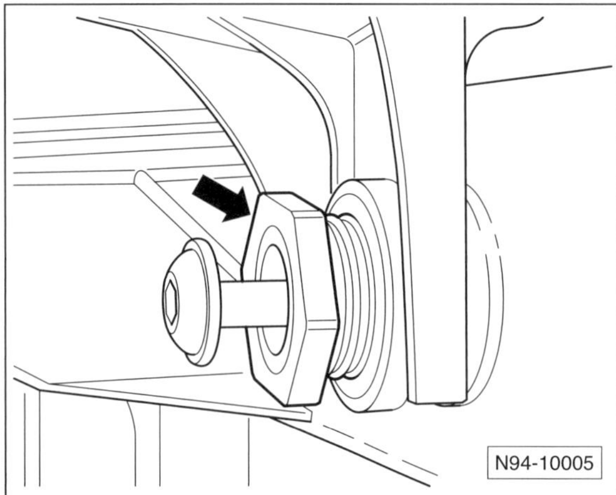
N94-10005

- Auf gleichmäßige Fugenmaße und Bündigkeit zu den anschließenden Karosserieteilen achten. Wenn nötig, Einstellbuchsen an der unteren Befestigungsschraube –Pfeil– hinein- und herausdrehen.
- Scheinwerfer-Einstellung so bald wie möglich von einer Werkstatt kontrollieren und gegebenenfalls einstellen lassen. **Hinweis:** Nach dem Ausbau von Xenon-Scheinwerfern muss in der Fachwerkstatt eine Grundeinstellung vorgenommen werden.

Achtung: Für die Verkehrssicherheit ist die exakte Einstellung der Scheinwerfer von großer Bedeutung (Werkstattarbeit).

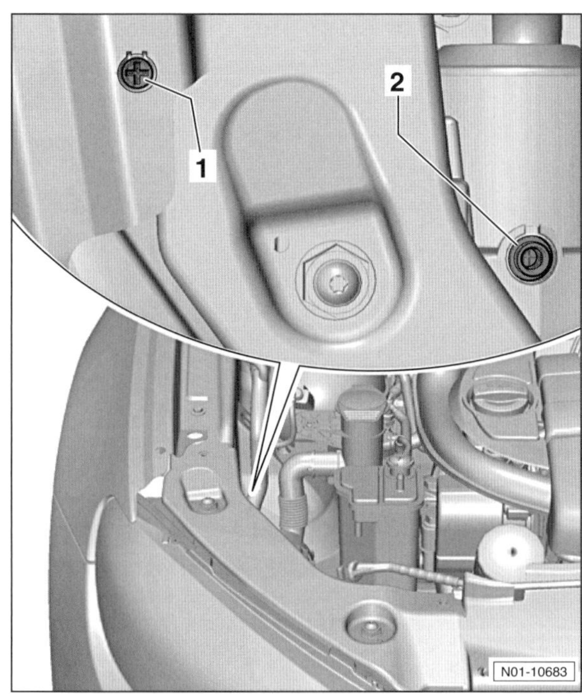

N01-10683

- Position der Scheinwerfer-Einstellschrauben:
  1 – Seitenverstellung.
  2 – Höhenverstellung. Zur Verstellung wird ein Innensechskantschlüssel benötigt.

Nebelscheinwerfer aus- und einbauen

Golf außer GTI

Ausbau

- Zündung ausschalten, Zündschlüssel abziehen.

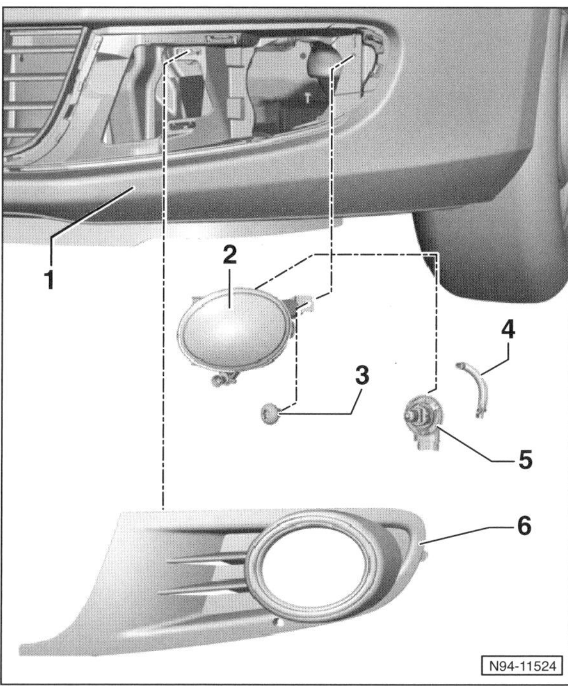

1 – **Stoßfängerabdeckung vorn**
2 – **Nebelscheinwerfer**
3 – **Schraube, 2 Nm**
4 – **Entlüftungsschlauch**
5 – **Lampe** HB4 12V 51W.
6 – **Abdeckung**

- Abdeckung –6– mit einem Kunststoffkeil aus den Verrastungen ausclipsen.
- Schraube –3– herausdrehen.
- Nebelscheinwerfer –2– so weit herausschwenken wie es die Kabellänge erlaubt.
- Stecker entriegeln und abziehen.

Einbau

- Der Einbau erfolgt in umgekehrter Ausbaureihenfolge.

GOLF GTI

Ausbau

- Zündung ausschalten, Zündschlüssel abziehen.
- Vordere Stoßfängerabdeckung ausbauen.

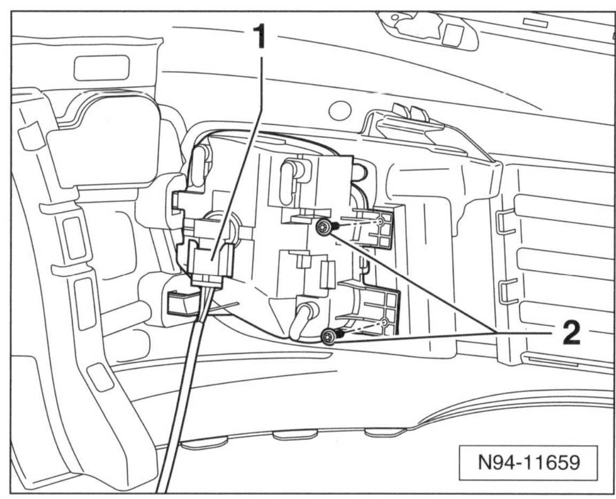

- Stecker –1– entriegeln und abziehen.
- Schrauben –2– herausdrehen.

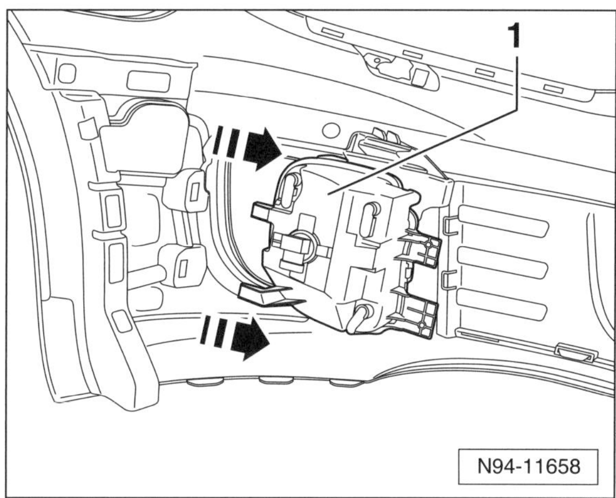

- Nebelscheinwerfer –1– etwas zur Seite schwenken und aus den Aufnahmen in der Stoßfängerabdeckung herausziehen.

Einbau

- Der Einbau erfolgt in umgekehrter Ausbaureihenfolge. Nebelscheinwerfer mit **2 Nm** anschrauben.

Heckleuchte aus- und einbauen

Seit 12/09 sind die Heckleuchten mit Leuchtdioden ausgestattet. Lediglich für Blinklicht und Rückfahrlicht sind Glühlampen vorhanden. Die Leuchtdioden sind in Gruppen zu je 4 LEDs zusammengefasst. Wenn eine Leuchtgruppe ausfällt, wird deren Funktion durch die anderen LEDs übernommen. Dadurch werden diese stärker belastet. Wenn mehr als 4 Einzel-LEDs ausgefallen sind, muss die komplette Heckleuchte ersetzt werden.

Seitenteil

Ausbau

- Zündung ausschalten, Zündschlüssel abziehen.

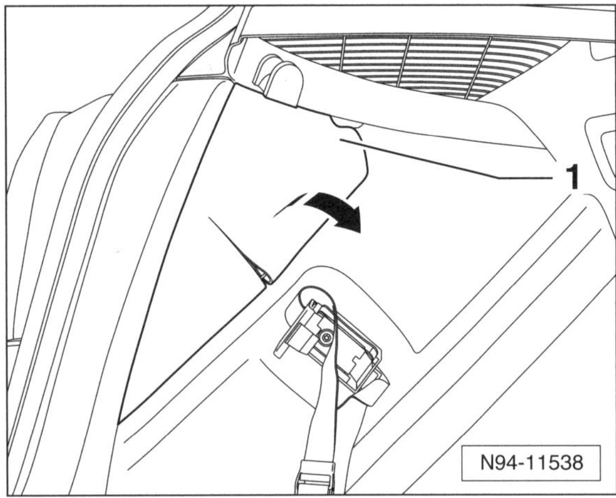

- Seitenverkleidung –1– im Laderaum in Pfeilrichtung abziehen.

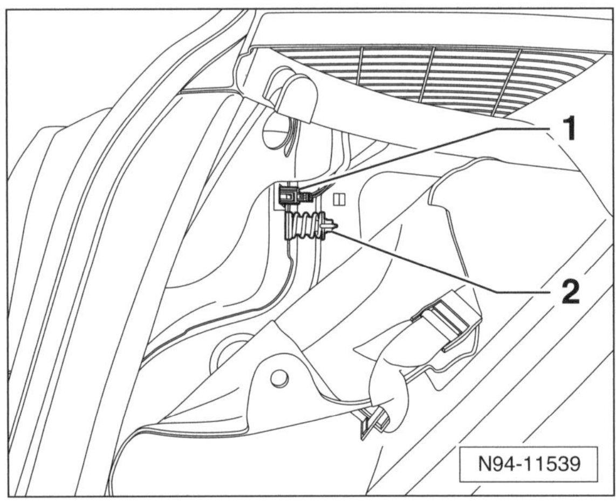

- Stecker –1– entriegeln und abziehen.

Achtung: Sicherstellen, dass die Heckleuchte nach dem Abschrauben nicht herunterfällt.

- Schraube –2– herausdrehen und Heckleuchte nach hinten aus dem Karosserieausschnitt herausnehmen.

Einbau

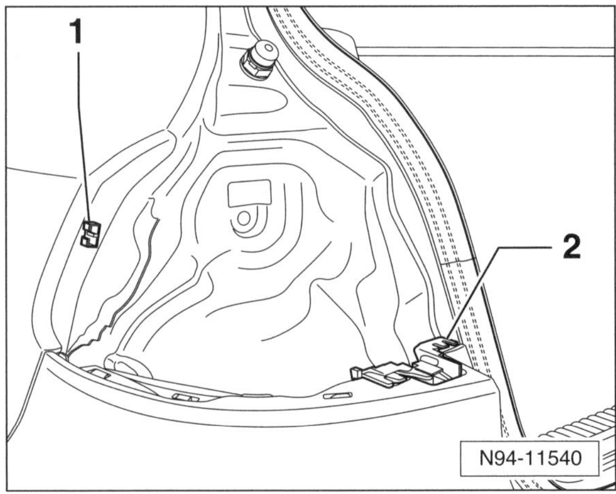

- Heckleuchte ansetzen und dabei in die obere –1– und untere Führung –2– einschieben.
- Von innen die Befestigungsschraube von Hand bis zum Anschlag anschrauben; Anzugsdrehmoment max. **2,5 Nm**.
- Stecker aufschieben und einrasten.
- Seitenverkleidung zurückklappen.

Heckklappe

Ausbau

- Zündung ausschalten, Zündschlüssel abziehen.
- Deckel für Heckleuchte aus der Heckklappenverkleidung ausclipsen. Stecker am Lampenträger entriegeln und abziehen, siehe »Glühlampe für Hecklicht aus- und einbauen«.

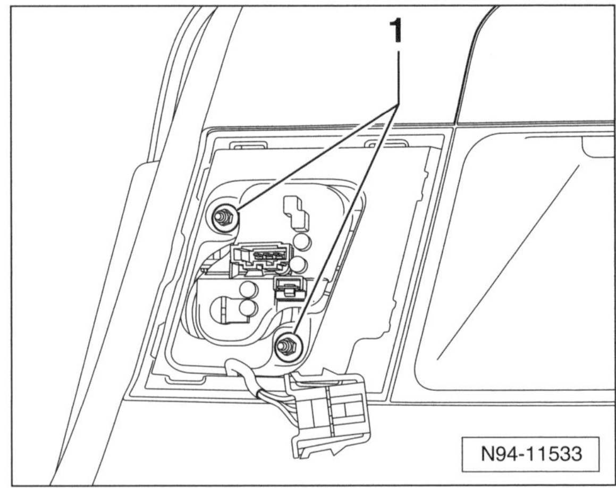

- 2 Befestigungsmuttern –1– abschrauben.

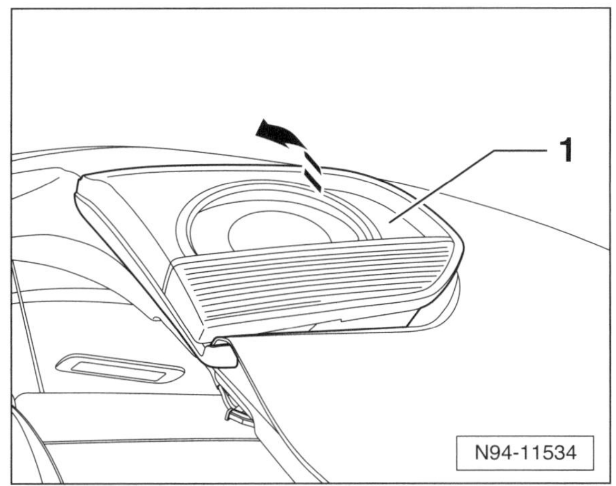

- Heckleuchte –1– in Pfeilrichtung aus der Öffnung in der Heckklappe herausschwenken.

Einbau

- Der Einbau erfolgt in umgekehrter Ausbaureihenfolge. Muttern von Hand mit maximal **3 Nm** anschrauben.

Kennzeichenleuchte aus- und einbauen

Geschraubte Ausführung

Ausbau

- Zündung ausschalten, Zündschlüssel abziehen.

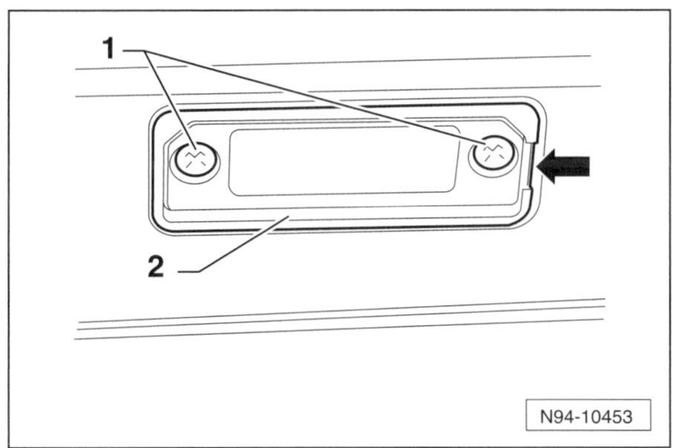

- Schrauben –1– herausdrehen.
- An der Schlitzöffnung –Pfeil– mit einem kleinen Schraubendreher den Rasthaken eindrücken, Kennzeichenleuchte –2– etwas anheben und herausschwenken.

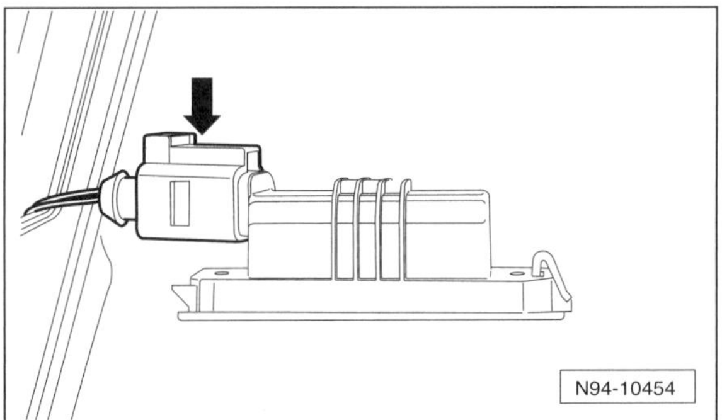

- Stecker-Verriegelung drücken –Pfeil– und Stecker von der Leuchte abziehen.

Einbau

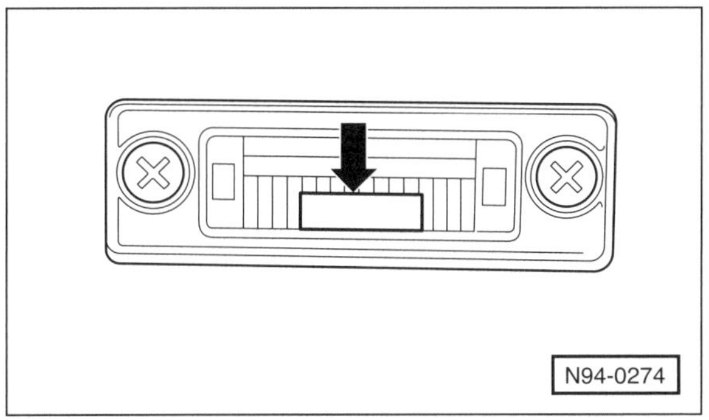

Hinweis: Beim Einbau darauf achten, dass der Blendschutzstreifen –Pfeil– der Stoßfängerseite zugewandt ist.

- Stecker aufschieben und einrasten.
- Leuchte an der Steckerseite in die Öffnung einsetzen und auf der anderen Seite in die Öffnung hineinschwenken und einrasten.
- Kennzeichenleuchte anschrauben.

Geclipste Ausführung

Ausbau

- Zündung ausschalten, Zündschlüssel abziehen.

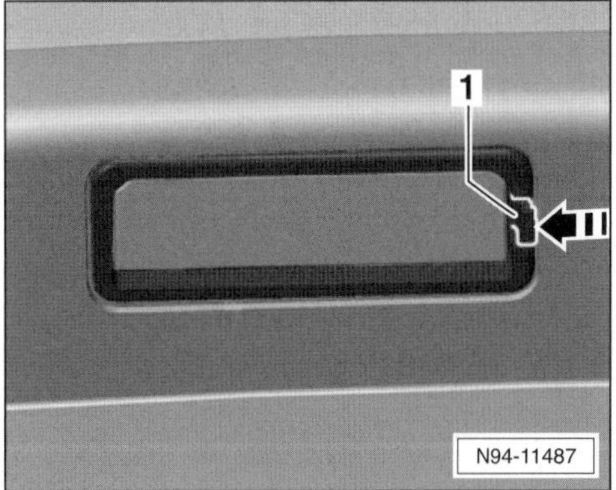

- Haltenase –1– mit einem kleinen Schraubendreher in Pfeilrichtung zur Kennzeichenleuchte drücken, Kennzeichenleuchte etwas anheben und herausschwenken.

Hochgesetzte Bremsleuchte aus- und einbauen

Alle außer GTI

Hinweis: Beim GOLF GTI muss zum Ausbau der hochgesetzten Bremsleuchte der Dachkantenspoiler abgebaut werden (Werkstattarbeit).

Ausbau

- Zündung ausschalten, Zündschlüssel abziehen.

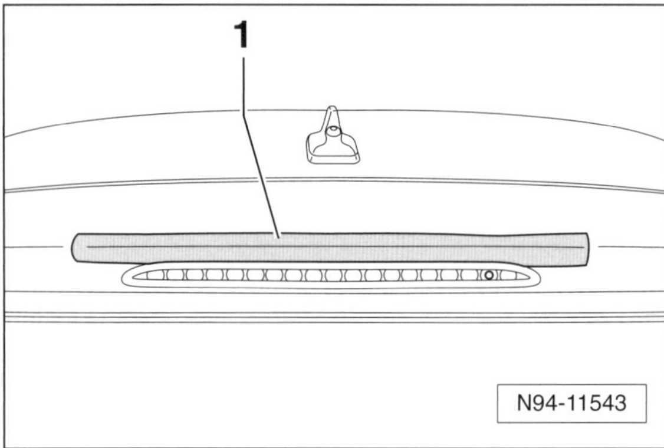

- Heckklappe über der Bremsleuchte mit einem Streifen Klebeband –1– abkleben und dadurch vor Beschädigung schützen.

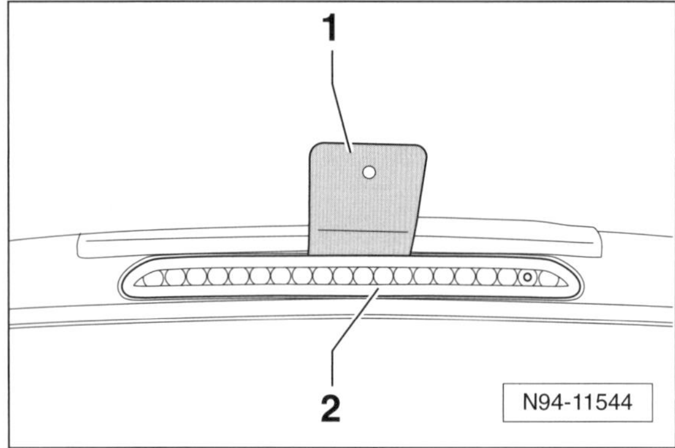

- Kunststoffkeil –1– oben zwischen Leuchte –2– und Heckklappe stecken.

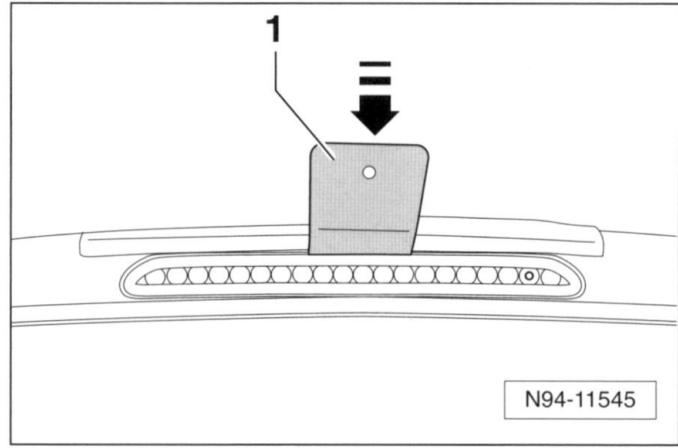

- Kunststoffkeil –1– in Pfeilrichtung drücken und dadurch Leuchte entriegeln.
- Bremsleuchte vorsichtig herausziehen.

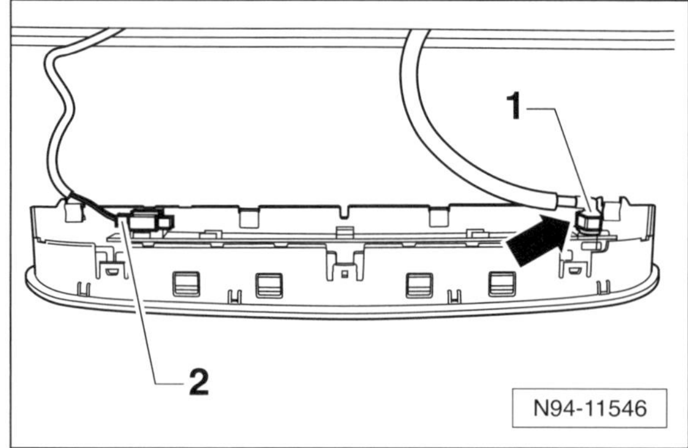

- Schlauchsicherung –Pfeil– herausziehen und Schlauchanschluss –1– für Scheibenwaschanlage von der Spritzdüse abziehen.
- Stecker –2– entriegeln und abziehen.

Einbau

- Beim Einbau auf richtigen Sitz der Dichtung achten. Die Dichtung darf keine Schlaufen werfen und nicht beschädigt sein.
- Waschwasserschlauch und elektrischen Stecker aufschieben und einrasten.
- Bremsleuchte in die Heckklappe einsetzen und einrasten, dabei unten beginnen.

Glühlampen für Innenleuchten auswechseln

- Zündung und Schalter der Leuchte ausschalten. Zündschlüssel abziehen.
- Stelle, an der ein Schraubendreher für den Ausbau der Leuchte angesetzt wird, zum Schutz mit Klebeband abdecken.

Hinweis: Nach dem Einbau die neue Glühlampe auf Funktion überprüfen.

Innenleuchte vorn

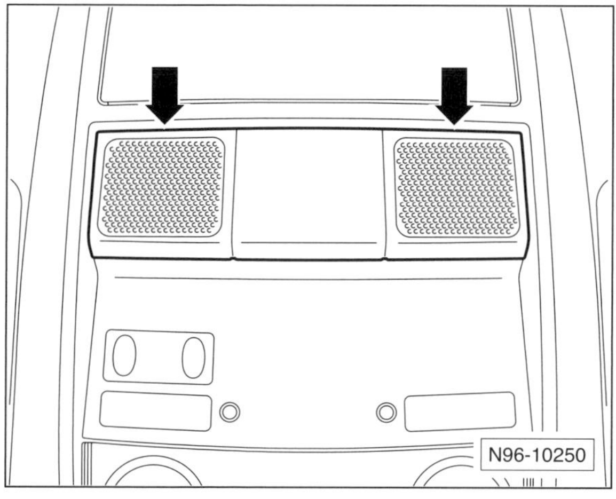

- Mit einem Kunststoffkeil Blende vorsichtig aus der Innenleuchte heraushebeln –Pfeile–.

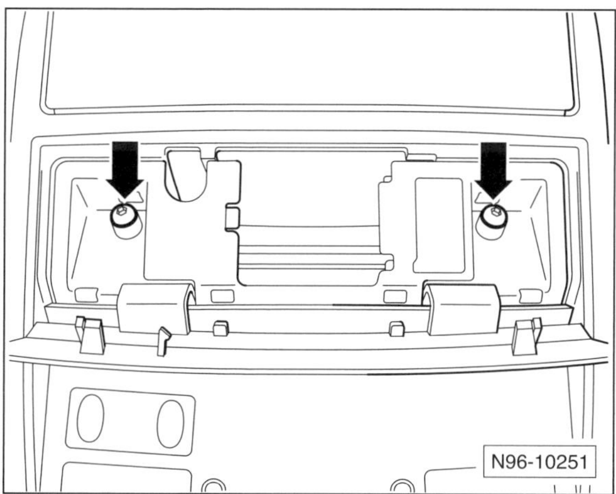

- 2 Schrauben –Pfeile– herausdrehen und Innenleuchte aus dem Dachhimmel herausziehen.
- Stecker an der Rückseite der Innenleuchte abziehen.

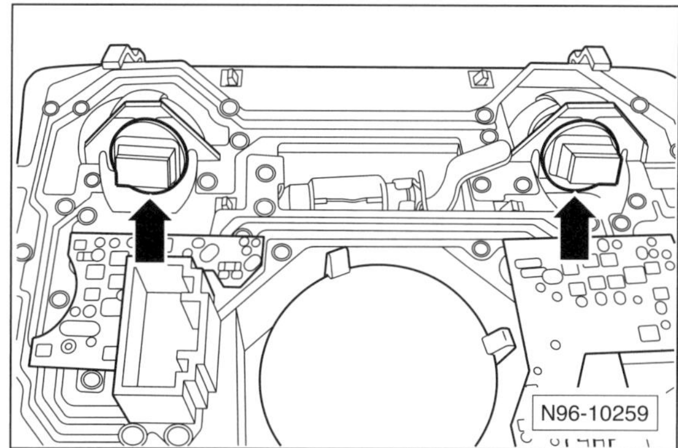

- Jeweilige Fassung –Pfeile– an der Rückseite der Deckenleuchte gegen den Uhrzeigersinn drehen und mit Glühlampe herausnehmen.
- Defekte Glühlampe aus der Fassung herausziehen und ersetzen.

Handschuhfachleuchte/Fußraumleuchten rechts

- Handschuhfachleuchte: Handschuhfach öffnen.

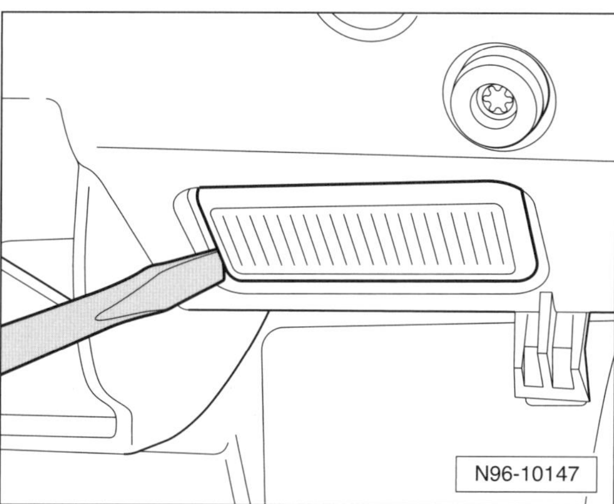

- Leuchte mit flachem Schraubendreher aus der Einbauöffnung heraushebeln und herausziehen.

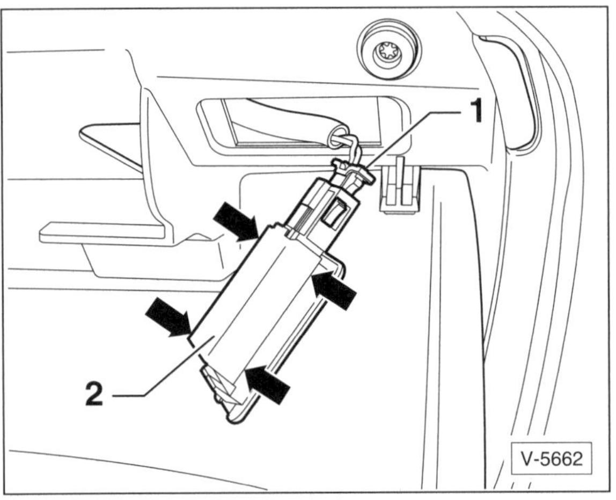

- Stecker –1– entriegeln und von der Leuchte abziehen.
- Schutzblech –2– abclipsen –Pfeile– und vom Streuglas abnehmen.

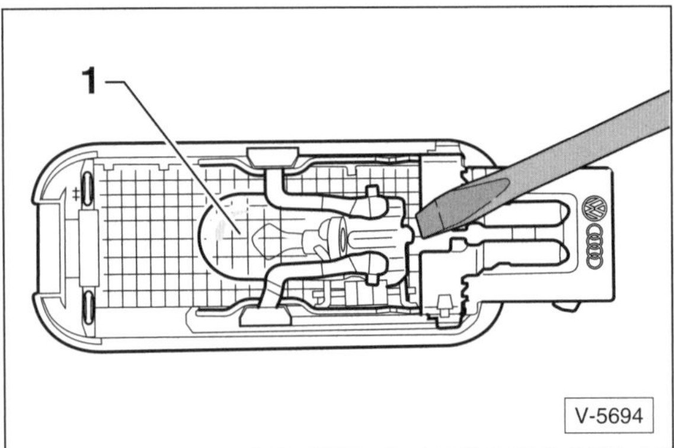

- Mit einem Schraubendreher Glühlampe –1– vorsichtig aus der Fassung herausdrücken und herausnehmen.
- Neue Glühlampe in die Fassung einsetzen.
- Leuchte an der Steckerseite einsetzen, in die Öffnung schwenken und einrasten.

Fußraumleuchte links

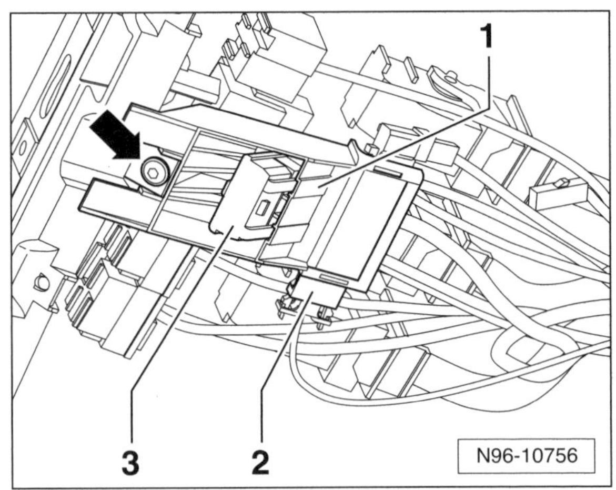

- Schraube –Pfeil– herausdrehen und Halter –1– mit Fußraumleuchte und Diagnosesteckdose –3– abnehmen.
- Stecker –2– entriegeln und abziehen.
- Diagnosesteckdose –3– aus dem Halter ausclipsen.

Leuchte für Kosmetikspiegel/Kofferraumleuchte

- Kosmetikleuchte im Dachhimmel: Sonnenblende nach vorne klappen.

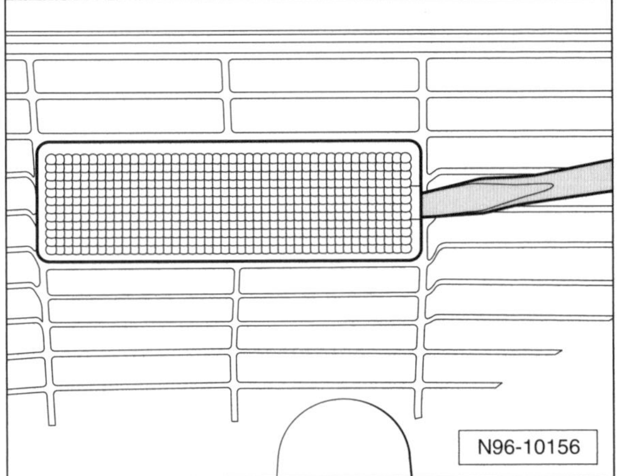

- Flachen Schraubendreher an der seitlichen Aussparung ansetzen und Leuchte heraushebeln.

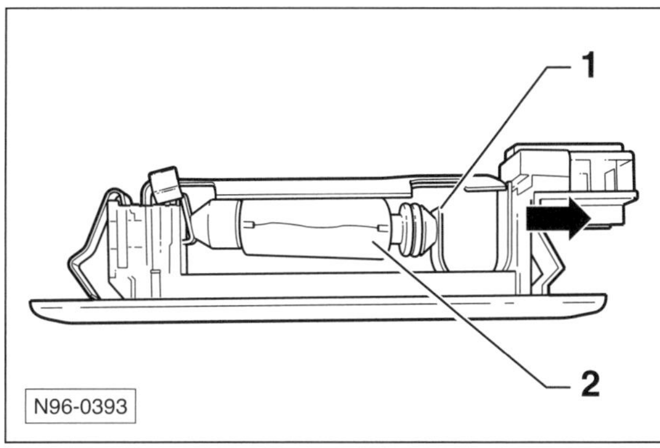

- Kontaktblech –1– in Pfeilrichtung drücken und Soffittenlampe –2– aus der Halterung herausnehmen.
- Neue Soffittenlampe in die Halterung einsetzen.
- Leuchte an der Steckerseite einsetzen, in die Öffnung schwenken und einrasten.

Deckenleuchte hinten

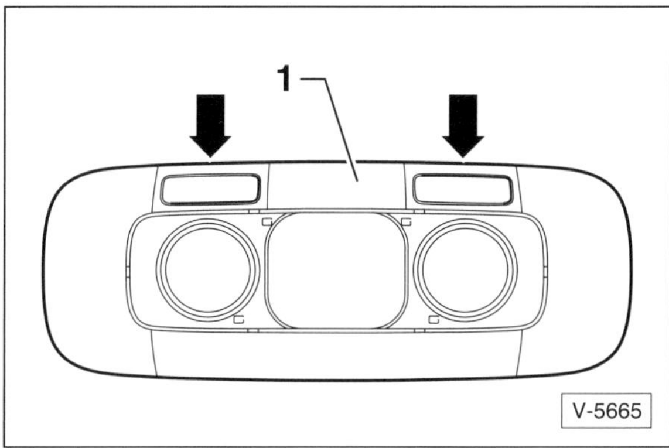

- Blende –1– mit Leuchtenglas und Reflektoren von der Deckenleuchte abheben, dabei Rasthaken –Pfeile– mit einem Kunststoffkeil, zum Beispiel HAZET 1965-20, entriegeln.

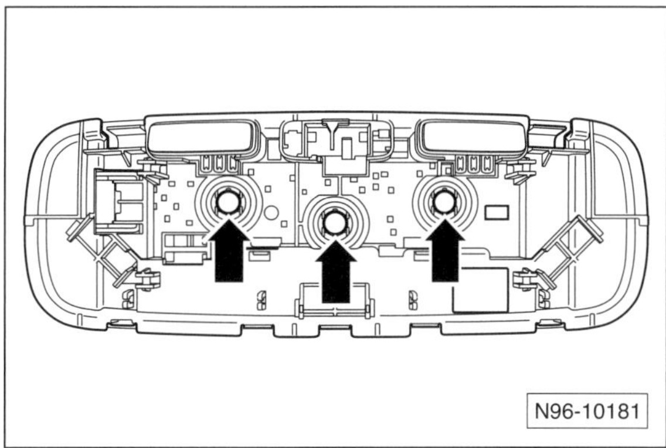

- Defekte Glühlampe –Pfeile– vorsichtig aus der jeweiligen Fassung herausziehen und ersetzen.

Hinweis: Soll die Deckenleuchte ausgebaut werden, müssen nach Abnehmen der Leuchtenblende 2 Rasthaken entriegelt werden. Anschließend Leuchte aus dem Dachhimmel herausziehen.

Kombiinstrument aus- und einbauen

Hinweis: Bei den Kontrollleuchten des Kombiinstrumentes handelt es sich um Leuchtdioden. Bei einem Defekt einer Leuchtdiode wird das Kombiinstrument komplett ausgetauscht. Im Kombiinstrument ist neben dem eigenen Steuergerät auch das Steuergerät für die Wegfahrsicherung integriert.

Beim Ersetzten des Kombiinstruments müssen die Daten für Kilometerstand sowie verschiedene Ausstattungsmerkmale auf das neue Exemplar übertragen werden. Außerdem muss die Wegfahrsicherung an das Motorsteuergerät angepasst werden. Dazu ist das VW-Diagnosesystem VAS-5051A erforderlich.

Ausbau

- Zündung ausschalten, Zündschlüssel abziehen.

Hinweis: Das Lenkrad braucht nicht ausgebaut zu werden.

- Lenkrad lösen, ganz herausziehen und in der untersten Stellung arretieren.
- Obere Lenksäulenverkleidung ausbauen, siehe Seite 245.

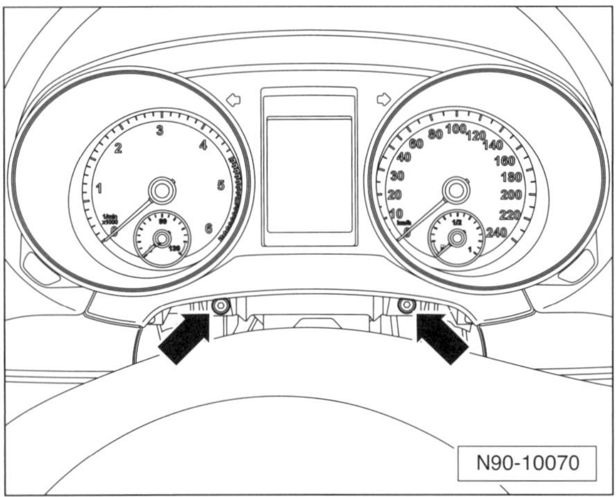

- 2 Schrauben –Pfeile– herausdrehen und Kombiinstrument gerade nach hinten so weit aus der Armaturentafel herausziehen bis die Steckverbindung an der Rückseite zugänglich wird.

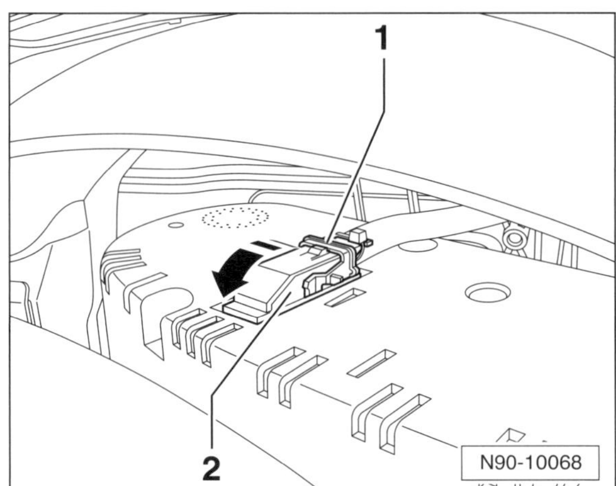

- Sicherungsbügel –1– in Pfeilrichtung schwenken und Mehrfachstecker –2– abziehen.

Einbau

- Der Einbau erfolgt in umgekehrter Ausbaureihenfolge.

Lenkstockschalter aus- und einbauen

Als Lenkstockschalter bezeichnet man die beiden Schalter an der Lenksäule für Blinker/Fernlicht und Scheibenwischer.

Hinweis: Bei Fehlfunktionen am Lenkstockschalter muss die Codierung des Steuergerätes für Lenksäulenelektronik mit dem VW-Diagnosegerät überprüft werden. Wird das Steuergerät ersetzt muss es neu codiert werden (Werkstattarbeit).

Achtung: Aus Platzgründen kann nur der Aus- und Einbau des Lenkstockschalters für Fahrzeuge bis 5/2010 beschrieben werden.

Ausbau (bis 5/10)

- Batterie abklemmen. **Achtung:** Hinweise im Kapitel »Batterie aus- und einbauen« beachten.

> **Sicherheitshinweis**
> Unbedingt Airbag-Sicherheitshinweise befolgen, siehe Seite 148.

- Airbageinheit am Lenkrad ausbauen, siehe Seite 149.
- Räder in Geradeausstellung bringen und Lenkrad ausbauen, siehe Seite 150.
- Lenksäulenverkleidung ausbauen, siehe Seite 245.

Hinweis: Die folgenden Abbildungen zeigen den Lenkstockschalterblock in ausgebautem Zustand.

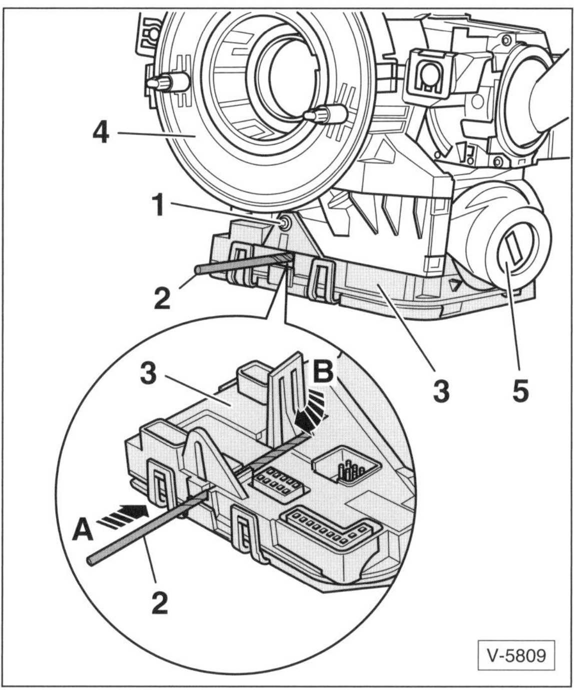

- Schraube –1– unterhalb der Drehkontaktspirale –4– herausdrehen.
- Bohrer –2– oder Draht mit ∅ 2,5 mm etwa 45 mm tief in die Bohrung des Steuergerätes –3– für Lenksäulenelektronik einschieben –Pfeil A–. Hierdurch wird die innere Rastlasche entriegelt –Pfeil B–. 5 – Zündschloss.

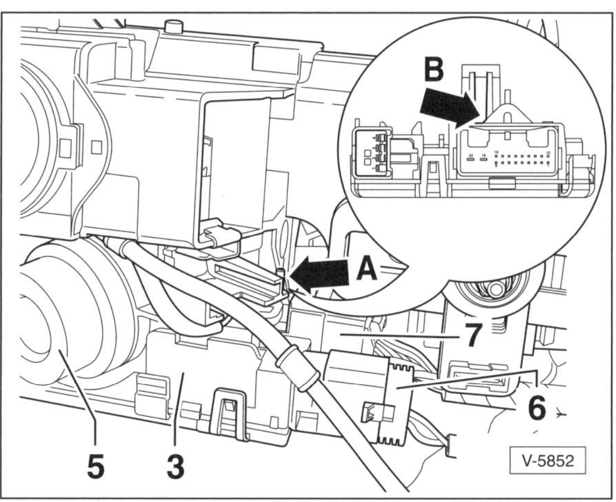

- Mit einem Schraubendreher zum Entriegeln gegen die Rastlasche –Pfeil A– hinten am Steuergerät –3– drücken. Dabei Rastlasche in Pfeilrichtung –B– nach hinten in Richtung Lenkrad drücken.
- Steuergerät vorsichtig nach unten vom Lenkstockschalterblock abziehen. Dabei Steuergerät nicht verkanten. 5 – Zündschloss.
- Stecker –6– entriegeln und vom Steuergerät abziehen.
- Sicherungsriegel am Stecker –7– herausziehen, Stecker entriegeln und vom Steuergerät abziehen.

Achtung: Beim Einbau des Steuergerätes dürfen die Kontaktstifte der Steckverbindungen nicht verbogen werden. Die Stecker müssen hörbar einrasten.

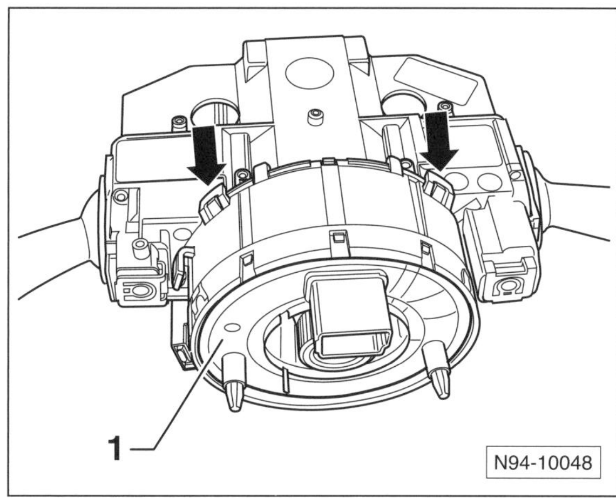

- Rastlaschen –Pfeile– etwas anheben und Drehkontaktspirale –1– von der Lenksäule und dem Lenkstockschalterträger abziehen.

Achtung: Die Drehkontaktspirale darf **nicht** aus der Mittelstellung verdreht werden; gegebenenfalls mit einem Klebestreifen fixieren.

Hinweis: Zur Kennzeichnung der Mittelstellung ist auf der Drehkontaktspirale eine Markierung angebracht, die in einem kleinem Sichtfenster erscheinen muss.

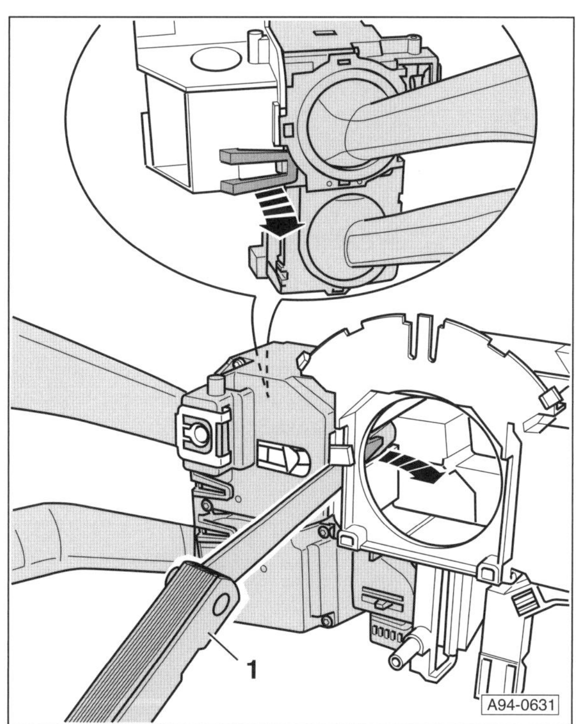

- Blinkerschalter ausbauen. Dazu Halteklammern mit einer Fühlerblattlehre –1– der Stärke 1,0 mm in Pfeilrichtung entriegeln und nach hinten, entgegen der Fahrtrichtung abnehmen.

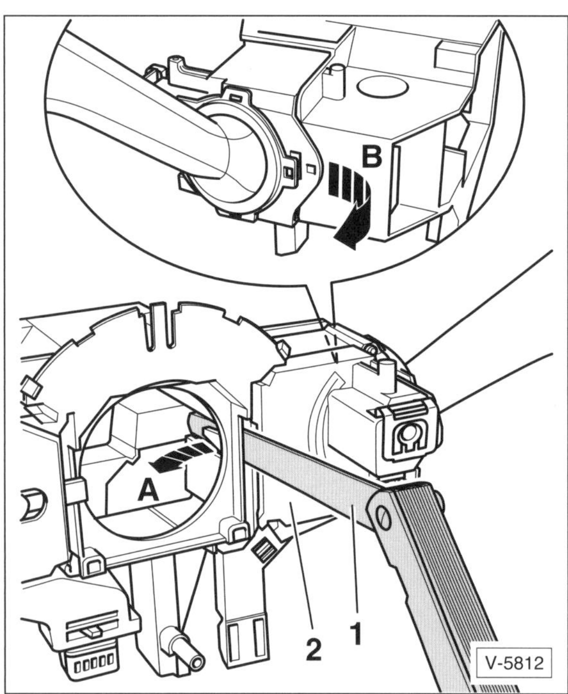

- Scheibenwischerschalter ausbauen. Dazu Fühlerblattlehre –1– mit 1,0 mm Stärke in den Spalt zwischen Lenkstockschalter und Träger einschieben und Halteklammern in Pfeilrichtung –A– entriegeln.
- Scheibenwischerschalter –2– nach hinten vom Lenkstockschalterträger in Pfeilrichtung –B– abziehen.

Hinweis: Für den Ausbau des Lenkstockschalter-Grundträgers müssen die Abreissschrauben des Lenkschlossgehäuses ausgebohrt werden. Dieser Vorgang wird hier nicht beschrieben.

Einbau

- Der Einbau erfolgt in umgekehrter Ausbaureihenfolge, die Lenkstockschalter müssen dabei hörbar einrasten.

Achtung: Beim Einbau der Drehkontaktspirale (Wickelfeder) muss der Blinkerschalter in 0-Stellung stehen, damit der Rückstellhebel nicht abbricht.

- Sicherstellen, dass sich beim Einbau der Drehkontaktspirale die Räder in Geradeausstellung und die Drehkontaktspirale in Mittelstellung befinden.

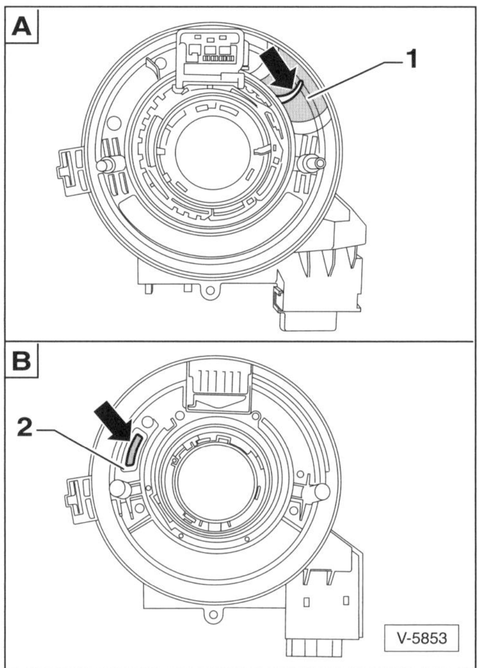

A – Das farblich durch schwarze Vierecke markierte Band –Pfeil– muss sich im Sichtfenster –1– befinden.
B – Das farblich gelb markierte Band –Pfeil– muss sich im Sichtfenster –2– befinden.
A/B – Unterschiedliche Hersteller der Drehkontaktspirale (Wickelfeder).

- Stecker am Steuergerät der Lenksäulenelektronik vorsichtig aufstecken. Dabei darauf achten, dass keine Steckkontakte verbogen werden und die Stecker hörbar einrasten.

Lichtschalter/Leuchtweitenregler aus- und einbauen

Ausbau

- Zündung ausschalten und Zündschlüssel abziehen.

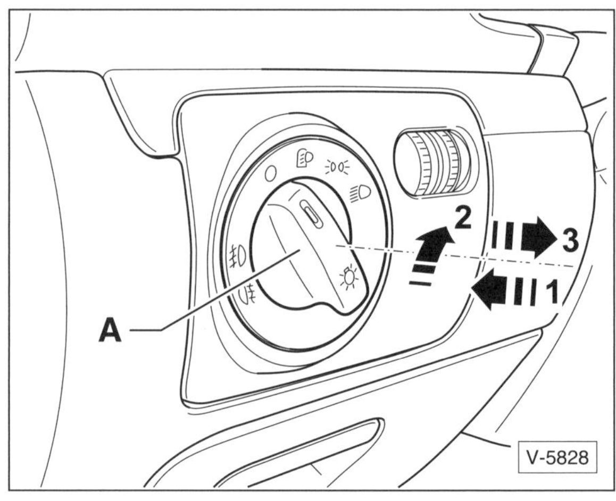

- Drehgriff –A– des Lichtschalters in Stellung »0« drehen.

- Drehgriff des Lichtschalters fest hineindrücken –1– und gleichzeitig etwas nach rechts drehen –2–, bis er senkrecht steht.
- Drehgriff in dieser Stellung halten und Lichtschalter am Drehgriff aus der Armaturentafel herausziehen –3–.
- Stecker an der Rückseite des Schalters abziehen.

Einbau

- Stecker am Schalter aufschieben.
- Zum Einbau Lichtschalter festhalten, Drehgriff für Lichtschalter fest hineindrücken und gleichzeitig nach rechts drehen. Dadurch werden die beiden Verriegelungshaken des Schalters versenkt.
- Drehgriff in dieser Stellung halten und Lichtschalter in die Öffnung der Armaturentafel eindrücken.
- Drehgriff in Stellung »0« drehen und Schalter einrasten.
- Sämtliche Positionen des Schalters durchschalten und festen Sitz des Schalters prüfen.

Leuchtweitenregler

Ausbau

- Zündung ausschalten und Zündschlüssel abziehen.
- Lichtschalter ausbauen, siehe entsprechendes Kapitel.
- Verkleidung Armaturentafel Fahrerseite unten ausbauen, siehe Seite 246.

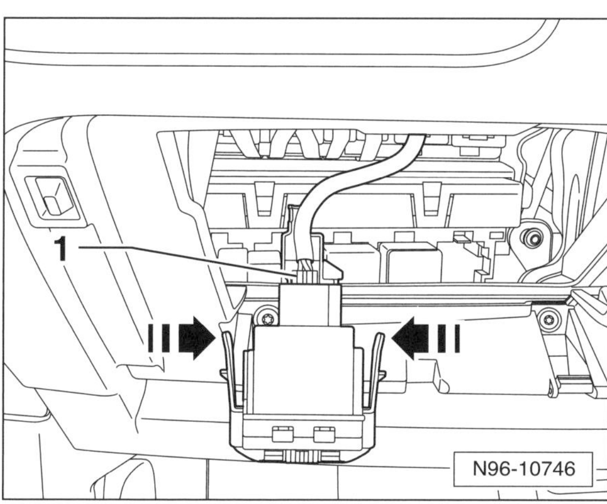

- Hinter die Armaturentafel greifen, die 2 Rasthaken zusammendrücken –Pfeile– und den Leuchtweitenregler aus der Verkleidung herausdrücken.
- Stecker –1– abziehen.

Einbau

- Der Einbau erfolgt in umgekehrter Ausbaureihenfolge.

Schalter im Fahrzeuginnenraum aus- und einbauen

Schalter für Warnblinkleuchte

Ausbau

- Zündung ausschalten und Zündschlüssel abziehen.
- Kappe des Warnblinkschalters mit einem kleinen Schraubendreher vorsichtig abhebeln.
- Warnblinkschalter aus der Armaturentafel herausziehen.
- Stecker entriegeln und vom Schalter abziehen.

Einbau

- Der Einbau erfolgt in umgekehrter Ausbaureihenfolge.

Schlüsselschalter für Airbagabschaltung

Ausbau

- Zündung ausschalten und Zündschlüssel abziehen.
- Handschuhfach ausbauen, siehe Seite 248.

> **Sicherheitshinweis**
> Unbedingt Airbag-Sicherheitshinweise befolgen, siehe Seite 148.

- An der Rückseite des Handschuhfachs Stecker vom Schlüsselschalter abziehen, 2 Rastnasen entriegeln und Schalter aus dem Handschuhfach herausziehen.

Einbau

- Der Einbau erfolgt in umgekehrter Ausbaureihenfolge.

Schalter für Handschuhfachleuchte

Ausbau

- Zündung ausschalten und Zündschlüssel abziehen.
- Handschuhfach ausbauen, siehe Seite 248.
- Rastnase entriegeln und Schalter an der Rückseite des Handschuhfachs aus der Führungsschiene herausschieben.

Einbau

- Der Einbau erfolgt in umgekehrter Ausbaureihenfolge.

Schalter in der Mittelkonsole

Ausbau

- Zündung ausschalten und Zündschlüssel abziehen.
- Faltenbalg aus der Abdeckung in der Mittelkonsole ausclipsen und nach oben über den Schalthebel stülpen, siehe Kapitel «Abdeckung für Schalt-/Wählhebel aus- und einbauen« auf Seite 238.
- Ablagefach beziehungsweise Aschenbecher vorne aus der Mittelkonsole ausbauen, siehe Kapitel »Mittelkonsole aus- und einbauen« auf Seite 241.

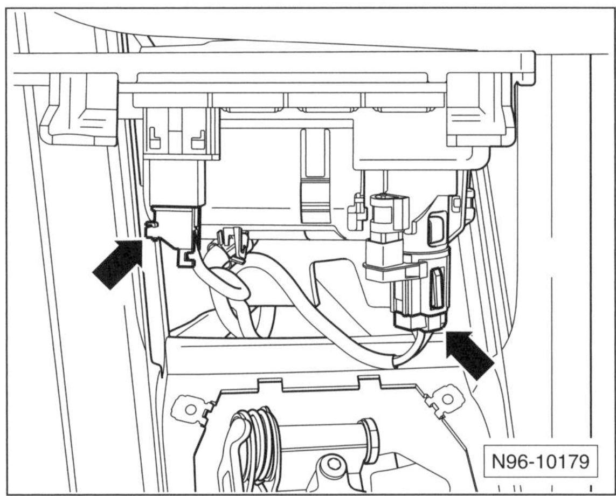

- Stecker –Pfeile– an der Rückseite der Schalterblende von den Schaltern abziehen.
- Rastnasen entriegeln und Schalter aus der Blende herausziehen.

Einbau

- Der Einbau erfolgt in umgekehrter Ausbaureihenfolge.

Schalter für Fensterheber und Spiegelverstellung in der Fahrertür

Ausbau

- Zündung ausschalten und Zündschlüssel abziehen.
- Mit einem Kunststoffkeil Griffschale nach oben aus der Türverkleidung heraushebeln, siehe Kapitel »Türverkleidung aus- und einbauen«, Seite 283.

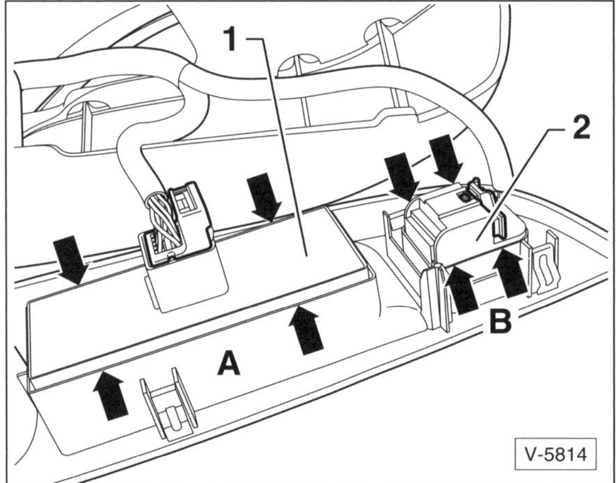

- Steckverbindungen an der Rückseite der Griffschale abziehen.
- 4 Rastnasen –Pfeile A– entriegeln und Schalter –1– für Fensterheber aus der Griffschale herausnehmen.
- 4 Rastnasen –Pfeile B– entriegeln und Schalter –2– für Spiegelverstellung aus der Griffschale herausnehmen.

Einbau

- Der Einbau erfolgt in umgekehrter Ausbaureihenfolge.

Taster für Zentralverriegelung, Fahrertür

Ausbau

- Zündung ausschalten und Zündschlüssel abziehen.
- Türverkleidung Fahrertür ausbauen, siehe Seite 283.

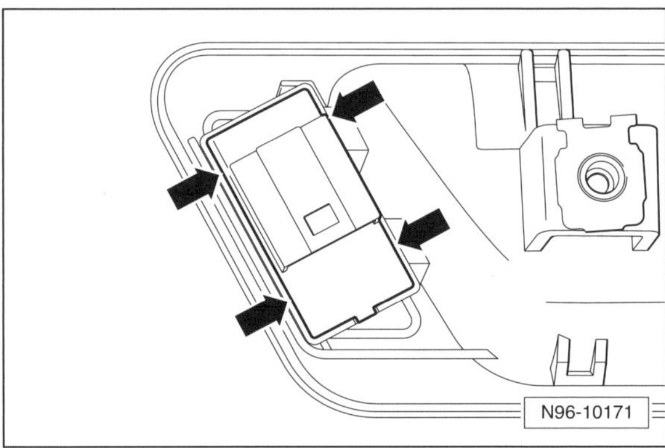

- 4 Rastnasen entriegeln und Taster aus dem Einbaurahmen herausnehmen.

Einbau

- Der Einbau erfolgt in umgekehrter Ausbaureihenfolge.

Schalter für Fensterheber in der Beifahrertür und der Hintertür

Ausbau

- Zündung ausschalten und Zündschlüssel abziehen.
- Mit einem Kunststoffkeil Blende vom Türgriff abhebeln, siehe Kapitel »Türverkleidung aus- und einbauen«, Seite 283.
- Stecker vom Schalter in der Türverkleidung abziehen.
- 2 Rastnasen entriegeln und Schalter aus der Türverkleidung herausziehen.

Einbau

- Der Einbau erfolgt in umgekehrter Ausbaureihenfolge.

Taster in der B-Säulenverkleidung, links

Ausbau

- Tür mit der Funkfernbedienung am Zündschlüssel öffnen; damit ist die Diebstahlwarnanlage deaktiviert.
- Zündung ausschalten und Zündschlüssel abziehen.
- Taster für Innenraumüberwachung und Abschleppschutz mit einem Schraubendreher aus der linken B-Säulenverkleidung unten heraushebeln.
- Stecker entriegeln und vom Taster abziehen.

Einbau

- Der Einbau erfolgt in umgekehrter Ausbaureihenfolge.

Schalter im Lenkrad

Ausbau

- Batterie abklemmen. **Achtung:** Hinweise im Kapitel »Batterie aus- und einbauen« beachten.

Sicherheitshinweis
Unbedingt Airbag-Sicherheitshinweise befolgen, siehe Seite 148.

- Airbageinheit am Lenkrad ausbauen, siehe Seite 149.

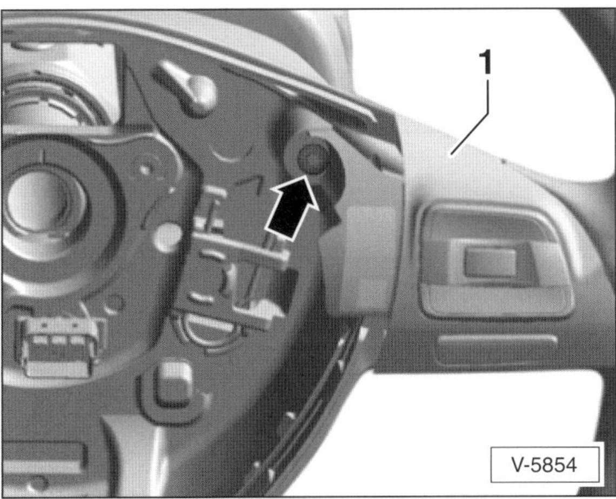

- Schraube –Pfeil– herausdrehen und Tastenblock –1– am Lenkrad herausziehen.

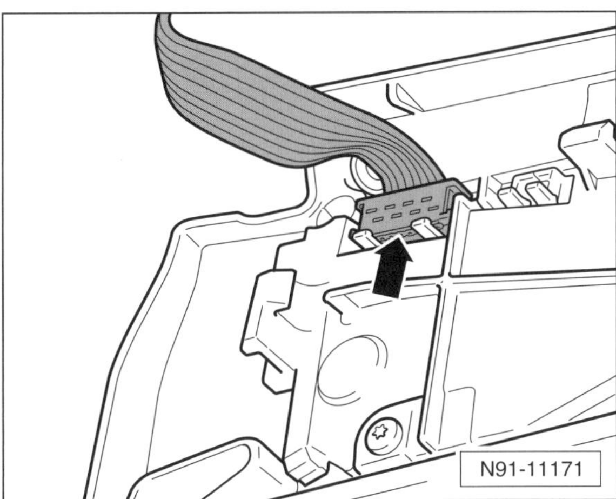

- Stecker –Pfeil– am Tastenblock abziehen.

Einbau

- Der Einbau erfolgt in umgekehrter Ausbaureihenfolge.

Radio aus- und einbauen

Serienmäßig ist ein Radio mit **Anti-Diebstahl-Codierung** eingebaut. Diese verhindert die unbefugte Inbetriebnahme des Gerätes, wenn die Stromversorgung unterbrochen wurde. Die Stromversorgung ist beispielsweise unterbrochen beim Abklemmen der Batterie, beim Ausbau des Radios oder wenn die Radiosicherung durchgebrannt ist.

Die VW-Radioanlagen werden über das Werkstatt-Diagnosegerät auf das Fahrzeug abgestimmt. Daher ist beim Trennen und Wiederanschließen der Stromversorgung, beziehungsweise beim Aus- und Einbau desselben Radios keine Codeeingabe erforderlich.

Beim Einbau eines **neuen** Radios oder bei einem Defekt muss das Radio in der Fachwerkstatt auf das Fahrzeug angepasst und codiert werden.

Achtung: Bei einem nachträglich eingebauten Radio muss der Diebstahlcode vor dem Abklemmen der Batterie oder dem Ausbau des Radios festgestellt werden. Ansonsten kann das Radio nur durch den Hersteller wieder in Betrieb genommen werden. Die Code-Nummer ist in der Radio-Bedienungsanleitung angegeben. Sie sollte nicht im Fahrzeug aufbewahrt werden.

Ausbau

Hinweis: Der Aus- und Einbau des Radio-/Navigationsgerätes erfolgt in gleicher Weise.

- Gegebenenfalls eingelegte CD aus dem Player herausnehmen.
- Zündung ausschalten und Zündschlüssel abziehen.
- Mittlere Blende in der Armaturentafel ausbauen, siehe Seite 239.

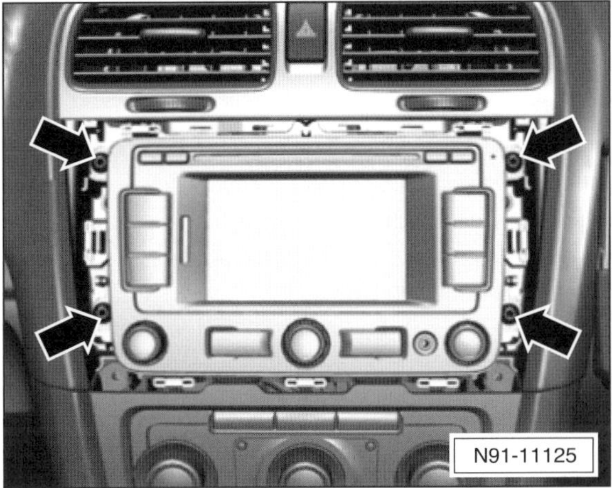

- 4 Schrauben –Pfeile– herausdrehen und Radio soweit aus dem Einbauschacht herausziehen, dass die Anschlüsse an der Rückseite des Radios zugänglich sind.

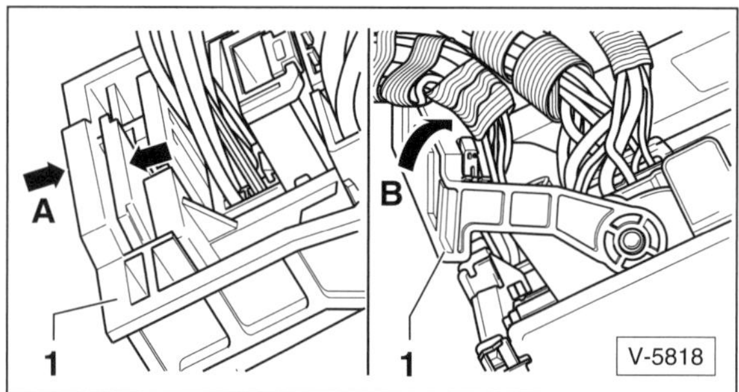

- Steckerarretierung an der Rückseite des Radios zusammendrücken –Pfeile A–, Verriegelungsbügel –1– hochschwenken –Pfeil B– und Stecker abziehen.

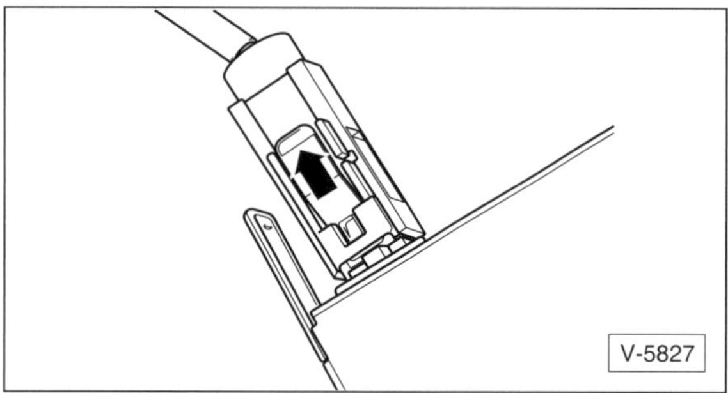

- Stecker entriegeln –Pfeil– und Antennenkabel an der Rückseite des Radios abziehen. **Hinweis:** Je nach Radiomodell können auch 2 Antennenkabel angeschlossen sein.

Einbau

- Stecker sowie Antennenkabel an der Rückseite des Radios anschließen und Radio in den Einbauschacht schieben. Dabei nicht auf das Display und die Bedienungstasten drücken, das Radio könnte sonst beschädigt werden.
- Radio mit 4 Schrauben festschrauben.
- Mittlere Blende in der Armaturentafel einbauen, siehe Seite 239.
- Zündung einschalten.
- Wenn nötig, Radiocode eingeben, Radio einschalten und auf Funktion überprüfen.

CD-Wechsler in der Mittelkonsole aus- und einbauen

Ausbau

Hinweis: Zum Ausbau des Gerätes sind 2 Entriegelungsschlüssel VW-3316 oder das Radio-Demontagewerkzeug HAZET 4655-1 erforderlich.

- Gegebenenfalls eingelegte CDs aus dem Wechsler herausnehmen.
- Zündung ausschalten und Zündschlüssel abziehen.
- Mittlelarmlehne hochklappen.

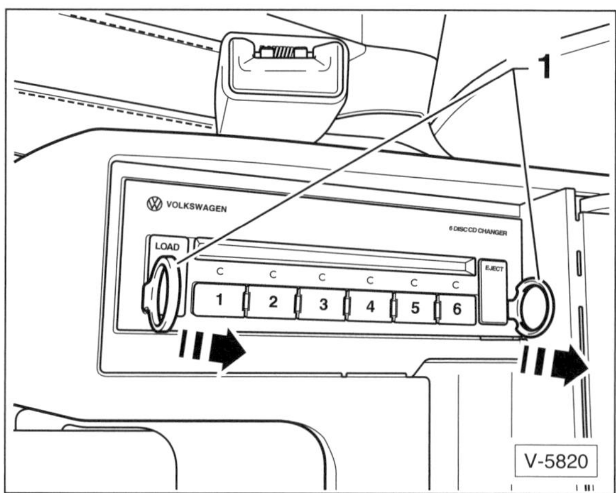

- Entriegelungswerkzeuge –1– in die Schlitze rechts und links am CD-Wechsler einschieben, bis sie einrasten. **Achtung:** Entriegelungsschlüssel nicht zur Seite drücken oder verkanten.
- CD-Wechsler an den Griffen der Entriegelungswerkzeuge aus dem Einbauschacht in der hinteren Mittelkonsole in Pfeilrichtung herausziehen.
- Steckverbindung entriegeln und trennen.
- Seitliche Rastnasen am CD-Wechsler nach innen drücken und Entriegelungsschlüssel aus den Schlitzen herausziehen.

Einbau

- Stecker an der Rückseite anschließen.
- CD-Wechsler in die Einbauöffnung schieben und einrasten.

Lautsprecher aus- und einbauen

Tieftonlautsprecher

Ausbau

- Zündung ausschalten und Zündschlüssel abziehen.
- Türverkleidung ausbauen, siehe Seite 283.
- Stecker oben am Lautsprecher entriegeln und abziehen.

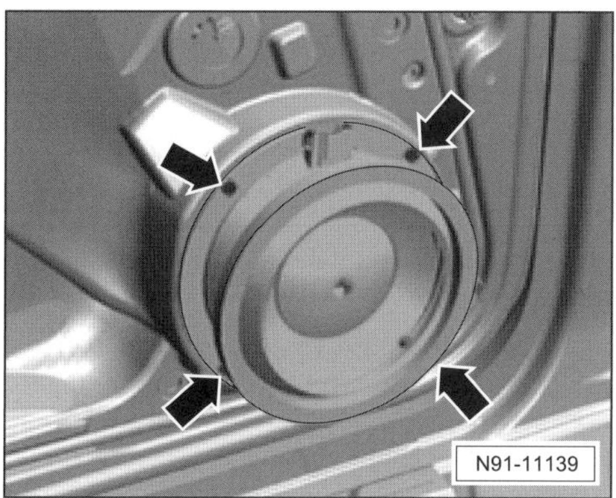

- Nieten –Pfeile– mit einem geeigneten Bohrer ausbohren und defekten Lautsprecher von der Tür abnehmen.
- Sämtliche Bohrspäne aus der Tür entfernen. Eventuell entstandene Lackschäden ausbessern.

Einbau

- Neuen Lautsprecher mit handelsüblichen Blindnieten oder mit Blechschrauben befestigen.
- Stecker für Lautsprecher aufschieben.
- Türverkleidung einbauen, siehe Seite 283.

Hochtonlautsprecher vorn

Die vorderen Hochtonlautsprecher sind in den Dreieckblenden der vorderen Türen integriert. Ein defekter Lautsprecher muss zusammen mit der Dreieckblende ersetzt werden. Dreieckblende/Hochtonlautsprecher an der Vordertür ausbauen, siehe Seite 284.

Hochtonlautsprecher hinten

Die Hochtonlautsprecher hinten sind in den Türverkleidungen beziehungsweise beim 2-Türer in den hinteren Seitenwandverkleidungen eingebaut.

Ausbau

- Zündung ausschalten und Zündschlüssel abziehen.
- Türverkleidung/Seitenwandverkleidung ausbauen, siehe Seite 283/252.

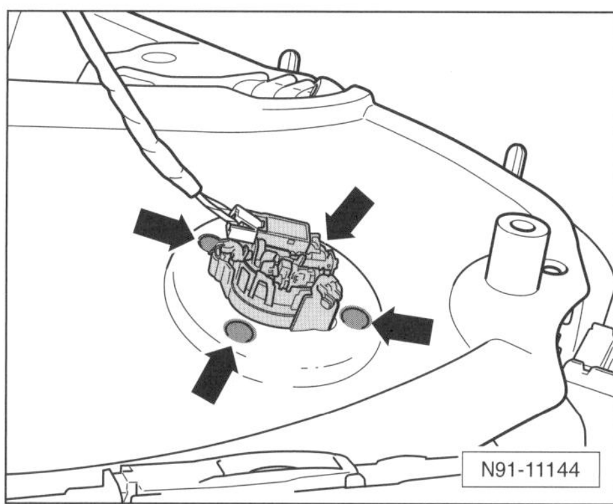

- Stecker vom Hochtonlautsprecher entriegeln und abziehen.
- Verschweißte Kunststoffclips –Pfeile– abschneiden und Lautsprecher mit Blende aus der Verkleidung herausnehmen. Lautsprecher und Blende sind ein Bauteil.

Einbau

- Neuen Lautsprecher einsetzen und Kunststoffclips mit einem Lötkolben verschweißen.
- Stecker aufschieben.
- Türverkleidung/Seitenwandverkleidung einbauen, siehe Seite 283/252.

Heizung/Klimatisierung

Aus dem Inhalt:

- Klimaanlage
- Frischluft-/Heizgebläse
- Außentemperaturfühler
- Heizungsbedieneinheit
- Vorwiderstand
- Stellmotor
- Luftaustrittsdüsen

Die Frischluft für Heizung und Klimaanlage wird von einem elektrischen Gebläse angesaugt. Bevor die Luft in den Innenraum gelangt wird sie von einem Staub- und Pollenfilter gereinigt.

Erwärmt wird die Luft für den Fahrzeuginnenraum über den Wärmetauscher oder sie wird, je nach Bedarf, im Verdampfer der Klimaanlage abgekühlt und dann auf die Luftaustrittsdüsen im Fahrzeuginnenraum verteilt.

Der Wärmetauscher wird ständig von der heißen Motorkühlflüssigkeit durchströmt, so dass er die Wärme für den Fahrzeuginnenraum schnell an die vorbeiströmende Frischluft abgibt. Um den Luftdurchsatz im Fahrzeuginnenraum zu erhö-

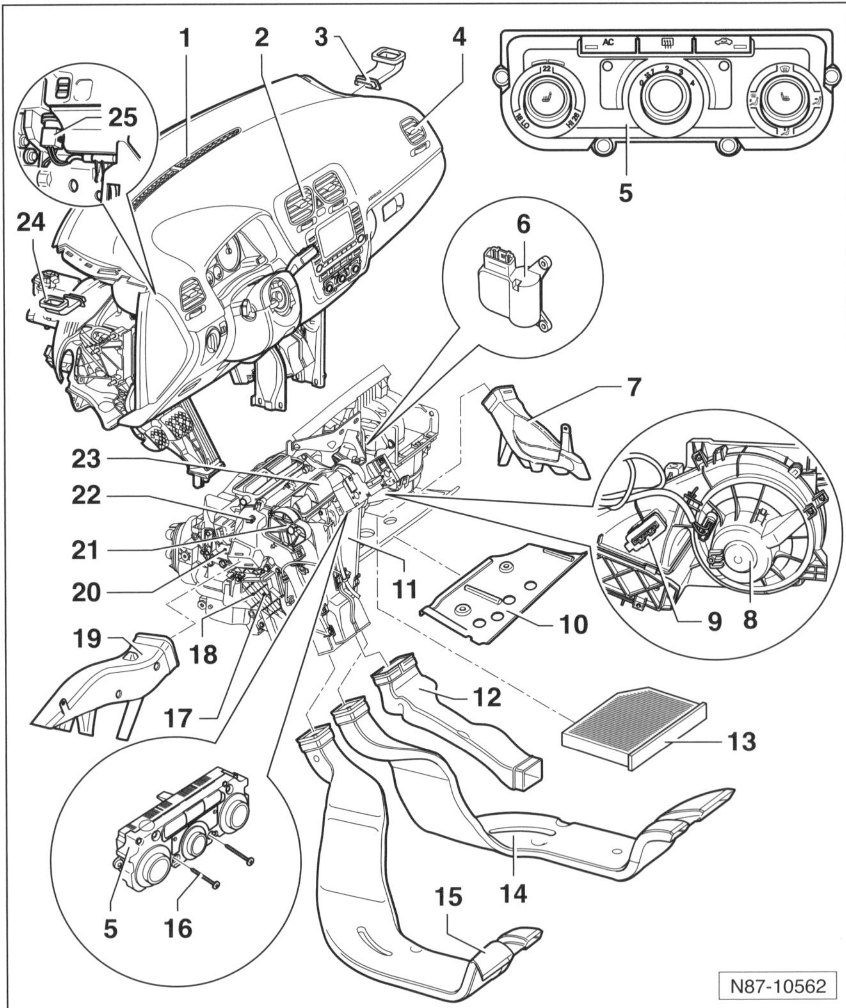

Manuelle Heiz- und Klimaanlage (Climatic)

1 – **Armaturentafel**
2 – **Luftaustrittsdüse Mitte**
3 – **Luftführungskanal rechts**
4 – **Luftaustrittsdüse rechts**
5 – **Bedieneinheit der Climatic**
6 – **Stellmotor für Frischluft-/Umluftklappe**
7 – **Luftaustrittsdüse Fußraum rechts**
8 – **Gebläsemotor**
9 – **Vorwiderstand für Gebläsemotor**
Mit Überhitzungssicherung.
10 – **Abdeckung Beifahrerfußraum**
2 Kunststoffschrauben herausdrehen und Abdeckung abnehmen.
11 – **Temperaturfühler/-geber**
Für Verdampfer.
12 – **Verbindungsstück der Luftführung für Mittelkonsole**
13 – **Staub- und Pollenfilter**
Mit Aktivkohlefilter.
14 – **Luftführungskanal rechts für Fußraum hinten**
15 – **Luftführungskanal links für Fußraum hinten**
16 – **4 Schrauben für Bedieneinheit**
17 – **Heizelement für Zusatzheizung**
Nur Dieselmotor.
18 – **Wärmetauscher**
19 – **Luftaustrittsdüse Fußraum links**
20 – **Stellmotor für Temperaturklappe**
21 – **Stellmotor Luftverteilerklappe**
Mit Potentiometer für Stellmotor.
22 – **Temperaturgeber**
Für Ausströmtemperatur im Fußraum.
23 – **Heiz- und Klimagerät**
24 – **Luftführungskanal links**
25 – **Temperaturgeber Mitte**

hen, kann das integrierte Frischluftgebläse in mehreren Leistungsstufen betrieben werden.

Soll keine Frischluft von außen angesaugt werden, zum Beispiel bei schlechter Außenluft, kann auf Umluftbetrieb umgeschaltet werden. In dieser Betriebsart wird nur die im Fahrzeug befindliche Luft umgewälzt. Geschieht das über einen längeren Zeitraum, können die Scheiben innen beschlagen.

Bei Fahrzeugen mit Dieselmotor ist zusätzlich ein **PTC-Zuheizelement** (**P**ositive **T**emperature **C**oefficient) vorhanden, um bei tiefen Außentemperaturen das Heizungsdefizit zu verbessern. Die Zusatzheizung ist im Heizgerät unter dem Wärmetauscher eingebaut. Nach dem Start des Motors erwärmt sich der elektrische PTC-Zuheizer in Abhängigkeit von der Außentemperatur und gibt innerhalb von Sekunden die Wärme an die vorbeiströmende kalte Luft ab.

Tritt ein Fehler in der Heizungs- oder Klimaanlage auf, wird er in einem elektronischen Speicher abgelegt. Über ein Fehlerauslesegerät kann der entsprechende Speicher ausgelesen werden. Eine exakte Fehlerdiagnose ohne Auslesegerät ist nicht möglich.

Klimaanlage

Manuell gesteuerte Klimaanlage (»Climatic«)

Die Klimaanlage ist eine kombinierte Kühl- und Heizanlage. Im Kühlbetrieb arbeitet die Klimaanlage im Prinzip wie ein Kühlschrank. Der Kompressor verdichtet das dampfförmige FCKW-freie Kältemittel R 134 A. Dieses erhitzt sich dabei und wird in den Kondensator geleitet. Dort wird das Kältemittel abgekühlt und verflüssigt sich. Über das Expansionsventil wird das Kältemittel entspannt und in den Verdampfer eingespritzt, wo es auf Grund seines niedrigen Druckes verdampft. Es kühlt dabei stark ab.

Durch diesen Verdampfungs- und Abkühlungsprozess wird der von außen vorbeistreichenden Luft Wärme entzogen. Die Luft kühlt sich ab und mitgeführte Luftfeuchtigkeit wird zu Kondenswasser, das ins Freie geleitet wird. Die Intensität der Kühlung ist abhängig von der eingestellten Temperatur und von der Gebläseschalterstellung.

Sicherheitshinweis
Der **Kältemittelkreislauf der Klimaanlage darf nicht geöffnet** werden, da das Kältemittel bei Hautberührung Erfrierungen hervorrufen kann.
Bei versehentlichem Hautkontakt betroffene Stelle sofort mindestens 15 Minuten lang mit kaltem Wasser spülen. Kältemittel ist farb- und geruchlos sowie schwerer als Luft. Bei austretendem Kältemittel besteht am Boden beziehungsweise in unteren Räumen Erstickungsgefahr. Das Kältemittelgas ist nicht wahrnehmbar.

Durch das Abschalten der Kühlanlage läuft der Klimakompressor nicht mit, so dass Kraftstoff eingespart wird. Bei Dieselfahrzeugen wird außerdem die Zusatzheizung abgeschaltet. Auch diese Maßnahme dient der Kraftstoffeinsparung.

Hinweis: Die Klimaanlage sollte, vor allem in der kalten Jahreszeit, einmal im Monat für einige Zeit bei höchster Gebläsestufe eingeschaltet werden, und zwar bei normaler und gleichmäßiger Fahrzeuggeschwindigkeit und bei betriebswarmem Motor. Dadurch wird sichergestellt, dass das im Kältemittel enthaltene Schmieröl in Umlauf gebracht wird, die beweglichen Teile der Klimaanlage regelmäßig geschmiert werden und die Dichtungen nicht porös werden.

Achtung: Arbeiten an der Klimaanlage dürfen nur von einer Fachwerkstatt durchgeführt werden. Deshalb werden Reparaturen an der Klimaanlage nicht beschrieben.

Neben der manuell gesteuerten Klimaanlage (»Climatic«) ist auf Wunsch auch eine **elektronisch gesteuerte Klimaanlage (»Climatronic«)** erhältlich. Der Automatikmodus sorgt für konstante Temperaturen im Innenraum und entfeuchtet die Luft im Fahrzeuginnern, so dass die Scheiben nicht beschlagen. Außerdem werden Lufttemperatur, Luftmenge und Luftverteilung automatisch geregelt und Schwankungen der Außentemperatur ausgeglichen. Durch Drücken der AC-Taste kann die Kühlanlage separat ein- und ausgeschaltet werden; dennoch wird die Heizungs- und Belüftungsanlage weiterhin automatisch geregelt.

Außentemperaturfühler aus- und einbauen

Ausbau

Der Temperaturfühler sitzt hinter der Stoßfängerabdeckung auf der linken Seite.

- Durch den Lufteinlass im Stoßfänger greifen und den Temperaturfühler –1– ausclipsen.
- Stecker am Temperaturfühler abziehen und Temperaturfühler abnehmen.

Einbau

- Der Einbau erfolgt in umgekehrter Ausbaureihenfolge.

Luftaustrittsdüsen aus- und einbauen

Mittlere Luftaustrittsdüse

Ausbau

- Zündung ausschalten, Zündschlüssel abziehen.
- Mittleres Ablagefach in der Armaturentafel ausbauen, siehe Seite 239.

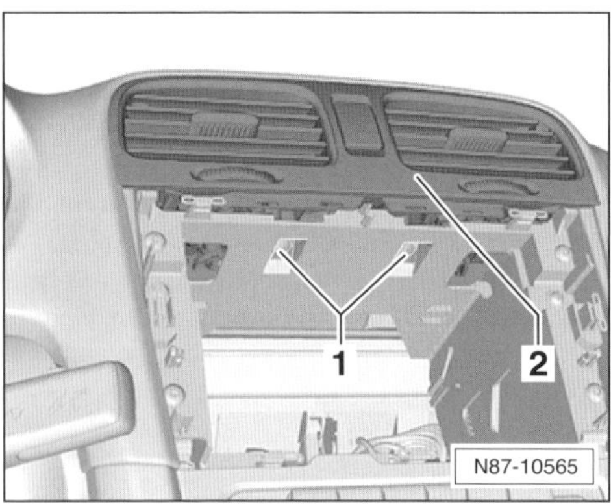

- 2 Schrauben –1– herausdrehen.
- Mittlere Luftaustrittsdüse –2– etwas aus der Armaturentafel herausziehen.

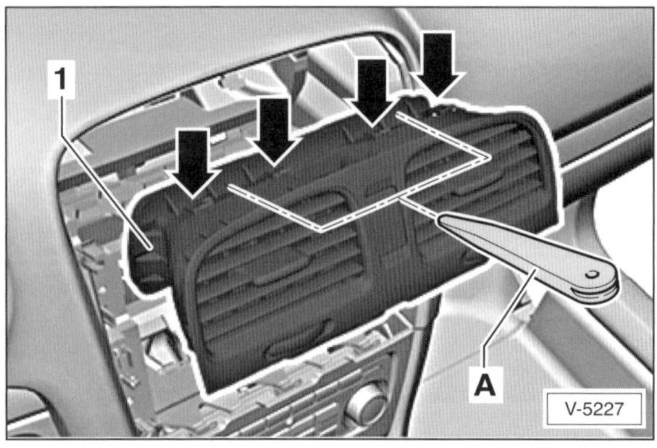

- 4 Klammern –Pfeile– mit einem Kunststoffkeil –A–, zum Beispiel mit HAZET 1965-20, entriegeln und Luftaustrittdüse –1– weiter herausziehen.
- Stecker am Warnblinkschalter abziehen und mittlere Luftaustrittsdüse herausnehmen.

Einbau

- Der Einbau erfolgt in umgekehrter Ausbaureihenfolge. Schrauben mit **1,5 Nm** festziehen.

Seitliche Luftaustrittsdüse

Ausbau

Hier wird der Ausbau der rechten Luftaustrittsdüse beschrieben. Die linke Luftaustrittsdüse wird auf die gleiche Weise aus- und eingebaut.

- Seitliche Abdeckung an der Armaturentafel ausbauen, siehe Seite 245.

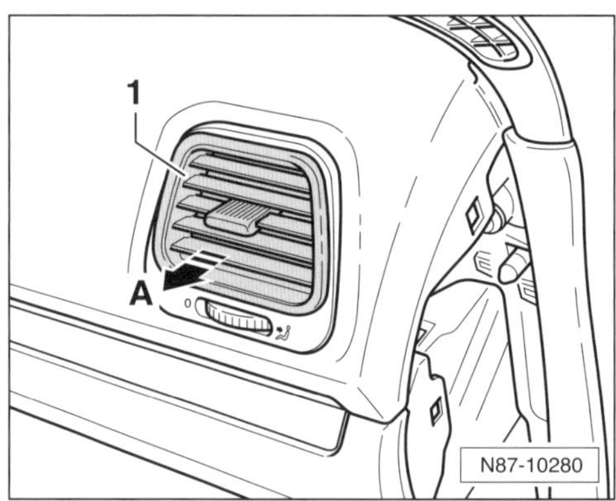

- Seitlich von außen hinter die Armaturentafel greifen und die Luftaustrittsdüse –1– ausclipsen und in Pfeilrichtung –A– aus der Armaturentafel herausdrücken.

Einbau

- Der Einbau erfolgt in umgekehrter Ausbaureihenfolge.

Gebläsemotor/Vorwiderstand für Heizung aus- und einbauen

Ausbau

- Batterie abklemmen. **Achtung:** Hinweise im Kapitel »Batterie aus- und einbauen« beachten.

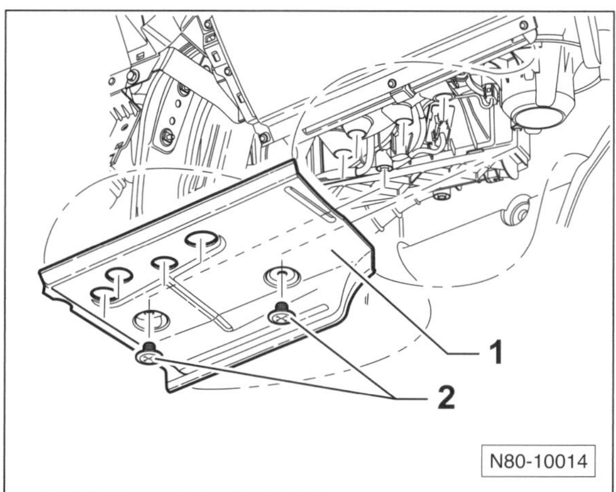

- 2 Kunststoffschrauben –2– herausdrehen und Abdeckung –1– oben im Beifahrerfußraum abnehmen.

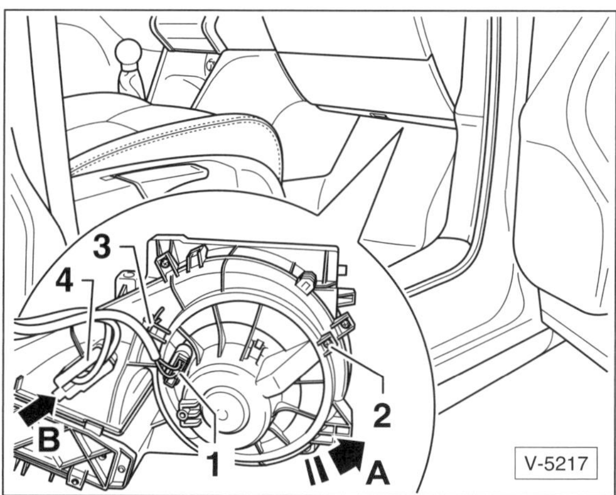

- Stecker –1– vom Gebläsemotor abziehen.
- Schraube –2– herausdrehen.
- Rastlasche –3– entriegeln, Gebläsemotor gegen den Uhrzeigersinn drehen –Pfeil A– und nach unten aus dem Heizgerät herausziehen.

Vorwiderstand

- Stecker –4– am Vorwiderstand abziehen.
- Rastlasche –Pfeil B– drücken und den Vorwiderstand aus dem Heizgerät herausziehen.

Einbau

- Der Einbau erfolgt in umgekehrter Ausbaureihenfolge.
- Neuen Lüftermotor auf Funktion prüfen.

Zuheizelement aus- und einbauen

Dieselmotor

Ausbau

- Knie-Airbag ausbauen, siehe Seite 247.
- Obere Abdeckung im Fahrerfußraum ausbauen, siehe Seite 247.
- Schraube herausdrehen und Luftaustrittsdüse –19– für den linken Fußraum abziehen, siehe Abbildung N87-10562, Seite 122.

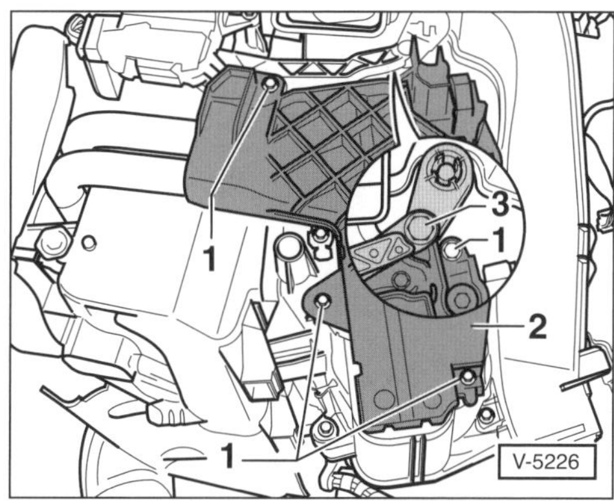

- Schrauben –1– aus der Abdeckung –2– herausdrehen.

Hinweis: Falls der Hebel –3– zur Temperaturklappe so ungünstig steht, dass die obere Schraube –1– nicht zugänglich ist, Stellung der Temperaturklappe an der Regulierung für Heiz- oder Frischluft verändern. Bei Fahrzeugen mit Climatronic an der Bedieneinheit zum Beispiel die Stellung »Hi« einstellen. Dazu kurzzeitig die Batterie anklemmen, **anschließend Batterie wieder abklemmen.** Ansonsten besteht **Kurzschlussgefahr** bei den folgenden Arbeitsschritten.

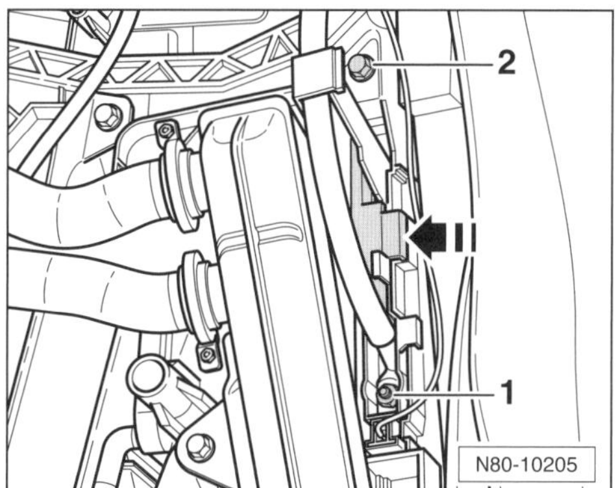

- Mutter –1– abschrauben.
- Steckerleiste in Pfeilrichtung ausrasten.

Achtung: Das Zuheizelement kann heiß sein. Vor dem Ausbau abkühlen lassen.

- Schraube –2– herausdrehen und Heizelement aus dem Gebläsekasten herausziehen.

Einbau

- Der Einbau erfolgt in umgekehrter Ausbaureihenfolge. Schraube mit **1,4 Nm**, Mutter mit **9 Nm** anziehen.

Heizungs-/Klimabedieneinheit aus- und einbauen

Ausbau

- Zündung ausschalten und Zündschlüssel abziehen.
- Blende der Bedieneinheit Heizung/Klimaanlage ausbauen, siehe Seite 240.

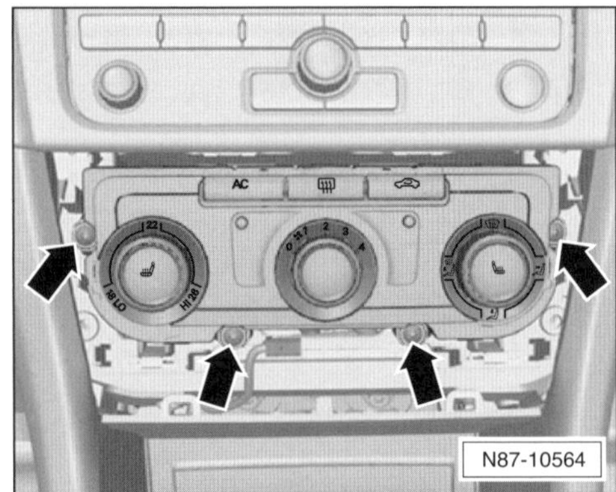

- Schrauben –Pfeile– herausdrehen und Bedieneinheit aus der Einbauöffnung herausziehen.
- Steckverbindungen von der Rückseite abziehen und Bedieneinheit abnehmen.

Einbau

- Der Einbau erfolgt in umgekehrter Ausbaureihenfolge. Schrauben mit **1,5 ± 0,2 Nm** anziehen.

Hinweis: Wenn die Bedieneinheit ersetzt wird, muss mit dem VW-Diagnosegerät eine Grundeinstellung und eine Anpassung des Klimakompressors vorgenommen werden.

Stellmotor für Frischluft-/Umluftklappe aus- und einbauen

Climatic

Ausbau

Achtung: Stellung der Umluftklappe während der Ausbauarbeit nicht verändern.

- Handschuhfach ausbauen, siehe Seite 248.

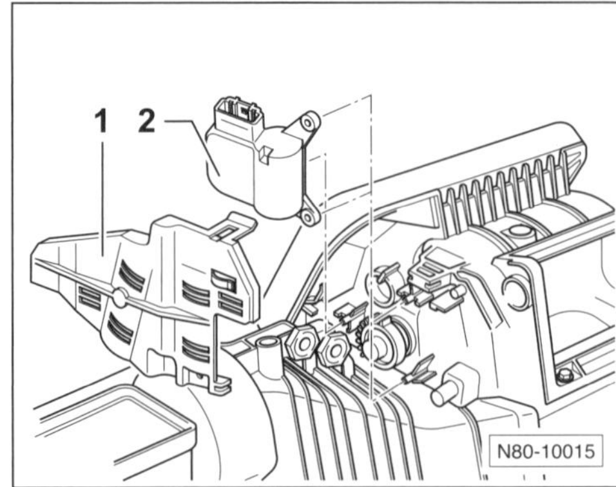

- Abdeckung –1– vom Heizgerät abclipsen.
- Stecker vom Stellmotor –2– abziehen und Stellmotor aus den Aufnahmen herausziehen.

Einbau

- Der Einbau erfolgt in umgekehrter Ausbaureihenfolge. Frischluft-/Umluftklappe auf Funktion prüfen.

Climatronic

Ausbau

Achtung: Stellung der Umluftklappe während der Ausbauarbeit nicht verändern.

- Handschuhfach ausbauen, siehe Seite 248.

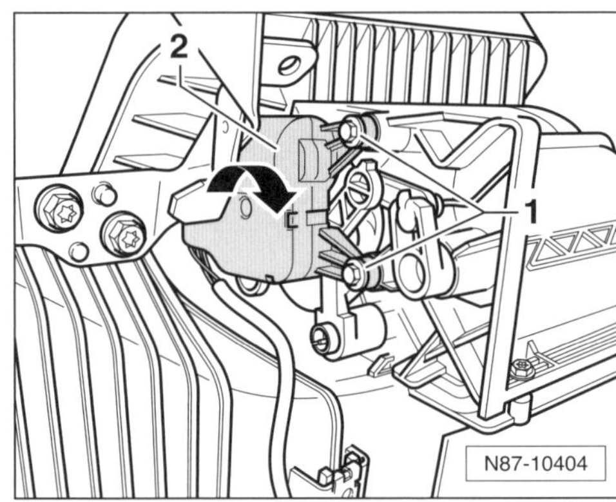

- Schrauben –1– herausdrehen.
- Stellmotor –2– um ca. 15° in Pfeilrichtung drehen und dann vom Lufteinlassgehäuse abziehen.
- Stecker vom Stellmotor –2– abziehen und Stellmotor herausnehmen.

Einbau

- Der Einbau erfolgt in umgekehrter Ausbaureihenfolge. Frischluft-/Umluftklappe auf Funktion prüfen.

Störungsdiagnose Heizung

Störung	Ursache	Abhilfe
Heizleistung zu gering.	Kühlmittelstand zu niedrig.	■ Kühlmittelstand prüfen, gegebenenfalls Kühlmittel auffüllen.
	Staubfilter verstopft.	■ Staubfilter ersetzen.
	Wärmetauscher undicht oder verstopft.	■ Wärmetauscher ersetzen (Werkstattarbeit).
Heizgebläse läuft nur mit einer Geschwindigkeit.	Gebläsewiderstand defekt.	■ Gebläsewiderstand ersetzen.
Geräusche im Bereich des Heizgebläses.	Eingedrungener Schmutz, Laub.	■ Gebläse ausbauen, reinigen, Luftkanal säubern.
	Lüfterrad hat Unwucht, Lager defekt.	■ Gebläsemotor ausbauen und auf leichten Lauf prüfen.
Heizluft riecht süßlich, Scheiben beschlagen, wenn Heizung eingeschaltet wird.	Wärmetauscher undicht.	■ Kühlsystem abdrücken (Werkstattarbeit). Wenn Kühlflüssigkeit aus dem Heizungskasten austritt, Wärmetauscher erneuern lassen.
Frischluft bzw. Heizluft riecht nach faulen Eiern.	Spannungsregler am Generator defekt. Batterie wird zu stark geladen und beginnt zu gasen. Dabei bildet sich Schwefelwasserstoff (H_2S).	■ Ladespannung bzw. Spannungsregler des Generators prüfen, ggf. Spannungsregler ersetzen.

Fahrwerk

Aus dem Inhalt:

- **Vorderachse**
- **Hinterachse**
- **Federbein**
- **Stoßdämpfer**
- **Schraubenfeder**
- **Achswellen**
- **Lenkung/Airbag**
- **Räder und Reifen**

Die wichtigsten Komponenten des Fahrwerks sind die McPherson-Vorderachse und die Mehrlenker-Hinterachse. Die Achskomponenten sind vorne und hinten jeweils an einem Hilfsrahmen befestigt.

Die Übertragung der Motor-Antriebskraft erfolgt beim Frontantrieb über zwei Gelenkwellen auf die Vorderräder.

Sicherheitshinweis
Schweiß- und Richtarbeiten an tragenden und radführenden Bauteilen der Vorder- und Hinterradaufhängung **sind nicht zulässig. Selbstsichernde Schrauben/Muttern** sowie korrodierte Schrauben/Muttern sind im Reparaturfall **immer zu ersetzen.**

Optimale Fahreigenschaften und geringster Reifenverschleiß sind nur dann zu erzielen, wenn die Stellung der Räder einwandfrei ist. Bei unnormaler Reifenabnutzung sowie mangelhafter Straßenlage sollte die Werkstatt aufgesucht werden, um den Wagen optisch vermessen zu lassen. Die Fahrwerkvermessung kann ohne eine entsprechende Messanlage nicht durchgeführt werden.

Der Achseinstellwert für die Gesamtspur **vorn**: . . +10' ± 10'

Der Achseinstellwert für die Gesamtspur **hinten** bei vorgeschriebenem Sturz: . . . . +10' ± 12,5'

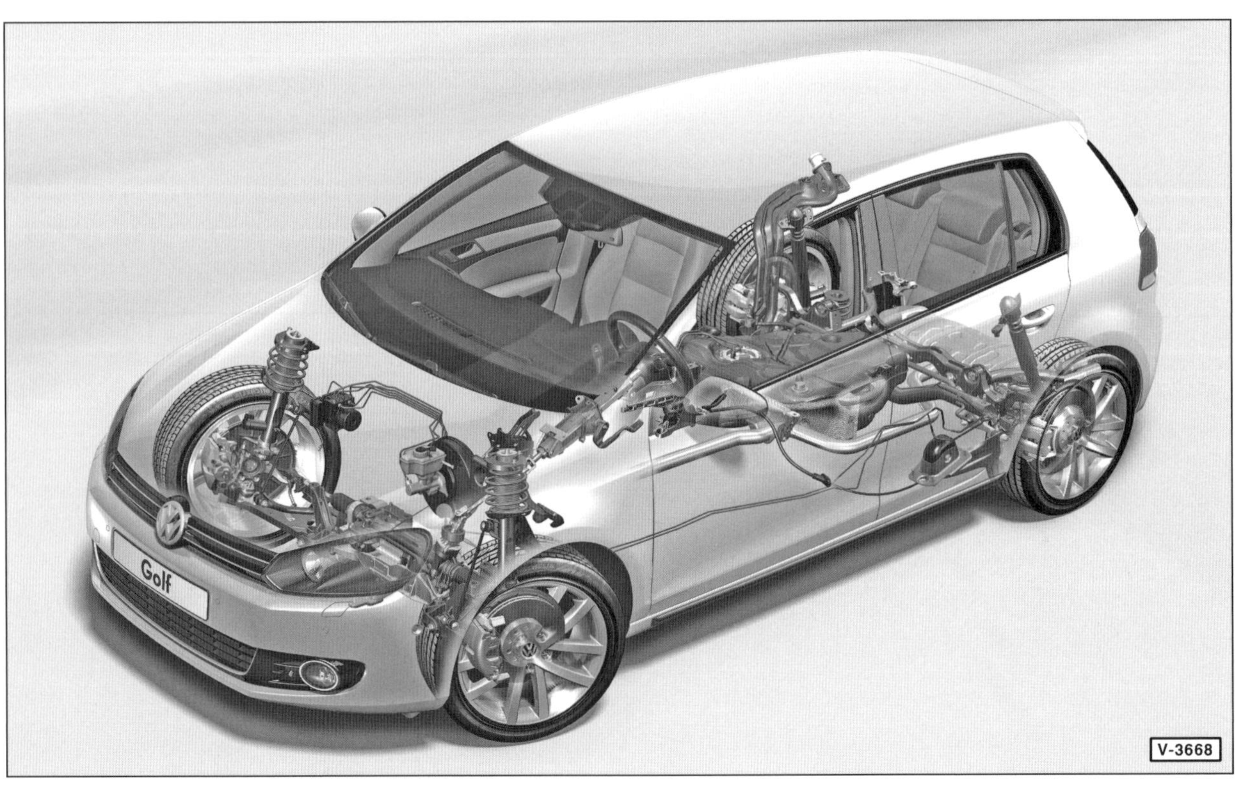

Vorderachse

Radaufhängung vorn: Aggregateträger, Stabilisator, Achslenker

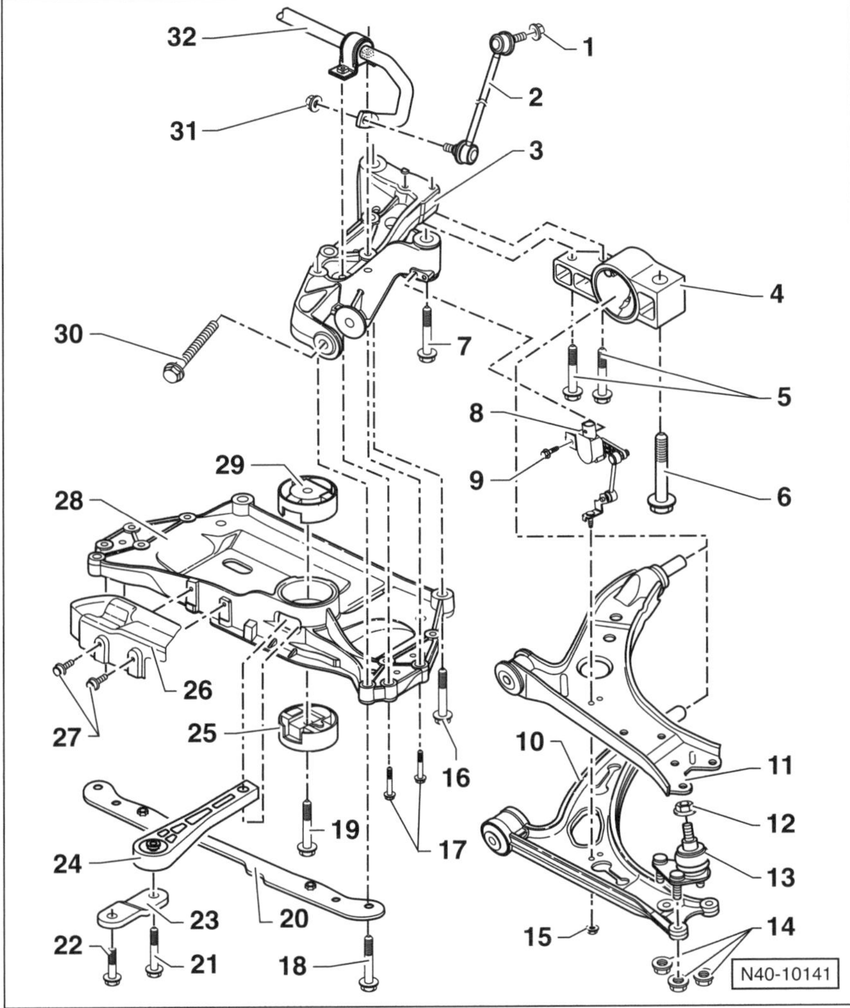

1 – Mutter*, 65 Nm
Beim Festziehen am Innensechskant des Gelenkzapfens gegenhalten.

2 – Koppelstange
Verbindet den Stabilisator mit dem Federbein.

3 – Konsole
Nach dem Ersetzen muss das Fahrzeug neu vermessen werden.

4 – Lagerbock
Mit Gummimetalllager.

5 – Schraube*, 50 Nm + 90°

6 – Schraube*, 70 Nm + 90°

7 – Schraube*, 70 Nm + 90°

8 – Geber für Fahrzeugniveau
Vorn links.

9 – Schraube, 9 Nm

10 – Achslenker
Je nach Ausstattung aus Stahlguss oder Aluminium.
Bei Beschädigung Achsgelenk grundsätzlich mitersetzen.
Rechts und links dürfen nur Achslenker gleicher Ausführung eingebaut werden.

11 – Achslenker
Je nach Ausstattung aus »Stahlblech geschweißt« oder »Stahlblech einschalig«.
Bei Beschädigung Achsgelenk grundsätzlich mitersetzen.
Rechts und links dürfen nur Achslenker gleicher Ausführung eingebaut werden.

12 – Mutter*, 60 Nm

13 – Achsgelenk

14 – Mutter*
Anzugsdrehmoment
Stahlguss-Achslenker: . . . **60 Nm**
Stahlblech- oder
Aluminium-Achslenker: . . **100 Nm**
Achtung: Beim Festziehen muss das Fahrzeug auf den Rädern stehen oder sich in »Leergewichtslage« befinden.

15 – Mutter*, 9 Nm

16 – Schraube*, 70 Nm + 90°

17 – Schraube*, 20 Nm + 90°

18 – Schraube*, 70 Nm + 90°

19 – Schraube*, 100 Nm + 90°
Erst festziehen, wenn die Pendelstütze am Getriebe verschraubt ist.

20 – Halter
Für Unterfahrschutz.
Unterschiedliche Ausführung beachten.

21 – Schraube*, 50 Nm + 90°

22 – Schraube*, 50 Nm + 90°

23 – Halter
An Pendelstütze. Nicht als Einzelteil erhältlich.

24 – Pendelstütze
Unterschiedliche Ausführungen.
Erst am Getriebe, dann am Aggregateträger verschrauben.

25 – Gummimetalllager unten
Für Pendelstütze.

26 – Abschirmblech
Nur bei Frontantrieb.

27 – Schraube, 6 Nm
Selbstschneidend.

28 – Aggregateträger
Unterschiedliche Ausführungen.

29 – Gummimetalllager oben
Für Pendelstütze.

30 – Schraube*, 70 Nm + 180°
Beim Festziehen muss das Fahrzeug auf den Rädern stehen oder sich in »Leergewichtslage« befinden.

31 – Mutter*, 65 Nm
Beim Festziehen am Innensechskant des Gelenkzapfens gegenhalten.

32 – Stabilisator
Unterschiedliche Ausführungen.

---

*) Nach jeder Demontage ersetzen.

Federbein aus- und einbauen

Ausbau

- Maß für Leergewichtslage ermitteln, siehe Seite 137.
- Windlaufgrill ausbauen, um den Federbeindom freizulegen, siehe Seite 261.
- Nabenschraube ausbauen, siehe entsprechendes Kapitel. **Achtung: Beim vollständigen Herausdrehen der Nabenschraube darf das Fahrzeug nicht auf dem Boden stehen.**
- Reifen-Laufrichtung mit Pfeil am Reifen markieren. Radschrauben lösen und Vorderrad abnehmen.

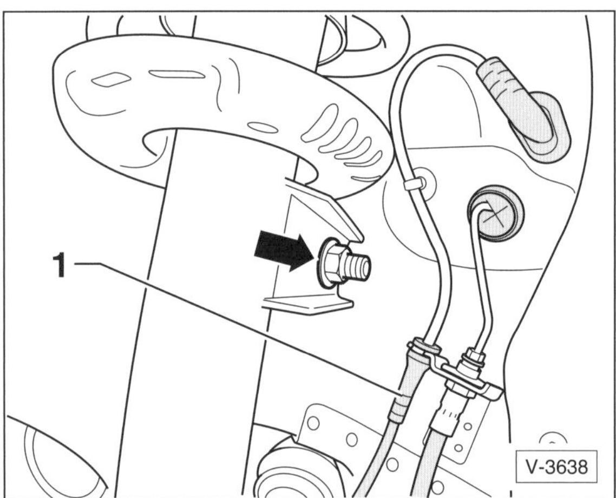

- Obere Mutter –Pfeil– für Koppelstange am Federbein-Stützrohr abschrauben. Dabei Gelenk-Kugelbolzen mit Innensechskantschlüssel M6 gegenhalten.
- Gelenkbolzen aus dem Federbein-Stützrohr herausziehen und Koppelstange abnehmen.
- Leitung –1– für ABS-Radsensor am Federbein-Stützrohr aushängen.

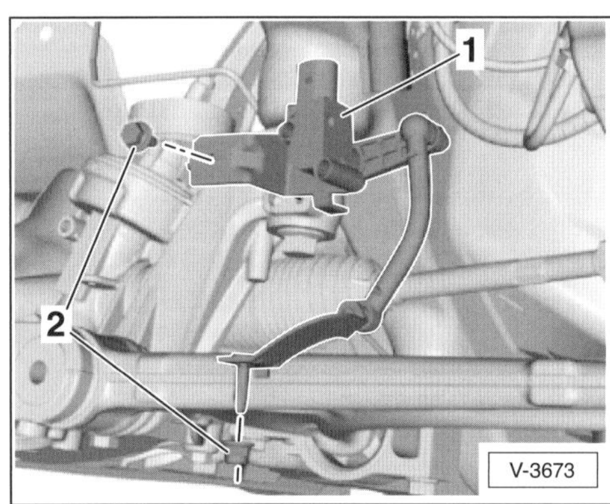

- Geber für Fahrzeugniveau –1– vom Achslenker abschrauben –2–.
- Einbaulage der 3 Muttern am Querlenker mit Reißnadel kennzeichnen und Muttern abschrauben, siehe Abbildung V-3629 auf Seite 134.
- Achsgelenk aus dem Querlenker herausziehen.
- Außengelenk von Hand aus der Radnabe herausziehen, dabei nicht an der Gelenkwelle ziehen.

Hinweis: Fest sitzende Gelenkwelle mit Abdrückwerkzeug, zum Beispiel HAZET 1781-5, aus der Radnabe herausdrücken.

- Gelenkwelle mit Draht am Aufbau aufhängen. **Achtung:** Gelenkwelle nicht nach unten hängen lassen, sonst wird das Innengelenk zu stark abgewinkelt und beschädigt.
- Achsgelenk wieder mit dem Querlenker verschrauben.
- Achsschenkel mit geeignetem Montageheber abstützen.

Achtung: Keinesfalls am Achsgelenk abstützen.

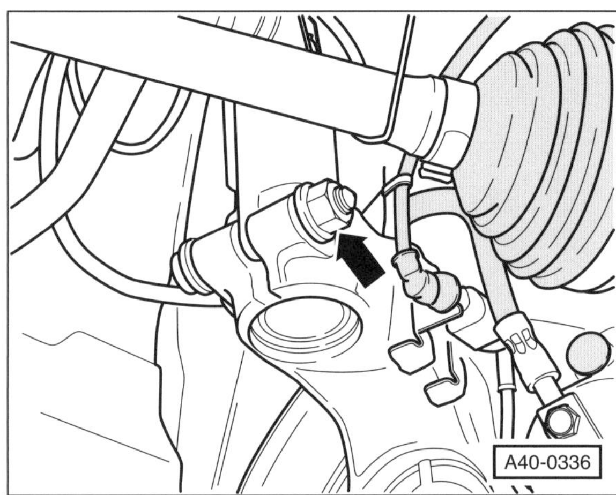

- Schraubverbindung –Pfeil– des Federbeins am Achsschenkel losdrehen und Schraube herausziehen. **Hinweis:** Beim Einbau Schraube und Mutter ersetzen.

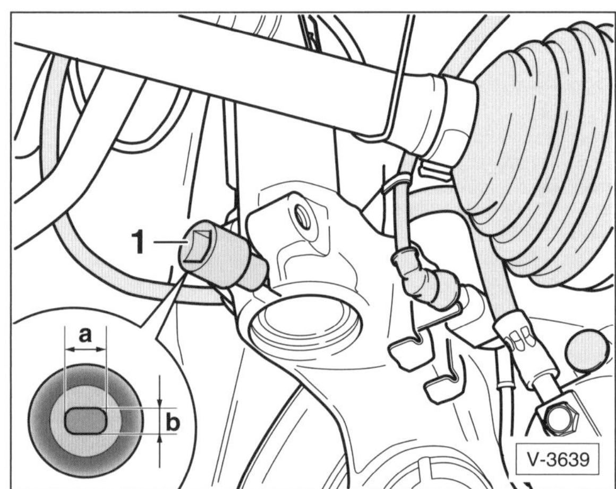

- Geeigneten Spreizer –1–, zum Beispiel HAZET-4912-1 oder VW 3424, in den Schlitz am Achsschenkel einsetzen. Knarre um 90° drehen. Spreizer eingesetzt lassen und Knarre abnehmen. Gegebenenfalls geeignetes Werkzeug selbst anfertigen: a = 8 mm, b = 5,5 mm; die Kanten müssen abgerundet sein.
- Bremsscheibe in Richtung Federbein drücken; das Federbein-Stützrohr kann sich sonst in der Bohrung des Achsschenkels verkanten.

- Montageheber langsam absenken und Achsschenkel vom Federbein-Stützrohr abziehen, bis das Federbein-Stützrohr frei hängt.
- Achsschenkel an der Konsole/Aggregateträger festbinden und Montageheber entfernen.

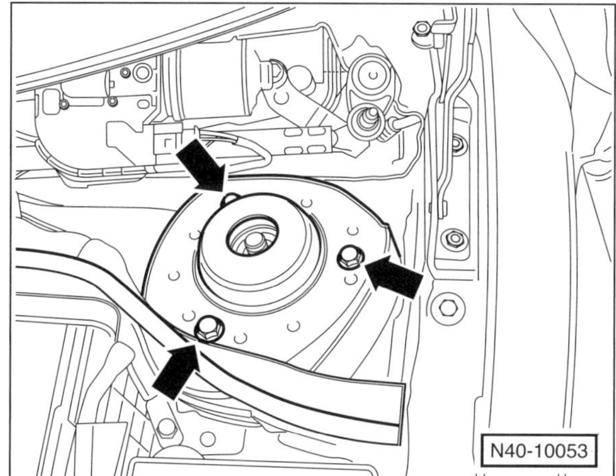

- 3 Schrauben –Pfeile– oben am Federbeindom herausdrehen und Federbein nach unten aus dem Radkasten herausziehen.

Einbau

- Montageheber unter den Achsschenkel stellen und Federbein-Stützrohr an der Bohrung des Achsschenkels ansetzen.
- Federbein-Stützrohr in die Bohrung des Achsschenkels einschieben, bis die Schraube für die Federbeinbefestigung eingesetzt werden kann. **Hinweis: Neue** Schraube so einsetzen, dass deren Spitze in Fahrtrichtung zeigt.
- **Neue Mutter** für die Federbeinbefestigung am Achsschenkel anschrauben aber noch nicht festziehen. Spreizer aus dem Schlitz herausnehmen.
- Achsschenkel losbinden und mit Montageheber vorsichtig anheben. Federbein vorsichtig in den Radkasten einführen, bis die Schrauben am Federbeindom eingesetzt werden können. Dabei darauf achten, dass eine der beiden Pfeilmarkierungen auf dem oberen Federbein-Lagerteller in Fahrtrichtung zeigt.

Achtung: Keinesfalls mit dem Montageheber am Achsgelenk abstützen.

- Während des Anhebens Bremsscheibe in Richtung Federbein drücken. Dabei darauf achten, dass sich das Federbein-Stützrohr nicht in der Bohrung des Achsschenkels verkantet.
- Federbein oben am Federbeindom mit **neuen selbstsichernden Schrauben** befestigen. Schrauben in 2 Stufen festziehen:

  1. Stufe: . . mit Drehmomentschlüssel **15 Nm** anziehen.

  2. Stufe: . . . . mit starrem Schlüssel **90°** weiterdrehen.

Hinweis: Um die Winkelgrade beim Anziehen einzuhalten, ist es sinnvoll, aus Pappe eine Winkelscheibe auszuschneiden oder die Winkelscheibe HAZET 6690 zu verwenden.

- Montageheber entfernen.
- Untere Schraubverbindung für Federbein in 2 Stufen festziehen:

  1. Stufe: . . mit Drehmomentschlüssel **70 Nm** anziehen.

  2. Stufe: . . . . mit starrem Schlüssel **90°** weiterdrehen.
- 3 Muttern für Achsgelenk herausdrehen und Achsgelenk aus dem Querlenker herausziehen.
- Gelenkwelle in die Radnabe einsetzen. Dabei auf beschädigungsfreie und nicht verdrillte Manschette achten.
- Achsgelenk in den Querlenker einsetzen, Staubkappe des Achsgelenks dabei nicht verdrillen oder beschädigen. **Neue** Muttern bis zur Anlage anschrauben. **Achtung:** Beim Festziehen muss das Fahrzeug mit den Rädern auf dem Boden stehen oder sich in Leergewichtslage befinden, siehe Seite 137.

  Anzugsdrehmoment von **Achsgelenk** an
  Stahlguss-Achslenker . . . . **60 Nm**
  Stahlblech- oder Aluminiumguss-Achslenker . . **100 Nm**
- Geber für Fahrzeugniveau am Achslenker so ansetzen, dass der Hebel zur Fahrzeugaußenseite zeigt. Schraube und **neue** Mutter anschrauben und mit **9 Nm** festziehen.
- Leitung für ABS-Radsensor am Federbein-Stützrohr einhängen.
- Koppelstange mit **neuer Mutter** und **65 Nm** am Federbein-Stützrohr festschrauben. Dabei Gelenk-Kugelbolzen mit Innensechskantschlüssel M6 gegenhalten.
- Nabenschraube einbauen, siehe entsprechendes Kapitel. **Achtung: Beim ersten Anziehen der Nabenschraube darf das Fahrzeug nicht auf dem Boden stehen.**
- Reifen-Laufrichtung beachten, Rad anschrauben, Fahrzeug ablassen, erst dann Radschrauben über Kreuz mit **120 Nm** festziehen. **Achtung:** Unbedingt Hinweise im Kapitel »Rad aus- und einbauen« beachten.
- Windlaufgrill einbauen, siehe Seite 261.

Speziell Fahrzeuge mit adaptiver Fahrwerksregelung

Der Aus- und Einbau erfolgt weitgehend auf die gleiche Weise. Hier wird nur auf die Abweichungen hingewiesen.

Ausbau

- Einbaulage des Karosseriebeschleunigungsgebers oben am Federbeindom mit einem Filzstift markieren.
- Stecker und Leitung am Ventil für Dämpfungsverstellung unten am Federbein abziehen.

Einbau

- Linkes Federbein so einsetzen, dass das Ventil für Dämpfungsverstellung entgegen der Fahrtrichtung zeigt.
- Rechtes Federbein so einsetzen, dass das Ventil für Dämpfungsverstellung in Fahrtrichtung zeigt.
- Stecker am Ventil für Dämpfungsverstellung unten am Federbein aufstecken.
- Karosseriebeschleunigungsgeber entsprechend den angebrachten Markierungen ausrichten und zusammen mit dem Federbein anschrauben.
- Das Gewinde des Gebers für Fahrzeugniveau muss in der vorderen Bohrung des Achslenkers verschraubt werden. Die Nase des Halters am Geber muss in der hinteren Bohrung einrasten.

Federbein zerlegen/Stoßdämpfer/ Schraubenfeder aus- und einbauen

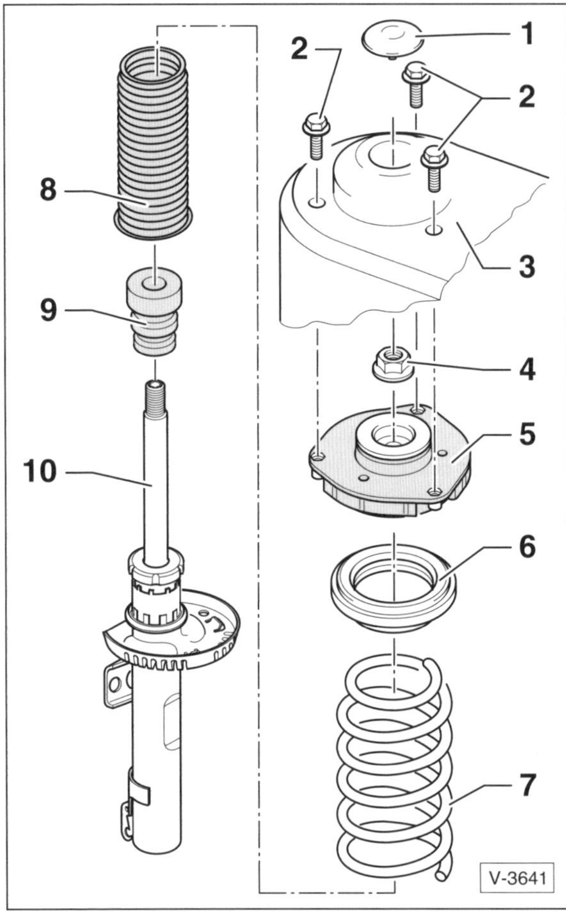

1 – Abdeckkappe, je nach Modell in Federbeindom eingeclipst.
2 – 3 Schrauben, **15 Nm + 90°**. Selbstsichernd, nach jeder Demontage ersetzen.
3 – Federbeindom
4 – Mutter, **60 Nm**. Selbstsichernd, nach jeder Demontage ersetzen.
5 – Federbein-Lagerteller
6 – Stützlager
7 – Schraubenfeder. Auf Farbkennzeichnung achten und nur achsweise ersetzen. Pro Achse nur Schraubenfedern eines Herstellers verwenden. Oberfläche der Federwindung darf nicht beschädigt sein.
8 – Staubmanschette
9 – Anschlagpuffer
10 – Stoßdämpfer, einzeln austauschbar.

Ausbau

- Federbein ausbauen, siehe entsprechendes Kapitel.

Achtung: Die Schraubenfeder steht unter hoher Spannung. Um den Stoßdämpfer ausbauen zu können, **muss die Schraubenfeder mit einem geeigneten Federspanner zusammengedrückt werden**.

Sicherheitshinweis
Auf keinen Fall Stoßdämpfermutter lösen, wenn die Feder nicht einwandfrei und sicher gespannt ist. Darauf achten, dass die Federwindungen sicher von den Spannplatten umfasst werden und der Federspanner nicht abrutschen kann. Nur stabiles Werkzeug verwenden. Keinesfalls Feder mit Draht zusammenbinden. Unfallgefahr!

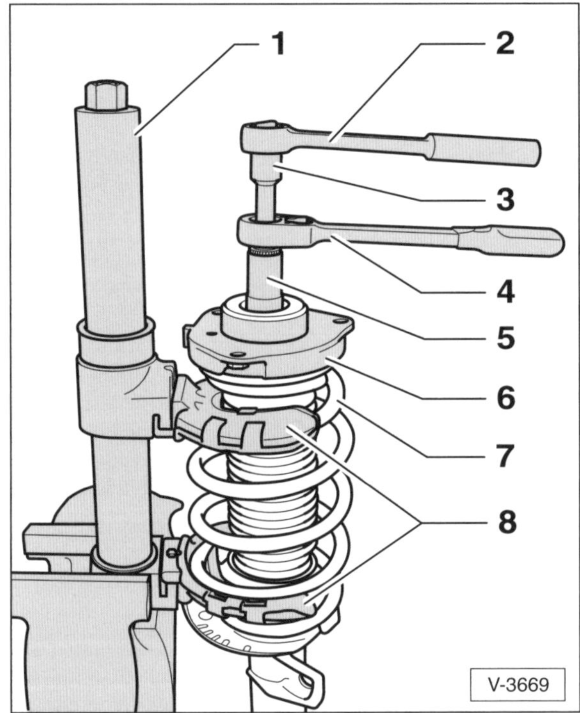

1 – Federspanner
V.A.G-1752/1 oder HAZET-4900-2A

2 – Drehmomentschlüssel

3 – Steckeinsatz
VW-T10001/8 oder HAZET-4910-7

4 – Knarre
VW-T10001/11 oder HAZET-4910-1

5 – Steckeinsatz
VW-T10001/5 oder HAZET-4910-21

6 – Federbein-Lagerteller

7 – Schraubenfeder

8 – Federhalter/Spannplatten
V.A.G-1752/4 oder HAZET-4900-11

- Federbein in geeigneten Federspanner –1– mit Spannplattenpaar –8– einsetzen. Spannvorrichtung selbst in einen Schraubstock einspannen.

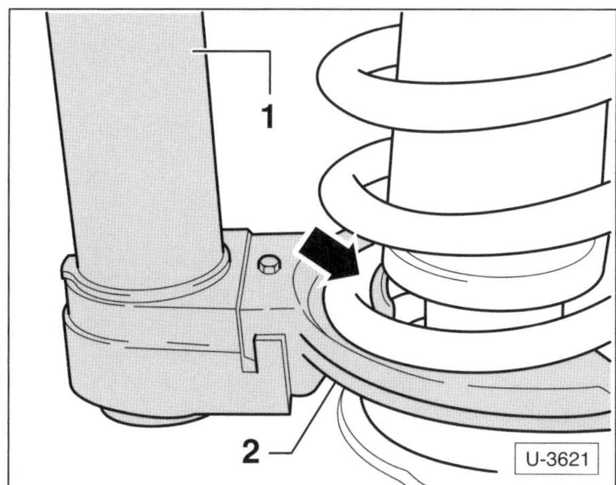

- Federspanner –1– mit Spannplatten –2– so in die Windungen der Schraubenfeder einsetzen, dass mindestens 3 Windungen der Feder eingespannt werden. Auf richtigen Sitz der Schraubenfeder in den Spannplatten achten –Pfeil–.
- Schraubenfeder so weit vorspannen, bis der obere Federbein-Lagerteller –6– entlastet ist, siehe Abbildung V-3669.
- Stoßdämfer gegen Herunterfallen sichern und Mutter am Federbein mit dem Steckschlüsseleinsatz –5– von der Kolbenstange abschrauben, dabei mit einem Inbusschlüsseleinsatz –3– gegenhalten, siehe Abbildung V-3669.

Achtung: Die obere Mutter darf nur dann gelöst werden, wenn die Feder sicher gespannt ist.

- Federbein-Lagerteller und Stützlager abziehen. Staubmanschette und Anschlagpuffer von der Kolbenstange des Stoßdämpfers abziehen.
- Federspanner aus dem Schraubstock herausnehmen und Schraubenfeder mit Federspanner vom Stoßdämpfer abziehen.
- Stoßdämpfer gegebenenfalls prüfen lassen (Werkstattarbeit).
- Alle Einzelteile des Federbeins auf Risse, Verschleiß, Korrosion und Alterungserscheinungen sichtprüfen. Beschädigte beziehungsweise verschlissene Teile erneuern.
- Falls die Schraubenfeder ausgewechselt werden soll, **Federspanner langsam entspannen** und Schraubenfeder herausnehmen.

Einbau

Schraubenfedern immer paarweise austauschen, also an beiden Fahrzeugseiten. Beim Einbau neuer Federn darauf achten, dass je nach Motorisierung/Fahrzeugausstattung unterschiedliche Federn eingebaut sein können. Nur gleiche Federn an einer Achse verwenden. Die Kennzeichnung der Federn erfolgt durch Farbmarkierung an einer Windung.

Hinweis: Neue Schraubenfedern sind gegen Korrosion mit einem Schutzlack versehen. Die Oberfläche darf nicht beschädigt sein.

- Wenn die Schraubenfeder ausgebaut war, Schraubenfeder in den Federspanner einsetzen und zusammendrücken.
- Federspanner in den Schraubstock einspannen.
- Anschlagpuffer und Staubmanschette auf die Kolbenstange aufschieben.

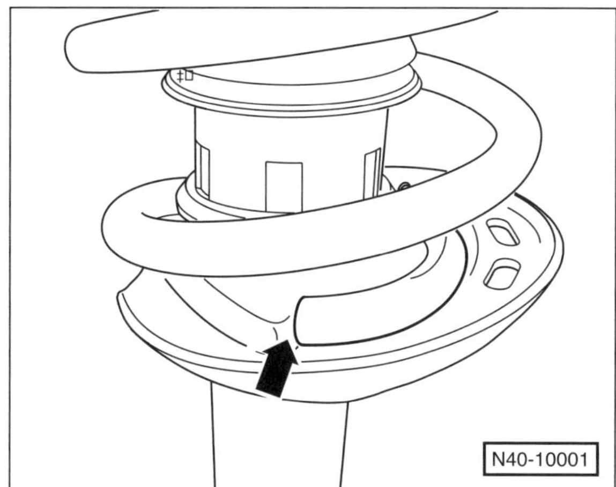

- Vorgespannte Schraubenfeder mit Federspanner auf die Federlagerung des Stoßdämpfers unten aufsetzen. Das Ende der Federwindung muss dabei am Anschlag –Pfeil– anliegen; Schraubenfeder gegebenenfalls bis zum Anschlag drehen.
- Stützlager mit Federbein-Lagerteller aufschieben, dabei auf richtige Einbaulage achten.
- **Neue selbstsichernde Mutter** auf die Kolbenstange aufschrauben und mit **60 Nm** anziehen. Kolbenstange dabei mit Inbusschlüssel gegenhalten.
- Schraubenfeder langsam entspannen, dabei auf richtigen Sitz der Feder am oberen Federbein-Lagerteller und an der unteren Federlagerung achten.
- Federbein aus der Spannvorrichtung herausnehmen.
- Federbein einbauen, siehe entsprechendes Kapitel.

Stoßdämpfer prüfen

Folgende Fahreigenschaften weisen auf defekte Stoßdämpfer hin:

- Langes Nachschwingen der Karosserie bei Bodenunebenheiten.
- Aufschaukeln der Karosserie bei aufeinander folgenden Bodenunebenheiten.
- Springen der Räder auch auf normaler Fahrbahn.
- Ausbrechen des Fahrzeuges beim Bremsen (kann auch andere Ursachen haben).
- Kurvenunsicherheit durch mangelnde Spurhaltung, Schleudern des Fahrzeuges.
- Abnorme Reifenabnutzung mit Abflachungen (Auswaschungen) am Reifenprofil.
- Polter- und Knackgeräusche während der Fahrt.

Gelenkwelle aus- und einbauen

Es werden verschiedene Gelenkwellentypen eingebaut, die sich im Wesentlichen durch den Einsatz verschiedener Innengelenke unterscheiden: entweder werden Gleichlaufgelenke »geschraubt« oder »gesteckt« oder Tripodegelenke verwendet.

Achtung: Bei allen Arbeiten, bei denen die Gelenkwelle aus dem Radlager beziehungsweise aus dem Getriebe ausgebaut wird, darauf achten, dass **stets nur am Gelenk** und **nicht an der Welle** gezogen wird.

Achtung: Bei demontierter Gelenkwelle darf das Fahrzeug nicht mit vollem Gewicht auf den Rädern stehen und nicht geschoben werden, da bei fehlender axialer Vorspannung die Wälzkörper des Radlagers beschädigt werden.

Hinweis: Soll das Fahrzeug nach dem Ausbau der Gelenkwelle geschoben werden, muss stattdessen ein Gelenkwellenstummel oder ein Außengelenk für den Gegendruck in das Radlager eingeschoben werden. Nabenschraube in den Gelenkwellenstummel schrauben und mit **120 Nm** anziehen.

Gelenkwelle mit Gleichlaufgelenk »geschraubt«/ Gelenkwelle mit Tripodegelenk AAR 3300i

Ausbau

- Maß für Leergewichtslage ermitteln, siehe Seite 137.
- Nabenschraube ausbauen, siehe entsprechendes Kapitel. **Achtung: Beim vollständigen Herausdrehen der Nabenschraube darf das Fahrzeug nicht auf dem Boden stehen.**
- Reifen-Laufrichtung mit Pfeil am Reifen markieren. Radschrauben lösen und Vorderrad abnehmen.
- Untere Motorabdeckung ausbauen, siehe Seite 260.

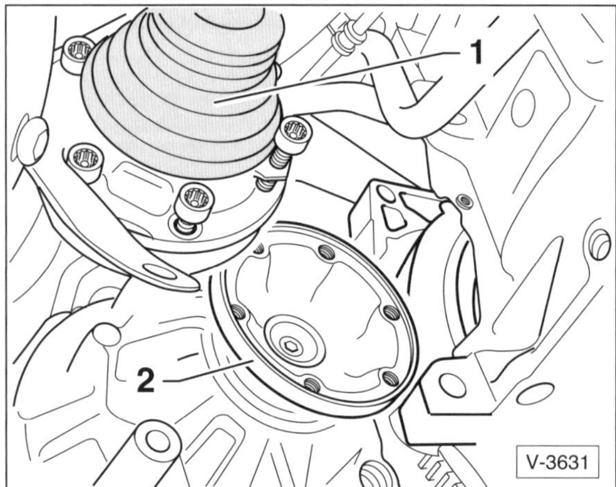

- Innengelenk –1– von der Flanschwelle –2– des Getriebes abschrauben. Hierzu wird ein Innenvielzahn-Steckschlüsseleinsatz benötigt, zum Beispiel HAZET 990 Lg-8/10.
- Außengelenk von Hand etwas aus der Radnabe herausziehen, dabei nicht an der Gelenkwelle ziehen.

Hinweis: Fest sitzende Gelenkwelle mit Abdrückwerkzeug, zum Beispiel HAZET 1781-5, aus der Radnabe herausdrücken.

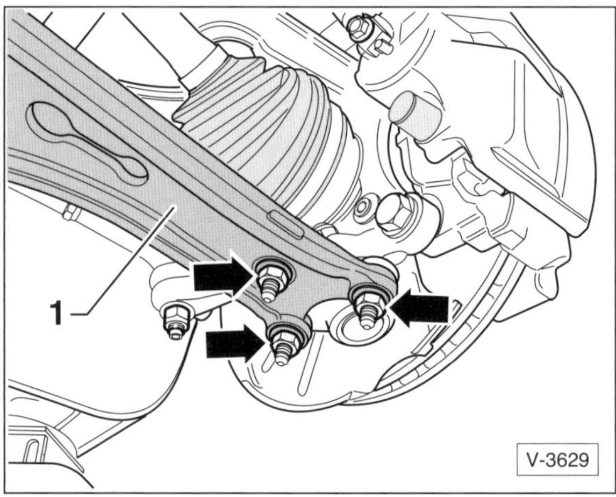

- 3 Muttern –Pfeile– am Querlenker –1– abschrauben.
- Achsschenkel mit Achsgelenk aus dem Querlenker herausziehen.
- Gelenkwelle aus der Radnabe herausziehen.

Einbau

Hinweis: Korrosion, Fett beziehungsweise Klebedichtmassenreste im Gewinde und in der Verzahnung des Außengelenkes sowie der Verzahnung der Radnabe entfernen.

Falls Abschirmbleche der Gelenkwellen abgebaut wurden, Schrauben mit **25 Nm**, Muttern zunächst mit **10 Nm**, dann mit **20 Nm** festziehen.

- Gelenkwelle in die Verzahnung der Radnabe einführen.
- Achsgelenk in den Querlenker einsetzen, Staubkappe des Achsgelenks dabei nicht verdrillen oder beschädigen. **Neue** Muttern bis zur Anlage anschrauben. **Achtung:** Beim Festziehen muss das Fahrzeug mit den Rädern auf dem Boden stehen oder sich in Leergewichtslage befinden, siehe Seite 137.
  Anzugsdrehmoment von **Achsgelenk** an
  Stahlguss-Achslenker . . . . **60 Nm**
  Stahlblech oder Aluminiumguss-Achslenker . . . **100 Nm**
- Innengelenk der Gelenkwelle an der Flanschwelle des Getriebes anschrauben. **Neue** Schrauben und **neue** Unterlegplatten ansetzen. Schrauben in 2 Stufen **über Kreuz** festziehen, dabei Schraubendurchmesser beachten:
  1. Stufe: . . . . **10 Nm**.
  2. Stufe: . . . . Schrauben (M8) **40 Nm**.
  2. Stufe: . . . . Schrauben (M10) **70 Nm**.
- Untere Motorabdeckung einbauen, siehe Seite 260.
- Nabenschraube einbauen, siehe entsprechendes Kapitel. **Achtung: Beim ersten Anziehen der Nabenschraube darf das Fahrzeug nicht auf dem Boden stehen.**
- Reifen-Laufrichtung beachten, Rad anschrauben, Fahrzeug ablassen, erst dann Radschrauben über Kreuz mit **120 Nm** festziehen. **Achtung:** Unbedingt Hinweise im Kapitel »Rad aus- und einbauen« beachten.

Gelenkwelle mit Gleichlaufschiebegelenk »gesteckt«

Hinweis: Das Gleichlauf-Innengelenk VL107 ist nicht an einer Getriebe-Flanschwelle angeschraubt, sondern in der Getriebe-Verzahnung eingeschoben.

Hier wird der Ausbau der linken Gelenkwelle beschrieben. Spezielle Hinweise für die rechte Gelenkwelle stehen am Ende des Kapitels.

Ausbau

- Nabenschraube ausbauen, siehe entsprechendes Kapitel. **Achtung: Beim vollständigen Herausdrehen der Nabenschraube darf das Fahrzeug nicht auf dem Boden stehen.**
- Reifen-Laufrichtung mit Pfeil am Reifen markieren. Radschrauben lösen und Vorderrad abnehmen.
- Untere Motorabdeckung ausbauen, siehe Seite 260.
- 3 Muttern am Querlenker abschrauben, siehe Abbildung V-3629.
- Achsgelenk aus dem Querlenker herausziehen.
- Außengelenk von Hand aus der Radnabe herausziehen, dabei nicht an der Gelenkwelle ziehen.

Hinweis: Fest sitzende Gelenkwelle mit Abdrückwerkzeug, zum Beispiel HAZET 1781-5, aus der Radnabe herausdrücken.

- Gelenkwelle mit Draht hochbinden, damit das Innengelenk beim Ausbau nicht bis zum Anschlag gebeugt werden.

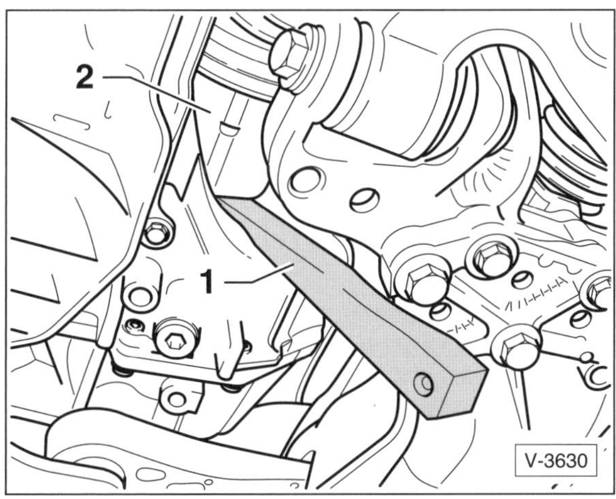

- Montiereisen –1– zwischen Getriebegehäuse und Innengelenk –2– ansetzen und Gelenk durch einen Schlag mit einem Hammer herausdrücken.

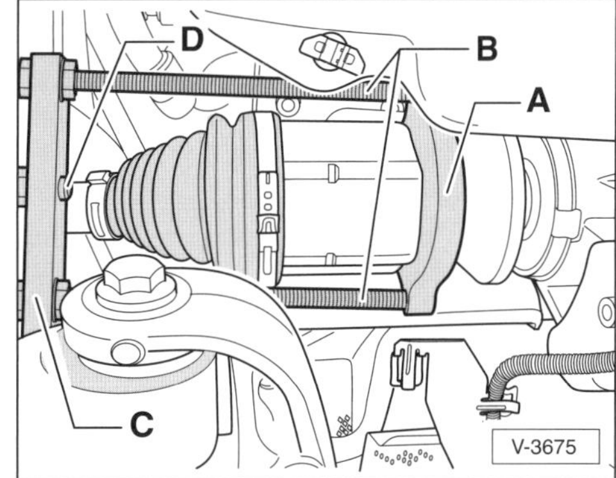

Hinweis: Läßt sich das Montiereisen aus Platzgründen nicht ansetzen, muss die Gelenkwelle mit einem speziellen Glenkwellenabzieher VW-T1038 zusammen mit dem Schlagauszieher VW-771 abgezogen werden.
A – T10382/1, B – T10382/2, C – T10382/3, D – Befestigung für Schlagauszieher 771.

- Gelenkwelle aus dem Getriebegehäuse herausziehen.

Achtung: Beim Herausziehen der Gelenkwelle tritt aus dem Getriebegehäuse Öl aus. Auffanggefäß unterstellen und Öffnung schnell mit geeignetem Stopfen, zum Beispiel einem sauberen Lappen, verschließen.

Einbau

- Lagerstellen und Verzahnungen im Getriebe sowie an der Radnabe säubern und mit Getriebeöl schmieren.

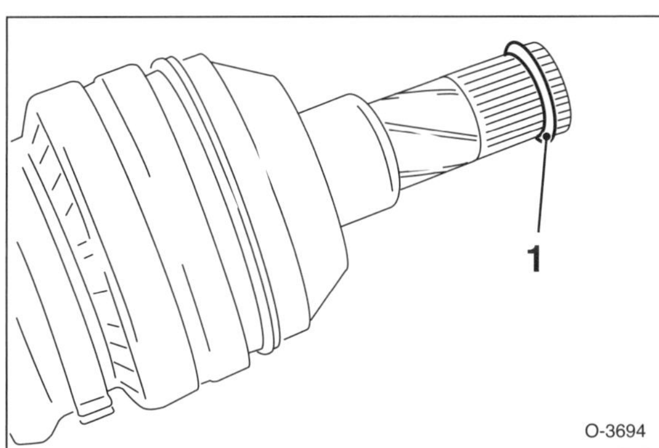

- Mit einem Schraubendreher Sicherungsring –1– aus der getriebeseitigen Gelenknut heraushebeln. **Neuen Sicherungsring** einsetzen, dabei nicht überdehnen.
- Verzahnung der Steckwelle mit Universalfett, zum Beispiel »VW-G.060.735.A2« fetten.
- Verschlussstopfen am Getriebe abnehmen. Gelenkwelle in das Getriebegehäuse einführen, so dass die Verzahnungen ineinander greifen.
- Gelenkwelle von Hand bis zum Anschlag in das Gleichlaufgelenk schieben.

- Gleichlaufgelenk mit einem »**Ruck**« auf die Steckwelle des Getriebes schieben, bis der Sicherungsring einrastet. **Achtung:** Dabei Dichtring am Getriebe nicht beschädigen. Auf keinen Fall dabei einen Hammer oder ein anderes Schlagwerkzeug verwenden.
- Nach dem Einrasten des Sicherungsringes festen Sitz des Gelenkes durch Ziehen am Gelenk prüfen. **Achtung.** Nicht an der Welle ziehen.
- Gelenkwelle in die Verzahnung der Radnabe einführen.
- Achsgelenk in den Querlenker einsetzen, Staubkappe des Achsgelenks dabei nicht verdrillen oder beschädigen. **Neue** Muttern bis zur Anlage anschrauben. **Achtung:** Beim Festziehen muss das Fahrzeug mit den Rädern auf dem Boden stehen oder sich in Leergewichtslage befinden, siehe Seite 137.
  Anzugsdrehmoment von **Achsgelenk** an
  Stahlguss-Achslenker . . . . **60 Nm**
  Stahlblech oder Aluminiumguss-Achslenker . . . **100 Nm**
- Untere Motorabdeckung einbauen, siehe Seite 260.
- Nabenschraube einbauen, siehe entsprechendes Kapitel. **Achtung: Beim ersten Anziehen der Nabenschraube darf das Fahrzeug nicht auf dem Boden stehen.**
- Reifen-Laufrichtung beachten, Rad anschrauben, Fahrzeug ablassen, erst dann Radschrauben über Kreuz mit **120 Nm** festziehen. **Achtung:** Unbedingt Hinweise im Kapitel »Rad aus- und einbauen« beachten.

Speziell rechte Gelenkwelle

- Koppelstange vom Stabilisator auf beiden Seiten abschrauben.

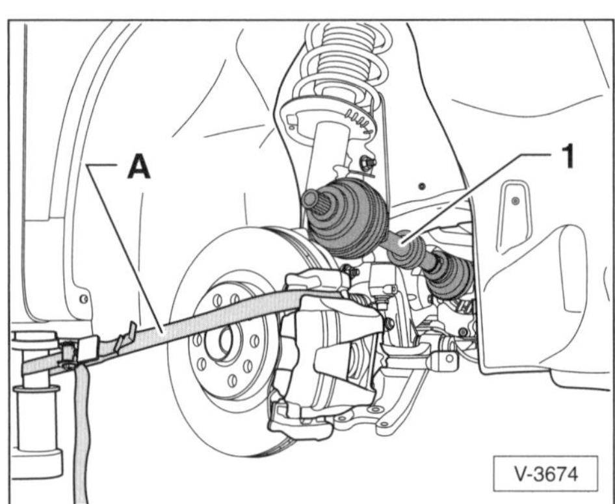

- Damit der Gelenkwellenabzieher parallel zur Gelenkwelle angesetzt werden kann, muss das Federbein mit allen Anbauteilen nach hinten gezogen werden. Dazu geeigneten Spanngurt –A– am Radlagergehäuse und beispielsweise am Hebebühnen-Tragarm befestigen. 1 – Gelenkwelle.

Nabenschraube aus- und einbauen

Ausbau

- Schaltgetriebe in Leerlaufstellung bringen; Automatikgetriebe auf Stellung »N«. Handbremse anziehen.

Achtung: Hohes Löse- und Anzugsdrehmoment der Nabenschraube! Ich empfehle, die Nabenschraube vor dem Aufbocken des Fahrzeugs zu lockern. Dabei Fußbremse beim Losdrehen der Schraube durch Helfer betätigen lassen.

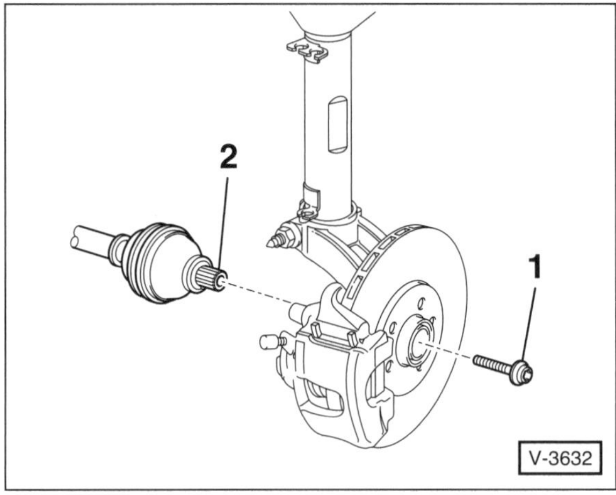

- Nabenschraube –1– bei auf dem Boden stehenden Rädern **um höchstens 90°** losdrehen.

Achtung: Nabenschraube nicht ganz herausdrehen. Das Radlager darf nicht durch das Gewicht des Fahrzeugs belastet werden.

> **Sicherheitshinweis**
> Beim Aufbocken des Fahrzeugs besteht Unfallgefahr! Hinweise im Kapitel »Fahrzeug aufbocken« beachten.

- Fahrzeug so weit anheben, dass das Rad frei hängt.
- Bremse durch Helfer betätigen lassen und Nabenschraube –1– aus der Gelenkwelle –2– herausdrehen.
- Nabenschraube nach dem Ausbau grundsätzlich ersetzen. **Achtung:** Es werden 2 unterschiedliche Nabenschrauben verwendet: Zwölfkantschraube –I– mit Verrippung –A– am Schraubenkopf oder Zwölfkantschraube –II– ohne Verrippung –B–, siehe Abbildung N40-10569. Für den Einbau immer eine Schraube gleicher Ausführung, wie ausgebaut, verwenden.

Achtung: Wird die Gelenkwelle aus dem Radlager herausgezogen, darf das Fahrzeug **nicht** abgelassen und bewegt werden, da sonst das Radlager beschädigt wird.

Hinweis: Soll das Fahrzeug dennoch bewegt werden, ein altes Außengelenk ins Radlager einsetzen und mit einer alten Schraube und **120 Nm** festschrauben.

Einbau

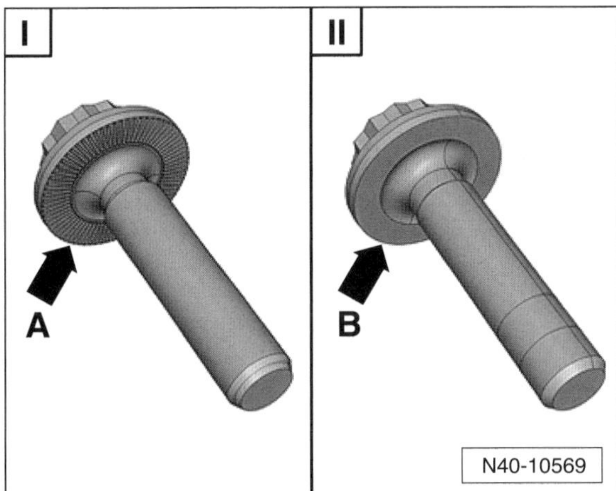

- **Neue selbstsichernde Nabenschraube** in die Gelenkwelle schrauben und mit **richtigem Drehmoment** anziehen, dabei die Fußbremse durch Helfer betätigen lassen. **Achtung: Hohes Anzugsdrehmoment! Schlüssel etwas vor der Waagerechten ansetzen und nach unten drücken.** Beim ersten Anziehen der Nabenschraube darf das Rad den Boden **nicht** berühren.

  Anzugsdremoment:

  Zwölfkantschraube –I– **mit** Verrippung –A– . . . **70 Nm**

  Zwölfkantschraube –II– **ohne** Verrippung –B– . **200 Nm**

- Fahrzeug ablassen.
- Schraube mit einem starren Schlüssel um den **richtigen Drehwinkel** weiterdrehen. Dabei durch einen Helfer die Fußbremse betätigen lassen.

  Weiterdrehwinkel:

  Zwölfkantschraube –I– **mit** Verrippung –A– . . . . . **90°**

  Zwölfkantschraube –II– **ohne** Verrippung –B– . . . **180°**

Fahrzeug in Leergewichtslage bringen

Alle Schrauben an Fahrwerksteilen mit Gummimetalllagern müssen grundsätzlich in »Leergewichtslage« festgezogen werden.

Das liegt daran, dass Gumimetalllager einen begrenzten Verdrehbereich haben. Achsbauteile mit Gummimetalllagern müssen deshalb vor dem Festziehen in eine Position gebracht werden, die der Position im Fahrbetrieb entspricht. Diese Position nennt man »Leergewichtslage«. Andernfalls wird das Gummimetalllager verspannt, was eine geringere Lebensdauer zur Folge hat.

Die Position der Leergewichtslage wird durch Anheben der Radaufhängung beim angehobenen Fahrzeug erreicht. Dabei besteht die **Gefahr, dass das Fahrzeug von der Hebebühne oder von den Böcken rutscht.**

Aus diesem Grund Fahrzeug **auf der Hebebühne unbedingt vorher festzurren**.

Auf keinen Fall versuchen, ein aufgebocktes Fahrzeug in Leergewichtslage zu bringen. In diesem Fall das auf den Rädern stehende Fahrzeug auf eine Rampe oder über eine Grube fahren. Schrauben der Fahrwerksteile bei auf dem Boden stehenden Rädern festziehen.

Leergewichtslage einstellen

Achtung: Die Einstellhinweise gelten nur für Fahrzeuge, die sich auf einer Hebebühne befinden. Auf der Hebebühne muss das Fahrzeug an den Tragarmen festgezurrt sein, damit es nicht herunterrutschen kann.

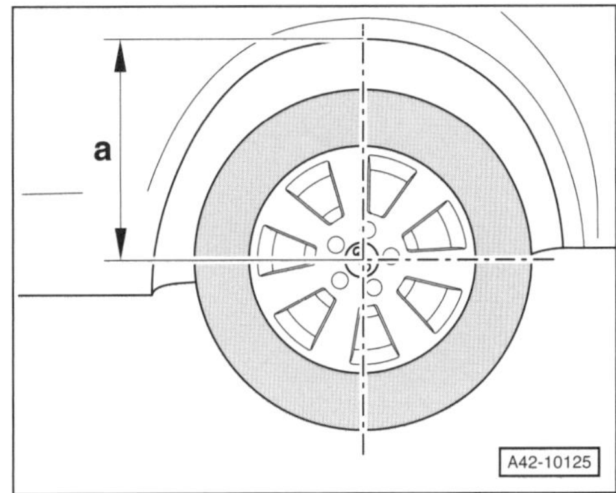

- Am unbeladenen Fahrzeug das Maß –a– messen.
- Radschrauben lösen.
- Fahrzeug mit einer Hebebühne anheben und mit Spanngurten an den Tragarmen der Hebebühne verzurren.
- Radschrauben herausdrehen und Rad abnehmen.
- Radnabe so drehen, bis eine Radschraubenbohrung oben steht.

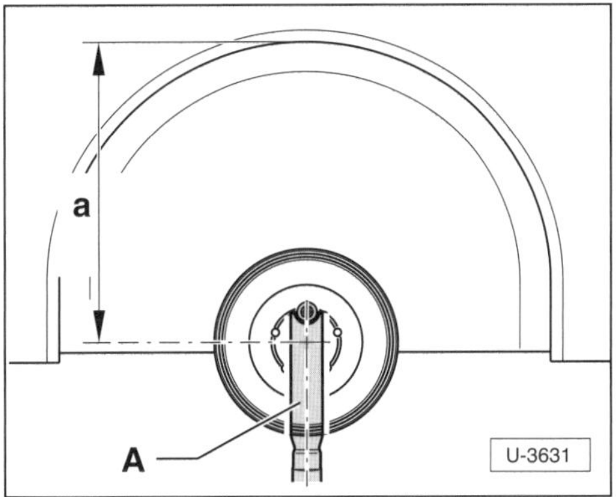

- Aufnahme –A–, zum Beispiel VW/AUDI-T10149, an der Radnabe anschrauben.
- Radlagergehäuse mit Motor- und Getriebeheber und Aufnahme –A– so weit anheben, bis das vorher gemessene Maß –a– erreicht ist.
- Betroffene Schrauben am Fahrwerk festziehen.
- Radlagergehäuse ablassen.
- Motor- und Getriebeheber wegziehen und Aufnahme abbauen.

Gelenkwelle mit Gleichlaufgelenk VL90 und VL100 – Detailübersicht

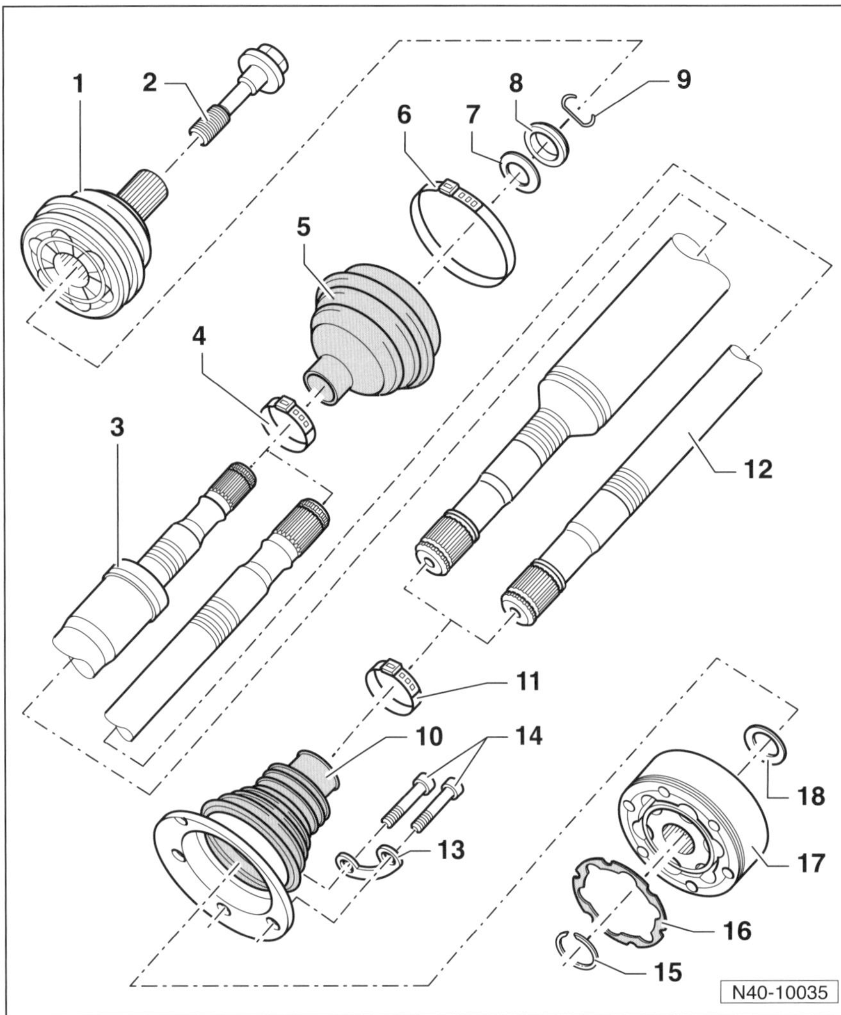

1 – **Gleichlaufgelenk außen**
Kann nur komplett ersetzt werden.

2 – **Nabenschraube***

3 – **Gelenkwelle rechts**

4 – **Klemmschelle***

5 – **Manschette außen**
Auf Risse und Scheuerstellen prüfen.

6 – **Klemmschelle***

7 – **Tellerfeder**
Einbaulage: Großer Durchmesser zeigt nach außen.

8 – **Anlaufring**
Einbaulage: Kleiner Durchmesser zeigt nach außen.

9 – **Sicherungsring***
In die Nut der Welle einsetzen.

10 – **Manschette innen**
Ohne Belüftungsbohrung. Mit Dorn vom Gelenk abtreiben.
Vor dem Einbau Dichtfläche mit VW-454.300.A2 bestreichen.

11 – **Klemmschelle***

12 – **Gelenkwelle links**

13 – **Unterlegplatte**

14 – **Innenvielzahnschraube**
M8 x 48.
Erst über Kreuz mit **10 Nm** voranziehen, dann über Kreuz mit **40 Nm** festziehen.

15 – **Sicherungsring**
In die Nut der Welle einsetzen.

16 – **Dichtung**
Klebefläche am Gleichlaufgelenk muss frei von Fett und Öl sein.

17 – **Gleichlaufgelenk innen**
Kann nur komplett ersetzt werden.

18 – **Tellerfeder**
Einbaulage: Großer Durchmesser zeigt nach außen.

---

*) Nach jeder Demontage ersetzen.

Gelenkwelle mit Gleichlaufgelenk/Tripodegelenk – Detailübersicht

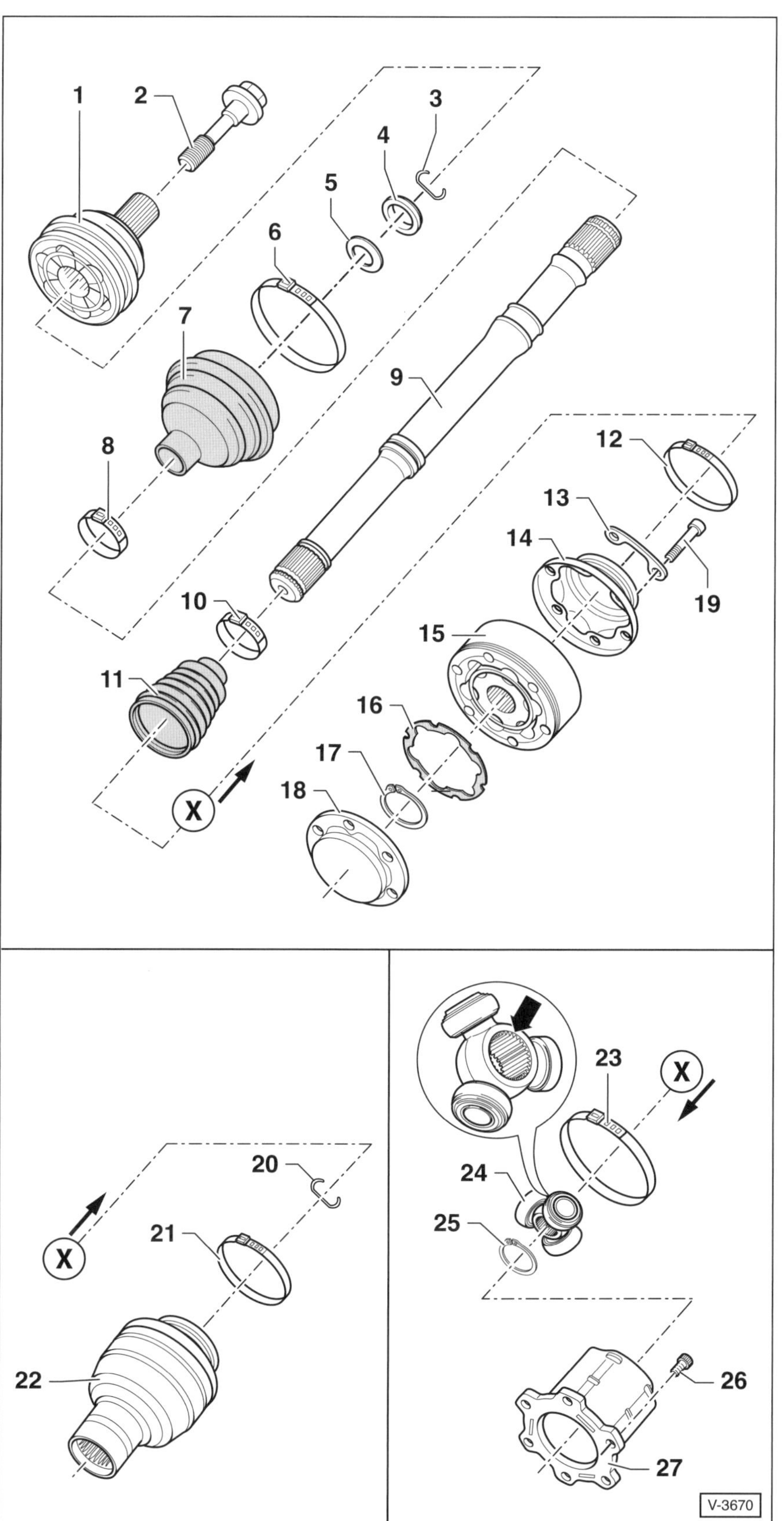

Gelenkwelle mit Gleichlaufgelenk VL107 (geschraubt)

1 – **Gleichlaufgelenk außen**

2 – **Nabenschraube***

3 – **Sicherungsring***
In die Nut der Welle einsetzen.

4 – **Anlaufring**

5 – **Tellerfeder**

6 – **Klemmschelle***

7 – **Manschette**

8 – **Klemmschelle***

9 – **Gelenkwelle**

10 – **Klemmschelle***

11 – **Manschette**
Ohne Belüftungsbohrung.
Mit Dorn abtreiben.
Vor der Montage die Dichtfläche mit VW-454.300.A2 bestreichen.

12 – **Klemmschelle***

13 – **Unterlegplatte**

14 – **Kappe**
Mit Dorn abtreiben.
Klebefläche muss frei von Fett und Öl sein.
Vor der Montage die Dichtfläche mit VW-454.300.A2 bestreichen.

15 – **Gleichlaufgelenk innen**
Nur komplett ersetzen.

16 – **Dichtung**
Klebefläche am Gleichlaufgelenk muss frei von Fett und Öl sein.

17 – **Sicherungsring**

18 – **Deckel***

19 – **Innenvielzahnschraube***
Mit **10 Nm** über Kreuz voranziehen, dann mit **70 Nm** über Kreuz festziehen.

Gleichlaufgelenk VL107 (gesteckt)

20 – **Sicherungsring***
In die Nut der Welle einsetzen.

21 – **Klemmschelle***

22 – **Gleichlaufschiebegelenk**
Nur komplett ersetzen.

Tripodegelenk

23 – **Klemmschelle***

24 – **Tripodestern mit Rollen**
Die Fase –Pfeil A– zeigt zur Verzahnung der Gelenkwewelle.

25 – **Sicherungsring***
In die Nut der Welle einsetzen.

26 – **Innenvielzahnschraube**
Mit **10 Nm** über Kreuz voranziehen, dann mit **70 Nm** über Kreuz festziehen.

27 – **Gelenkgehäuse**

X – In Pfeilrichtung sind die unterschiedlichen Innengelenke dargestellt.

*) Nach jeder Demontage ersetzen.

Gelenkwelle zerlegen/ Manschette erneuern

Achtung: Je nach Motor-/Getriebekombination ist das innere Gelenk als Gleichlauf-Kugelgelenk oder als Tripode-Gelenk ausgelegt. Das Tripodegelenk hat anstelle der 6 Kugeln 3 Rollen, die um 120° versetzt auf einem Tripodestern angeordnet sind.

- Gelenkwelle ausbauen, siehe entsprechendes Kapitel.
- Gelenkwelle mit Schutzbacken in Schraubstock einspannen.
- Einbaulage der Manschetten (Gelenkschutzhüllen) auf der Welle markieren, damit die neuen Manschetten in gleicher Lage eingebaut werden können. Beim Markieren auf keinen Fall den Lack der Gelenkwelle beschädigen.
- Klemmschellen an beiden Manschetten mit Seitenschneider aufschneiden und abnehmen. Manschette zurückschieben, wenn nötig mit einem Dorn vom Gelenk abtreiben.

Gelenk außen

Ausbau

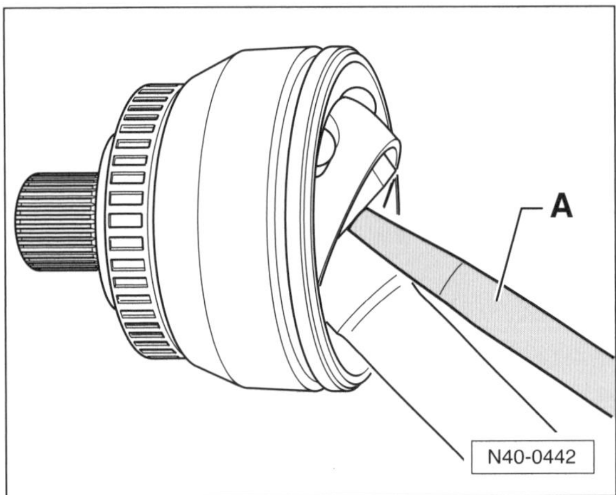

- Außengelenk mit einem Dorn –A– von der Gelenkwelle abtreiben. **Achtung:** Der Dorn muss genau am Stern des Gleichlaufgelenks angesetzt werden.
- Sicherungsring –3– vom Gelenk abziehen, siehe Abbildung V-3670.
- Anlaufring –4– und Tellerfeder –5– von der Gelenkwelle herunterziehen, siehe Abbildung V-3670.
- Manschette von der Gelenkwelle herunterziehen.

Einbau

- **Neue** kleine Klemmschelle auf die Gelenkwelle schieben.
- Spröde oder beschädigte Manschette ersetzen und auf die Gelenkwelle schieben.

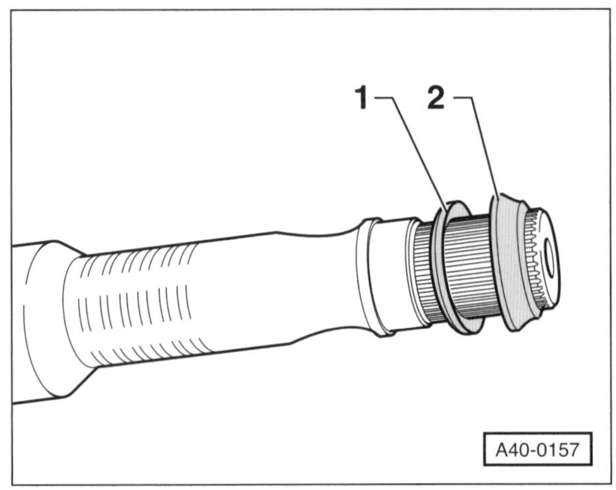

- Tellerfeder und Anlaufring auf die Gelenkwelle schieben. Die Tellerfeder –1– am Außengelenk zeigt mit dem großen Durchmesser nach außen, der Anlaufring –2– mit dem kleinen Durchmesser nach außen.
- **Neuen** Sicherungsring in die Nut der Welle einsetzen.
- Außengelenk mit einem Kunststoffhammer bis zum Anschlag auf die Gelenkwelle treiben, so dass der Sicherungsring einrastet.
- Gelenk mit Spezialfett aus dem Reparatursatz schmieren. Halbe Fettmenge in der Manschette verteilen, die andere Hälfte ins Gelenk eindrücken.
- Manschette über das Gelenk ziehen und mit **neuen** Klemmschellen befestigen.

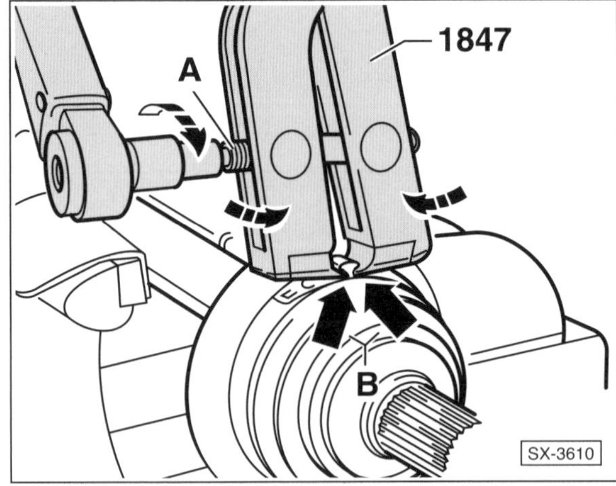

- Zum Spannen der Klemmschellen muss eine Spezialzange verwendet werden, zum Beispiel HAZET 1847, sonst wird die erforderliche Spannkraft nicht erreicht. Die Schneiden der Zange müssen beim Ansetzen in den Ecken –Pfeile B– anliegen. In dieser Stellung Schraube –A– mit Drehmomentschlüssel und **25 Nm** anziehen und dadurch Klemmschelle spannen.

Achtung: Das Gewinde der Zange muss leichtgängig sein, gegebenenfalls vorher mit MoS_2-Fett schmieren.

- Gelenkwelle einbauen, siehe entsprechendes Kapitel.

Gleichlaufgelenk innen VL90, VL100, VL107 (geschraubt)

Hinweis: Die Zahl hinter der Bezeichnung »VL« gibt jeweils den Durchmesser des Innengelenks in mm an.

Ausbau

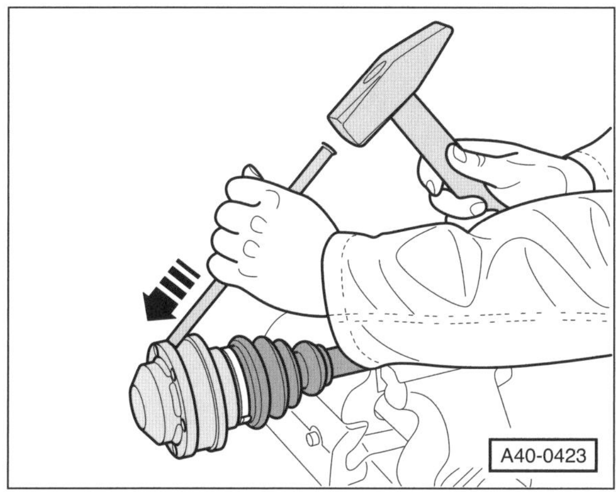

- **Gleichlaufgelenk VL 107 (geschraubt):** Deckel mit geeignetem Dorn vom Gelenk abtreiben.
- Dichtung –16– vom Gelenk abnehmen, siehe Abbildung V-3670.
- Sicherungsring –17– mit geeigneter Zange, zum Beispiel HAZET 1847-61, vom Gelenk abziehen, siehe Abbildung V-3670.

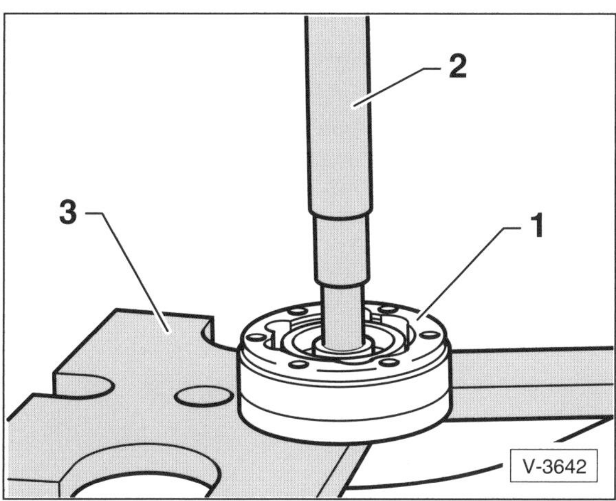

- Innengelenk –1– mit geeigneter Presse –2– von der Gelenkwelle abpressen, dabei die Kugelnabe mit Auflageplatten –3– abstützen.
- Manschette von der Gelenkwelle herunterziehen.

Einbau

- **Neue** kleine Klemmschelle auf die Gelenkwelle schieben.
- Spröde oder beschädigte Manschette ersetzen und auf die Gelenkwelle schieben.

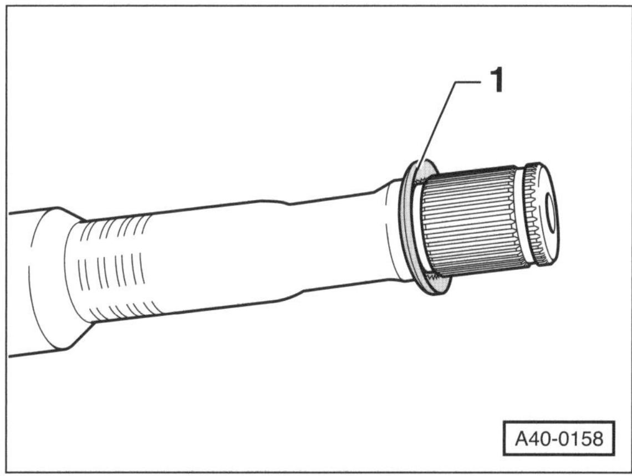

- **Gleichlaufgelenk VL 90/100:** Tellerfeder –1– auf die Welle schieben. Der große Durchmesser der Tellerfeder stützt sich dabei am Gelenk ab.

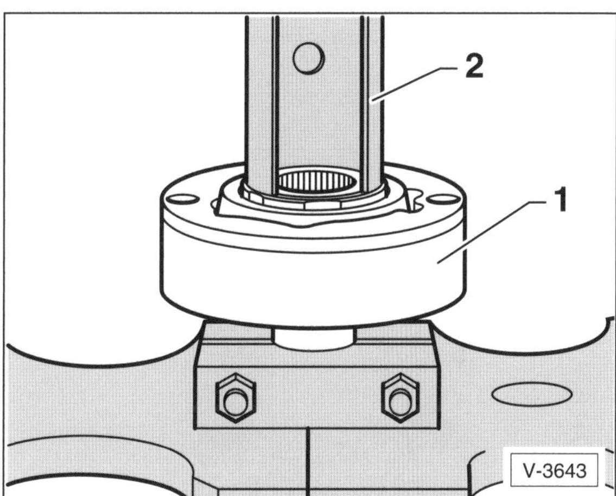

- Innengelenk –1– mit geeigneter Presse –2– bis zum Anschlag aufpressen. **Achtung:** Die abgeschrägte Kante am Innendurchmesser der Kugelnabe (Verzahnung) muss zum Anlagebund der Gelenkwelle zeigen.
- **Neuen** Sicherungsring mit Sprengringzange HAZET 1847-61 in das Gelenk einfedern.
- **Neue** Dichtung auf das Gelenk kleben, vorher Schutzfolie von der Dichtung abziehen. **Hinweis:** Die Klebefläche am Gelenk muss frei von Fett und Öl sein.
- Gelenk mit Spezialfett aus dem Reparatursatz schmieren. Halbe Fettmenge in der Manschette verteilen, die andere Hälfte ins Gelenk eindrücken.
- Manschette über das Gelenk ziehen, vorher die Dichtfläche mit VW-Dichtungsmittel D.454.300.A2 bestreichen.

- Manschette mit **neuen** Klemmschellen befestigen. Klemmschellen mit Spezialzange, zum Beispiel HAZET 1847, spannen, siehe Abschnitt »Gelenk außen«.

Deckel für inneres Gleichlaufgelenk VL 107 (geschraubt) einbauen

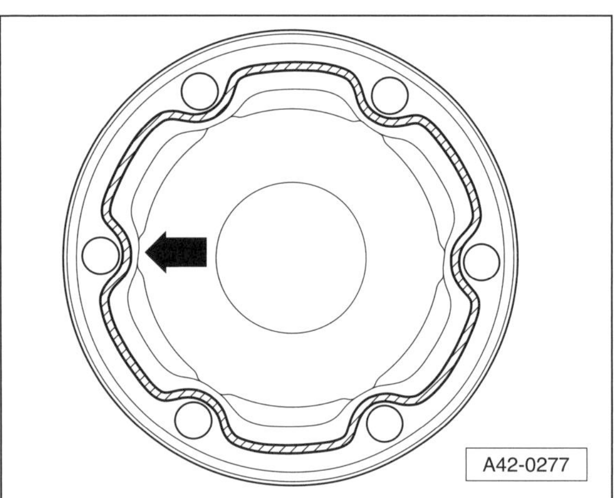

- Dichtfläche des Deckels mit dem Dichtmittel VW-D454.300.A2 bestreichen. Dabei Dichtmittelraupe ununterbrochen mit einem Durchmesser von 2 bis 3 mm im Bereich der Bohrungen innen –Pfeil– auf die saubere Fläche des Deckels auftragen.

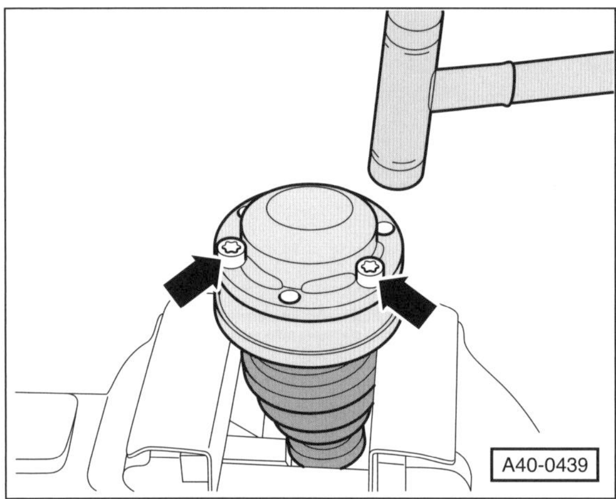

- Neuen Deckel mit Schrauben –Pfeile– zu den Schraubenlöchern ausrichten. **Achtung:** Der Deckel muss sehr genau ausgerichtet werden, da nach dem Auftreiben kein Ausrichten mehr möglich ist.
- Deckel mit einem Kunstoffhammer auftreiben.
- Herausquellendes Dichtmittel abwischen.

Gleichlaufgelenk innen VL107 (gesteckt)

Ausbau

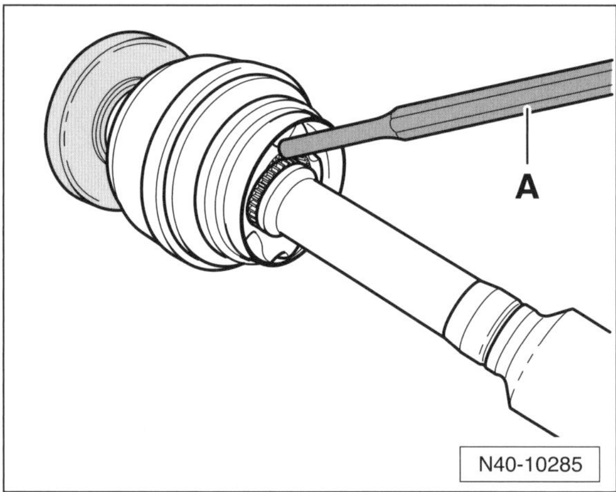

- Gleichlaufschiebegelenk mit einem Dorn –A– von der Gelenkwelle abtreiben. **Achtung:** Der Dorn muss genau am Stern des Gleichlaufgelenks angesetzt werden.
- Sicherungsring –20– vom Gelenk abziehen, siehe Abbildung V-3670.

Einbau

- **Neue** kleine Klemmschelle auf die Gelenkwelle schieben.
- Spröde oder beschädigte Manschette ersetzen und auf die Gelenkwelle schieben.
- Gleichlaufschiebegelenk mit einem Kunststoffhammer auf die Welle auftreiben, bis der Sicherungsring einrastet.
- Manschette über das Gelenk ziehen, vorher die Dichtfläche mit VW-Dichtungsmittel D.454.300.A2 bestreichen.
- Manschette mit **neuen** Klemmschellen befestigen. Klemmschellen mit Spezialzange, zum Beispiel HAZET 1847, spannen, siehe Abschnitt »Gelenk außen«.

Tripodegelenk innen

Ausbau

- Gelenkgehäuse –27– von der Gelenkwelle und den Tripoderollen ziehen, siehe Abbildung V-3670.

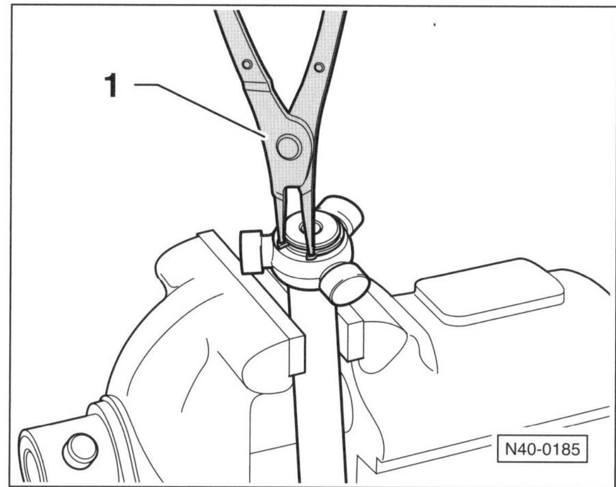

- Sicherungsring –25– (Abbildung V-3670) mit geeigneter Zange –1–, zum Beispiel HAZET 1846 c, an der Verzahnung von der Gelenkwelle abbauen.
- Tripodestern mit geeigneter Presse von der Gelenkwelle abpressen.
- Manschette von der Gelenkwelle herunterziehen.

Einbau

- **Neue** kleine Klemmschelle auf die Gelenkwelle schieben.
- Spröde oder beschädigte Manschette ersetzen und auf die Gelenkwelle schieben.
- Gelenkgehäuse auf die Gelenkwelle schieben.
- Verzahnung von Gelenkwelle und Tripodestern mit Festschmierstoffpaste VW-G052.142.A2 bestreichen.
- Tripodestern mit der abgeschrägten Kante (falls vorhanden) auf die Gelenkwelle aufstecken und mit geeigneter Presse bis zum Anschlag aufpressen. **Achtung:** Der Aufpressdruck darf 3,0 t nicht übersteigen.
- **Neuen** Sicherungsring einsetzen.
- 70 g Gelenkwellenfett aus dem Reparatursatz in das Gelenk drücken und Gelenkgehäuse über die Tripoderollen schieben.
- 60 g Gelenkwellenfett aus dem Reparatursatz in die Rückseite des Tripodegelenks drücken.
- Manschette über das Gelenk ziehen und mit **neuen** Klemmschellen befestigen.

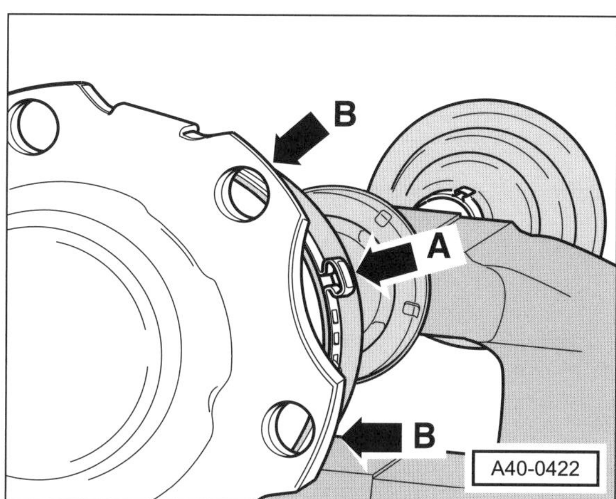

- Große Klemmschelle so ausrichten, dass keine Bohrung –B– für die Getriebeflansch-Schrauben vom Klemmohr –A– der Schelle verdeckt wird.

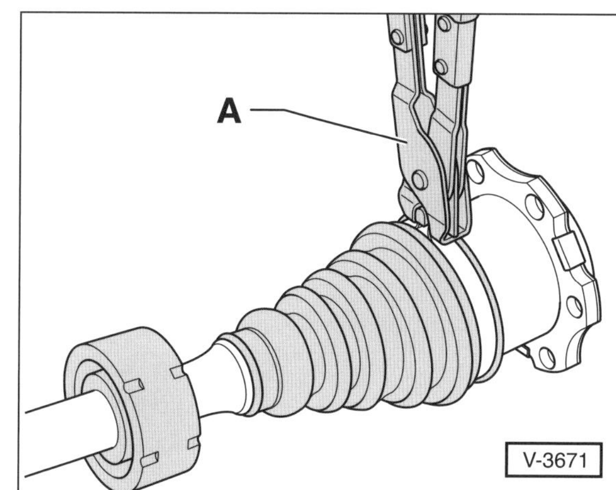

- Große und kleine Klemmschelle mit Spezialzange –A– spannen, zum Beispiel mit HAZET 1847-1 oder V.A.G-1275.

- Gelenkwelle einbauen, siehe entsprechendes Kapitel.

Hinterachse

Schraubenfeder, Stoßdämpfer, Querlenker, Radlagergehäuse

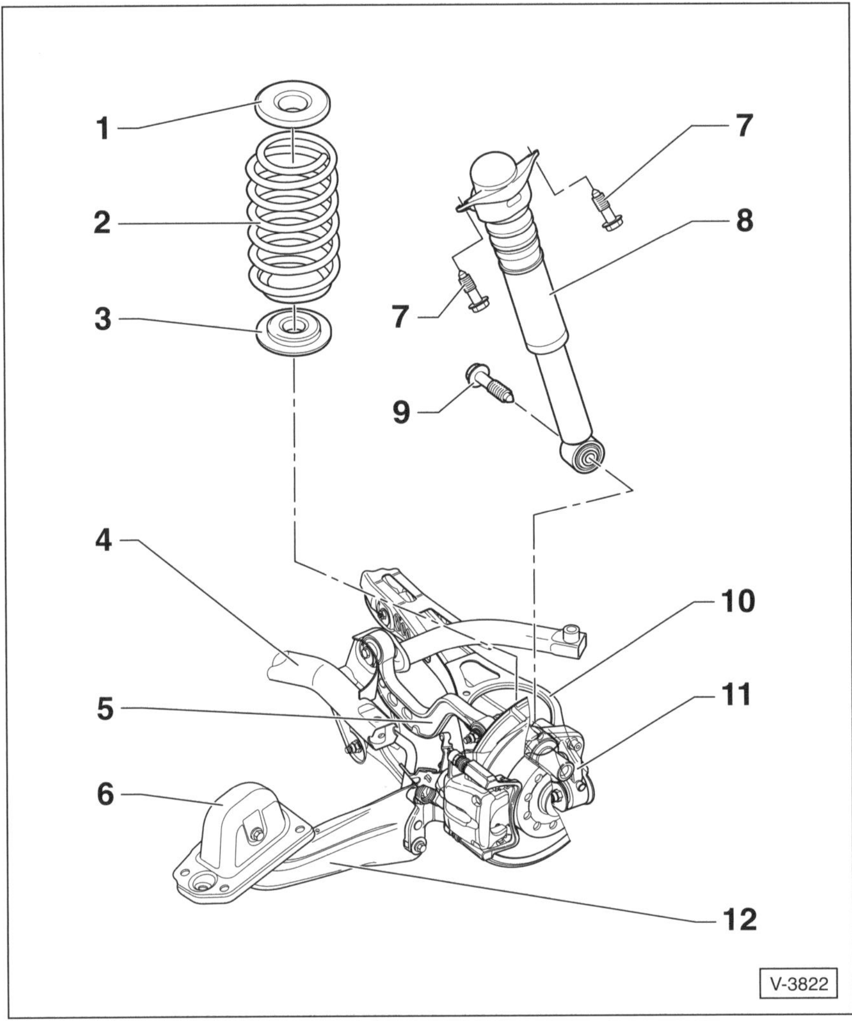

1 – **Federauflage oben**
2 – **Schraubenfeder**
3 – **Federauflage unten**
4 – **Hinterachsträger**
5 – **Querträger oben**
6 – **Lagerbock für Längslenker**
7 – **Schraube*, 50 Nm + 45°**
8 – **Stoßdämpfer**
9 – **Schraube*, 180 Nm**
10 – **Querlenker unten**
11 – **Radlagergehäuse**
12 – **Längslenker**

---

*) Nach jeder Demontage ersetzen.

Schraubenfeder an der Hinterachse aus- und einbauen

Ausbau

- Reifen-Laufrichtung mit Pfeil am Reifen markieren. Radschrauben lösen. Fahrzeug hinten aufbocken und Hinterrad abnehmen. **Achtung:** Unbedingt Hinweise im Kapitel »Rad aus- und einbauen« beachten.

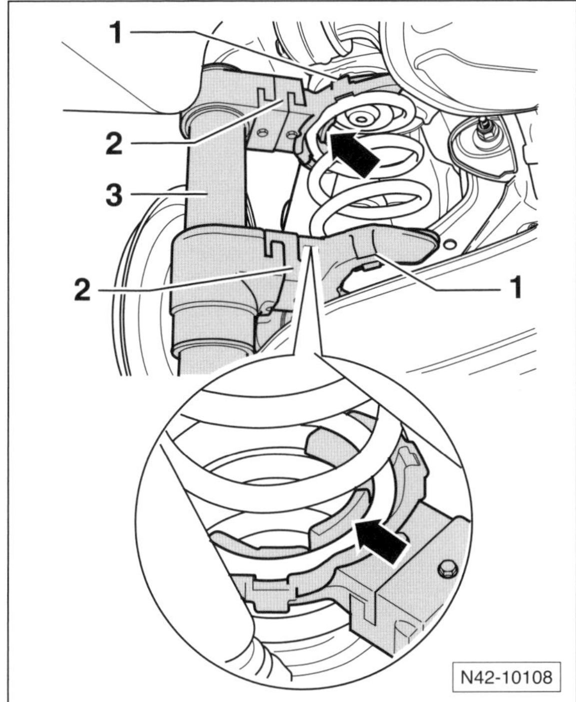

- Geeigneten Federspanner –3– von hinten an der Schraubenfeder ansetzen und möglichst nah an den Federwindungen anlegen, dabei mindestens 3 Windungen umgreifen.

Hinweis: Die Fachwerkstatt benutzt den Federspanner VAG 1752/1 mit den Spannplatten VAG 1752/2 und der Verlängerung –2– VAG 1752/9.

Achtung: Während des Spannvorgangs auf korrekten Sitz der Spannplatten –1– in den Federwindungen achten –Pfeile–.

- Schraubenfeder so weit spannen, bis diese herausnehmbar ist. Federspanner mit Schraubenfeder aus dem Radkasten herausziehen.
- **Federspanner langsam entspannen** und Schraubenfeder zusammen mit oberer und unterer Federauflage herausnehmen.

Einbau

Hinweis: Schraubenfedern nur achsweise erneuern und auf Farbkennzeichnung achten. An einer Achse nur Schraubenfedern gleicher Hersteller verwenden.

- Schraubenfeder in den Federspanner einsetzen und zusammendrücken.

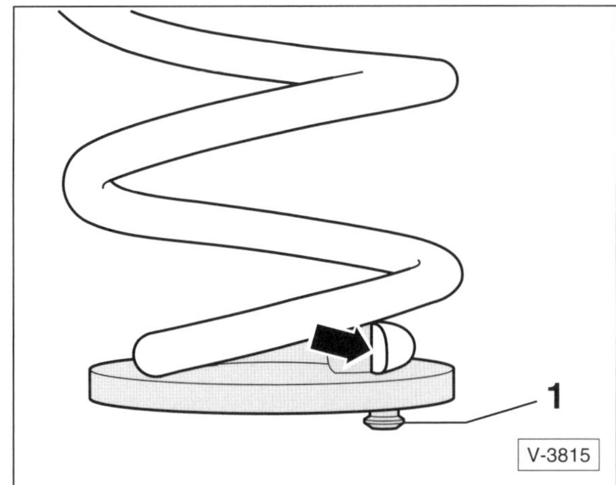

- Untere Federauflage so in die Schraubenfeder einsetzen, dass der Federanfang –Pfeil– am Anschlag der Federauflage anliegt. 1 – Zapfen.

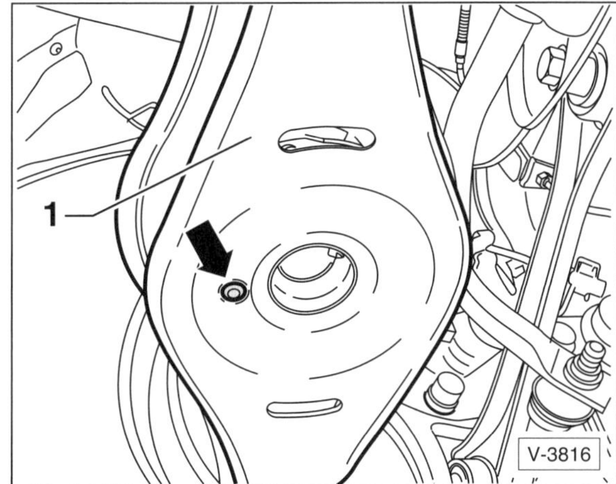

- Gespannte Schraubenfeder zusammen mit der unteren Federauflage einsetzen. Dabei muss der Zapfen der Federauflage in die Bohrung –Pfeil– im Querlenker –1– eingesetzt werden.
- Obere Federauflage auf das obere Federende legen.
- Schraubenfeder langsam entspannen, dabei muss die obere Federauflage in die Führung oben an der Karosserie eingreifen.
- Federspanner herausnehmen. Dabei darauf achten, dass der Oberflächenschutz der Schraubenfeder nicht beschädigt wird.
- Reifen-Laufrichtung beachten, Hinterrad anschrauben, Fahrzeug ablassen, erst dann Radschrauben über Kreuz mit **120 Nm** festziehen. **Achtung:** Unbedingt Hinweise im Kapitel »Rad aus- und einbauen« beachten.

Stoßdämpfer an der Hinterachse aus- und einbauen

Ausbau

Achtung: Vor dem Ausbau gegebenenfalls die Leergewichtslage der Hinterachse bestimmen, siehe Seite 137.

- Reifen-Laufrichtung mit Pfeil am Reifen markieren. Radschrauben lösen. Fahrzeug hinten aufbocken und Hinterrad abnehmen. **Achtung:** Unbedingt Hinweise im Kapitel »Rad aus- und einbauen« beachten.
- Innenkotflügel ausbauen, siehe Seite 268.
- Schraubenfeder ausbauen, siehe entsprechendes Kapitel.
- Achsschenkel mit Werkstattwagenheber abstützen, damit der Stoßdämpfer beim Lösen der oberen Stoßdämpferbefestigung nicht nach unten fällt.

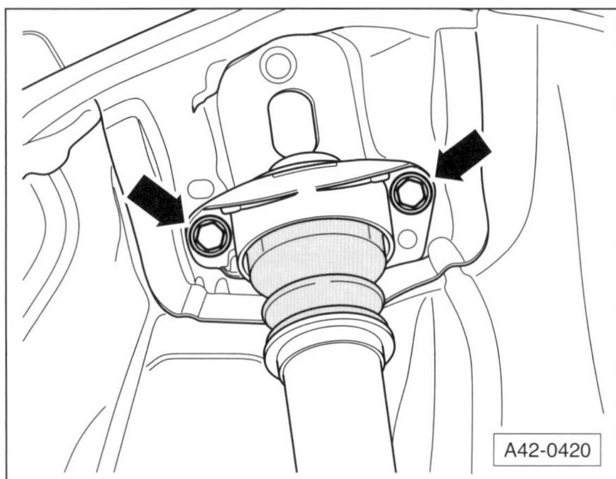

- 2 Schrauben –Pfeile– oben aus der Karosserie herausdrehen.

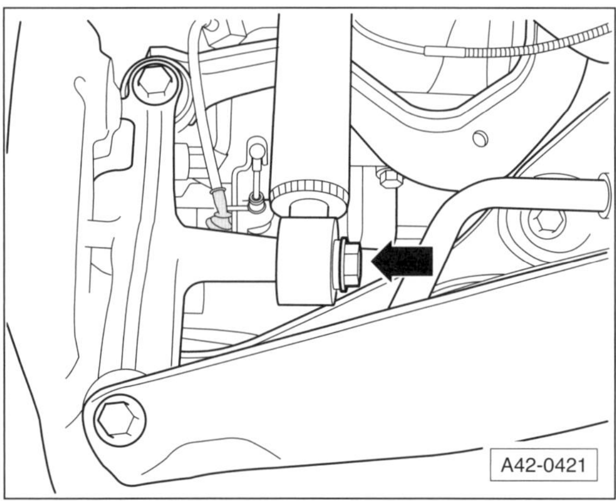

- Schraube –Pfeil– unten aus dem Achsschenkel herausdrehen und Stoßdämpfer aus dem Radkasten herausziehen.

Einbau

- Stoßdämpfer in den Radkasten einsetzen, oben an der Karosserie anschrauben und **neue selbstsichernde Schrauben** in 2 Stufen festziehen:

  1. Stufe: . . mit Drehmomentschlüssel **50 Nm** anziehen.
  2. Stufe: . . . . mit starrem Schlüssel **45°** weiterdrehen.

Hinweis: Um die Winkelgrade beim Anziehen einzuhalten, ist es sinnvoll, aus Pappe eine Winkelscheibe auszuschneiden oder die Winkelscheibe HAZET 6690 zu verwenden.

- Stoßdämpfer unten am Achsschenkel locker anschrauben, **nicht** festziehen.

Achtung: Um die Gummimetalllager nicht zu beschädigen, untere Schraubverbindung erst festziehen, wenn das Fahrzeug auf den Rädern steht oder in die sogenannte Leergewichtslage gebracht wurde, siehe Seite 137.

- Stoßdämpfer unten am Achsschenkel mit **neuer** Schraube und **180 Nm** festziehen.
- Schraubenfeder einbauen, siehe entsprechendes Kapitel.
- Innenkotflügel einbauen, siehe Seite 268.
- Reifen-Laufrichtung beachten, Hinterrad anschrauben, Fahrzeug ablassen, erst dann Radschrauben über Kreuz mit **120 Nm** festziehen. **Achtung:** Unbedingt Hinweise im Kapitel »Rad aus- und einbauen« beachten.

Stoßdämpfer zerlegen und zusammenbauen

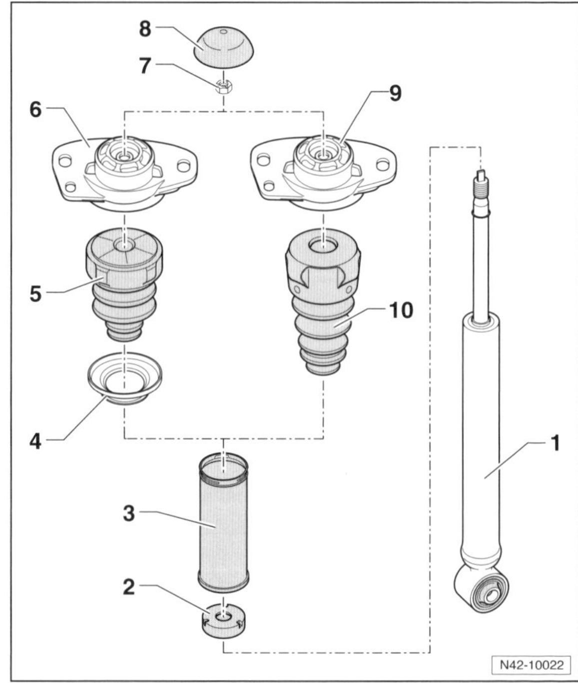

1 – Stoßdämpfer
2 – Schutzkappe
3 – Schutzrohr
4 – Stützring
5 – Anschlagpuffer[1]
6 – Stoßdämpferlager[1]
7 – Mutter, 25 Nm
Nach jeder Demontage ersetzen. Zum Lösen und Festziehen der Mutter Kolbenstange des Dämpfers an der Spitze gegenhalten.
8 – Abdeckung
9 – Stoßdämpferlager[2]
10 – Anschlagpuffer[2]

[1]) Für Stoßdämpfer mit Stützring.
[2]) Für Stoßdämpfer ohne Stützring.

Lenkung/Airbag

Die Lenkung besteht im Wesentlichen aus dem Lenkrad mit der Lenksäule, dem Zahnstangen-Lenkgetriebe und den Spurstangen. Die Lenksäule überträgt die Lenkbewegungen über ein Zahnrad auf das Lenkgetriebe. Die Zahnstange wird entsprechend dem Lenkradeinschlag nach links oder rechts bewegt. Spurstangen übertragen die Lenkkräfte über Spurstangengelenke und Achsschenkel auf die Räder.

Die Zahnstangenlenkung ist spielfrei von Anschlag zu Anschlag sowie wartungsfrei, nur die Lenkmanschetten und Staubkappen der Spurstangenköpfe müssen im Rahmen der Wartung auf einwandfreien Zustand geprüft werden.

Der Kraftaufwand beim Einschlagen der Räder, insbesondere bei stehendem Fahrzeug, wird durch eine **elektromechanische Lenkhilfe** (Servolenkung) verringert. Ein am Lenkgetriebe angebrachter Elektromotor unterstützt die Bewegungen des Lenkrades. Der Elektromotor bewegt ein zweites Ritzel, das in die Verzahnung der Zahnstange im Lenkgetriebe greift. Ein Steuergerät koordiniert diesen Vorgang, bei dem die Parameter Fahrzeuggeschwindigkeit, Lenkwinkel sowie die Geschwindigkeit der Lenkbewegung mit einbezogen werden. Zusätzlich bewirkt die elektromechanische Servolenkung ein automatisch gesteuertes Korrigieren der Geradeausfahrt bei konstantem Seitenwind und geneigter Fahrbahn.

Sicherheitshinweis
Schweiß- und Richtarbeiten an Bauteilen der Lenkung **sind nicht zulässig. Selbstsichernde Schrauben/Muttern** sowie korrodierte Schrauben/Muttern im Reparaturfall **immer ersetzen.**

Achtung: Die angegebenen Anzugsdrehmomente sind unbedingt einzuhalten. **Bei mangelnder Erfahrung sollten Arbeiten an der Lenkung von einer Fachwerkstatt durchgeführt werden.**

Im Lenkrad ist der Fahrer-**Airbag** untergebracht. Der Airbag ist ein zusammengefalteter Luftsack, der im Fall einer Frontalkollision aufgeblasen wird und dadurch Oberkörper und Kopf des Fahrers vor einem Aufprall auf das Lenkrad schützt. Bei einer entsprechend starken Frontalkollision wird über ein Steuergerät eine kleine Sprengladung im Gasgenerator der Airbag-Einheit gezündet. Es entstehen Explosionsgase, die den Luftsack innerhalb weniger Millisekunden aufblasen. Diese Zeit reicht aus, um den Aufprall des nach vorn schnellenden Fahrer-Oberkörpers zu dämpfen. Der Airbag fällt anschließend innerhalb weniger Sekunden wieder in sich zusammen, da die Gase durch Austrittsöffnungen entweichen.

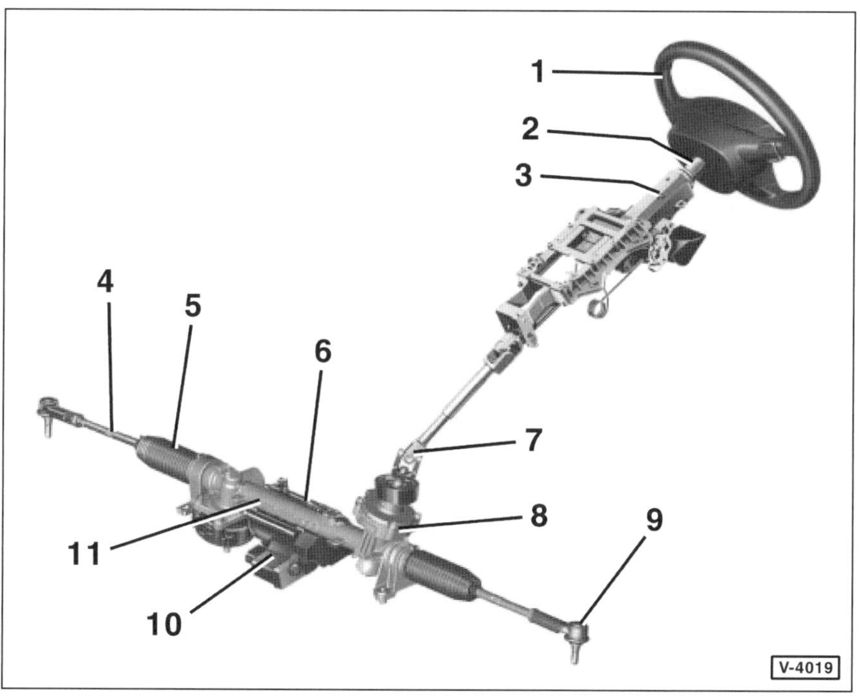

1 – **Lenkrad**
2 – **Lenkwinkelsensor**
Am Lenkstockschalter befestigt.
3 – **Lenksäule**
4 – **Spurstange**
5 – **Gummimanschette**
6 – **Elektromotor für Servolenkung**
7 – **Kreuzgelenk**
8 – **Sensor für Lenkmoment**
9 – **Spurstangenkopf**
10 – **Steuergerät für Servolenkung**
11 – **Lenkgetriebe**

Airbag-Sicherheitshinweise

Das Airbag-System besteht aus dem Aufprallsensor, dem Gasgenerator, dem Steuergerät und dem Airbag. Das Aufblasen des Airbags wird elektrisch ausgelöst.

Je nach Ausstattung ist das Fahrzeug mit Front-, Seiten-, Knie- und Kopf-Airbags sowie Gurtstraffern ausgestattet. Es handelt sich dabei um pyrotechnische Bauteile, für die dieselben Sicherheitsvorschriften gelten.

Auf dem Beifahrersitz darf kein gegen die Fahrtrichtung angeordneter Babysitz montiert werden, wenn der Beifahrer-Airbag aktiviert ist; ausgenommen ist ein spezieller Kindersitz in Zusammenhang mit der automatischen Kindersitzerkennung.

Achtung: Aus Sicherheitsgründen keine Arbeiten an Teilen des Airbag- oder Gurtstraffer-Systems durchführen.

Vor Aus- und Einbau der Fahrer-Airbag-Einheit folgende Hinweise unbedingt befolgen:

- **Batterie-Massekabel (–) bei eingeschalteter Zündung *abklemmen*.** Anschließend **Minuspol isolieren**, um einen versehentlichen Kontakt zu vermeiden. Nach dem Abklemmen ist eine **Wartezeit** von mindestens **10 Sekunden** erforderlich, bis sich sämtliche Kondensatoren entladen haben. **Achtung:** Hinweise im Kapitel »Batterie aus- und einbauen« durchlesen.
- **Batterie-Massekabel (–)** nur bei **eingeschalteter Zündung *anklemmen*. Achtung:** Beim **Anklemmen** der Batterie darf sich **keine Person** im **Innenraum** des Fahrzeuges **aufhalten.** Befindet sich die **Batterie im Innenraum,** darf sich **niemand** im **Wirkungsbereich von Airbags und Gurtstraffern aufhalten.**
- Räder in Geradeausstellung, Lenkrad in Mittelstellung bringen.
- Vor dem Abnehmen (Berühren) der Airbag-Einheit **elektrostatische Aufladung** abbauen. Dazu kurz den **Schließkeil der Tür oder die Karosserie anfassen.**

Allgemeine Hinweise:

- Für Airbageinheiten gibt es keine Wechselintervalle.
- Niemals Airbag-Komponenten eines anderen Fahrzeugs oder ein anderes Lenkrad einbauen. Beim Austausch stets neue Teile verwenden.
- Selbst nach einem leichten Unfall, der nicht zum Auslösen des Airbags führte, Airbag- und Gurtstraffer-System von einer Fachwerkstatt überprüfen lassen.
- **Das Airbag-System darf nur in der Fachwerkstatt geprüft werden. Keinesfalls mit Prüflampe, Voltmeter oder Ohmmeter prüfen.**
- Airbag-Komponenten, die auf eine harte Unterlage herabgefallen sind, müssen grundsätzlich ersetzt werden.
- Airbag-Komponenten vor großer Hitze und direkter Flammeneinwirkung schützen und keinen Temperaturen über +100° C aussetzen, auch nicht kurzfristig.
- Airbag-Komponenten vor Kontakt mit Wasser, Fett oder Öl schützen. Sofort mit einem trockenem Lappen abwischen.
- Die Airbag-Einheit ist im ausgebauten Zustand immer so abzulegen, dass das Lenkradpolster nach oben zeigt. Bei umgekehrter Lagerung besteht die Gefahr, dass bei eventueller Zündung der Gasgenerator nach oben geschleudert wird. Dadurch erhöht sich die Verletzungsgefahr.
- Bei Arbeitsunterbrechung die Airbag-Einheit nicht unbeaufsichtigt liegen lassen.
- Die Airbag-Einheit oder Gurtstraffer dürfen nicht zerlegt werden, bei einem Defekt sind sie immer komplett zu ersetzen. Da die Airbag-Einheit Explosivstoffe enthält, ist sie unter Verschluss oder geeigneter Aufsicht aufzubewahren.
- Vor Verschrotten des Fahrzeugs müssen die Airbag-Einheiten entsorgt werden. Die Entsorgung erfolgt nur durch eine Fachwerkstatt.
- Zwischen Airbag und Insassen dürfen sich keine Gegenstände befinden. Genügend großen Abstand zum Airbag einhalten, damit sich der Airbag-Luftsack beim Auslösen entfalten kann.
- Lenkrad, Armaturentafel und Vordersitzlehnen im Bereich der Airbag-Einheit nicht bekleben und von Gegenständen freihalten.
- An den Haken der Handgriffe nur leichte Kleidungsstücke ohne Kleiderbügel aufhängen. Keine Gegenstände in den Taschen der Kleidungsstücke belassen.
- Die Airbag-Kontrolllampe im Kombiinstrument muss beim Einschalten der Zündung aufleuchten und nach etwa 4 Sekunden erlöschen. Andernfalls liegt eine Störung vor.

Speziell beim Seitenairbag ist Folgendes zu beachten:

- Es dürfen nur original Sitzbezüge und Rücksitzbezüge verbaut werden, die für Seitenairbags freigegeben sind (erkennbar am Airbag-Annäher auf dem Bezug).
- Die Rückenlehnen dürfen nicht mit Schonbezügen überzogen werden, da dadurch die Funktion des Seitenairbags beeinflusst wird.
- Sitzplatzauflagen, -matten oder Ähnliches, die die Funktion der Sitzbelegungserkennung und der Airbags beeinträchtigen, sind nicht zulässig.
- Bei Beschädigung des Bezuges (durch Risse, Brandlöcher usw.) im Bereich des Seitenairbags ist aus Sicherheitsgründen immer der Bezug zu wechseln, da sich sonst der Seitenairbag nicht richtig entfaltet.
- Nicht mit der Polsternadel oder ähnlich spitzen Gegenständen im Bereich Airbag und Sensormatte in den Bezug stechen.

Speziell beim Kopfairbag ist Folgendes zu beachten:

- Kopfairbag nicht knicken oder verdrehen.
- Beschädigte Verkleidungen an den Fahrzeugsäulen immer ersetzen, nie reparieren.

Airbag-Einheit aus- und einbauen

Ausbau

- **Airbag-Sicherheitshinweise durchlesen und befolgen.**
- **Batterie-Massekabel (–) bei eingeschalteter Zündung abgeklemmen.**

Achtung: Hinweise im Kapitel »Batterie aus- und einbauen« durchlesen.

- **Minuspol** der Batterie **isolieren**, um einen versehentlichen Kontakt zu vermeiden.
- Nach dem Abklemmen des Massekabels mindestens 10 Sekunden warten, bis mit weiterführenden Arbeiten begonnen wird.
- Lenksäulenverstellung entriegeln. Lenksäule ganz herausziehen und in unterster Position verriegeln.

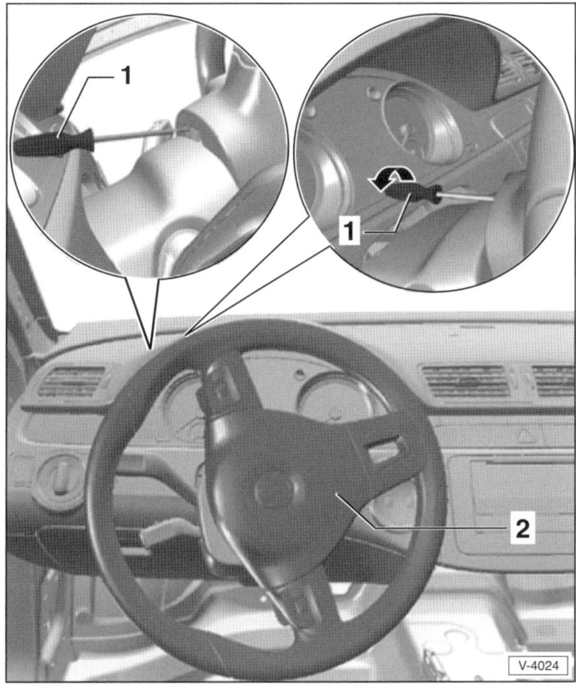

- Lenkrad ¼ Umdrehung gegen den Uhrzeigersinn drehen.
- Einen etwa 7 mm breiten und 18 cm langen Schlitz-Schraubendreher –1– bis zum Anschlag (ca. 8 mm) in die Bohrung an der Rückseite des Lenkrads stecken.
- Schraubendreher in Pfeilrichtung drehen. Dadurch wird die Airbag-Einheit –2– entriegelt und springt ein Stück aus dem Lenkrad.
- Lenkrad um 180° zurückdrehen und zweite Verrastung an der gegenüberliegenden Seite auf die gleiche Weise entriegeln.
- Lenkrad um 90° auf die Mittelstellung zurückdrehen und Airbag-Einheit –2– vorsichtig ein Stück vom Lenkrad abnehmen. Gegebenenfalls Airbag an der Oberkante aus dem Lenkradtopf herausziehen.

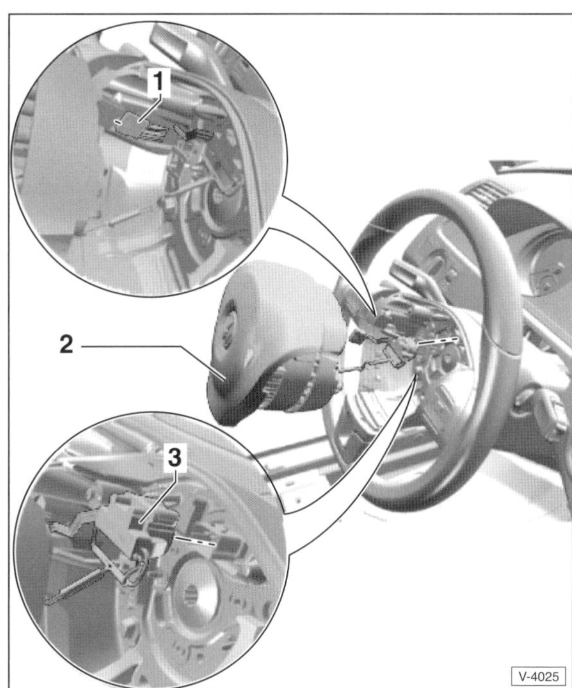

Achtung: Vor dem Trennen der Airbag-Leitung eventuelle elektrostatische Ladungen abbauen. Dazu kurz den Schließkeil der Tür oder die Karosserie anfassen.

- Multifunktionslenkrad: Stecker –1– für Lenkrad-Bedientasten an der Rückseite der Airbag-Einheit –2– entriegeln und trennen.
- Sicherungslasche am Stecker –3– herausziehen und Stecker der Airbag-Einheit trennen.
- Airbag-Einheit –2– vom Lenkrad abnehmen.
- Airbag-Einheit so ablegen, dass das Prallpolster nach oben zeigt.

Einbau

- Airbag-Stecker –3– verbinden und Sicherungslasche hörbar einrasten.
- Multifunktionslenkrad: Stecker –1– für Lenkrad-Bedientasten verbinden.
- Airbag-Einheit –2– ins Lenkrad einsetzen. Airbag-Einheit rechts und links eindrücken und hörbar einrasten.
- Überprüfen, ob die Airbag-Einheit korrekt im Lenkrad verrastet ist.

Achtung: Beim Anklemmen der Batterie darf sich keine Person im Fahrzeug-Innenraum befinden!

- Zündung einschalten.
- Isolierband am Minuspol der Batterie entfernen und Massekabel (–) an der Batterie anklemmen. **Achtung:** Hinweise im Kapitel »Batterie aus- und einbauen« beachten.

Lenkrad aus- und einbauen

Ausbau

- Airbageinheit ausbauen, dabei Sicherheitshinweise befolgen, siehe entsprechende Kapitel.
- Lenkrad in Mittelstellung drehen, so dass sich die Räder in Geradeausstellung befinden.

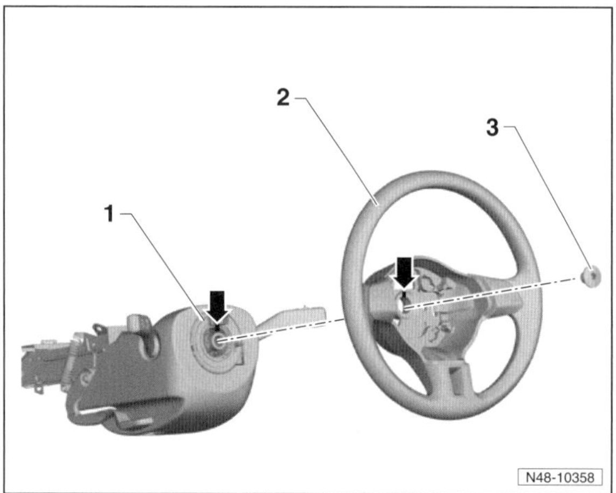

- Schraube –3– herausdrehen und Lenkrad –2– von der Lenksäule abziehen.

Einbau

- Sicherstellen, dass sich die Räder in Geradeausstellung befinden.
- Lenkrad so ansetzen, dass die Markierungen –Pfeile– auf der Nabe des Lenkrades und auf der Lenksäule fluchten.
- Lenkrad aufschieben und dabei den Steckkontakt –1– für Lenkwinkelgeber in die Aussparung am Lenkradboden einführen.
- **Neue** Schraube –3– einschrauben und mit **30 Nm** festziehen. Anschließend die Schraube mit einem starren Schlüssel **90°** (¼ Umdrehung) **weiterdrehen**.
- Airbageinheit einbauen, siehe entsprechendes Kapitel.

Spurstangenkopf aus- und einbauen

Ausbau

- **Spurstangenspiel prüfen:** Fahrzeug vorn aufbocken, die Räder müssen frei hängen. Räder und Spurstangen bewegen. Dabei darf kein Spiel auftreten.
- Räder in Geradeausstellung bringen.
- Reifen-Laufrichtung mit Pfeil am Reifen markieren. Radschrauben lösen. Fahrzeug vorn aufbocken und Rad abnehmen. **Achtung:** Unbedingt Hinweise im Kapitel »Rad aus- und einbauen« beachten.
- Befestigung prüfen. Staubkappen auf Beschädigungen, Risse und richtigen Sitz prüfen, gegebenenfalls Gelenk austauschen.

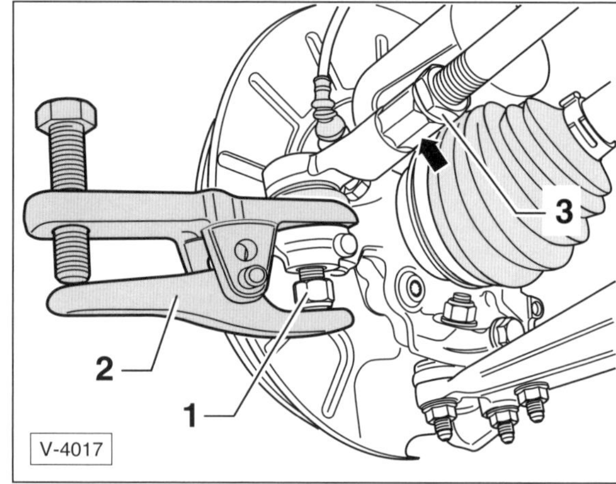

- Mutter –1– für Spurstangenkopf einige Umdrehungen losschrauben, dabei den Spurstangenkopf mit einem Innentorxschlüssel T40 gegenhalten.
- Spurstangenkopf mit handelsüblichem Ausdrücker –2–, zum Beispiel HAZET 1790-7, aus dem Achsschenkel herausdrücken, der Ausdrücker stützt sich dabei auf der Mutter ab.
- Mutter für Spurstangenkopf abschrauben und Spurstangenkopf aus dem Lenkspurhebel herausziehen.

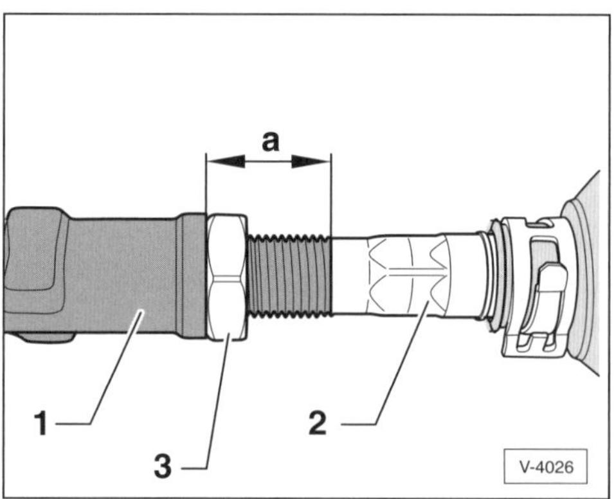

- Maß –a– zwischen Spurstangenkopf –1– und Spurstange –2– messen und den Wert notieren.

- Markierung über Spurstange und Spurstangenkopf anbringen, damit die Kontermutter –3– beim späteren Einbau an derselben Position festgezogen werden kann, siehe Abbildung V-4017.
- Kontermutter –3– lösen, dabei den Spurstangenkopf mit einem Maulschlüssel gegenhalten –Pfeil–, siehe Abbildung V-4017.
- Spurstangenkopf von der Spurstange abschrauben. Dabei die Anzahl der Umdrehungen für den späteren Einbau merken.

Einbau

- Kegelschaft des Spurstangenkopfes entfetten.
- Spurstangenkopf mit der gleichen Anzahl an Umdrehungen wie beim Ausbau auf die Spurstange aufschrauben. Dabei das ermittelte Maß für die Aufschraubtiefe, welches beim Ausbau notiert wurde, überprüfen.
- Kontermutter handfest anziehen.
- Spurstange so ausrichten, dass der Zapfen des Spurstangenkopfes in Einbaulage steht. Spurstange bis zum Anschlag in den Lenkspurhebel einsetzen.
- **Neue Mutter** auf Spurstangenkopf aufschrauben, mit **20 Nm** anziehen und anschließend um ¼ **Umdrehung (90°)** weiterdrehen. **Hinweis:** Damit sich der Gelenkzapfen beim Festziehen nicht mitdreht, diesen mit einem Innentorxschlüssel T40 gegenhalten.
- Kontermutter mit **70 Nm** festziehen. Beim Festziehen am Sechskant der Spurstange gegenhalten.
- Reifen-Laufrichtung beachten, Vorderrad anschrauben, Fahrzeug ablassen, erst dann Radschrauben über Kreuz mit **120 Nm** festziehen. **Achtung:** Unbedingt Hinweise im Kapitel »Rad aus- und einbauen« beachten.
- Fahrzeugvermessung durchführen lassen (Werkstattarbeit).

Manschette für Lenkung aus- und einbauen

Bei einer gerissenen oder porösen Manschette dringt Feuchtigkeit und Schmutz in das Lenkgetriebe. Defekte Manschette umgehend ersetzen. Die Schmierung der Verzahnung muss gewährleistet sein, sonst kann das Lenkgetriebe beschädigt werden.

Ausbau

- Räder in Geradeausstellung bringen.
- Reifen-Laufrichtung mit Pfeil am Reifen markieren. Radschrauben lösen. Fahrzeug vorn aufbocken und Räder abnehmen. **Achtung:** Unbedingt Hinweise im Kapitel »Rad aus- und einbauen« beachten.
- Lenkgetriebe und Spurstange außen im Bereich der Manschette säubern, dabei darf kein Schmutz durch eventuelle Risse in das Innere gelangen.

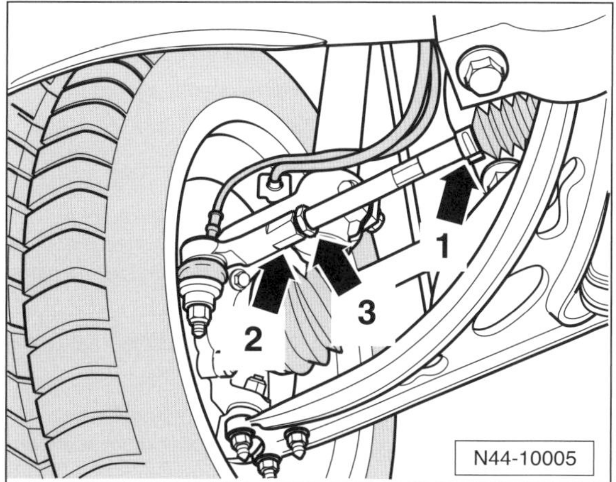

- Position der Kontermutter –3– auf der Spurstange markieren.
- Kontermutter lösen, dabei am Sechskant –2– des Spurstangenkopfs gegenhalten. 1 – Federbandschelle.

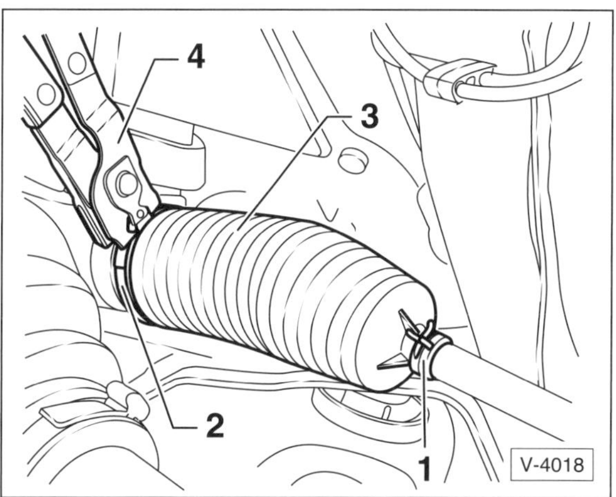

Hinweis: Die Einbaulage der Schellen –1/2– merken beziehungsweise mit Filzschreiber markieren.

- Federbandschelle –1– außen mit Schlauchklemmenzange, zum Beispiel HAZET 798-5, spreizen, von der Manschette lösen und auf die Spurstange schieben.
  4 – Klemmzange.
- Klemmschelle –2– innen vorsichtig durchschneiden und Manschette –3– vom Lenkgetriebe abziehen.
- Spurstange aus dem Spurstangenkopf herausdrehen. Dabei die Anzahl der Umdrehungen für den späteren Einbau merken.
- Manschette von der Spurstange abziehen.
- Zahnstange im Lenkgetriebe prüfen, soweit sichtbar. Ist Korrosion, Beschädigung, Abnutzung oder sind Ansätze von Verschmutzung auf der Zahnstange sichtbar, dann muss das Lenkgetriebe komplett ersetzt werden (Werkstattarbeit).
- Wenn kein Schmierfilm auf der Zahnstange sichtbar ist, dann muss das Lenkgetriebe ebenfalls komplett ersetzt werden (Werkstattarbeit).

Einbau

- Spurstange reinigen und leicht einfetten.

Achtung: Die Zahnstange darf nicht gefettet werden.

- Lenkrad in Geradeausstellung bringen.
- **Neue** Schellen und **neue** Manschette über die Spurstange aufziehen.
- Spurstange in den Spurstangenkopf einschrauben, dabei auf gleich Anzahl der Umdrehungen wie beim Ausbau achten.
- Kontermutter mit **70 Nm** festziehen, dabei mit Maulschlüssel am Spurstangenkopf gegenhalten.
- Dichtstelle der Manschette zur Spurstange mit Spezialfett VW-G052.168.A1 aus dem Reparatursatz dünn einfetten.

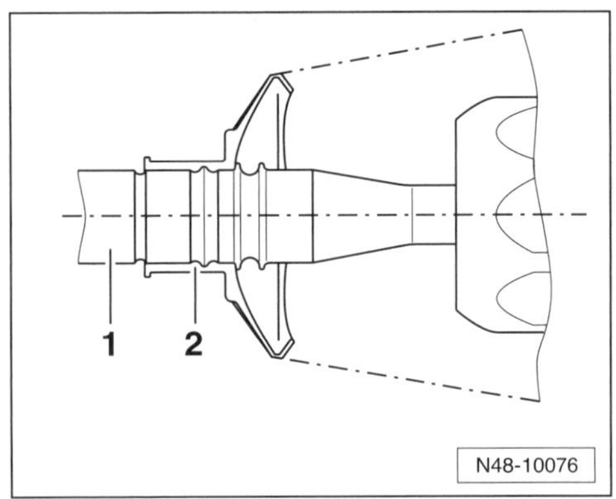

- Manschette –2–, wie in der Abbildung dargestellt, auf die Spurstange –1– schieben.
- Federbandschelle mit Schlauchklemmenzange, zum Beispiel HAZET 798-5, spreizen und am kleinen Durchmesser der Manschette einsetzen.
- Dichtstelle der Manschette zum Lenkgetriebegehäuse mit Spezialfett VW-G052.168.A1 aus dem Reparatursatz dünn einfetten.
- Manschette über die Zahnstange bis zum Anschlag auf das Lenkgetriebegehäuse ziehen und **neue** Klemmschelle über die Manschette legen.
- Sicherstellen, dass die Manschette nicht verdreht ist.
- Klemmschelle wie vor dem Ausbau ausrichten und mit Klemmzange –4–, zum Beispiel HAZET 1847-1, festziehen, siehe Abbildung V-4018.
- Reifen-Laufrichtung beachten, Räder anschrauben, Fahrzeug ablassen, erst dann Radschrauben über Kreuz mit **120 Nm** festziehen. **Achtung:** Unbedingt Hinweise im Kapitel »Rad aus- und einbauen« beachten.
- Fahrzeugvermessung durchführen lassen (Werkstattarbeit).

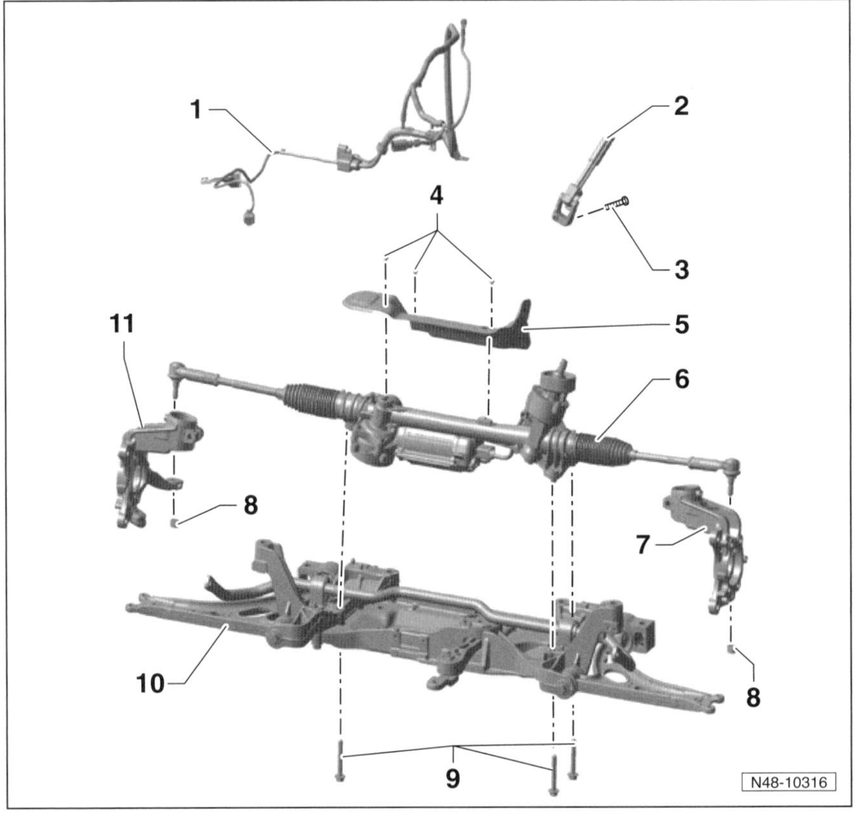

Elektromechanisches Lenkgetriebe

1 – **Elektrische Leitung**

2 – **Kreuzgelenk**

3 – **Schraube*, 30 Nm**

4 – **Torxschraube, 6 Nm**
Selbstschneidend.

5 – **Abschirmblech**

6 – **Servolenkgetriebe**
Mit Steuergerät, Servomotor, Motordrehzahlgeber, Lenkwinkelgeber, Lenkmomentgeber.

7 – **Radlagergehäuse links**

8 – **Mutter*, 20 Nm + 90°**

9 – **Schraube*, 50 Nm + 90°**

10 – **Aggregateträger**

11 – **Radlagergehäuse rechts**

---

*) Nach jeder Demontage ersetzen.

Räder und Reifen

Der GOLF ist je nach Modell und Ausstattung mit Rädern unterschiedlicher Größe ausgerüstet. Sofern Reifen montiert werden, die nicht in den Fahrzeugpapieren vermerkt sind, müssen sie in der EU-Übereinstimmungsbescheinigung (CoC = EC **C**ertification **o**f **C**onformity) zum Fahrzeug stehen. Die Bescheinigung oder eine Kopie davon ist dann grundsätzlich im Fahrzeug mitzuführen.

Neben der Felgenbreite und dem Felgendurchmesser sind bei einem Wechsel der Felge auch die Einpresstiefe und der Lochkreisdurchmesser zu beachten. Die Einpresstiefe ist das Maß von der Felgenmitte (= Mitte der Reifenspur) bis zur Anlagefläche der Radschüssel an die Radnabe/Bremsscheibe. Der Lochkreisdurchmesser gibt den Durchmesser des Kreises an, an dem die Radschrauben angeordnet sind.

Alle Scheibenräder sind als Hump-Felgen ausgelegt. Der Hump ist ein in die Felgenschulter eingepresster Wulst, der auch bei extrem scharfer Kurvenfahrt nicht zulässt, dass der schlauchlose Reifen von der Felge gedrückt wird. **Achtung:** In schlauchlose Reifen darf kein Schlauch eingezogen werden.

Reifenfülldruck

Der Reifenfülldruck wird vom Automobilhersteller in Abhängigkeit verschiedener Parameter festgelegt. Dazu zählen unter anderem die Zuladung und die Höchstgeschwindigkeit des Fahrzeugs. Vom Werk sind für den GOLF unterschiedliche Reifendimensionen und Felgengrößen zugelassen.

Hinweis: Eine komplette Liste aller zugelassenen Reifen und Felgen hat jede VW-Fachwerkstatt.

Für die Lebensdauer der Reifen und die Fahrzeugsicherheit ist das Einhalten des Reifenfülldrucks von großer Wichtigkeit. Reifenfülldruck deshalb alle 4 Wochen und vor jeder längeren Fahrt prüfen (auch am Reserverad).

Hinweis: Die Reifenfülldruckwerte stehen auf einem Aufkleber an der Innenseite der **Tankklappe**. In der unten stehenden Tabelle ist eine Auswahl der Reifenfülldrücke als Anhaltswerte angegeben.

- Reifenfülldruckangaben beziehen sich auf **kalte** Reifen. Der sich bei längerer Fahrt einstellende und um ca. 0,2 bis 0,4 bar höhere Überdruck darf nicht reduziert werden. **Winterreifen** (Bezeichnung M+S) können mit einem um **0,2 bar höheren Überdruck** als Sommerreifen gefahren werden. Auf jeden Fall müssen die Reifenfülldrücke bei Winterreifen entsprechend den Vorgaben des Reifenherstellers eingehalten werden. Unterliegen die Winterreifen einer Geschwindigkeitsbeschränkung, muss ein Hinweis im Blickfeld des Fahrers angebracht werden (§ 36, Absatz 1 StVZO).
- Bei **Anhängerbetrieb** Reifenfülldruck auf den unter »volle Zuladung« angegebenen Wert erhöhen. Reifenfülldruck der Anhängerbereifung ebenfalls kontrollieren.
- Der Reifenfülldruck für das **Reserverad** entspricht dem höchsten für das Fahrzeug vorgesehenen Fülldruck.
- Der Reifenfülldruck für das **Notrad** ist auf der Reifenflanke angegeben und liegt bei 4,2 bar.

Reifenfülldrücke

Motor	**Reifenfülldruck (Überdruck) in bar**			
	halbe Zuladung		volle Zuladung	
GOLF (Typ 5K1)	vorn	hinten	vorn	hinten
1,4-l 59/90 kW, 1,6-l 75 kW, 1,6-l 66 kW TDI	2,0	2,0	2,3	2,8
1,4-l 118 kW	2,3	2,3	2,5	3,0
2,0-l 155 kW GTI	2,4	2,6	2,8	3,0
2,0-l 81/103 kW TDI	2,2	2,2	2,4	2,9
2,0-l 125 kW TDI	2,4	2,4	2,6	3,0
GOLF PLUS (Typ 521)				
1,4-l 59/90/118 kW, 1,6-l 75 kW, 1,6-l 66 kW TDI, 2,0-l 81 kW TDI	2,2	2,2	2,4	2,9
2,0-l 103 kW TDI	2,3	2,3	2,5	3,0

Reifen- und Scheibenrad-Bezeichnungen/Herstellungsdatum

Reifen-Bezeichnungen

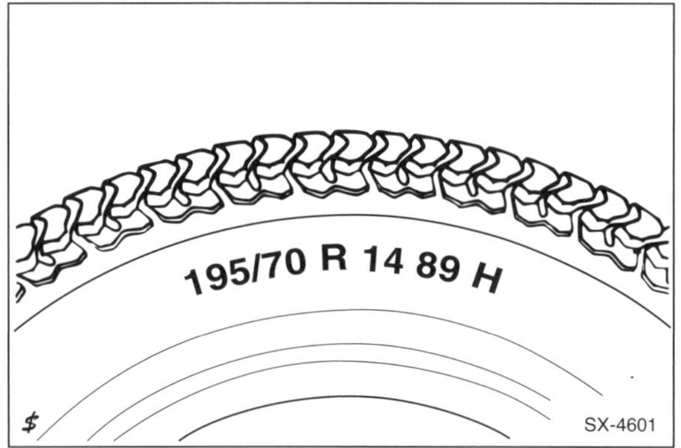

195 = Reifenbreite in mm.
/70 = Verhältnis Höhe zu Breite (die Höhe des Reifenquerschnitts beträgt 70 % von der Breite).
Fehlt eine Angabe des Querschnittverhältnisses (zum Beispiel 155 R 13), so handelt es sich um das »normale« Höhen-Breiten-Verhältnis. Es beträgt bei Gürtelreifen 82 %.
R = Radial-Bauart (= Gürtelreifen).
14 = Felgendurchmesser in Zoll.
89 = Tragfähigkeits-Kennzahl.
Achtung: Steht zwischen den Angaben 14 und 89 die Bezeichnung **M+S**, dann handelt es sich um einen Reifen mit Winterprofil.
H = Kennbuchstabe für zulässige Höchstgeschwindigkeit, H: bis 210 km/h.
Der Geschwindigkeitsbuchstabe steht hinter der Reifengröße. Die Geschwindigkeitsbuchstaben gelten sowohl für Sommer- als auch für Winterreifen.

Geschwindigkeits-Kennbuchstabe

Kennbuchstabe	Zulässige Höchstgeschwindigkeit
Q	160 km/h
S	180 km/h
T.	190 km/h
H	210 km/h
V	240 km/h
W	270 km/h
Y	300 km/h

Achtung: Steht hinter der Reifenbezeichnung das Wort »reinforced«, handelt es sich um einen Reifen in verstärkter Ausführung, beispielsweise für Vans und Transporter.

Reifen-Herstellungsdatum

Das Herstellungsdatum steht auf dem Reifen im Hersteller-Code.

Beispiel: DOT CUL2 UM8 0411 TUBELESS.

DOT = Department of Transportation (US-Verkehrsministerium).
CU = Kürzel für Reifenhersteller.
L2 = Reifengröße.
UM8 = Reifenausführung.
0411 = Herstellungsdatum = 4. Produktionswoche 2011
Hinweis: Falls anstelle der 4-stelligen Ziffer eine 3-stellige Ziffer gefolgt von einem ◁-Symbol aufgeführt ist, dann wurde der Reifen im vergangenen Jahrzehnt produziert. Die Bezeichnung 509◁ bedeutet beispielsweise: 50. Produktionswoche 1999.
TUBELESS = schlauchlos (TUBETYPE = Schlauchreifen).

Achtung: Neureifen müssen seit 10/98 zusätzlich mit einer ECE-Prüfnummer an der Reifenflanke versehen sein. Diese Prüfnummer weist nach, dass der Reifen dem ECE-Standard entspricht. Reifen seit 10/98 **ohne** ECE-Prüfnummer haben keine Allgemeine Betriebserlaubnis (ABE).

Scheibenrad-Bezeichnungen

Beispiel : 5½J x 15 H2, ET 38, LK 4/100.

5½ = Maulweite (Innenbreite) der Felge in Zoll.
J = Kennbuchstabe für Höhe und Kontur des Felgenhorns (B = niedrigere Hornform).
x = Kennzeichen für einteilige Tiefbettfelge.
15 = Felgen-Durchmesser in Zoll.
H2 = Felgenprofil an Außen- und Innenseite mit Hump-Schulter (Hump = Sicherheitswulst, damit der Reifen nicht von der Felge rutscht).
ET 38 = Einpresstiefe: 38 mm. Das Maß gibt in mm an, wie weit die Felgenanschraubfläche von der Felgenmitte entfernt ist.
LK 4 = Die Felge ist in diesem Beispiel mit 4 Schrauben befestigt.
/100 = Der Lochkreisdurchmesser, auf dem die Schrauben angeordnet sind, beträgt 100 mm.

Profiltiefe messen

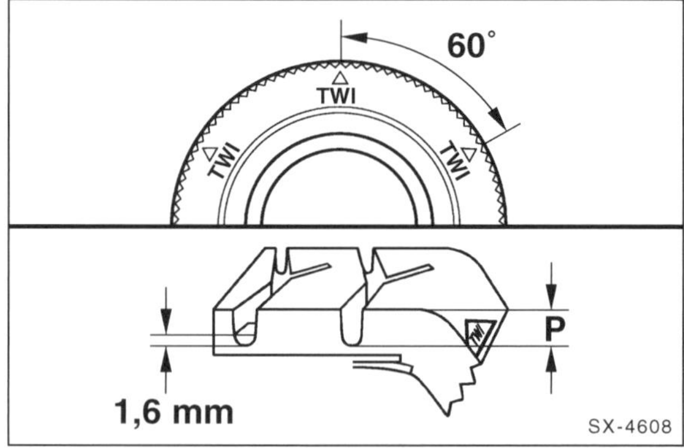

Reifen dürfen aufgrund gesetzlicher Vorschriften bis zu einer Profiltiefe von 1,6 mm abgefahren werden, und zwar an der gesamten Reifenlauffläche gemessen. Aus Sicherheitsgründen empfiehlt es sich, die Sommerreifen bereits bei einer Profiltiefe von **2 mm** und die Winterreifen bei einer Profiltiefe von **4 mm** auszutauschen.

Die Tiefe des Reifenprofils an den Hauptprofilrillen mit dem stärksten Verschleiß messen. Im Profilgrund der Originalbereifung sind Abnutzungsindikatoren vorhanden. An den Reifenflanken kennzeichnen Buchstaben (TWI = **T**read **W**ear **In**-

dicator) oder Dreiecksymbole die Lage der Verschleißanzeiger. Die Flächen der Abnutzungsindikatoren haben eine Höhe von 1,6 mm. Sie dürfen nicht in die Messung mit einbezogen werden. Für die Messwerte entscheidend ist das Maß an der Stelle mit der geringsten Profiltiefe –P–.

Auswuchten von Rädern

Die serienmäßigen Räder werden im Werk ausgewuchtet. Das Auswuchten ist notwendig, um unterschiedliche Gewichtsverteilung und Materialungenauigkeiten auszugleichen. Im Fahrbetrieb macht sich die Unwucht durch Trampel- und Flattererscheinungen bemerkbar. Das Lenkrad beginnt dann bei höherem Tempo zu zittern. In der Regel tritt dieses Zittern nur in einem bestimmten Geschwindigkeitsbereich auf und verschwindet wieder bei niedrigerer oder höherer Geschwindigkeit. Solche Unwuchterscheinungen können mit der Zeit zu Schäden an Achsgelenken, Lenkgetriebe und Stoßdämpfern sowie am Reifenprofil führen.

Räder nach jeder Reifenreparatur und nach jeder Montage eines neuen Reifens auswuchten lassen, da sich durch Abnutzung und Reparatur die Gewichts- und Materialverteilung am Reifen ändert.

Schneeketten

Schneeketten sind nur an den **Vorderrädern** zulässig. Aus technischen Gründen ist die Verwendung von Schneeketten nur mit bestimmten Reifen-/Felgenkombinationen zulässig, siehe Bedienungsanleitung. Auf dem Notrad keine Schneeketten auflegen. Um Beschädigungen an den Radvollblenden zu vermeiden, sollten diese bei Schneekettenbetrieb abgenommen werden. Nach Entfernen der Schneeketten, Radvollblenden wieder montieren.

Achtung: Nur feingliedrige Schneeketten aufziehen, die an der Lauffläche und an den Reifeninnenseiten inklusive Schloss maximal 15 mm auftragen.

Mit Schneeketten darf in Deutschland nicht schneller als **50 km/h** gefahren werden. Auf schnee- und eisfreien Straßen Schneeketten abnehmen.

Rad aus- und einbauen

Ausbau

Hinweis: Leichtmetallfelgen sind durch einen Klarlacküberzug gegen Korrosion geschützt. Beim Radwechsel darauf achten, dass die Schutzschicht nicht beschädigt wird, andernfalls mit Klarlack ausbessern.

- Reifen-Laufrichtung mit Kreide durch einen Pfeil am Reifen markieren.
- Fahrzeug gegen Wegrollen sichern. Dazu Handbremse anziehen, Rückwärtsgang oder 1. Gang einlegen. Bei Fahrzeugen mit Automatikgetriebe Wählhebel in Stellung »P« legen. Außerdem einen Keil hinter das diagonal gegenüberliegende Rad legen. Dabei Keil immer an der von der Aufbockstelle weg zeigenden Seite unterlegen.

- **Räder mit Radvollblende:** Drahtbügel aus dem Bordwerkzeug in eine Aussparung der Radvollblende einhängen, Radschlüssel durchschieben und Blende abziehen.

- **Räder mit Mittenabdeckung:** Mittenabdeckung mit dem Drahtbügel aus dem Bordwerkzeug abziehen.
- **Radschrauben mit Abdeckkappen:** Mit dem Drahtbügel aus dem Bordwerkzeug Abdeckkappen von den Radschrauben abziehen.
- **Radschraube mit Diebstahlsicherung:** Adapter mit Innenvielzahn-Einsatz aus dem Bordwerkzeug bis zum Anschlag in die Radschraube einschieben.
- **Radschrauben ½ Umdrehung** lockern, nicht abschrauben. **Achtung:** Dabei muss das Fahrzeug auf dem Boden stehen, ein Gang eingelegt und die Handbremse angezogen sein. Zum Lösen keinen Drehmomentschlüssel verwenden.

Sicherheitshinweis
Beim Aufbocken des Fahrzeugs besteht Unfallgefahr! Deshalb vorher das Kapitel »Fahrzeug aufbocken« durchlesen.

- Fahrzeug mit dem Wagenheber so weit anheben, bis das Rad vom Boden abgehoben hat, siehe Seite 61.
- Radschrauben herausdrehen und Rad abnehmen.

Einbau

- Zum Schutz gegen das Festrosten des Rades Zentriersitz der Felge an der Radnabe vorn und hinten vor jeder Montage des jeweiligen Rades dünn mit Wälzlagerfett einfetten. **Hinweis:** Bei Stahlfelgen und Winterreifen empfiehlt es sich Kunststoff-Radkappen zu verwenden.
- Verschmutzte Schrauben und Gewinde reinigen. Gewinde der Radschrauben **nicht** fetten oder ölen.

Achtung: Korrodierte oder schwergängige Schrauben umgehend erneuern. Bis dahin vorsichtshalber nur mit mäßiger Geschwindigkeit fahren.

- Rad entsprechend der beim Ausbau angebrachten Laufrichtungs-Markierung ansetzen.
- Radschrauben anschrauben und leicht mit etwa **30 Nm** über Kreuz anziehen.
- Fahrzeug absenken und Wagenheber entfernen.
- Radschrauben über Kreuz in mehreren Durchgängen anziehen. Zum Festziehen der Radschrauben sollte stets ein Drehmomentschlüssel verwendet werden. Dadurch wird sichergestellt, dass die Radschrauben gleichmäßig und fest angezogen sind. **Das Anzugsdrehmoment für die Radschrauben beträgt für Stahl- und Leichtmetallfelgen 120 Nm.**

Achtung: Wurden die Radschrauben nicht mit einem Drehmomentschlüssel festgezogen, ist es zwingend erforderlich, umgehend das Anzugsdrehmoment in einer Werkstatt kontrollieren zu lassen. Durch einseitiges oder unterschiedlich starkes Anziehen der Radschrauben können das Rad und/oder die Radnabe verspannt werden.

- **Fahrzeuge mit Radvollblenden:** Radvollblende zuerst im Bereich des Ventilausschnittes aufdrücken und anschließend gesamte Blende vollständig einrasten lassen. Blende gegebenenfalls mit dem Handballen aufschlagen.
- **Fahrzeuge mit Mittenabdeckung:** Mittenabdeckung einsetzen und einrasten lassen. Dabei darauf achten, dass die Nase an der Abdeckung in die Aussparung in der Felge eingreift, siehe Abbildung V-4603.
- **Radschrauben mit Abdeckkappen:** Kappen auf die Schraubenköpfe drücken.

Achtung: Felgen und Radschrauben sind aufeinander abgestimmt. Bei der Umrüstung von Leichtmetallfelgen auf Stahlfelgen, zum Beispiel beim Wechsel auf Winterbereifung mit Stahlfelgen, müssen deshalb die dazugehörigen Radschrauben mit der richtigen Länge und Kalottenform verwendet werden. Der Festsitz der Räder und die Funktion der Bremsanlage hängen davon ab.

- Nach dem Reifenwechsel unbedingt Reifenfülldruck prüfen und gegebenenfalls korrigieren.

Reifenkontrolle

Der GOLF verfügt als Sonderausstattung über ein Reifen-Überwachungssystem zur Erkennung von langsamen Reifendruckverlusten. Anhand der Raddrehzahlwerte, die über den ABS-Radsensor erhalten werden, wird in Abhängigkeit der Reifengröße der Abrollumfang jedes Reifens ermittelt. Eine Veränderung des Abrollumfangs wird als Absinken des Fülldrucks interpretiert und im Kombiinstrument angezeigt.

Ein anderes Reifendruck-Kontrollsystem wird am Markt angeboten. Hierbei erfolgt die Überwachung über Sensoren in den Reifen, wodurch eine Vielzahl von Reifen-Daten zur Auswertung bereitgestellt wird.

Im Handel werden auch **RFT-Reifen** (**R**un **F**lat **T**yre) mit einer Notlauf-Eigenschaft angeboten. Diese Reifen weisen eine spezielle Verstärkung der Seitenwände auf, wodurch das Fahrzeug bei plötzlichem Reifendruckverlust weiterhin sicher gesteuert werden kann. Bei einer Höchstgeschwindigkeit von etwa 80 km/h können mit den Reifen noch bis zu 250 Kilometer zurückgelegt werden. RFT-Reifen dürfen nur bei Fahrzeugen mit einem Reifendruck-Kontrollsystem eingesetzt werden. Zudem muss das Fahrzeug vom Hersteller speziell für den Einsatz von Run-Flat-Reifen zugelassen sein.

Reifenpflegetipps

Reifen haben ein »Gedächtnis«. Unsachgemäße Behandlung – und dazu zählt beispielsweise auch schon schnelles oder häufiges Überfahren von Bordstein- oder Schienenkanten – führt deshalb zu Reifenpannen, mitunter sogar erst nach längerer Laufleistung.

Reifen reinigen

- Reifen generell **nicht** mit einem Dampfstrahlgerät reinigen. Wird die Düse des Dampfstrahlers zu nahe an den Reifen gehalten, dann wird die Gummischicht innerhalb weniger Sekunden irreparabel zerstört, selbst bei Verwendung von kaltem Wasser. Ein auf diese Weise gereinigter Reifen sollte sicherheitshalber ersetzt werden.
- Ersetzt werden sollte auch ein Reifen, der über längere Zeit mit Öl, Fett oder Kraftstoff in Berührung kam. Der Reifen quillt an den betreffenden Stellen zunächst auf, nimmt jedoch später wieder seine normale Form an und sieht äußerlich unbeschädigt aus. Die Belastungsfähigkeit des Reifens nimmt aber ab.

Reifen lagern

- Reifen sollten kühl, dunkel und trocken aufbewahrt werden. Sie dürfen nicht mit Fett, Öl oder Kraftstoff in Berührung kommen.
- Räder liegend oder an den Felgen aufgehängt in der Garage oder im Keller lagern. Reifen, die nicht auf einer Felge montiert sind, sollten stehend aufbewahrt werden.
- Bevor die Räder abmontiert werden, Reifenfülldruck etwas erhöhen (ca. 0,3 – 0,5 bar).

Hinweis: Für Winterreifen eigene Felgen verwenden; das Ummontieren der Reifen lohnt sich aus Kostengründen nicht.

Reifen einfahren

Neue Reifen haben vom Produktionsprozess her eine besonders glatte Oberfläche. Deshalb müssen neue Reifen – das gilt auch für das neue Ersatzrad – etwa **300 Kilometer** mit mäßiger Geschwindigkeit und vorsichtiger Fahrweise eingefahren werden; speziell auf regennasser Fahrbahn muss vorsichtig gefahren werden. Bei diesem Einfahren raut sich durch die beginnende Abnutzung die glatte Oberfläche auf, das Haftvermögen des Reifens verbessert sich.

Austauschen der Räder/Laufrichtung

Sicherheitshinweise
Reifen nicht einzeln, sondern mindestens achsweise ersetzen. Reifen mit der größeren Profiltiefe **vorn** montieren. Am Fahrzeug dürfen nur Reifen gleicher Bauart verwendet werden. An einer Achse dürfen nur Reifen desselben Herstellers und mit der selben Profilausführung eingebaut werden. Reifen, die älter als 6 Jahre sind, nur im Notfall und bei vorsichtiger Fahrweise verwenden. Keine gebrauchten Reifen verwenden, deren Ursprung nicht bekannt ist. Beim Erneuern von Felge oder Reifen grundsätzlich das Gummiventil ersetzen.

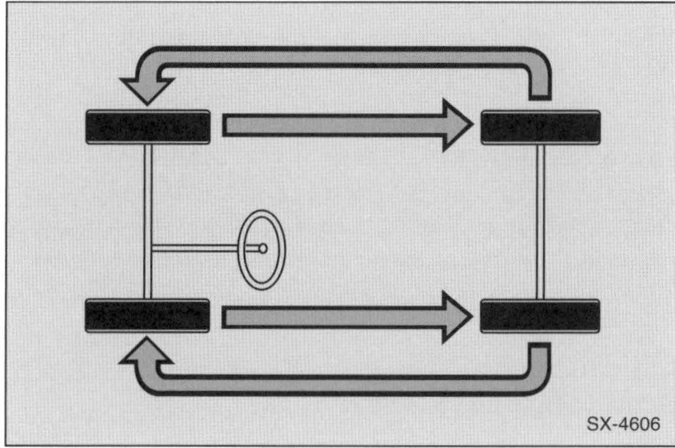
SX-4606

- Bei größerem Verschleiß der vorderen Reifen, die Vorderräder gegen die Hinterräder tauschen. Dadurch haben alle 4 Reifen etwa die gleiche Lebensdauer.

Es ist nicht zweckmäßig, bei einem Austausch der Räder die Drehrichtung der Reifen zu ändern, da sich die Reifen nur unter vorübergehend stärkerem Verschleiß der veränderten Drehrichtung anpassen.

SX-4609

- Bei Reifen **mit laufrichtungsgebundenem Profil,** erkennbar an Pfeilen auf der Reifenflanke in Laufrichtung, **muss** die Laufrichtung des Reifens **unbedingt** eingehalten werden. Dadurch werden optimale Laufeigenschaften bezüglich Aquaplaning, Haftvermögen, Geräusch und Abrieb sichergestellt.

Hinweis: Laufrichtungsgebundenes Reserverad bei einer Reifenpanne nur vorübergehend entgegen der Laufrichtung montieren. Insbesondere bei Nässe empfiehlt es sich, die Geschwindigkeit den Fahrbahnverhältnissen anzupassen.

Fehlerhafte Reifenabnutzung

- In erster Linie ist auf vorschriftsmäßigen Reifenfülldruck zu achten, wobei alle 4 Wochen und vor jeder längeren Fahrt sowie bei hoher Zuladung eine Prüfung vorgenommen werden sollte.
- Reifenfülldruck nur bei kühlen Reifen prüfen. Der Reifenfülldruck steigt nämlich mit zunehmender Erhitzung bei schneller Fahrt an. Dennoch ist es völlig falsch, aus erhitzten Reifen Luft abzulassen.

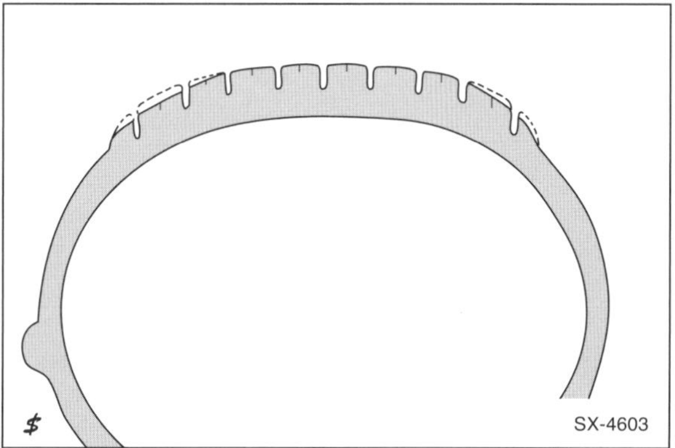
SX-4603

- An den Vorderrädern ist eine etwas größere Abnutzung der Reifenschultern gegenüber der Laufflächenmitte normal, wobei aufgrund der Straßenneigung die Abnutzung der zur Straßenmitte zeigenden Reifenschulter (linkes Rad: außen, rechtes Rad: innen) deutlicher ausgeprägt sein kann.
- Ungleichmäßiger Reifenverschleiß ist zumeist die Folge zu geringen oder zu hohen Reifenfülldrucks. Er kann auch auf Fehler in der Radeinstellung oder der Radauswuchtung sowie auf mangelhafte Stoßdämpfer oder Felgen zurückzuführen sein.
- Bei zu hohem Reifenfülldruck wird die Laufflächenmitte mehr abgenutzt, da der Reifen an der Lauffläche durch den hohen Innendruck mehr gewölbt ist.
- Bei zu niedrigem Reifenfülldruck liegt die Lauffläche an den Reifenschultern stärker auf, und die Laufflächenmitte wölbt sich nach innen durch. Dadurch ergibt sich ein stärkerer Reifenverschleiß der Reifenschultern.

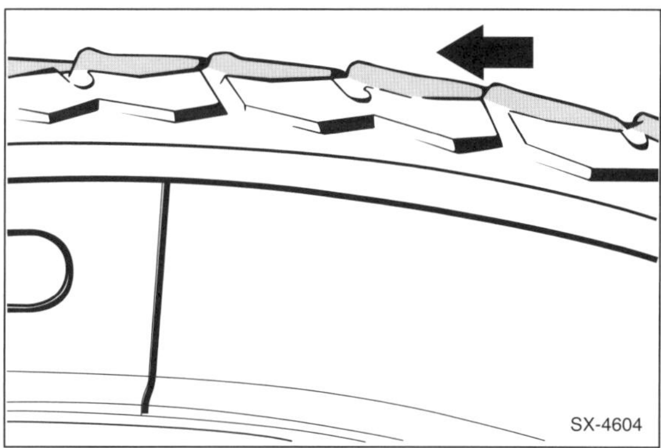
SX-4604

- Sägezahnförmige Abnutzung des Profils ist in der Regel auf eine Überbelastung des Fahrzeugs zurückzuführen.

Bremsanlage

Aus dem Inhalt:

- Bremsbeläge wechseln
- Bremsscheibe prüfen
- Bremsscheibe wechseln
- Bremse entlüften
- Handbremse einstellen
- ABS/EBV/EDS/ASR/ESP
- Handbremsseil
- Bremskraftverstärker
- Bremslichtschalter

Das Arbeiten an der Bremsanlage erfordert peinliche Sauberkeit und exakte Arbeitsweise. Falls die nötige Arbeitserfahrung fehlt, sollten Reparaturarbeiten an der Bremsanlage von einer Fachwerkstatt durchgeführt werden.

Das Bremssystem besteht aus dem Hauptbremszylinder, dem Bremskraftverstärker und den **Scheibenbremsen** für die Vorderräder und die Hinterräder. Das hydraulische Bremssystem ist in zwei Kreise aufgeteilt, die diagonal wirken. Ein Bremskreis ist mit den Bremssätteln vorn rechts/hinten links verbunden, der zweite mit den Bremssätteln vorn links/hinten rechts. Dadurch kann bei Ausfall eines Bremskreises, zum Beispiel durch ein Leck, das Fahrzeug über den anderen Bremskreis zum Stehen gebracht werden. Der Druck für beide Bremskreise wird im Tandem-Hauptbremszylinder über das Bremspedal aufgebaut.

Der Bremsflüssigkeitsbehälter befindet sich im Motorraum über dem Hauptbremszylinder. Er versorgt das Bremssystem wie auch das hydraulische Kupplungssystem mit Bremsflüssigkeit.

Der Bremskraftverstärker speichert bei den 1,4-/1,6-l-Benzinmotoren einen Teil des vom Motor erzeugten Ansaugunterdruckes. Beim Betätigen des Bremspedals wird dann die Pedalkraft durch den Unterdruck verstärkt. Bei den 1,8-/2,0-l-Benzin- sowie bei den Dieselmotoren erzeugt eine **Vakuumpumpe** den Unterdruck für den Bremskraftverstärker. Die Vakuumpumpe sitzt am Zylinderkopf und wird über die Nockenwelle angetrieben.

Die Bremsbeläge sind Bestandteil der Allgemeinen Betriebserlaubnis (ABE), außerdem sind sie vom Werk auf das jeweilige Fahrzeugmodell abgestimmt. Es dürfen deshalb nur die vom Automobilhersteller beziehungsweise vom Kraftfahrtbundesamt (KBA) freigegebenen Bremsbeläge verwendet werden. Diese Bremsbeläge haben eine KBA-Freigabenummer.

Hinweis: Während des Fahrens auf stark regennassen Fahrbahnen die Fußbremse von Zeit zu Zeit betätigen, um die Bremsscheiben von Rückständen zu befreien. Während der Fahrt wird zwar durch die Zentrifugalkraft das Wasser von den Bremsscheiben geschleudert, doch bleibt teilweise ein dünner Film von Fett und Verschmutzungen zurück, der das Ansprechen der Bremse vermindert.

Eingebrannter Schmutz auf den Bremsbelägen und zugesetzte Regennuten in den Bremsbelägen führen zur Riefenbildung auf den Bremsscheiben. Dadurch kann eine verminderte Bremswirkung eintreten.

Sicherheitshinweis
Beim Reinigen der Bremsanlage fällt Bremsstaub an, der zu gesundheitlichen Schäden führen kann. Beim Reinigen der Bremsanlage Bremsstaub nicht einatmen. Bremsanlage nicht mit Druckluft ausblasen.

ABS/HBA/EBV/EDS/ASR/ESP

Grundsätzlich dürfen Arbeiten an den elektronisch gesteuerten Brems- und Fahrwerkskomponenten nur in der Fachwerkstatt ausgeführt werden.

ABS: Das **A**nti-**B**lockier-**S**ystem verhindert bei scharfem Abbremsen das Blockieren der Räder, dadurch bleibt das Fahrzeug lenkbar.

HBA: Der **h**ydraulische **B**rems**a**ssistent erkennt aufgrund der Geschwindigkeit und der Kraft, mit der das Bremspedal heruntergedrückt wird, ob eine Notbremssituation gegeben ist. In diesem Fall erhöht der Bremsassistent innerhalb von Millisekunden automatisch den Bremsdruck über den vom Fahrer vorgegebenen Wert, bis die ABS-Regelung einsetzt. Dadurch wird der Bremsweg verkürzt.

EBV: Die **E**lektronische **B**remskraft**v**erteilung verteilt mittels ABS-Hydraulik die Bremskraft an die Hinterräder. Bei Geradeausfahrt wird die Hinterradbremse voll an der Bremsleistung beteiligt. Über die ABS-Drehzahlsensoren erkennt die EBV, ob das Fahrzeug geradeaus oder durch eine Kurve fährt. Bei Kurvenfahrt wird der Bremsdruck für die Hinterräder reduziert. Dadurch können die Hinterräder die maximale Seitenführungskraft aufbringen und ein Schleudern des Fahrzeugs beim Bremsen in der Kurve wird verhindert.

EDS: Die **E**lektronische **D**ifferenzial**s**perre bremst ein durchdrehendes Antriebsrad ab und lenkt dadurch das Antriebsdrehmoment auf das andere, greifende Rad um. Die EDS ist beim Anfahren und bis zu einer Geschwindigkeit von etwa 40 km/h voll wirksam. Danach lässt die EDS-Regelung allmählich nach. Die EDS ist ebenfalls bei Rückwärtsfahrt aktiv.

ASR: Die elektronische **A**ntriebs-**S**chlupf-**R**egelung verhindert beim Beschleunigen den Schlupf der zum Durchdrehen neigenden Räder. Dies wird durch das Abbremsen der Räder und die Reduzierung der Motorleistung erreicht. Die ASR- beziehungsweise die ESP-Warnleuchte im Kombiinstrument blinkt, wenn ein Rad die Schlupfgrenze erreicht hat. Die Antriebs-Schlupf-Regelung lässt sich über den ASR- beziehungsweise ESP-Schalter in der Mittelkonsole abschalten, dann leuchtet die Warnleuchte im Kombiinstrument.

Hinweis: Bei Fahrbahnen mit Sand, Kies oder im Tiefschnee sowie bei Schneekettenbetrieb kann es von Vorteil sein, ASR abzuschalten, um mit höherem Antriebsschlupf und ohne elektronischen Motoreingriff fahren zu können.

ESP: Über die ABS-Funktionen hinaus verringert das **E**lektronische **S**tabilitäts-**P**rogramm das Schleuderrisiko des Fahrzeugs. Im ESP sind die Funktionen der Traktionskontrolle (EDS, ASR) integriert. In schnell durchfahrenen Kurven oder bei abrupten Ausweichmanövern erkennt ESP, ob das Fahrzeug auszubrechen droht. Über Sensoren erfasst ESP den Lenkwinkel und die Drehgeschwindigkeit des Fahrzeugs um die Hochachse. Unstabile Fahrzustände werden sofort erkannt. Durch das Abbremsen einzelner Räder und die Regulierung der Motorleistung wird das Fahrzeug bestmöglichst auf dem gewünschten Kurs gehalten.

Achtung: Damit ESP ohne Störungen funktionieren kann, müssen an allen 4 Rädern die gleichen Reifen montiert sein.

Ist die ESP-Regelung aktiv, wird dies durch Blinken der ESP-Warnleuchte im Kombiinstrument signalisiert. Die Fahrweise sollte dann den Straßenverhältnissen angepasst werden, sonst besteht Unfallgefahr.

Hinweise zum ABS/ESP/EDS

Eine Sicherheitsschaltung im elektronischen Steuergerät sorgt dafür, dass sich die Anlage bei einem **Defekt** (zum Beispiel Kabelbruch) oder bei zu niedriger Betriebsspannung (Batteriespannung unter 10 Volt) selbst abschaltet. Angezeigt wird dies durch das Aufleuchten der Kontrolllampen im Kombiinstrument. Die herkömmliche Bremsanlage bleibt dabei in Betrieb. Das Fahrzeug verhält sich dann beispielsweise beim Bremsen so, als ob keine ABS/ESP/EDS-Anlage eingebaut wäre.

Sicherheitshinweis
Wenn während der Fahrt die Kontrollleuchten für das ABS und für die Bremsanlage leuchten, können bei starkem Abbremsen die Hinterräder blockieren, da die Bremskraftverteilung ausgefallen ist.

Leuchten eine oder mehrere **Kontrolllampen** im Kombiinstrument während der Fahrt auf, folgende Punkte beachten:

- Fahrzeug kurz anhalten, Motor abstellen und wieder starten.
- Batteriespannung prüfen. Wenn die Spannung unter 10,5 Volt liegt, Batterie laden.

Achtung: Wenn die Kontrolllampen am Anfang einer Fahrt aufleuchten und nach einiger Zeit wieder erlöschen, deutet das darauf hin, dass die Batteriespannung zunächst zu gering war, bis sie sich während der Fahrt durch Ladung über den Generator wieder erhöht hat.

- Prüfen, ob die Batterieklemmen richtig festgezogen sind und einwandfreien Kontakt haben.
- Fahrzeug aufbocken, Räder abnehmen, elektrische Leitungen zu den Drehzahlfühlern auf äußere Beschädigungen (Scheuerstellen) prüfen. Weitere Prüfungen der ABS/ESP/EDS-Anlage sollten von einer Fachwerkstatt durchgeführt werden.

Achtung: Vor **Schweißarbeiten** mit einem elektrischen Schweißgerät muss der Stecker von der ABS-Steuereinheit im Motorraum abgezogen werden. Stecker nur bei ausgeschalteter Zündung abziehen. Bei **Lackierarbeiten** darf das Steuergerät kurzzeitig mit max. +95° C und langzeitig (max. 2 Std.) mit +85° C belastet werden.

Technische Daten Bremsanlage

Scheibenbremse	**vorn**					**hinten**			
Motor Antriebsart	59-81 kW –	85-103 kW Front	118-155 kW Front	77/103 kW Allrad	199 kW –	59-125 kW Front	77/103 kW Allrad	155 kW[1)] Front	199 kW Front
Bremssattelbezeichnung	FS III (15")	FN-3 (15")	FN-3 (16")	FN-3 (16")	FNR-G (17")	C38 (15")	C II 41 (15")	C II 38 (16")	C II 41 (17")
Bremsbelagdicke – neu (ohne Rückenplatte)	14 mm	14 mm	14 mm	14 mm	14 mm	11 mm	11 mm	11 mm	11 mm
Bremsbelagdicke – Verschleißgrenze (ohne Rückenplatte)	2 mm	2 mm	2 mm	2 mm	2 mm	2 mm	2 mm	2 mm	2 mm
Bremsscheibendurchmesser	280 mm	288 mm	312 mm	312 mm	345 mm	253 mm	282 mm	256 mm	310 mm
Bremsscheibendicke – neu	22 mm	25 mm	25 mm	25 mm	30 mm	10 mm	12 mm	12 mm	22 mm
Bremsscheibendicke – Verschleißgrenze	19 mm	22 mm	22 mm	22 mm	27 mm	8 mm	10 mm	10 mm	20 mm

[1)] 155-kW-Motor ab 45 KW 2009: BOSCH ZOH 38 (16")

Vorderrad-Scheibenbremse FS-III

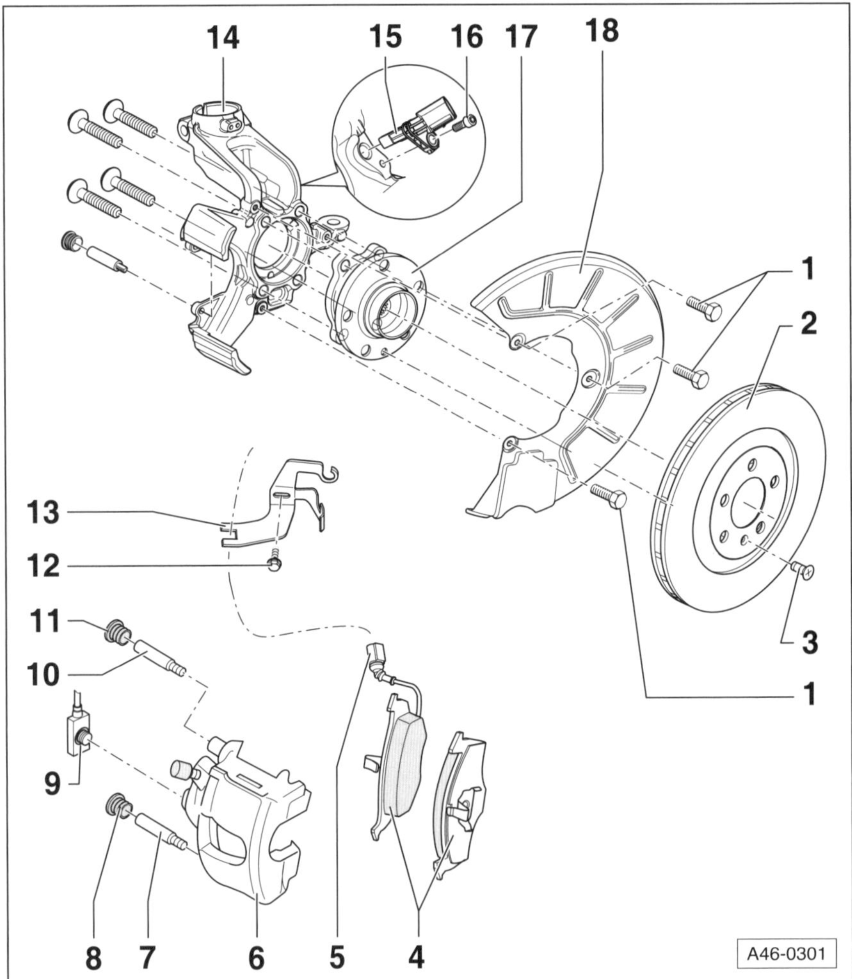

1 – **Schrauben, 12 Nm**

2 – **Bremsscheibe**
Grundsätzlich achsweise ersetzen.

3 – **Sicherungsschraube, 4 Nm**
Für Bremsscheibe.

4 – **Bremsbeläge**
Mit Verschleißanzeige. Grundsätzlich achsweise ersetzen.

5 – **Verschleißanzeige**
Mit Stecker.

6 – **Bremssattel**

7 – **Führungsbolzen, 30 Nm**

8 – **Abdeckkappe**

9 – **Bremsschlauch**
Mit Ringstutzen und Hohlschraube, **35 Nm**.

10 – **Führungsbolzen, 30 Nm**

11 – **Abdeckkappe**

12 – **Schraube**

13 – **Halterung**
Für Leitung Verschleißanzeige und Bremsschlauch.

14 – **Achsschenkel**
Mit integriertem Bremssattelträger.

15 – **ABS-Drehzahlsensor**
Vor dem Einsetzen des Sensors die Innenfläche der Bohrung reinigen und mit Hochtemperaturfett, zum Beispiel Keramikpaste von Liqui Moly, bestreichen.

16 – **Innensechskantschraube, 8 Nm**

17 – **Radnabeneinheit**
Mit integriertem ABS-Sensorring.

18 – **Abdeckblech**

Vorderrad-Scheibenbremse FN-3

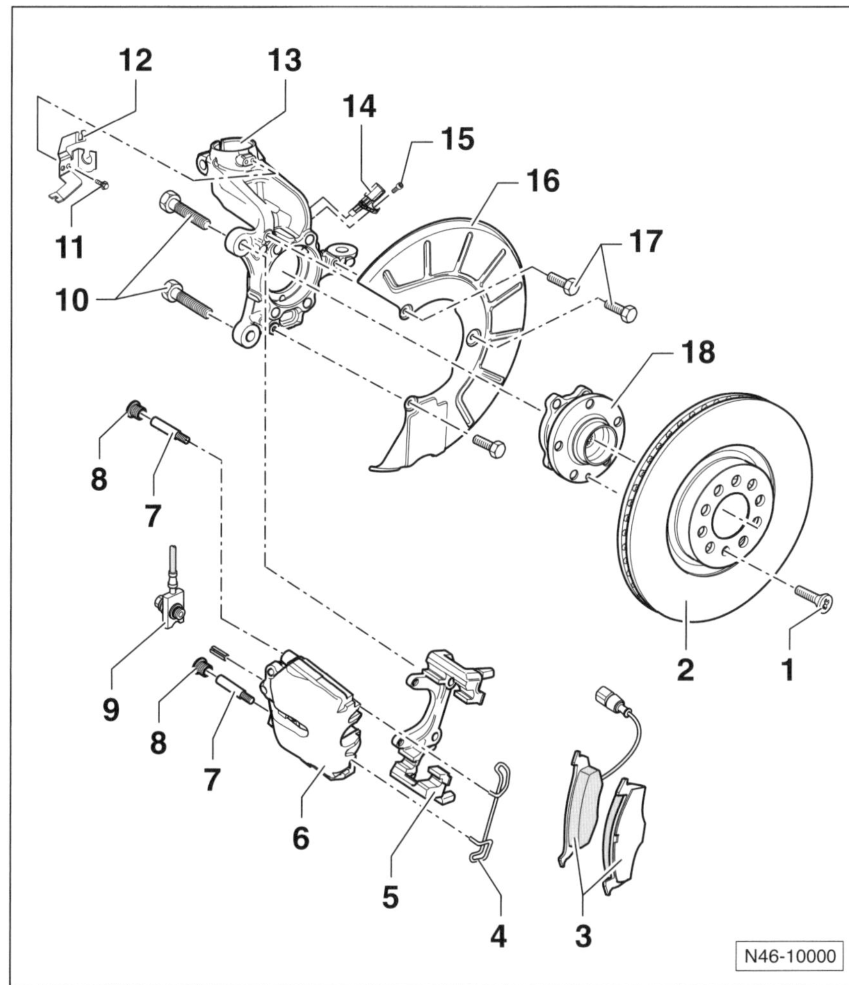

1 – **Sicherungsschraube, 4 Nm**
Für Bremsscheibe.

2 – **Bremsscheibe**
Grundsätzlich achsweise ersetzen.

3 – **Bremsbeläge**
Mit Verschleißanzeige. Grundsätzlich achsweise ersetzen.

4 – **Haltefeder**
In beide Bohrungen des Bremssattels einsetzen.

5 – **Bremssattelträger**
Am Achsschenkel angeschraubt.

6 – **Bremssattel**

7 – **Führungsbolzen, 30 Nm**

8 – **Abdeckkappe**

9 – **Bremsschlauch**
Mit Ringstutzen und Hohlschraube, **35 Nm**.

10 – **Schrauben, 190 Nm**
Für Bremssattelträger.
Rippschraube.
Bei Wiederverwendung reinigen.

11 – **Schraube**

12 – **Halterung**
Für Leitung Verschleißanzeige, ABS-Sensor und Bremsschlauch.

13 – **Achsschenkel**

14 – **ABS-Drehzahlsensor**
Vor dem Einsetzen des Sensors die Innenfläche der Bohrung reinigen und mit Hochtemperaturfett, zum Beispiel Keramikpaste von Liqui Moly, bestreichen.

15 – **Innensechskantschraube, 8 Nm**

16 – **Abdeckblech**

17 – **Schrauben, 12 Nm**

18 – **Radnabeneinheit**
Mit integriertem ABS-Sensorring.

Hinweis: In der Abbildung ist die 15"-Variante der FN-3-Bremse dargestellt.

Bremsbeläge vorn aus- und einbauen

Bremssattel FS-III/FN-3

Achtung: Es gibt an der Vorderachse 2 unterschiedliche Bremssattel-Ausführungen. Deshalb zuerst anhand der Tabelle »Technische Daten Bremsanlage« und der Abbildungen klären, welche Ausführung im eigenen Fahrzeug eingebaut ist.

Ausbau

Achtung: Bremsbeläge sind Bestandteil der Allgemeinen Betriebserlaubnis (ABE) und vom Werk auf das jeweilige Modell abgestimmt. Es dürfen deshalb nur die vom Automobilhersteller freigegebenen Bremsbeläge verwendet werden.

Achtung: Sollen die Bremsbeläge wieder verwendet werden, müssen sie beim Ausbau gekennzeichnet werden. Ein Wechsel der Beläge von der Außen- zur Innenseite oder vom rechten zum linken Rad ist nicht zulässig.

Achtung: Grundsätzlich alle Scheibenbremsbeläge einer Achse gleichzeitig ersetzen, auch wenn nur ein Belag die Verschleißgrenze erreicht hat.

- Reifen-Laufrichtung mit Pfeil am Reifen markieren. Radschrauben lösen. Fahrzeug vorne aufbocken und Rad abnehmen. **Achtung:** Unbedingt Hinweise im Kapitel »Rad aus- und einbauen« beachten.

Sicherheitshinweis
Beim Aufbocken des Fahrzeugs besteht Unfallgefahr! Hinweise im Kapitel »Fahrzeug aufbocken« beachten.

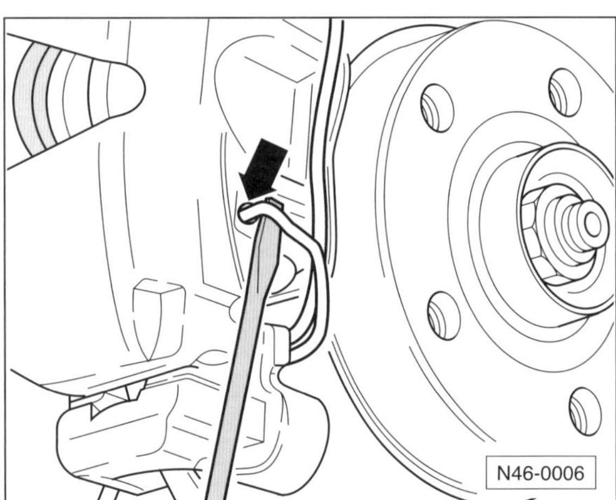

- **Bremssattel FN-3:** Haltefeder für Bremsbeläge mit einem Schraubendreher aus den Bohrungen –Pfeil– heraushebeln und abnehmen.

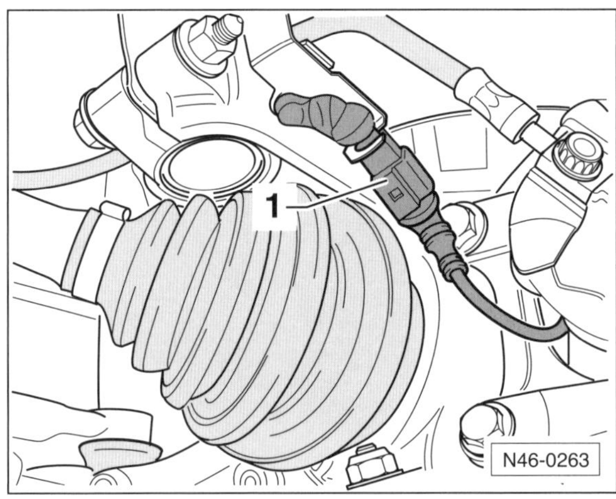

- Steckverbindung –1– für Bremsbelag-Verschleißanzeige trennen.

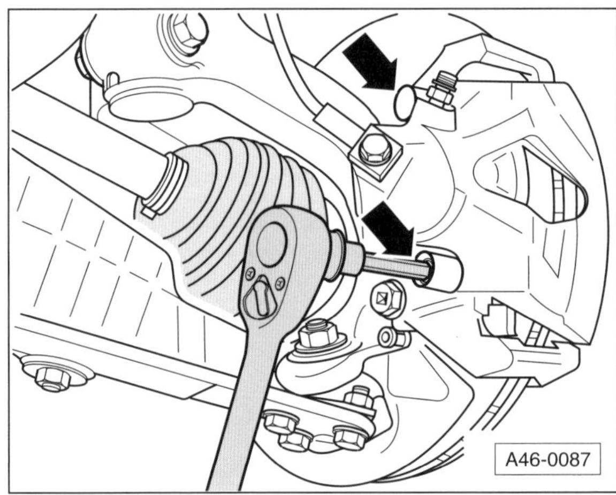

- Abdeckkappen aus den Lagerbuchsen des Bremssattels herausziehen und beide Führungsbolzen –Pfeile– aus dem Bremssattel herausdrehen.
- Bremssattel vom Bremssattelträger abnehmen und mit Draht am Aufbau aufhängen. **Achtung:** Bremssattel nicht einfach nach unten hängen lassen; der Bremsschlauch darf nicht auf Zug beansprucht oder verdreht werden.
- Bremsbeläge aus dem Bremssattel herausziehen.

Einbau

Achtung: Bei ausgebauten Bremsbelägen nicht auf das Bremspedal treten, sonst wird der Kolben aus dem Gehäuse herausgedrückt. In diesem Fall Bremssattel komplett ausbauen und Kolben in der Werkstatt einsetzen lassen.

- Vor Einbau der Beläge ist die Bremsscheibe durch Abtasten mit den Fingern auf Riefen zu untersuchen. Riefige Bremsscheiben können abgedreht werden (Werkstattarbeit), sofern sie noch eine ausreichende Dicke aufweisen. Grundsätzlich beide Bremsscheiben einer Achse auf gleiches Maß abdrehen lassen.
- Bremsscheibendicke messen, siehe entsprechendes Kapitel.

Achtung: Zum Reinigen der Bremse **ausschließlich** Spiritus verwenden. Führungsfläche beziehungsweise Sitz der Beläge im Gehäuseschacht mit einem Lappen reinigen. Keine scharfkantigen Werkzeuge verwenden. Besonders auf das Entfernen eventueller Klebefolienreste an den Anlageflächen der äußeren Bremsbeläge achten.

- Staubkappe für Bremskolben auf Anrisse prüfen. Eine beschädigte Staubkappe umgehend ersetzen lassen, da eingedrungener Schmutz schnell zu Undichtigkeiten des Bremssattels führt. Der Bremssattel muss hierzu zerlegt werden (Werkstattarbeit).
- Bei hohem Bremsbelagverschleiß Leichtgängigkeit des Kolbens prüfen. Dazu einen Holzklotz in den Bremssattel einsetzen und durch Helfer langsam auf das Bremspedal treten lassen. Der Bremskolben muss sich leicht heraus- und hineindrücken lassen. Zur Prüfung muss der andere Bremssattel eingebaut sein. Darauf achten, dass der Bremskolben nicht ganz herausgedrückt wird. Angerosteten Bremskolben nur mit Bremsflüssigkeit oder Spiritus reinigen. Bei schwergängigem Kolben Bremssattel in der Werkstatt reparieren lassen oder ersetzen.

Achtung: Beim Zurückdrücken des Kolbens wird Bremsflüssigkeit aus dem Bremszylinder in den Vorratsbehälter gedrückt. Flüssigkeit im Behälter beobachten, eventuell Bremsflüssigkeit mit einem Saugheber absaugen.

Sicherheitshinweis

Zum Absaugen eine Entlüfter- oder Plastikflasche verwenden, die nur mit Bremsflüssigkeit in Berührung kommt. Keine Trinkflaschen verwenden! **Bremsflüssigkeit ist giftig und darf auf gar keinen Fall mit dem Mund über einen Schlauch abgesaugt werden. Saugheber verwenden.** Auch nach dem Belagwechsel darf die MAX-Marke am Bremsflüssigkeitsbehälter nicht überschritten werden, da sich die Flüssigkeit bei Erwärmung ausdehnt. Ausgelaufene Bremsflüssigkeit läuft am Hauptbremszylinder herunter, zerstört den Lack und führt zur Rostbildung.

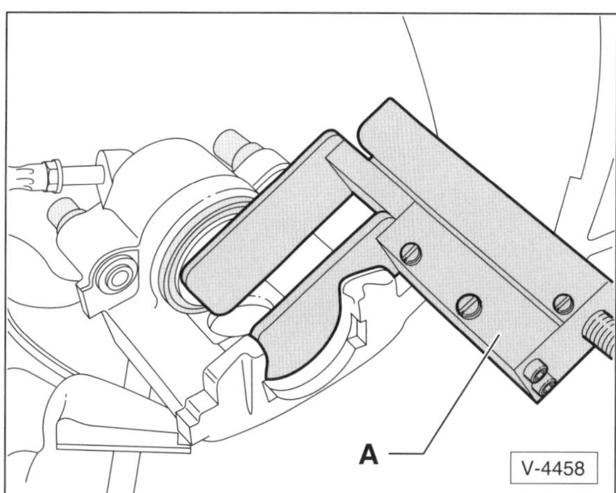

- Deckel des Bremsflüssigkeitsbehälters aufschrauben und Bremskolben mit Rücksetzwerkzeug –A–, zum Beispiel HAZET 4971-1- oder einem Hartholzstab, zurückdrücken.

Achtung: Darauf achten, dass der Kolben nicht verkantet wird und Kolbenfläche sowie Staubkappe nicht beschädigt werden. Beim Zurückdrücken des Kolbens wird Bremsflüssigkeit aus dem Bremszylinder in den Vorratsbehälter gedrückt. Flüssigkeit im Behälter beobachten, gegebenenfalls etwas Bremsflüssigkeit aus dem Vorratsbehälter mit einer Entlüfterflasche oder einem geeigneten Saugheber absaugen. Sonst kann, wenn zwischenzeitlich Bremsflüssigkeit nachgefüllt wurde, Bremsflüssigkeit auslaufen und umliegende Bauteile beschädigen.

- Vor dem Einsetzen neuer Bremsbeläge Bremse gründlich reinigen.

Bremssattel FS-III

- Bremsbeläge in die Führungen des Bremssattels einsetzen. **Achtung:** Innere und äußere Bremsbeläge nicht vertauschen.

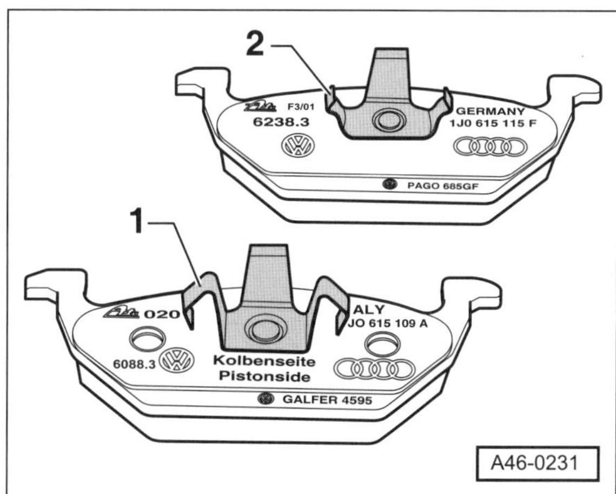

- Inneren Bremsbelag mit dem großen Clip –1– an der Kolbenseite in den Bremssattel einsetzen, dabei Spreizclip –1– in den Bremskolben eindrücken.
- Äußeren Bremsbelag mit dem kleinen, schwarz gefärbten Clip –2– in den Bremssattel einsetzen.

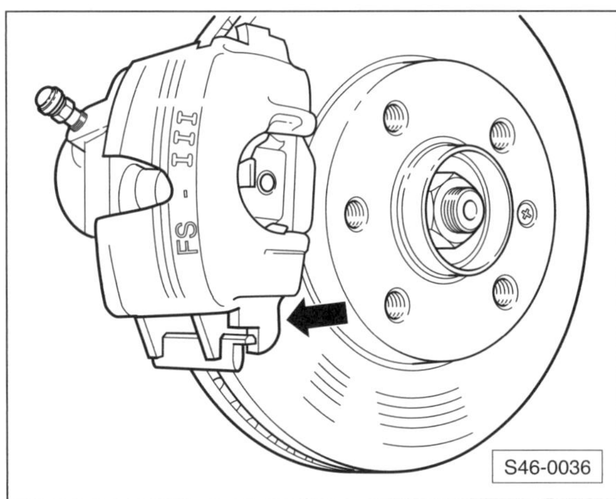

- Bremssattel mit Bremsbelägen zuerst unten –Pfeil– am Bremssattelträger ansetzen, dabei muss der Zapfen –Pfeil– vom Bremssattel hinter der Führung des Bremssattelträgers stehen.

Bremssattel FN-3

- Schutzfolie von der Rückenplatte des äußeren Bremsbelags abziehen und Bremsbelag auf den Bremssattelträger aufsetzen.

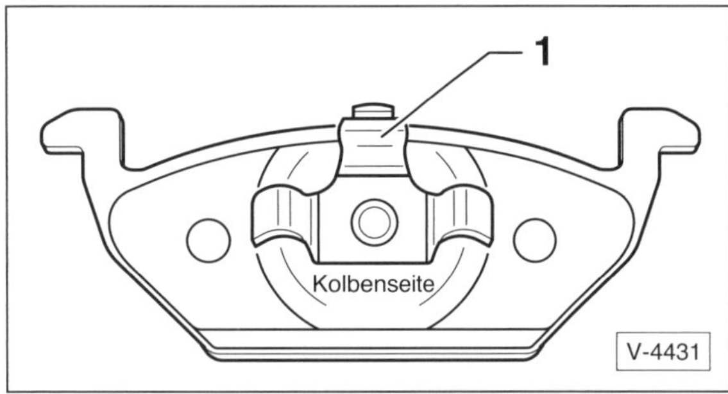

- Inneren Bremsbelag in den Bremssattel einsetzen, dabei Spreizclip –1– in den Bremskolben drücken.
- Bremssattel am Bremssattelträger ansetzen, dabei darauf achten, dass der äußere Bremsbelag nicht zu früh mit dem Bremssattel verklebt. Erst wenn der Bremssattel die richtige Einbaulage hat, diesen gegen den äußeren Bremsbelag schieben und verkleben.

Bremssattel FS-III und FN-3

- Beide Führungsbolzen für Bremssattel am Bremssattelträger einschrauben und mit **30 Nm** festziehen.
- Beide Abdeckkappen einsetzen.

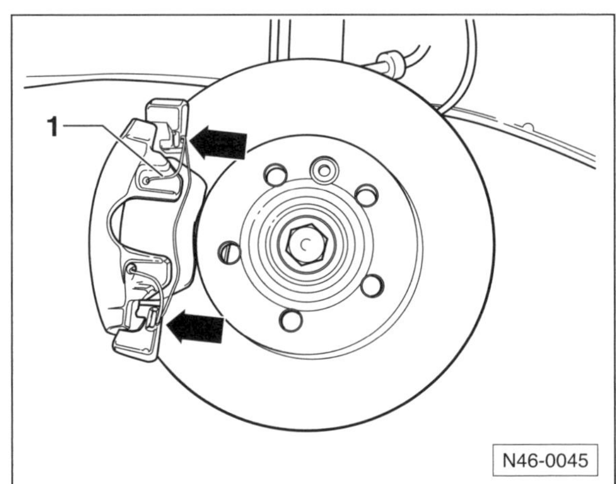

- **Bremssattel FN-3:** Haltefeder –1– in den Bremssattel einsetzen. **Achtung:** Nach dem Einsetzen in die beiden Bohrungen muss die Haltefeder unter den Bremssattelträger gedrückt werden –Pfeile–. Bei fehlerhafter Montage stellt sich trotz Verschleiß der äußere Bremsbelag nicht nach, so dass sich der Pedalweg vergrößert.
- Stecker für Bremsbelag-Verschleißanzeige verbinden.
- Reifen-Laufrichtung beachten, Räder anschrauben, Fahrzeug ablassen, erst dann Radschrauben über Kreuz mit **120 Nm** festziehen. **Achtung:** Unbedingt Hinweise im Kapitel »Rad aus- und einbauen« beachten.

Achtung: Bremspedal im Stand mehrmals kräftig niedertreten, bis fester Widerstand spürbar ist. Dadurch legen sich die Bremsbeläge an die Bremsscheiben an und nehmen einen dem Betriebszustand entsprechenden Sitz ein.

- Bremsflüssigkeit im Vorratsbehälter prüfen, gegebenenfalls bis zur MAX-Marke auffüllen. Deckel des Behälters festschrauben.
- Neue Bremsbeläge vorsichtig einbremsen, dazu Fahrzeug mehrmals von ca. 80 km/h auf 40 km/h mit geringem Pedaldruck abbremsen. Dazwischen Bremse etwas abkühlen lassen.

Achtung: Nach dem Einbau neuer Bremsbeläge müssen diese eingebremst werden. Während einer Fahrtstrecke von rund 200 km sollten unnötige Vollbremsungen unterbleiben.

Hinweis: Bremsbeläge müssen in einigen Kommunen als Sondermüll entsorgt werden. Die örtlichen Behörden geben darüber Auskunft, ob auch eine Entsorgung über den hausmüllähnlichen Gewerbemüll zulässig ist.

Achtung, Sicherheitskontrolle durchführen:

- ◆ Sind die Bremsschläuche festgezogen?
- ◆ Befindet sich der Bremsschlauch in der Halterung?
- ◆ Sind die Entlüftungsschrauben angezogen?
- ◆ Ist genügend Bremsflüssigkeit eingefüllt?
- ◆ Bei laufendem Motor Dichtheitskontrolle durchführen. Hierzu Bremspedal mit 200 bis 300 N (entspricht 20 bis 30 kg) etwa 10 Sekunden betätigen. Das Bremspedal darf nicht nachgeben. Sämtliche Anschlüsse auf Dichtheit kontrollieren.
- ◆ Anschließend einige Sicherheitsbremsungen auf einer Straße ohne Verkehr durchführen.

Bremssattel/Bremssattelträger vorn aus- und einbauen

Ausbau

Hinweis: Der Bremssattelträger kann nur bei der FN-3-Bremsanlage ausgebaut werden. Bei der FS-III-Bremsanlage sind Bremssattelträger und Radlagerhäuse ein Bauteil.

- Soll die Bremsscheibe oder der Bremssattelträger ersetzt werden: Bremssattel abbauen, siehe Kapitel »Bremsbeläge ausbauen« und mit eingesetzten Bremsbelägen und angeschlossenem Bremsschlauch aufhängen.
- Soll der Bremssattel ersetzt werden: Bremsbeläge ausbauen, siehe entsprechendes Kapitel.

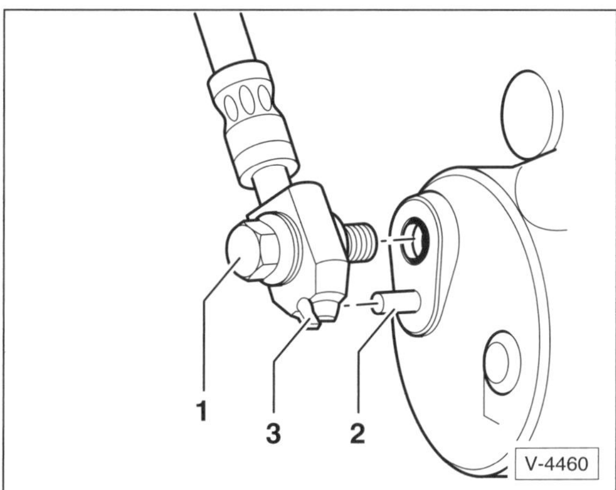

- Hohlschraube –1– für Bremsschlauch am Bremssattel abschrauben und sofort mit **neuen Dichtringen** am neuen Bremssattel anschrauben. Dadurch wird verhindert, dass das Bremssystem leerläuft. **Hinweis:** Beim Einbau darauf achten, dass die Fixiernase –2– des Bremssattels in die Nut –3– des Anschlussstücks eingreift.

Sicherheitshinweis
Beim Öffnen vom Bremskreis läuft Bremsflüssigkeit aus. Bremsflüssigkeit in einer Flasche sammeln, die ausschließlich für Bremsflüssigkeit vorgesehen ist. Man kann auch zuvor die Bremsflüssigkeit mit einem Saugheber aus dem Bremsflüssigkeitsbehälter absaugen.

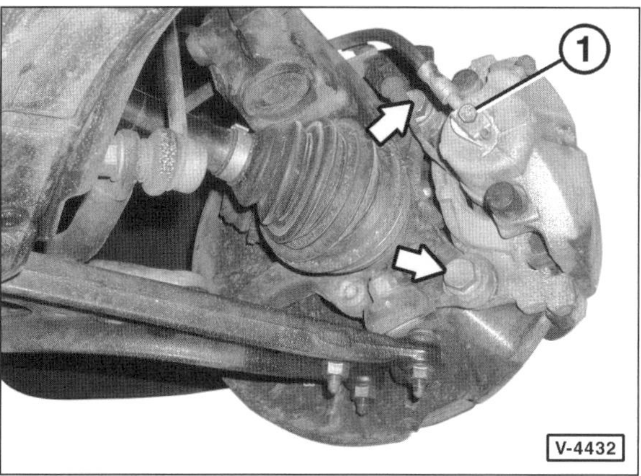

- **Bremssattel FN-3:** 2 Schrauben –Pfeile– herausdrehen und Bremssattelträger vom Achsschenkel abnehmen.
  1 – Hohlschraube für Bremsschlauch.

Achtung: Hohes Löse- und Anzugsdrehmoment der Schrauben für den Bremssattelträger! Gewährleisten, dass das Fahrzeug sicher aufgebockt ist und der Schraubenschlüssel waagerecht angesetzt wird.

Einbau

Achtung: Bei ausgebauten Bremsbelägen nicht auf das Bremspedal treten, sonst wird der Kolben aus dem Gehäuse herausgedrückt.

- **Bremssattel FN-3:** Schrauben für Bremssattelträger mit Schraubensicherungsmittel, zum Beispiel LOCTITE 243, bestreichen. Vorher Gewinde reinigen oder nachschneiden. Bremssattelträger am Achsschenkel ansetzen und festschrauben.

Achtung: Hohes Anzugsdrehmoment der Schrauben!

- **Bremssattel FN-3:** Bremssattelträger am Achsschenkel ansetzen und mit **190 Nm** festschrauben.
- Wurde der Bremsschlauch noch nicht ummontiert, Hohlschraube für Bremsschlauch mit **neuen Dichtringen** im Bremssattel eindrehen. Dabei darauf achten, dass der Bremsschlauch nicht verdreht wird, siehe V-4460.
- Hohlschraube für Bremsschlauch mit **35 Nm** festziehen.
- Bremsbeläge einbauen, siehe entsprechendes Kapitel.
- **Bremsanlage entlüften, siehe entsprechendes Kapitel.**

Hinterrad-Scheibenbremse

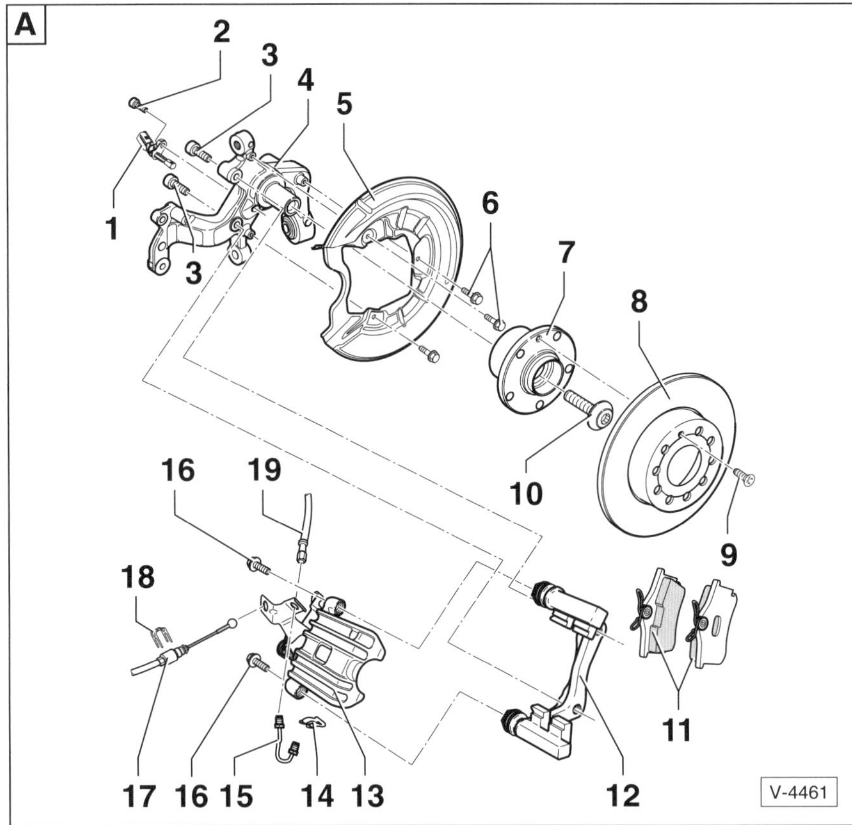

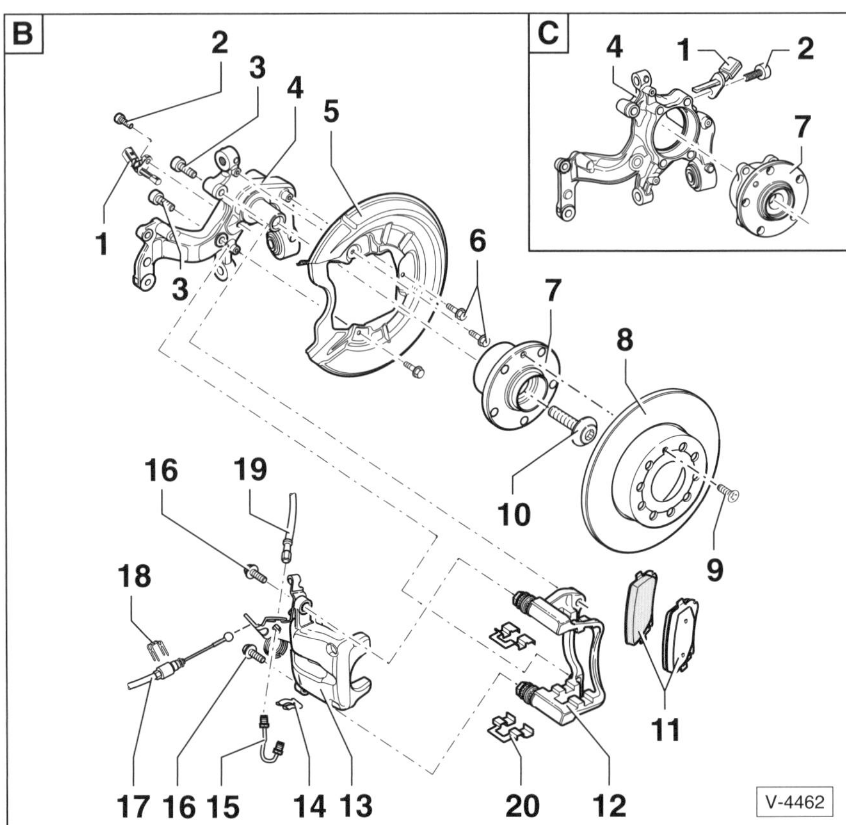

A – Bremssattel C-38

B – Bremssattel C-II 38/41
(Frontantrieb)

C – Bremssattel C-II 41
(Allradantrieb)

Hinweis: Die Bezeichnungen »38« und »41« geben den Durchmesser des jeweiligen Bremskolbens an.

1 – **ABS-Drehzahlsensor**
Vor dem Einsetzen des Sensors die Innenfläche der Bohrung reinigen und mit Hochtemperaturfett, zum Beispiel Keramikpaste von Liqui Moly, bestreichen.

2 – **Innensechskantschraube, 8 Nm**

3 – **Schrauben ***
Selbstsichernd. Mit **90 Nm** voranziehen, danach um **90° weiterdrehen.**

4 – **Achsschenkel**

5 – **Abdeckblech**

6 – **Schrauben, 12 Nm**

7 – **Radnabeneinheit**
Mit integriertem ABS-Sensorring.

8 – **Bremsscheibe**
Grundsätzlich achsweise ersetzen.

9 – **Sicherungsschraube, 4 Nm**
Für Bremsscheibe.

10 – **Radnabenschraube ***
Selbstsichernd. Frontantrieb: Mit **200 Nm** voranziehen, danach um **180° weiterdrehen**. Allradantrieb: Aus- und Einbau wie für die Vorderachse beschrieben, siehe Seite 136.

11 – **Bremsbeläge**
Grundsätzlich achsweise ersetzen.

12 – **Bremssattelträger**
Mit Führungsbolzen. Am Achsschenkel angeschraubt.

13 – **Bremssattel**

14 – **Halterung**
Für Bremsschlauch.

15 – **Bremsleitung**
Mit Hohlschraube, **14 Nm.**

16 – **Schrauben, 35 Nm ***
Selbstsichernd. Für Bremssattel.

17 – **Handbremszug**

18 – **Halteklammer**
Für Handbremszug.

19 – **Bremsschlauch**

20 – **Belaghaltefedern**
Bei Belagwechsel immer ersetzen.

---

*) Nach jeder Demontage ersetzen.

Bremsbeläge hinten aus- und einbauen

Bremssattel C-38/C-II38/C-II41

Achtung: Es gibt bei der Hinterradbremse unterschiedliche Bremssattel-Ausführungen. Deshalb zuerst anhand der Tabelle »Technische Daten Bremsanlage« und der Abbildungen klären, welche Ausführung im eigenen Fahrzeug eingebaut ist.

Ausbau

Achtung: Bremsbeläge sind Bestandteil der Allgemeinen Betriebserlaubnis (ABE) und vom Werk auf das jeweilige Modell abgestimmt. Deshalb dürfen nur die vom Automobilhersteller freigegebenen Bremsbeläge verwendet werden.

Sicherheitshinweis
Beim Aufbocken des Fahrzeugs besteht Unfallgefahr! Deshalb vorher das Kapitel »Fahrzeug aufbocken« durchlesen.

- Fahrzeug aufbocken.
- Reifen-Laufrichtung mit Pfeil am Reifen markieren. Radschrauben lösen. Fahrzeug hinten aufbocken und Hinterrad abnehmen. **Achtung:** Unbedingt Hinweise im Kapitel »Rad aus- und einbauen« beachten.

Achtung: Sollen die Bremsbeläge wieder verwendet werden, müssen sie beim Ausbau gekennzeichnet werden. Ein Wechsel der Beläge von der Außen- zur Innenseite und umgekehrt oder auch vom rechten zum linken Rad ist nicht zulässig. **Grundsätzlich alle Scheibenbremsbeläge an einer Achse gleichzeitig ersetzen, auch wenn nur ein Belag die Verschleißgrenze erreicht hat.**

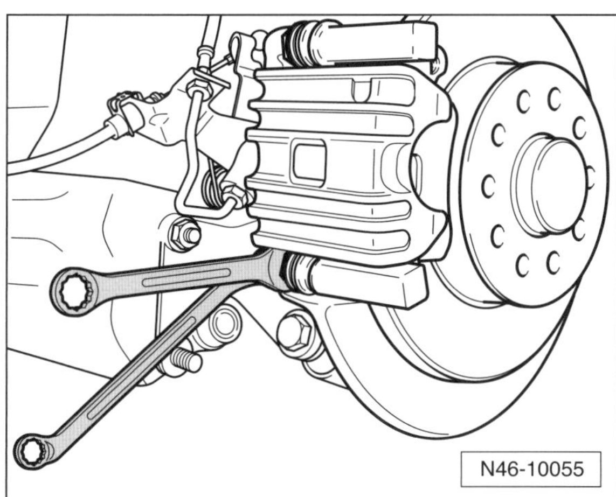

- Befestigungsschrauben für Bremssattel oben und unten herausdrehen, dabei am Führungsbolzen gegenhalten.
- Bremssattel vom Bremssattelträger abnehmen und mit angeschlossenem Bremsschlauch mit Draht am Aufbau aufhängen. **Achtung:** Bremssattel nicht einfach nach unten hängen lassen; der Bremsschlauch darf nicht auf Zug beansprucht oder verdreht werden.
- **Bremssattel C-38:** Bremsbeläge aus dem Bremssattelträger herausnehmen.
- **Bremssattel C-II38/C-II41:** Bremsbeläge mit Belaghaltefedern aus dem Bremssattelträger herausnehmen.

Einbau

Achtung: Bei ausgebauten Bremsbelägen nicht auf das Bremspedal treten, sonst wird der Kolben aus dem Gehäuse herausgedrückt.

- Bremsscheibe auf Schäden und Verschleiß untersuchen. Bremssattel **ausschließlich** mit Spiritus reinigen. **Achtung:** Keine scharfkantigen Werkzeuge oder eine **Drahtbürste** verwenden. Siehe Anweisungen und Hinweise im Kapitel für die Vorderradbremse, Seite 162.

Achtung: Beim Zurückdrehen des Kolbens wird Bremsflüssigkeit aus dem Bremszylinder in den Vorratsbehälter gedrückt. Flüssigkeit im Behälter beobachten, gegebenenfalls etwas Bremsflüssigkeit aus dem Vorratsbehälter mit einer Entlüfterflasche oder einem geeigneten Saugheber absaugen. Sonst kann, wenn zwischenzeitlich Bremsflüssigkeit nachgefüllt wurde, Bremsflüssigkeit auslaufen und umliegende Bauteile beschädigen.

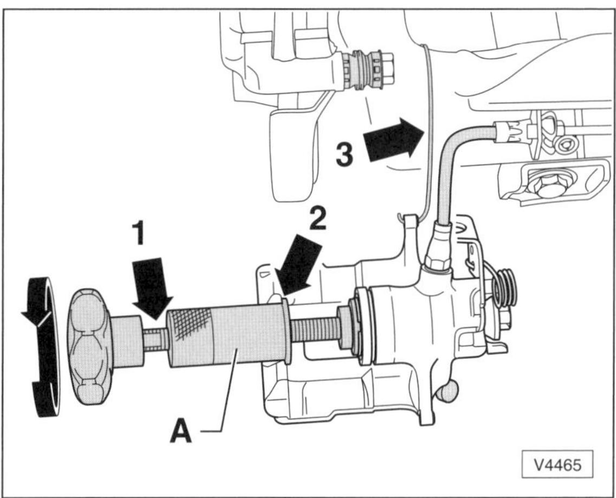

- Bremskolben mit Spezial-Rückstellwerkzeug –A– für Hinterradscheibenbremsen zurückdrehen, zum Beispiel HAZET 4970/6 oder VW-3272.

Achtung: Der Bremskolben darf nicht mit einem herkömmlichen Rückstellwerkzeug zurückgedrückt werden. Die Nachstellung für die Handbremse würde dabei zerstört werden.

- Kolben durch Drehen im Uhrzeigersinn mit dem Spezialwerkzeug langsam einschrauben. Der Bund –2– des Werkzeugs muss dabei am Bremssattel anliegen. Darauf achten, dass die Staubkappe nicht beschädigt wird. Bei schwergängigem Kolben mit einem Maulschlüssel an den Abflachungen –1– des Werkzeugs, falls vorhanden, drehen. 3 – Aufhängedraht für Bremssattel.
- Vor dem Einsetzen neuer Bremsbeläge hitzebeständiges Schmierfett, zum Beispiel Bremsen-Antiquietschpaste von Liqui Moly, dünn auf die Belagführungsflächen des Bremssattels auftragen.

- Schutzfolien von den Rückenplatten der Bremsbeläge abziehen.

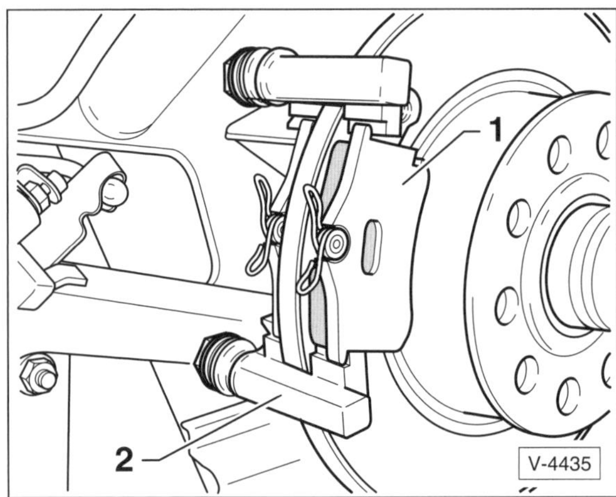

- **Bremssattel C-38:** Bremsbeläge –1– am Bremssattelträger –2– einsetzen.

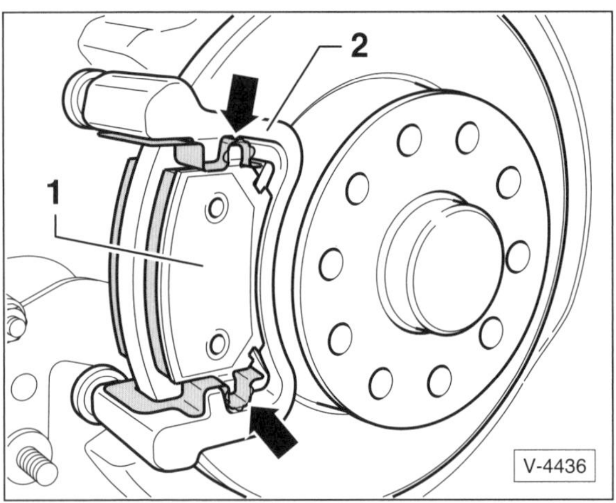

- **Bremssattel C-II38/C-II41: Neue** Belaghaltefedern –Pfeile– und **neue** Bremsbeläge –1– im Bremssattelträger –2– einsetzen. Dabei auf korrekten Sitz der Bremsbeläge in den Belaghaltefedern achten.
- Bremssattel aufsetzen, dabei darauf achten, dass die Bremsbeläge nicht zu früh mit dem Bremssattel verkleben. Sobald der Bremssattel sich in der richtigen Einbauposition befindet, Bremssattel zuerst gegen den einen, dann gegen den anderen Bremsbelag schieben und dadurch Bremsbeläge mit dem Bremssattel verkleben.
- Bremssattel mit **neuen, selbstsichernden** Schrauben und mit **35 Nm** festschrauben, dabei am Führungsbolzen gegenhalten. **Achtung: Im Reparatursatz sind selbstsichernde Schrauben enthalten, die in jedem Fall einzubauen sind.**
- Reifen-Laufrichtung beachten, Hinterrad anschrauben. Fahrzeug ablassen, erst dann Radschrauben über Kreuz mit **120 Nm** festziehen. **Achtung:** Unbedingt Hinweise im Kapitel »Rad aus- und einbauen« beachten.
- Bremspedal im Stand mehrmals kräftig niedertreten, bis fester Widerstand spürbar ist. Dadurch legen sich die Bremsbeläge an die Bremsscheiben an.
- Bremsflüssigkeit im Vorratsbehälter prüfen, gegebenenfalls bis zur MAX-Marke auffüllen.

Bremssattel/Bremssattelträger hinten aus- und einbauen

Bremssattel C-38/C-II38/C-II41

Ausbau

> **Sicherheitshinweis**
> Beim Aufbocken des Fahrzeugs besteht Unfallgefahr! Deshalb vorher das Kapitel »Fahrzeug aufbocken« durchlesen.

- Fahrzeug aufbocken.
- Reifen-Laufrichtung mit Pfeil am Reifen markieren. Radschrauben lösen. Fahrzeug hinten aufbocken und Hinterrad abnehmen. **Achtung:** Unbedingt Hinweise im Kapitel »Rad aus- und einbauen« beachten.

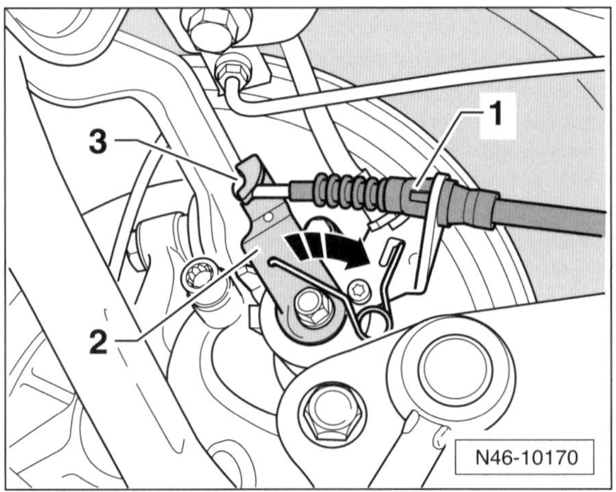

- Hebel –2– am Bremssattel in Pfeilrichtung drücken und Handbremsseil –3– aushängen.
- 2 Rastnasen –1– zusammendrücken und Handbremsseil aus dem Widerlager herausziehen.
- Bremsleitung vom Bremsschlauch trennen. Dazu Hohlschraube herausdrehen und Bremsschlauch von der Halterung nehmen. Bremsschlauch mit einem Stopfen verschließen.

> **Sicherheitshinweis**
> Beim Öffnen vom Bremskreis läuft Bremsflüssigkeit aus. Bremsflüssigkeit in einer untergelegten Schale auffangen. Man kann auch zuvor die Bremsflüssigkeit mit einem Saugheber aus dem Vorratsbehälter absaugen.

- Befestigungsschrauben für Bremssattel oben und unten herausdrehen, dabei jeweils am Führungsbolzen gegenhalten.
- Bremssattel vom Bremssattelträger abnehmen.
- Falls erforderlich, Bremsbeläge ausbauen, siehe entsprechendes Kapitel.
- 2 Schrauben –3– herausdrehen und Bremssattelträger –12– vom Achsschenkel abnehmen, siehe Abbildung V-4461/V-4462 auf Seite 166.

Achtung: Hohes Löse- und Anzugsdrehmoment der Schrauben für den Bremssattelträger! Unbedingt darauf achten, dass das Fahrzeug sicher aufgebockt ist und der Schraubenschlüssel waagerecht angesetzt wird. Unfallgefahr!

Einbau

Achtung: Hohes Anzugsdrehmoment der Schrauben!

- Bremssattelträger am Achsschenkel ansetzen und mit **neuen selbstsichernden Schrauben** anschrauben. Schrauben in 2 Stufen festziehen:

  1. Stufe: . . mit Drehmomentschlüssel **90 Nm** anziehen.

  2. Stufe: . . . . mit starrem Schlüssel **90°** weiterdrehen.

Hinweis: Um die Winkelgrade beim Anziehen einzuhalten, ist es sinnvoll, aus Pappe eine Winkelscheibe auszuschneiden oder die Winkelscheibe HAZET 6690 zu verwenden.

- Falls ausgebaut, Bremsbeläge einbauen, siehe entsprechendes Kapitel.
- Bremssattel am Bremssattelträger aufsetzen, mit **neuen, selbstsichernden** Schrauben und **35 Nm** festschrauben, dabei jeweils am Führungsbolzen gegenhalten.
- Handbremszug in das Gegenlager am Bremssattel einführen, bis die Rastnasen einrasten.
- Hebel am Bremssattel nach vorne drücken und Handbremsseil einhängen.
- Bremsleitung in den Bremsschlauch einschrauben. Hohlschraube mit **14 Nm** festziehen.
- **Bremsanlage entlüften, siehe entsprechendes Kapitel.**
- Fußbremse im Stand mehrmals betätigen.
- Handbremse einstellen, siehe entsprechendes Kapitel.
- Reifen-Laufrichtung beachten, Hinterrad anschrauben. Fahrzeug ablassen, erst dann Radschrauben über Kreuz mit **120 Nm** festziehen. **Achtung:** Unbedingt Hinweise im Kapitel »Rad aus- und einbauen« beachten.

Bremsscheibendicke prüfen

Prüfen

- Reifen-Laufrichtung mit Pfeil am Reifen markieren. Radschrauben lösen. Fahrzeug aufbocken und Räder abnehmen. **Achtung:** Unbedingt Hinweise im Kapitel »Rad aus- und einbauen« beachten.

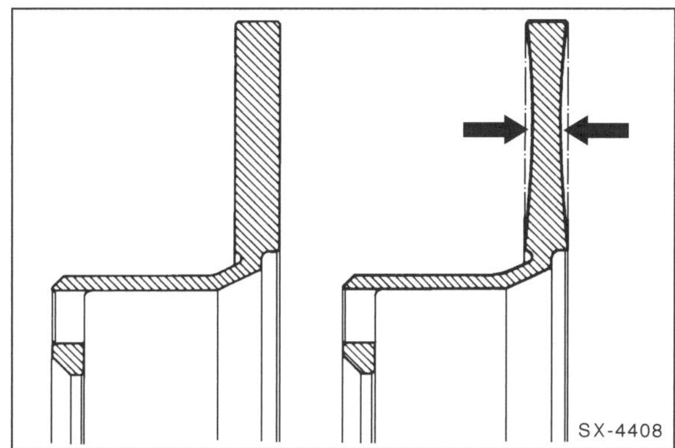

- Bremsscheibendicke immer an der dünnsten Stelle –Pfeile– messen. Die Werkstatt benutzt dazu einen speziellen Messschieber oder eine Mikrometer-Bügelmessschraube, da sich durch die Abnutzung der Bremsscheibe ein Rand bildet. Man kann die Bremsscheibendicke auch mit einer normalen Schieblehre messen, allerdings muss dann auf jeder Seite der Bremsscheibe eine entsprechend starke Unterlage zwischengelegt werden (beispielsweise 2 Münzen). Um das exakte Maß der Bremsscheibendicke zu ermitteln, müssen von dem gemessenen Wert die Dicke der Münzen beziehungsweise der Unterlage abgezogen werden. **Achtung:** Messung an mehreren Punkten der Bremsscheibe vornehmen.
- Soll- und Verschleißwerte für Bremsscheibe, siehe »Technische Daten Bremsanlage«.
- Wird die Verschleißgrenze erreicht, Bremsscheibe erneuern.
- Bei größeren Rissen oder bei Riefen, die tiefer als 0,5 mm sind, Bremsscheibe erneuern, siehe entsprechendes Kapitel.
- Reifen-Laufrichtung beachten, Räder anschrauben, Fahrzeug ablassen, erst dann Radschrauben über Kreuz mit **120 Nm** festziehen. **Achtung:** Unbedingt Hinweise im Kapitel »Rad aus- und einbauen« beachten.

Bremsscheibe aus- und einbauen

Bremsscheiben erneuern, wenn sie korrodiert sind oder die Verschleißgrenze erreicht haben.

Um beidseitig eine gleichmäßige Verzögerung sicherzustellen, müssen alle Bremsscheiben die gleiche Oberfläche bezüglich Schliffbild und Rautiefe aufweisen. Deshalb **grundsätzlich beide** Bremsscheiben einer Achse ersetzen, beziehungsweise abdrehen lassen.

Achtung: Wenn die Bremsscheiben ersetzt oder abgedreht werden, müssen gleichzeitig auch neue Bremsbeläge eingebaut werden.

Korrodierte Bremsscheiben erzeugen beim Abbremsen einen Rubbeleffekt, der sich auch durch längeres Bremsen nicht beseitigen lässt. In diesem Fall müssen die Bremsscheiben erneuert werden.

Ausbau

Sicherheitshinweis
Beim Aufbocken des Fahrzeugs besteht Unfallgefahr! Deshalb vorher das Kapitel »Fahrzeug aufbocken« durchlesen.

- Reifen-Laufrichtung mit Pfeil am Reifen markieren. Radschrauben lösen. Fahrzeug aufbocken und Räder abnehmen. **Achtung:** Unbedingt Hinweise im Kapitel »Rad aus- und einbauen« beachten.
- Bremsbeläge und Bremssattel ausbauen, siehe entsprechendes Kapitel.
- Um ein Herausgleiten des Bremskolbens zu verhindern, Holzstück zwischen Bremskolben und Bremssattel klemmen.
- Bremssattel mit Drahthaken so am Aufbau oder an der Schraubenfeder aufhängen, dass der Bremsschlauch nicht verdreht oder auf Zug beansprucht wird.
- Sicherungsschraube für Bremsscheiben-Befestigung herausdrehen, siehe entsprechende Bremsen-Abbildung.
- Bremsscheibe abnehmen.

Achtung: Die Bremsscheibe darf nicht durch Gewaltanwendung (Hammerschläge) von der Radnabe getrennt werden, um Schäden an der Bremsscheibe zu vermeiden. Stattdessen handelsüblichen Rostlöser anwenden. Falls der Ausbau nur durch kräftige Hammerschläge möglich ist, aus Sicherheitsgründen Bremsscheibe und Radlager erneuern. Auch wenn ein Abzieher verwendet wird, Bremsscheibe erneuern.

Einbau

Die Werkstatt kann die Bremsscheibe auf Schlag prüfen. Maximaler Scheibenschlag an der Bremsfläche gemessen: 0,05 mm. Maximal zulässige Dickentoleranz: 0,01 mm.

- Bremsscheibendicke messen, siehe entsprechendes Kapitel.
- Falls vorhanden, Rost am Flansch der Bremsscheibe und der Radnabe entfernen.
- Neue Bremsscheibe mit Verdünnung vom Schutzlack reinigen.
- Bremsscheibe auf Radnabe aufsetzen, Sicherungsschraube eindrehen und mit **4 Nm** festziehen.
- Bremsbeläge einsetzen und Bremssattel anschrauben, siehe entsprechendes Kapitel.
- **Hinterradbremse:** Handbremse einstellen, siehe entsprechendes Kapitel.

Achtung: War der Bremsschlauch demontiert, Bremsschlauch anschrauben und Bremsanlage entlüften, siehe entsprechendes Kapitel.

- Reifen-Laufrichtung beachten, Räder anschrauben, Fahrzeug ablassen, erst dann Radschrauben über Kreuz mit **120 Nm** festziehen. **Achtung:** Unbedingt Hinweise im Kapitel »Rad aus- und einbauen« beachten.

Achtung: Bremspedal im Stand mehrmals kräftig niedertreten, bis fester Widerstand spürbar ist.

- Bremsflüssigkeitsstand im Bremsflüssigkeitsbehälter prüfen, gegebenenfalls auffüllen.

Achtung, Sicherheitskontrolle durchführen:
- ◆ Sind die Bremsschläuche festgezogen?
- ◆ Befindet sich der Bremsschlauch in der Halterung?
- ◆ Sind die Entlüftungsschrauben angezogen?
- ◆ Ist genügend Bremsflüssigkeit eingefüllt?
- ◆ Bei laufendem Motor Dichtheitskontrolle durchführen. Hierzu Bremspedal mit 200 bis 300 N (entspricht 20 bis 30 kg) etwa 10 Sekunden betätigen. Das Bremspedal darf nicht nachgeben. Sämtliche Anschlüsse auf Dichtheit kontrollieren.

- Neue Bremsscheiben vorsichtig einbremsen, dazu Fahrzeug mehrmals von ca. 80 km/h auf 40 km/h mit geringem Pedaldruck abbremsen. Dazwischen Bremse etwas abkühlen lassen.

Handbremshebel – Detailübersicht

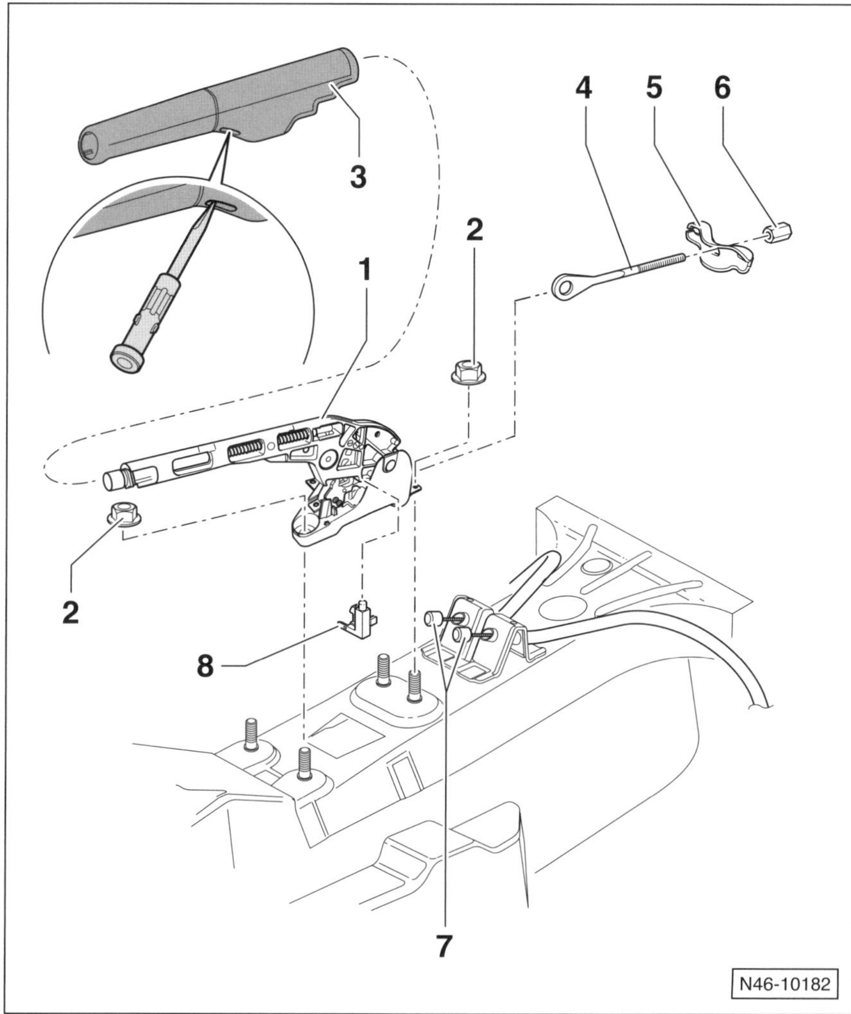

1 – **Handbremshebel**

2 – **Sechskantmutter, 15 Nm**

3 – **Verkleidung Handbremshebel**

Ausbau

- ◆ Entriegelungslasche im hinteren, unteren Griffbereich, siehe Bildausschnitt, mit einem Schraubendreher abhebeln.
- ◆ Verkleidung nach vorn abziehen.

Hinweis: Bei Lederausstattung ist das Leder im Bereich der Verriegelung eingeschnitten.

Einbau

- ◆ Verkleidung aufschieben und einrasten.

4 – **Zugstange**
Mit dem Handbremshebel vernietet.

5 – **Ausgleichbügel**

6 – **Nachstellmutter**

7 – **Handbremsseile**

8 – **Schalter für Handbremskontrolle**

Handbremsseil aus- und einbauen

Ausbau

- Handbremse lösen.
- Mittelkonsole ausbauen, siehe Seite 241.

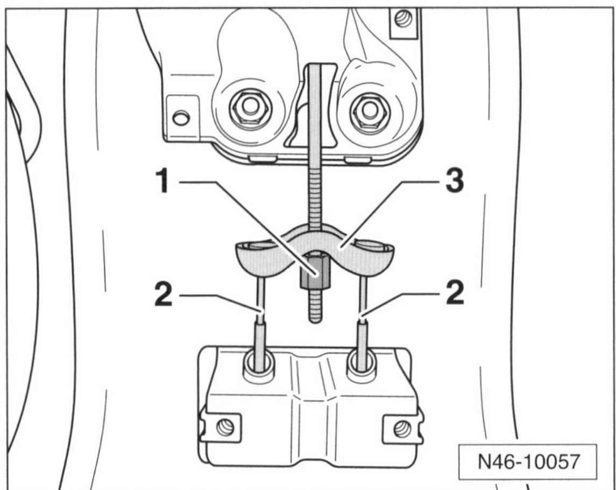

- Nachstellmutter –1– am Handbremshebel so weit lösen, bis das Handbremsseil –2– aus dem Ausgleichbügel –3– ausgehängt werden kann. Handbremsseil aushängen.
- Handbremszug am hinteren Bremssattel aushängen, siehe Kapitel »Bremssattel hinten aus- und einbauen«.

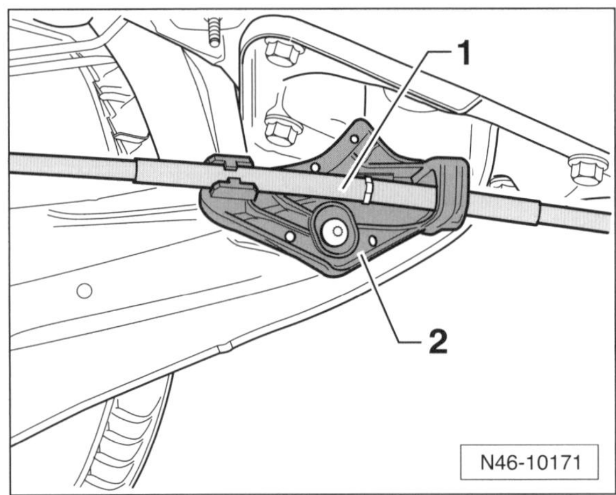

- Handbremsseil –1– zuerst aus den Klemmnasen und dann komplett aus dem Halter –2– herausziehen.

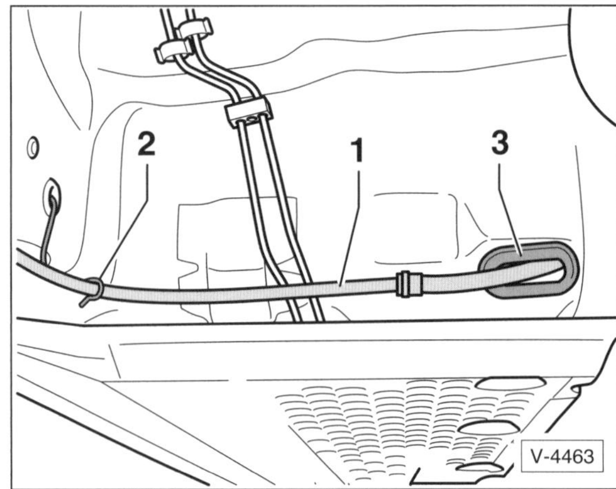

- Handbremszug –1– aus der vorderen Halterung –2– aushängen und aus der Durchführung –3– herausziehen.
- Handbremszug vom Fahrzeugunterboden abnehmen.

Einbau

- Handbremszug –1– am Fahrzeugunterboden durch die Durchführung –3– zum Handbremshebel durchschieben und an der vorderen Halterung –2– einhängen.
- Handbremszug durch die Öffnung am Halter stecken und festklemmen, siehe Abbildung N46-10171.
- Handbremszug am hinteren Bremssattel einhängen, siehe Kapitel »Bremssattel hinten aus- und einbauen«.

Hinweis: Der Handbremszug muss zwischen der Halterung am Bremssattel und dem Halteclip am Längsträger spannungsfrei verlegt werden.

- Linken und rechten Handbremszug am Ausgleichbügel einhängen und mit der Nachstellmutter vorspannen.
- Handbremse einstellen, siehe entsprechendes Kapitel.
- Mittelkonsole einbauen, siehe Seite 241.

Handbremse einstellen

Die Hinterradbremse verfügt über eine automatische Nachstellung, so dass die Handbremse im Rahmen der Wartung nicht nachgestellt werden muss. Erforderlich ist die Einstellung der Handbremse nach dem Aus- und Einbau von:

- Handbremsseilen.
- Bremssattel/Bremssattelträger hinten.
- Bremsscheiben hinten.

Einstellen

- Handbremse lösen.
- Mittelkonsole ausbauen, siehe Seite 241.
- Bremspedal mindestens 3-mal kräftig betätigen.

Hinweis: Die Fußbremse muss funktionsfähig und entlüftet sein.

- Handbremse 3-mal kräftig anziehen und wieder lösen. **Hinweis:** Der Handbremshebel muss unterhalb der ersten Raste selbsttätig in die Ruhestellung zurückgehen, gegebenenfalls gangbar machen.

Sicherheitshinweis
Beim Aufbocken des Fahrzeugs besteht Unfallgefahr! Deshalb vorher das Kapitel »Fahrzeug aufbocken« durchlesen.

- Fahrzeug hinten aufbocken, die Hinterräder müssen vom Boden abheben.

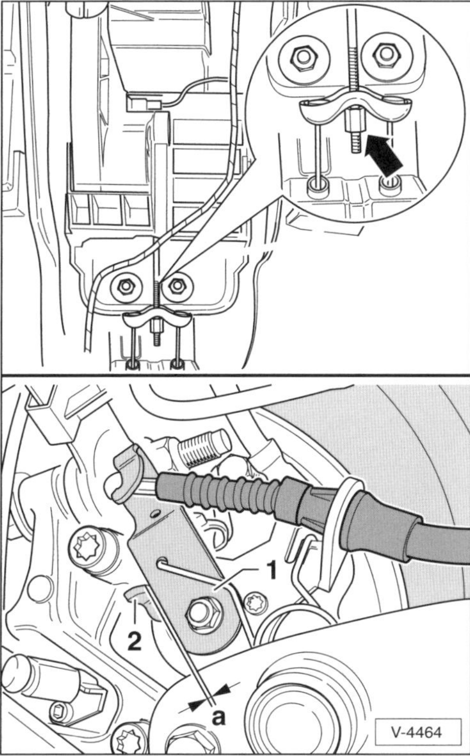

- Handbremshebel in Ruhestellung. Nachstellmutter –Pfeil– so weit anziehen, bis sich links und rechts die Hebel –1– an den Bremssätteln vom Anschlag –2– abheben.
- Nachstellmutter weiter verdrehen, bis bei gelöster Handbremse der Abstand –a– zwischen Hebel –1– und Anschlag –2– an beiden Bremssätteln **zusammen** maximal **1,5 mm** beträgt.
- Sicherstellen, dass beide Hinterräder frei drehen. Gegebenenfalls die Nachstellmutter etwas zurückdrehen.
- Fahrzeug ablassen.

Hinweis: Nach der Neueinstellung ist durch die automatische Nachstellung der Hinterradbremse ein Nachstellen der Handbremse nicht mehr erforderlich.

Bremsanlage entlüften

Beim Umgang mit Bremsflüssigkeit sind folgende Hinweise zu beachten:

Sicherheitshinweis
Bremsflüssigkeit ist giftig. Keinesfalls Bremsflüssigkeit mit dem Mund über einen Schlauch absaugen. Bremsflüssigkeit nur in Behälter füllen, bei denen ein versehentlicher Genuss ausgeschlossen ist.

- Bremsflüssigkeit ist ätzend und darf deshalb nicht mit dem Autolack in Berührung kommen, gegebenenfalls Bremsflüssigkeit sofort abwischen und mit viel Wasser abwaschen.
- Bremsflüssigkeit ist hygroskopisch, das heißt, sie nimmt aus der Luft Feuchtigkeit auf. Bremsflüssigkeit deshalb nur in geschlossenen Behältern aufbewahren.
- **Bremsflüssigkeit, die schon einmal im Bremssystem verwendet wurde, darf nicht wieder verwendet werden. Auch beim Entlüften der Bremsanlage nur neue Bremsflüssigkeit verwenden.**
- Bremsflüssigkeits-Spezifikation: **VW-501 14.**
- **Bremsflüssigkeit darf nicht mit Mineralöl in Berührung kommen.** Schon geringe Spuren von Mineralöl machen die Bremsflüssigkeit unbrauchbar, beziehungsweise führen zum Ausfall des Bremssystems. Stopfen und Manschetten der Bremsanlage werden beschädigt, wenn sie mit mineralölhaltigen Mitteln zusammenkommen. Zum Reinigen keine mineralölhaltigen Putzlappen verwenden.
- Bremsflüssigkeit **alle 2 Jahre wechseln**, möglichst nach der kalten Jahreszeit.

Achtung: Bremsflüssigkeit ist ein Problemstoff und darf auf keinen Fall einfach weggeschüttet oder dem Hausmüll mitgegeben werden. Gemeinde- und Stadtverwaltungen informieren darüber, wo sich die nächste Problemstoff-Sammelstelle befindet.

Entlüften

Nach jeder Reparatur an der Bremse, bei der die Bremsanlage geöffnet wurde, kann Luft in die Druckleitungen eingedrungen sein. Dann muss das Bremssystem entlüftet werden. Luft ist auch dann in den Leitungen, wenn sich beim Treten des Bremspedals der Bremsdruck schwammig anfühlt. In diesem Fall muss die Undichtigkeit beseitigt und die Bremsanlage entlüftet werden.

In der Werkstatt wird die Bremse in der Regel mit einem Bremsentlüftungsgerät entlüftet. **Zwingend vorgeschrieben ist die Verwendung eines Bremsentlüftungsgerätes, wenn ein Bremsschlauch demontiert wurde, wenn nur eine Kammer des Bremsflüssigkeitsbehälters leer war oder wenn die hydraulische Kupplungsbetätigung ebenfalls entlüftet werden muss.** Im Normalfall geht es auch ohne das Bremsentlüftungsgerät. Die Bremsanlage wird dann durch Pumpen mit dem Bremspedal entlüftet, dazu ist eine zweite Person notwendig.

Muss die ganze Anlage entlüftet werden, jede Radbremse einzeln und den Kupplungsnehmerzylinder entlüften. Das ist immer dann der Fall, wenn Luft in jeden einzelnen Bremszylinder gedrungen ist. Dafür immer ein **Bremsentlüftungsgerät** verwenden. Falls nur ein Bremssattel erneuert bzw. überholt wurde, genügt in der Regel das Entlüften des betreffenden Bremszylinders.

Sicherheitshinweis
Ist eine Kammer des Bremsflüssigkeitbehälters komplett leergelaufen (zum Beispiel bei Undichtigkeiten im Bremssystem oder wenn beim Entlüften vergessen wurde, Bremsflüssigkeit nachzufüllen), wird Luft angesaugt, die in die ABS-Hydraulikpumpe gelangt. **Die Bremsanlage muss dann in der Werkstatt mit dem Entlüftungsgerät entlüftet werden.** Bei Ausstattung mit EDS muss die Bremsanlage zusätzlich vorentlüftet werden und es muss eine Grundeinstellung durch ein Testgerät eingeleitet werden. **Bei Einbau eines neuen Bremsschlauchs muss die Anlage ebenfalls mit einem Entlüftungsgerät entlüftet werden.**

Die Reihenfolge der Entlüftung: 1. Bremssattel vorn links, 2. Bremssattel vorn rechts, 3. Bremssattel hinten links, 4. Bremssattel hinten rechts.

- Fahrzeug aufbocken.
- Reifen-Laufrichtung mit Pfeil am Reifen markieren. Radschrauben lösen. Fahrzeug hinten aufbocken und Hinterräder abnehmen. **Achtung:** Unbedingt Hinweise im Kapitel »Rad aus- und einbauen« beachten.

Hinweis: Die Entlüfterventile der hinteren Bremssättel sind erst nach Abnahme der Hinterräder zugänglich.

- Bremsflüssigkeitsbehälter bis MAX-Markierung auffüllen.

Achtung: Entlüfterventile reinigen und vorsichtig öffnen, damit sie nicht abgedreht werden. Es empfiehlt sich, die Ventile ca. 1 Stunde vor dem Entlüften mit Rostlöser einzusprühen. Bei festsitzenden Ventilen das Entlüften von einer Werkstatt durchführen lassen.

Achtung: Während des Entlüftens die Entlüfterflasche 30 Zentimeter höher als das Entlüfterventil halten und ab und zu den Bremsflüssigkeitsbehälter beobachten. Der Flüssigkeitsspiegel darf nicht zu weit sinken, sonst wird über den Bremsflüssigkeitsbehälter Luft angesaugt. **Immer nur neue Bremsflüssigkeit nachgießen!**

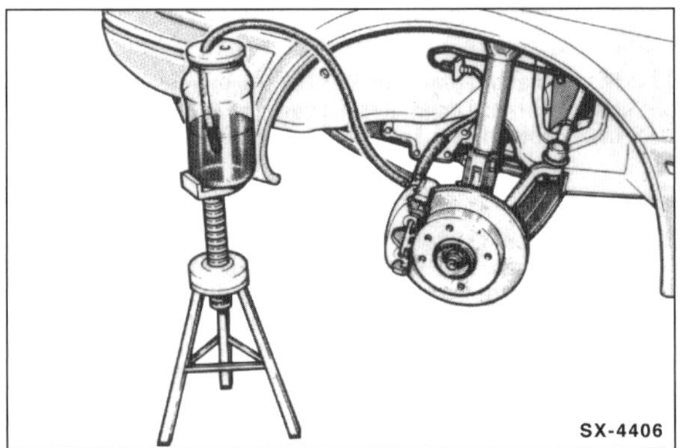
SX-4406

- Staubkappe vom Entlüfterventil des Bremszylinders abnehmen. Entlüfterventil reinigen, sauberen Schlauch aufstecken, anderes Schlauchende in eine mit Bremsflüssigkeit halbvoll gefüllte Flasche stecken. **Hinweis:** Einen geeigneten Schlauch und ein passendes Gefäß gibt es im Autozubehör-Handel.
- Von einem Helfer Bremspedal so oft niedertreten lassen, »pumpen«, bis sich im Bremssystem Druck aufgebaut hat – zu spüren am wachsenden Widerstand beim Betätigen des Pedals.
- Ist genügend Druck vorhanden, Bremspedal ganz durchtreten und Fuß auf dem Bremspedal halten.

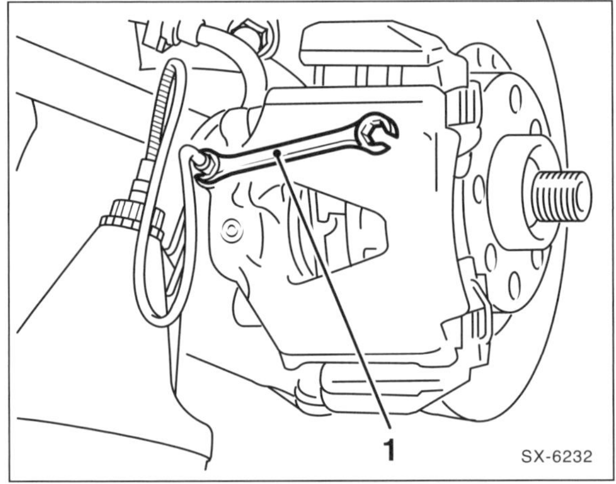

SX-6232

- Entlüfterventil am Bremssattel etwa ½ Umdrehung mit Ringschlüssel –1– öffnen. Zum Öffnen der Ventile gibt es spezielle Entlüftungsschlüssel, zum Beispiel HAZET 4968-7. Ausfließende Bremsflüssigkeit in der Flasche sammeln. **Hinweis:** Die Abbildung zeigt nicht den Bremssattel des GOLF.
- Ausfließende Bremsflüssigkeit in der Flasche sammeln. Darauf achten, dass sich das Schlauchende in der Flasche ständig unterhalb des Flüssigkeitsspiegels befindet und dass die Flasche über dem Bremssattel steht.
- Sobald der Flüssigkeitsdruck nachlässt, Entlüfterventil bei weiterhin niedergetretenem Bremspedal schließen.

- Pumpvorgang wiederholen, bis sich Druck aufgebaut hat. Bremspedal niedertreten, Fuß auf dem Bremspedal lassen, Entlüfterventil öffnen, bis der Druck nachlässt. Entlüfterventil schließen.
- Entlüftungsvorgang an einem Bremszylinder so oft wiederholen, bis sich in der Bremsflüssigkeit, die in die Entlüfterflasche strömt, keine Luftblasen mehr zeigen.
- Nach dem Entlüften Schlauch vom Entlüfterventil abziehen, Entlüfterventil mit **10 Nm** festziehen und Staubkappe auf Ventil stecken.
- Die Bremszylinder an den anderen Rädern auf die gleiche Weise entlüften, dabei Reihenfolge einhalten.
- Nach dem Entlüften den Bremsflüssigkeitsbehälter bis zur MAX-Markierung auffüllen.

Entlüften mit Bremsentlüftungsgerät

- Verschlussdeckel vom Bremsflüssigkeitsbehälter abschrauben und Entlüftungsgerät über einen Adapter am Bremsflüssigkeitsbehälter anschließen.
- Im Bremssystem einen Arbeitsdruck von 2 bar einstellen.
- **Fahrzeuge mit EDS:** Bremsanlage **vorentlüften**, wenn eine Kammer des Bremsflüssigkeitsbehälters leer gelaufen ist. Zunächst vordere Bremssättel gleichzeitig entlüften, anschließend hintere Bremssättel. Dazu Schläuche an beide Entlüfterventile aufstecken, Ventile öffnen und Flüssigkeit ausströmen lassen, bis sich keine Luftblasen mehr zeigen. Anschließend Ventile schließen. Zuletzt Grundeinstellung durch ein Testgerät einleiten und Bremsanlage nochmals entlüften.
- **Alle Fahrzeuge:** In der angegebenen Reihenfolge jeden Bremszylinder einzeln entlüften. Dazu Schlauch am Entlüfterventil aufstecken, Ventil öffnen und Flüssigkeit ausströmen lassen, bis sich keine Luftblasen mehr zeigen. Anschließend Ventil schließen.
- Nach dem Entlüften Adapter und Entlüftungsgerät abbauen, dabei darauf achten, dass der Bremsflüssigkeitsbehälter unter Druck steht.
- Jeden Bremssattel 5-mal nach der konventionellen Methode ohne Entlüftungsgerät **nachentlüften**.
- Reifen-Laufrichtung beachten, Hinterräder anschrauben. Fahrzeug ablassen, erst dann Radschrauben über Kreuz mit **120 Nm** festziehen. **Achtung:** Unbedingt Hinweise im Kapitel »Rad aus- und einbauen« beachten.

Achtung, Sicherheitskontrolle durchführen:

- ◆ Sind die Entlüftungsschrauben angezogen?
- ◆ Ist genügend Bremsflüssigkeit eingefüllt?
- ◆ Bei laufendem Motor Dichtheitskontrolle durchführen. Hierzu Bremspedal mit 200 bis 300 N (entspricht 20 bis 30 kg) etwa 10 Sekunden betätigen. Das Bremspedal darf nicht nachgeben. Sämtliche Anschlüsse auf Dichtheit kontrollieren.

- Nach dem Entlüften darf sich beim Treten auf das Bremspedal der Druck nicht schwammig anfühlen. Falls doch, Anlage nochmals entlüften. Dabei an jedem Bremssattel den Entlüftungsvorgang 5-mal durchführen.
- Anschließend einige Bremsungen auf einer Straße ohne Verkehr durchführen. Dabei sollte mindestens einmal die Bremsregelung des ABS-Systems geprüft werden, beispielsweise auf losem Untergrund. Dazu Bremse stark betätigen, bis am spürbaren Pulsieren des Bremspedals der Beginn der Bremsregelung erkennbar ist.

Achtung: Falls der Bremspedalweg nach der Probefahrt zu groß ist, obwohl er direkt nach dem Entlüften in Ordnung war, dann ist möglicherweise Luft in der ABS-Hydraulikeinheit. In diesem Fall Bremsanlage umgehend in der Fachwerkstatt entlüften lassen.

Bremskraftverstärker prüfen

Der Bremskraftverstärker ist auf Funktion zu überprüfen, wenn zur Erzielung ausreichender Bremswirkung die Pedalkraft außergewöhnlich hoch ist.

- Bremspedal bei stehendem Motor mindestens 5-mal kräftig durchtreten, dann bei belastetem Bremspedal Motor starten. Das Bremspedal muss jetzt unter dem Fuß spürbar nachgeben.
- Andernfalls Unterdruckschlauch am Bremskraftverstärker herausziehen, Motor starten. Durch Fingerauflegen am Ende des Unterdruckschlauches prüfen, ob Unterdruck vorhanden ist.
- Ist kein Unterdruck vorhanden: Unterdruckschlauch auf Undichtigkeiten und Beschädigungen prüfen, gegebenenfalls ersetzen. Sämtliche Schellen fest anziehen.
- **1,8-/2,0-l-Benzinmotor/Dieselmotor:** Unterdruckschlauch von der Vakuumpumpe abziehen und mit dem Finger prüfen, ob Unterdruck am Schlauchanschluss anliegt.
- Ist Unterdruck vorhanden: Unterdruck messen, gegebenenfalls Bremsservo ersetzen (Werkstattarbeit).

Bremsschlauch aus- und einbauen

Achtung: Die starren Bremsleitungen aus Metall sollen von einer Fachwerkstatt verlegt werden, da zur fachgerechten Montage einige Erfahrung nötig ist.

Als flexible Verbindungen zwischen den starren Fahrzeugteilen und den Bremssätteln werden druckfeste Bremsschläuche verwendet. Diese müssen bei erkennbaren Schäden sofort ausgewechselt werden. Ältere Bremsschläuche können so aufquellen, dass sich in ihrem Innern der Durchflussquerschnitt verringert. In diesem Fall kann die Bremsflüssigkeit nicht aus dem Radbremszylinder in den Hauptbremszylinder zurückfließen; die Radbremse erhitzt sich. Wird dann das betreffende Entlüfterventil am Radbremszylinder geöffnet und das Rad blockiert nicht mehr, ist das ein Zeichen für einen defekten Bremsschlauch.

Sicherheitshinweis
Ist ein Bremsschlauch montiert worden oder eine Kammer des Bremsflüssigkeitsbehälters leergelaufen, muss die Bremsanlage in der Werkstatt mit dem Entlüftungsgerät entlüftet werden. Fahrzeug dabei an ein Diagnosegerät anschließen.

Achtung: Bremsschläuche nicht mit Öl oder Petroleum in Berührung bringen, nicht lackieren oder mit Unterbodenschutz besprühen.

Achtung: Regeln im Umgang mit Bremsflüssigkeit beachten, siehe Kapitel »Bremsanlage entlüften«.

Ausbau

Sicherheitshinweis
Beim Aufbocken des Fahrzeugs besteht Unfallgefahr! Deshalb vorher das Kapitel »Fahrzeug aufbocken« durchlesen.

- Fahrzeug aufbocken.

Achtung: Beim Öffnen vom Bremskreis läuft Bremsflüssigkeit aus. Um den Bremsflüssigkeitsverlust zu vermeiden, beziehungsweise möglichst gering zu halten, gibt es 2 Möglichkeiten:

Möglichkeit 1: Bremsflüssigkeits-Vorratsbehälter randvoll mit Bremsflüssigkeit auffüllen. Verschlussdeckel zuschrauben und Belüftungsbohrung mit einem Klebeband dicht verschließen. Durch die fehlende Belüftung kann sich das Bremssystem nicht entleeren.

Möglichkeit 2: Entlüftungsflasche mit einem Schlauch am Entlüftungsventil eines Bremssattels anschließen, siehe »Bremsanlage entlüften«. Durch Helfer auf das Bremspedal treten lassen, Enlüftungsventil öffnen und Bremsflüsssigkeit in die Entlüfterflasche abfließen lassen. Anschließend Bremspedal in niedergetretenem Zustand belassen, beispielweise indem ein Brett zwischen Sitz und Bremspedal geklemmt wird. Dadurch werden im Hauptbremszylinder die Ventile für den Nachlauf der Bremsflüssigkeit aus dem Vorratsbehälter verschlossen.

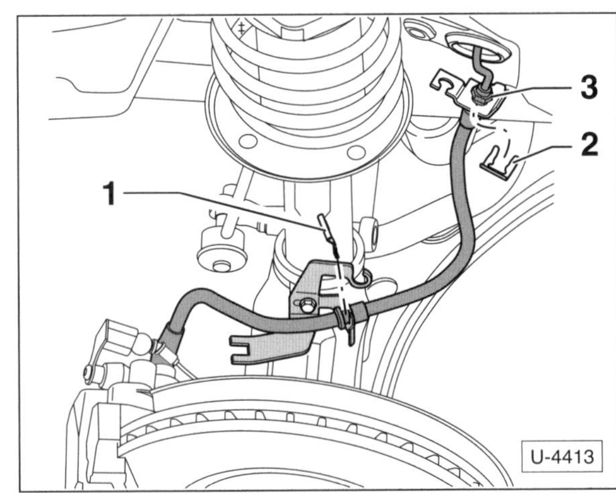

- Sicherungsklammer –1– herausziehen und Bremsschlauch aus dem Halter herausziehen.
- Bremsschlauch zuerst von der Bremsleitung trennen. Dazu Sicherungsklammer –2– herausziehen und Hohlschraube –3– herausdrehen. Bremsschlauch dabei nicht verdrillen.

Achtung: Auslaufende Bremsflüssigkeit mit Lappen auffangen. Leitungsanschluss in Richtung Hauptbremszylinder zusätzlich mit einem geeignetem Stopfen verschließen.

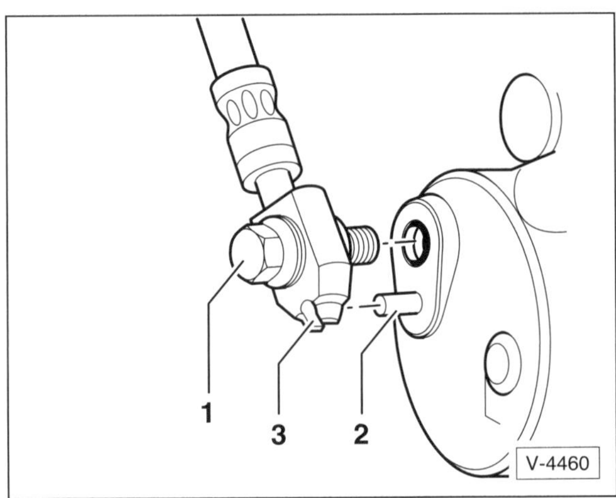

- Hohlschraube –1– für Bremsschlauch am Bremssattel abschrauben. **Hinweis:** In der Abbildung ist der Bremsschlauch am vorderen Bremssattel FS-III/FN-3 dargestellt. Beim Einbau darauf achten, dass die Fixiernase –2– des Bremssattels in die Nut –3– des Anschlussstücks eingreift.

Einbau

- Nur vom Werk freigegebene Bremsschläuche einbauen. Neuen Bremsschlauch so einbauen, dass er ohne Drall durchhängt.
- Bremsschlauch am Bremssattel mit **35 Nm** festziehen. **Achtung:** Bremsschlauch, sofern erforderlich, mit **neuem** Dichtring anschrauben.
- Bremsleitung mit **14 Nm** am Bremsschlauch festschrauben.

Achtung: Bremsanlage ausschließlich mit einem Entlüftungsgerät entlüften.

- Fahrzeug ablassen.

Achtung, Sicherheitskontrolle durchführen:

- Sind die Bremsschläuche festgezogen?
- Befindet sich der Bremsschlauch in der Halterung?
- Sind die Entlüftungsschrauben angezogen?
- Ist genügend Bremsflüssigkeit eingefüllt?
- Bei laufendem Motor Dichtheitskontrolle durchführen. Hierzu Bremspedal mit 200 bis 300 N (entspricht 20 bis 30 kg) etwa 10 Sekunden betätigen. Das Bremspedal darf nicht nachgeben. Sämtliche Anschlüsse auf Dichtheit kontrollieren.
- Anschließend einige Sicherheitsbremsungen auf einer Straße ohne Verkehr durchführen.

Bremslichtschalter aus- und einbauen

Der Bremslichtschalter sitzt im Motorraum am Hauptbremszylinder. Beim Betätigen des Bremspedals wird über den Schalter das Bremslicht eingeschaltet. Außerdem dient der Bremslichtschalter dem ABS/EDS-Steuergerät als Signalgeber für den Beginn eines Bremsvorganges. Daher ist eine korrekte Funktion äußerst wichtig.

Ausbau

- Obere Motorabdeckung ausbauen, siehe Seite 180.
- Damit der Bremslichtschalter zugänglich wird, muss bei einigen Fahrzeugen der Ansaugschlauch ausgebaut werden.

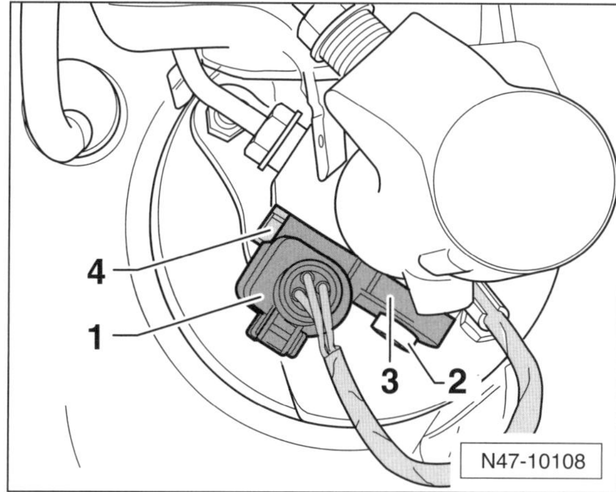

- Stecker –1– vom Bremslichtschalter –3– abziehen.
- Torxschraube –2– am Hauptbremszylinder herausdrehen.
- Bremslichtschalter –3– unten vom Hauptbremszylinder abziehen und oben aus dem Clip –4– herausnehmen.

Einbau

- Der Einbau erfolgt in umgekehrter Ausbaureihenfolge. Torxschraube mit **5 Nm** festzehen.
- Bremslichtschalters auf Funktion prüfen.

Störungsdiagnose Bremse

Störung	Ursache	Abhilfe
Leerweg des Bremspedals zu groß.	Ein Bremskreis ausgefallen.	■ Bremskreise auf Flüssigkeitsverlust prüfen.
Bremspedal lässt sich weit und federnd durchtreten.	Luft im Bremssystem.	■ Bremse entlüften.
	Zu wenig Bremsflüssigkeit im Bremsflüssigkeitsbehälter.	■ Neue Bremsflüssigkeit nachfüllen. Bremse entlüften.
	Dampfblasenbildung. Tritt meist nach starker Beanspruchung auf, z. B. Passabfahrt.	■ Bremsflüssigkeit wechseln. Bremse entlüften.
Bremswirkung lässt nach, und Bremspedal lässt sich durchtreten.	Undichte Leitung.	■ Leitungsanschlüsse nachziehen oder Leitung erneuern.
	Beschädigte Manschette im Haupt- oder Radbremszylinder.	■ Manschette erneuern. Beim Hauptbremszylinder Innenteile ersetzen (Werkstatt), gegebenenfalls Hauptbremszylinder ersetzen oder Radbremszylinder überholen lassen.
Schlechte Bremswirkung trotz hohen Fußdrucks.	Bremsbeläge verölt.	■ Bremsbeläge erneuern.
	Ungeeigneter oder verhärteter Bremsbelag.	■ Beläge erneuern. Nur vom Automobilhersteller freigegebene Bremsbeläge verwenden.
	Bremsbeläge abgenutzt.	■ Bremsbeläge erneuern.
	Bremskraftverstärker defekt, Unterdruckleitung porös, defekt.	■ Bremskraftverstärker und Unterdruckleitung prüfen.
Bremse zieht einseitig.	Unvorschriftsmäßiger Reifendruck.	■ Reifendruck prüfen und berichtigen.
	Bereifung ungleichmäßig abgefahren.	■ Abgefahrene Reifen ersetzen.
	Bremsbeläge verölt.	■ Bremsbeläge erneuern.
	Verschiedene Bremsbelagsorten auf einer Achse.	■ Beläge erneuern. Nur vom Automobilhersteller freigegebene Bremsbeläge verwenden.
	Schlechtes Tragbild der Bremsbeläge.	■ Bremsbeläge austauschen.
	Verschmutzte Bremssattelschächte.	■ Sitz- und Führungsflächen der Bremsbeläge im Bremssattel reinigen.
	Korrosion in den Bremssattelzylindern.	■ Bremssattel erneuern.
	Bremsbelag ungleichmäßig verschlissen.	■ Bremsbeläge erneuern (an beiden Rädern), Bremssättel auf Leichtgängigkeit prüfen.
Bremse zieht von selbst an.	Hauptbremszylinder defekt.	■ Hauptbremszylinder ersetzen.
Bremsen erhitzen sich während der Fahrt.	Bremse schwergängig.	■ Bewegliche Teile der Bremse schmieren. Bremssattel überholen lassen (Werkstattarbeit).
	Handbremsseil schwergängig.	■ Seil schmieren oder erneuern.
	Bremsschlauch innen aufgequollen, dicht.	■ Bremsschlauch erneuern.
	Korrosion in den Bremsattelzylindern.	■ Bremssattel erneuern.
Bremsen rattern.	Ungeeigneter Bremsbelag.	■ Beläge erneuern. Nur vom Automobilhersteller freigegebene Bremsbeläge verwenden.
	Bremsscheibe stellenweise korrodiert.	■ Scheibe mit Schleifklötzen sorgfältig glätten.
	Bremsscheibe hat Seitenschlag.	■ Scheibe nacharbeiten oder ersetzen.

Störung	Ursache	Abhilfe
Räder lassen sich schwer von Hand drehen.	Bremsbeläge lösen sich nicht von der Bremsscheibe, Korrosion in den Bremssattelzylindern.	■ Bremssattel überholen, eventuell austauschen.
Ungleichmäßiger Belag-Verschleiß.	Ungeeigneter Bremsbelag.	■ Beläge erneuern.
	Bremssattel verschmutzt.	■ Bremssattelschächte reinigen.
	Bremssattel klemmt.	■ Führungsbuchsen und -stifte gangbar machen.
	Kolben nicht leichtgängig.	■ Kolben gangbar machen (Werkstattarbeit).
	Bremssystem undicht.	■ Bremssystem auf Dichtigkeit prüfen.
Keilförmiger Bremsbelag-Verschleiß.	Bremsscheibe läuft nicht parallel zum Bremssattel.	■ Anlagefläche des Bremssattels prüfen.
	Korrosion in den Bremssätteln.	■ Verschmutzung beseitigen oder Bremssattel erneuern.
Bremsbeläge lösen sich nicht von der Bremsscheibe, Räder lassen sich schwer von Hand drehen.	Korrosion in den Bremssattelzylindern.	■ Bremssattel überholen, eventuell austauschen.
	Bremsschlauch innen aufgequollen, dicht.	■ Bremsschlauch erneuern.
Bremse quietscht.	Oft auf atmosphärische Einflüsse (Luftfeuchtigkeit) zurückzuführen.	■ Keine Abhilfe erforderlich, wenn Quietschen nach längerem Stillstand des Wagens bei hoher Luftfeuchtigkeit auftritt, sich dann aber nach den ersten Bremsungen nicht wiederholt.
	Ungeeigneter Bremsbelag.	■ Beläge erneuern. Rückenplatte mit Anti-Quietsch-Paste bestreichen.
	Bremsscheibe läuft nicht parallel zum Bremssattel.	■ Anlagefläche des Bremssattels prüfen.
	Verschmutzte Schächte im Bremssattel.	■ Bremssattelschächte reinigen.
Bremse pulsiert.	ABS bei Vollbremsung in Funktion.	■ Normal, keine Abhilfe.
	Seitenschlag oder Dickentoleranz der Bremsscheibe zu groß.	■ Schlag und Toleranz prüfen. Scheibe nacharbeiten oder ersetzen.
	Bremsscheibe läuft nicht parallel zum Bremssattel.	■ Anlagefläche des Bremssattels prüfen.
ABS-Kontrollleuchte leuchtet während der Fahrt.	Betriebsspannung zu niedrig (unter ca. 10 Volt).	■ Batteriespannung prüfen. Prüfen, ob Kontrolllampe für Generator nach dem Motorstart erlischt, andernfalls Keilrippenriemen und Generator prüfen.
		■ Hinweise zu ABS/ESP/EDS beachten.
	ABS-Anlage defekt.	■ ABS-Anlage in der Fachwerkstatt prüfen lassen.
Wirkung der Handbremse nicht ausreichend.	Bowdenzüge korrodiert.	■ Neuteile einbauen.

Motor-Mechanik

Aus dem Inhalt:

- Motor-Steuertrieb
- Zylinderkopf
- Keilriemen wechseln
- Motor-Schmierung
- Das richtige Motoröl
- Motor-Kühlung
- Kühlmittel wechseln
- Frostschutz prüfen
- Kühlerausbau

Hinweis zum Aus- und Einbau von Zahnriemen, Zylinderkopf, Steuerkette

Das Auswechseln dieser Bauteile ist so komplex, dass ich davon abrate, die Arbeiten selbst durchzuführen. Aus diesem Grund habe ich die einzelnen Arbeitsschritte auch nicht beschrieben. In den folgenden Kapiteln sind nur einige wichtige Hinweise aufgeführt, die bei der Überprüfung beziehungsweise bei der Montage dieser Bauteile auf jeden Fall beachtet werden müssen.

Motorabdeckung oben aus- und einbauen

Achtung: Beim Einbau nicht mit der Faust oder einem Werkzeug auf die Motorabdeckung schlagen.

1,4-l-Benzinmotor 59 kW

Ausbau

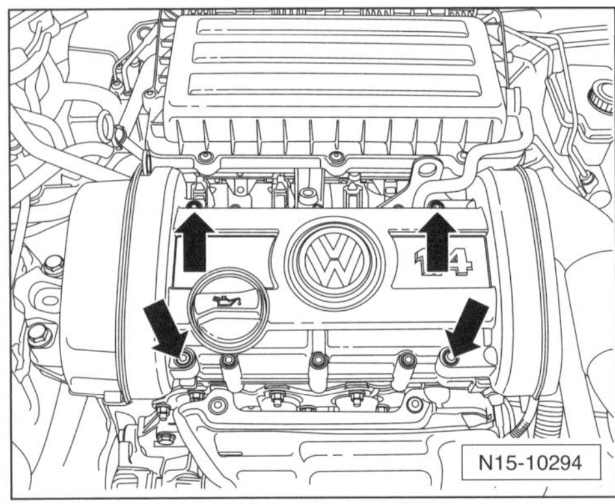

- Schrauben –Pfeile– herausdrehen und Abdeckung abnehmen.

Einbau

- Abdeckung aufsetzen und mit **10 Nm** anschrauben.

1,4-/2,0-l-TSI-Benzinmotor

Ausführung 1

Ausbau

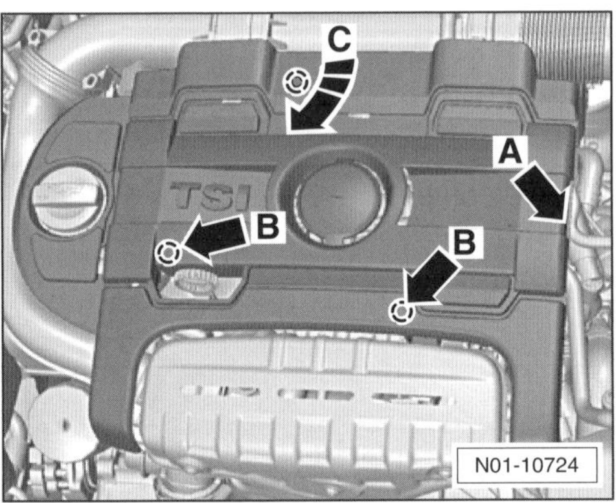

- Falls vorhanden, Unterdruckschlauch –Pfeil A– vom Stutzen abziehen.
- Motorabdeckung an den vorderen Befestigungspunkten –Pfeile B– ausrasten, etwas anheben und anschließend aus der Halterung –C– in Pfeilrichtung herausziehen.

Einbau

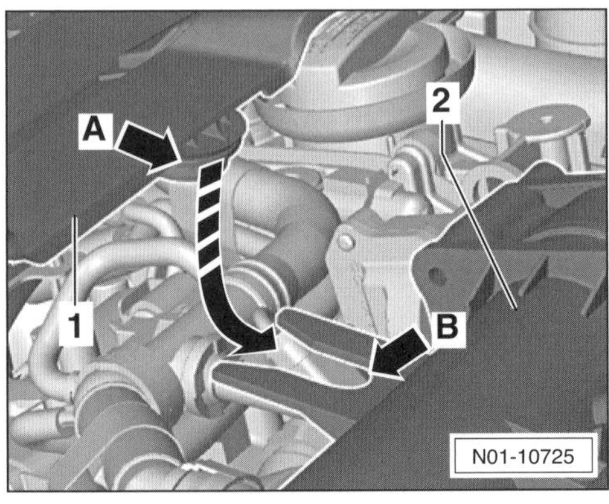

- Motorabdeckung –1– mit der Lasche –Pfeil A– am Befestigungspunkt –2– in den Halter –Pfeil B– in Pfeilrichtung einschieben.

- Motorabdeckung auf die anderen Befestigungspunkte aufsetzen, nach unten drücken und spürbar einrasten.
- Schlauch am Anschlussstutzen aufstecken und verriegeln.

Ausführung 2

Ausbau

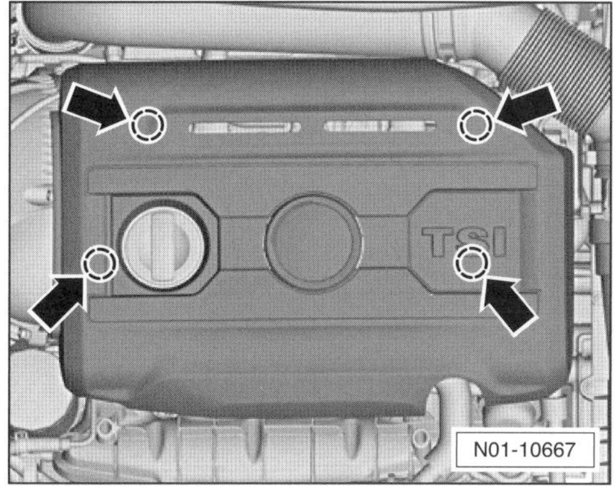

- Motorabdeckung an den Befestigungspunkten –Pfeile– ausrasten, etwas anheben und nach oben abnehmen.

Einbau

- Motorabdeckung an den Befestigungspunkten aufsetzen, nach unten drücken und spürbar einrasten.

1,6-l-Benzinmotor 75 kW

Ausbau

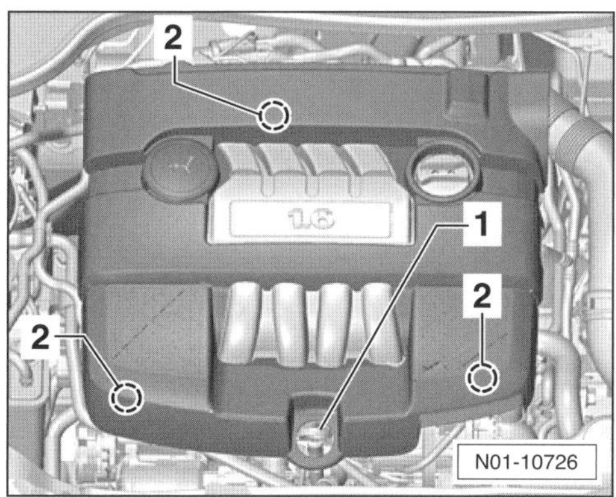

- Ölmessstab –1– herausziehen.
- Motorabdeckung an den Befestigungspunkten –2– ausclipsen und nach oben abnehmen.

Einbau

- Der Einbau erfolgt in umgekehrter Ausbaureihenfolge.

1,8-/2,0-l-TSI-Benzinmotor 118/155 kW

Ausbau

- Motorabdeckung an den Befestigungspunkten –Pfeile– ausrasten, etwas anheben und nach oben abnehmen.

Einbau

- Prüfen, ob die Gummipuffer richtig in den Aufnahmen der Abdeckung eingesetzt sind. Die Gummipuffer dürfen nicht ganz oder teilweise in die Öffnungen der Aufnahme eingedrückt sein.
- Motorabdeckung an den Befestigungspunkte aufsetzen, nach unten drücken und spürbar einrasten.

2,0-l-TSI-Benzinmotor 199 kW

Ausbau

Hinweis: Lagergummis der Motorabdeckung nach jedem Ausbau beziehungsweise alle 30.000 km oder 2 Jahren erneuern.

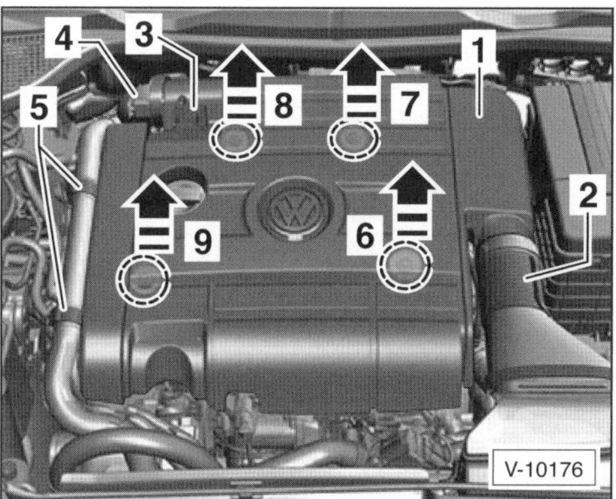

- Luftansaugschlauch –2– von der Motorabdeckung –1– abziehen, dazu Schlauchschelle mit geeigneter Zange, zum Beispiel HAZET 798-5, öffnen und zurückschieben.
- Stecker vom Luftmassenmesser –3– im hinteren Bereich der Abdeckung abziehen.
- 2 Halteklammern an der Ansaugrohrverbindung –4– ausclipsen und zurückklappen.

- Schlauch an den Befestigungen –5– ausclipsen.
- Motorabdeckung –1– nacheinander an den Befestigungspunkten –6–, –7–, –8– und –9– ausrasten und nach oben abnehmen.
- Motorabdeckung mit der Oberseite auf eine weiche Unterlage legen, um Beschädigungen und Kratzer an der Oberfläche zu vermeiden.

Einbau

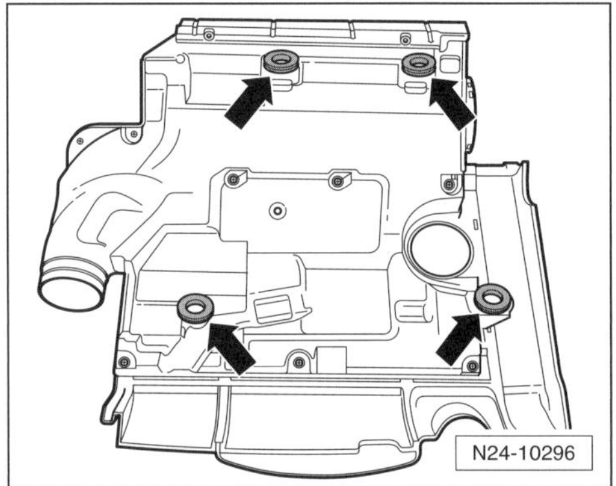

- Gummipuffer –Pfeile– herausdrücken und ersetzen.

Achtung: Gummipuffer für den Einbau **nicht** fetten oder schmieren.

- Motorabdeckung mit den Gummipuffern über den Aufnahmen ausrichten, nach unten drücken und einrasten.
- Der weitere Einbau erfolgt in umgekehrter Ausbaureihenfolge.

Dieselmotor

Ausbau

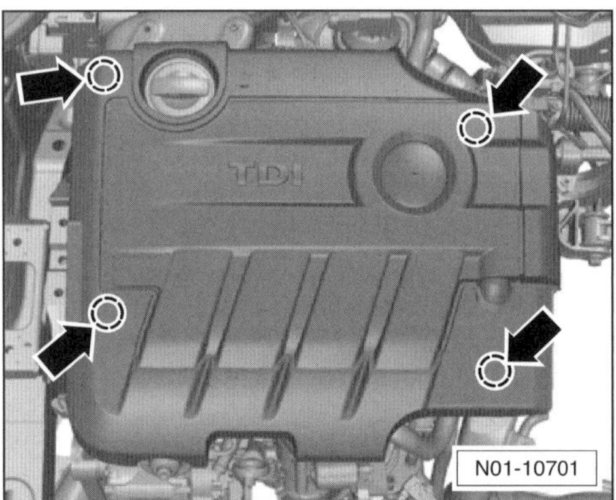

- Motorabdeckung an den Befestigungspunkten –Pfeile– ausrasten, etwas anheben und nach oben abnehmen.

Einbau

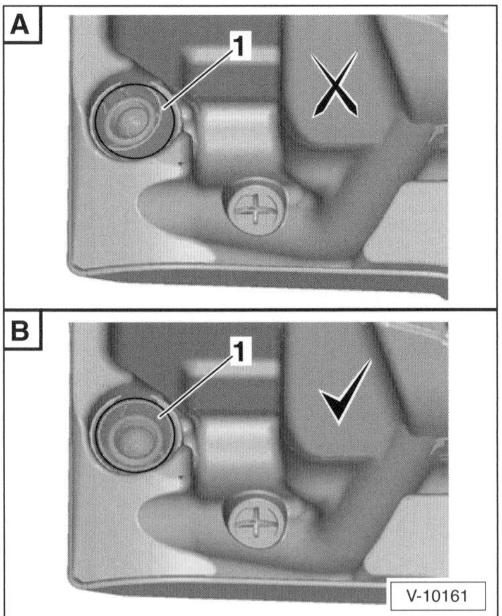

- Vor dem Einbau der Motorabdeckung unbedingt korrekte Einbaulage –B– der Kugelpfannen –1– prüfen. Gegebenenfalls Kugelpfannen aus Position –A– in Position –B– drücken.
- Motorabdeckung auf die Befestigungspunkte setzen und an den Ecken nach unten drücken und einrasten.

1,4-l-Benzinmotor 59 kW (80 PS)

Beim **1,4-l-Benzinmotor CGGA** sind Motorblock und Zylinderkopf aus Aluminiumguss gefertigt.

Die im Zylinderkopf untergebrachten Nockenwellen betätigen die 4 Ventile pro Zylinder über Rollenschlepphebel. Durch die nadelgelagerten Rollen in den Schlepphebeln wird der Nockenhub besonders reibungsarm auf den Ventilschaft übertragen. Hydraulische Abstützelemente unterhalb der Schlepphebel gleichen jegliches Ventilspiel aus. Die Einlass-Nockenwelle wird von der Motor-Kurbelwelle über den Haupttrieb-Zahnriemen angetrieben und treibt ihrerseits durch einen Koppeltrieb-Zahnriemen die Auslass-Nockenwelle an.

Der Alu-Motorblock besitzt eingegossene Zylinderlaufbuchsen aus Grauguss. Im unteren Teil des Motorblocks ist die Kurbelwelle über 5 Kurbelwellenlager angeschraubt. **Diese Verschraubungen dürfen nicht gelöst werden, sonst muss der komplette Motorblock mitsamt der Kurbelwelle ersetzt werden.** Die Kühlmittelpumpe sitzt vorn im Motorblock und wird durch den Zahnriemen angetrieben. Die Zahnrad-Ölpumpe wird durch einen Mitnehmerzapfen von der Kurbelwelle angetrieben.

Zahnriementrieb

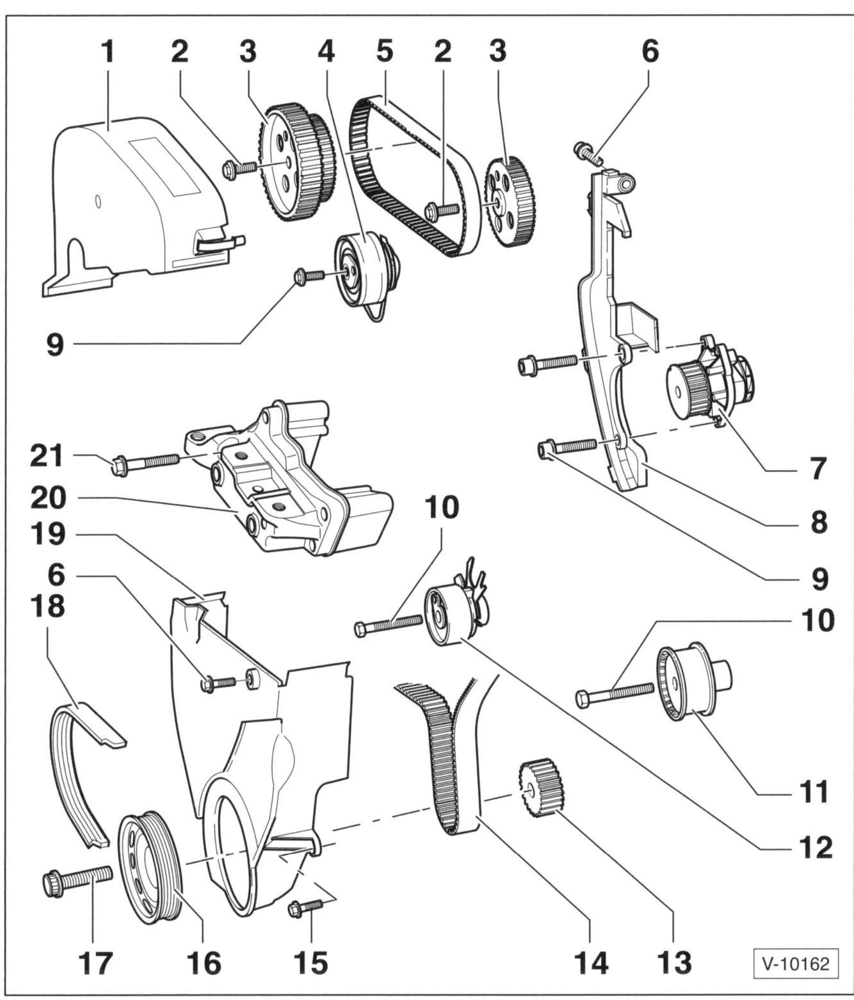

1 – Zahnriemen-Abdeckung oben

2 – Schraube *, 20 Nm + 90° (¼ Umdrehung)
Zum Lösen und Anziehen wird das Absteckwerkzeug VW-T10016 benötigt.

3 – Nockenwellenrad
Die Fixierbohrungen in den Nockenwellenrädern müssen mit den Passbohrungen im Nockenwellengehäuse fluchten.

4 – Koppeltrieb-Spannrolle

5 – Koppeltrieb-Zahnriemen
Vor dem Ausbau Laufrichtung auf dem Riemen kennzeichnen. Auf Verschleiß prüfen, nicht knicken.

6 – Schraube, 10 Nm

7 – Kühlmittelpumpe
Bei Beschädigungen und Undichtigkeiten komplett ersetzen.

8 – Zahnriemen-Abdeckung hinten

9 – Schraube, 20 Nm

10 – Schraube, 50 Nm

11 – Umlenkrolle für Haupttrieb-Zahnriemen

12 – Haupttrieb-Spannrolle

13 – Kurbelwellen-Zahnriemenrad
OT-Stellung: Der abgeschrägte Zahn muss mit der Markierung auf dem Ölpumpengehäuse übereinstimmen.

14 – Haupttrieb-Zahnriemen
Vor dem Ausbau Laufrichtung auf dem Riemen kennzeichnen. Auf Verschleiß prüfen, nicht knicken.

15 – Schraube *, 12 Nm

16 – Kurbelwellen-Riemenscheibe
Bei der Montage Fixierung beachten.

17 – Schraube*
Achtung: Es können 2 unterschiedliche Schrauben eingebaut sein. Schraube nach dem Ausbau grundsätzlich ersetzen.
Achtung: Die Anpressflächen zwischen Riemenscheibe und Befestigungsschraube müssen öl- und fettfrei sein. Schraube mit geöltem Gewinde einsetzen.
Anzugsdrehmomente:
Schraube 1, erkennbar am massiven Schraubenkopf: **90 Nm + 90°** (¼ Umdrehung).
Schraube 2, erkennbar am angebohrten Schraubenkopf: **150 Nm + 180°** (½ Umdrehung).
Das Weiterdrehen der Schraube kann in mehreren Stufen erfolgen. Der Weiterdrehwinkel kann mit einer handelsüblichen Winkelmessscheibe, zum Beispiel HAZET 6690, gemessen werden.

18 – Keilrippenriemen
Vor dem Ausbau Laufrichtung auf dem Riemen kennzeichnen. Auf Verschleiß prüfen, nicht knicken.

19 – Zahnriemen-Abdeckung unten

20 – Motorhalter

21 – Schraube *, 50 Nm

*) Nach jeder Demontage ersetzen.

1,4-l-Benzinmotor 90/118 kW (122/160 PS)

Beim 1,4-l-TSI-Benzinmotor werden die Nockenwellen von einer wartungsfreien Kette angetrieben.

Einlass- und Auslass-Nockenwelle sind in einem separaten Nockenwellengehäuse gelagert, das mit dem Zylinderkopf verschraubt ist. Die schräg hängenden Ventile werden von den Nockenwellen über reibungsarme Rollenschlepphebel betätigt.

Zylinderkopf – Detailübersicht

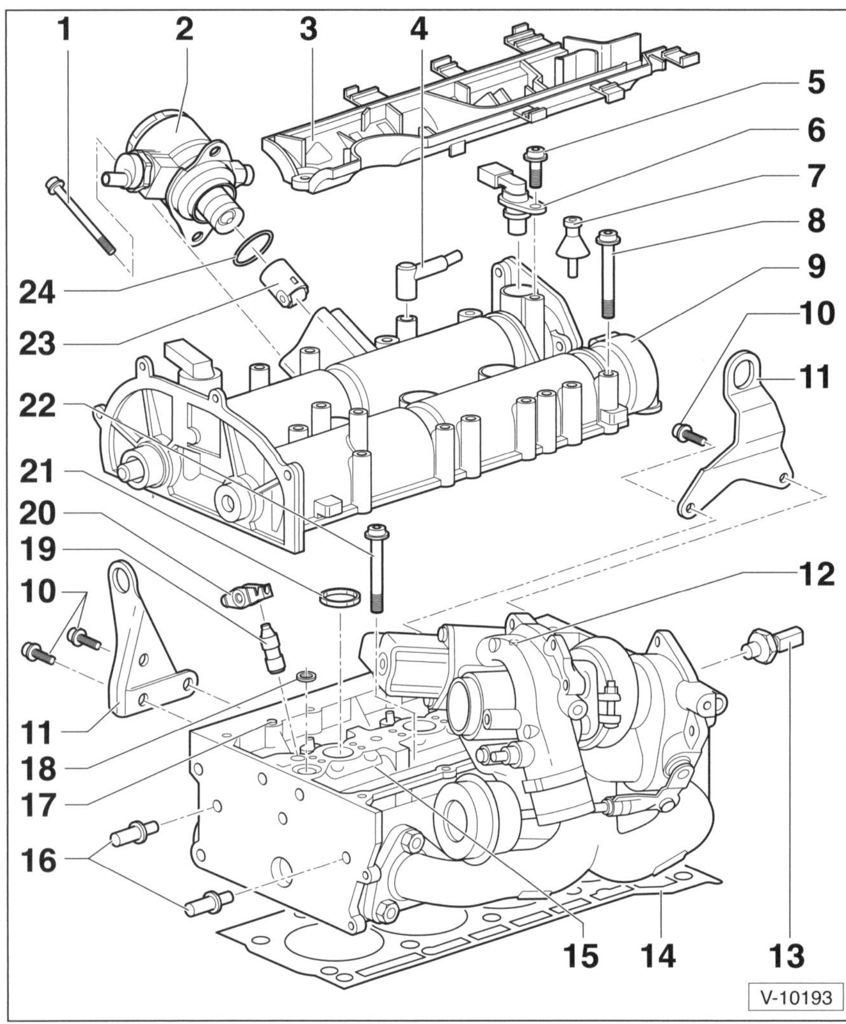

1 – **Schraube, 20 Nm.**

2 – **Hochdruckpumpe**
Für Kraftstoffversorgung.
Mit Regelventil für Kraftstoffdruck.

3 – **Leitungsführung**
Mit **8 Nm** am Nockewellengehäuse anschrauben.

4 – **Verbindungsstück**
Zum Luftfilter.

5 – **Schraube, 10 Nm**

6 – **Hallgeber**
O-Ring bei Beschädigung ersetzen.

7 – **Stiftschrauben, 6 Nm**

8 – **Schraube*, 10 Nm + 90°**
Über Kreuz von innen nach außen anziehen.

9 – **Nockenwellengehäuse**
Mit integrierten Nockenwellenlagern.
Alte Dichtmittelreste entfernen.
Vor dem Auflegen Dichtmittel VW-D.188.003.A1 auf die saubere Dichtfläche **dünn** und gleichmäßig auftragen. Sicherstellen, dass kein überschüssiges Dichtmittel in die Ölbohrungen gelangen kann.
Achtung: Im Bereich des Ölsiebs kein Dichtmittel auftragen.
Sind im Zündkerzenschacht Dichtringe* eingesetzt, kein Dichtmittel im Bereich des Zündkerzenschachts auftragen.
Befindet sich am Zylinderkopf im Bereich des Zündkerzenschachts eine gefräste Fase (Abschrägung), eine 2 mm starke Dichtmittelraupe VW-D176.600.A1 auf die Fase auftragen.
Nockenwellengehäuse senkrecht von oben auf die Stehbolzen und Passstifte vorsichtig aufsetzen. Nach der Montage muss das Dichtmittel ca. 30 Minuten trocknen.

10 – **Schraube, 20 Nm**

11 – **Aufhängeöse**

12 – **Abgasturbolader**

13 – **Öldruckschalter, 20Nm**
Bei Undichtigkeit Dichtring aufkneifen und erneuern.

14 – **Zylinderkopfdichtung***
Nach dem Ersetzen gesamtes Kühlmittel erneuern.

15 – **Zylinderkopf**
Dichtflächen zum Nockenwellengehäuse müssen öl- und fettfrei sein. Nach dem Ersetzen des Zylinderkopfes gesamtes Kühlmittel erneuern.

16 – **Führungsbolzen, 20 Nm**

17 – **Passstift**

18 – **Ölsieb**
Nur Motor CAVD. In den Zylinderkopf eingelegt. Immer ersetzen.

19 – **Abstützelement**
Mit hydraulischem Ventilspielausgleich. Lauffläche ölen.

20 – **Rollenschlepphebel**
Rollenlager auf leichten Lauf prüfen. Lauffläche ölen.
Beim Einbau mit der Sicherungsklammer für das Abstützelement aufclipsen.

21 – **Dichtring***
Nicht bei jeder Zylinderkopf-Ausführung vorhanden.
In den Zylinderkopf einsetzen.

22 – **Zylinderkopfschraube***

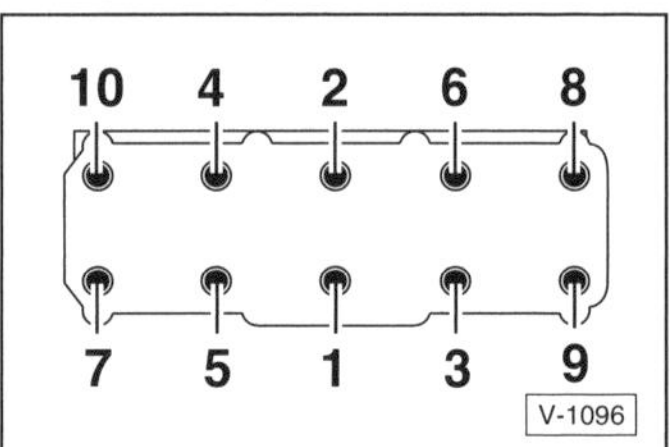

Zylinderkopfschrauben in 3 Stufen anziehen. In jeder Stufe die Reihenfolge von 1 bis 10 einhalten.
1. Stufe. . . . . . . 30 Nm
2. Stufe. . . . . . . 90° (¼ Umdr.)
3. Stufe. . . . . . . 90° (¼ Umdr.)
4. Stufe. . . . . . . 90° (¼ Umdr.)

23 – **Rollenstößel**
Lauffläche leicht mit Motoröl bestreichen.

24 – **O-Ring**
Vor dem Einbau leicht mit Motoröl bestreichen.

*) Nach jeder Demontage ersetzen.

1,6-l-Benzinmotor 75 kW (102 PS)

Beim **1,6-l-Benzinmotor BSE/BSF** wird die Nockenwelle über einen Zahnriemen von der Kurbelwelle angetrieben. Die Nockenwelle betätigt jeweils 2 Ventile pro Zylinder über reibungsarme Rollenschlepphebel. Zylinderkopf und Motorblock bestehen aus einer Aluminiumlegierung.

Zahnriementrieb

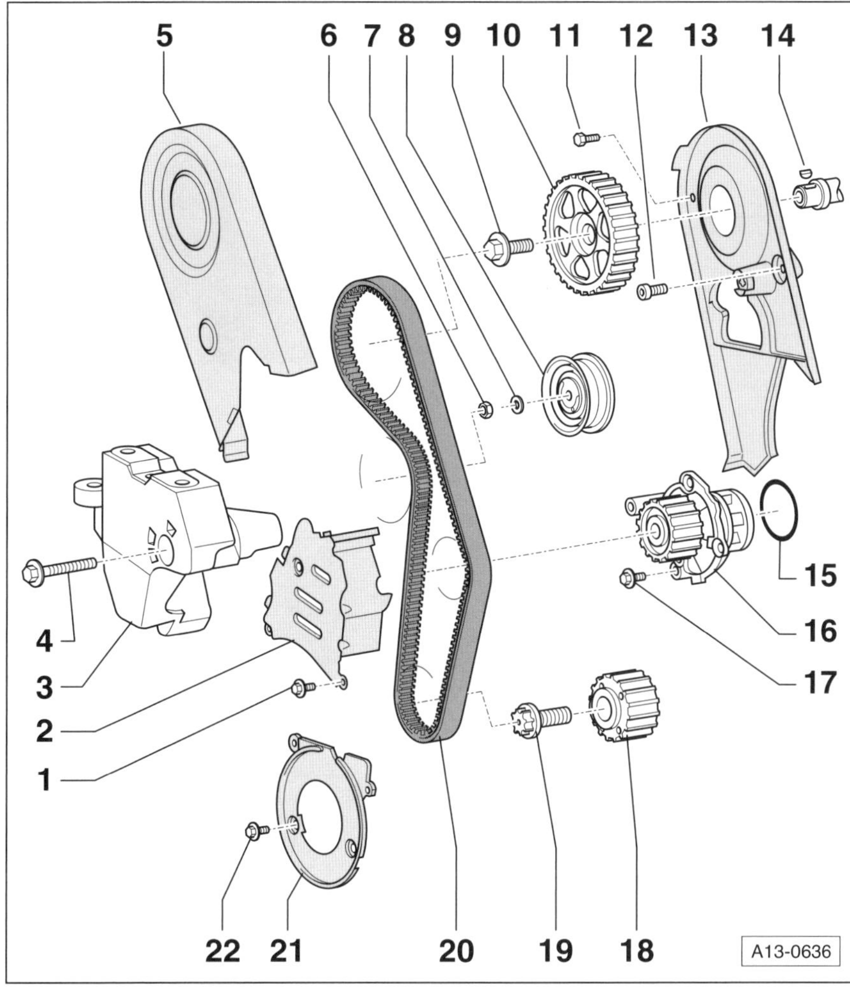

1 – **Schraube, 10 Nm**
Mit Sicherungsmittel einsetzen.

2 – **Zahnriemen-Abdeckung Mitte**

3 – **Motorhalter**

4 – **Schraube, 45 Nm**

5 – **Zahnriemen-Abdeckung oben**

6 – **Mutter, 23 Nm**

7 – **Scheibe**

8 – **Halbautomatische Spannrolle**

9 – **Schraube, 100 Nm**

10 – **Nockenwellenrad**
Einbaulage wird durch die Scheibenfeder –14– fixiert.

11 – **Schraube, 10 Nm**
Mit Sicherungsmittel einsetzen.

12 – **Schraube, 23 Nm**
Mit Sicherungsmittel einsetzen.

13 – **Zahnriemen-Abdeckung hinten**

14 – **Scheibenfeder**
Auf festen Sitz im Flansch der Nockenwelle achten.

15 – **O-Ring**
Immer ersetzen.

16 – **Kühlmittelpumpe**

17 – **Schraube, 15 Nm**

18 – **Kurbelwellen-Zahnriemenrad**
An der Anlagefläche zwischen Zahnriemenrad und Kurbelwelle darf sich kein Öl befinden.

19 – **Schraube, 90 Nm + 90° (¼ Umdr.)**
Immer ersetzen. Nicht ölen.

20 – **Zahnriemen**
Bei Wiederverwendung vor dem Ausbau Laufrichtung mit Kreide oder Filzstift kennzeichnen. Auf Verschleiß prüfen, siehe Seite 31.

21 – **Zahnriemen-Abdeckung unten**

22 – **Schraube, 10 Nm**
Mit Sicherungsmittel einsetzen.

Motor auf Zünd-OT stellen

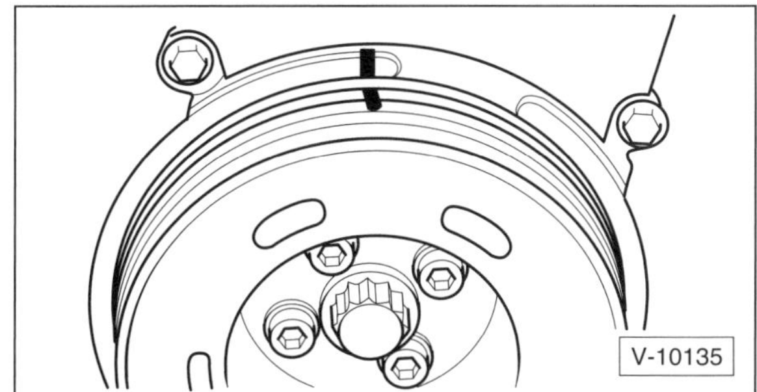

- Feststellbremse anziehen, Getriebe in Leerlaufstellung bringen. Kurbelwelle an der Zentralschraube des Zahnriemenrades in Motordrehrichtung drehen, also im Uhrzeigersinn, bis die Markierungen an der Kurbelwellen-Riemenscheibe übereinstimmen.

- Obere Zahnriemen-Abdeckung ausbauen.

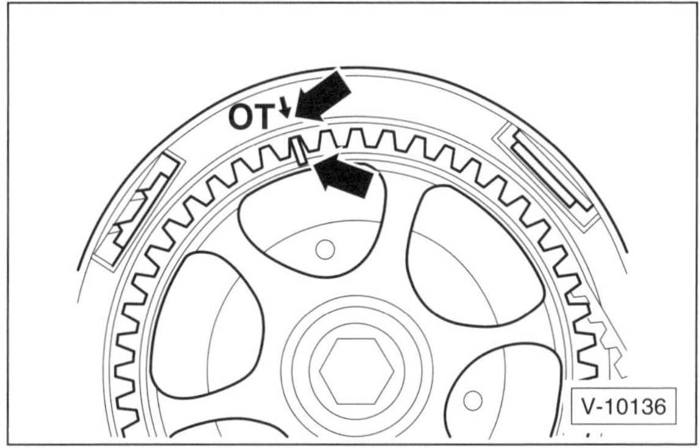

- Prüfen, ob die Markierungen am Nockenwellenrad –Pfeile– übereinstimmen, andernfalls Kurbelwelle um 1 Umdrehung (360°) weiterdrehen.

1,8-/2,0-l-TSI-Benzinmotor

Beim TSI-Benzinmotor werden die Nockenwellen von einer wartungsfreien Kette angetrieben.

Einlass- und Auslass-Nockenwelle sind in einem separaten Nockenwellengehäuse gelagert, das mit dem Zylinderkopf verschraubt ist.

OT-Stellung – Abbildung V-10166

- Schwingungsdämpfer –2– mit dem Gegenhalter –A–, zum Beispiel VW/AUDI-T10355, so weit drehen, bis die Kerbe am Schwingungsdämpfer der OT-Marke an der unteren Steuerketten-Abdeckung gegenübersteht –Pfeil–.
- Gleichzeitig müssen die Markierungen –1– der Nockenwellen nach oben zeigen. Andernfalls Kurbelwelle um eine Umdrehung weiterdrehen.

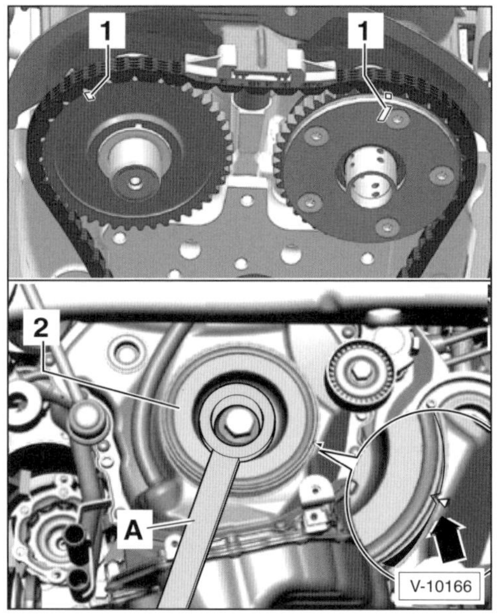

Steuerkettentrieb

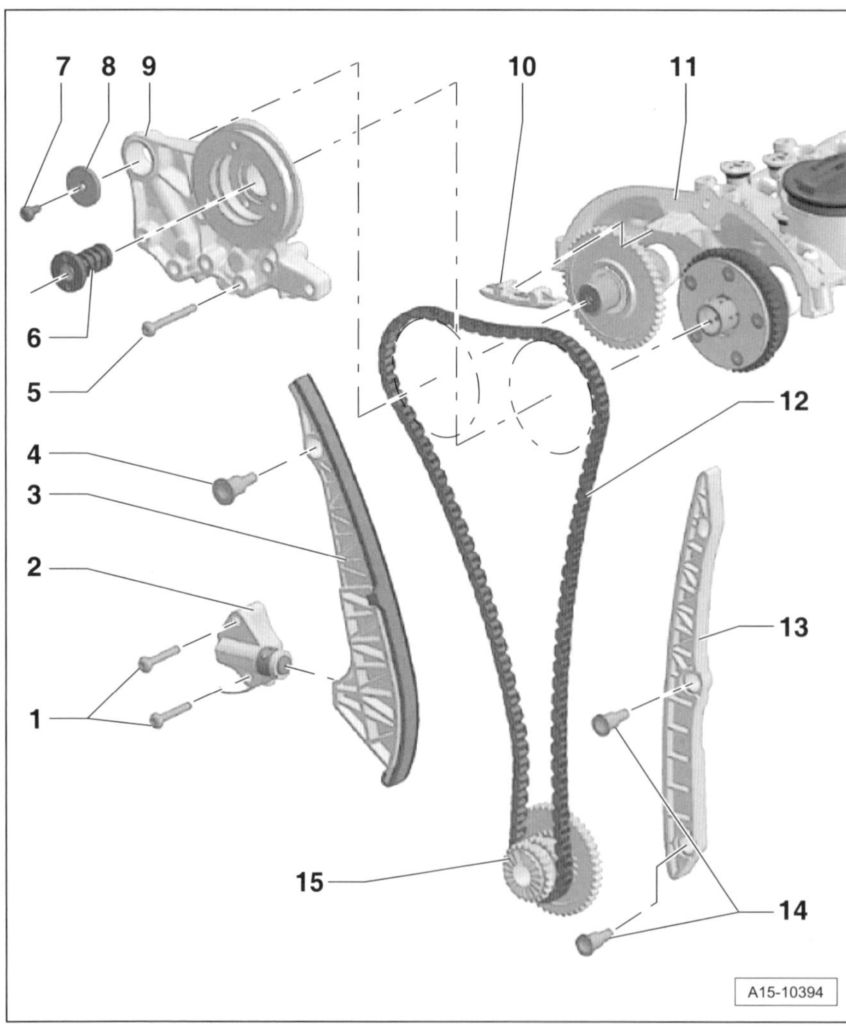

1 – Schrauben, 9 Nm

2 – Kettenspanner
Steht unter Federspannung.
Vor dem Ausbau mit geeignetem Absteckstift, zum Beispiel VW-T40011, abstecken.

3 – Spannschiene
Für Steuerkette.

4 – Führungsbolzen, 20 Nm

5 – Schraube, 9 Nm

6 – Steuerventil, 35 Nm
Linksgewinde.
Kann nur mit Spezialwerkzeug VW-T10352/1 ausgebaut werden.

7 – Schraube
Nach jedem Ausbau ersetzen.
Unterschiedliche Schraubengröße möglich.
Anzugsdrehmoment:
M6-Schraube . . . . . **8 Nm + 90°**
M8-Schraube. . . . . **20 Nm + 90°**

8 – Unterlegscheibe

9 – Lagerbrücke

10 – Gleitschiene
Für Nockenwellen-Steuerkette.

11 – Nockenwellengehäuse

12 – Nockenwellen-Steuerkette
Vor dem Ausbau Laufrichtung mit Farbe kennzeichnen.

13 – Gleitschiene
Für Nockenwellen-Steuerkette.

14 – Führungsbolzen, 20 Nm

15 – Kurbelwellen-Kettenrad
Einbaulage: Die beiden abgeflachten Stellen müssen sich gegenüberstehen.

1,6-/2,0-l-Dieselmotor

Der **4-Ventil-Dieselmotor** hat einen Aluminium-Zylinderkopf mit 2 Auslass- und 2 Einlassventilen je Zylinder. Die Ventile sind senkrecht stehend angeordnet und werden von 2 obenliegenden Nockenwellen über Rollenschlepphebel betätigt. Die Schlepphebel stützen sich auf hydraulische Ausgleichselemente, die jegliches Ventilspiel ausgleichen.

Die Einlass-Nockenwelle wird über einen Zahnriemen von der Motor-Kurbelwelle angetrieben wie auch die Hochdruckpumpe für die Common-Rail-Einspritzung.

Die Einlass-Nockenwelle übernimmt neben der Steuerung der Einlassventile über eine Schrägverzahnung den Antrieb der Auslass-Nockenwelle, die ihrerseits die Vakuumpumpe antreibt. Die Vakuumpumpe ist an der hinteren Stirnseite des Zylinderkopfes angeflanscht und erzeugt den Unterdruck für den Bremskraftverstärker.

Zahnriementrieb

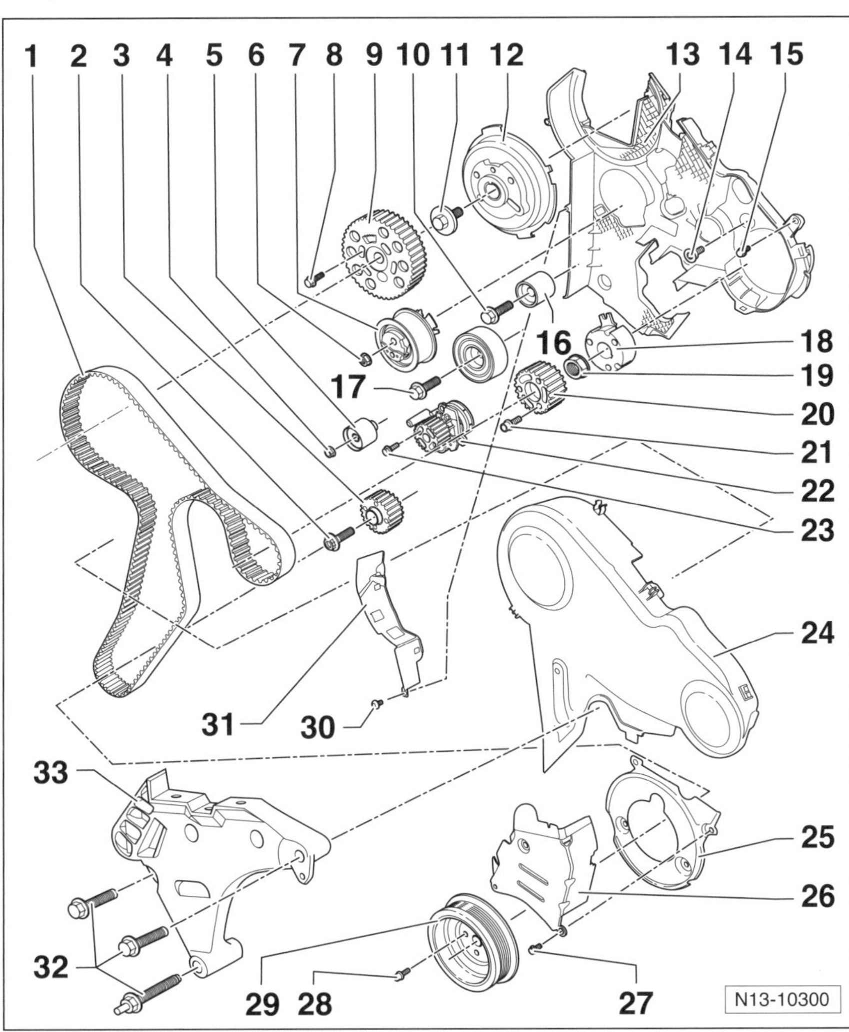

1 – **Zahnriemen**
Vor dem Ausbau Laufrichtung kennzeichnen.

2 – **Schraube*, 120 Nm + 90°**
Zum Lösen und Anziehen Gegenhalter VW-3415 verwenden.
Gewinde und Bund auf keinen Fall zusätzlich ölen oder fetten.
Das Weiterdrehen um 90° kann in mehreren Stufen erfolgen.

3 – **Kurbelwellen-Zahnriemenrad**

4 – **Mutter, 20 Nm**

5 – **Umlenkrolle**

6 – **Mutter*, 20 Nm + 45°**
In 2 Stufen festziehen.

7 – **Spannrolle**
Zum Ausbau muss zuvor der Motorhalter ausgebaut werden.

8 – **Schraube*, 20 Nm + 45°**.

9 – **Nockenwellenrad**

10 – **Schraube**
2,0-l-Motor: **20 Nm**.
1,6-l-Motor: **15 Nm**.

11 – **Schraube, 100 Nm**

12 – **Nabe**
Zum Lösen und Anziehen Gegenhalter VW-T10051, zum Abziehen VW-T10052 verwenden.

13 – **Zahnriemenabdeckung hinten**

14 – **Schraube, 20 Nm**

15 – **Schraube*, 10 Nm**

16 – **Umlenkrolle**

17 – **Schraube*, 50 Nm + 90°**
Für Umlenkrolle.
In 2 Stufen festziehen.

18 – **Nabe**
Zum Lösen und Anziehen Gegenhalter VW-T10051, zum Abziehen VW-T40064 verwenden.

19 – **Mutter, 95 Nm**

20 – **Zahnriemenrad Hochdruckpumpe**

21 – **Schraube*, 20 Nm**

22 – **Kühlmittelpumpe**

23 – **Schraube, 15 Nm**

24 – **Zahnriemen-Abdeckung oben**

25 – **Zahnriemen-Abdeckung unten**
Hinweis: Beim 1,6-l-Motor sind die Positionen –25– und –26– zu einem Bauteil zusammengefasst.

26 – **Zahnriemen-Abdeckung Mitte**
Nur 2,0-l-Motor.

27 – **Schraube*, 10 Nm**
1,6-l-Motor: **9 Nm**.

28 – **Schraube*, 10 Nm + 90°**

29 – **Kurbelwellen-Riemenscheibe/ Schwingungsdämpfer**
Die Montage ist nur in einer Stellung möglich.

30 – **Schraube, 5 Nm**

31 – **Schutzblech**

32 – **Schrauben*, 40 Nm + 180°**
Anzugsreihenfolge: Links, unten, rechts, siehe Abbildung.

33 – **Motorhalter**

---

*) Nach jeder Demontage ersetzen.

Keilrippenriemen – Detailübersicht

1,4-l-TSI-Benzinmotor 118 kW

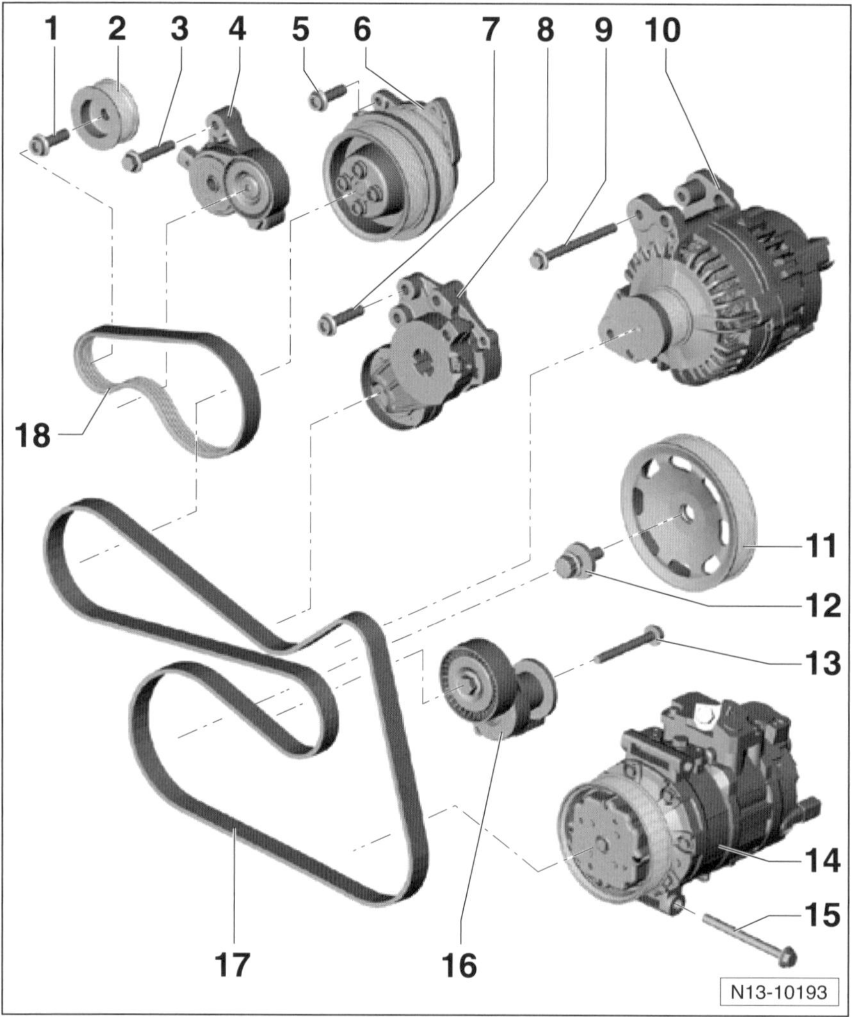

1 – Schraube*, 40 Nm + 90°
Zum Lösen und Festziehen die Welle des Kompressors mit einem Maulschlüssl SW-16 gegenhalten.

2 – Riemenscheibe
Für Kompressor.

3 – Schraube, 23 Nm

4 – Spannelement
Für Kompressor-Keilrippenriemen.
Mit Maulschlüssel SW-16 entspannen.
Mit Absteckdorn VW-T10060A arretieren.

5 – Schraube, 8 Nm

6 – Kühlmittelpumpe
Mit Magnetkupplung für Kompressor.

7 – Schraube, 23 Nm

8 – Spannelement oben
Für Keilrippenriemen.
Mit Maulschlüssel SW-16 entspannen (VW-T10241).
Mit Absteckdorn VW-T10060A arretieren.
Bei Fahrzeugen mit Schaltgetriebe ist anstelle des Spannelements eine Umlenkrolle eingebaut. Anzugsdrehmoment der Befestigungsschraube: **40 Nm.**

9 – Schraube, 23 Nm

10 – Generator

11 – Kurbelwellen-Riemenscheibe
Anpressflächen müssen öl- und fettfrei sein.
Kann nur in einer Stellung montiert werden.
Achtung: Um die Steuerzeiten nicht zu verstellen, darf die Kurbelwelle bei ausgebauter **Kurbelwellen-Riemenscheibe** nicht aus der OT-Stellung verdreht werden. Verstellte Steuerzeiten können bei laufendem Motor zu schweren Beschädigungen führen.

12 – Schraube*, 150 Nm + 90°
Schraube in 2 Stufen festziehen.
Zum Lösen und Festziehen Gegenhalter VW-3415 und 3415/1 verwenden. **Achtung:** Um die Steuerzeiten nicht zu verstellen, darf die Kurbelwelle bei ausgebauter Schraube nicht verdreht werden. Verstellte Steuerzeiten können bei laufendem Motor zu schweren Beschädigungen führen.
Schraube mit geöltem Gewinde einsetzen.
Die Anpressfläche der Schraube muss öl- und fettfrei sein.
Beim Festziehen Kurbelwelle in OT-Stellung fixieren. Dazu Innensechskant-Verschlussschraube seitlich am Motorblock oberhalb der Ölwanne herausdrehen. Fixierschraube VW-T10340 mit **30 Nm** in die Bohrung einschrauben und dadurch Kurbelwelle in Motordrehrichtung blockieren.

13 – Schraube*, 40 Nm + 90°

14 – Klimakompressor
Achtung: Kältemittelleitungen nicht abschrauben oder trennen, da das Kältemittel bei Hautberührung Erfrierungen hervorrufen kann. Bei austretendem Kältemittel besteht außerdem am Boden beziehungsweise in unteren Räumen Erstickungsgefahr. Das Kältemittelgas ist nicht wahrnehmbar.

15 – Schraube, 23 Nm

16 – Spannelement unten
Für Keilrippenriemen.
Mit Maul- oder Ringschlüssel SW-16 entspannen.
Mit 4-mm-Innensechskantschlüssel arretieren.

17 – Keilrippenriemen
Für alle Nebenaggregate außer Motor-Kompressor. Vor dem Ausbau Laufrichtung mit Kreide oder Filzstift durch einen Pfeil kennzeichnen. Auf Verschleiß prüfen. Nicht knicken. Beim Einbau auf korrekten Sitz auf den Riemenscheiben achten.
Achtung: Wird ein bereits gelaufener Keilrippenriemen in umgekehrter Laufrichtung wieder eingebaut, kann das im späteren Fahrbetrieb zur Zerstörung des Keilrippenriemens führen.

18 – Keilrippenriemen
Für Kompressor.
Hinweise unter Position –17– beachten.

---

*) Nach jeder Demontage ersetzen.

Keilrippenriemen aus- und einbauen

Der Keilrippenriemen treibt sämtliche Nebenaggregate an. Das sind je nach Ausstattung und Motor: Generator (Lichtmaschine), Kühlmittelpumpe und Klimakompressor. Der Keilrippenriemen wird durch eine Spannrolle gespannt. Die Spannung muss im Rahmen der Wartung nicht geprüft werden

Achtung: Wird der alte, gelaufene Keilrippenriemen wieder eingebaut, vor dem Ausbau Laufrichtung des Keilrippenriemens kennzeichnen. Dazu mit Filz- oder Fettstift auf dem Riemen einen Pfeil in Laufrichtung anbringen. **Der Motor dreht, von der Keilrippenriemenseite aus gesehen, rechtsherum, also im Uhrzeigersinn.** Ein Einbau entgegen der bisherigen Laufrichtung erhöht den Verschleiß des Riemens beziehungsweise kann diesen zerstören.

1,4-l-Benzinmotor CGGA, 59 kW 2,0-l-Dieselmotor

Ausbau

- Abdeckung für Keilrippenriemen ausbauen.
- **1,4-l-Motor:** Rechten Innenkotflügel ausbauen, siehe Seite 268.
- Laufrichtung auf dem Keilrippenriemen markieren.

1,4-l-Benzinmotor

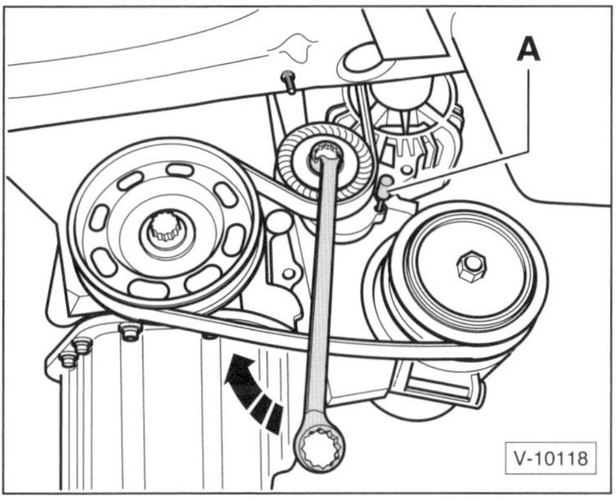

2,0-l-Dieselmotor

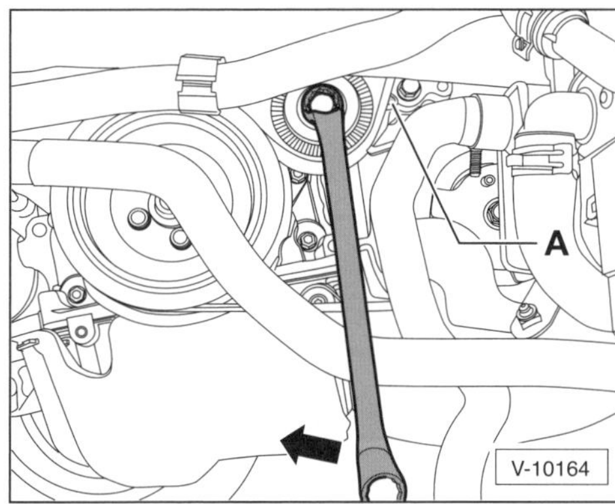

- Spannrolle mit Schraubenschlüssel an der Befestigungsschraube im Uhrzeigersinn –Pfeilrichtung– schwenken, bis die beiden Bohrungen an der Spannvorrichtung übereinstimmen.
- Dorn –A– durch die Bohrungen stecken und Spannvorrichtung arretieren. A = VW-T10060A oder Bohrer beziehungsweise Innensechskantschlüssel mit entsprechendem Durchmesser.
- Keilrippenriemen abnehmen.
- Ein beschädigter Keilrippenriemen muss umgehend ersetzt werden.

Riemenverlauf mit Klimakompressor:

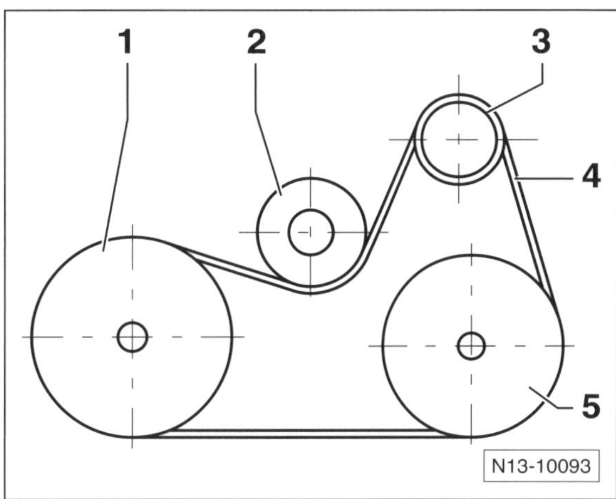

1 – Kurbelwellen-Riemenscheibe
2 – Spannrolle
3 – Generator-/Lichtmaschinen-Riemenscheibe
4 – Keilrippenriemen
5 – Klimakompressor-Riemenscheibe

Einbau

Achtung: Wird der bisherige Riemen wieder eingebaut, Markierung der Laufrichtung beachten.

- Keilrippenriemen auflegen, dabei an der Kurbelwellen-Riemenscheibe beginnen und Riemen zuletzt an der Spannrolle auflegen.
- Spannrolle mit Schraubenschlüssel an der Befestigungsschraube etwas im Uhrzeigersinn schwenken, Arretierstift herausnehmen und Spanner langsam zurückschwenken.
- Prüfen, ob der Keilrippenriemen in sämtlichen Riemenscheiben bündig sitzt.
- Abdeckung für Keilrippenriemen einbauen.
- **1,4-l-Motor:** Rechten Innenkotflügel einbauen, siehe Seite 268.

1,2-/1,4-l-TSI-Motor CBZA/CBZB/CAXA, 63/77/90 kW

Ausbau

- Abdeckung für Keilrippenriemen ausbauen.
- Laufrichtung auf dem Keilrippenriemen markieren.

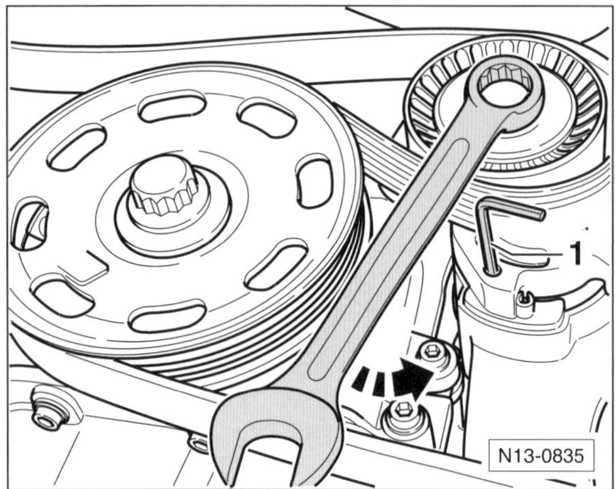

- Spannrolle mit Schraubenschlüssel SW-16 an der Befestigungsschraube im Gegenuhrzeigersinn –Pfeilrichtung– schwenken und mit Innensechskantschlüssel SW-4 –1– arretieren.
- Keilrippenriemen abnehmen.
- Ein beschädigter Keilrippenriemen muss umgehend ersetzt werden.

Riemenverlauf mit Klimakompressor:

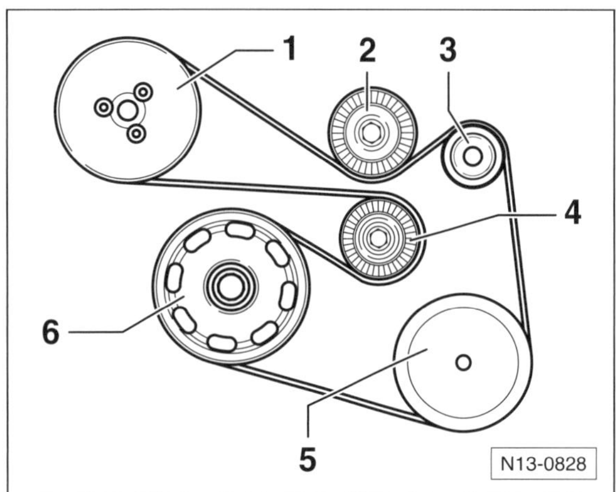

1 – Kühlmittelpumpen-Riemenscheibe
2 – Umlenkrolle
3 – Generator-/Lichtmaschinen-Riemenscheibe
4 – Spannrolle
5 – Klimakompressor-Riemenscheibe
6 – Kurbelwellen-Riemenscheibe

Riemenverlauf ohne Klimakompressor:

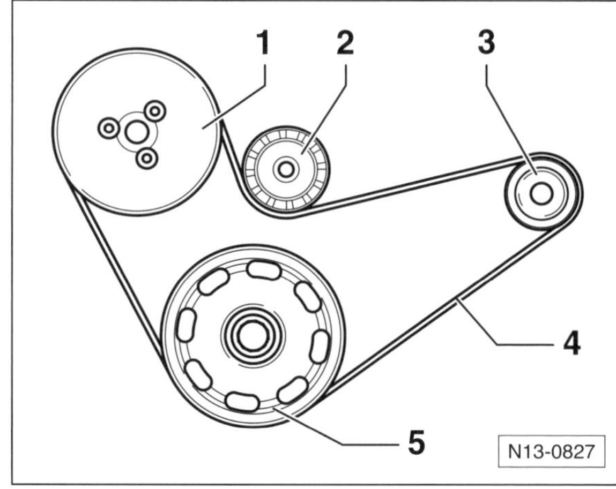

1 – Kühlmittelpumpen-Riemenscheibe
2 – Spannrolle
3 – Generator-/Lichtmaschinen-Riemenscheibe
4 – Keilrippenriemen
5 – Kurbelwellen-Riemenscheibe

Einbau

Achtung: Wird der bisherige Riemen wieder eingebaut, Markierung der Laufrichtung beachten.

- Keilrippenriemen auflegen, dabei an der Kurbelwellen-Riemenscheibe beginnen und Riemen zuletzt an der Spannrolle auflegen.
- Spannrolle mit Schraubenschlüssel etwas im Gegenuhrzeigersinn schwenken, Arretierstift herausnehmen und Spanner langsam zurückschwenken, siehe Abbildung N13-0835.
- Prüfen, ob der Keilrippenriemen in sämtlichen Riemenscheiben bündig sitzt. Andernfalls Keilrippenriemen entspannen und neu auflegen.
- Abdeckung für Keilrippenriemen einbauen.

1,4-l-TSI-Motor CAVD, 118 kW

Ausbau

- Abdeckung für Keilrippenriemen ausbauen.
- Laufrichtung auf dem Keilrippenriemen markieren.

Hinweis: Je nach Ausführung können 2 Spannelemente für den Keilrippenriemen vorhanden sein, siehe auch Abbildung N13-10193. In diesem Fall Keilrippenriemen zuerst am oberen Spannelement, dann am unteren Spannelement entspannen. Ist nur 1 Spannelement vorhanden, dann erfolgt der Aus- und Einbau des Keilrippenriemens wie beim 1,4-l-Motor CAXA.

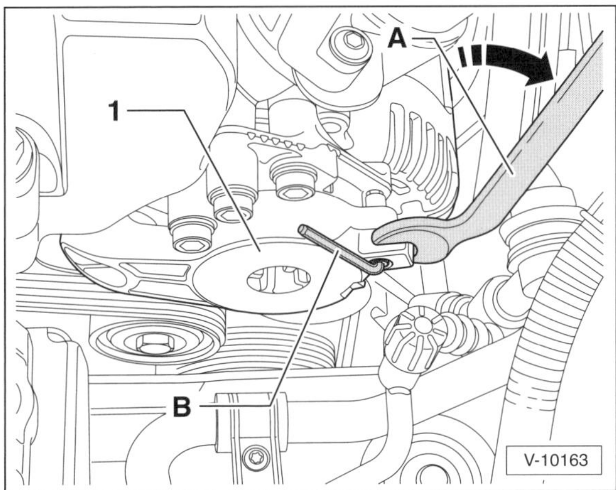

- Keilrippenriemen am oberen Spannelement, falls vorhanden, entspannen. Dazu Spannelement –1– mit Maulschlüssel SW-16 –A– in Pfeilrichtung drehen und mit einem geeigneten Dorn –B– arretieren.
  Hinweis: In der Abbildung sind die VW-Werkzeuge A = T10241 und B = T10060A dargestellt.
- Keilrippenriemen am unteren Spannelement entspannen, siehe Abbildung N13-0835 im Abschnitt zum 1,4-l-Motor CAXA.
- Keilrippenriemen abnehmen.

Einbau

Achtung: Wird der bisherige Riemen wieder eingebaut, Markierung der Laufrichtung beachten.

- Keilrippenriemen auflegen, dabei an der Kurbelwellen-Riemenscheibe beginnen und zuletzt auf die obere Spannrolle schieben. Riemenverlauf, siehe Abbildung N13-10196.
- Der weitere Einbau erfolgt in umgekehrter Ausbaureihenfolge.

Riemenverlauf mit Klimakompressor:

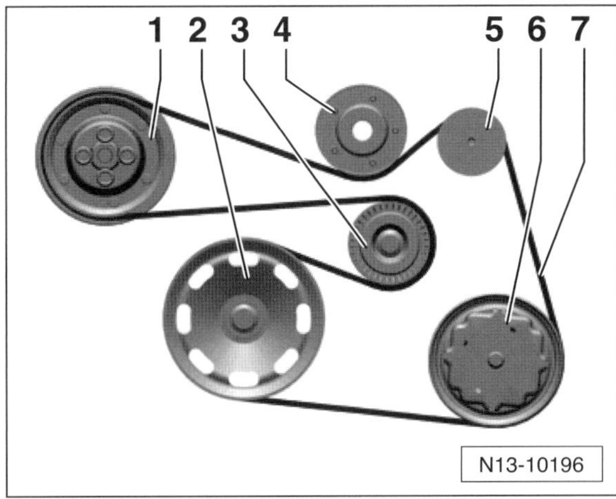

1 – Kühlmittelpumpen-Riemenscheibe
2 – Kurbelwellen-Riemenscheibe
3 – Spannrolle unten
4 – Spannrolle oben oder Umlenkrolle
5 – Generator-/Lichtmaschinen-Riemenscheibe
6 – Klimakompressor-Riemenscheibe
7 – Keilrippenriemen

Riementrieb für den Kompressor des TSI-Motors

Hinweis: Die Riemenscheibe der Kompressor-Magnetkupplung befindet sich hinter der Riemenscheibe der Kühlmittelpumpe. Der Keilrippenriemen des Kompressors läuft über diese Riemenscheibe.

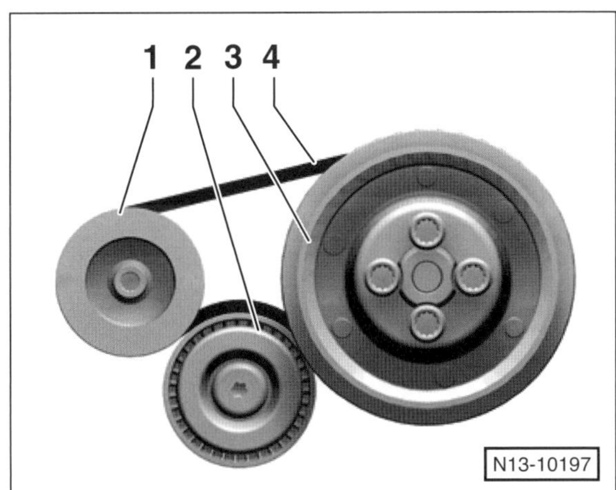

1 – Riemenscheibe-Kompressor
2 – Spannrolle
3 – Riemenscheibe-Kühlmittelpumpe mit Riemenscheibe-Magnetkupplung
4 – Keilrippenriemen
Wird auf die gleiche Weise entspannt wie der Keilrippenriemen beim 1,4-l-Motor CAXA.

1,6-l-Benzinmotor BSE/BSF 75 kW
2,0-l-TSI-Benzinmotor CDLF 199 kW

Ausbau

- **2,0-l-Motor:** Bei Fahrzeugen mit Aktivkohlebehälter im Motorraum: Aktivkohlebehälter entriegeln und mit angeschlossenen Leitungen nach oben aus der Halterung herausziehen.
- **1,6-l-Motor:** Untere Motorabdeckung ausbauen, siehe Seite 260.
- Laufrichtung des Keilrippenriemens kennzeichnen.

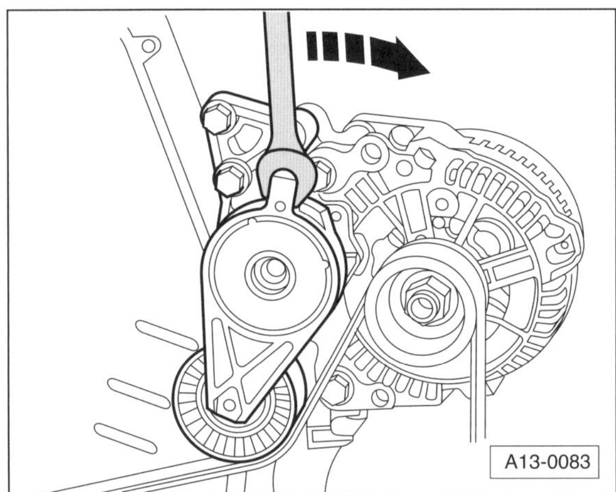

- Keilrippenriemen entspannen. Dazu Maulschlüssel an der oberen Nase des Spannelements ansetzen und in Pfeilrichtung schwenken.

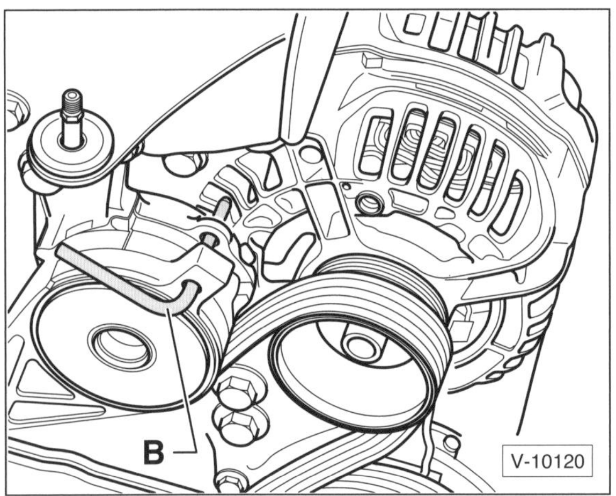

- Spannelement so weit drehen, bis sich der Dorn –B–, zum Beispiel VW-T10060A oder ein geeigneter Bohrer, einsetzen lässt. Spannelement dadurch arretieren.
- Keilrippenriemen abnehmen.

Riemenverlauf ohne Klimakompressor:

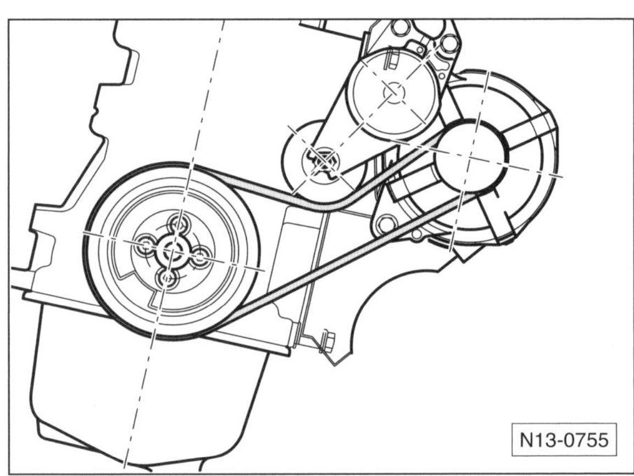

Riemenverlauf mit Klimakompressor:

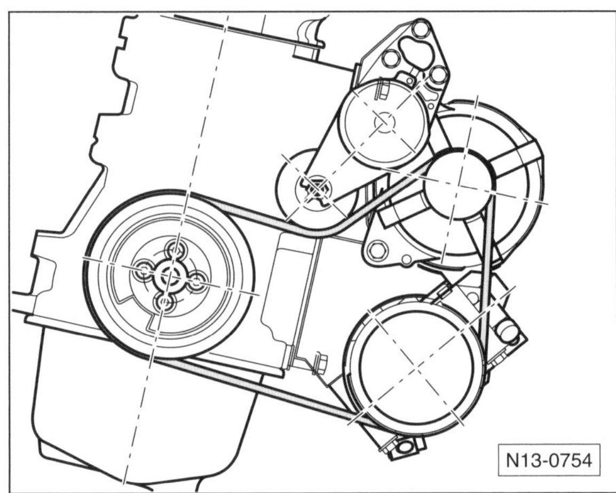

Einbau

Achtung: Wurden bei ausgebautem Keilrippenriemen Nebenaggregate abgebaut, vor dem Auflegen den festen Sitz der Nebenaggregate prüfen.

Hinweis: Wird der bisherige Riemen wieder eingebaut, Markierung der Laufrichtung beachten.

- Keilrippenriemen auflegen. Dabei an der Kurbelwellen-Riemenscheibe beginnen und zuletzt am Generator auflegen.
- Spannelement etwas im Uhrzeigersinn drehen, Arretierstift herausnehmen und Spannelement zurückdrehen.
- Prüfen, ob der Keilrippenriemen in sämtlichen Riemenscheiben bündig sitzt.
- Falls ausgebaut, Aktivkohlebehälter einsetzen und verriegeln.
- Falls ausgebaut, untere Motorabdeckung einbauen, siehe Seite 260.

1,8-/2,0-l-TSI-Benzinmotor

Ausbau

- Untere Motorraumabdeckung ausbauen, siehe Seite 260.

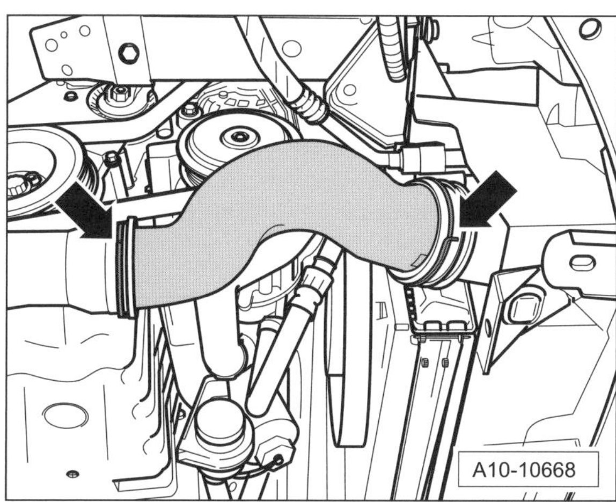

- Rechten Luftführungsschlauch ausbauen, dazu Schellen –Pfeile– öffnen.

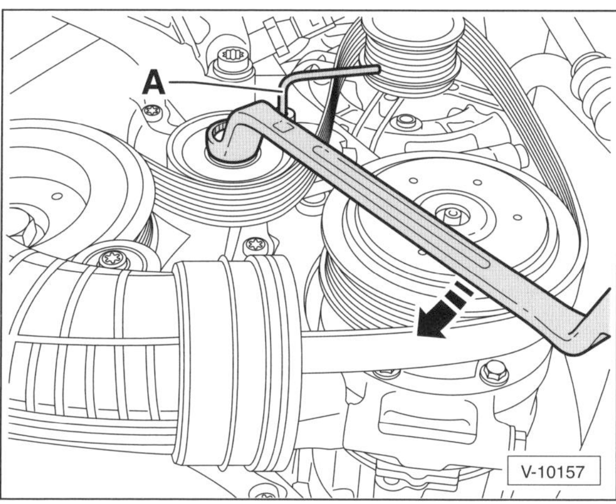

- Von unten einen tiefgekröpften Ringschlüssel an der Schraube der Spannrolle ansetzen und Spannrolle so weit in Pfeilrichtung drehen, bis die Arretierbohrungen übereinstimmen.
- Geeigneten Dorn –A–, zum Beispiel VW-T10060A, durch die Bohrungen stecken und damit Spannvorrichtung arretieren.
- Keilrippenriemen abnehmen.

Einbau

- Der Einbau erfolgt in umgekehrter Ausbaureihenfolge.
- Nach dem Einbau prüfen, ob der Riemen richtig in den Rillen der Riemenscheiben sitzt.
- Motor starten und korrekten Riemenlauf sichtprüfen.

1,6-l-Dieselmotor

Beim 1,6-l-Dieselmotor wird ein dehnbarer Riemen »Flexi-Belt« verwendet. Der Riementrieb kommt ohne Spannrolle aus.

Ausbau

- Untere Motorraumabdeckung ausbauen, siehe Seite 260.
- Rechten Innenkotflügel im vorderen Bereich lösen und zurückklappen, siehe Seite 268.
- **Ohne Klimaanlage:** Keilrippenriemen durchschneiden und abnehmen.

Mit Klimaanlage

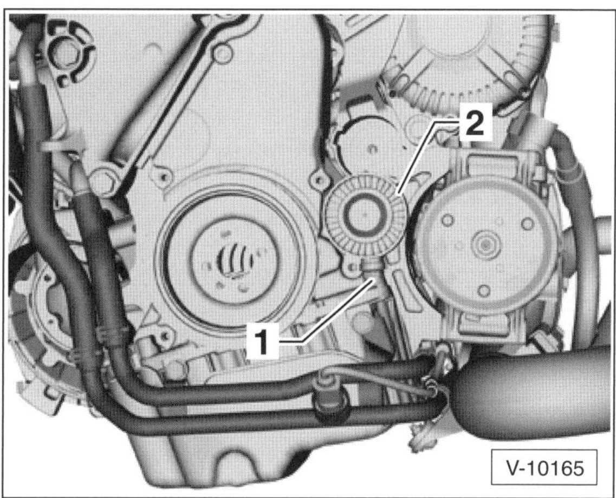

- Schraube –1– für die Umlenkrolle –2– so weit lösen, bis sich der Keilrippenriemen leicht abnehmen lässt.

Einbau

- **Ohne Klimaanlage:** Neuen Keilrippenriemen mit Hilfswerkzeug auf die Riemenscheiben aufziehen. Das Hilfwerkzeug liegt dem Ersatzteil-Keilrippenriemen bei.

Mit Klimaanlage

- Neuen Keilrippenriemen auf die Riemenscheiben von Kurbelwelle, Generator und Klimakompressor auflegen.
- Führungsflächen der Umlenkrolle mit Festschmierstoffpaste, zum Beispiel VW-G052.751.A1, und einem Pinsel bestreichen.
- Umlenkrolle –2– mit seinem Bolzen in die Führung des Nebenaggregate-Halters einfädeln.
- Schraube –1– für Umlenkrolle –2– bis zur Kopfauflage handfest eindrehen. Dabei spannt sich der Keilrippenriemen etwas.
- Schraube –1– weiterdrehen, bis der Bolzen der Umlenkrolle am Anschlag ist. Dabei spannt sich der Keilrippenriemen weiter.
- Schraube –1– um ¼ Umdrehung lösen und mit **30 Nm** festziehen.
- Anschließend Schraube –1– um **90°** (¼ Umdrehung) weiterdrehen.

- Prüfen, ob das Ende der Schraube –1–, wie in der Abbildung gezeigt, um das Maß –a– von ca. 2,5 mm über die Lauffläche der Umlenkrolle –2– hinausragt. Dadurch ist sichergestellt, dass der Umlenkrollenbolzen bis in seinen Endanschlag gezogen wurde.
- Getriebe in Leerlaufstellung bringen. Stecknuss an der Zentralschraube der Kurbelwellen-Riemenscheibe ansetzen und Kurbelwelle mindestens eine Umdrehung in Motordrehrichtung, also im Uhrzeigersinn durchdrehen. Dadurch nimmt der Keilrippenriemen seinen richtigen Sitz auf den Riemenscheiben ein.
- Rechten Innenkotflügel einbauen, siehe Seite 268.
- Untere Motorraumabdeckung einbauen, siehe Seite 260.
- Motor starten und korrekten Riemenlauf sichtprüfen.

Motor starten

Alle Motoren

- **Schaltgetriebe:** Handbremse anziehen, Kupplung ganz durchtreten und halten, Schaltgetriebe in Leerlauf schalten. Besonders bei niedrigen Außentemperaturen erleichtert eine betätigte Kupplung das Starten, da die Reibung vom Getriebe entfällt.
- **Automatikgetriebe:** Wählhebel in »P« oder »N« stellen. Fußbremse treten und halten.

Achtung: Anlasser nicht länger als 30 Sekunden ununterbrochen betätigen, sonst können Anlasser und Verkabelung überhitzen.

Benzinmotor

- Zündschlüssel drehen und Anlasser betätigen, dabei **kein Gas geben**. Sobald der Motor läuft, Schlüssel loslassen. Springt der Motor nach 10 Sekunden nicht an oder bleibt sofort wieder stehen, 30 Sekunden warten und Startvorgang wiederholen. Bei heißem Motor Gaspedal während des Startens langsam niedertreten.
- Grundsätzlich sofort losfahren, nur bei strengem Frost Motor ca. 30 Sekunden warm laufen lassen.

Achtung: Vergebliche Startversuche hintereinander können den Katalysator schädigen, da unverbranntes Benzin in den Katalysator gelangt und bei Erwärmung explosionsartig verbrennt.

Dieselmotor

- **Bei kaltem Motor:** Zündung einschalten, bis die Vorglüh-Kontrolllampe erlischt. Sofort nach Verlöschen der Kontrolllampe Motor anlassen, dabei **kein Gas geben**. Setzen beim Starten nur unregelmäßige Zündungen ein, Anlasser so lange weiter betätigen (maximal 20 Sekunden), bis der Motor aus eigener Kraft durchläuft. Springt der Motor nicht an, Zündschlüssel in Stellung 0 zurückdrehen und ca. 30 Sekunden warten. Anschließend nochmals vorglühen und Startvorgang wie beschrieben wiederholen.

Hinweis: Aufgrund der guten Kaltstarteigenschaften des **Diesel-Direkteinspritzers**, muss in der Regel erst bei Außentemperaturen unter 0° C vorgeglüht werden.

Wurde der Tank völlig leergefahren, dauert der Anlassvorgang nach dem Tanken deutlich länger (bis zu 1 Minute), da hierbei die Kraftstoffanlage entlüftet wird.

- **Bei warmem Motor** braucht nicht vorgeglüht zu werden. Motor sofort anlassen, kein Gas geben.

Störungsdiagnose Motor

Benzinmotor: Wenn der Benzinmotor nicht anspringt, Fehler systematisch einkreisen. Damit der Motor überhaupt anspringen kann, müssen immer zwei Grundvoraussetzungen erfüllt sein: Das Kraftstoff-Luftgemisch muss bis in die Zylinder gelangen und der Zündfunke muss an den Zündkerzenelektroden überschlagen. Als Erstes ist deshalb immer zu prüfen, ob überhaupt Kraftstoff gefördert wird. Wie man dabei vorgeht, steht in den Kapiteln »Kraftstoffanlage« und »Motormanagement«. Störungen in der Steuerelektronik lassen sich nur noch mit speziellen Messgeräten herausfinden.

Beim Dieselmotor Vorglüh- und Kraftstoffanlage prüfen.

Störung: Der Motor springt schlecht oder gar nicht an.

Ursache	Abhilfe
Sicherung defekt für: – Elektrische Kraftstoffpumpe, – Motor-Steuergerät	■ Sicherung prüfen, siehe »Elektrische Anlage«.
Benzinmotor: Zündanlage defekt.	■ Systemprüfung des Motormanagements (Werkstattarbeit).
Fehler im Motormanagement.	■ Motormanagement prüfen lassen (Werkstattarbeit).
Kraftstoffanlage defekt, verschmutzt.	■ Kraftstoffpumpe und -leitungen überprüfen.
Anlasser dreht zu langsam.	■ Batterie laden. Anlasserstromkreis überprüfen. Korrodierte Anschlüsse reinigen.
Wegfahrsperre sperrt den Motor. Der Motor springt normal an und geht kurz danach wieder aus. Dabei leuchtet das Symbol für Wegfahrsperre im Kombiinstrument kurz auf.	■ Zündung ausschalten. Zündschlüssel herausziehen, etwas warten und Zündschlüssel um 180° gedreht ins Zündschloss stecken. Wieder etwas warten, dann Zündung einschalten, dabei Zündschlüssel langsam drehen. Wenn die Kontrollleuchte für Wegfahrsperre jetzt leuchtet (nicht blinkt) kann der Motor gestartet werden. Fehlerspeicher der Wegfahrsperre auslesen lassen.
Zylinderkopfdichtung defekt.	■ Dichtung ersetzen (Werkstattarbeit).

Motor-Schmierung

Für die Motor-Schmierung sind **Mehrbereichsöle** vorgeschrieben, so dass ein jahreszeitbedingter Ölwechsel (Sommer/Winter) nicht erforderlich ist. Mehrbereichsöle bauen auf einem dünnflüssigen Einbereichsöl auf (zum Beispiel: 10 W) und werden durch so genannte »Viskositätsindexverbesserer« im heißen Zustand stabilisiert. Dadurch ist sowohl für den kalten wie auch für den heißen Motor die richtige Schmierfähigkeit gegeben.

Die SAE-Bezeichnung gibt die Viskosität des Motoröls an. **SAE** = **S**ociety of **A**utomotive **E**ngineers.

Beispiel: SAE 10 W 40:

10 – Viskosität des Öls in kaltem Zustand. Je kleiner die Zahl, desto dünnflüssiger ist das kalte Motoröl.

W – Das Motoröl ist wintertauglich.

40 – Viskosität des Öls in heißem Zustand. Je größer die Zahl, desto dickflüssiger ist das heiße Motoröl.

Longlife-Motoröl

Die Motoren sind werksseitig mit Longlife-Motoröl befüllt. Das Longlife-Motoröl ist ein Mehrbereichsöl, das durch spezielle Zusätze auf hohe Alterungsbeständigkeit und daher für lange Motoröl-Wechselintervalle ausgelegt ist. Beim Nachfüllen von Motoröl und beim Ölwechsel darf nur Longlife-Motoröl nach VW-Norm verwendet werden, damit die 2-Jahres-Wartungsintervalle eingehalten werden können.

Für den Benzinmotor kann auch handelsübliches Motoröl nach VW-Norm verwendet werden. Allerdings müssen dann die Wartungsintervalle auf 12 Monate/15.000 km umgestellt werden (Werkstattarbeit).

Ölspezifikation bei Longlife-Service**:**

Benzinmotor: VW-504 00
Dieselmotor: VW-507 00

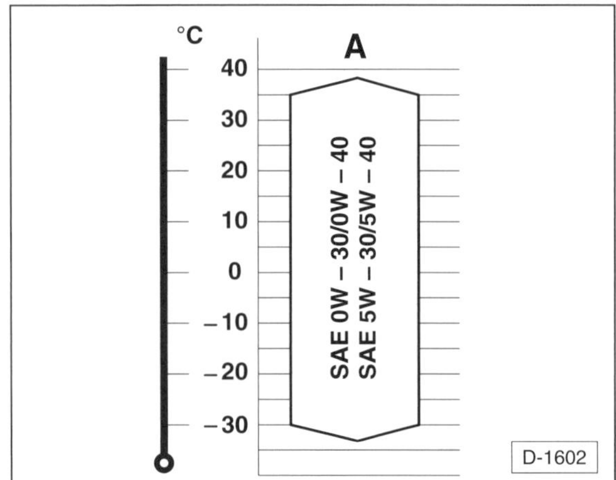

A – Longlifeöle gemäß VW-Norm.

Hinweis: Bei Fahrzeugen **mit** Longlife-Service empfiehlt es sich, für längere Fahrten oder Fahrten ins Ausland das vorgeschriebene Motoröl mitzuführen.

Handelsübliches Mehrbereichs-Motoröl

Dieses Öl ist nur für Benzinmotoren zulässig, wenn auf »feste« Wartungsintervalle von 12 Monaten oder 15.000 km umgestellt wurde (Werkstattarbeit).

Bei Dieselmotoren darf nur das Longlife-Motoröl verwendet werden, sonst kann es zu Beeinträchtigungen des Diesel-Partikelfilters kommen.

Ölspezifikation:

Benzinmotor mit festen Wartungsintervallen: . . VW-502 00

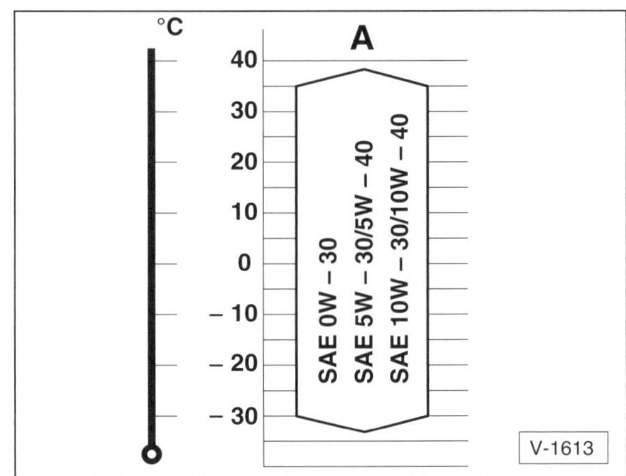

Benzinmotoren:

A – Mehrbereichsöle gemäß VW-Norm.

Ölpumpe/Ölwanne

1,4-l-TSI-Benzinmotor CAVD, 118 kW sowie 1,4-l-Motor CAXA, 90 kW, ab Modelljahr 2009 (ab ca. 10/2008)

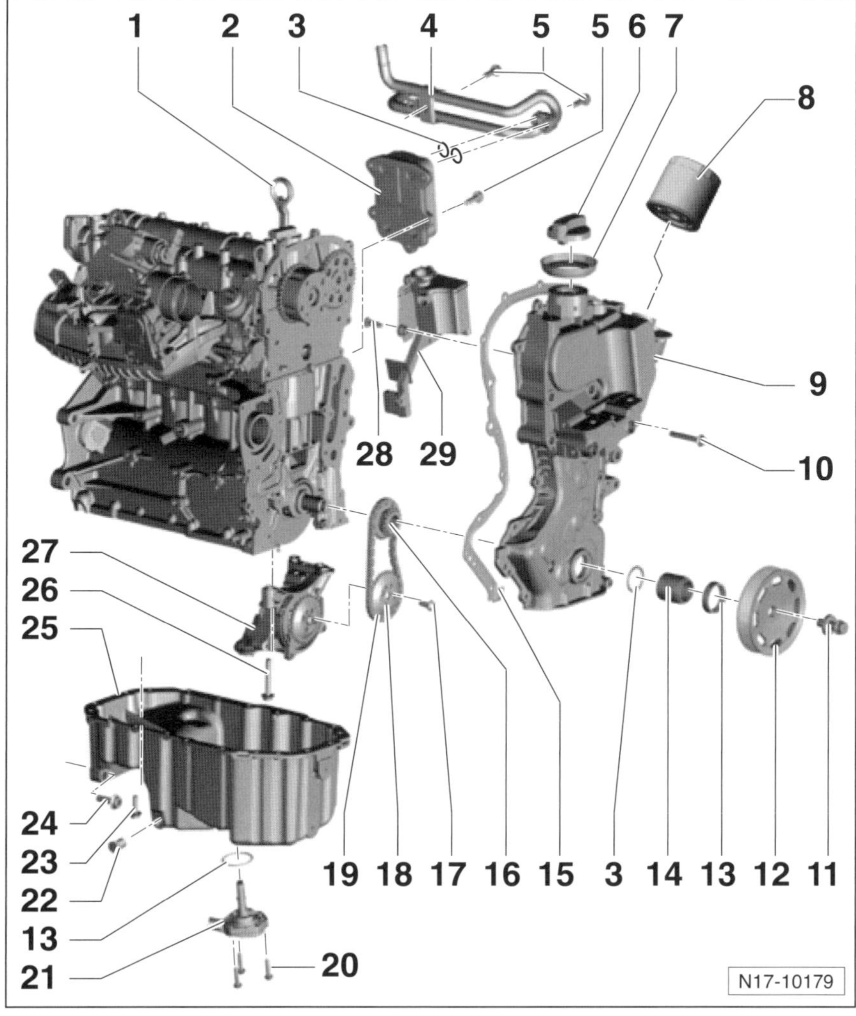

1 – Ölmessstab
Der Ölstand darf die max.-Markierung nicht überschreiten.

2 – Ölkühler

3 – O-Ring*

4 – Kühlmittelrohr
Für Ölkühler. Anzugsdrehmoment von Halter an Motorblock: **20 Nm**.

5 – Schrauben, 8 Nm

6 – Verschlussdeckel
Dichtung bei Beschädigung ersetzen.

7 – Dichtung
Bei Beschädigung ersetzen.

8 – Ölfilter, 20 Nm
Mit Rückschlagventil.
Motor CAXA bis MJ 2008: Ölfilterdeckel mit **25 Nm** festziehen.

9 – Steuergehäuse
Zusätzlich mit Silikon-Klebedichtmittel VW-D176.501.A1 einbauen.
Beim Einbau zur Führung 2 Stiftschrauben M6x80 in Nockenwellengehäuse und Motorblock einschrauben.

10 – Schraube, 10 Nm

11 – Schraube*, 150 Nm + 180° (½ Umdreh.)
Anpressfläche der Schraube muss öl- und fettfrei sein.
Schraube mit geöltem Gewinde einsetzen.
Beim Lösen und Anziehen die Riemenscheibe mit Gegenhalter VW-3415 festhalten.

12 – Riemenscheibe
Anpressflächen der Riemenscheibe müssen öl- und fettfrei sein.

13 – Dichtring*

14 – Lagerbuchse
Anpressflächen der Lagerbuchse müssen öl- und fettfrei sein.

15 – Dichtung
Bei Beschädigung ersetzen.

16 – Kettenrad
Für Antrieb der Ölpumpe.

17 – Schraube*, 20 Nm + 90°

18 – Kettenrad
Für Ölpumpe.
Mit Gegenhalter VW-T10172 arretieren.

19 – Antriebskette
Für Ölpumpe.
Vor dem Ausbau Laufrichtung (Einbaulage) der Kette kennzeichnen.

20 – Schraube, 10 Nm

21 – Ölstands- und Öltemperaturgeber
Bei Beschädigung ersetzen.

22 – Ölablassschraube*, 30 Nm
Mit unverlierbarem Dichtring.

23 – Schraube*, 13 Nm
Nur die Schrauben an der Schwungradseite mit Steckeinsatz VW-T10058 lösen beziehungsweise anziehen.

24 – Schraube, 40 Nm
Motor CAXA bis MJ2008: **45 Nm.**

25 – Ölwanne

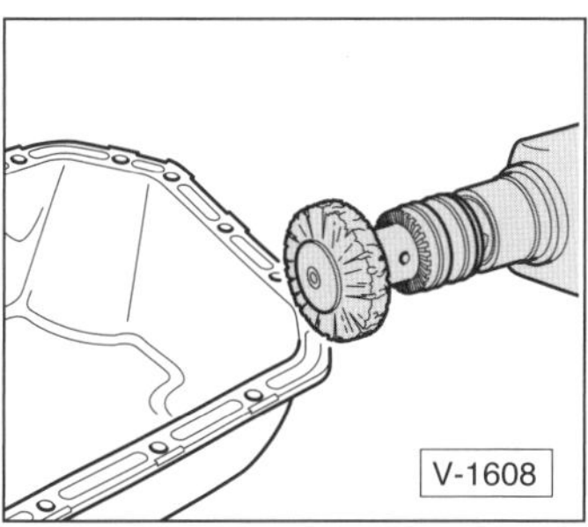

Dichtflächen gründlich öl- und fettfrei reinigen. Dichtmittelreste mit einer rotierenden Kunststoffbürste entfernen.
Ölwanne mit Silikon-Dichtmittel VW-D 176.600.A2 einbauen.

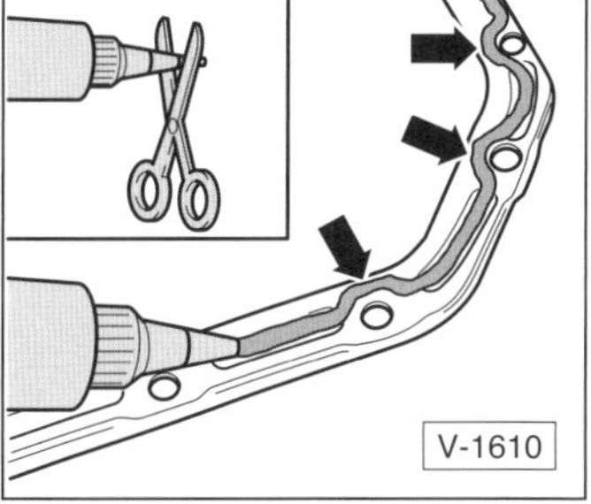

Dichtmittelraupe von 2 bis 3 mm. **Achtung**: Die Dichtmittelraupe darf nicht dicker sein, sonst kann überschüssiges Dichtmittel in die Ölwanne geraten und das Sieb im Ölansaugrohr verstopfen. Dichtmittelraupe im Bereich der Schraubenbohrungen an der Innenseite vorbeiführen –Pfeile–.
Nach Dichtmittelauftrag innerhalb von 5 Minuten einbauen. Nach der Montage Dichtmittel ca. 30 Minuten aushärten lassen, bevor Motoröl eingefüllt wird.
Die Ölwanne lässt sich leichter ansetzen, wenn zur Führung am Motorblock 2 M6-Gewindestifte eingesetzt werden.

26 – Schraube, 14 Nm + 90°

27 – Ölpumpe
Nur komplett ersetzen.
Ölansaugrohr mit **9 Nm** anziehen.

28 – Schraube, 5 Nm

29 – Ölabscheider

*) Nach jeder Demontage ersetzen.

Motor-Kühlung

Kühlmittelkreislauf

Zur Kühlung des Motors wird das Kühlmittel von der Kühlmittelpumpe ständig in Bewegung gehalten. Solange der Motor kalt ist, zirkuliert das Kühlmittel nur im Zylinderkopf, im Motorblock und im Wärmetauscher der Innenraumheizung. Mit zunehmender Erwärmung öffnet ein Thermostat (Kühlmittelregler) den großen Kühlmittelkreislauf. Die Kühlflüssigkeit durchströmt dann den Kühler und wird dabei durch die an den Kühlrippen vorbeistreichende Luft abgekühlt.

Der Kühlluftstrom wird durch einen hinter dem Kühler angebrachten Lüfter verstärkt. Der Lüfter wird durch einen Elektromotor angetrieben. Entsprechend der Kühlmitteltemperatur wird der Elektrolüfter zu- oder abgeschaltet.

Sicherheitshinweis
Der Elektrolüfter kann sich auch bei ausgeschalteter Zündung einschalten. Durch Stauwärme im Motorraum ist auch **mehrmaliges Einschalten möglich.** Abhilfe: **Stecker für Kühlerlüfter abziehen.**

Achtung: Bei Arbeiten am Kühlsystem unbedingt darauf achten, dass **kein Kühlmittel** auf den **Keilrippenriemen** oder auf den **Zahnriemen**, wo vorhanden, gelangt. Der Glykolanteil des Kühlmittels kann das Gewebe des Riemens so schädigen, dass der Riemen nach einiger Betriebszeit reißt. Durch einen gerissenen Zahnriemen können schwer wiegende Motorschäden auftreten.

Hinweis: Kühlmittelschläuche beim Einbau spannungsfrei verlegen, ohne dass diese mit anderen Bauteilen in Berührung kommen. Falls an den Kühlmittelrohren und Kühlmittelschlauchenden Markierungen oder Pfeile angebracht sind, so müssen sich diese beim Einbau gegenüberstehen.

Zweikreis-Kühlsystem im 1,4-l-TSI-Benzinmotor

Der 1,4-l-TSI-Motor hat ein Zweikreis-Kühlsystem. Dabei erfolgt eine getrennte Kühlmittelführung mit unterschiedlichen Temperaturen durch den Motorblock und den Zylinderkopf. Gesteuert wird die Kühlmittelführung durch 2 Thermostate (Kühlmittelregler) im Kühlmittelregler-Gehäuse. Ein Thermostat ist für den Motorblock, der andere für den Zylinderkopf zuständig.

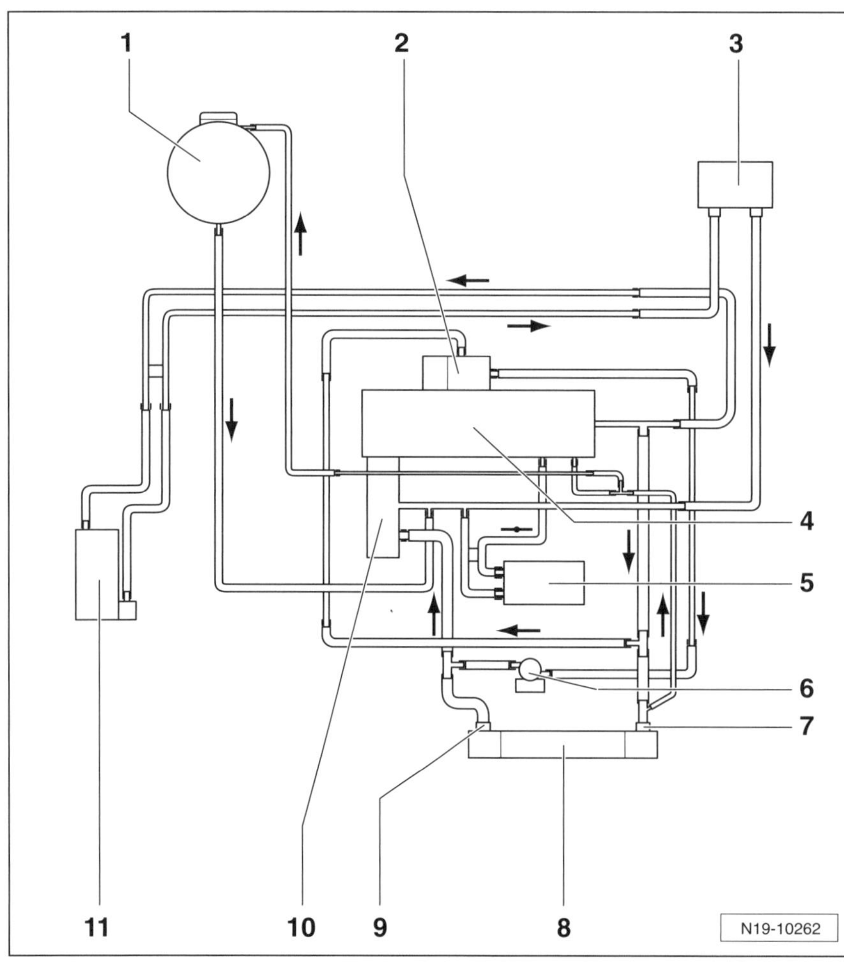

Anschlussplan für Kühlmittelschläuche

Die Abbildung zeigt den 2,0-l-Dieselmotor mit 103/125 kW (140/170 PS).

1 – **Ausgleichbehälter**
2 – **Kühler**
Für Abgasrückführung.
3 – **Wärmetauscher**
Für Heizung.
Mit Schnellkupplung.
4 – **Zylinderkopf/Motorblock**
5 – **Ölkühler**
6 – **Pumpe für Kühlmittelnachlauf**
7 – **Kühlmittelschlauch oben**
Mit Schnellkupplung.
8 – **Kühler**
9 – **Kühlmittelschlauch unten**
Mit Schnellkupplung.
10 – **Kühlmittelpumpe/Kühlmittelregler**
(Thermostat).
11 – **Zuheizer**

Das Zweikreis-Kühlsystem hat folgende Vorteile:

- Der Motorblock wird schneller aufgeheizt, weil das Kühlmittel bis zum Erreichen von +105° C im Motorblock bleibt.
- Durch das höhere Temperaturniveau im Motorblock vermindert sich die Reibung im Kurbeltrieb.
- Eine bessere Kühlung der Brennräume durch das geringere Temperaturniveau im Zylinderkopf.

Kühler-Frostschutzmittel

Die Kühlanlage muss ganzjährig mit einer Mischung aus destilliertem Wasser und VW-Kühlerfrost- und Korrosions-Schutzmittel gefüllt sein. Dadurch werden Frost- und Korrosionsschäden sowie Kalkansatz vermieden und eine Siedepunkterhöhung der Kühlflüssigkeit erreicht. Erforderlich ist der höhere Siedepunkt der Kühlflüssigkeit für ein einwandfreies Funktionieren der Motorkühlung. Bei zu niedrigem Siedepunkt der Flüssigkeit kann es zu einem Hitzestau kommen, wodurch die Kühlung des Motors vermindert wird. Deshalb muss das Kühlsystem unbedingt ganzjährig mit einer Kühlkonzentrat-Mischung gefüllt sein.

Als Kühlmittelzusatz nur das VW-Kühlkonzentrat »**G13**« (Farbe **lila**) oder ein anderes Kühlkonzentrat mit dem Vermerk »gemäß VW-TL-774-**J**«, zum Beispiel »Glysantin GG 40« oder »MAINTAIN FRICOFIN V«. **Hinweis:** G13 ist mischbar mit dem älteren, ebenfalls lilafarbenen G12++ oder G12+.

Achtung: Zum Nachfüllen – auch in der warmen Jahreszeit – nur eine Mischung aus **G13 (lila)** und destiliertem Wasser verwenden. Auch im Sommer darf der Kühlerfrostschutzanteil im Kühlmittel nicht unter 40 % liegen. Deshalb beim Nachfüllen Frostschutz ergänzen.

Hinweis: Wasser hat auf die die Effektivität der Kühlflüssigkeit einen großen Einfluss. Da die Inhaltsstoffe im Trinkwasser regional sehr unterschiedlich sind, ist zum Mischen der Kühlflüssigkeit nur noch destilliertes Wasser zu verwenden.

Kühlmittel-Mischungsverhältnis in Prozent

Frostschutz bis	G13	Destill. Wasser
–25° C	ca. 40 %	ca. 60 %
–35° C	ca. 50 %	ca. 50 %
–40° C	ca. 60 %	ca. 40 %

Der Frostschutz sollte in unseren Breiten bis –25° C, besser bis –35° C reichen. Der Anteil des Frostschutzmittels darf 60 % (Frostschutz dann bis –40° C) nicht überschreiten, sonst verringern sich Frostschutz und Kühlwirkung wieder.

Hinweis: Steht zum Nachfüllen das Frostschutzmittel G13 nicht zur Verfügung, kann auch G12++ und G12+ (Farbe ebenfalls lila) verwendet werden. **Andere Frostschutzmittel dürfen nicht dazugemischt werden.** In diesem Fall Kühlsystem nur mit destilliertem Wasser auffüllen und Frostschutz sobald wie möglich ergänzen.

Kühlmittel wechseln

Das Kühlmittel muss nur nach Reparaturen am Kühlsystem erneuert werden, wenn dabei das Kühlmittel abgelassen wurde. Ein Wechsel im Rahmen der Wartung ist nicht vorgesehen. Falls bei Reparaturen der Zylinderkopf, die Zylinderkopfdichtung, der Kühler, der Wärmetauscher oder der Motor ersetzt wurden, muss die Kühlflüssigkeit auf jeden Fall ersetzt werden. Das ist erforderlich, weil sich die Korrosionsschutzanteile in der Einlaufphase an den neuen Leichtmetallteilen absetzen und somit eine dauerhafte Korrosionsschutzschicht bilden. Bei gebrauchter Kühlflüssigkeit ist der Korrosionsschutzanteil in der Regel nicht mehr groß genug, um eine ausreichende Schutzschicht an den neuen Teilen zu bilden.

Achtung: Kühlmittel ist leicht giftig. Gemeinde- und Stadtverwaltungen informieren darüber, wie das alte Kühlmittel entsorgt werden soll.

Hinweis: In der Fachwerkstatt wird das Kühlsystem mit einer Unterdruck-Befüllanlage aufgefüllt, zum Beispiel VW-VAS-6096 oder HAZET 4801-1 mit Adaptern 4801-2/3. Hinweise zum Befüllen mit der Unterdruckanlage stehen am Ende des Kapitels.

Kühlmittel ablassen

- Untere Motorraumabdeckung ausbauen, siehe Seite 260.

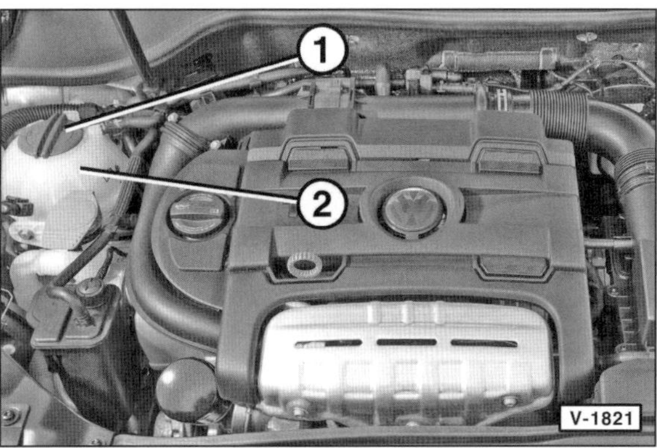

- Verschlussdeckel –1– am Ausgleichbehälter –2– öffnen. Bei warmem Motor einen Lappen über den Verschlussdeckel legen. Deckel etwas nach links drehen und Überdruck im Kühlsystem entweichen lassen. Anschließend Deckel ganz abschrauben.
- Sauberes Auffanggefäß auf der linken Seite unter den Kühler stellen.

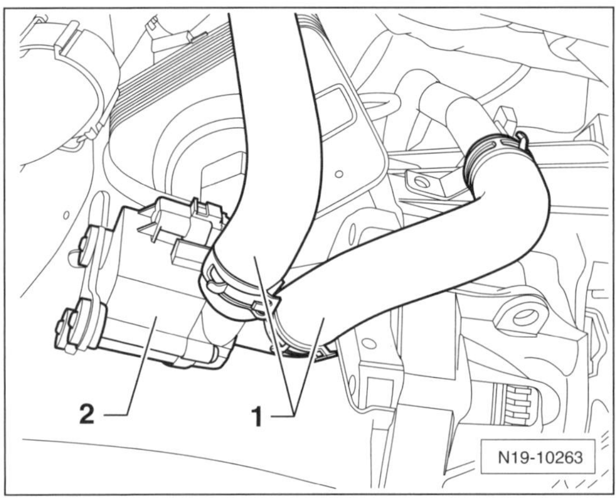

- **Dieselmotor:** Kühlmittelschläuche –1– an der Kühlmittelnachlaufpumpe –2– abziehen, vorher Federbandschellen öffnen und zurückschieben.
  Nach Ablassen der Kühlflüssigkeit Kühlmittelschläuche wieder aufstecken und mit Federbandschellen sichern.

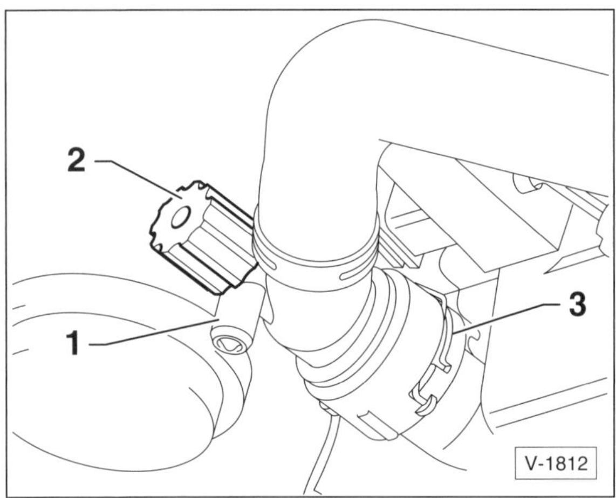

Hinweis: Um die Kühlflüssigkeit gezielt in einen Behälter ablaufen zu lassen, Hilfsschlauch auf den Ablaufstutzen –1– stecken und das andere Ende in die Auffangwanne führen.

- Ablassschraube –2– öffnen und Kühlmittel vollständig ablaufen lassen. Anschließend Ablassschraube schließen.

Achtung: Bei Fahrzeugen ohne Ablassschraube Halteklammer –3– seitlich herausziehen, Kühlmittelschlauch vom Kühler abziehen und Kühlmittel ablaufen lassen. Anschließend Kühlmittelschlauch wieder aufstecken und mit Halteklammer sichern.

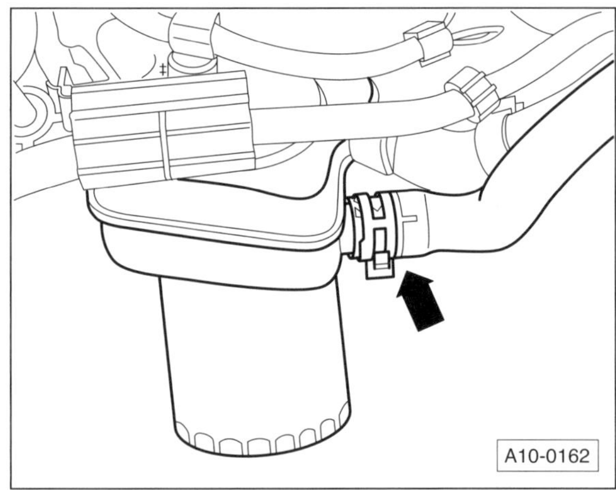

- **1,6-l-Benzinmotor 75 kW/Dieselmotor:** Kühlmittel aus dem Motorblock ablassen. Dazu Federbandschelle öffnen, Kühlmittelschlauch –Pfeil– am Ölkühler abziehen und restliches Kühlmittel in die Auffangwanne ablaufen lassen. Anschließend Kühlmittelschlauch sofort wieder aufschieben und mit Federbandschelle sichern. **Hinweis:** Die Abbildung zeigt den 1,6-l-Benzinmotor BSE. Je nach Motor kann ein 2. Schlauch etwas unterhalb am Motorvorwärmer vorhanden sein. In diesem Fall Schlauch vom Motorvorwärmer abziehen und restliches Kühlmittel ablaufen lassen.
  Anschließend Schlauch beziehungsweise Schläuche sofort wieder aufstecken und mit Federbandschelle(n) sichern.

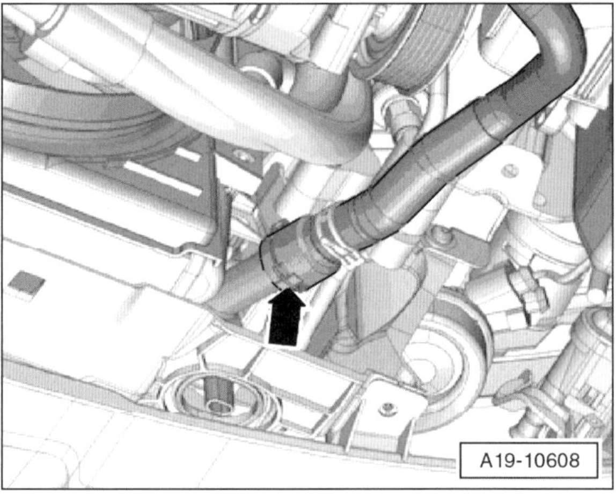

- **1,4-l-TSI-Motor 90/118 kW:** Kühlmittel aus dem Ladeluftkühler ablassen. Dazu Schnellkupplung –Pfeil– öffnen und Kühlmittelschlauch am unteren Anschlussstutzen des Zusatzkühlers für das Ladeluftsystem abziehen. Kühlmittel in die Auffangwanne ablaufen lassen. Anschließend Kühlmittelschlauch sofort wieder aufschieben und einrasten.
- **1,8-/2,0-l-TSI-Motor:** Verbindungsschlauch zwischen Ladeluftkühler und Ladluftführungsrohr abziehen, vorher Schlauchschellen öffnen und zurückschieben. Öffnung am Ladelufkühler mit sauberem Lappen verschließen.

- **1,8-/2,0-l-TSI-Motor:** Unteren Kühlmittelschlauch zur Kühlmittelnachlaufpumpe abbauen und Kühlmittel ablaufen lassen. **Hinweis:** Falls vorhanden, Kühlmittelschläuche für Standheizung abbauen und restliches Kühlmittel ablaufen lassen.

Kühlmittel einfüllen

- Kühlmittel aus 50% destilliertem Wasser und 50% VW-Kühlerfrost- und Korrosions-Schutzmittel mischen. Kühlmittel-Füllmenge siehe unter »Motordaten« auf Seite 14.

Achtung: Gebrauchtes Kühlmittel nicht wiederverwenden.

- Sicherstellen, dass sämtliche Schläuche aufgesteckt und mit Schellen gesichert wurden.
- Motorraumabdeckung unten einbauen, siehe Seite 260.
- Fahrzeug ablassen.

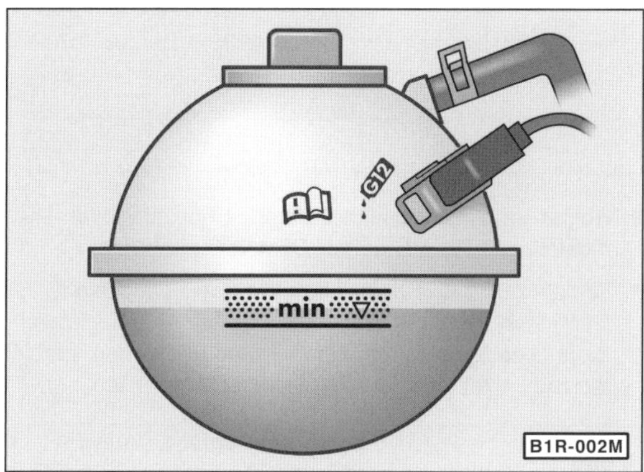

- Kühlmittelmischung über die Öffnung am Ausgleichbehälter langsam bis zur oberen Markierung des gerasterten Feldes (MAX-Markierung) auffüllen.

Kühlsystem entlüften

- Ausgleichbehälter verschließen.
- Heizungsbetätigung im Innenraum auf »kalt« stellen.
- Klimaanlage ausschalten.
- Motor starten und Drehzahl für etwa 3 Minuten auf 2.000/min halten.
- Anschließend den Motor im Leerlauf so lange weiter laufen lassen, bis der Kühlerlüfter anläuft.

Achtung: Beim 1,4-l-Benzinmotor mit Standheizung muss mit dem VW-Diagnosegerät eine Stellglieddiagnose des Absperrventils für Kühlmittel der Heizung durchgeführt werden (Werkstattarbeit). Vorher darf die Standheizung nicht in Betrieb genommen werden.

Sicherheitshinweis
Bei heißem Motor vor dem Öffnen des Ausgleichbehälters einen dicken Lappen auflegen, um Verbrühungen durch heiße Kühlflüssigkeit oder Dampf zu vermeiden. Deckel nur bei Kühlmitteltemperaturen unter +90° C abnehmen.

- Kühlmittelstand prüfen und gegebenenfalls bis an die obere Markierung ergänzen.
- Bei betriebswarmem Motor muss der Kühlmittelstand an der oberen Markierung (MAX-Markierung), bei kaltem Motor in der Mitte des gerasterten Feldes liegen (zwischen der MAX- und der MIN-Markierung).
- Motor abstellen.

Speziell Kühlmittel einfüllen mit Unterdruck-Befüllsystem

Die Fachwerkstatt benutzt für das Auffüllen und Entlüften des Kühlsystems eine Unterdruckanlage. Dabei ist folgendermaßen vorzugehen:

- Kühlmittel aus 50% destiliertem Wasser und 50% VW-Kühlerfrost- und Korrosions-Schutzmittel mischen. Dabei sollte die Kühlflüssigkeitsmenge um ca. 2 Liter über der Kühlmittel-Füllmenge liegen, wie sie in der Tabelle »Motordaten« angegeben ist, siehe Seite 14.
- Sicherstellen, dass sämtliche Schläuche aufgesteckt und mit Schellen gesichert wurden.
- Motorraumabdeckung unten einbauen, siehe Seite 260.
- Fahrzeug ablassen.

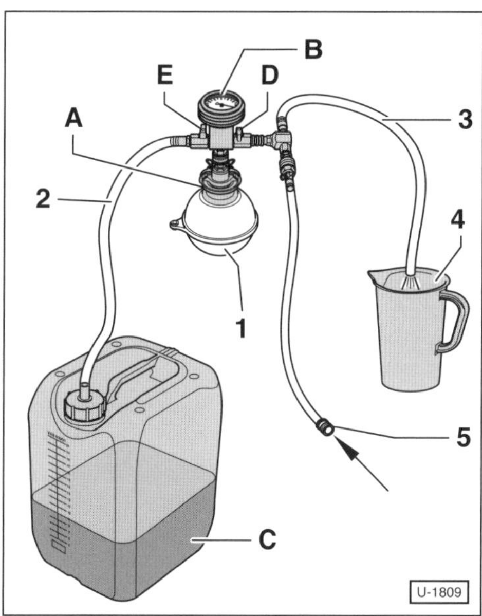

- Anschluss –A– mit Befülleinheit –B– am Kühlmittel-Ausgleichbehälter –1– aufschrauben.
- Zulaufschlauch –2– auf den gefüllten Kühlmittelbehälter –C– aufstecken. **Achtung:** Damit keine Luft angesaugt wird, darauf achten, dass sich im Kühlmittelbehälter mehr Kühlflüssigkeit befindet, als für die maximale Füllmenge des Fahrzeuges erforderlich ist.
- Abluftschlauch –3– in einen leeren Behälter –4– führen. **Hinweis:** Die Abluft reißt eine geringe Menge Kühlmittel mit, die aufgefangen werden soll.
- Druckluftschlauch –5– an Druckluft anschließen und mit 6 bis 10 bar Überdruck beaufschlagen –Pfeil–.

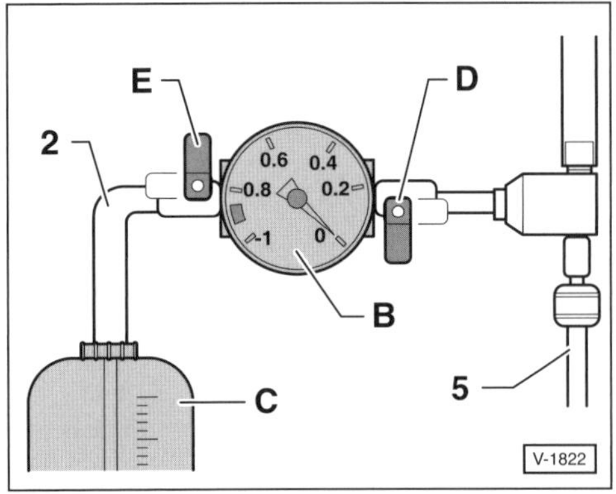

- Ablaufventil –D– öffnen. Dadurch wird im Kühlsystem Unterdruck erzeugt. Der Zeiger des Anzeigeinstruments muss in den grünen Bereich wandern. B – Befülleinheit, C – Kühlmittelbehälter.
- Zusätzlich Zulaufventil –E– so lange öffnen, bis sich der Zulaufschlauch –2– mit Kühlmittel gefüllt hat. Ventil –E– schließen.
- Ablaufventil –D– weitere 2 Minuten geöffnet lassen. Der Zeiger des Anzeigeinstruments muss weiterhin im grünen Bereich stehen.
- Ablaufventil –D– schließen. Der Zeiger des Anzeigeinstruments muss weiterhin im grünen Bereich stehen.

Hinweis: Wenn der Zeiger unterhalb des grünen Bereichs steht, Ablaufventil –D– erneut öffnen und Kühlsystem mit Unterdruck beaufschlagen. Wenn der Unterdruck abfällt, Kühlsystem auf undichte Stellen überprüfen.

- Druckluftschlauch –5– abziehen.
- Zulaufventil –E– öffnen und Kühlsystem befüllen. **Hinweis**: Indem die Venturidüse mit Druckluft beaufschlagt wird, erzeugt sie einen Unterdruck im Kühlsystem, so dass die Kühlflüssigkeit aus dem Vorratsbehälter in das Kühlsystem gesaugt wird.
- Ablaufventil –D– öffnen, wenn kein Kühlmittel mehr angesaugt wird.
- Kontrolleinheit –B– mit allen Anschlüssen vom Adapter –A– abbauen, siehe Abbildung U-1809.
- Kühlsystem entlüften.

Kühlmittelregler prüfen

1,4-l-/1,6-l-Benzinmotor CGGA/BSE/BSF
Dieselmotor

Prüfen

- Kühlmittelregler ausbauen, siehe entsprechendes Kapitel.
- Maß –a– am Regler messen und notieren, siehe Abbildung SX-1802.

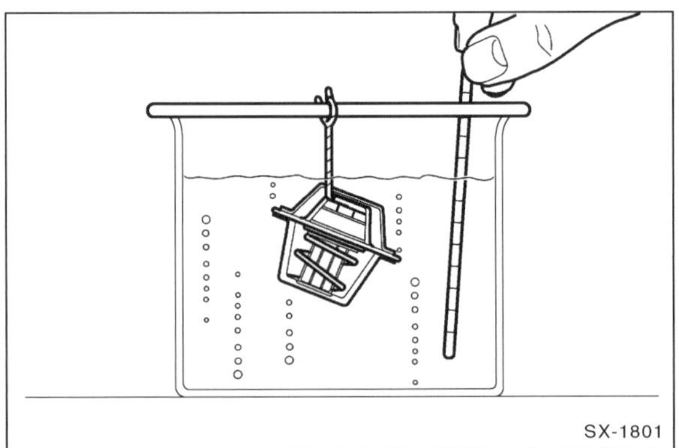

- Regler im Wasserbad erwärmen. Dabei darf der Thermostat nicht die Wände des Behälters berühren.
- Temperatur mit einem Thermometer kontrollieren und Öffnungsbeginn und -ende des Reglers prüfen. **Hinweis:** Beim Dieselmotor kann lediglich geprüft werden, ob sich der Kühlmittelregler überhaupt öffnet und schließt.

Motor	Kühlmittelregler-Öffnung	
	Beginn	**Ende**
1,4-l CGGA	ca. +84° C	ca. +98° C
1,6-l BSE/BSF	ca. +87° C	ca. +102° C

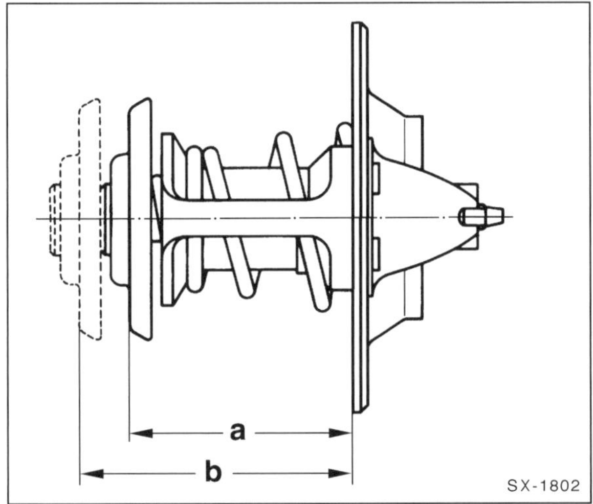

- Nach Erhitzen des Reglers auf ca. +100° C muss Maß –b– gegenüber Maß –a– um ca. 7 mm größer sein. Der Öffnungshub muss also mindestens 7 mm betragen.
- Kühlmittelregler einbauen, siehe entsprechendes Kapitel.

Kühlmittelpumpe/Kühlmittelregler (Thermostat) – Detailübersicht

1,6-l-Benzinmotor BSE/BSF

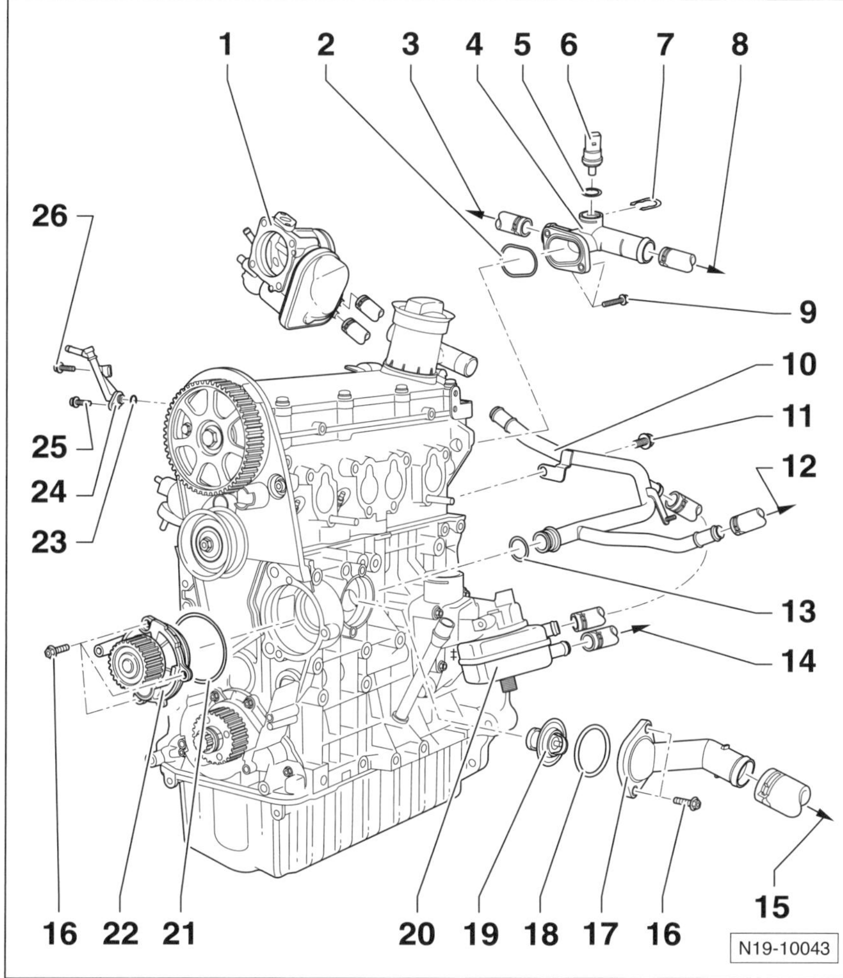

1 – **Drosselklappen-Steuereinheit** Kühlmittelbeheizt.
2 – **Dichtring***
3 – **Zum Wärmetauscher der Heizung**
4 – **Kühlmittel-Verteilergehäuse**
5 – **O-Ring***
6 – **Geber für Kühlmitteltemperatur**
7 – **Halteklammer**
8 – **Zum Kühler oben**
9 – **Schraube, 10 Nm**
10 – **Kühlmittelrohr**
11 – **Schraube, 40 Nm**
12 – **Schlauch zum Ausgleichbehälter**
13 – **O-Ring***
14 – **Zum oberen Kühlerschlauch** Beim Motor BSE/BSF nicht vorhanden.
15 – **Kühlerschlauch unten**
16 – **Schrauben, 15 Nm**
17 – **Anschlussstutzen**
18 – **O-Ring***
19 – **Kühlmittelregler (Thermostat)**
20 – **Ölkühler**
21 – **O-Ring***
22 – **Kühlmittelpumpe**
23 – **O-Ring***
24 – **Entlüftungsrohr**
25 – **Schraube, 10 Nm**
26 – **Schraube, 10 Nm**

*) Nach jeder Demontage ersetzen.

Kühlmittelregler (Thermostat) aus- und einbauen

1,6-l-Benzinmotor BSE/BSF

Hinweis: Beim Dieselmotor ist der Aus- und Einbau des Kühlmittelreglers weitgehend gleich. Allerdings muss die Drosselklappen-Steuereinheit ausgebaut werden (in diesem Band nicht beschrieben).

Ausbau

- Kühlmittel ablassen, siehe entsprechendes Kapitel.
- Kühlmittelschlauch vom Anschlussstutzen –17– am Motorblock abziehen, vorher Federbandschelle öffnen und zurückschieben.
- Anschlussstutzen –17– vom Motorblock mit 2 Schrauben –16– abschrauben. Dazu wird ein Gelenkschlüssel SW-10 benötigt.
- Kühlmittelregler –19– mit einer Zange aus dem Motorblock herausziehen.
- O-Ring –18– abnehmen und ersetzen.

Einbau

- **Neuen** O-Ring –18– mit Kühlmittel benetzen.
- Kühlmittelregler –19– mit dem O-Ring so in den Motorblock einsetzen, dass der Bügel des Kühlmittelreglers senkrecht steht.
- Anschlussstutzen ansetzen und mit **15 Nm** anschrauben.
- Kühlmittelschlauch aufschieben und mit Schelle sichern.
- Kühlflüssigkeit auffüllen.
- Motor laufen lassen bis der Thermostat öffnet – der untere Kühlmittelschlauch wird dann warm. Dichtung für Anschlussstutzen und Kühlmittelschlauch auf Dichtheit überprüfen.

Kühlmittelregler/Kühlmittelrohr

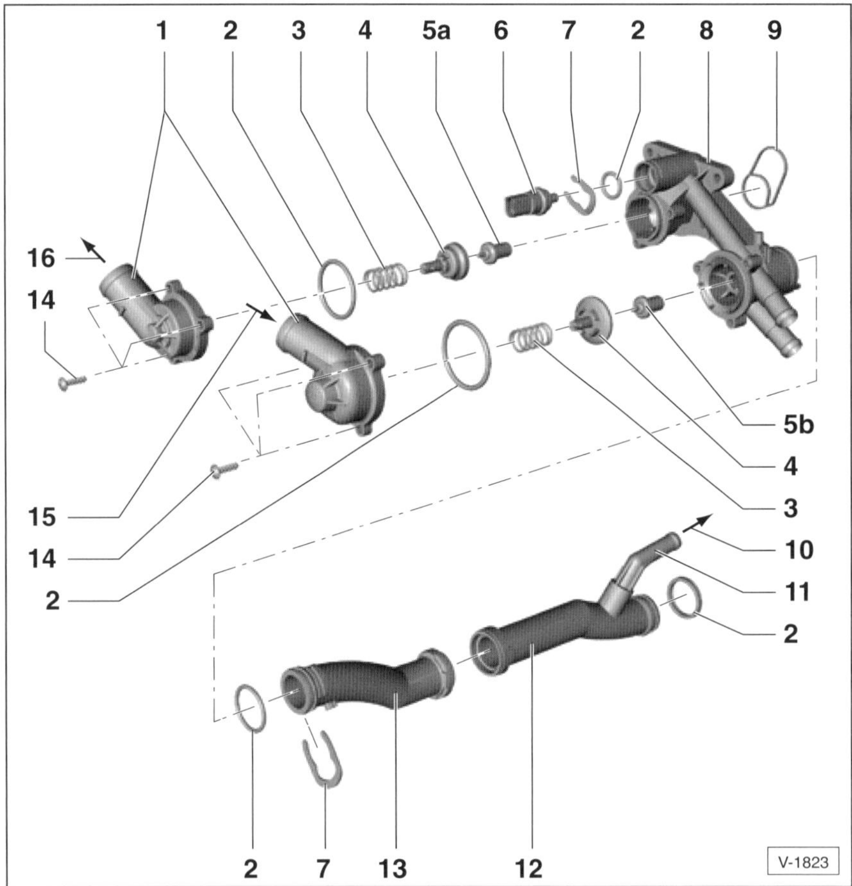

1,4-l-TSI-Benzinmotor

1 – **Anschlussstutzen**

2 – **O-Ring***

3 – **Druckfeder**

4 – **Stößel**
Beim Einbau nicht verkanten.

5 – **Kühlmittelregler (Thermostat)**
Motor CAXA (Öffnungsbeginn):
5a – Thermo-Element: +105°
5b – Thermo-Element: +83°
Motor CAVD (Öffnungsbeginn):
5a – Thermo-Element: +96°
5b – Thermo-Element: +80°

6 – **Geber für Kühlmitteltemperatur**

7 – **Halteklammer**
Auf festen Sitz prüfen.

8 – **Kühlmittelreglergehäuse**

9 – **Dichtring***

10 – **Zum Ausgleichbehälter**

11 – **Anschlussstutzen**

12 – **Kühlmittelrohr**

13 – **Kühlmittelrohr**

14 – **Schraube, 5 Nm**

15 – **Vom Kühler unten**

16 – **Zum Kühler oben**

*) Nach jeder Demontage ersetzen.

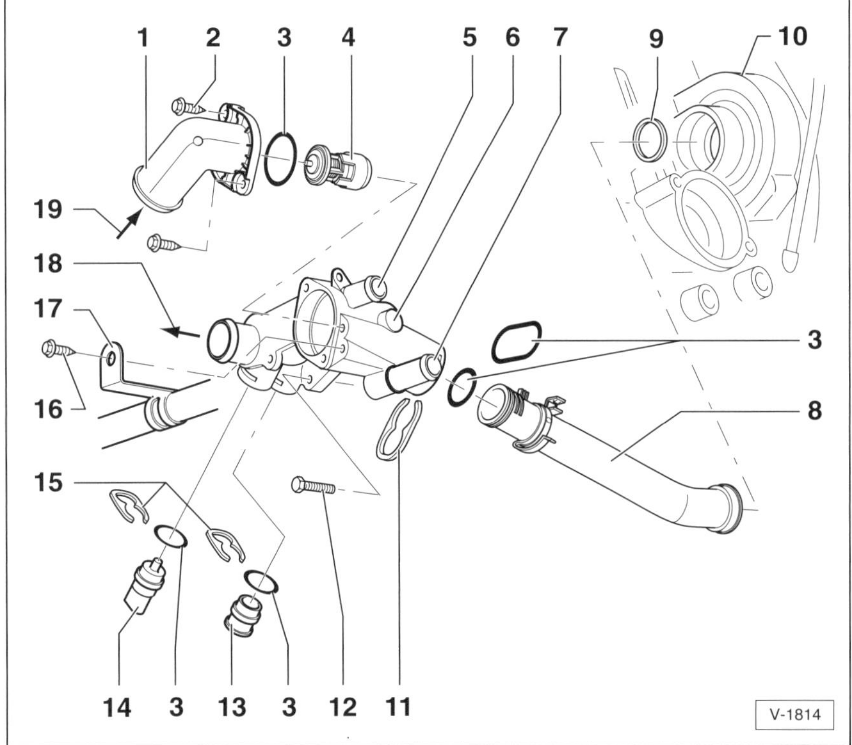

1,4-l-Benzinmotor CGGA

1 – **Anschlussstutzen**

2 – **Schneidschraube, 7 Nm**

3 – **O-Ring***

4 – **Kühlmittelregler (Thermostat)**

5 – **Zum Wärmetauscher**

6 – **Kühlmittelreglergehäuse**

7 – **Vom Wärmetauscher**

8 – **Kühlmittelrohr**

9 – **Dichtring***

10 – **Kühlmittelpumpengehäuse**
Am Motorblock.

11 – **Halteklammer**
Auf festen Sitz prüfen.

12 – **Schraube, 10 Nm**

13 – **Verschlussstopfen**

14 – **Geber für Kühlmitteltemperatur**

15 – **Halteklammer**
Auf festen Sitz prüfen.

16 – **Schneidschraube, 7 Nm**

17 – **Verbindungsrohr**
Für Abgasrückführung.

18 – **Zum Kühler unten**

19 – **Vom Kühler oben**

*) Nach jeder Demontage ersetzen.

Kühler aus- und einbauen

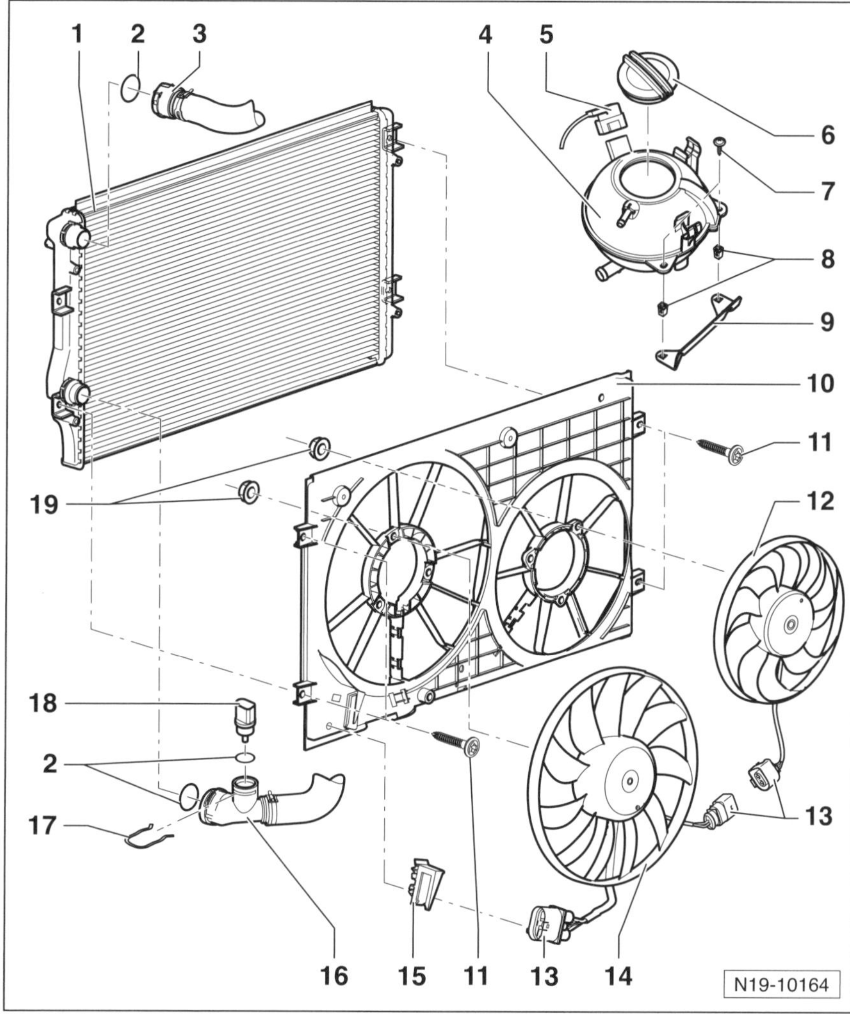

1 – **Kühler**
Nach dem Ersetzen Kühlmittel vollständig erneuern.

2 – **O-Ring**
Bei Beschädigung erneuern.

3 – **Kühlmittelschlauch oben**
Zum Anschlussstutzen am Zylinderkopf.

4 – **Ausgleichbehälter**

5 – **Stecker**
Für Kühlmittelstandgeber.

6 – **Verschlussdeckel**
Bei einem Druck von 1,4 bis 1,6 bar muss das Überdruckventil öffnen.

7 – **Schraube, 5 Nm**

8 – **Kunststoffeinsätze**
Für Befestigungsschrauben.

9 – **Halter**

10 – **Luftführungshutze**

11 – **Schraube, 5 Nm**

12 – **Kühler-Lüfter 2**

13 – **Stecker**

14 – **Kühler-Lüfter 1**
Mit Steuergerät für Kühler-Lüfter.

15 – **Halter**
Für Steckverbindung.

16 – **Kühlmittelschlauch unten**
Zum Anschlussstutzen für Kühlmittelregler (Thermostat).

17 – **Halteklammer**

18 – **Kühlmittel-Temperaturgeber**
Am Kühlerausgang.

19 – **Muttern**
1,4-l-90/118-kW-, 1,6-l-75-kW-Benzinmotor und Dieselmotor: **5 Nm**.
1,4-l-59-kW-/1,8-/2,0-l-Benzinmotor: **10 Nm.**

Ausbau

Hinweis: Der Ausbau wird für den 1,4-l-TSI-Motor CAXA/CAVD beschrieben. Für die anderen Motoren spezielle Hinweise beachten.

- CAXA/CAVD: Luftfilter ausbauen, siehe Seite 222.
- Kühlmittel ablassen, siehe entsprechendes Kapitel.
- Kühlmittelschläuche vom Kühler abziehen. Vorher Schellen öffnen und ganz zurückschieben beziehungsweise Halteklammern seitlich herausziehen.
- Stecker vom Thermoschalter und vom Kühler-Lüfter abziehen.
- Luftführungshutze nach unten ausbauen, siehe »Kühler-Lüfter aus- und einbauen«.
- Befestigungsschrauben rechts und links am Kühler herausdrehen.
- Kühler mit Lüfter nach unten herausnehmen.

Einbau

- Der Einbau erfolgt in umgekehrter Ausbaureihenfolge. Kühlerlager mit **5 Nm** am Schlossträger anschrauben.

Speziell 1,4-l-Motor CAXA

- Zum Ausbau des Zusatz-Wasserkühlers den Schlossträger in Servicestellung bringen, siehe Seite 262.

Speziell 1,4-l-Motor CGGA

- Zuerst Kühler-Lüfter ausbauen, siehe entsprechendes Kapitel.
- Stoßfänger ausbauen, siehe Seite 264.

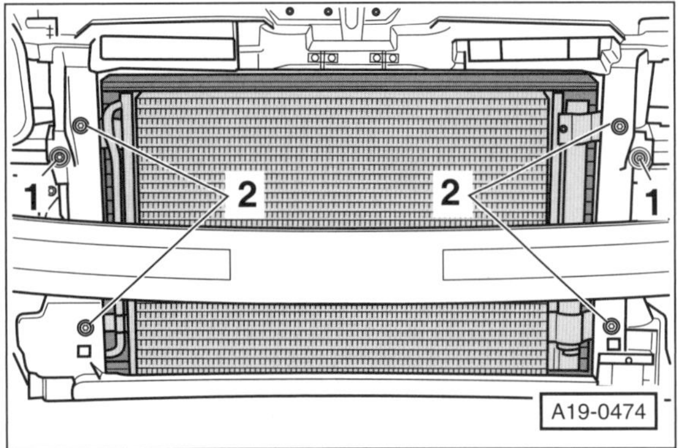

- Schrauben –1– vom Kühlerlager abschrauben.
- Kühler etwas nach hinten schwenken.
- Befestigungsschrauben –2– des Kondensators herausdrehen.
- Kühler nach oben herausnehmen.
- Beim Einbau Kühlerlager, Kondensator, und Luftführungshutze mit jeweils **5 Nm** anschrauben.

Speziell 1,6-l-Benzinmotor BSE/BSF

- Ausbau wie Motor 1,4-l-Motor CGGA.
- Kühler mit Kondensator nach hinten schwenken und aus den unteren Aufnahmen herausheben. Dabei den Schlossträger an der linken Aufnahme (in Fahrtrichtung gesehen) etwas nach unten ziehen.

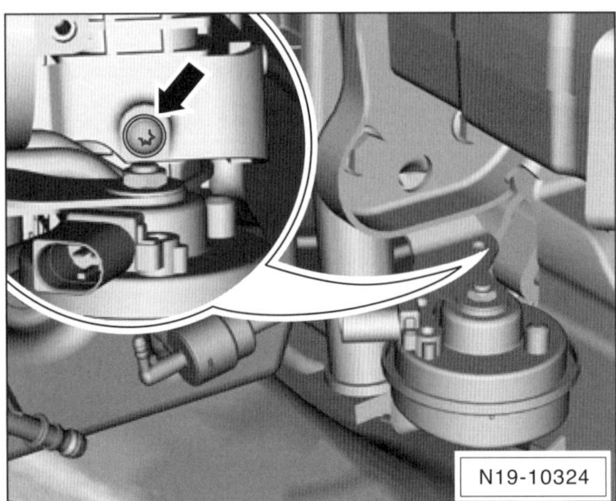

- Schraube –Pfeil– für Kältemittelleitungen auf der rechten Kühlerseite herausdrehen.

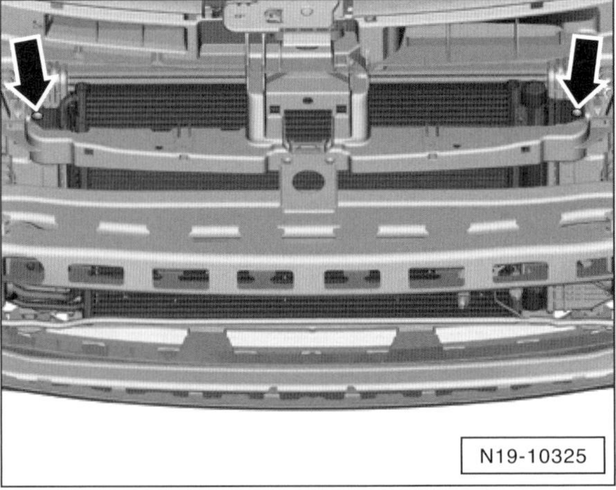

- Obere Befestigungsschrauben –Pfeile– für Kondensator herausdrehen.
- Kühler nach oben herausnehmen.
- Beim Einbau alle Befestigungsschrauben mit **5 Nm** festziehen.

Speziell 1,8-/2,0-l-Benzinmotor

- Kühlmittel ablassen, siehe entsprechendes Kapitel.
- Kühler-Lüfter ausbauen, siehe entsprechendes Kapitel.
- Oberen Kühlmittelschlauch vom Kühler abziehen.
- Luftführung am Schlossträger abschrauben.
- 4 Schrauben am Kühler herausdrehen und Kühler nach oben herausnehmen.

Speziell Dieselmotor

- Kühlmittel ablassen, siehe entsprechendes Kapitel.
- Kühlmittelschläuche vom Kühler abziehen. Vorher Schellen öffnen und ganz zurückschieben beziehungsweise Halteklammern seitlich herausziehen.
- Stecker vom Kühler-Lüfter abziehen.
- Luftführungshutze ausbauen.
- Befestigungsschrauben rechts und links am Kühler herausdrehen.
- Kühler abschrauben und mit Lüfter nach oben herausnehmen.

Hinweise zur Klimaanlage:

> **Sicherheitshinweis**
> Der **Kältemittelkreislauf der Klimaanlage darf nicht geöffnet** werden, da das Kältemittel bei Hautberührung Erfrierungen hervorrufen kann.
> Bei versehentlichem Hautkontakt sofort mindestens 15 Minuten lang mit kaltem Wasser spülen. Kältemittel ist farb- und geruchlos sowie schwerer als Luft. Bei austretendem Kältemittel besteht am Boden beziehungsweise in unteren Räumen Erstickungsgefahr (nicht wahrnehmbar).

- Um Beschädigungen am Kondensator sowie an den Kältemittelleitungen/-schläuchen zu vermeiden, unbedingt darauf achten, dass die Leitungen und Schläuche nicht überdehnt, geknickt oder verbogen werden.
- Halteschellen der Kältemittelleitungen abschrauben.
- Kondensator vom Kühler abschrauben und am Schlossträger mit Draht befestigen.

Kühler-Lüfter aus- und einbauen

Hinweis: Die Beschreibung bezieht sich auf die 1,4-l-Benzinmotoren. Für die anderen Motoren siehe die speziellen Hinweise zum Ausbau des Lüftergehäuses. Der Abbau des Lüfters vom Lüftergehäuse erfolgt bei allen Motoren auf die gleiche Weise.

Ausbau

- Motorabdeckung oben ausbauen, siehe Seite 180.

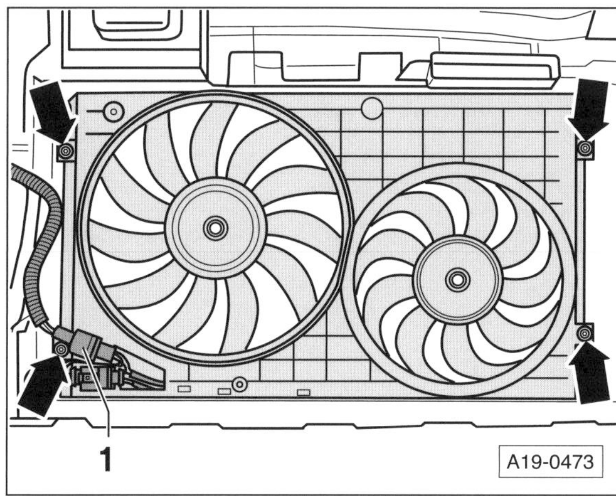

- Obere Schrauben –Pfeile– herausdrehen.
- Motorraumabdeckung unten ausbauen, siehe Seite 260.
- Steckverbindung –1– trennen.
- Untere Schrauben –Pfeile– herausdrehen.
- Lüftergehäuse (Luftführungshutze) mit den beiden Lüftern nach unten herausnehmen.

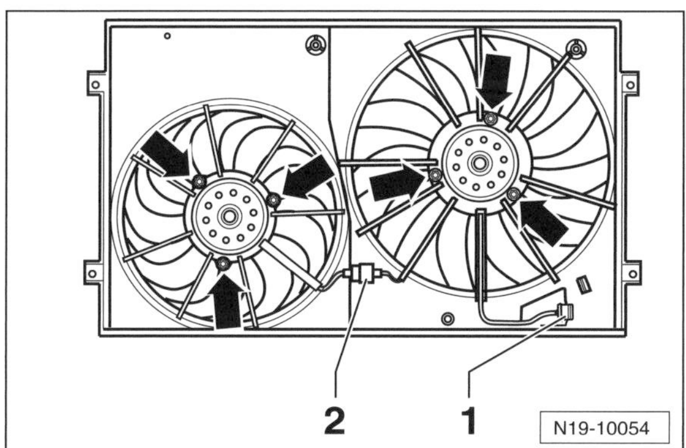

- Falls vorhanden, Steckverbindung –2– trennen.
- Anschlussstecker –1– ausclipsen.
- Sämtliche Leitungen freilegen.
- Muttern –Pfeile– herausdrehen und Lüfter vom Lüftergehäuse abnehmen.

Einbau

- Der Einbau erfolgt in umgekehrter Ausbaureihenfolge. Anzugsdrehmomente siehe Abbildung N19-10164.

Speziell 1,6-l-Benzinmotor BSE/BSF

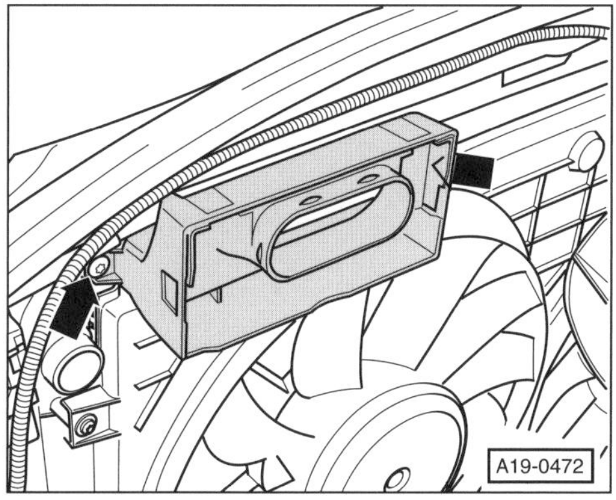

- Luftführung am Schlossträger abschrauben –Pfeile–.
- Untere Motorraumabdeckung ausbauen, siehe Seite 260.
- Schelle lösen und Luftführungsschlauch unten vom Vorvolumenbehälter abziehen.
- Schrauben für Lüftergehäuse herausdrehen und Lüftergehäuse nach oben herausnehmen.

Speziell 1,8-/2,0-l-Benzinmotor

- Deckel für Luftführung im Bereich des Schlossträgers abziehen, dazu 3 Rastnasen entriegeln.
- Luftführung aus der Ansaugluftthutze ausclipsen und mit Luftführungsschlauch abnehmen.
- Kühler-Lüfter oben abschrauben und untere Motorraumabdeckung ausbauen, siehe Seite 260.
- Unteren Luftführungsschlauch abbauen, dazu Schellen öffnen und ganz zurückschieben. Öffnung im Ladeluftkühler mit einem sauberen Lappen verschließen.
- Lüftergehäuse abschrauben und nach unten herausnehmen.

Speziell Dieselmotor

- Kühler-Lüfter oben abschrauben.
- Motorraumabdeckung unten ausbauen, siehe Seite 260.
- Unteren Luftführungsschlauch abbauen, dazu Schellen öffnen und ganz zurückschieben. Öffnung im Ladeluftkühler mit einem sauberen Lappen verschließen.
- Steckverbindung am Lüftergehäuse trennen.
- Lüftergehäuse unten abschrauben und nach oben herausnehmen.

Störungsdiagnose Motor-Kühlung

Störung: Die Kühlmitteltemperatur ist zu hoch, die Warnleuchte im Kombiinstrument leuchtet während der Fahrt.

Ursache	Abhilfe
Zu wenig Kühlflüssigkeit im Kreislauf.	■ Der Kühlmittelstand soll bei kaltem Motor (Kühlmitteltemperatur ca. +20° C) zwischen der MAX- und der MIN-Markierung liegen, also im gerasterten Bereich der Anzeige am Ausgleichbehälter. Bei warmem Motor darf der Kühlmittelstand etwas über der MAX-Markierung stehen. Gegebenenfalls Kühlmittel nachfüllen. Kühlsystem auf Dichtheit prüfen.
Kühlmittelregler (Thermostat) öffnet nicht, Kühlflüssigkeit zirkuliert nur im kleinen Kreislauf.	■ Prüfen, ob der obere Kühlmittelschlauch warm wird. Wenn nicht, Kühlmittelregler (Thermostat) ausbauen und prüfen, gegebenenfalls ersetzen. Unterwegs (nicht beim TSI-Motor): Thermostat ausbauen. Ohne Thermostat erreicht der Motor seine normale Betriebstemperatur später oder gar nicht, deshalb defekten Thermostat alsbald ersetzen.
Kühlerlamellen verschmutzt.	■ Kühler von der Motorseite her mit Pressluft durchblasen.
Kühler innen durch Kalkablagerungen zugesetzt, unterer Kühlerschlauch wird nicht warm.	■ Kühler erneuern.
Elektrolüfter läuft nicht.	■ Stecker am Lüftermotor auf festen Sitz und guten Kontakt prüfen. ■ Sicherung für Kühlerlüfter prüfen.
Ausgleichbehälter-Verschlussdeckel defekt.	■ Druckprüfung durchführen, ggf. Verschlussdeckel ersetzen.
Kühlmitteltemperaturanzeige defekt.	■ Anzeigegerät/Geber überprüfen lassen.

Motor-Management

Aus dem Inhalt:

- Benzineinspritzanlage
- Dieseleinspritzanlage
- Kraftstoffanlage
- Luftfilter ausbauen

Im Kapitel »Motor-Management« sind die Themen »Benzin-Einspritzanlage« und »Diesel-Einspritzanlage« zusammengefasst.

Benzin-Einspritz- und Zündanlage

Das elektronische Motor-Management regelt die Kraftstoffzuteilung und das Zündsystem. Die Vorteile des elektronischen Motormanagements sind:

- Genau dosierte Kraftstoffmenge in jedem Betriebszustand des Motors, dadurch geringer Verbrauch bei guten Fahrleistungen.
- Reduzierung der Abgas-Schadstoffe durch exakte Kraftstoffzumessung und den Einsatz eines geregelten Katalysators.
- Die Eigendiagnose des Motor-Managements ermöglicht ein schnelleres Auffinden von Defekten. Das System ist mit einem Fehlerspeicher ausgestattet. Treten während des Betriebs Defekte auf, werden diese im Speicher abgelegt. Sollte der Motor nicht einwandfrei arbeiten, kann die Fachwerkstatt gegen Kostenerstattung eine Fehlerliste ausdrucken, damit gegebenenfalls der Defekt dann selbst behoben werden kann.

Das Steuergerät entspricht einem kleinen sehr schnell arbeitenden Computer. Es bestimmt den optimalen Zündzeitpunkt, den Einspritzzeitpunkt und die Kraftstoff-Einspritzmenge. Dabei erfolgt eine Abstimmung des Steuergeräts mit anderen Fahrzeugsystemen, beispielsweise der Getriebesteuerung oder der Wegfahrsperre.

Die Bauteile des Zünd- und Einspritzsystems sind langzeitstabil und praktisch wartungsfrei. Nur der Luftfiltereinsatz sowie die Zündkerzen müssen im Rahmen der Wartung gewechselt werden. Wesentliche Einstell- und Reparaturarbeiten können nur mit Hilfe von teuren Prüfgeräten durchgeführt werden, so dass diese Arbeiten nur noch von entsprechend ausgerüsteten Fachwerkstätten ausgeführt werden können.

Sicherheitsmaßnahmen bei Arbeiten am Benzin-Einspritzsystem

Das Kraftstoffsystem steht unter Druck! Vor dem Lösen der Schlauchverbindungen einen dicken Putzlappen um die Verbindungsstelle legen. Dann durch vorsichtiges Abziehen des Schlauches den Druck abbauen. **Achtung:** Beim **Direkteinspritz-Motor kann auf diese Weise nur der Druck im Niederdruckteil (bis ca. 6 bar) abgebaut werden. Zum Druckabbau im Hochdruckteil (bis ca. 120 bar) werden spezielle Werkstattgeräte benötigt.** Der Hochdruckteil reicht von der am Zylinderkopf angeflanschten Hochdruckpumpe bis zu den Einspritzventilen.

- **Kein offenes Feuer, nicht rauchen, keine glühenden oder sehr heißen Teile in die Nähe des Arbeitsplatzes bringen. Unfallgefahr! Feuerlöscher bereitstellen.**
- **Unbedingt für gute Belüftung des Arbeitsplatzes sorgen. Kraftstoffdämpfe sind giftig.**

Achtung: Bei Arbeiten am Einspritzteil des Systems sind auch die allgemeinen Sicherheits- und Sauberkeitsregeln zu befolgen, siehe Kapitel »Kraftstoffanlage«.

Diesel-Einspritzanlage

Die Dieseleinspritzung wird vollelektronisch durch das Motor-Management geregelt. Die Vorteile sind:

- Die Eigendiagnose des Motor-Managements ermöglicht ein schnelleres Auffinden von Defekten.
- Genau dosierte Kraftstoffmenge. Dadurch Reduzierung der Abgas-Schadstoffe und geringer Verbrauch.
- Das Einstellen von Leerlaufdrehzahl und Abregeldrehzahl ist nicht erforderlich.

Die Bauteile des Diesel-Einspritzsystems sind langzeitstabil und praktisch wartungsfrei. Nur der Motor-Luftfiltereinsatz und der Kraftstofffilter müssen im Rahmen der Wartung gewechselt werden.

Benzin-Einspritzanlage – Einbauübersicht

1,8-/2,0-l-Benzinmotor

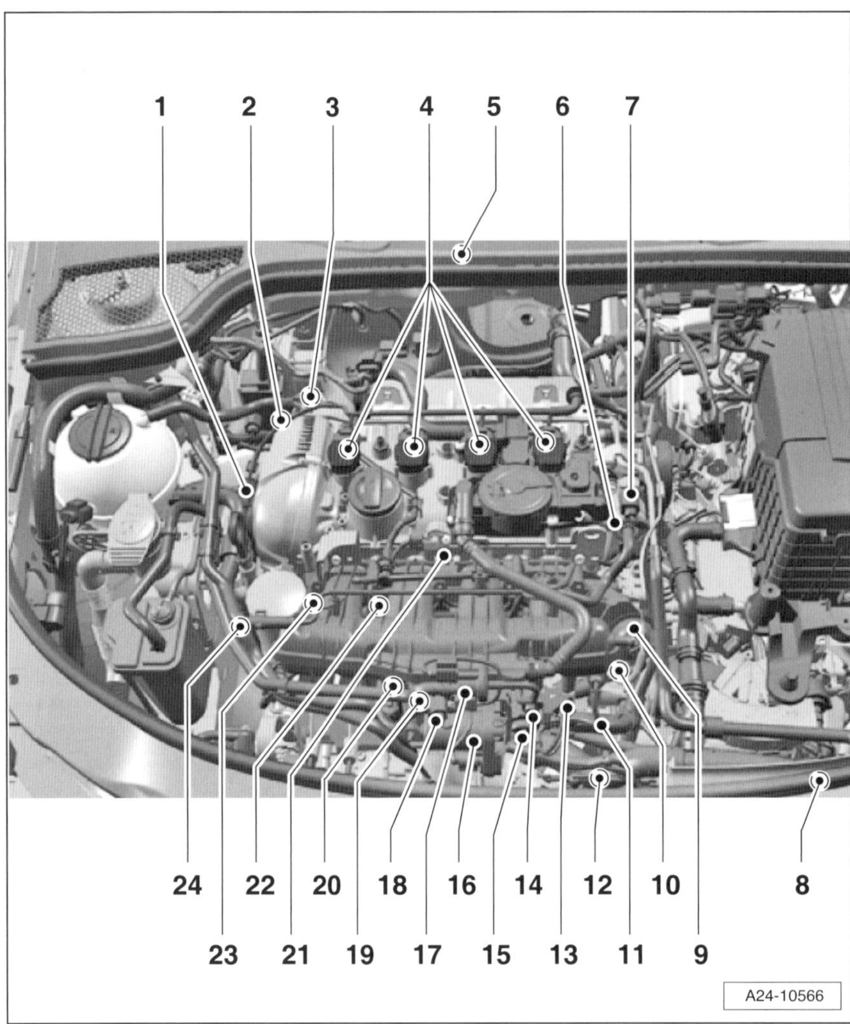

1 – Ventil 1 für Nockenwellenverstellung

2 – Magnetventil für Ladedruckbegrenzung
Sitzt direkt am Turbolader.

3 – Umluftventil für Turbolader
Sitzt direkt am Turbolader.

4 – Zündspulen mit Leistungsendstufen

5 – Motorsteuergerät

6 – Hochdruckpumpe
Mechanische Einkolbenpumpe mit Kraftstoffdruck-Regelventil.

7 – Kraftstoffdruck-Regelventil

8 – Kühlmittel-Temperaturgeber
Am Kühlmittelausgang.
Sitzt im unteren Kühlerstutzen.

9 – Unterdruckdose
Für Saugrohrklappen.

10 – Ventil für Saugrohrklappe

11 – Motordrehzahlgeber

12 – Ladedruckgeber

13 – Steckverbindung für Klopfsensor 1
Befindet sich unterhalb vom Saugrohr. **Hinweis:** Die Steckverbindungen –13/14/15– sitzen in einem gemeinsamen Halter.

14 – Steckverbindung für Hallgeber
Befindet sich unterhalb vom Saugrohr.

15 – Steckverbindung für Einspritzventile
Befindet sich unterhalb vom Saugrohr.

16 – Drosselklappensteuereinheit
Mit einem Stellmotor und 2 Winkelgebern.
Nach dem Erneuern an das Motorsteuergerät anpassen.

17 – Magentventil 1 für Aktivkohlebehälter

18 – Ansaugluft-Temperaturgeber
Vorn am Saugrohr angeschraubt.

19 – Klopfsensor 1, 20 Nm
Unterhalb vom Saugrohr in den Motorblock eingeschraubt.

20 – Kühlmittel-Temperaturgeber
Befindet sich im Gehäuse der Kühlmittelpumpe.

21 – Hallgeber
Vorn am Zylinderkopfdeckel in der Nähe des Öleinfülstutzens eingeschraubt.

22 – Kraftstoff-Druckgeber
Sitzt am Kraftstoffverteiler.

23 – Potenziometer
Für Saugrohrklappe.
Sitzt rechts im Saugrohr.

24 – Öldruckschalter
Sitzt im Halter für Negenaggregate, unterhalb vom Ölfilter.

Die folgenden Bauteile sind nicht abgebildet:

A – Diagnosestecker
Im Fußraum auf der Fahrerseite.

B – Luftmassenmesser
Sitzt zusammen mit dem Ansaugluft-Temperaturgeber 2 im Luftansaugschlauch in der Nähe des Luftfilters.

C – Gaspedal-Stellungsgeber
Sitzt am Gaspedal. Dabei sind 2 Geber in einem Gehäuse untergebracht.

D – Steuergerät für Kühler-Lüfter
Sitzt am Lüftergehäuse.

E – Einspritzventile
Sitzen im Kraftstoffverteilerrohr.

Saugrohr – Detailübersicht

1,8-/2,0-l-Benzinmotor

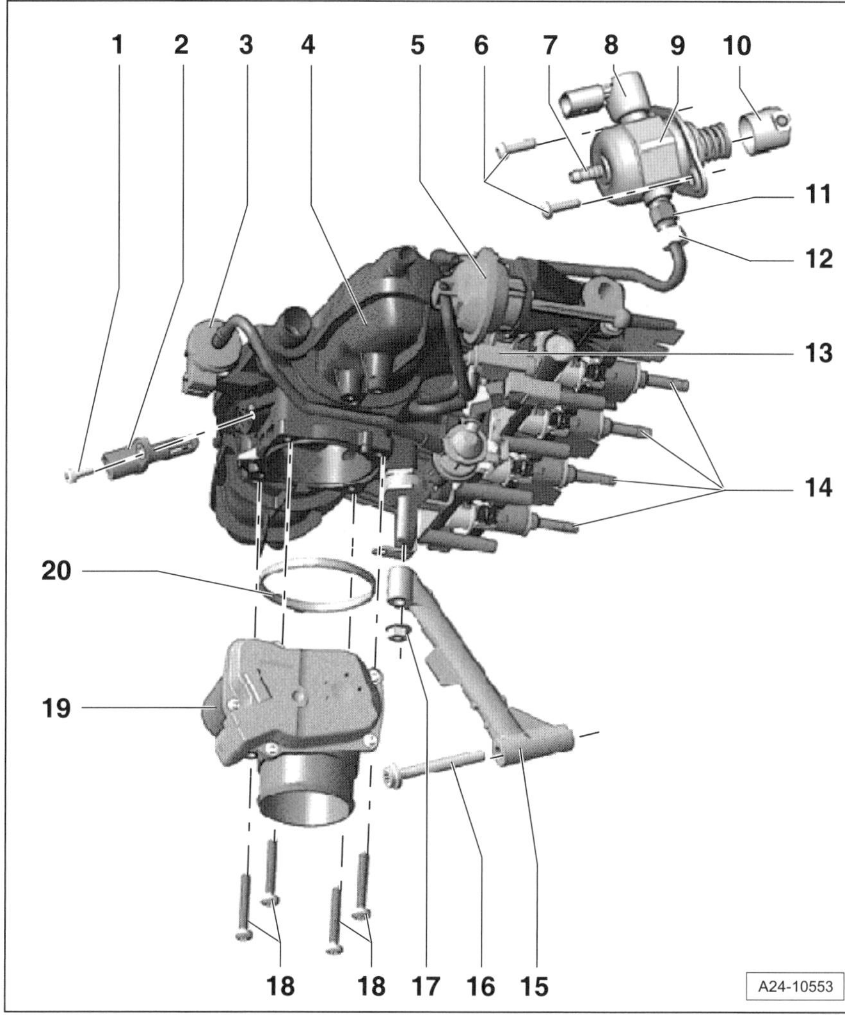

1 – Schraube, 5 Nm
Für Ansaugluft-Temperaturgeber.

2 – Ansaugluft-Temperaturgeber

3 – Magnetventil 1
Mit Doppelrückschlagventil.
Für Aktivkohlebehälter.

4 – Saugrohr

5 – Unterdruckdose
Für Saugrohrklappen.

6 – Schrauben [1], 10 Nm
Für Hochdruckpumpe.

7 – Anschlussstutzen
Für Kraftstoffvorlaufleitung.
Vom Tank kommend.

8 – Regelventil für Kraftstoffdruck

9 – Einkolben-Hochdruckpumpe

10 – Rollenstößel
Bleibt unter Umständen nach Abbau der Hochdruckpumpe im Zylinderkopf stecken, herausnehmbar.

11 – Anschlussstutzen [1], 22 Nm
Für Kraftstoffvorlaufleitung.

12 – Kraftstoff-Hochdruckleitung, 18 Nm
Nicht verspannt einbauen.

13 – Ventil für Saugrohrklappe

14 – Einspritzventile
O-Ring und Teflonring erneuern.
Auf richtige Einbaulage achten.

15 – Saugrohrstütze

16 – Schraube [2], 23 Nm

17 – Mutter [2], 10 Nm

18 – Schrauben, 5 Nm

19 – Drosselklappensteuereinheit
Nach dem Erneuern an das Motor-Steuergerät anpassen.

20 – Dichtring [1]
Fahne des Dichtrings muss in der Nut des Saugrohrs sitzen.

---

[1]) Nach jeder Demontage ersetzen.

[2]) Für Saugrohrstütze.

Leerlaufdrehzahl/Zündzeitpunkt/ CO-Gehalt prüfen und einstellen

Im Rahmen der Wartung ist es nicht erforderlich, Leerlaufdrehzahl, Zündzeitpunkt und CO-Gehalt einzustellen, da die Werte permanent elektronisch nachgeregelt werden.

Falls die tatsächlichen Betriebswerte von den Sollwerten abweichen, liegt die Ursache in defekten Bauteilen, die ersetzt werden müssen. Eine fachgerechte Prüfung des Motormanagements ist nur mit speziellen Diagnosegeräten möglich.

Allgemeine Prüfung der Benzin-Einspritzanlage

Für eine systematische Fehlersuche beziehungsweise Fehlerbehebung sind markenspezifische Messgeräte erforderlich. Diese Messgeräte sind sehr teuer und in der Regel nur in der Fachwerkstatt vorhanden. Deshalb wird hier nur eine Grundprüfung beschrieben.

- Batterie prüfen, siehe Seite 69.
- Sicherungen prüfen, siehe Seite 64.
- Sämtliche Stecker und Steckverbindungen des betroffenen elektronischen Systems abziehen und aufstecken. Festen Sitz der Steckverbindungen und Fixierung der Kabel im Motorraum prüfen.
- Alle Masseverbindungen auf festen Sitz und einwandfreien Kontakt prüfen.
- Schläuche und Leitungen auf Undichtigkeiten prüfen. Dabei auf Porosität und Risse achten. Lockere Anschlüsse befestigen.

Achtung: Keine silikonhaltigen Dichtmittel verwenden. Vom Motor angesaugte Silikonspuren werden nicht verbrannt und schädigen die Lambdasonde.

Diesel-Einspritzanlage

Diesel-Einspritzverfahren

Beim Dieselmotor wird reine Luft in die Zylinder angesaugt und dort sehr hoch verdichtet. Dadurch steigt die Temperatur in den Zylindern über die Zündtemperatur des Dieselöls an. Wenn der Kolben kurz vor dem Oberen Totpunkt steht, wird in die hoch verdichtete und etwa +600° C heiße Luft der Kraftstoff direkt in den Brennraum eingespritzt. Das Dieselöl zündet von selbst, Zündkerzen sind also nicht erforderlich.

Der Kraftstoff wird durch eine elektrische Kraftstoffpumpe aus dem Tank zur Hochdruckpumpe gefördert. Diese baut bereits bei niedrigen Motordrehzahlen einen sehr hohen Druck von ca. 1800 bar auf. Von der Hochdruckpumpe führt eine gemeinsame Kraftstoffleitung (Common Rail) zu den Einspritzventilen der einzelnen Zylinder. Die gemeinsame Kraftstoffleitung dient als Druckspeicher und verteilt den Kraftstoff mit konstantem Druck an die Einspritzventile. Die erforderliche Kraftstoff-Einspritzmenge wird vom Motor-Steuergerät über die Einspritzventile (Piezo-Injektoren) den einzelnen Zylindern exakt zugeteilt.

Bevor der Kraftstoff in die Hochdruckpumpe gelangt, durchfließt er den Kraftstofffilter. Dort werden Verunreinigungen und Wasser zurückgehalten. Es ist deshalb äußerst wichtig, den Kraftstofffilter entsprechend der Wartungsvorschrift auszuwechseln.

Achtung: Bei Arbeiten an der Kraftstoffanlage Sicherheits- und Sauberkeitsregeln beachten, siehe Seite 215.

Diesel-Vorglühanlage

Bei sehr kaltem Motor wird die Selbstzündungstemperatur für den Diesel-Kraftstoff durch die Verdichtung allein nicht erreicht, deshalb muss vorgeglüht werden. Dazu befindet sich in jedem Brennraum eine Glühkerze, die den Brennraum aufheizt. Die Glühkerze besteht im wesentlichen aus einem Gehäuse mit eingepresstem Heizstab. Die Dauer des Vorglühens ist abhängig von der Umgebungstemperatur und wird durch das Motor-Steuergerät über ein Vorglührelais gesteuert. **Hinweis:** Aufgrund der guten Kaltstarteigenschaften des Dieseldirekteinspritzmotors ist ein Vorglühen überwiegend erst bei Temperaturen unter ca. 0° C erforderlich.

Die Vorglühanlage wird über ein Steuergerät für Glühzeitautomatik angesteuert. Dieses Steuergerät befindet sich auf dem Zusatz-Relaisträger unterhalb der E-Box im Motorraum, in Fahrtrichtung gesehen, links. Bei einem Fehler in der Vorglühanlage wird durch das Vorglüh-Steuergerät ein Fehler im Fehlerspeicher des Motorsteuergeräts abgelegt. Dabei wird jede Glühkerze einzeln angesteuert und überprüft.

Glühkerzen aus- und einbauen

Es können Metall- oder Keramik-Glühkerzen eingebaut sein. Beim Erneuern unbedingt auf richtige Ersatzteil-Zuordnung achten.

Achtung: Keramik-Glühkerzen sind gegen Stoß und Biegung sehr empfindlich und müssen daher besonders vorsichtig behandelt werden. Selbst bei einem Fall aus geringer Höhe (ca. 2 cm) müssen die Glühkerzen ersetzt werden. Dies gilt auch, wenn kein äußerlich sichtbarer Schaden (Haarriss) vorliegt.

- Bestehen Zweifel am einwandfreien Zustand einer Glühkerze, so ist diese immer zu ersetzen.
- Beim Wechsel muss immer die gleiche Glühkerzenart eingebaut werden.
- Vor dem Einbau Gewinde im Zylinderkopf vollständig von Ablagerungen säubern. Gewinde im Zylinderkopf oder an den Glühkerzen nicht einölen oder fetten.

Achtung: Nach dem Einbau und vor dem ersten Motorstart am kalten Motor Widerstand der Glühkerzen prüfen. Sollwert: max. 1 Ω. Gegebenenfalls defekte Glühkerze ersetzen.

Sollte eine defekte Keramik-Glühkerze gebrochen sein, unbedingt alle Bruchstücke aus dem Motor entfernen, da es sonst zu Motorschäden kommen kann.

Ausbau

- Zündung ausschalten.
- Obere Motorabdeckung ausbauen, siehe Seite 180.
- Geräuschdämpfung von den Injektoren abnehmen.

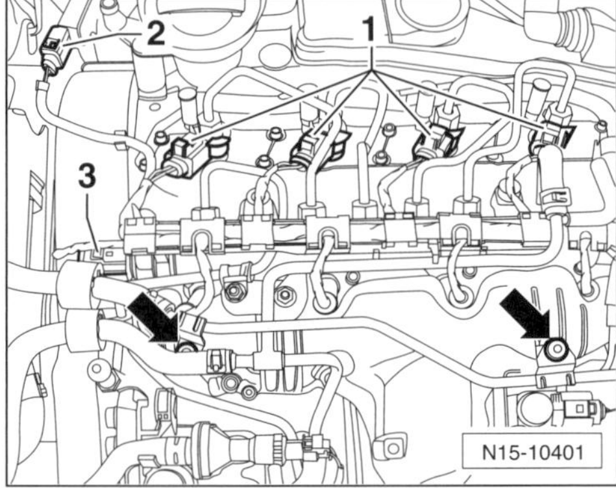

- Stecker –1– von den Injektoren abziehen.
- Stecker –2– vom Abgas-Drucksensor abziehen.
- Stecker –3– vom Rail-Drucksensor abziehen.
- Befestigungsschrauben –Pfeile– der Kühlmittelleitung auf dem Saugrohr herausdrehen und Leitung vor dem Saugrohr ablegen.

Achtung: Stecker für Glühkerzen mit geeigneter Zange, zum Beispiel VW-3314 abziehen. Darauf achten, dass keine Kabelverbindung beim Abziehen der Stecker beschädigt wird. Zange nicht zu fest zusammendrücken, sonst kann die Stützhülse des Steckers beschädigt werden. Wird dennoch ein Kabel oder ein Stecker beschädigt, muss der komplette Leitungsstrang erneuert werden.

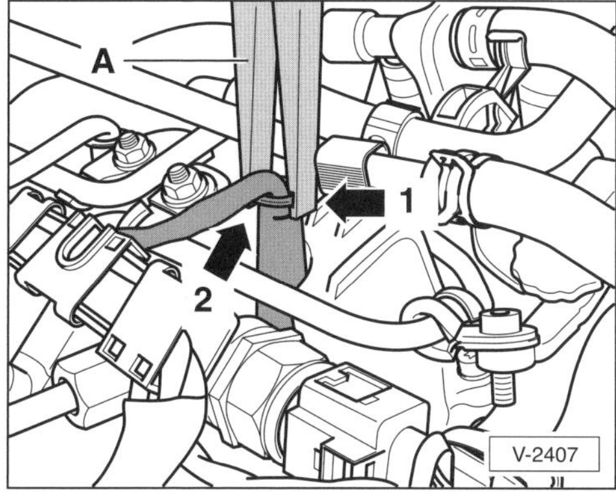

- Zange –A–, zum Beispiel HAZET 666-1 oder 4760-5, mit der Zangennut –Pfeil 1– am Bund der Stützhülse –Pfeil 2– ansetzen.

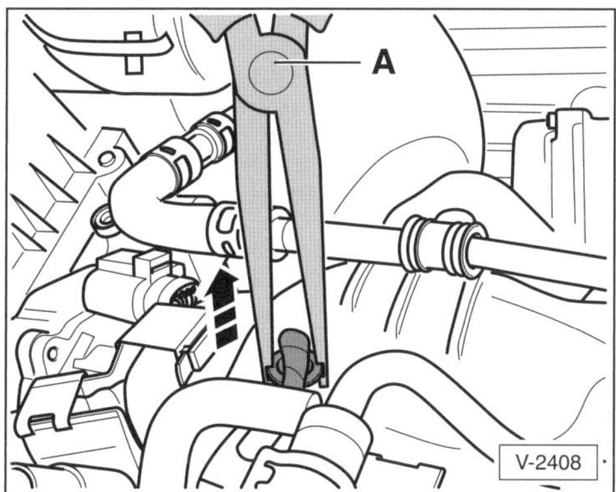

- Glühkerzenstecker mit Zange –A– vorsichtig in Pfeilrichtung abziehen.

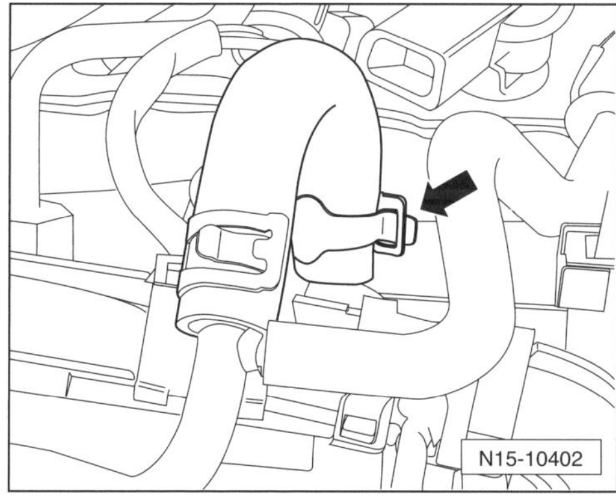

- Befestigungsmutter der Kraftstoffrücklaufleitung auf dem Saugrohr abschrauben. Schelle –Pfeil– öffnen und Rücklaufleitung vom Rail abziehen.

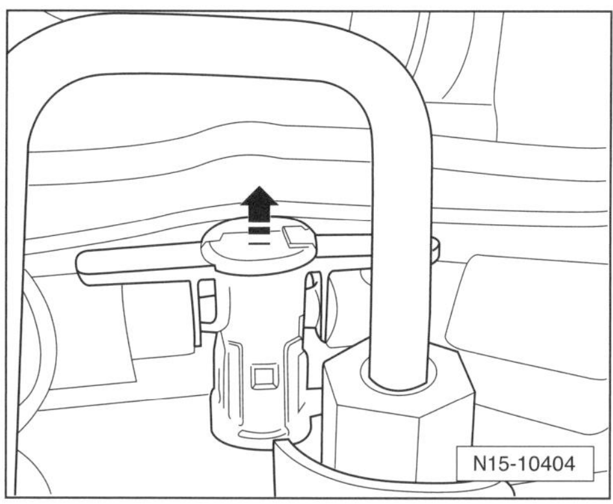

- Anschlüsse der Kraftstoffrücklaufleitung von den Injektoren abziehen. Dazu Anschluss an den Laschen nach unten drücken und das Mittelstück zum Entriegeln in Pfeilrichtung nach oben ziehen.

Achtung: Auf absolute Sauberkeit achten. Rücklaufleitungen und Anschlüsse an den Injektoren mit sauberen Stopfen verschließen. Auf keinen Fall darf Schmutz in die Öffnungen gelangen.

- Komplette Rücklaufleitung abnehmen und vor dem Saugrohr ablegen.
- Kabelkanal abnehmen und zur Seite legen.

Achtung: Beim Herausschrauben der Glühkerzen darf kein Schmutz in den Zylinder fallen. Daher unbedingt Glühkerzenkanal im Zylinderkopf sorgfältig reinigen.

- Dazu zuerst groben Schmutz aus dem Glühkerzenkanal mit einem Staubsauger aussaugen. Dann Bremsenreiniger oder geeigneten Reiniger in den Glühkerzenkanal sprühen und kurze Zeit einwirken lassen. Anschließend Glühkerzenkanal mit Pressluft ausblasen. Danach Glühkerzenkanal mit einem mit Öl benetzten Lappen reinigen.
- Glühkerzen mit Gelenkschlüssel SW-10, zum Beispiel HAZET 2530 oder VW/AUDI-3220, herausschrauben.

Einbau

- Glühkerzen mit Gelenkschlüssel einschrauben und mit **18 Nm** festziehen.
- Glühkerzenstecker an den Glühkerzen aufstecken. Durch leichtes Ziehen an den Kerzensteckern festen Sitz prüfen.
- Der weitere Einbau erfolgt in umgekehrter Ausbaureihenfolge.
- Falls erforderlich, Fehlerspeicher des Motorsteuergerätes löschen.

Diesel-Einspritzsystem

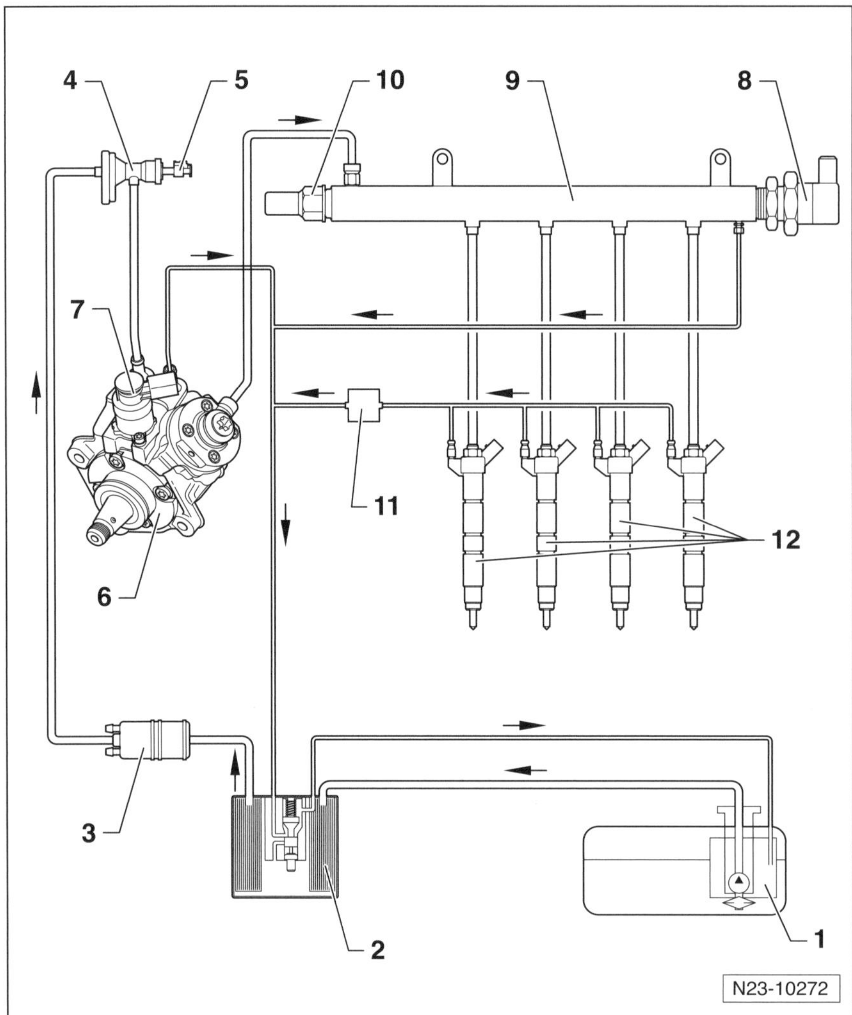

1 – **Kraftstofftank**
Mit elektrischer Kraftstoff-Vorförderpumpe.

2 – **Kraftstofffilter**
Mit Vorwärmmodul.

3 – **Zusatzkraftstoffpumpe**
Befindet sich im Motorraum unterhalb des Kühlmittel-Ausgleichbehälters.

4 – **Filtersieb**

5 – **Kraftstoff-Temperaturgeber**

6 – **Kraftstoff-Hochdruckpumpe**
Nach dem Erneuern muss eine Kraftstoff-Erstbefüllung vorgenommen werden. Durch »Trockenlauf« wird die Pumpe beschädigt.

7 – **Ventil für Kraftstoffdosierung**
Nicht öffnen, nicht ausbauen.

8 – **Regelventil, 80 Nm**
Für Kraftstoffdruck. Nicht wiederverwendbar.
Hinweis: Beim 1,6-l-Dieselmotor nur zusammen mit dem Rail-Element ersetzen.

9 – **Rail-Element**
Hochdruckspeicher, Kraftstoffverteilerrohr.

10 – **Kraftstoff-Druckgeber, 100 Nm**

11 – **Druckhalteventil**
Das Druckhalteventil hat die Aufgabe, in den Kraftstoffrücklaufleitungen immer einen Restdruck (Steuermenge) von ca. 10 bar zu halten. Diese Steuermenge benötigen die Piezo-Injektoren (Einspritzventile) zur einwandfreien Funktion.
Das Druckhalteventil darf nur komplett mit den Krafstoffrücklaufleitungen erneuert werden.
Nach dem Austausch muss der Motor für ca. 2 Minuten im Leerlauf laufen, um das Kraftstoffsystem zu entlüften.

12 – **Piezo-Injektoren**
Einspritzventile.

Kraftstoffanlage

Zur Kraftstoffanlage zählen der Kraftstoffvorratsbehälter (Kraftstofftank), die Kraftstoffpumpe und die Kraftstoffleitungen sowie Kraftstoff- und Luftfilter.

Der Kraftstoffvorratsbehälter des GOLF ist vor der Hinterachse angeordnet und hat einen Inhalt von ca. 55 Litern. Der jeweilige Kraftstoffvorrat wird dem Fahrer im Kombiinstrument angezeigt. Über ein Entlüftungssystem wird der Tank belüftet. Die schädlichen Benzindämpfe der Tankentlüftung werden in einem Aktivkohlespeicher aufgefangen und dem Motor kontrolliert zur Verbrennung zugeführt.

Kraftstoff sparen beim Fahren

Wesentlichen Einfluss auf den Kraftstoffverbrauch hat die Fahrweise des Fahrzeuglenkers. Hier einige Tipps für den intelligenten Umgang mit dem Gaspedal:

- Nach dem Motorstart gleich losfahren, auch bei Frost.
- Motor abschalten bei voraussichtlichen Stopps über 40 Sekunden Dauer.
- Im höchstmöglichen Gang fahren.
- Möglichst gleichmäßige Geschwindigkeiten über längere Strecken fahren, hohe Geschwindigkeiten meiden. Vorausschauend fahren. Nicht unnötig bremsen.
- Keine unnötige Zuladung mitführen, Aufbauten am Fahrzeug, beispielsweise Dachgepäckträger, möglichst abbauen.
- Immer mit richtigem, nie mit zu niedrigem Reifendruck fahren.

Sicherheits- und Sauberkeitsregeln bei Arbeiten an der Kraftstoffversorgung

Bei Arbeiten an der Kraftstoffversorgung sind die folgenden Regeln zur Sicherheit und Sauberkeit sorgfältig zu beachten:

- Bei Arbeiten an der Kraftstoffanlage grundsätzlich die Fahrzeug-Batterie abklemmen. **Achtung:** Hinweise im Kapitel »Batterie aus- und einbauen« beachten.
- Verbindungsstellen und deren Umgebung vor dem Lösen gründlich reinigen.
- Ausgebaute Teile auf einer sauberen Unterlage ablegen und abdecken. Folie oder Papier verwenden. Keine fasernden Lappen benutzen!
- Geöffnete Bauteile sorgfältig abdecken beziehungsweise verschließen, wenn die Reparatur nicht umgehend ausgeführt wird.
- Ersatzteile erst unmittelbar vor dem Einbau aus der Verpackung nehmen. Nur saubere Teile einbauen.

Sicherheitsmaßnahmen bei Arbeiten am Kraftstoffsystem

Das Kraftstoffsystem steht unter Druck! Vor dem Lösen der Schlauchverbindungen den Druck abbauen. Dazu Tankdeckel kurz öffnen und wieder schließen. Einen dicken Putzlappen um die Verbindungsstelle legen. Schutzbrille aufsetzen und dann durch vorsichtiges Lösen der Verbindungsstelle den Druck abbauen. **Achtung:** Beim **Benzin-Direkteinspritz-Motor kann auf diese Weise nur der Druck im Niederdruckteil (bis ca. 4 – 6 bar) abgebaut werden. Zum Druckabbau im Hochdruckteil (bis ca. 120 bar) werden spezielle Werkstattgeräte benötigt.** Der Hochdruckteil reicht von der hinten am Zylinderkopf angeflanschten Hochdruckpumpe bis zu den Einspritzventilen. Beim **Dieselmotor** kann die Temperatur der Kraftstoffleitungen beziehungsweise des Kraftstoffes im Extremfall bis zu +100° C betragen. Vor dem Öffnen von Leitungsverbindungen Kraftstoff abkühlen lassen, da akute Verbrühungsgefahr besteht.

- **Kein offenes Feuer, nicht rauchen, keine glühenden oder sehr heißen Teile in die Nähe des Arbeitsplatzes bringen. Unfallgefahr! Feuerlöscher bereitstellen.**
- **Unbedingt für gute Belüftung des Arbeitsplatzes sorgen. Kraftstoffdämpfe sind giftig.**
- Schutzhandschuhe tragen.
- Schutzbrille tragen.

- Bei geöffneter Kraftstoffanlage möglichst nicht mit Druckluft arbeiten. Das Fahrzeug möglichst nicht bewegen.
- Keine silikonhaltigen Dichtmittel verwenden. Vom Motor angesaugte Spuren von Silikonbestandteilen werden im Motor nicht verbrannt und schädigen die Lambdasonden.
- Kraftstoffschläuche am Motor **nur** mit **Federbandschellen** sichern. **Klemm- oder Schraubschellen sind nicht zulässig.**
- Leitungen aller Art beim Einbau so verlegen, dass die ursprüngliche Leitungsführung wiederhergestellt ist. Auf ausreichenden Freigang zu beweglichen oder heißen Bauteilen achten.
- Darauf achten, dass kein Dieselkraftstoff auf die Kühlmittelschläuche läuft. Gegebenenfalls Schläuche sofort reinigen. Angegriffene Schläuche umgehend ersetzen.

Kraftstoffbehälter/Kraftstoffpumpe/Kraftstofffilter

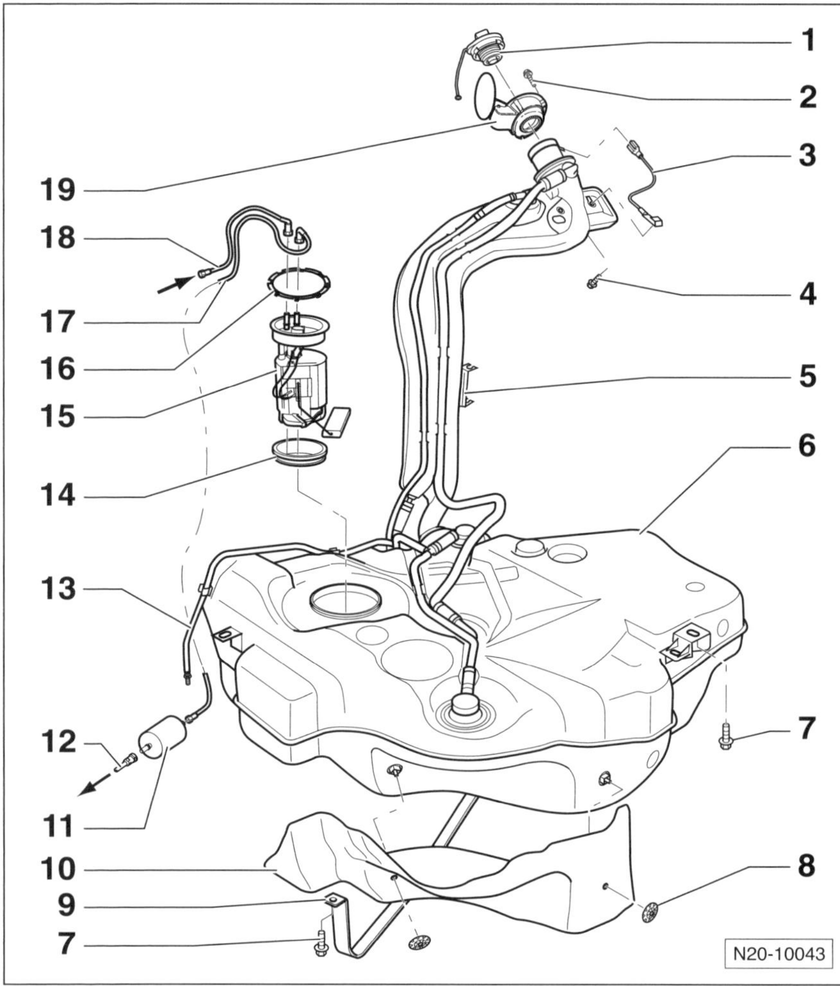

Hinweis: Die Abbildung zeigt den Kraftstoffbehälter (Tank) für den 1,4-/1,6-l-Benzinmotor in Kombination mit dem Frontantrieb.

1 – **Verschlussdeckel**
Dichtung bei Beschädigung ersetzen.

2 – **Schraube, 1,5 Nm**

3 – **Masseverbindung**
Auf festen Sitz prüfen.

4 – **Schraube, 10 Nm**
Motor CGGA: **11 Nm.**

5 – **Leitungsführung**

6 – **Kraftstoffbehälter (Tank)**
Beim Ausbau mit Getriebeheber abfangen. Wurde der Tank ersetzt, Kraftstoffanlage entlüften.

7 – **Schraube, 25 Nm**
Motor CGGA: **20 Nm.**
Es dürfen nur Schrauben mit losen Unterlegscheiben verwendet werden. Dadurch wird ein Verdrehen der Spannbänder beim Festziehen vermieden.

8 – **Klemmscheibe**

9 – **Spannband**
Einbaulage beachten.
Achtung: Nur Schrauben mit losen Unterlegscheiben verwenden.

10 – **Wärmeschutzblech**

11 – **Kraftstofffilter**
Einbaulage: Der Pfeil auf dem Filter zeigt in Durchflussrichtung, also vom Tank zum Motor.
Wurde der Kraftstofffilter ersetzt, Kraftstoffanlage entlüften.

12 – **Vorlaufleitung**
Zum Kraftstoffverteiler im Motorraum. Auf festen Sitz achten.

13 – **Entlüftungsleitung**
Seitlich am Kraftstoffbehälter eingeclipst. Auf festen Sitz achten.

14 – **Dichtring**
Bei Beschädigung ersetzen. Beim Einbau trocken in die Öffnung des Kraftstoffbehälters einsetzen. Nur zur Montage des Flansches mit Kraftstoff benetzen.

15 – **Kraftstoff-Fördereinheit**
Besteht aus Kraftstoffpumpe und Tankgeber. Sieb bei Verschmutzung reinigen. Einbaulage (eingeprägte Pfeile) am Kraftstoffbehälter beachten.

16 – **Überwurfmutter, 110 Nm**

17 – **Vorlaufleitung**
Schwarz. Seitlich am Kraftstoffbehälter eingeclipst. Auf festen Sitz achten.

18 – **Rücklaufleitung**
Blau. Seitlich am Kraftstoffbehälter eingeclipst. Auf festen Sitz achten.

19 – **Tankklappen-Einheit**
Mit Gummitopf.

Kraftstoffpumpe/Tankgeber aus- und einbauen

Die Kraftstoffpumpe befindet sich zusammen mit dem Tankgeber im Kraftstofftank.

Der Tankgeber besteht aus einem Schwimmer und einem Potentiometer. Mit sinkendem Kraftstoffspiegel sinkt auch der Schwimmer des Tankgebers ab. Ein mit dem Schwimmer verbundenes Potentiometer erhöht dabei den elektrischen Widerstand des Gebers. Dadurch sinkt die Spannung am Anzeigeinstrument, und der Zeiger der Kraftstoff-Vorratsanzeige geht in Richtung »leer« zurück.

Hinweis: Bei Fahrzeugen mit **TSI-Benzinmotor** sitzt das Steuergerät für die Kraftstoffpumpe direkt auf der Kraftstoff-Fördereinheit.

Sicherheitshinweis
Beim Ausbau der Kraftstoffpumpe kann etwas Kraftstoff austreten. Kraftstoffdämpfe sind giftig und feuergefährlich, deshalb auf besonders gute Belüftung des Arbeitsplatzes achten. Hautkontakt mit Kraftstoff vermeiden. Kraftstoffbeständige Handschuhe tragen. Kein offenes Feuer, Brandgefahr! Feuerlöscher bereitstellen.

Vor Ausbau von Kraftstoffpumpe und Tankgeber, Tank möglichst leer fahren. Der Tank darf beim Benziner maximal zu ½ voll sein, beim Dieselmotor maximal ¾. Zur Belüftung des Arbeitsplatzes kann auch ein Radiallüfter verwendet werden, **dessen Motor außerhalb des Luftstromes liegt und der über ein Mindest-Fördervolumen von 15 m³/h verfügt.**

Ausbau

- Batterie abklemmen. **Achtung:** Hinweise im Kapitel »Batterie aus- und einbauen« durchlesen.
- Rücksitzbank je nach Ausführung nach vorn klappen oder ausbauen, siehe Seite 256.
- Gegebenenfalls Bodenteppich unter der Rücksitzbank lösen und nach hinten klappen.

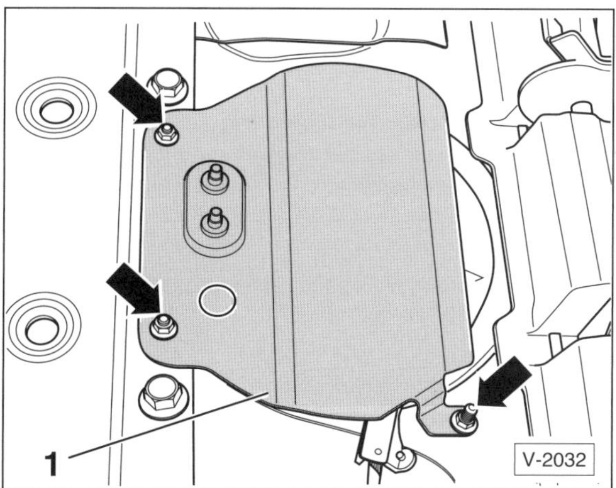

- **2,0-l-Dieselmotor:** Abdeckblech –1– über der Kraftstoff-Fördereinheit abschrauben –Pfeile– und herausnehmen.

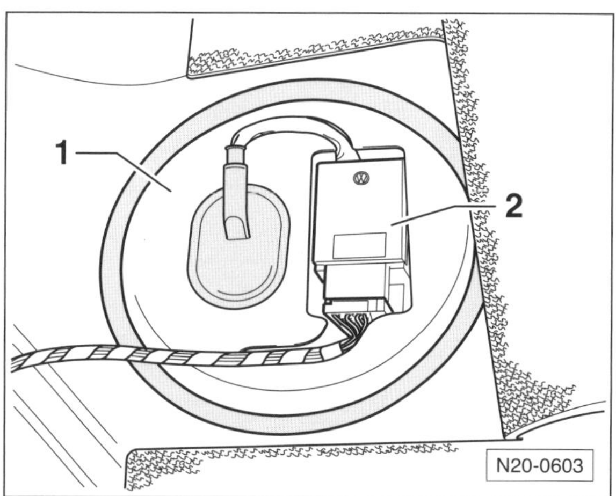

- Abdeckung –1– für Kraftstoff-Fördereinheit ringsum abhebeln und abnehmen.

Hinweis: Beim TSI-Benzinmotor sitzt das Kraftstoffpumpen-Steuergerät –2– auf der Abdeckung. Der Stecker muss nicht abgezogen werden.

- Festen Sitz des Steckers auf der Kraftstoff-Fördereinheit prüfen. Dazu am Stecker ziehen ohne die Verriegelung zu drücken. War der Stecker nicht richtig gesteckt, kann dies einen Fehler verursacht haben.
- Elektrischen Anschlussstecker für Tankgeber und Kraftstoffpumpe vorsichtig von Hand oder mithilfe eines kleinen Schraubendrehers entriegeln und abziehen.
- Kontakte am Stecker und an der Kraftstsoff-Fördereinheit auf Beschädigung sichtprüfen.

Sicherheitshinweis
Die Kraftstoffvorlaufleitung steht unter Druck! Vor dem Lösen der Schlauchverbindungen dicken Putzlappen um die Verbindungsstelle legen. Dann durch vorsichtiges Abziehen des Schlauches den Druck abbauen. **Schutzbrille tragen.**

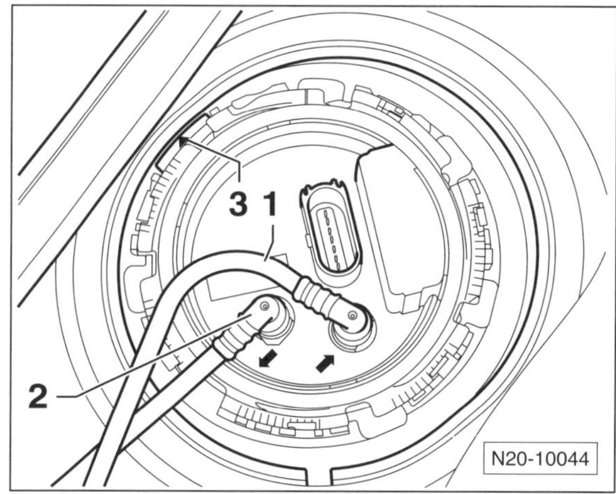

- Kraftstoffleitungen –1/2– vor dem Abziehen mit Filzstift kennzeichnen. 3 – Markierung auf dem Verschlussflansch.

- Vorlaufleitung –2– und Rücklaufleitung –1– abziehen, dabei Sicherungsring an den Schnellkupplungen eindrücken. Leitungen mit geeigneten Stopfen verschließen oder Klebeband um das Ende wickeln.

Hinweis: Bei Fahrzeugen mit Zusatzheizung zusätzlich die Steckverbindung und die Kraftstoffleitung der Dosierpumpe trennen.

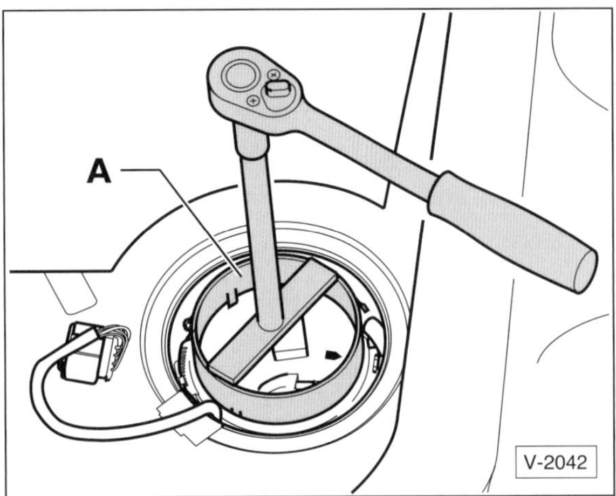

- Überwurfmutter mit VW-Spezialwerkzeug –A– lösen und abschrauben. **Hinweis:** Beim 1,4-l-Benzinmotor CGGA/CAXA wird das Spezialwerkzeug VW-3087 verwendet, bei den übrigen Motoren VW-T10202.
- Kraftstoff-Fördereinheit/Tankgeber und Dichtring vorsichtig aus der Öffnung des Kraftstoffbehälters herausziehen.
- Kraftstoff aus der Fördereinheit in den Tank oder in einen geeigneten Behälter entleeren.
- Dichtring auf Beschädigung oder Porosität prüfen, gegebenenfalls ersetzen.

Einbau

- Dichtring für Verschlussflansch trocken in die Öffnung des Kraftstoffbehälters einsetzen und nur zur Montage der Kraftstoff-Fördereinheit mit Kraftstoff benetzen.
- Kraftstoff-Fördereinheit in den Kraftstoffbehälter einsetzen, dabei darauf achten, dass der Arm des Tankgebers nicht verbogen wird.

Achtung: Einbaulage der Kraftstoff-Fördereinheit beachten. Je nach Modell sind unterschiedliche Markierungen am Flansch der Fördereinheit angebracht.

- **1,4-l-Motor CGGA/CAXA:** Die Markierung –3– (siehe Abbildung N20-10044) auf dem Verschlussflansch muss – in Fahrtrichtung gesehen – nach **hinten** zeigen. Der Flansch kann nur in dieser Stellung eingebaut werden. Gegebenenfalls Fördereinheit vorsichtig drehen.

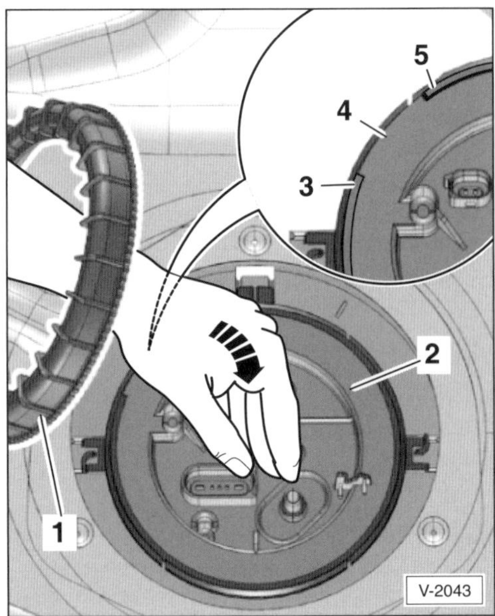

- **Benzinmotor außer CGGA/CAXA, Dieselmotor:** Verschlussflansch –2– in Einbauposition bringen und kräftig gegen die Federkraft nach unten drücken –Pfeil–. Die Lasche –4– am Verschlussflansch muss zwischen den Nasen –3– und –5– am Kraftstoffbehälter liegen. In dieser Position die Überwurfmutter–1– anschrauben..

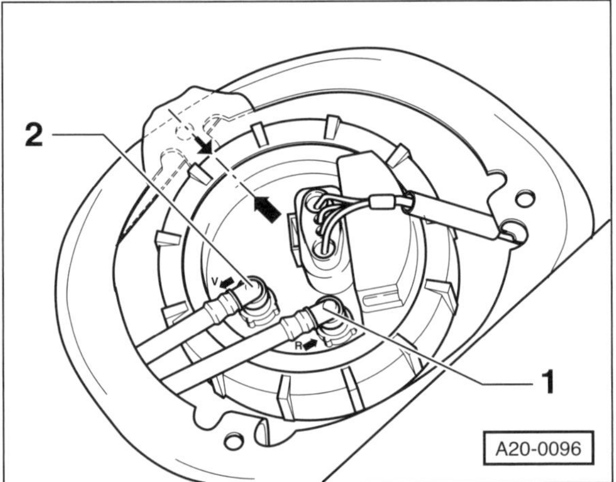

- **2,0-l-Dieselmotor:** Die Markierung auf dem Verschlussflansch –Pfeil– muss der Markierung auf dem Kraftstoffbehälter gegenüberstehen. Gegebenenfalls Fördereinheit vorsichtig drehen. Die Markierung ist teilweise schlecht zu erkennen.
- Überwurfmutter für Verschlussflansch mit Spezialwerkzeug und **110 Nm** festziehen.
- Rücklaufleitung –1– und Vorlaufleitung –2– entsprechend den angebrachten Markierungen aufstecken, dabei rasten die Schnellkupplungen ein. Die Pfeile auf dem Flansch zeigen jeweils in Durchflussrichtung, siehe auch Abbildung N20-10044.

Achtung: Rück- und Vorlaufleitung nicht vertauschen. Die Leitungen sind farblich markiert: Rücklaufleitung – **blau**; Vorlaufleitung – **schwarz**.

- Mehrfachstecker aufschieben und einrasten.
- Prüfen, ob die Kraftstoff- und Entlüftungsleitungen noch am Kraftstoffbehälter angeclipst sind, gegebenfalls anclipsen.
- Abdeckung für Kraftstoff-Fördereinheit einclipsen. Der Pfeil auf der Abdeckung, falls vorhanden, zeigt in Fahrtrichtung.
- Falls vorhanden, Abdeckblech anschrauben.
- Gegebenenfalls Bodenteppich unter Rücksitzbank zurückklappen.
- Rücksitzbank zurückklappen beziehungsweise einbauen, siehe Seite 256.
- Batterie anklemmen. **Achtung:** Hinweise im Kapitel »Batterie aus- und einbauen« durchlesen.

Achtung: Falls der Motor nach dem Wechseln der Kraftstoff-Fördereinheit nicht anspringt, muss das Kraftstoffsystem beim Benzinmotor an der Entlüftungsschraube des Kraftstoffverteilerrohres entlüftet werden.

Tankgeber aus- und einbauen

Ausführung 1

1,4-l-Benzinmotor CGGA/CAXA, 2,0-l-Dieselmotor

Hinweis: Beim 1,6-l-Dieselmotor können beide Ausführungen des Tankgebers eingebaut sein.

Ausbau

- Kraftstoff-Fördereinheit ausbauen, siehe entsprechendes Kapitel.

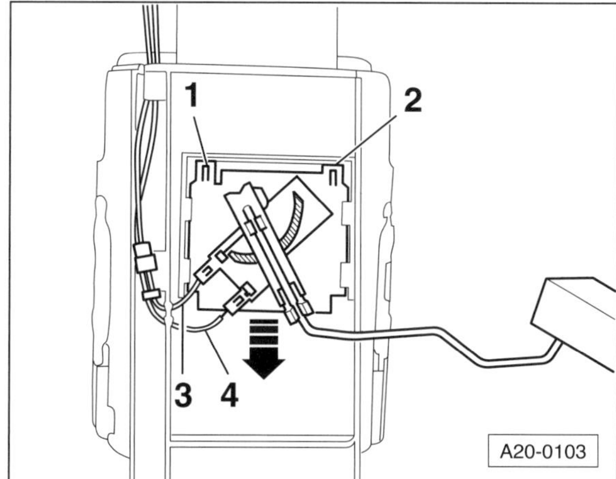

- Steckerzungen der Leitungen –3– und –4– entriegeln und Leitungen abziehen.
- Haltelaschen –1– und –2– mit Schraubendreher anheben und Tankgeber nach unten abziehen –Pfeilrichtung–.

Einbau

- Tankgeber in die Führungen an der Kraftstoff-Fördereinheit einsetzen und bis zum Einrasten nach oben drücken.
- Leitungen aufschieben und einrasten.
- Kraftstoff-Fördereinheit einbauen, siehe entsprechendes Kapitel.

Ausführung 2

Alle außer 1,4-l-Motor CGGA/CAXA, 2,0-l-Dieselmotor

Ausbau

- Kraftstoff-Fördereinheit ausbauen, siehe entsprechendes Kapitel.

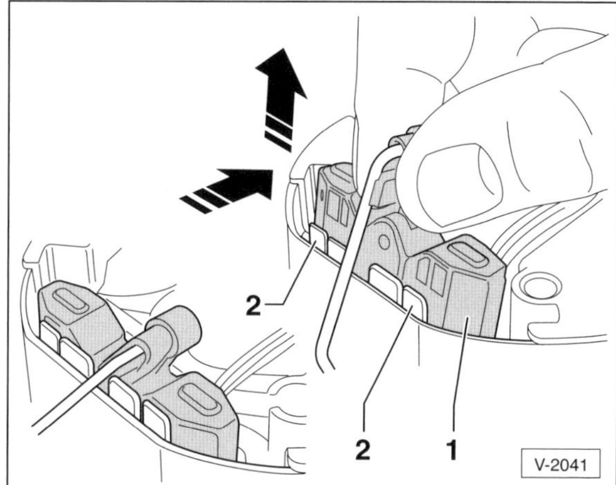

- Tankgeber –1– etwas zur Seite und gleichzeitig nach oben ziehen –Pfeile– und herausnehmen.

Hinweis: Lässt der Geber sich so nicht entriegeln, zusätzlich die Haltelaschen –2– etwas zur Seite drücken.

- Farbzuordnung der Kabel für den Wiedereinbau notieren.
- Stecker der elektrischen Leitungen mit kleinem Schraubendreher entriegeln und abziehen. Danach Rasthaken der Stecker wieder zurückbiegen.

Einbau

- Stecker entsprechend der notierten Farbzuordnung in die Führungen einstecken und einrasten. Anschließend an den Steckern ziehen und dadurch festen Sitz prüfen.
- Tankgeber in die Führung an der Fördereinheit einsetzen, nach unten drücken und spürbar einrasten.
- Kraftstoff-Fördereinheit einbauen, siehe entsprechendes Kapitel.

Kraftstofffilter aus- und einbauen

1,4-/1,6-l-Benzinmotor CGGA/BSE/BSF

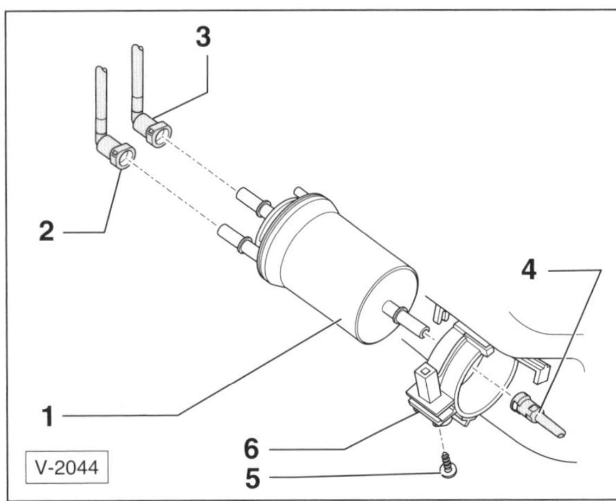

1 – Kraftstofffilter
Mit integriertem Kraftstoff-Druckregler.

2 – Vorlaufleitung
Schwarz. Vom Kraftstofftank.

3 – Rücklaufleitung
Blau. Zum Kraftstofftank.

4 – Vorlaufleitung
Schwarz. Zum Motor.

5 – Schraube, 3 Nm

6 – Halter
Am Kraftstofftank befestigt.

Ausbau

- Sicherheitsmaßnahmen und Sauberkeitsregeln befolgen, siehe entsprechendes Kapitel.

> **Sicherheitshinweis**
> Beim Aufbocken des Fahrzeugs besteht Unfallgefahr! Deshalb vorher das Kapitel »Fahrzeug aufbocken« durchlesen.

- Fahrzeug aufbocken.

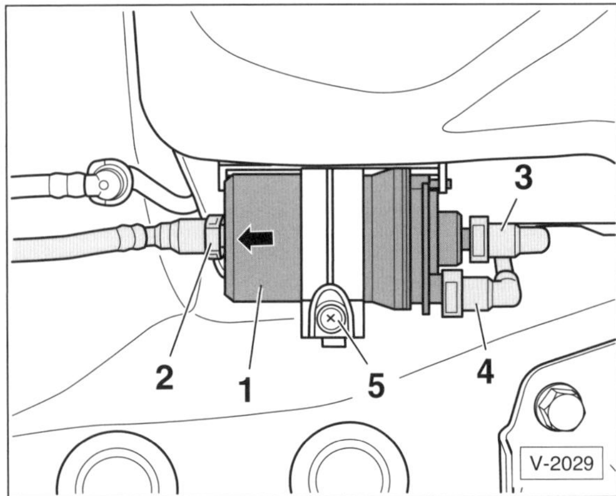

- Auffangbehälter unter den Kraftstofffilter –1– stellen. Der Kraftstofffilter befindet sich am Unterboden neben dem Tank.

> **Sicherheitshinweis**
> **Die Kraftstoffvorlaufleitung steht unter Druck!** Vor dem Lösen der Schlauchverbindungen dicken Putzlappen um die Verbindungsstelle legen. Dann durch vorsichtiges Abziehen des Schlauches den Druck abbauen.
> **Schutzbrille tragen.**

- Kraftstoffleitungen –2–, –3– und –4– abziehen, dazu jeweilige Entriegelungstaste drücken.
- Schraube –5– für Halteschelle lockern, nicht herausdrehen.
- Kraftstofffilter aus dem Filterhalter herausziehen und in den Auffangbehälter entleeren.

Einbau

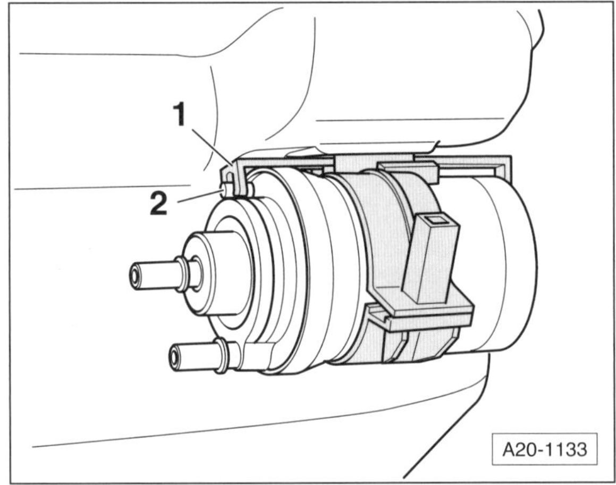

- Kraftstofffilter so in den Halter einsetzen, dass der Pfeil auf dem Filter in Durchflussrichtung zeigt, vom Tank zum Motor. Außerdem muss der Stift –2– am Filtergehäuse in die Aussparung der Führung –1– am Filterhalter eingreifen.
- Halteschelle für Kraftstofffilter mit **3 Nm** anziehen.
- Kraftstoffschläuche aufschieben und einrasten. Dabei schwarze Vorlaufleitung –4– nicht mit blauer Rücklaufleitung –3– verwechseln.
- Fahrzeug ablassen.

Achtung: Falls der Motor nach dem Wechseln des Kraftstofffilters nicht anspringt, muss das Kraftstoffsystem an der Entlüftungsschraube des Kraftstoffverteilerrohres entlüftet werden.

Kraftstofffilter Dieselmotor

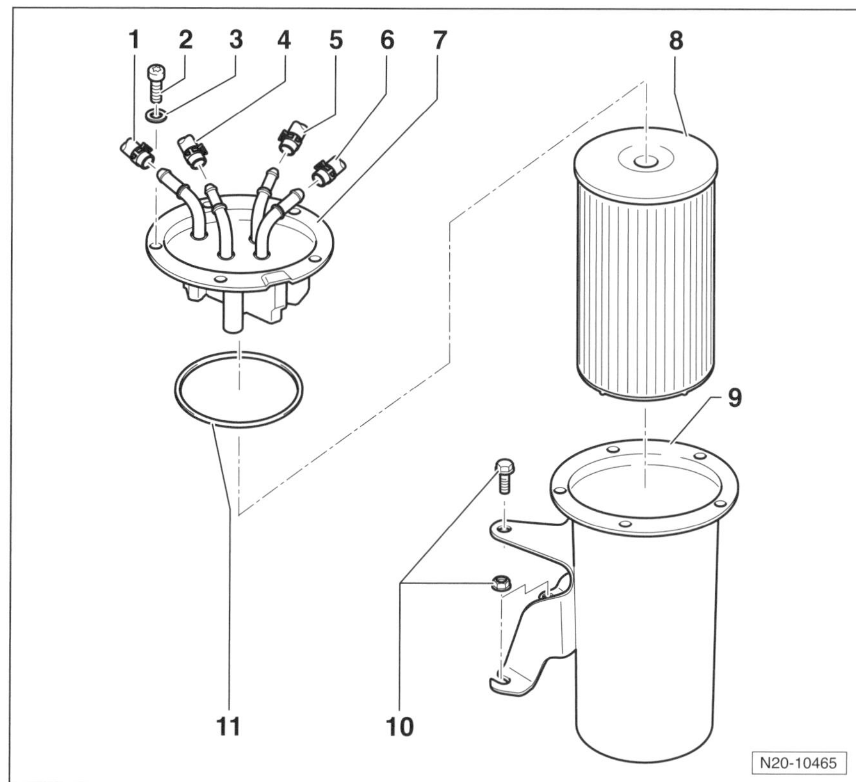

1 – Vorlaufleitung
Weiß beziehungsweise weiße Markierung.
Vom Kraftstofftank.
Auf festen Sitz achten.

2 – Schraube, 5 Nm

3 – Scheibe

4 – Rücklaufleitung
Blau bzw. blaue Markierung.
Zum Kraftstofftank.
Auf festen Sitz achten.

5 – Vorlaufleitung
Weiß bzw. weiße Markierung.
Zur Hochdruckpumpe.
Auf festen Sitz achten.

6 – Rücklaufleitung
Blau bzw. blaue Markierung.
Von der Hochdruckpumpe.
Auf festen Sitz achten.

7 – Kraftstofffilter-Oberteil

8 – Filtereinsatz

9 – Kraftstofffilter-Unterteil

10 – Schraube/Mutter, 10 Nm

11 – Dichtring
Nach jeder Demontage ersetzen.

Luftfilter aus- und einbauen

2,0-l-TSI-Benzinmotor CDLF mit 199 kW

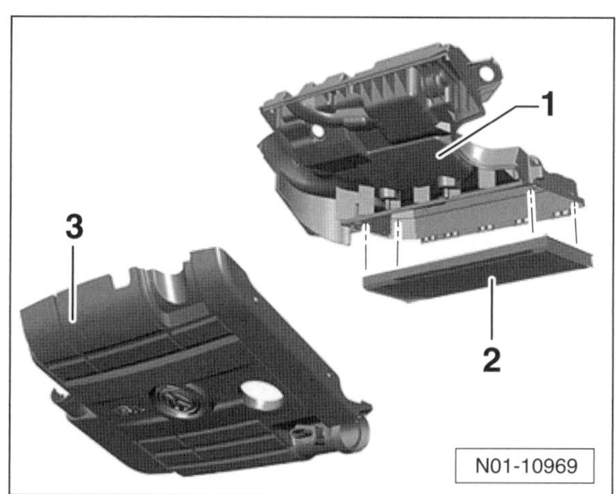

1 – Luftfilter-Unterteil
Mit 8 beziehungsweise 9 Schrauben am Oberteil angeschraubt.

2 – Filtereinsatz

3 – Luftfilter-Oberteil
Auf weicher Unterlage ablegen um Kratzer zu vermeiden.

Einbau

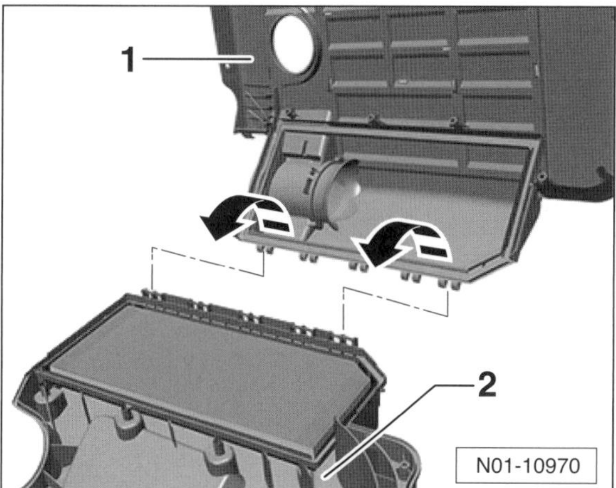

- Luftfilter-Oberteil –1– auf die Haltenasen am Luftfilter-Unterteil –2– einhaken.
- Luftfilter-Oberteil –1– in Pfeilrichtung drehen und andrücken.

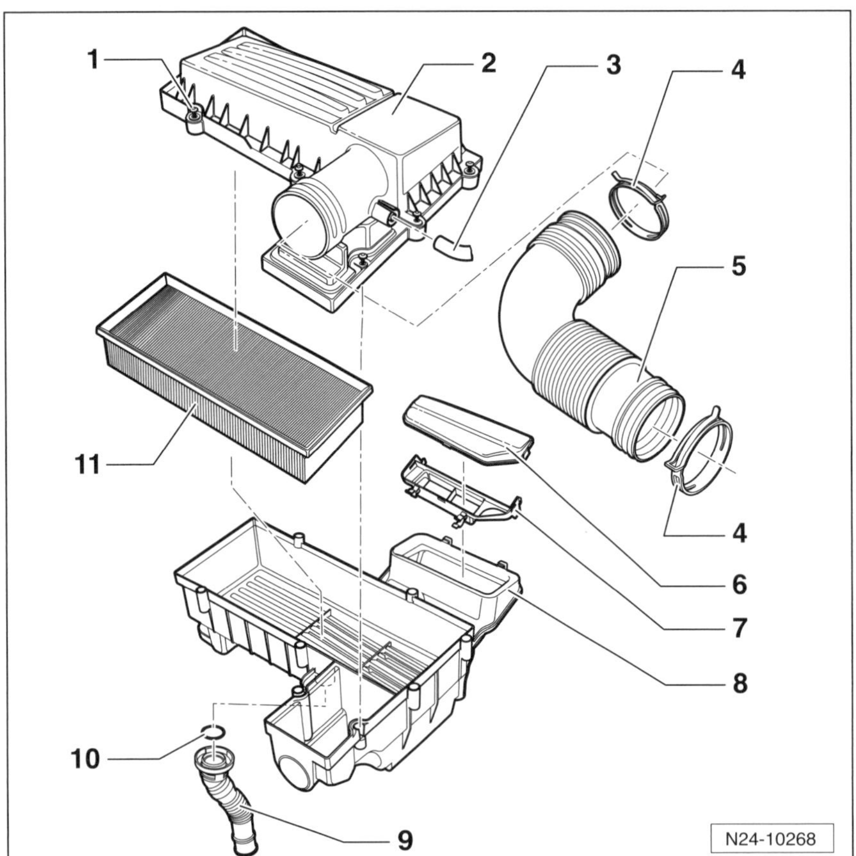

1,4-l-TSI-Benzinmotor CAVD

1 – Schraube, 1,6 Nm

2 – Luftfilter-Oberteil

3 – Unterdruckschlauch
Vom Nockenwellengehäuse.
Bei Beschädigung ersetzen.
Um Beschädigungen zu vermeiden, keine scharfkantigen Werkzeuge zum Abziehen des Schlauches verwenden.

4 – Federbandschelle

5 – Ansaugschlauch

6 – Abdeckung
Verrastungen drücken und nach oben abziehen.

7 – Ansaugluftführung

8 – Luftfilter-Unterteil
Mit unverlierbarer Befestigungsschraube.
Anzugsdrehmoment: **8 Nm**.

9 – Wassserablaufstutzen
Beim Einbau müssen sich die Pfeile auf dem Luftfilter-Unterteil und dem Wasserablaufstutzen gegenüberstehen.

10 – O-Ring
Nach jeder Demontage ersetzen.

11 – Filtereinsatz

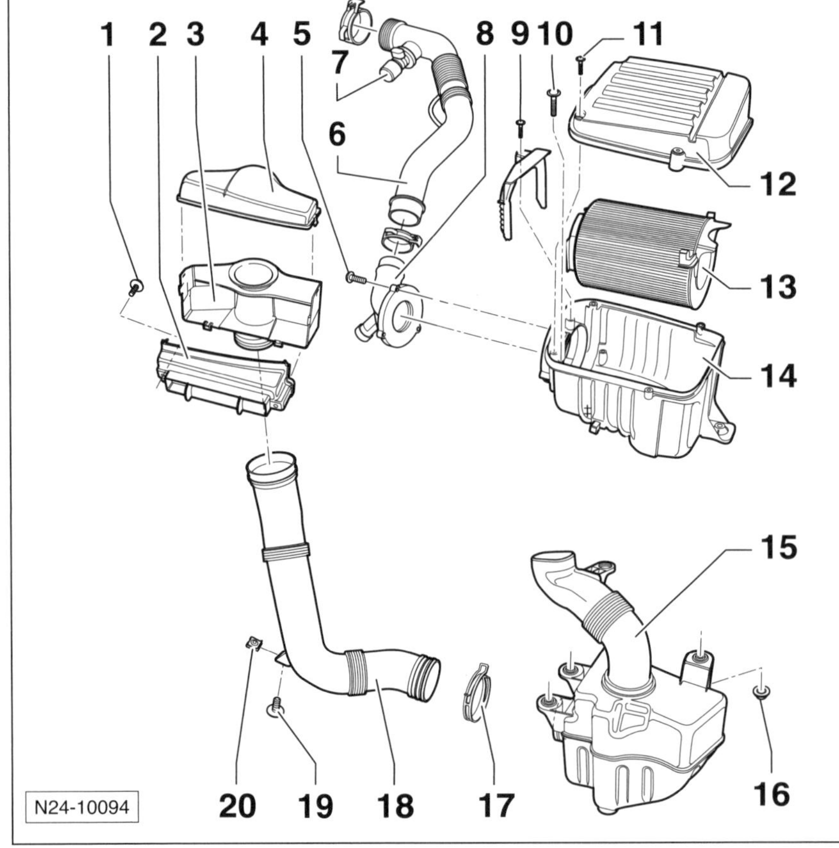

1,6-l-Benzinmotor BSE/BSF

Der Luftfilter beim 1,4-l-TSI-Motor CAXA ist ähnlich aufgebaut.

1 – Schraube, 5 Nm

2 – Luftkanal
Zum Stoßfänger.

3 – Lufttrichter

4 – Schieber

5 – Schraube, 2 Nm

6 – Ansaugschlauch
Mit Kurbelgehäuse-Entlüftungsventil.

7 – Anschluss für Kurbelgehäuseentlüftung
Für kalte Länder mit Heizwiderstand.

8 – Luftführung

9 – Schraube, 2 Nm

10 – Schraube, 8 Nm

11 – Schraube, 3 Nm

12 – Luftfilterdeckel

13 – Filtereinsatz

14 – Luftfiltergehäuse

15 – Vorvolumenbehälter

16 – Mutter, 20 Nm

17 – Federbandschelle

18 – Ansaugluftführung

19 – Schraube, 2 Nm

20 – Schnappmutter

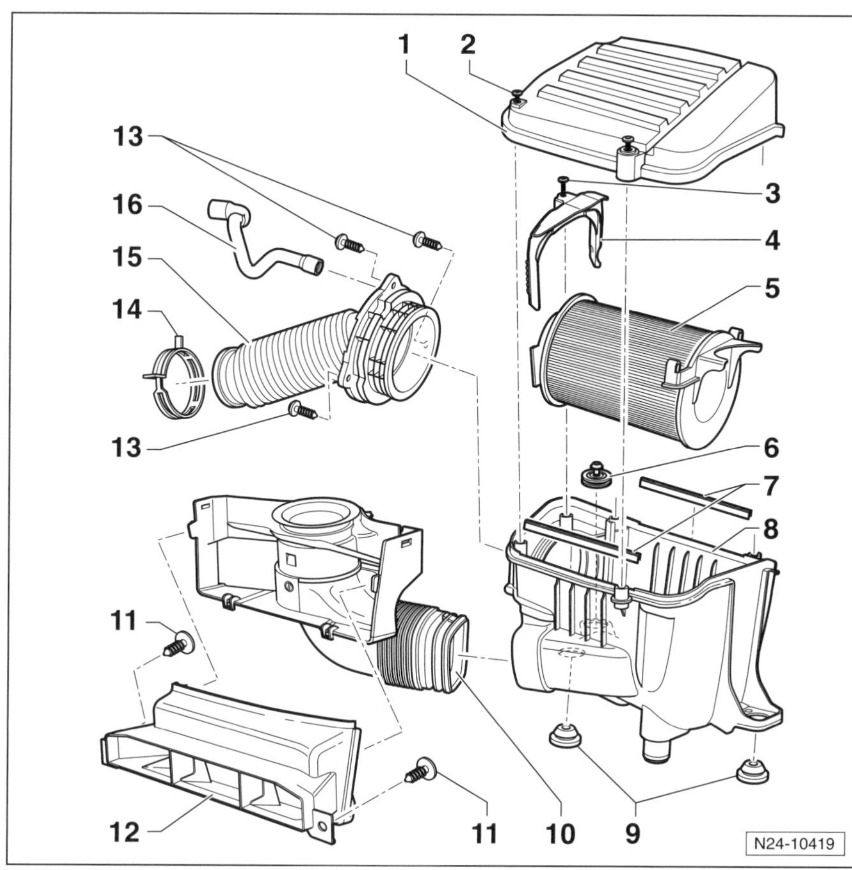

1,2-l-TSI-Benzinmotor

1 – **Luftfilteroberteil**

2 – **Schraube, 1,6 Nm**

3 – **Schraube, 1,6 Nm**

4 – **Halter**

5 – **Filtereinsatz**

6 – **Gummimetalllager, 8 Nm**
Mit unverlierbarer Schraube.

7 – **Dichtleisten**
Bei Beschädigung ersetzen.

8 – **Luftfilterunterteil**

9 – **Gummilager**

10 – **Ansaugstutzen**

11 – **Schraube, 3 Nm**

12 – **Ansaugluftführung**

13 – **Schraube, 1,6 Nm**

14 – **Federbandschelle**

15 – **Ansaugschlauch**

16 – **Unterdruckschlauch**
Zum Zylinderkopfdeckel.
Bei Beschädigung ersetzen.

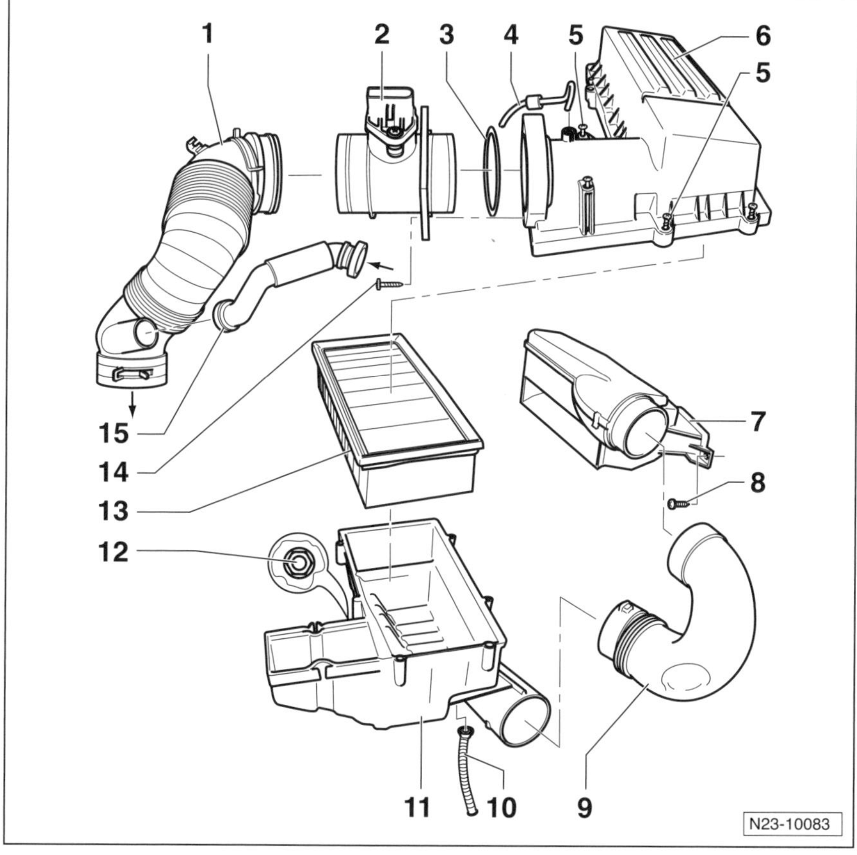

Dieselmotor

1 – **Ansaugschlauch**
Zum Abgasturbolader.

2 – **Luftmassenmesser**

3 – **O-Ring**
Bei Beschädigung ersetzen.

4 – **Unerdruckschlauch**
Zum Magnetventil für Ladedruckbegrenzung.

5 – **Schraube, 2 Nm**

6 – **Luftfilter-Oberteil**

7 – **Ansaugstutzen**
Am Schlossträger angeschraubt.
3 Verrastungen anheben und Deckel nach oben abziehen.

8 – **Schraube, 2 Nm**

9 – **Verbindungsschlauch**
Beim Abziehen die Rastnasen eindrücken.

10 – **Entwässerungsrohr**

11 – **Luftfilter-Unterteil**

12 – **Mutter, 8 Nm**

13 – **Filtereinsatz**

14 – **Schraube, 2 Nm**

15 – **Verbindungsrohr**
Vom Zylinderkopfdeckel.
Für Kurbelgehäuseentlüftung.

Abgasanlage

Aus dem Inhalt:

- Katalysator- und Filtersysteme
- Abgasturbolader
- Abgasanlagen-Übersicht
- Abgasanlage demontieren
- Abgasanlage prüfen
- Lambdasonde

Die Abgasanlage besteht beim 4-Zylinder-Benzinmotor aus Abgaskrümmer, Abgas-Turbolader (nur TSI), vorderem Abgasrohr (je nach Ausführung mit oder ohne Vorschalldämpfer), mittlerem Abgasrohr mit Mittelschalldämpfer, Nachschalldämpfer und Endrohren. Jeweils zwei Lambdasonden, die direkt vor und hinter dem Katalysator eingeschraubt sind, dienen zur Abgasregelung. Die Abgasanlage des Dieselmotors ist zusätzlich mit einem Partikelfilter bestückt, der sich zusammen mit dem Katalysator in einem Gehäuse befindet.

Bei einer Reparatur lassen sich sämtliche Teile der Abgasanlage einzeln auswechseln.

Katalysatorschäden vermeiden

Um Beschädigungen am Katalysator zu vermeiden, sind folgende Hinweise unbedingt zu beachten:

Benzinmotor

- Grundsätzlich nur **bleifreies** Benzin tanken.
- Das Anlassen des Motors durch **Anschieben** oder Anschleppen darf nur in **einem** Versuch über eine Strecke von etwa 50 Metern erfolgen. Besser: Starthilfekabel verwenden. Unverbrannter Kraftstoff könnte bei einer Zündung zur Überhitzung des Katalysators und zu seiner Zerstörung führen. Ist der Motor **betriebswarm**, darf er **nicht** angeschoben oder angeschleppt werden.
- Treten Zündaussetzer auf, hohe Motordrehzahlen vermeiden und Fehler umgehend beheben.
- Nur die vorgeschriebenen Zündkerzen verwenden.
- Keine Funkenprüfung ohne ausreichende Masseverbindung durchführen.
- Es darf kein Zylindervergleich (Balancetest) durch Zündabschaltung eines Zylinders durchgeführt werden. Bei Zündabschaltung der einzelnen Zylinder – auch über Motortester – gelangt unverbrannter Kraftstoff in den Katalysator.

Benzin- und Dieselmotor

- Keinen Unterbodenschutz auf Abgasrohre auftragen.
- Die Hitzeschilde der Abgasanlage nicht verändern.
- Bei Startschwierigkeiten nicht unnötig lange den Anlasser betätigen. Während des Anlassens wird permanent Kraftstoff eingespritzt. Fehlerursache ermitteln und beseitigen.
- Kraftstofftank nie ganz leer fahren.
- Beim Ein- oder Nachfüllen von Motoröl besonders darauf achten, dass auf keinen Fall die Maximum-Markierung am Ölmessstab (obere Markierung) überschritten wird. Das überschüssige Öl gelangt sonst aufgrund unvollständiger Verbrennung in den Katalysator und kann das Edelmetall beschädigen oder den Katalysator vollständig zerstören.

Aufbau des Katalysators

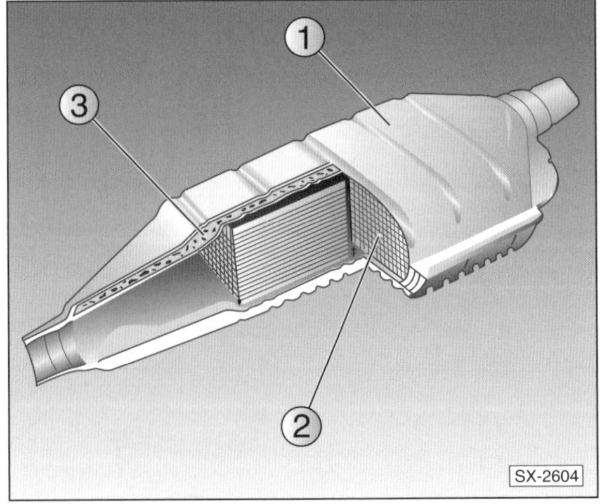

Der Katalysator dient zur Abgasumwandlung. Er besteht aus einem Keramik-Wabenkörper –2–, der mit einer Trägerschicht überzogen ist. Auf der Trägerschicht befinden sich Edelmetallsalze, die den Umwandlungsprozess bewirken. Im Gehäuse –1– wird der Katalysator durch eine Isolations-Stützmatte –3– fixiert, die außerdem Wärmeausdehnungen ausgleicht.

In Verbindung mit der elektronischen Benzin-Einspritzanlage und der oder den Lambdasonde(n) wird die Kraftstoffmenge für die Verbrennung so dosiert, dass der Katalysator die Schadstoffe optimal reduzieren kann.

Der Diesel-Katalysator wandelt die im Abgas befindlichen giftigen Kohlenmonoxide und Kohlenwasserstoffverbindungen in Kohlendioxid (CO_2) und Wasser (H_2O) um. Außerdem vermindert sich der dieseltypische Abgasgeruch.

Der höhere Anteil von Stickoxiden (NOX) im Abgas des Dieselmotors wird durch ein zusätzliches Abgas-Rückführungssystem (ARF) auf geringem Niveau gehalten.

Abgas-Turbolader

Alle Dieselmotoren wie auch die TSI-Benzinmotoren sind mit einem Abgas-Turbolader ausgerüstet.

Beim Turbolader sitzen zwei Turbinenräder auf einer Welle, die in zwei voneinander getrennten Gehäusen untergebracht sind. Für den Antrieb der Turbinenräder sorgen die Abgase. Sie bringen die Laderwelle auf bis zu 300.000 Umdrehungen in der Minute. Und da Abgas- und Frischluftrotor auf gleicher Welle sitzen, wird mit gleicher Drehzahl Frischluft in die Zylinder gedrückt. Zur Schmierung ist der Lader an den Ölkreislauf des Motors angeschlossen, beim Benziner wird er zusätzlich durch das Kühlmittel gekühlt.

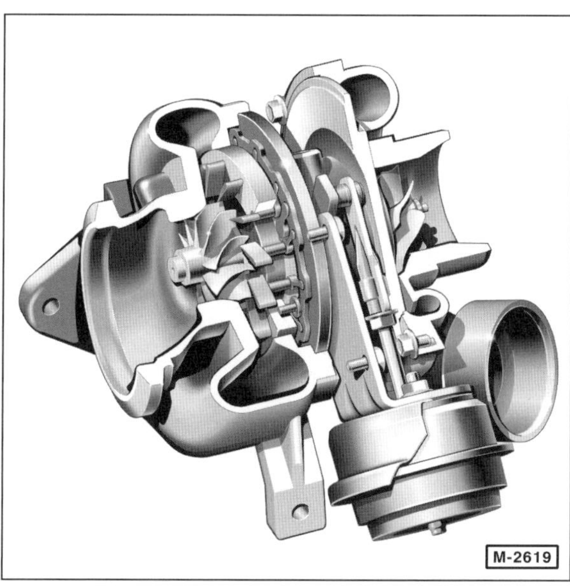

Der VTG-Turbolader (VTG = Variable Turbinen-Geometrie) besitzt verstellbare Leitschaufeln, die vom Motor-Steuergerät über ein Magnetventil und eine Unterdruckdose stufenlos geregelt werden. Dadurch kann bei allen Drehzahlen der optimale Ladedruck erzeugt werden, was zu einem höheren Drehmoment und auch zu mehr Leistung führt.

Zwischen Turbolader und Einlasskanal des Motors befindet sich ein Ladeluftkühler, der die vorverdichtete Luft abkühlt. Das erhöht die Motorleistung, weil kühle Luft durch die höhere Luftdichte einen höheren Sauerstoffanteil besitzt.

Der Lader ist ein äußerst präzise hergestelltes Bauteil. Daher wird er in der Regel bei einem Defekt komplett ausgetauscht.

Diesel-Partikelfilter

Der Diesel-Partikelfilter filtert die bei der Verbrennung im Motor entstehenden Rußpartikel aus dem Abgas heraus. Dabei werden die Rußpartikel zunächst im Wabensystem des Filters gesammelt und anschließend in einem separaten Vorgang rückstandslos verbrannt.

Achtung: Fahrzeuge mit Diesel-Partikelfilter dürfen nicht mit **Bio-Diesel** (RME nach DIN EN 14214) gefahren werden.

Für die GOLF-Motoren wird ein »katalytisches Filtersystem« verwendet, das ohne zusätzliche Kraftstoff-Additive auskommt. Damit der Diesel-Partikelfilter durch die angelagerten Rußpartikel mit der Zeit nicht verstopft und dadurch in seiner Funktion beeinträchtigt wird, muss er regelmäßig regeneriert werden. Dabei wird zwischen passiver und aktiver Regeneration unterschieden.

Passive Regeneration: Die Rußpartikel werden während des normalen Motorbetriebes kontinuierlich verbrannt. Bei Abgastemperaturen von +350° – +500° C, beispielsweise bei Autobahnfahrten, werden die Rußpartikel durch chemische Reaktion mit dem im Abgas enthaltenen Stickstoffoxid (NO_X) zu Kohlendioxid (CO_2) umgewandelt. Dieser Vorgang erfolgt langsam und kontinuierlich und wird über die innere Platin-Beschichtung des Filters in Gang gesetzt.

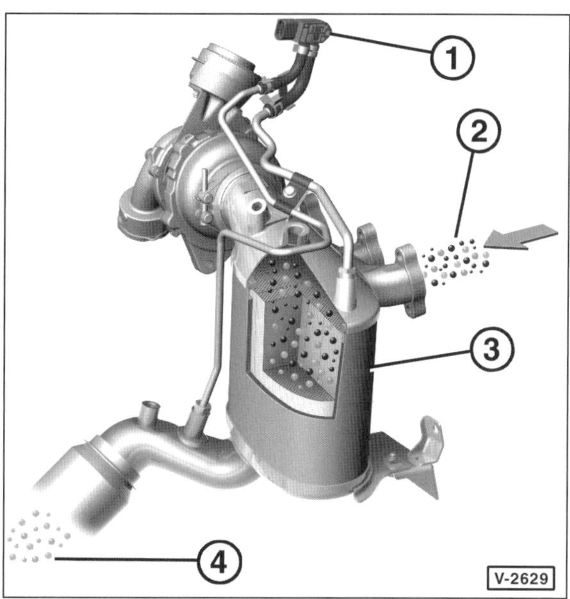

1 – Drucksensor
2 – Abgas mit Rußpartikeln
3 – Diesel-Partikelfilter
4 – Abgas ohne Rußpartikel

Aktive Regeneration: Der Drucksensor –1– vergleicht den Abgasdruck vor und nach dem Partikelfilter –3–. Hoher Druckunterschied deutet darauf hin, dass der Filter zum Verstopfen neigt. In diesem Fall wird die aktive Filter-Regeneration eingeleitet. In der Regel geschieht das dann, wenn die Abgastemperaturen für die passive Regeneration des Filters zu niedrig sind, zum Beispiel bei häufigem Stadtverkehr. Für die aktive Regeneration verändert das Motor-Steuergerät den Einspritzvorgang und erhöht dadurch die Abgastemperatur auf +600° – +650° C. Bei dieser Temperatur werden die Rußpartikel zu Kohlendioxid (CO_2) verbrannt. Der aktive Regenerationsvorgang dauert ca. 10 Minuten und wird vom Fahrer in der Regel nicht bemerkt.

Abgasanlagen-Übersicht

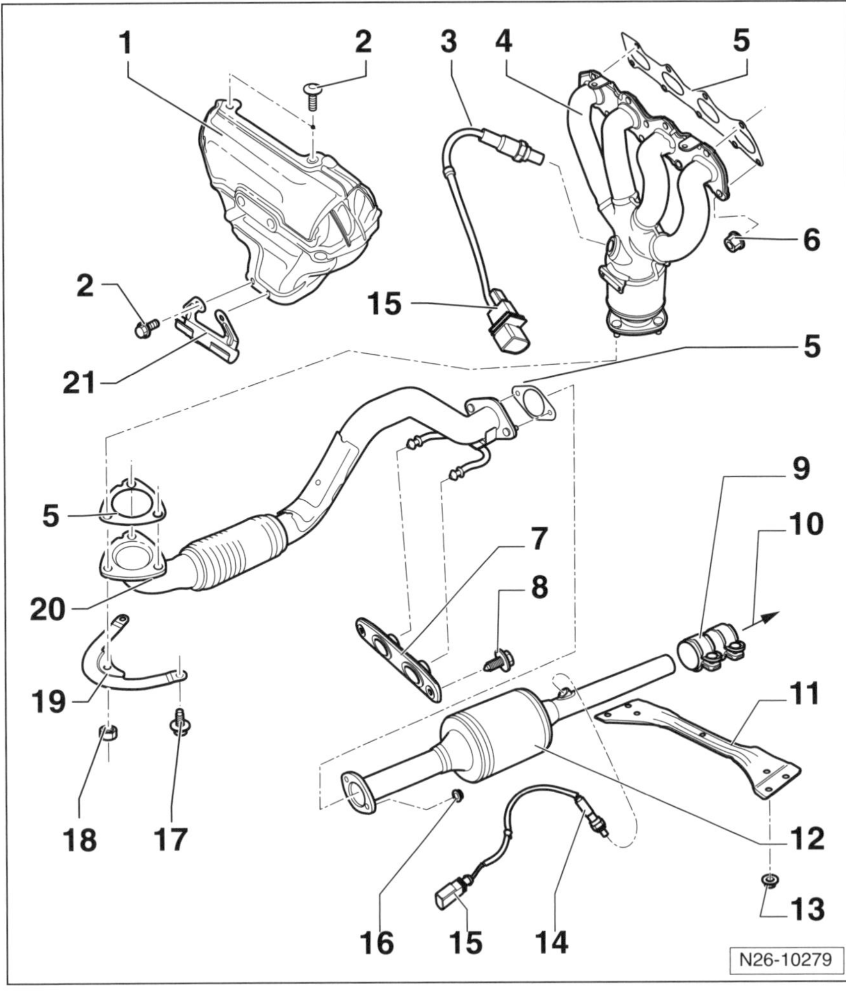

1,4-l-Benzinmotor CGGA

1 – **Warmluftfangblech**

2 – **Schrauben, 10 Nm**

3 – **Lambdasonde 1[2], 55 Nm**
Vor dem Katalysator.

4 – **Abgaskrümmer**
Mit Vorkatalysator.

5 – **Dichtung[1]**

6 – **Mutter[1], 25 Nm**

7 – **Aufhängung**

8 – **Schraube, 25 Nm**

9 – **Klemmhülse vorn, 25 Nm**
Vor dem Anziehen Abgasanlage in kaltem Zustand spannungsfrei ausrichten. Gleichmäßig anziehen.

10 – **Zum Vorschalldämpfer**

11 – **Tunnelbrücke vorn**

12 – **Hauptkatalysator**

13 – **Mutter, 23 Nm**

14 – **Lambdasonde 2[2], 55 Nm**
Nach dem Katalysator.

15 – **Anschlussstecker**
Für Lambdasonde 2.

16 – **Mutter, 25 Nm**

17 – **Schraube, 20 Nm**

18 – **Mutter[1], 40 Nm**

19 – **Halter**

20 – **Abgasrohr vorn**

21 – **Leitungsführung**

[1]) Immer ersetzen.

[2]) Nur Gewinde mit »G052112A3« fetten. Fett darf nicht auf Schlitze kommen.

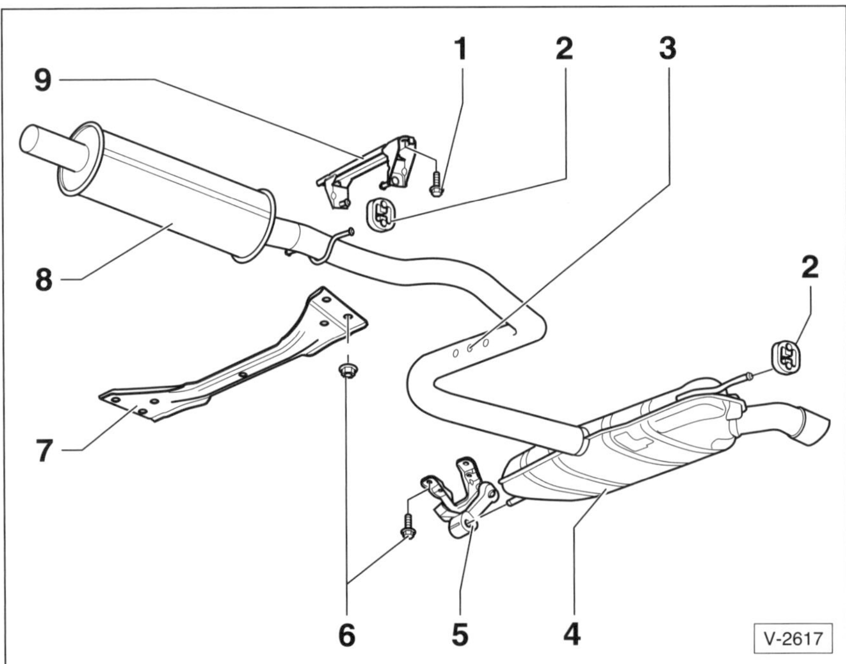

1 – **Schraube, 25 Nm**

2 – **Halteschlaufe**
Bei Beschädigung ersetzen.

3 – **Trennstelle**
Ist durch Eindrückungen auf dem Verbindungsrohr gekennzeichnet.
Hinweis: Serienmäßig werden Vor- und Nachschalldämpfer als ein Teil eingebaut. Die Schalldämpfer können aber einzeln ersetzt werden. In diesem Fall Verbindungsrohr an der Trennstelle mit einer Metallsäge rechtwinklig trennen. Beim Einbau Abgasrohre mit einer Reparatur-Doppelschelle verbinden. Schrauben für Klemmhülse mit **25 Nm** festziehen.

4 – **Nachschalldämpfer**

5 – **Aufhängung**
Bei Beschädigung ersetzen.

6 – **Schraube/Mutter, 23 Nm**

7 – **Tunnelbrücke**

8 – **Vorschalldämpfer**

9 – **Halter**
Einbaulage beachten.

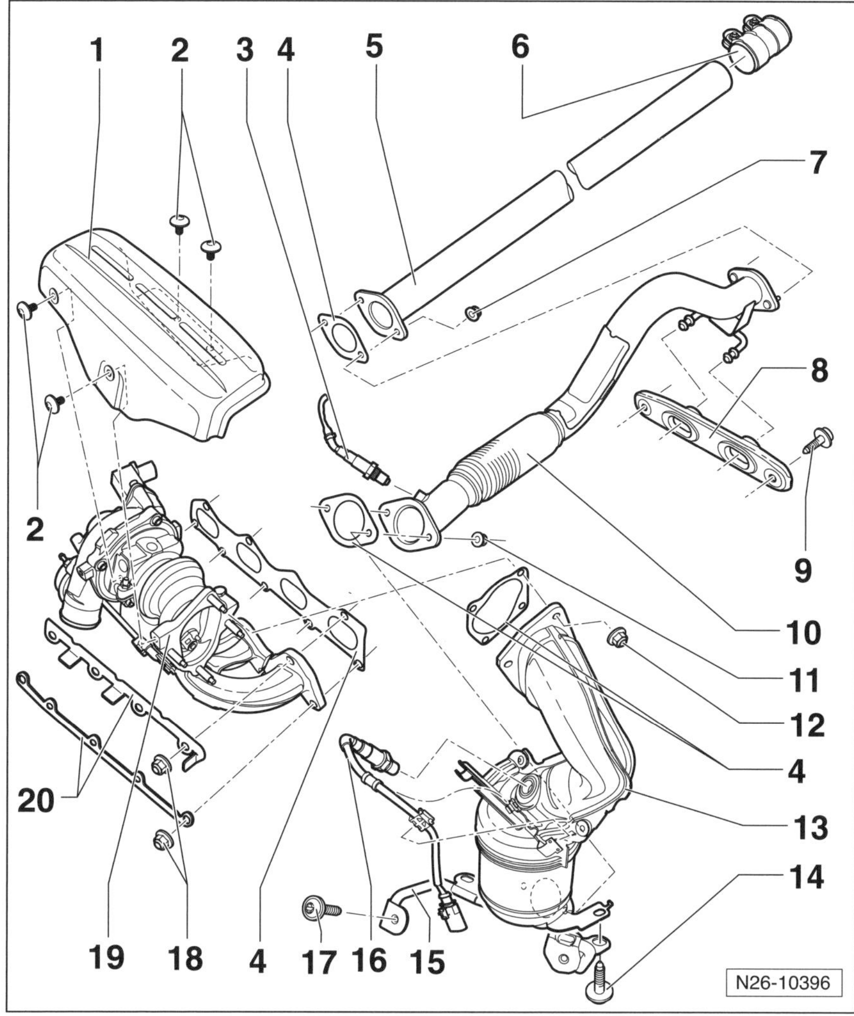

1,4-l-TSI-Benzinmotor

1 – Wärmeschutzblech

2 – Schrauben, 10 Nm

3 – Lambdasonde 2 [2)], 50 Nm
Nach Katalysator.

4 – Dichtung[1)]

5 – Abgasrohr

6 – Doppelschelle, 25 Nm

7 – Mutter[1)], 25 Nm

8 – Aufhängung

9 – Schraube[)], 25 Nm

10 – Abgasrohr vorn
Mit Abkoppelelement. Abkoppelelement nicht mehr als 10° abwinkeln.

11 – Mutter[1)], 25 Nm

12 – Mutter[1)], 23 Nm
Stiftschrauben des Turboladers mit Heißschraubenpaste einstreichen.

13 – Hauptkatalysator mit Abgasrohr

14 – Schraube, 25 Nm

15 – Halter

16 – Lambdasonde 1 [2)], 50 Nm
Vor Katalysator.

17 – Schraube, 10 Nm

18 – Mutter[1)], 12 Nm
Achtung: Unterschiedliche Muttern. Richtige Zuordnung sicherstellen.

19 – Abgasturbolader
Turbolader und Abgaskrümmer können nur zusammen ersetzt werden

20 – Halter
Je nach Baujahr nicht mehr vorhanden.

[1)] Immer ersetzen.

[2)] Nur Gewinde mit »G052112A3« fetten. Fett darf nicht auf Schlitze kommen.

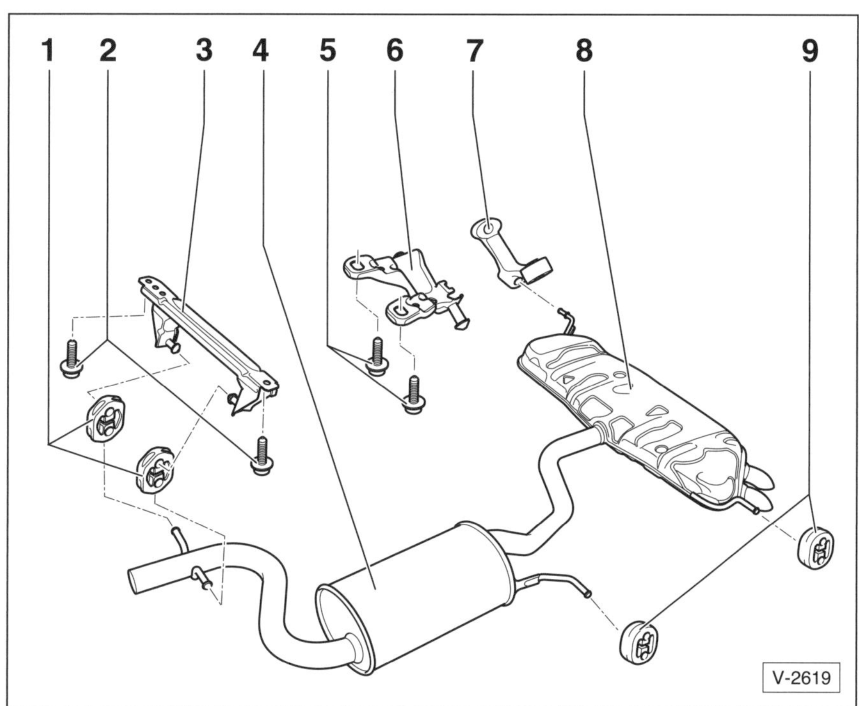

1 – Halteschlaufen
Bei Beschädigung ersetzen.

2 – Schrauben, 25 Nm

3 – Halter
Einbaulage beachten.

4 – Vorschalldämpfer

5 – Schraube, 25 Nm

6 – Halter
Einbaulage beachten.

7 – Aufhängung
Bei Beschädigung ersetzen.

8 – Nachschalldämpfer

9 – Halteschlaufen
Bei Beschädigung ersetzen.

1,6-l-Benzinmotor BSE/BSF

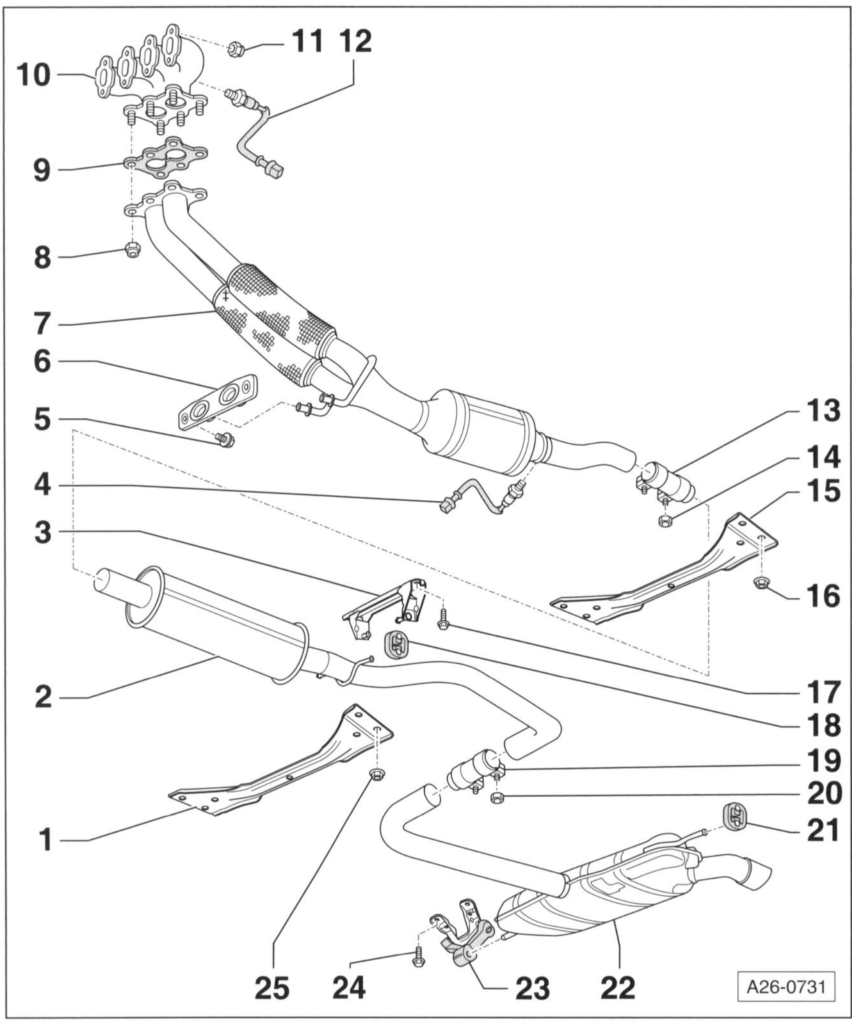

1 – Tunnelbrücke hinten

2 – Mittelschalldämpfer
Bildet in der Erstausrüstung eine Baueinheit mit dem Nachschalldämpfer –22–, kann aber einzeln ersetzt werden.

3 – Aufhängung[2)]

4 – Lambdasonde 2[3)], 55 Nm
Nach Katalysator.

5 – Schraube, 23 Nm

6 – Aufhängung[2)]

7 – Vorderes Abgasrohr
Mit Katalysator und Abkoppelelement. **Achtung:** Abkoppelelement nicht mehr als 10° biegen oder knicken – Beschädigungsgefahr. Vorderes Abgasrohr vor Stoß- und Schlagbeanspruchung schützen.

8 – Mutter[1)], 25 Nm
Stiftschrauben des Abgaskrümmers mit Heißschraubenpaste einstreichen.
Anzugsreihenfolge beachten:

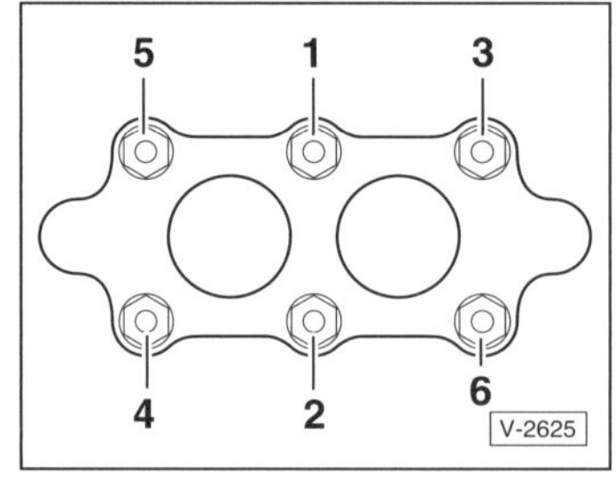

9 – Dichtung[1)]

10 – Abgaskrümmer

11 – Mutter[1)], 25 Nm

12 – Lambdasonde 1[3)], 55 Nm
Vor Katalysator.

13 – Klemmhülse vorn
Vor dem Anziehen Abgasanlage spannungsfrei ausrichten. Verschraubungen gleichmäßig anziehen.
Einbaulage: Das Schraubenende soll nicht über die Unterkante der Klemmhülse hinausragen –Pfeil–, siehe Abbildung A26-0277 auf Seite 231.

14 – Mutter, 25 Nm

15 – Tunnelbrücke vorn

16 – Mutter, 23 Nm

17 – Schraube, 23 Nm

18 – Halteschlaufe[2)]

19 – Klemmhülse hinten
Wird benötigt, wenn der Mittel- und/oder Nachschalldämpfer einzeln ersetzt wird.
Einbaulage: Das Schraubenende soll nicht über die Unterkante der Klemmhülse hinausragen, siehe Abbildung A26-0277 auf Seite 231.

20 – Mutter, 25 Nm

21 – Halteschlaufe[2)]

22 – Nachschalldämpfer
Bildet in der Erstausrüstung eine Baueinheit mit dem Mittelschalldämpfer –2–, kann aber einzeln ersetzt werden.

23 – Aufhängung[2)]

24 – Schraube, 23 Nm

25 – Mutter, 23 Nm

---

1) Immer ersetzen.

2) Bei Beschädigung ersetzen.

3) Gewinde mit Heißschraubenpaste fetten. Fett darf nicht auf die Schlitze kommen.

Abgasanlage ausrichten:

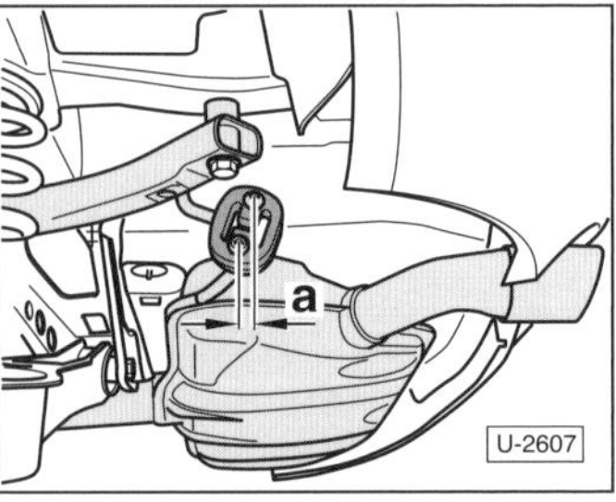

◆ Abgasanlage so weit nach vorn schieben, bis die Vorspannung an der Halteschlaufe am Nachschalldämpfer den Wert a ≈ 5 bis 11 mm aufweist.

2,0-l-Benzinmotor CCZB

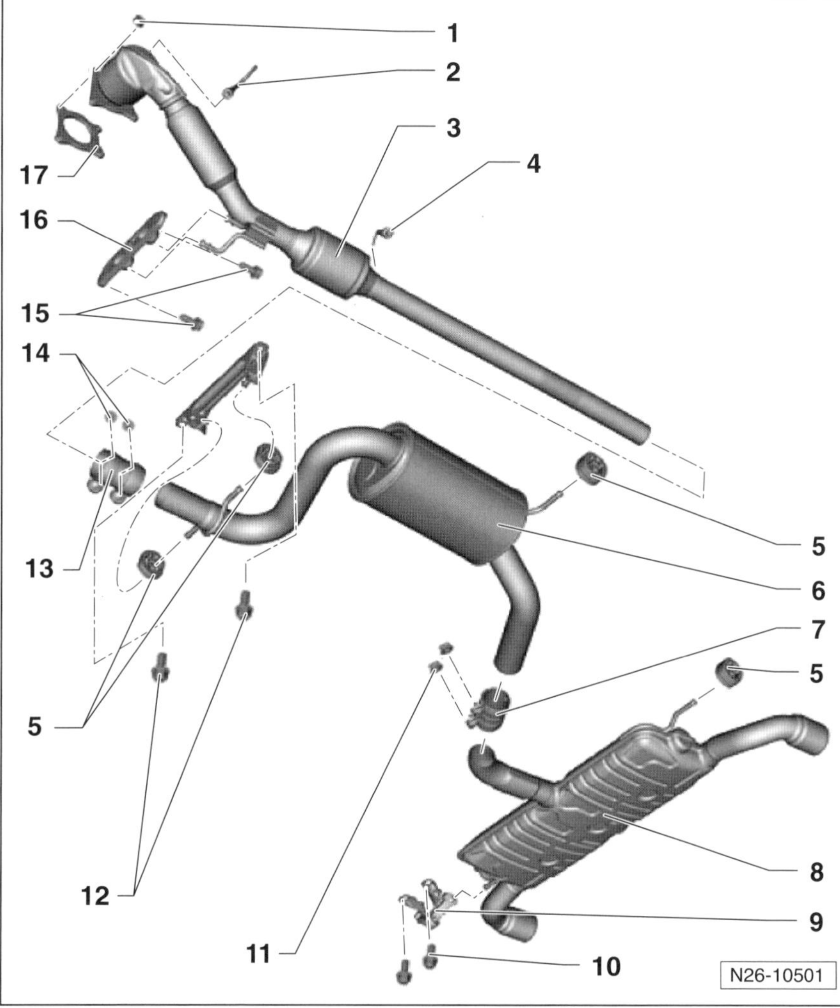

1 – **Mutter** [1]**, 40 Nm**
Auf Stiftschrauben[3] des Abgaskrümmers aufschrauben.

2 – **Lambdasonde**[3] **1, 55 Nm**
Vor dem Katalysator.

3 – **Vorderes Abgasrohr**
Mit Katalysatoren und Abkoppelelement. **Achtung:** Abkoppelelement nicht mehr als 10° biegen oder knicken oder auf Zug beanspruchen – Beschädigungsgefahr. Vorderes Abgasrohr vor Stoß- und Schlagbeanspruchung schützen.

4 – **Lambdasonde**[3] **2, 55 Nm**
Nach dem Katalysator.

5 – **Halteschlaufe**[2]

6 – **Mittelschalldämpfer**
Bildet in der Erstausrüstung eine Baueinheit mit dem Nachschalldämpfer –8–, kann aber einzeln ersetzt werden.

7 – **Klemmhülse hinten**
Wird benötigt, wenn der Mittel- und/oder Nachschalldämpfer einzeln ersetzt wird.
Einbaulage: Das Schraubenende soll nicht über die Unterkante der Klemmhülse hinausragen, siehe Abbildung A26-0277 auf Seite 231.

8 – **Nachschalldämpfer**
Bildet in der Erstausrüstung eine Baueinheit mit dem Mittelschalldämpfer –2–, kann aber einzeln ersetzt werden.

9 – **Aufhängung**[2]

10 – **Schrauben, 25 Nm**

11 – **Muttern, 25 Nm**

12 – **Schrauben, 25 Nm**

13 – **Klemmhülse vorn**
Vor dem Anziehen Abgasanlage spannungsfrei ausrichten. Verschraubungen gleichmäßig anziehen.
Einbaulage: Das Schraubenende soll nicht über die Unterkante der Klemmhülse hinausragen –Pfeil–, siehe Abbildung A26-0277 auf Seite 231.

14 – **Muttern, 25 Nm**

15 – **Schrauben, 25 Nm**

16 – **Aufhängung**[2]

17 – **Dichtung**[1]

---

[1]) Immer ersetzen.

[2]) Bei Beschädigung ersetzen.

[3]) Gewinde mit Heißschraubenpaste fetten. Fett darf nicht auf die Schlitze kommen (Lambdasonde, nur Wiedereinbau).

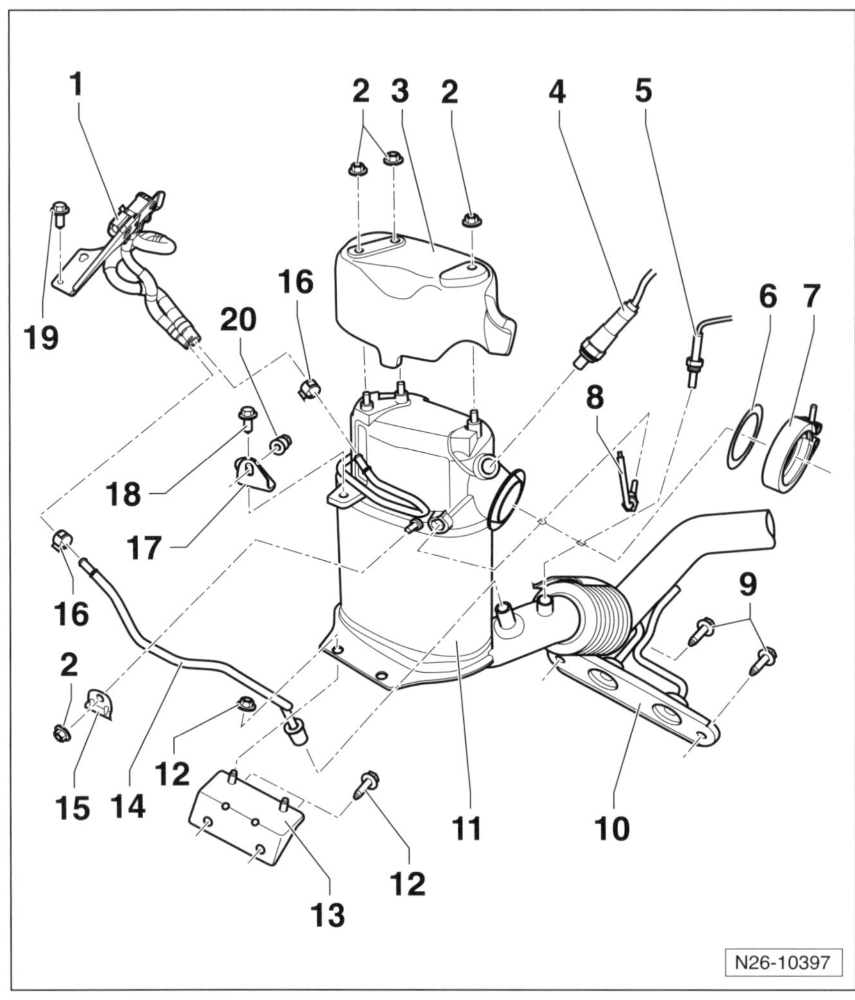

2,0-l-Dieselmotor

1 – **Abgas-Drucksensor 1**

2 – **Muttern, 10 Nm**

3 – **Abschirmblech**

4 – **Lambdasonde [3], 50 Nm**

5 – **Abgas-Temperaturgeber 4[3], 45 Nm**

6 – **Dichtung [1]**
Einbaulage beachten.

7 – **Schelle, 7 Nm**

8 – **Abgas-Temperaturgeber 3[3], 45 Nm**

9 – **Schrauben, 25 Nm**

10 – **Aufhängung [2]**

11 – **Partikelfilter**
Mit Katalysator und vorderem Abgasrohr.
Nach dem Ersetzen mit dem VW-Diagnosegerät anpassen.

12 – **Mutter, 25 Nm**

13 – **Halter**
Am Motorblock angeschraubt.

14 – **Steuerleitung, 45 Nm**

15 – **Halter**
Am Partikelfilter angeschraubt.

16 – **Klemmschelle [1]**

17 – **Halter**
Am Zylinderkopf angeschraubt.

18 – **Schraube, 25 Nm**

19 – **Schraube, 8 Nm**

20 – **Mutter, 25 Nm**

[1]) Immer ersetzen.

[2]) Bei Beschädigung ersetzen.

[3]) Gewinde mit Heißschraubenpaste fetten. Fett darf nicht auf die Schlitze (Lambdasonde) kommen.

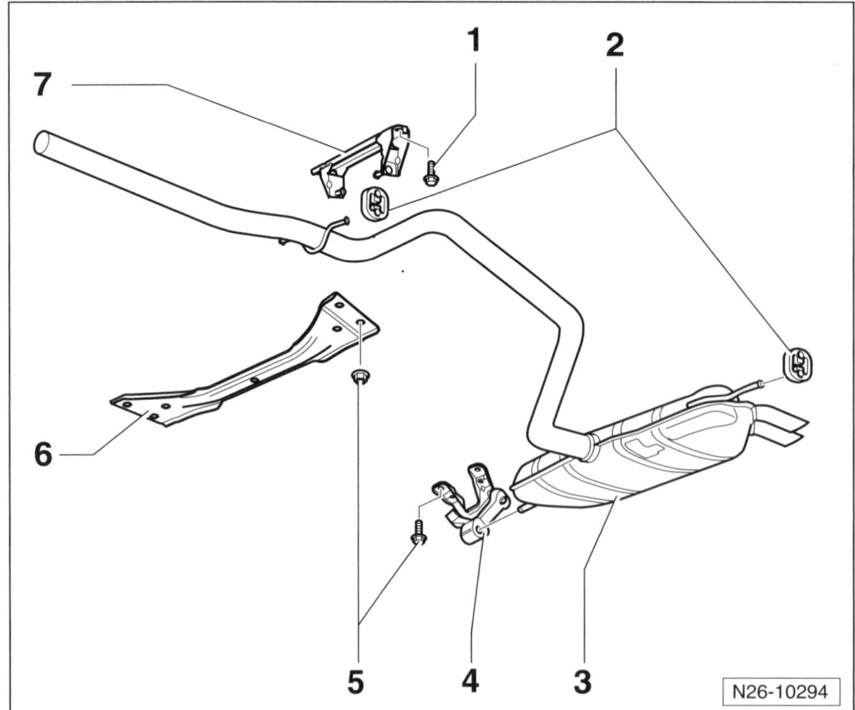

1 – **Schraube [1], 25 Nm**

2 – **Haltering [2]**

3 – **Nachschalldämpfer**

4 – **Aufhängung [2]**

5 – **Mutter, 25 Nm**

6 – **Tunnelbrücke**

[1]) Immer ersetzen.

[2]) Bei Beschädigung ersetzen.

Hinweis: Hinteres und vorderes Abgasrohr sind mit einer Doppelschelle –nicht abgebildet– verbunden. Anzugsdrehmoment: **25 Nm.**

Abgasanlage aus- und einbauen

Benzinmotor

Die Teile der Abgasanlage können auch einzeln ausgebaut werden. Falls der Vor- oder Nachschalldämpfer bei der serienmäßigen Anlage ersetzt werden soll, muss das Verbindungsrohr an der markierten Stelle durchgesägt werden, siehe auch Kapitel »Vorschalldämpfer/Nachschalldämpfer ersetzen«.

Ausbau

> **Sicherheitshinweis**
> Beim Aufbocken des Fahrzeugs besteht Unfallgefahr! Deshalb das Kapitel »Fahrzeug aufbocken« durchlesen.

- Fahrzeug aufbocken.
- Untere Motorraumabdeckung ausbauen, siehe Seite 260.
- **1,6-l-Motor BSE/BSF:** 3 Schrauben für rechte Unterbodenabdeckung herausdrehen. Abdeckung abnehmen.
- Sämtliche Schrauben und Muttern der Abgasanlage mit Rost lösendem Mittel einsprühen. Rostlöser einige Zeit einwirken lassen.
- Steckverbindung(en) für Lambdasonde(n) trennen. Stecker aus den Halterungen herausziehen.
- Wo vorhanden, Tunnelbrücke (Querträger) abschrauben.
- Vorderen Halter der Abgasanlage abschrauben.
- **1,6-l-Motor BSE/BSF:** Wärmeschutzblech für rechte Gelenkwelle abschrauben.
- Je nach Motor vorderes Abgasrohr am Katalysator, Abgaskrümmer oder Turbolader von unten abschrauben.
- Abgasanlage abstützen oder mit Draht am Unterboden aufhängen, damit sie nicht nach unten fällt.

Achtung: Das flexible Abkoppelelement im vorderen Abgasrohr darf nicht über ca. 10° abgewinkelt werden, sonst wird es beschädigt.

- Sämtliche Halterungen abschrauben und Abgasanlage aus den Halteschlaufen aushängen.
- Abgasanlage mit Helfer abnehmen.

Hinweis: Die Teile der Abgasanlage können auch einzeln ausgebaut werden. Falls sich Verbindungsstücke oder Schrauben nicht lösen lassen, Abgasrohr an der Verbindungsstelle mit Schweißbrenner erhitzen. Aluminiumplatte zwischenlegen! **Achtung:** Brandgefahr!

Einbau

Achtung: Dichtungen, Muttern und Schrauben grundsätzlich erneuern. Um die Muttern und Schrauben der Abgasanlage später leichter lösen zu können, empfiehlt es sich, diese mit einer Hochtemperaturpaste (Kupferpaste), zum Beispiel Liqui Moly-3080, einzustreichen. Gummi-Halteschlaufen auf Beschädigungen sichtprüfen, gegebenenfalls erneuern.

- Werden Abgasrohre nicht erneuert, Dicht- und Klemmflächen vor dem Zusammenfügen mit Schmirgelleinen von Ruß und Dichtungsresten reinigen.
- Abgasanlage zusammensetzen, Verbindungsschellen handfest anziehen.
- **Ausrichtung der Verbindungsschellen:** Verschraubungen zeigen nach hinten oder, in Fahrtrichtung gesehen, nach rechts.
- Abgasanlage mit Helfer einsetzen und abstützen.
- Abgasanlage in die Halteschlaufen einhängen.
- Sämtliche Halterungen der Abgasanlage anschrauben.
- Vorderes Abgasrohr mit **neuer** Dichtung am Katalysator, Abgaskrümmer oder Turbolader handfest anschrauben. **1,6-l-Motor BSE/BSF:** Hinweise am Ende des Kapitels beachten.
- **1,6-l-Motor BSE/BSF:** Wärmeschutzblech für Gelenkwelle mit **35 Nm** am Motorblock anschrauben.
- Vorderen Halter der Abgasanlage mit **25 Nm** anschrauben.
- Falls ausgebaut, Tunnelbrücke mit **23 Nm** anschrauben.

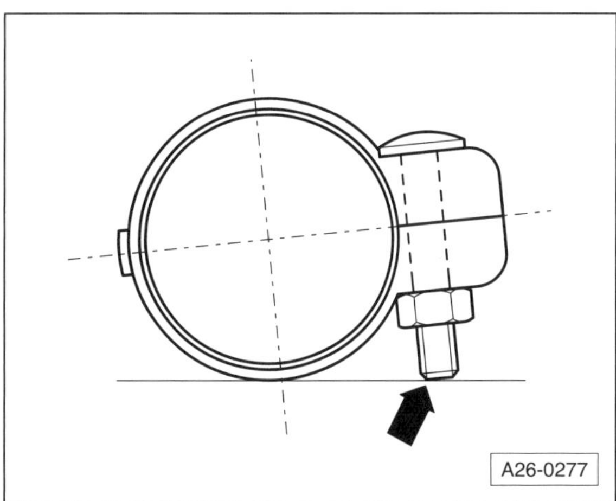

- Schrauben der Verbindungsschelle(n) lockern und Schelle(n), wie in der Abbildung gezeigt, ausrichten. Dabei darf das Schraubenende nicht über die Unterkante der Schelle hinausragen –Pfeil–.

- Abgasanlage so ausrichten, dass sie spannungsfrei in den Aufhängungen sitzt. Dabei auf ausreichenden Abstand von mindestens 25 mm zum Aufbau achten. Gegebenenfalls Anlage verdrehen oder in Längsrichtung verschieben. Die Halterungen müssen gleichmäßig belastet werden. Darauf achten, dass die Rohre weit genug in die Schellen geschoben werden. Dafür sind als Markierungen in den Rohren Eindrückungen angebracht. **Achtung:** Ausrichthinweise für einzelne Motoren stehen am Ende des Kapitels.
- Schrauben und Muttern festziehen. Die **Anzugsdrehmomente** stehen in den Legenden zu den Übersichtsabbildungen. An den Klemmschellen die M8-Schrauben mit **25 Nm** festziehen.
- Stecker für Lambdasonde(n) in die Halterung(en) setzen und verbinden.
- **1,6-l-Benzinmotor BSE/BSF:** Rechte Unterbodenabdeckung ansetzen und festschrauben.
- Untere Motorraumabdeckung einbauen, siehe Seite 260.
- Fahrzeug ablassen.
- Abgasanlage auf Dichtheit prüfen, siehe entsprechendes Kapitel.

Speziell 1,4-l-TSI-Benzinmotor

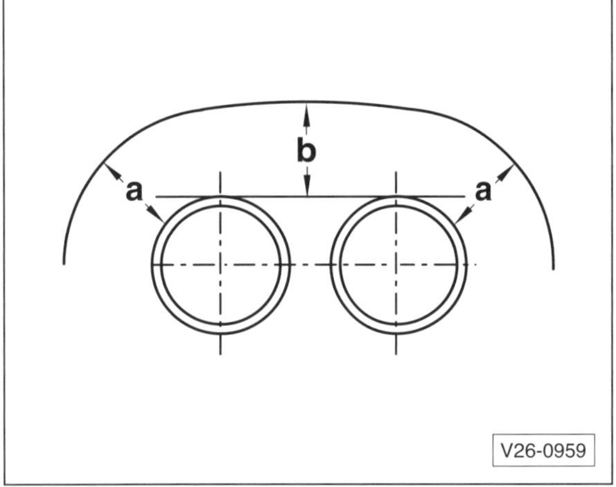

- Abgasanlage so ausrichten, dass der Abstand –a– rechts und links gleich groß ist und der Abstand –b– vom Stoßfängerausschnitt zu den Endrohren parallel verlaufen.

Speziell 1,6-l-Benzinmotor BSE/BSF

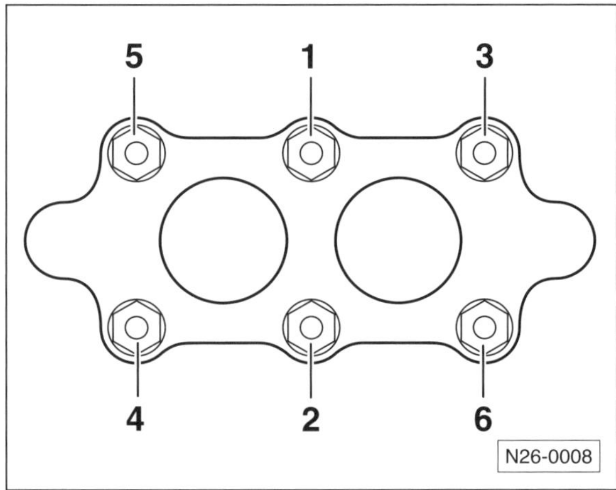

- Abgasvorrohr in der Reihenfolge, wie in der Abbildung gezeigt, mit **neuen**, selbstsichernden Muttern und **25 Nm** anschrauben.

Speziell 1,6-l-Benzinmotor /BSE/BSF 1,8-/2,0-l-TSI-Benzinmotor

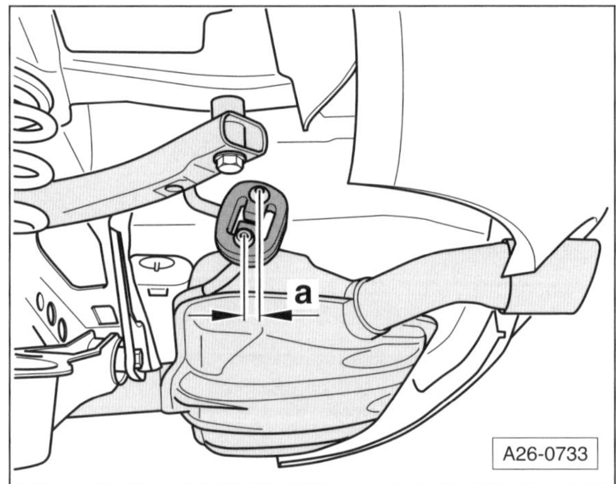

- Abgasanlage beim Ausrichten so weit nach vorn schieben, bis die Vorspannung –a– an der Halteschlaufe am Nachschalldämpfer erreicht ist.

  Sollwerte:

  1,6-l-Benzinmotor BSE/BSF: . . . . . . a ≈ 5 bis 11 mm
  1,8-/2,0-l-Benzinmotor
  CDAA/CCZB/CDLF: . . . . a ≈ 15 bis 17 mm

Speziell 1,8-/2,0-l-Benzinmotor

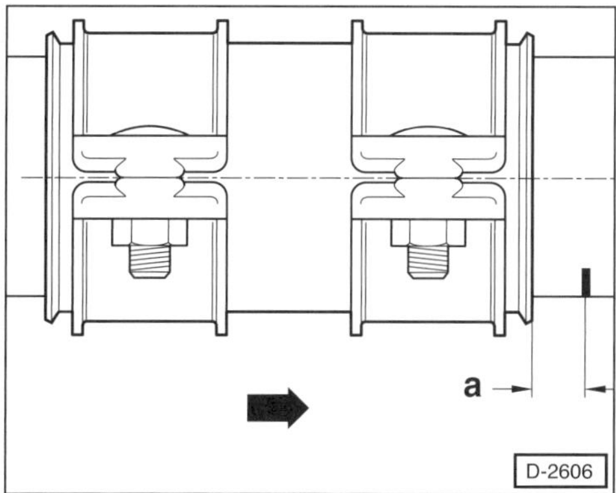

- Doppelschelle so ausrichten, dass der Abstand zur Markierung am vorderen Abgasrohr a = 5 mm beträgt. Die Verschraubungen müssen nach rechts zeigen und dürfen nicht über die Unterkante der Klemmhülse hinausragen. Der Pfeil zeigt in Fahrtrichtung.

Speziell Dieselmotor

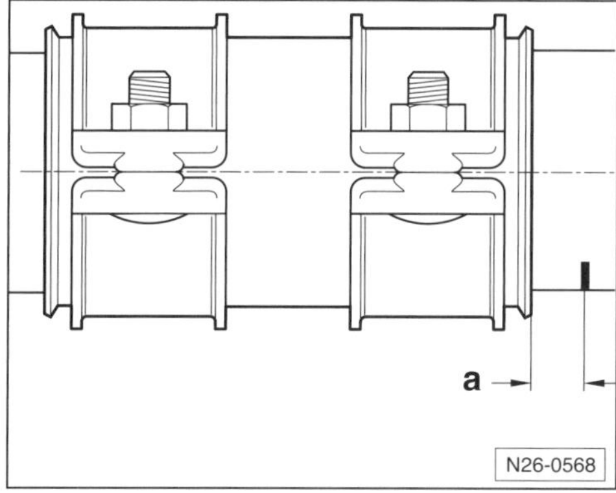

- Doppelschelle so ausrichten, dass der Abstand zur Markierung am Katalysatorrohr a = 5 mm beträgt.

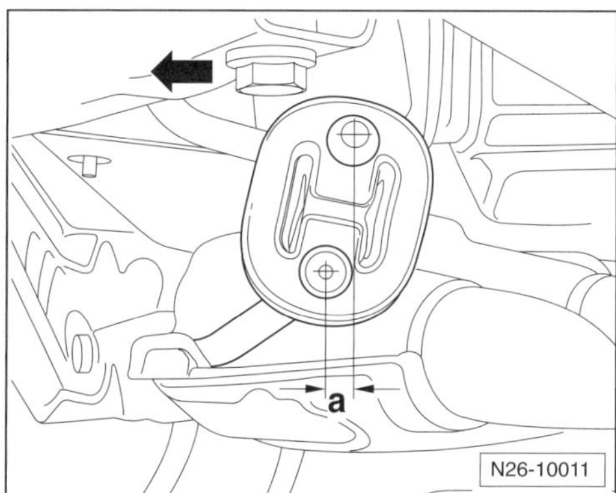

- Schalldämpfer so weit nach vorn in die Doppelschelle schieben, bis das Maß a ≈ 15 bis 17 mm beträgt.
  Anzugsdrehmoment: . . . . **25 Nm**
- Nachschalldämpfer waagerecht ausrichten.

Differenzdrucksensor aus- und einbauen

Der Differenzdrucksensor ermittelt die Ruß-Sättigung des Partikelfilters. Der Sensor ist entweder über zwei Leitungen vor und nach dem Partikelfilter oder mit einer Leitung vor dem Filter angeschlossen. In diesem Fall wird der Differenzdruck aus dem Staudruck vor dem Filter und dem Umgebungsdruck errechnet.

Ausbau

- Obere Motorabdeckung ausbauen, siehe Seite 180.

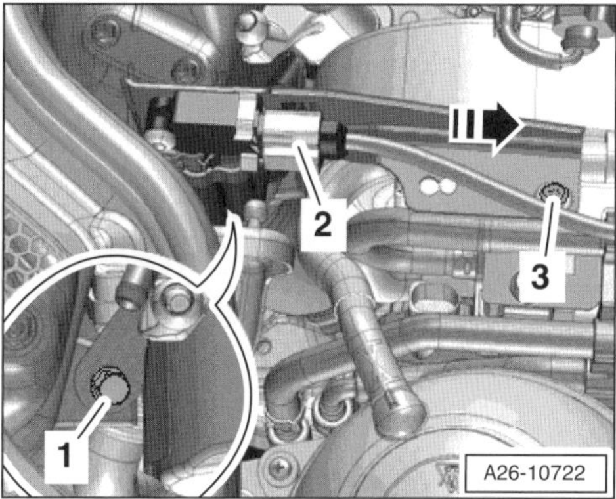

- Elektrische Steckverbindung –2– abziehen. **Hinweis:** Die Abbildung zeigt den 2,0-l-Motor.
- Schraube –3– herausdrehen und Differenzdrucksensor mit Halter abziehen –Pfeil–.
- Klemmschellen an beiden Schläuchen öffnen und zurückschieben.
- Schläuche vorsichtig und gerade von den Anschlussstutzen abziehen. **Achtung:** Vorsichtig vorgehen, da die Anschlussstutzen sehr leicht vom abbrechen können.
- Differenzdrucksensor vom Halter abschrauben.

Einbau

- Der Einbau erfolgt in umgekehrter Ausbaureihenfolge, dabei Folgendes beachten:
- Steuerleitungen vom Differenzdrucksensor zum Partikelfilter vor dem Einbau mit Druckluft in Richtung zum Partikelfilter ausblasen. Sie können verstopft oder durch Kondenswasser vereist sein.
- Festen Sitz und Dichtigkeit der Schläuche prüfen.
- Nach dem Erneuern muss der Differenzdrucksensor mit dem Fahrzeugdiagnosegerät angelernt werden.
- Steht das Fahrzeugdiagnosegerät nicht zur Verfügung können die Werte folgendermaßen zurückgesetzt werden:
  - Zündung einschalten.
  - Ca.5 Sekunden warten.
  - Zündung ausschalten.
  - Ca.40 Sekunden warten.

  Diese Schritte 5 mal wiederholen. Danach ist der Geber angelernt und die Abgaskontrolllampe darf nicht mehr leuchten. Andernfalls Rücksetzvorgang mit dem Diagnosegerät durchführen lassen.

Vorschalldämpfer/Nachschalldämpfer ersetzen

Ab Werk sind Vor- und Nachschalldämpfer als eine Einheit eingebaut; die Schalldämpfer können jedoch einzeln erneuert werden. Zum Trennen wird ein handelsüblicher Ketten-Abgasrohrschneider benötigt, zum Beispiel HAZET 4682. Steht das Werkzeug nicht zur Verfügung, Abgasanlage mit einer Eisensäge durchsägen.

Hinweis: Wenn sich ein Schalldämpfer nicht aus der Klemmschelle ziehen lässt, gibt es zum Lösen zwei Möglichkeiten: 1. Möglichkeit: Abgasrohr etwa 5 cm hinter der Schelle durchsägen. Anschließend das Restrohr längs aufsägen und mit Hammer und Meißel abschlagen. 2. Möglichkeit: Steht ein Autogen-Schweißgerät zur Verfügung, die Klemmschelle erwärmen, dadurch dehnt sie sich aus, und das Rohr lässt sich abziehen.

Sicherheitshinweis
Vor Einsatz des Schweißgerätes den Fahrzeugunterboden mit einer Aluminiumplatte schützen, Brandgefahr. Feuerlöscher bereitstellen.

Ausbau bei einteiliger Vor-/Nachschalldämpfer-Anlage

Sicherheitshinweis
Beim Aufbocken des Fahrzeugs besteht Unfallgefahr! Deshalb das Kapitel »Fahrzeug aufbocken« durchlesen.

- Fahrzeug aufbocken.

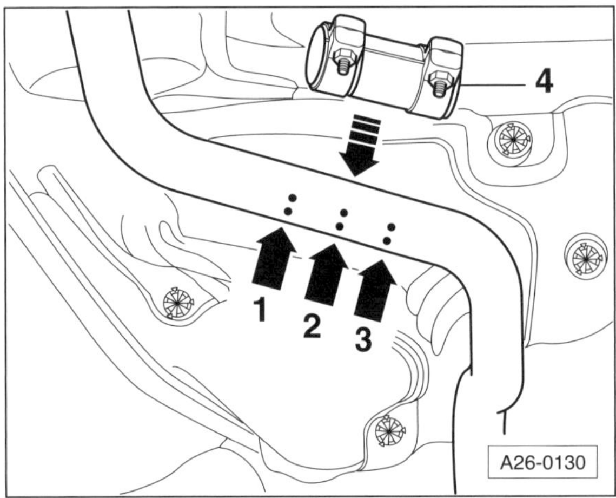

- Die Trennstelle ist durch Eindrückungen gekennzeichnet. An den mittleren Eindrückungen –Pfeil 2– wird das Abgasrohr getrennt. Die seitlichen Markierungen –Pfeile 1/3– dienen als Markierung, damit die Abgasrohre gleich weit in die Klemmschelle –4– hineingeschoben werden.
- Kette des Abgasrohrschneiders an den mittleren Eindrückungen –Pfeil 2– um das Rohr herumlegen und spannen. Kette hin- und herrollen und dabei nachspannen, jedoch nicht zu stark, damit das Rohr beim Schneiden nicht verformt wird.
- Schalldämpfer aus den Gummihalterungen aushängen und herausnehmen.

Einbau

- Schalldämpfer in die Gummihalterungen einhängen.

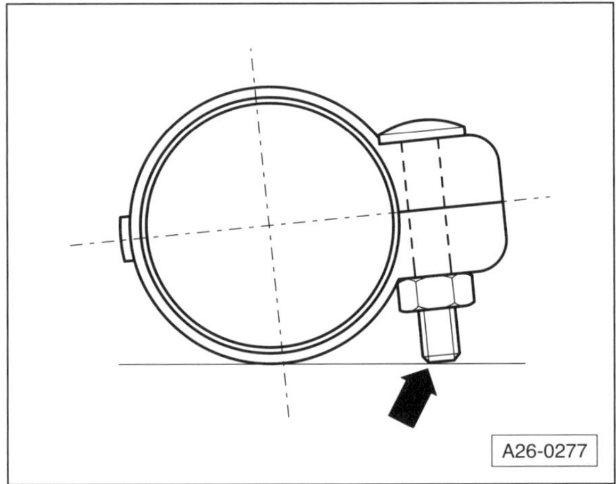

- Zum Verbinden der Abgasrohre wird eine Ersatzteil-Klemmschelle verwendet. **Achtung:** Bereits montierte Klemmschellen immer erneuern, nicht wieder verwenden. Da je nach Fahrzeugmodell unterschiedliche Rohrdurchmesser verwendet werden, auf richtige Ersatzteilzuordnung achten. Klemmschelle wie in der Abbildung gezeigt ausrichten. Dabei darf das Schraubenende nicht über die Unterkante der Schelle hinausragen –Pfeil–.
- **Ausrichtung der Klemmschelle:** Verschraubung zeigt nach hinten.
- Abgasanlage ausrichten, siehe Kapitel »Abgasanlage einbauen«.
- Klemmschelle mit **25 Nm** festziehen.

Abgasanlage auf Dichtigkeit prüfen

Prüfen

- Motor starten und bei laufendem Motor Abgasanlage mit einem Lappen oder Stöpsel verschließen.
- Abgasanlage auf Undichtigkeit abhören. Gegebenenfalls Verbindungsstellen Zylinderkopf/Krümmer und Krümmer/Abgasrohr vorn mit handelsüblichem »Lecksuch-Spray« einsprühen und auf Blasenbildung untersuchen.
- Undichtigkeit beseitigen.

Innenausstattung

Aus dem Inhalt:

- Innenspiegel ersetzen
- Sonnenblende ersetzen
- Dachhaltegriffe ersetzen
- Handschuhfach ausbauen
- Mittelkonsole demontieren
- Innenverkleidungen
- Sitze ausbauen

Wichtige Arbeits- und Sicherheitshinweise

Werden Arbeiten an der Innenausstattung ausgeführt, sind folgende Hinweise unbedingt zu beachten:

- Zum Abhebeln von Kunststoffverkleidungen und -blenden Kunststoffkeil verwenden, zum Beispiel HAZET 1965-20, oder Lösehebel, zum Beispiel HAZET- 799-3.
- Bereiche, an denen ein Kunststoffkeil oder ein Schraubendreher angesetzt wird, zum Schutz mit Klebeband abkleben.
- Clips, die beim Ausbau von Verkleidungen beschädigt werden, immer erneuern.
- Die Fenster- und Türsäulen der Karosserie werden von vorn nach hinten als A-, B-, C- und D-Säulen bezeichnet.
- Sitze, Sicherheitsgurte und Airbags sind sicherheitsrelevante Bauteile. **Aus Sicherheitsgründen nur die hier beschriebenen Arbeiten durchführen. Komplexere Arbeiten nicht in Eigenregie vornehmen, sondern von einer Fachwerkstatt durchführen lassen.**

Achtung: Airbag-Sicherheitshinweise unbedingt befolgen, insbesondere bei Arbeiten an der Armaturentafel, siehe Seite 148.

Um ein Auslösen des Airbags zu verhindern, vor dem Trennen von Kabeln des Airbag-Systems die Zündung ausschalten und dann die Batterie abklemmen. Außerdem muss aus Sicherheitsgründen der Minuspol (–) von der Batterie isoliert werden, siehe Seite 67.

Achtung: Wenn im Rahmen von Arbeiten an der Karosserie auch Arbeiten an der elektrischen Anlage durchgeführt werden, **grundsätzlich** Zündung ausschalten und Zündschlüssel abziehen. Als Arbeit an der elektrischen Anlage ist dabei schon zu betrachten, wenn eine elektrische Leitung vom Anschluss abgezogen beziehungsweise abgeklemmt wird.

Halteclips/Halteklammern aus- und einbauen

Zahlreiche Abdeckungen und Verkleidungen sind mit Halteclips und Halteklammern an der Karosserie befestigt.

Ausbau

- **Halteclip an der Rückseite der Verkleidung:** Geeignetes Werkzeug, zum Beispiel HAZET-Lösehebel 799-3, unter die Verkleidung schieben und Halteclip –2– aus der Bohrung herausziehen. **Hinweis:** Die Clips werden dabei häufig beschädigt und müssen ersetzt werden.
- **Halteklammer an der Rückseite der Verkleidung:** Verkleidung im Bereich der Halteklammer –1/3– von der Karosserie abziehen und dadurch die Halteklammer aus der Bohrung herausziehen.

Einbau

- Vor dem Einbau Halteclips oder Halteklammern auf Beschädigungen überprüfen, wenn nötig ersetzen. Richtigen Sitz an der Verkleidung überprüfen.
- Halteklammer –1– gegebenenfalls in die Führung an der Rückseite der Verkleidung schieben.
- Verkleidung so ansetzen, dass sich die Halteclips oder Halteklammern über den Bohrungen befinden. Verkleidung im Bereich der Clips fest andrücken und einrasten.

Innenspiegel aus- und einbauen

Spiegel ohne Regensensor

Ausbau

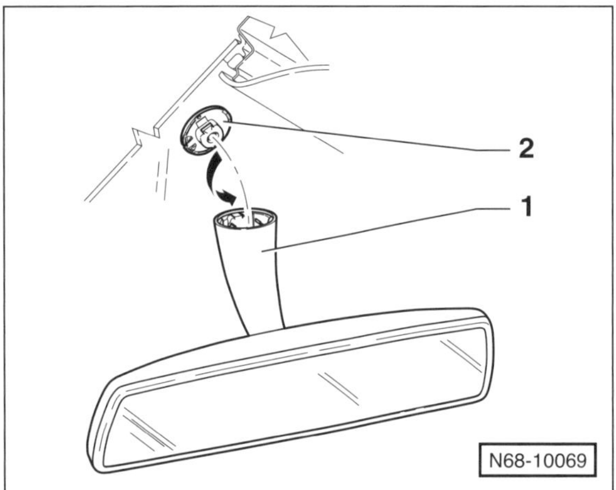

- Innenspiegel –1– um 90° gegen den Uhrzeigersinn drehen –Pfeil– und von der Halteplatte –2– abnehmen.

Einbau

- Der Einbau erfolgt in umgekehrter Ausbaureihenfolge.

Spiegel mit Regensensor

Ausbau

- Zündung ausschalten und Zündschlüssel abziehen.

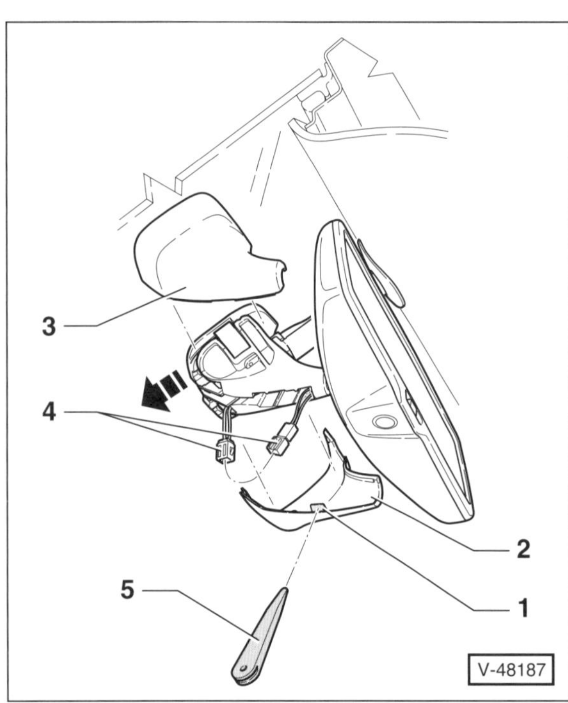

- Mit einem Kunststoffkeil –5– die Lasche –1– an der rechten Abdeckkappe –2– ausrasten.
- Abdeckkappen –2/3– auseinander drücken und vom Spiegelfuß abnehmen.
- Steckverbindung –4– aus dem Spiegelfuß herausziehen und trennen.
- Spiegelfuß mit Spiegel entlang der Frontscheibe nach unten aus der Halteplatte herausziehen –Pfeil–.

Einbau

- Der Einbau erfolgt in umgekehrter Ausbaureihenfolge.

Spiegel bei Fahrzeugen mit automatischer Distanzregelung

Ausbau

- Zündung ausschalten.

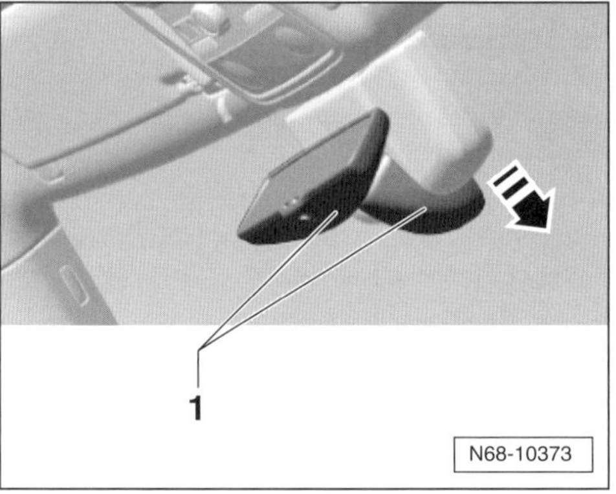

- Innenspiegel –1– vorsichtig in Pfeilrichtung aus der Halteplatte schieben.

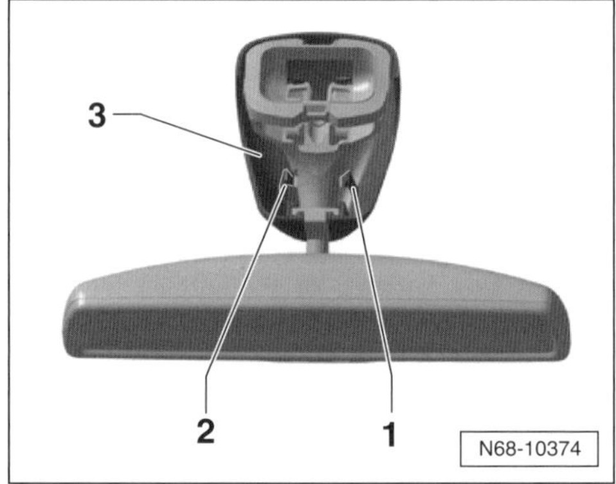

- Rastlaschen –1– und –2– nach außen drücken und Abdeckkappe –3– vom Spiegel abziehen.
- Dahinterliegende Steckverbindung am Spiegelfuß trennen.

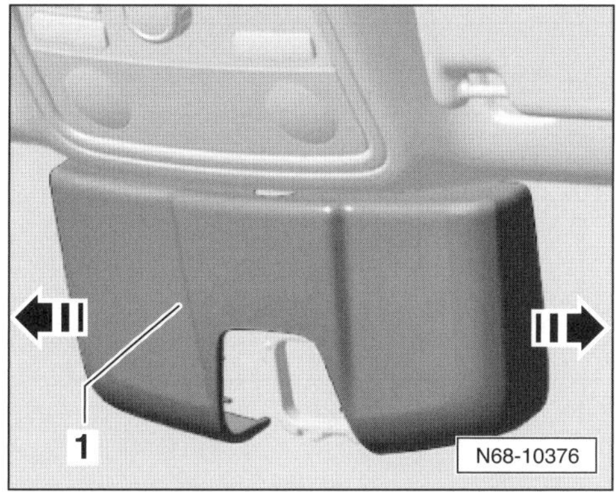

- Abdeckkappe –1– aus den seitlichen Verrastungen lösen –Pfeile– und abnehmen.

Einbau

- Der Einbau erfolgt in umgekehrter Ausbaureihenfolge.

Sonnenblende aus- und einbauen

Ausbau

- Zündung ausschalten.

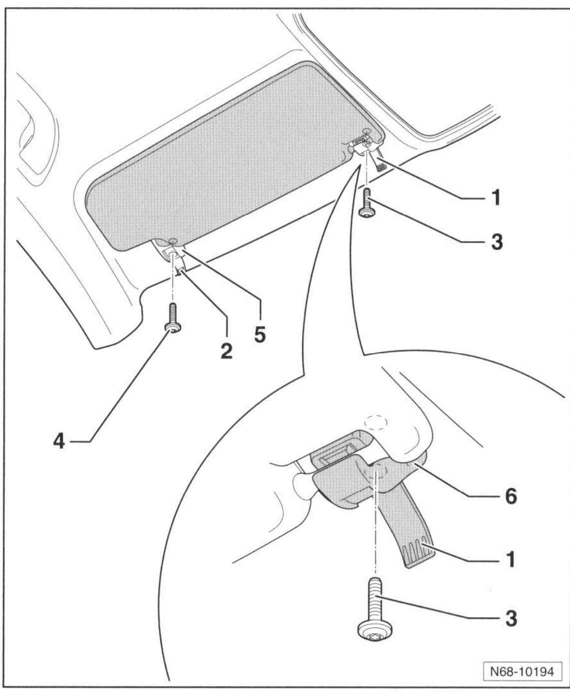

- Abdeckkappe –2– mit Schraubendreher aufhebeln und herunterklappen.
- Sonnenblende am Aufnahmelager –6– aushängen. **Hinweis:** Nur wenn das innere Aufnahmelager abgebaut werden soll, die Abdeckkappe –1– öffnen und die Schraube –3– herausdrehen.
- Schraube –4– herausdrehen und Sonnenblendenlager –5– an der Außenseite vorsichtig aus der Aufnahme herausziehen.

Achtung: Sonnenblende festhalten, nicht am Leitungsstrang hängen lassen. Dadurch kann dieser beschädigt werden.

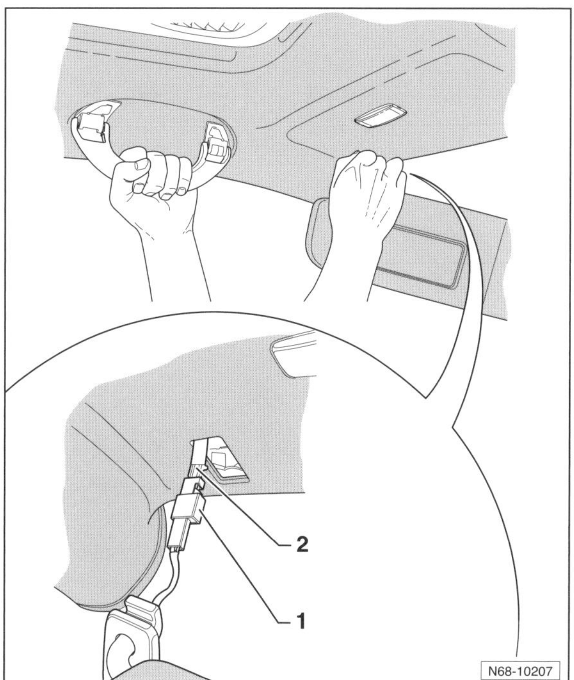

- Mit einer Hand am Haltegriff festhalten. Leitungsstrang mit Daumen und Zeigefinger greifen und leicht in Richtung Frontscheibe ziehen bis die Steckverbindung –1– aus der Halteklammer im Dachhimmel herausrutscht. Zur besseren Dosierung der Zugkraft die Hand hierbei mit dem Handballen am Fahrzeug abstützen **Achtung:** Auf keinen Fall zu stark ziehen, sonst kann sich die Steckverbindung ruckartig aus der Halteklammer lösen und der Leitungsstrang kann beschädigt werden.
- Steckverbindung –1– vorsichtig ganz herausziehen. **Achtung:** Die Flachleitung –2– darf nur maximal 1 cm herausgezogen werden, sonst kann sie abreißen.
- Steckverbindung trennen. Dabei darauf achten, dass kein Zug auf die Flachleitung ausgeübt wird.

Einbau

- Der Einbau erfolgt in umgekehrter Ausbaureihenfolge. Schraube(n) mit **2 Nm** anziehen. **Hinweis:** Beim Einbau der Sonnenblende ein Schaumstoffröhrchen (ET-Nr.: 533.863.288.A) über die Steckverbindung schieben, damit später keine Geräusche durch die Steckverbindung entstehen können.

Haltegriff am Dach aus- und einbauen

Ausbau

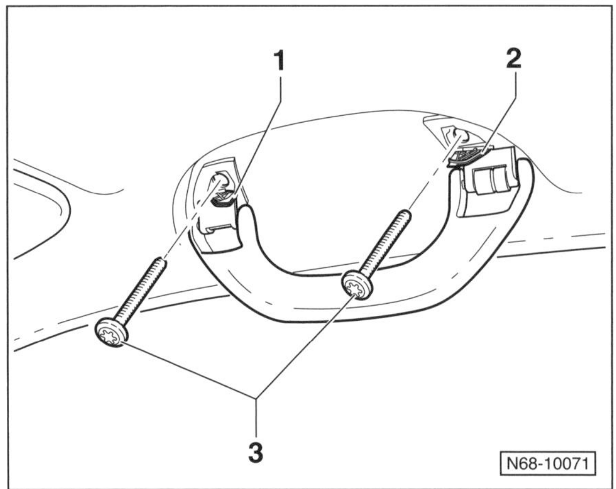

- Haltegriff nach unten klappen.
- Abdeckkappen –1– und –2– mit Schraubendreher aufhebeln und herunterklappen.
- Schrauben –3– herausdrehen und Haltegriff abnehmen.

Einbau

- Der Einbau erfolgt in umgekehrter Ausbaureihenfolge. Schrauben mit **2 Nm** festziehen.

Abdeckung für Schalt-/Wählhebel aus- und einbauen

Schaltgetriebe

Ausbau

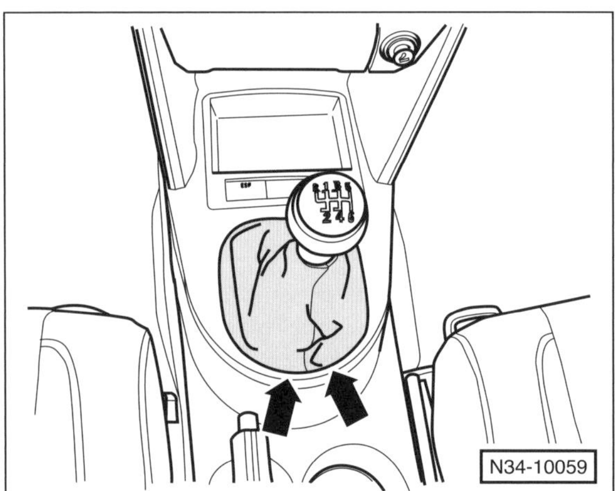

- Mit einem Kunststoffkeil Faltenbalg aus der Abdeckung in der Mittelkonsole ausclipsen –Pfeile– und nach oben über den Schalthebel stülpen. **Hinweis:** Bei einigen Ausstattungsvarianten muss die Manschette im vorderen Bereich abgehebelt werden.

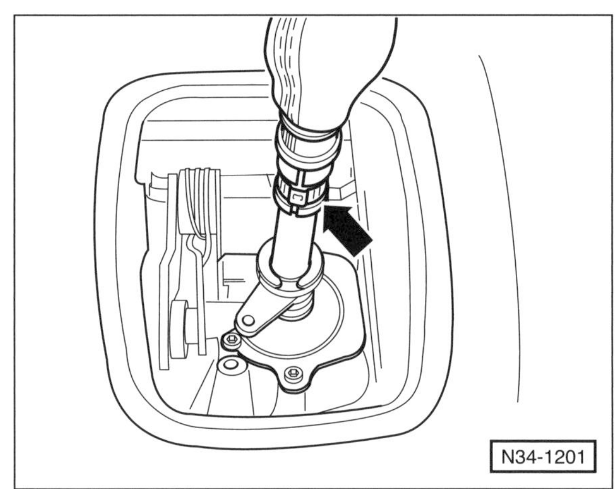

- Schelle –Pfeil– öffnen und Schaltknauf zusammen mit der Schalthebelmanschette vom Schalthebel abziehen.

Einbau

- Schaltknauf mit umgestülpter Schalthebelmanschette auf den Schalthebel aufstecken und in der Nut einrasten.
- **Neue** Klemmschelle zusammendrücken.
- Faltenbalg nach unten stülpen und in der Mittelkonsole einclipsen.

Automatikgetriebe

Ausbau

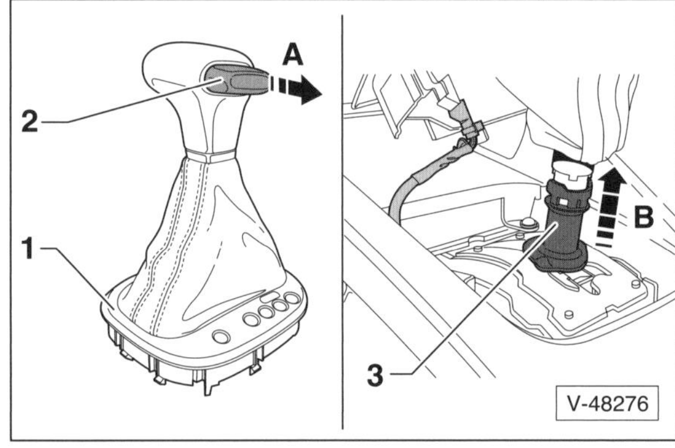

- Mit einem Kunststoffkeil Abdeckung –1– für Wählhebel aus der Mittelkonsole ausclipsen und Faltenbalg nach oben über den Wählhebel stülpen.
- Zum Ausbau des Knaufs Sperrtaste –2– über den Widerstand hinaus aus dem Wählhebelknauf etwas herausziehen –Pfeil A–. Kabelbinder um die Sperrtaste schlingen, festziehen und Sperrtaste in dieser Stellung halten. **Achtung:** Die Sperrtaste darf weder ganz herausgezogen werden noch in den Knauf hineingedrückt werden.
- Verriegelung –3– unter dem Knauf hochschieben –Pfeil B– und Knauf vom Wählhebel abziehen.

Einbau

- Knauf so auf den Wählhebel stecken, dass die Sperrtaste nach links zum Fahrer zeigt.
- Knauf einrasten und Verriegelung nach unten drücken. **Hinweis:** Die Sperrtaste muss wie beim Ausbau herausgezogen und gesichert sein.
- Kabelbinder entfernen und Sperrtaste in den Wählhebelknauf hineindrücken.
- Faltenbalg nach unten stülpen und Abdeckung für Wählhebel in die Mittelkonsole einclipsen.

Mittlere Blende in der Armaturentafel aus- und einbauen

Ausbau

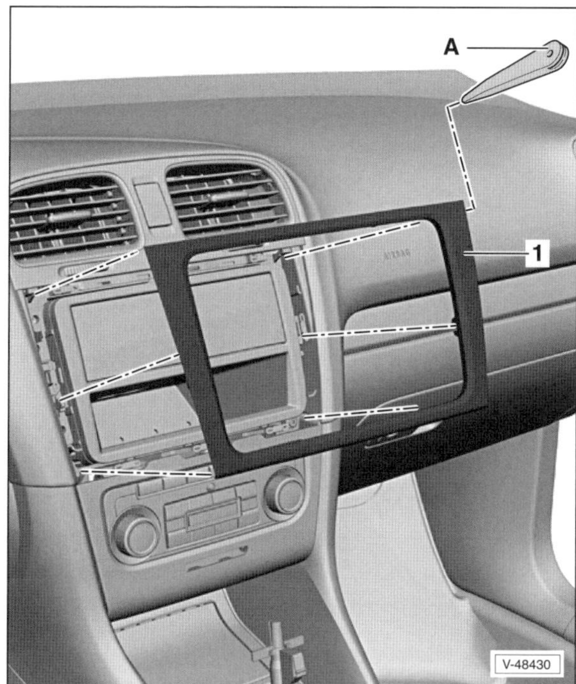

- Blende –1– im Bereich der 6 Verrastungen mit einem Kunststoffkeil –A– aus den Aufnahmen in der Armaturentafel heraushebeln.

Einbau

- Blende über den Aufnahmen ansetzen, andrücken und einrasten.

Mittleres Ablagefach in der Armaturentafel aus- und einbauen

Ausbau

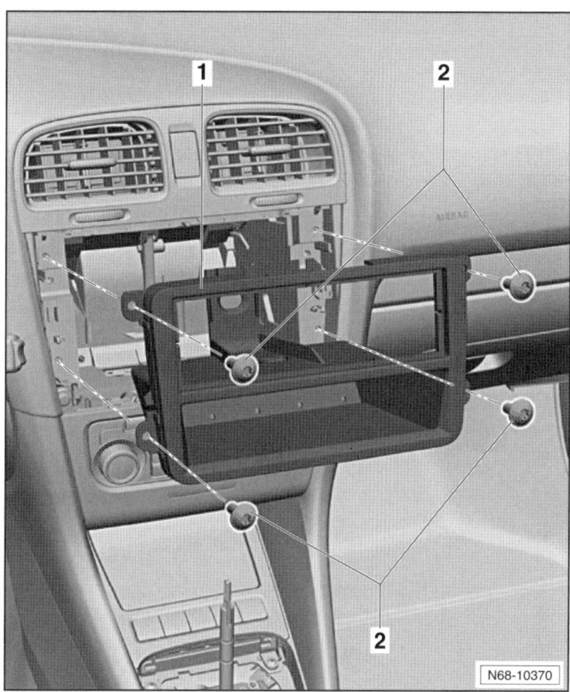

- Mittlere Blende in der Armaturentafel ausbauen, siehe entsprechendes Kapitel.
- Falls vorhanden, Radio ausbauen, siehe Seite 119.
- 4 Schrauben –2– herausdrehen.
- Ablagefach –1– aus der Armaturentafel herausziehen.

Einbau

- Der Einbau erfolgt in umgekehrter Ausbaureihenfolge.

Blende für Bedieneinheit Heizung/ Klimaanlage aus- und einbauen

Ausbau

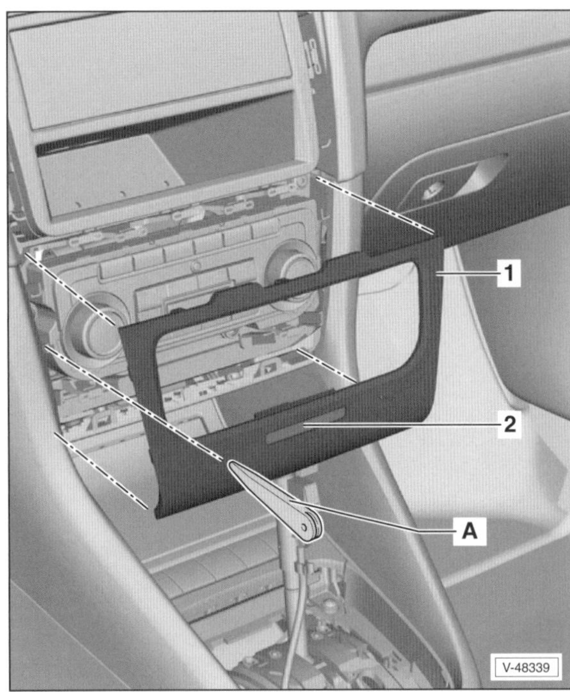

- Blende –1– im Bereich der Verrastungen mit einem Kunststoffkeil –A– aus den Aufnahmen in der Armaturentafel heraushebeln.
- Stecker für Kontrollleuchte Beifahrer-Airbag –2– abziehen.

Einbau

- Der Einbau erfolgt in umgekehrter Ausbaureihenfolge.

Mittlere Abdeckung an der Armaturentafel aus- und einbauen

Ausbau

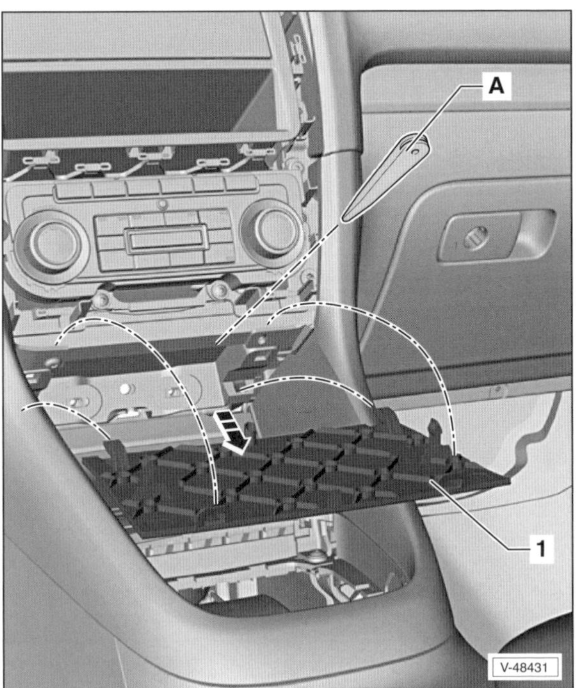

- Abdeckung –1– im Bereich der hinteren Verrastungen mit einem Kunststoffkeil –A– aus den Aufnahmen in der Armaturentafel heraushebeln.
- Abdeckung aus den vorderen Aufnahmen in Pfeilrichtung herausziehen.

Einbau

- Der Einbau erfolgt in umgekehrter Ausbaureihenfolge.

Mittelkonsole aus- und einbauen

Beschrieben wird der Ausbau der Basisausstattung, Besonderheiten der Highline-Ausstattung stehen am Ende des Kapitels.

Ausbau

- Zündung ausschalten.
- Faltenbalg für Schalt-/Wählhebel aus der Mittelkonsole ausclipsen und nach oben stülpen, siehe entsprechendes Kapitel.

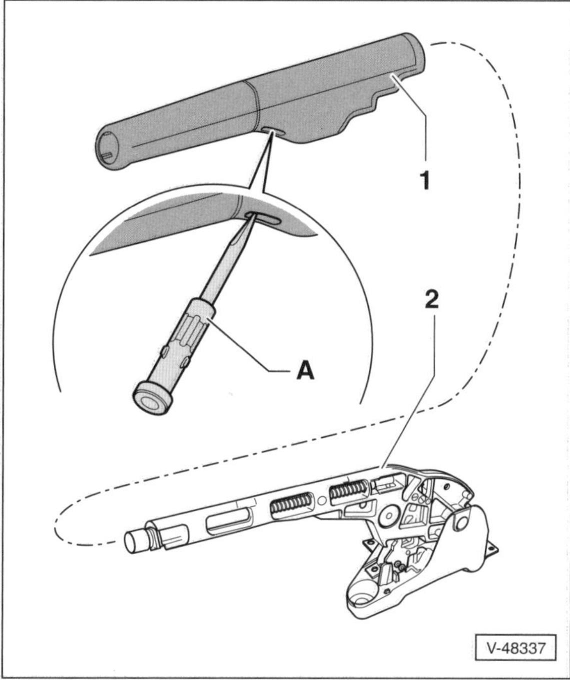

- Verkleidung –1– vom Handbremshebel –2– abbauen. Dazu Entriegelungslasche im hinteren, unteren Griffbereich mit einem Schraubendreher –A– abhebeln. Anschließend Verkleidung nach vorn über den Handbremshebel abziehen. **Hinweis:** Bei Lederausstattung ist das Leder im Bereich der Verriegelung eingeschnitten.
- Blende für Informationssystem ausbauen, siehe entsprechendes Kapitel.
- Blende für Bedieneinheit der Heizungs-/Klimaanlage ausbauen, siehe entsprechendes Kapitel.
- Mittlere Abdeckung an der Armaturentafel ausbauen, siehe entsprechendes Kapitel.

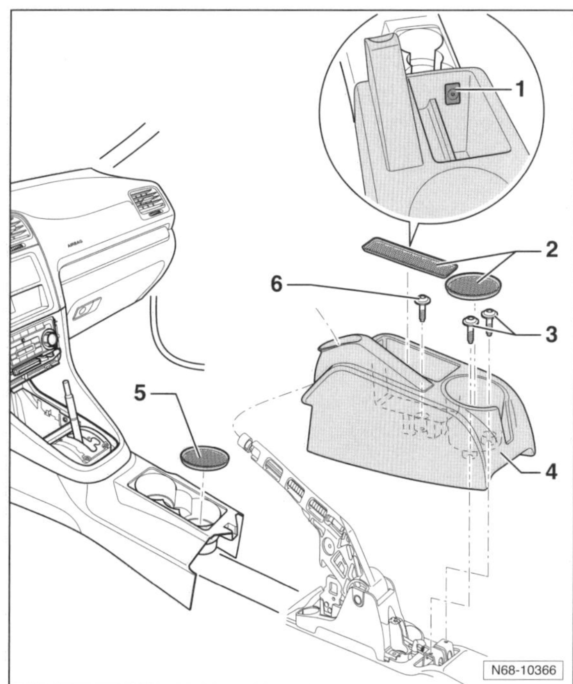

- Einlegematten –2/5– herausnehmen.

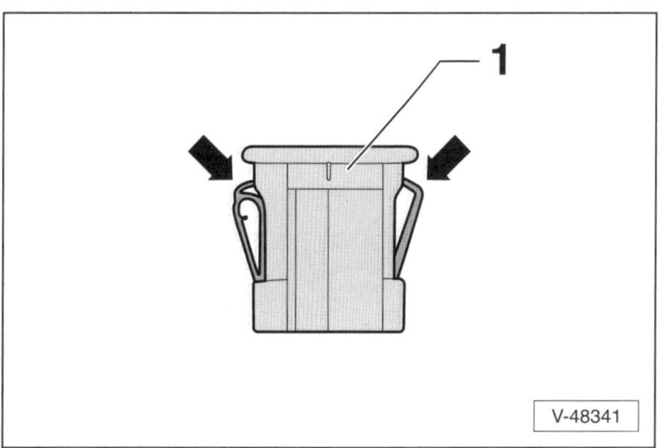

- AUX-Buchse –1–, falls vorhanden, ausbauen. Dazu mit einem Kunststoffkeil die Halteklammern –Pfeile– zusammendrücken und die Buchse herausschieben.
- Schrauben –3/6– herausdrehen, siehe Abbildung N68-10366.
- Hintere Mittelkonsole –4– aus den Aufnahmen lösen und nach vorn über den Handbremshebel abnehmen.

- Fahrzeuge mit Schaltgetriebe: Geräuschdämmung –3– am Schalthebel aus der vorderen Mittelkonsole herausziehen.
- 2 Schrauben –2– herausdrehen, Aschenbecher –1– aus der Mittelkonsole herausziehen und falls vorhanden, Stecker an der Rückseite abziehen. **Hinweis:** Je nach Ausstattung ist anstelle des Aschenbechers ein Ablagefach in der vorderen Mittelkonsole eingesetzt.

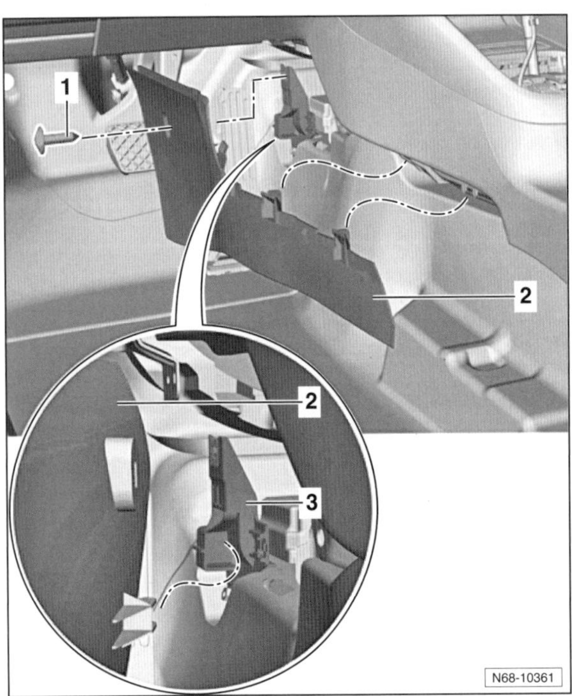

- Schraube –1– herausdrehen, linke Verkleidung –2– aus den Aufnahmen der Mittelkonsole herausziehen und abnehmen. 3 – Vordere Aufnahme.

- Rechte Verkleidung in gleicher Weise von der Mittelkonsole abbauen.

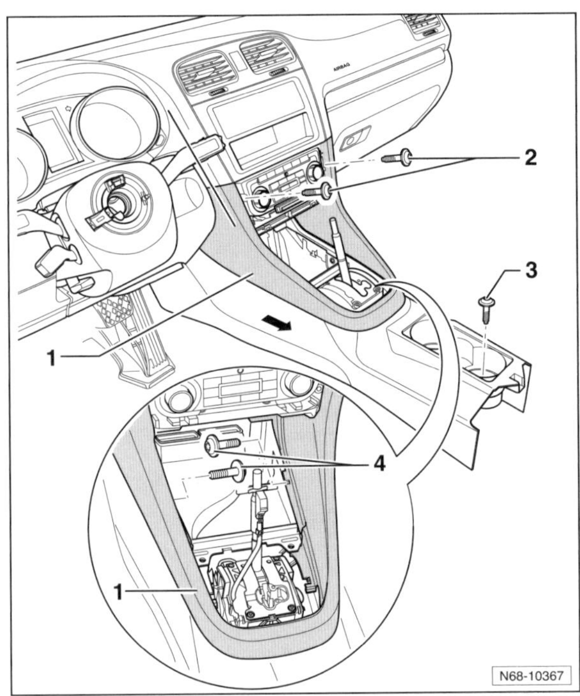

- Schrauben –4/3/2– herausdrehen.
- Abdeckung –1– der vorderen Mittelkonsole abheben und in Pfeilrichtung herausziehen.

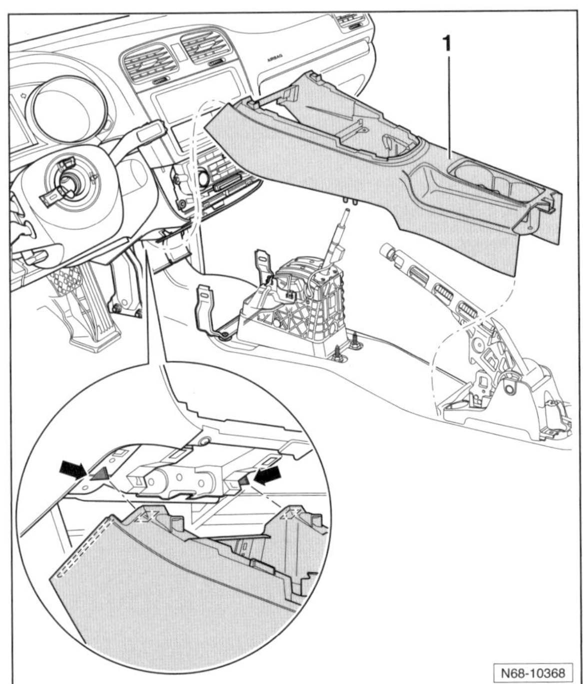

- Mittleren Teil der Mittelkonsole vorn aushängen –Pfeile– und über den Schalthebel herausheben.

Einbau

- Der Einbau erfolgt in umgekehrter Ausbaureihenfolge. Dabei ist folgendes zu beachten:
- Mittelteil –1– der Mittelkonsole vorn in die Armaturentafel einhängen und einrasten –Pfeile–, siehe Abbildung N68-10368.
- Vordere Mittelkonsole in der Reihenfolge –2–, –3– und –4– anschrauben. Schrauben mit **1,5 Nm** festziehen, siehe Abbildung N68-10367.
- Seitliche Verkleidung –2– zuerst in die Aufnahme –3–, dann in die anderen Aufnahmen einsetzen. Schraube –1– mit **1,5 Nm** anziehen, siehe Abbildung N68-10361.
- Schrauben ganz leicht, mit **1,5 Nm** anziehen.

Speziell Highline-Ausstattung

Hinweis: Hier werden nur die Unterschiede zur Basis-Ausstattung beschrieben.

Ausbau

Ausführung ohne CD-Wechsler:

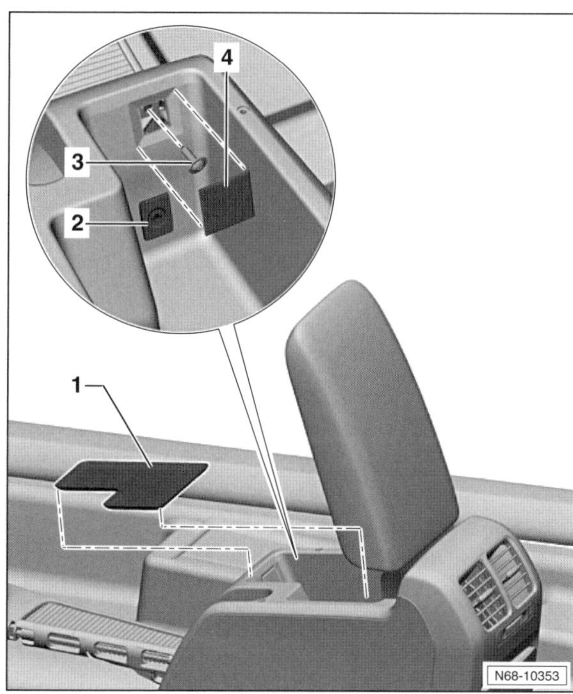

- Einlegematte –1– herausnehmen.
- »AUX-IN«-Buchse –2–, falls vorhanden, herausdrücken, siehe Abbildung V-48341.
- Deckel –4– ausclipsen und Schraube –3– herausdrehen.

Ausführung mit CD-Wechsler:

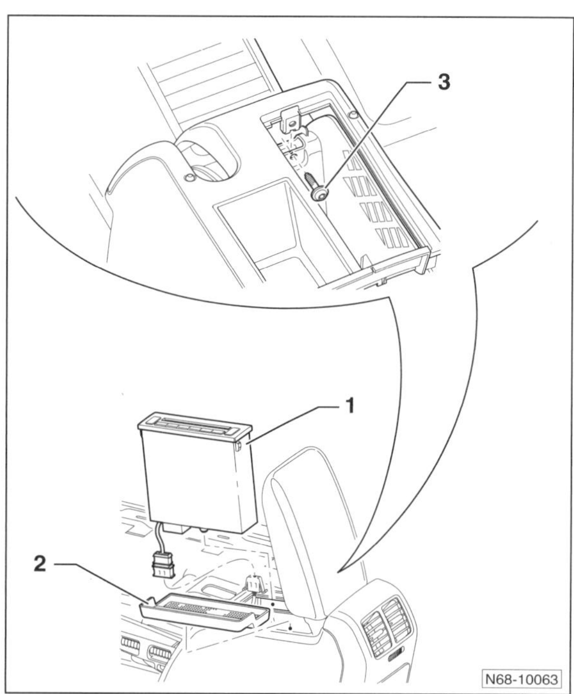

- CD-Wechsler –1– ausbauen, siehe Seite 120.
- Einlegematte –2– herausnehmen.
- Schraube –3– herausdrehen.

Alle Fahrzeuge:

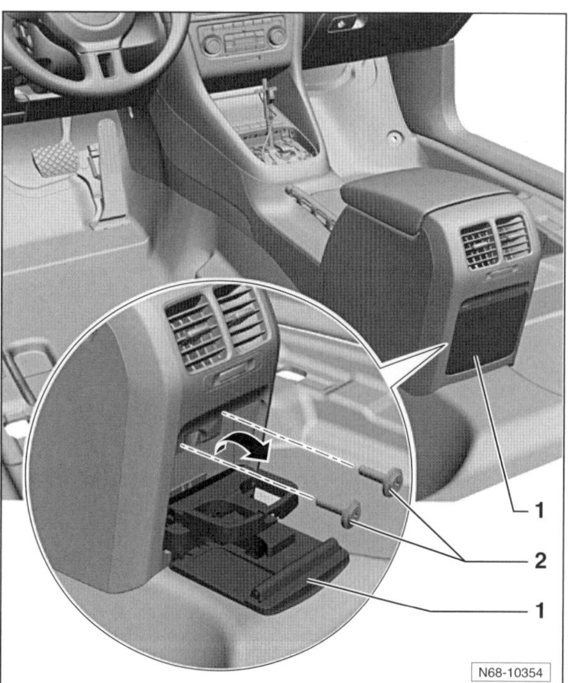

- Getränkehalter –1– öffnen.
- 2 Schrauben –2– herausdrehen und Getränkehalter –1– aus der Mittelkonsole herausziehen.

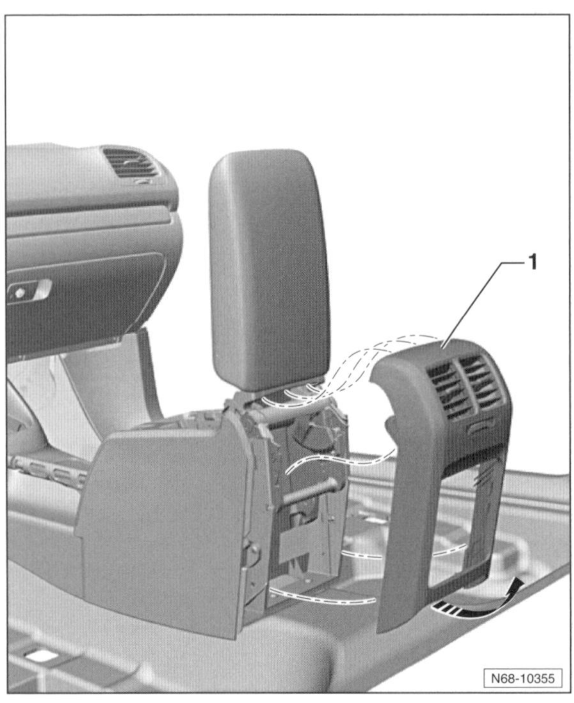

- Blende –1– zuerst unten in Pfeilrichtung aus den Aufnahmen herausziehen. Danach Blende im oberen Bereich aus den Aufnahmen in der Mittelkonsole herausnehmen.

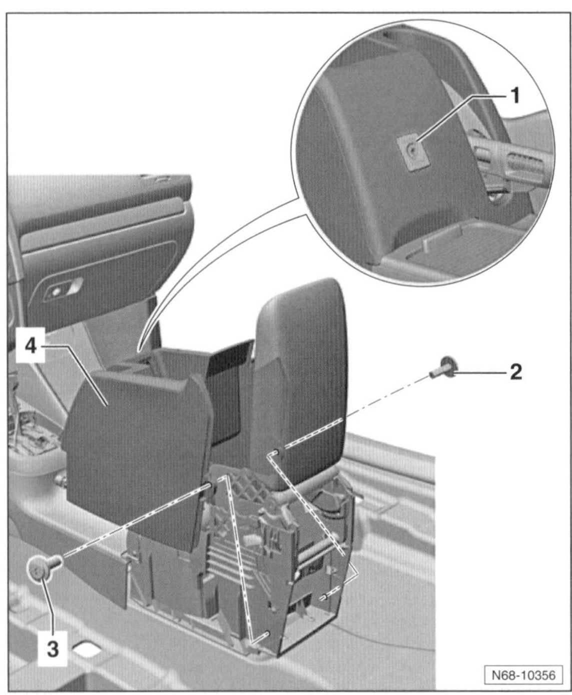

- Falls vorhanden und noch nicht ausgebaut, »AUX-IN«-Buchse –1– ausbauen, siehe Abbildung V-48341.
- Schrauben –2– und –3– herausdrehen.
- Verlängerung –4– aus den Befestigungen im unteren Bereich lösen.

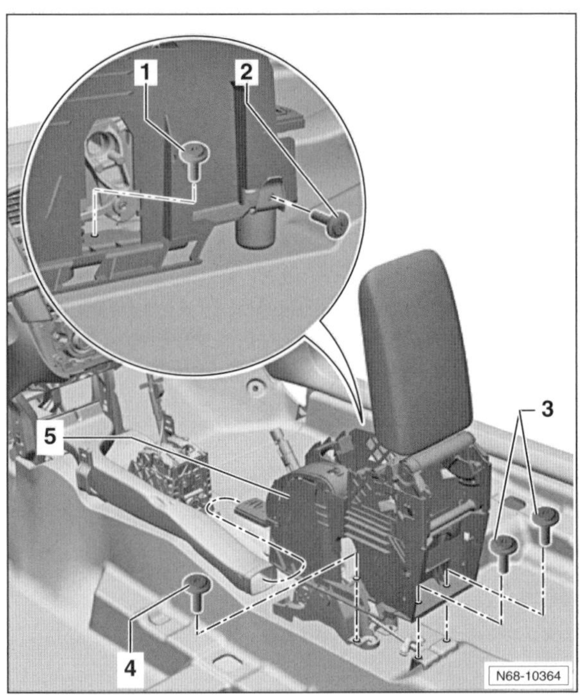

- Nachdem der vordere und mittlere Teil der Mittelkonsole ausgebaut wurde, am hinteren Teil –5– die Schrauben –1–, –2– und –3– herausdrehen.
- Hintere Mittelkonsole –5– herausnehmen.

Einbau

- Der Einbau erfolgt in umgekehrter Ausbaureihenfolge. Dabei ist folgendes zu beachten:
- Getränkehalter in geschlossenem Zustand zuerst unten in die Mittelkonsole einsetzen, dann öffnen und mit 2 Schrauben und **1,5 Nm** anschrauben.

Seitliche Abdeckungen an der Armaturentafel aus- und einbauen

Ausbau

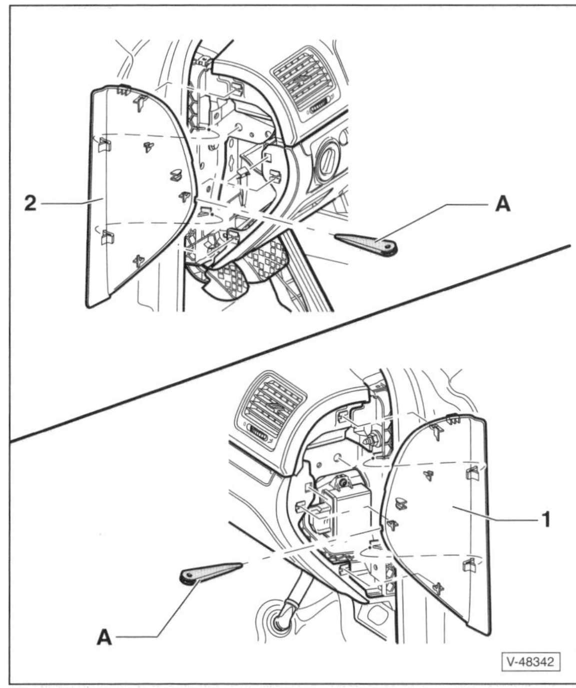

- Mit einem Kunststoffkeil –A–, zum Beispiel HAZET 1965-20, die Abdeckung –1– seitlich an der Armaturentafel abdrücken und abnehmen.

Einbau

- Der Einbau erfolgt in umgekehrter Ausbaureihenfolge.

Lenksäulenverkleidung aus- und einbauen

Ausbau

Hinweis: Zur besseren Übersicht ist das Lenkrad in den Abbildungen nicht dargestellt, der Ausbau ist aber nicht erforderlich.

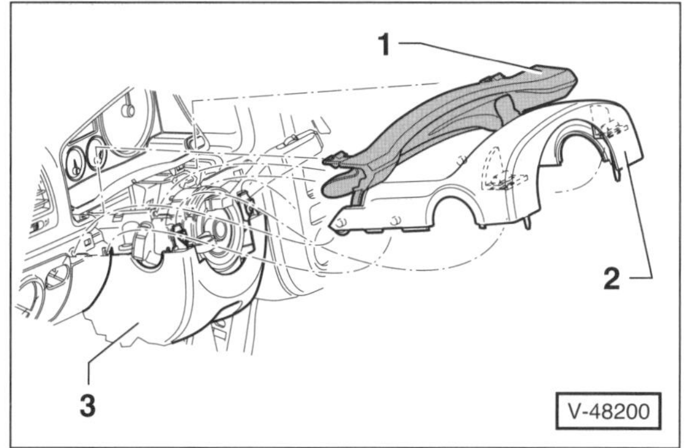

- Abdeckung –1– über der Lenksäulenfuge aus den Aufnahmen ausclipsen.
- Obere Lenksäulenverkleidung –2– an den Einraststellen von der unteren Lenksäulenverkleidung –3– lösen und abnehmen.
- Lenkradverstellhebel umklappen.

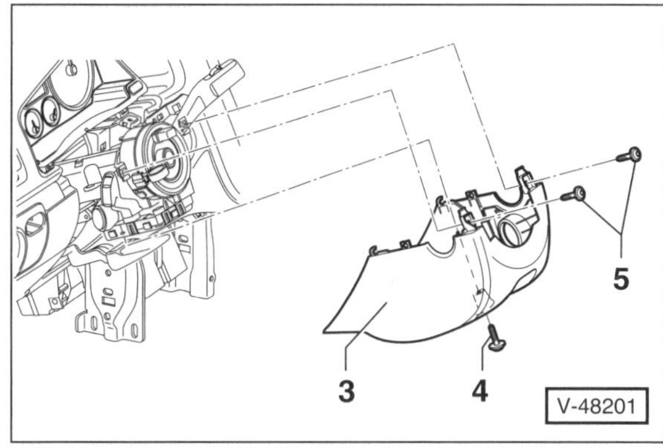

- Schraube –4– unten herausdrehen.
- 2 Schrauben –5– herausdrehen, untere Lenksäulenverkleidung –3– aus den Aufnahmen ausclipsen und von der Lenksäule abnehmen.

Einbau

- Der Einbau erfolgt in umgekehrter Ausbaureihenfolge.

Linke Verkleidung der Armaturentafel aus- und einbauen

Ausbau

- Zündung ausschalten und Zündschlüssel abziehen.
- Seitliche Abdeckung links an der Armaturentafel ausbauen, siehe entsprechendes Kapitel.
- Lichtschalter ausbauen, siehe Seite 116.
- Abdeckung über der Lenksäulenfuge aus den Aufnahmen ausclipsen, siehe Kapitel »Lenksäulenverkleidung aus- und einbauen«. **Hinweis:** Die komplette Lenksäulenverkleidung braucht nicht ausgebaut zu werden.
- Kombiinstrument ausbauen, siehe Seite 114.

Hinweis: Der Leitungsstrang für das Kombiinstrument muss nicht getrennt werden.

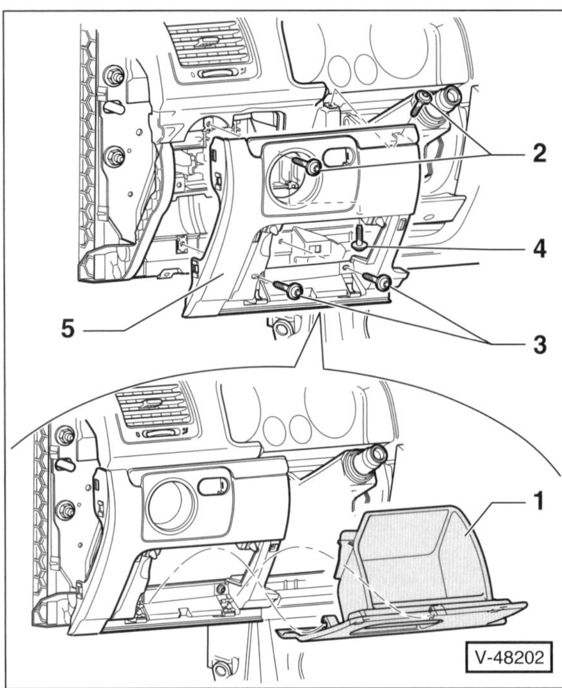

- Ablagefach –1– öffnen. Seitenwände des Ablagefachs zusammendrücken und Ablagefach über den Anschlag hinaus ganz herausklappen. Ablagefach kräftig nach hinten ziehen, dabei unten an den Scharnieren ausrasten und aus der Armaturentafel herausziehen.

Hinweis: Das Lenkrad muss nicht, wie in der Abbildung gezeigt, ausgebaut werden.

- Schrauben –2/3/4– herausdrehen und Verkleidung –5– von der Armaturentafel abnehmen.
- An der Rückseite der Verkleidung den Stecker vom Einsteller für Leuchtweitenregulierung abziehen.

Einbau

- Der Einbau erfolgt in umgekehrter Ausbaureihenfolge.

Untere Verkleidung der Armaturentafel aus- und einbauen

Ausbau

- Zündung ausschalten und Zündschlüssel abziehen.
- Seitliche Abdeckung links an der Armaturentafel ausbauen, siehe entsprechendes Kapitel.
- Linke Verkleidung der Armaturentafel unten ausbauen, siehe entsprechendes Kapitel.
- Blende für Informationssystem ausbauen, siehe entsprechendes Kapitel.
- Blende für Heizungs-/Klima-Bedieneinheit ausbauen, siehe entsprechendes Kapitel.
- Mittlere Abdeckung ausbauen ausbauen, siehe entsprechendes Kapitel.
- Schalt-/Wählhebelmanschette aus der Abdeckung ausclipsen.
- Aschenbecher vorn beziehungsweise Ablagefach ausbauen, siehe »Mittelkonsole aus- und einbauen«.
- Abdeckung der Mittelkonsole ausbauen, siehe entsprechendes Kapitel. **Hinweis:** Die komplette Mittelkonsole muss nicht abgebaut werden.

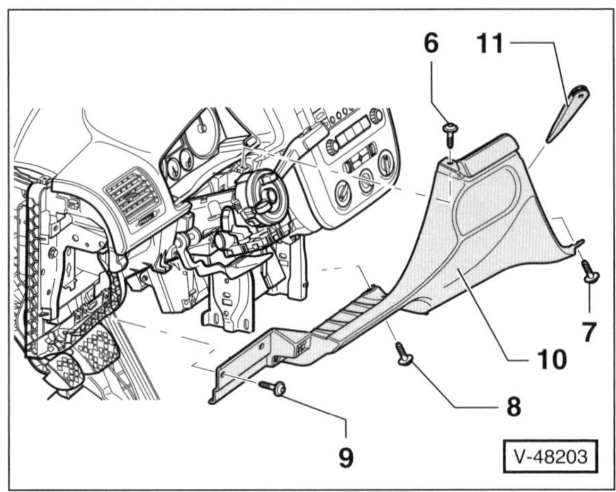

- Schrauben –6/7/8/9– herausdrehen.

Hinweis: Lenkrad und Lenksäulenverkleidung müssen nicht, wie in der Abbildung gezeigt, ausgebaut werden.

- Mit einem Kunststoffkeil –11– die rechte Verkleidung –10– an den Einraststellen lösen und von der Armaturentafel abnehmen.

Einbau

- Der Einbau erfolgt in umgekehrter Ausbaureihenfolge, dabei nacheinander die Schrauben –6–, –7–, –8– und –9– mit **1,5 Nm** anschrauben.

Obere Abdeckung im Fahrerfußraum aus- und einbauen

Ausbau

- Zündung ausschalten und Zündschlüssel abziehen.

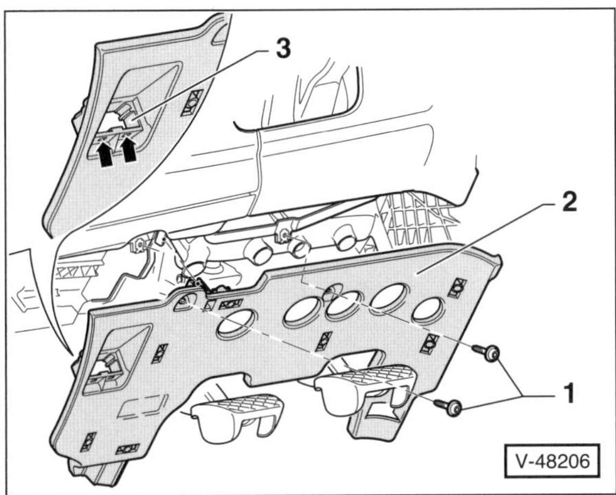

- 2 Schrauben –1– herausdrehen.
- Abdeckung –2– an den Einraststellen lösen und nach unten abnehmen.
- Stecker von der Fußraumleuchte abziehen.
- 2 Rastlaschen –Pfeile– entriegeln und Diagnosestecker –3– aus der Abdeckung herausziehen.

Einbau

- Der Einbau erfolgt in umgekehrter Ausbaureihenfolge.

Knie-Airbag aus- und einbauen

Der Knie-Airbag ist oberhalb der Fußpedale eingebaut.

Ausbau

Achtung: Unbedingt Airbag-Sicherheitshinweise beachten, siehe Seite 148.

- Um ein Auslösen des Knie-Airbags zu verhindern, Zündung ausschalten, zuerst Massekabel (–) und danach Pluskabel (+) von der Batterie abklemmen. **Minuspol der Batterie mit Isolierband abkleben**. Hinweise im Kapitel »Batterie aus- und einbauen« beachten.

Achtung: Vor dem Trennen der Steckverbindung für Knie-Airbag, elektrostatische Aufladung abbauen, dazu kurz den Schließbügel der Tür oder die Karosserie anfassen.

- Steckverbindung für Knie-Airbag trennen. Die Steckverbindung befindet sich auf der Tunnelseite in Fahrtrichtung vorn.

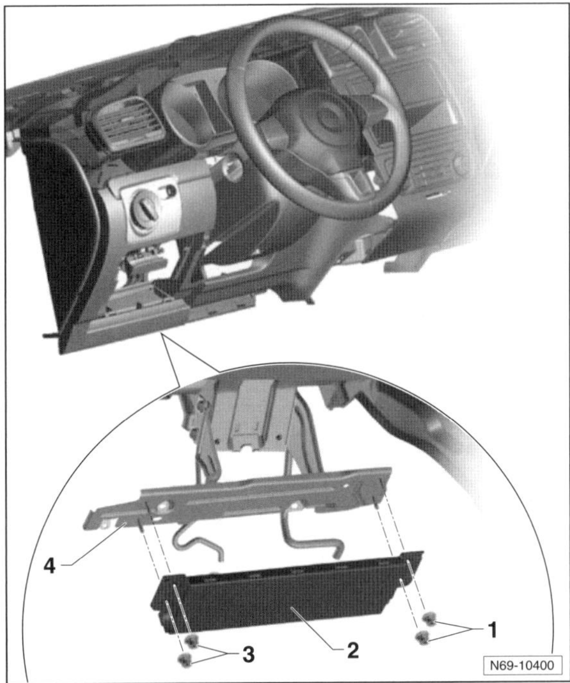

- Muttern –1– und –3– abschrauben und Knie-Airbag –2– vom Halter –4– abnehmen.

Einbau

- Der Einbau erfolgt in umgekehrter Ausbaureihenfolge.

Einstiegsleiste aus- und einbauen

4-Türer

Ausbau

- Rücksitzbank aus den vorderen Verankerungen herausziehen, siehe entsprechendes Kapitel. **Hinweis:** Die Rücksitzbank muss nicht komplett ausgebaut werden.
- Innenverkleidung Radkasten im Übergangsbereich zur Einstiegsleiste aus den Aufnahmen herausziehen, siehe entsprechendes Kapitel.

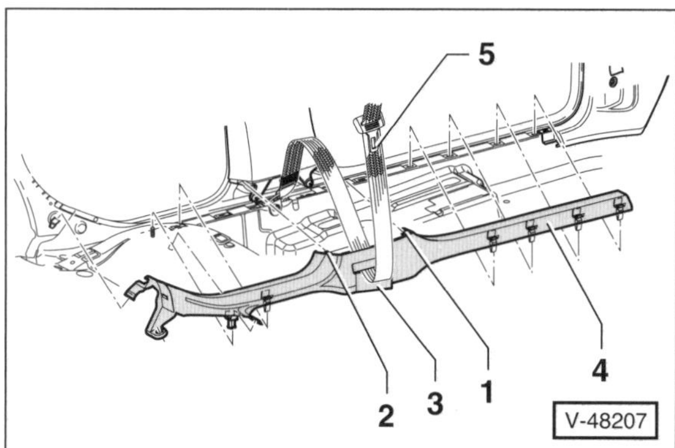

- Einen Kunststoffkeil vorne zwischen Einstiegsleiste –4– und Türschweller führen und Halteklammern an der Rückseite der Einstiegsleiste aus den Bohrungen herausziehen. Einstiegsleiste vorne aus der Türdichtung herausziehen.
- Führung –1– der Einstiegsleiste von der unteren Verkleidung der B-Säule lösen.
- Einstiegsleiste –4– hinten vom Türschweller abziehen und aus der Türdichtung herausziehen.
- Führung –2– der Einstiegsleiste von der unteren Verkleidung der B-Säule lösen.
- Lasche –3– öffnen und Sicherheitsgurt –5– hindurchfädeln.
- Einstiegsleiste vom Türschweller abnehmen.

Einbau

- Halteklammern auf Beschädigungen und auf richtigen Sitz an der Verkleidung überprüfen, wenn nötig, ersetzen.
- Der Einbau erfolgt in umgekehrter Ausbaureihenfolge, dabei darauf achten, dass die Halteklammern korrekt in die Bohrungen eingreifen und dass die Türdichtung über die Einstiegsleiste greift.

Speziell 2-Türer

- Einstiegsleiste aus den Aufnahmen im Türschweller und der hinteren Seitenverkleidung sowie aus der Türdichtung herausziehen.

Handschuhfach aus- und einbauen

Ausbau

- Zündung ausschalten und Zündschlüssel abziehen.
- Seitliche Klappe rechts aus der Armaturentafel ausbauen, siehe entsprechendes Kapitel.
- Mittlere und untere A-Säulen-Verkleidung auf der Beifahrerseite ausbauen, siehe entsprechendes Kapitel.
- Vordere Mittelkonsole ausbauen, siehe N68-10367 auf Seite 242.

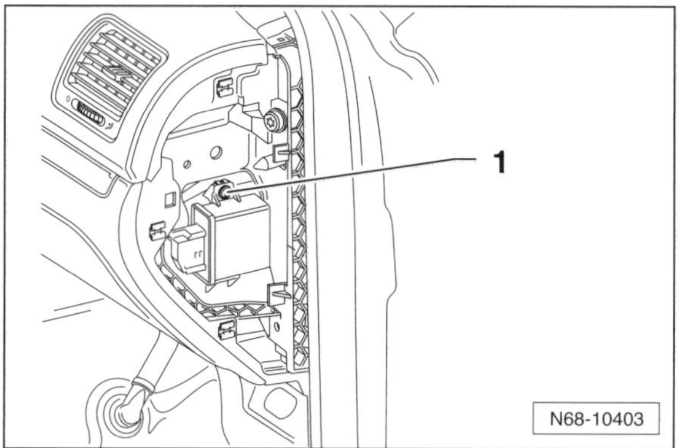

- Am Steuergerät für Leuchtweitenregelung (und Kurvenlicht) die Schraube –1– herausdrehen.

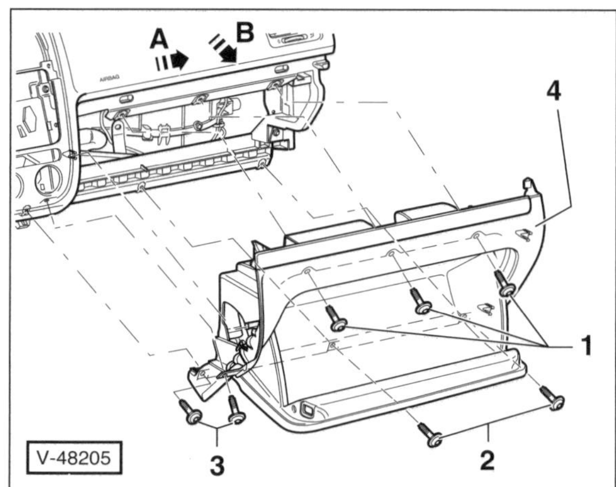

- Handschuhfach öffnen und 7 Schrauben –1/2/3– herausdrehen.
- Handschuhfach –4– bis zum Anschlag nach außen schieben –Pfeil A– und nach hinten aus der Armaturentafel herausziehen –Pfeil B–.
- Je nach Austattung Stecker für Handschuhfachleuchte, Fußraumleuchte, Schlüsselschalter für Airbagabschaltung abziehen.
- Gegebenenfalls Luftkanal für Handschuhfachkühlung abziehen.

Hinweis: Die Ablage für die Betriebsanleitung im Handschuhfach ist nicht für die Aufnahme von Kleinteilen ausgelegt. Um dies zu ändern, kann bei ausgebautem Handschufach von hinten eine Abdeckung an das Staufach angebaut werden. Die Abdeckung ist als Ersatzteil erhältlich.

Einbau

- Der Einbau erfolgt in umgekehrter Ausbaureihenfolge.

Verkleidung A-Säule aus- und einbauen

Obere Verkleidung

Ausbau

Achtung: Unbedingt Airbag-Sicherheitshinweise beachten, siehe Seite 148.

- Um ein Auslösen des Kopf-Airbags zu verhindern, Zündung ausschalten, zuerst Massekabel (–) und danach Pluskabel (+) von der Batterie abklemmen. **Minuspol der Batterie mit Isolierband abkleben**. Hinweise im Kapitel »Batterie aus- und einbauen« beachten.
- Mittlere A-Säulenverkleidung ausbauen, siehe folgenden Abschnitt.

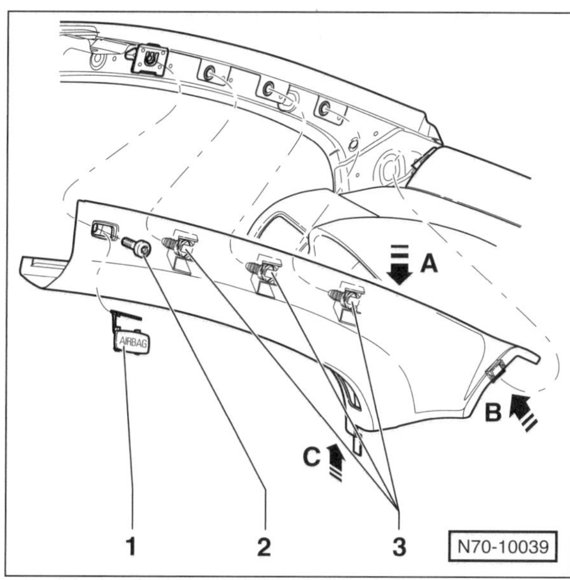

- »Airbag«-Kappe –1– von der Verkleidung abziehen und Schraube –2– herausdrehen. **Achtung:** Die »Airbag«-Kappe wird beschädigt und muss ersetzt werden.
- Einen Kunststoffkeil unter die Verkleidung schieben und Halteclips –3– aus den Aufnahmen in der A-Säule herausziehen –Pfeil A–.
- Verkleidung aus der Türdichtung herausziehen.
- Verkleidung aus der vorderen Aufnahme herausziehen –Pfeil B– und hinten aus der Armaturentafel herausziehen –Pfeil C–.

Einbau

- Halteclips auf Beschädigungen und auf richtigen Sitz an der Verkleidung überprüfen, wenn nötig, ersetzen.
- Der Einbau erfolgt in umgekehrter Ausbaureihenfolge, dabei darauf achten, dass die Türdichtung über die Verkleidung greift.
- Schraube –2– mit **4 Nm** festziehen.

Achtung: Beim Anklemmen der Batterie darf sich keine Person im Innenraum des Fahrzeugs aufhalten.

- Isolierband vom Minuspol der Batterie entfernen, zuerst Pluskabel (+) und danach Massekabel (–) an der Batterie anklemmen. **Achtung:** Hinweise im Kapitel »Batterie aus- und einbauen« beachten.

Mittlere Verkleidung

Ausbau

- Seitliche Abdeckung an der Armaturentafel ausbauen, siehe entsprechendes Kapitel.

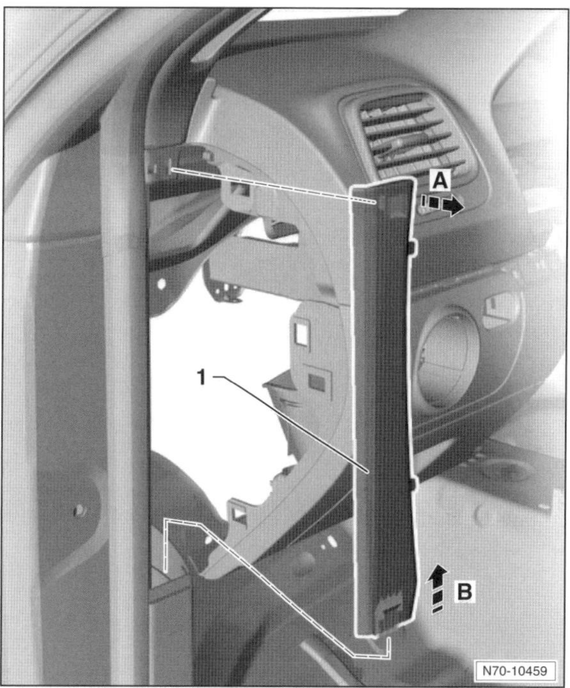

- Mittlere Verkleidung –1– im oberen Bereich aus den Aufnahmen abziehen –Pfeil A–.
- Mittlere Verkleidung unten aus der unteren Verkleidung nach oben –Pfeil B– herausziehen.

Einbau

- Der Einbau erfolgt in umgekehrter Ausbaureihenfolge, dabei darauf achten, dass die Türdichtung über die Verkleidung greift. Herausgefallenes Dämmmaterial hinter die Verkleidung legen.

Untere Verkleidung

Ausbau

- Einstiegsleiste an den Stoßstellen zur unteren A-Säulenverkleidung vom Türschweller ablösen, siehe entsprechendes Kapitel.
- Mittlere A-Säulenverkleidung ausbauen, siehe vorhergehenden Abschnitt.

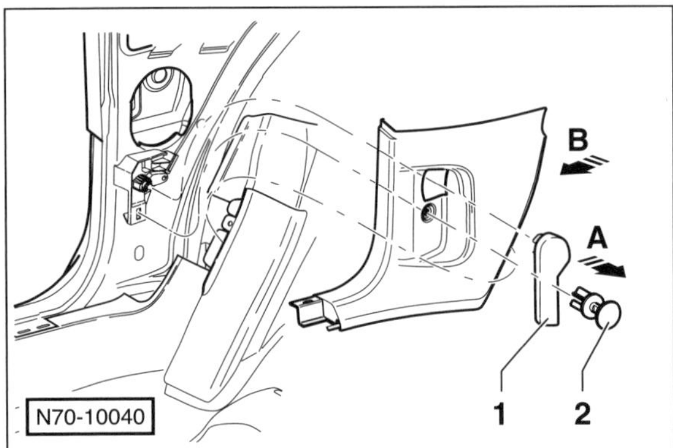

- **Fahrerseite:** Betätigungshebel –1– für Motorhauben-Seilzug ausbauen, siehe Seite 272.
- **Fahrerseite:** Spreizclip –2– aus der Verkleidung herausziehen.
- Verkleidung von der A-Säule abziehen –Pfeil A– und aus der Türdichtung herausziehen.
- Verkleidung aus der Aufnahme ziehen –Pfeil B– und abnehmen.

Einbau

- Spreizclip auf Beschädigungen überprüfen, wenn nötig, ersetzen.
- Der Einbau erfolgt in umgekehrter Ausbaureihenfolge, dabei darauf achten, dass die Türdichtung über die Verkleidung greift.

Verkleidung B-Säule aus- und einbauen

Obere Verkleidung

Ausbau

Achtung: Unbedingt Airbag-Sicherheitshinweise befolgen, siehe Seite 148.

- Um ein Auslösen des Kopf-Airbags zu verhindern, Zündung ausschalten, zuerst Massekabel (–) und danach Pluskabel (+) von der Batterie abklemmen. **Minuspol der Batterie mit Isolierband abkleben**. Hinweise im Kapitel »Batterie aus- und einbauen« beachten.

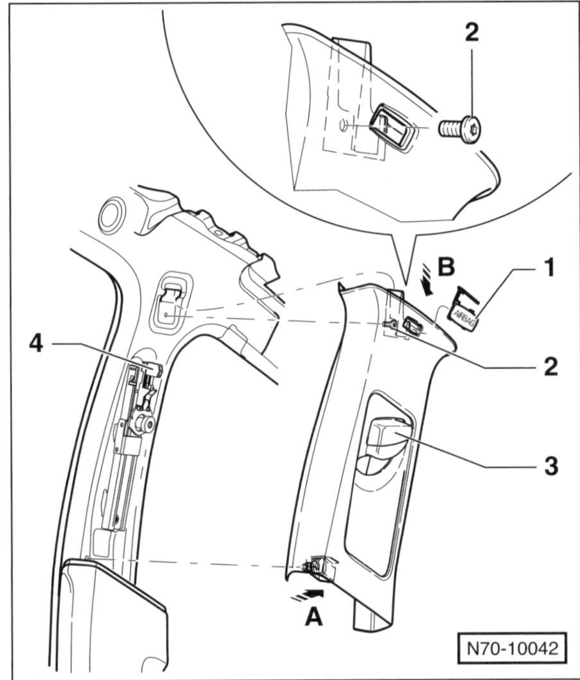

- »Airbag«-Kappe –1– von der Verkleidung abziehen und Schraube –2– herausdrehen. **Achtung:** Die »Airbag«-Kappe wird beschädigt und muss ersetzt werden.
- Verkleidung im unteren Bereich aus den Aufnahmen in der B-Säule herausziehen –Pfeil A–.
- Verkleidung aus der Türdichtung herausziehen.
- Verkleidung aus der oberen Aufnahme herausziehen –Pfeil B–.
- **4-Türer:** Untere B-Säulenverkleidung ausbauen, siehe entsprechenden Abschnitt.
- **4-Türer:** Gurtendbeschlag für vorderen Sicherheitsgurt ausbauen, siehe Kapitel »Sicherheitsgurt vorn«.
- **2-Türer:** Rücksitzbank und Einstiegsleiste ausbauen, siehe entsprechende Kapitel.
- **2-Türer:** Gurtführungsbügel für vorderen Sicherheitsgurt ausbauen, siehe entsprechendes Kapitel.
- Sicherheitsgurt durch die Öffnung an der Taste –3– für Gurthöhenverstellung herausfädeln und obere B-Säulenverkleidung abnehmen.

Einbau

- Halteclips auf Beschädigungen und auf richtigen Sitz an der Verkleidung überprüfen, wenn nötig ersetzen.
- Der Einbau erfolgt in umgekehrter Ausbaureihenfolge, dabei darauf achten, dass die Türdichtung über die Verkleidung greift und die Taste –3– der Gurthöhenverstellung korrekt in den Mitnehmer –4– eingreift.
- Schraube –2– mit **4 Nm** festziehen.
- Gurthöhenversteller auf Funktion prüfen.

Achtung: Beim Anklemmen der Batterie darf sich keine Person im Innenraum des Fahrzeugs aufhalten.

- Isolierband vom Minuspol der Batterie entfernen, zuerst Pluskabel (+) und danach Massekabel (–) an der Batterie anklemmen. **Achtung:** Hinweise im Kapitel »Batterie aus- und einbauen« beachten.

Untere Verkleidung

Ausbau

- Obere B-Säulenverkleidung ausbauen, siehe entsprechenden Abschnitt.

Hinweis: Gurtendbeschlag beziehungsweise Gurtführungsbügel für vorderen Sicherheitsgurt müssen dabei nicht ausgebaut werden.

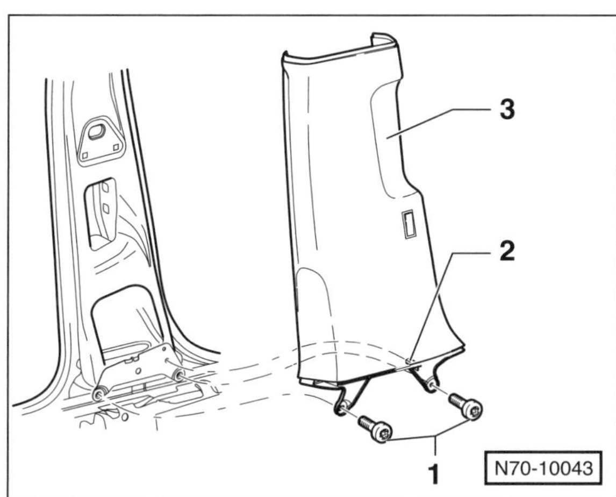

- 2 Schrauben –1– unten herausdrehen und Verkleidung –3– aus der Türdichtung herausziehen.
- Verkleidung von der B-Säule ziehen, dabei die Führungsnase –2– aus der Aufnahme herausziehen.
- **Fahrzeuge mit Diebstahlwarnanlage:** Stecker vom Überwachungssensor in der Verkleidung abziehen.

Einbau

- Der Einbau erfolgt in umgekehrter Ausbaureihenfolge, dabei darauf achten, dass die Türdichtung über die Verkleidung greift.
- Schrauben –1– mit **4 Nm** festziehen.

Verkleidung C-Säule aus- und einbauen

Ausbau

Achtung: Unbedingt Airbag-Sicherheitshinweise beachten, siehe Seite 148.

- Um ein Auslösen des Kopf-Airbags zu verhindern, Zündung ausschalten, zuerst Massekabel (–) und danach Pluskabel (+) von der Batterie abklemmen. **Minuspol der Batterie mit Isolierband abkleben**. Hinweise im Kapitel »Batterie aus- und einbauen« beachten.
- Auflage für Kofferraumabdeckung ausbauen, siehe entsprechendes Kapitel.
- Heckklappe öffnen, hintere Abdeckleiste am Dachhimmel nach unten ausclipsen und aus der Gummidichtung herausziehen.

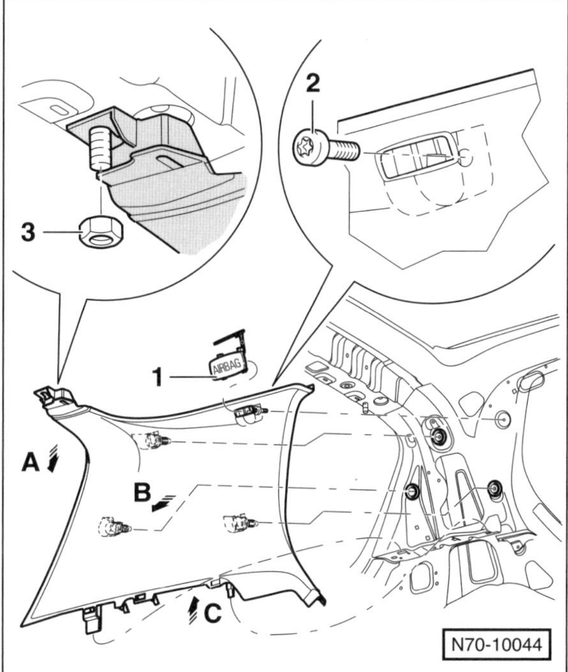

- »Airbag«-Kappe –1– von der Verkleidung abziehen und Schraube –2– herausdrehen. **Achtung:** Die »Airbag«-Kappe wird beschädigt und muss ersetzt werden.
- Mutter –3– oben abschrauben und Verkleidung nach unten vom Gewindebolzen ziehen –Pfeil A–.
- Verkleidung an den Halteclips aus den Aufnahmen in der C-Säule herausziehen –Pfeil B–.
- Verkleidung aus der Tür- und Heckklappendichtung herausziehen.
- Verkleidung im unteren Bereich nach oben aus den Aufnahmen in der C-Säule herausziehen –Pfeil C–.

Einbau

- Halteclips auf Beschädigungen und auf richtigen Sitz an der Verkleidung überprüfen, wenn nötig ersetzen.
- Der Einbau erfolgt in umgekehrter Ausbaureihenfolge, dabei darauf achten, dass die Tür- und Heckklappendichtung über die Verkleidung greift.
- Schraube –2– mit **4 Nm** und Mutter –3– mit **1,5 Nm** festziehen.

Achtung: Beim Anklemmen der Batterie darf sich keine Person im Innenraum des Fahrzeugs aufhalten.

- Isolierband vom Minuspol der Batterie entfernen, zuerst Pluskabel (+) und danach Massekabel (–) an der Batterie anklemmen. **Achtung:** Hinweise im Kapitel »Batterie aus- und einbauen« beachten.

Innenverkleidung Radkasten hinten aus- und einbauen

Ausbau

- Rücksitzbank ausbauen, siehe entsprechendes Kapitel.
- Rücksitzseitenpolster ausbauen, siehe entsprechendes Kapitel.

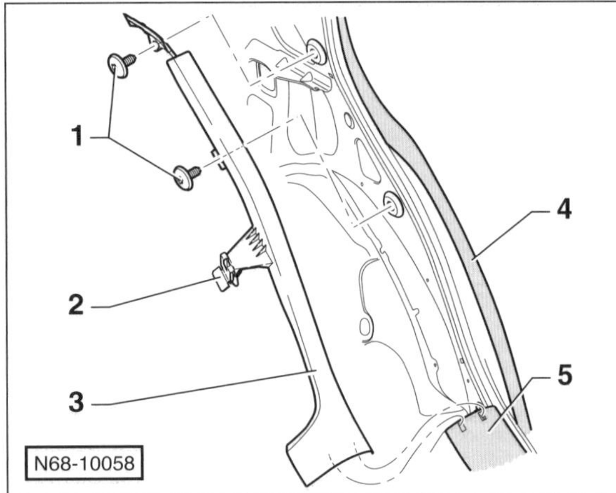

- 2 Schrauben –1– herausdrehen.
- Klammer –2– vom Flansch am Radkasten abziehen.
- Verkleidung –3– aus den Aufnahmen in der Einstiegsleiste –5– und aus der Gummidichtung –4– herausziehen.
- Verkleidung –3– nach vorne unter aus der C-Säulenverkleidung herausziehen.

Einbau

- Der Einbau erfolgt in umgekehrter Ausbaureihenfolge.

Seitenverkleidung hinten aus- und einbauen

2-Türer

Ausbau

- Rücksitzbank und -lehne ausbauen, siehe entsprechendes Kapitel.
- Obere B-Säulenverkleidung ausbauen, siehe entsprechendes Kapitel.

Hinweis: Der Gurtführungsbügel für den vorderen Sicherheitsgurt muss dabei nicht ausgebaut werden.

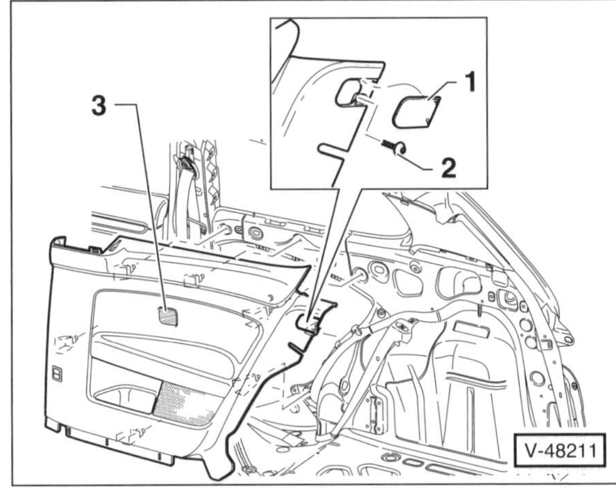

- Abdeckkappe –1– aus der Seitenverkleidung heraushebeln und Schraube –2– herausdrehen.
- Einstiegsleiste aus den Aufnahmen im unteren Bereich der Seitenverkleidung herausziehen.
- Seitenverkleidung an den Halteclips vorsichtig von der Seitenwand ziehen und aus der Türdichtung herausziehen. **Achtung:** Je nach Ausstattung sitzt ein Hochtonlautsprecher in der Seitenverkleidung. Das Lautsprecherkabel ist sehr kurz ausgelegt. Dadurch kann der Lautsprecher von der Seitenverkleidung abgerissen werden.
- Zündung ausschalten und Zündschlüssel abziehen.
- Stecker vom Lautsprecher –3– abziehen.
- **Fahrzeuge mit Diebstahlwarnanlage:** Stecker vom Überwachungssensor in der Verkleidung abziehen.
- Verkleidung von der Seitenwand abnehmen.

Einbau

- Halteclips auf Beschädigungen und auf richtigen Sitz an der Verkleidung überprüfen, wenn nötig, ersetzen.
- Der Einbau erfolgt in umgekehrter Ausbaureihenfolge, dabei darauf achten, dass die Türdichtung über die Verkleidung greift. Schraube –2– mit **2 Nm** festziehen.

Auflage für Kofferraumabdeckung aus- und einbauen

Ausbau

- Batterie abklemmen. **Achtung:** Hinweise im Kapitel »Batterie aus- und einbauen« beachten.
- Verkleidung Heckabschluss an den Übergangsstellen mit der Auflage Kofferraumabdeckung ausrasten, siehe entsprechendes Kapitel.
- Rücksitzbank ausbauen, siehe entsprechendes Kapitel.
- **4-Türer:** Rücksitzseitenpolster sowie Innenverkleidung am Radkasten ausbauen, siehe entsprechende Kapitel.
- **2-Türer:** Rücksitzlehne ausbauen, siehe entsprechendes Kapitel.
- **2-Türer:** Obere B-Säulenverkleidung ausbauen, siehe entsprechendes Kapitel.

Hinweis: Der Gurtführungsbügel für den vorderen Sicherheitsgurt muss dabei nicht ausgebaut werden.

- **2-Türer:** Seitenverkleidung hinten ausbauen, siehe entsprechendes Kapitel.

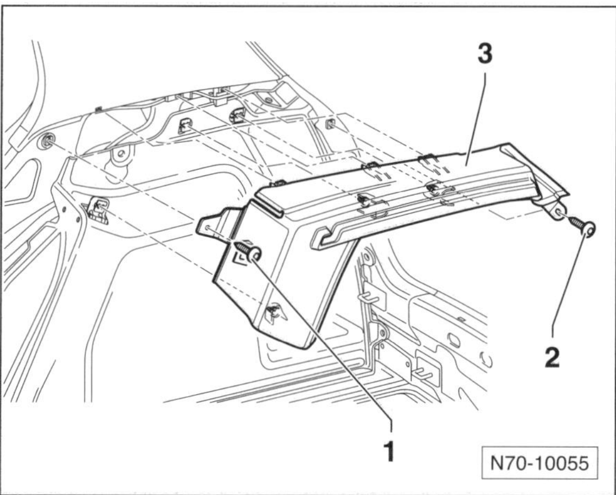

- Schrauben –1/2– herausdrehen und Auflage –3– an den Halteklammern aus den Aufnahmen herausziehen.
- Steckverbindungen je nach Ausstattung trennen.

Einbau

- Halteklammern auf Beschädigungen und auf richtigen Sitz an der Auflage überprüfen, wenn nötig, ersetzen.
- Der Einbau erfolgt in umgekehrter Ausbaureihenfolge.

Seitenverkleidung im Kofferraum aus- und einbauen

Ausbau

- Zündung ausschalten.
- Heckklappe öffnen.
- Bodenbelag am Kofferraumboden anheben und herausnehmen.
- Verkleidung Heckabschluss ausbauen, siehe entsprechendes Kapitel.
- Auflage für Kofferraumabdeckung ausbauen, siehe entsprechendes Kapitel.

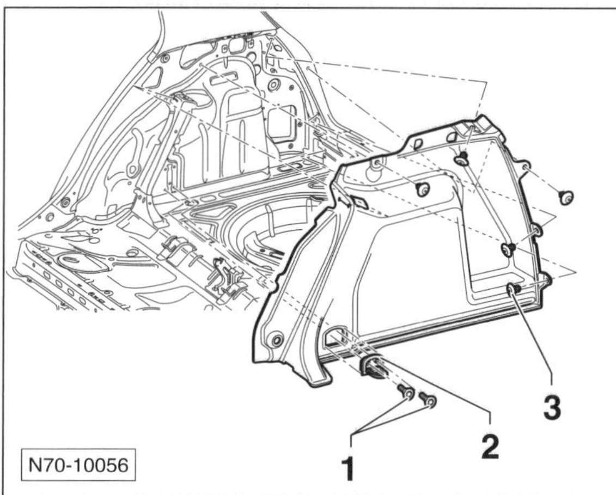

- 2 Schrauben –1– herausdrehen und Verzurröse –2– von der Seitenwand abnehmen.
- Mit einem Kunststoffkeil die 5 Stopfen –3– herausziehen.
- Seitenverkleidung aus dem Kofferraum herausnehmen.

Einbau

- Der Einbau erfolgt in umgekehrter Ausbaureihenfolge.
- Schrauben –1– mit **8 Nm** festziehen.

Verkleidung Heckabschluss aus- und einbauen

Ausbau

- Heckklappe öffnen und Bodenbelag am Kofferraumboden anheben und herausnehmen.

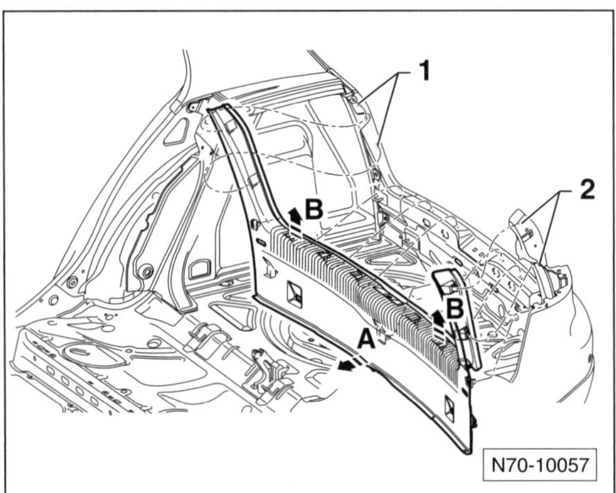

- Verkleidung im unteren Bereich greifen und von der Heckwand ziehen –Pfeil A–.
- Verkleidung an den Seiten aus den Aufnahmen –1/2– am Heckklappen-Rahmen herausziehen.
- Verkleidung nach oben ausclipsen –Pfeil B– und unter der Heckklappen-Dichtung hervorziehen.

Einbau

- Halteclips auf Beschädigungen und auf richtigen Sitz an der Verkleidung überprüfen, wenn nötig, ersetzen.
- Der Einbau erfolgt in umgekehrter Ausbaureihenfolge, dabei darauf achten, dass die Heckklappen-Dichtung über die Verkleidung greift.

Dachabschlussleiste aus-und einbauen

Ausbau

- Heckklappe öffnen.

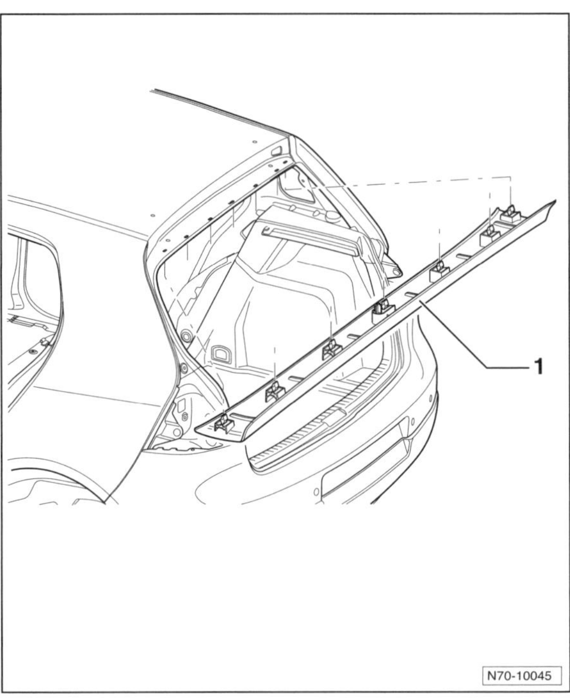

- Dachabschlussleiste –1– nach unten aus den Aufnahmen im Dachquerträger ziehen. Dabei Dachabschlussleiste aus der Heckklappen-Dichtung herausziehen.

Einbau

- Halteklammern auf Beschädigungen und auf richtigen Sitz an der Verkleidung überprüfen, wenn nötig, ersetzen.
- Der Einbau erfolgt in umgekehrter Ausbaureihenfolge, dabei darauf achten, dass die Heckklappen-Dichtung über die Dachabschlussleiste greift.

Vordersitz aus- und einbauen

Ausbau

Hinweis: Zum Ausbau des Vordersitzes mit Seiten-Airbag wird der VW-Airbag-Adapter VAS 6229 benötigt.

- Falls vorhanden, Schublade unter dem Sitz herausziehen.

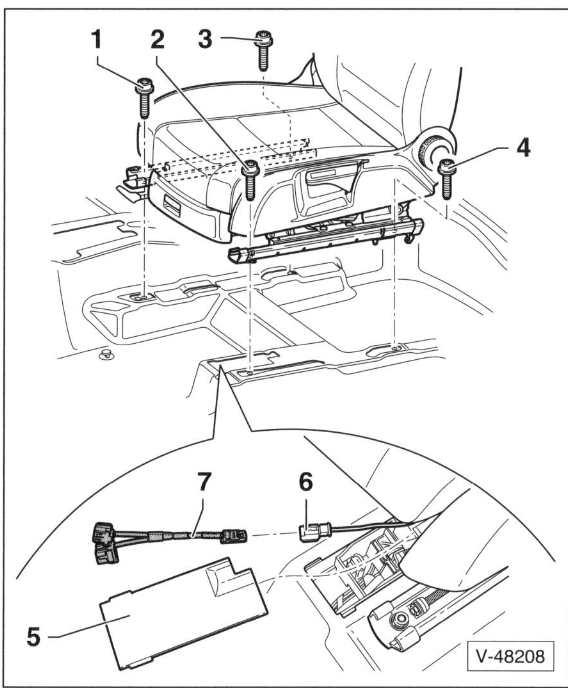

- Vordersitz nach vorne stellen und 2 Schrauben –3/4– hinten herausdrehen.
- Vordersitz nach hinten stellen und Deckel –5– von der Steckerleiste abnehmen.
- Um ein Auslösen des Seiten-Airbags zu verhindern, Zündung ausschalten, zuerst Massekabel (–) und danach Pluskabel (+) von der Batterie abklemmen. **Minuspol der Batterie mit Isolierband abkleben**. Hinweise im Kapitel »Batterie aus- und einbauen« beachten.

Achtung: Vor dem Trennen der Steckverbindung für Seiten-Airbag, elektrostatische Aufladung abbauen, dazu kurz den Schließbügel der Tür oder die Karosserie anfassen. **Der Airbag-Adapter muss angeschlossen bleiben, bis der Sitz wieder eingebaut wird.** Unbedingt **Airbag-Sicherheitshinweise** befolgen, siehe Seite 148.

- Alle Stecker an der Steckerleiste unter dem Sitz abziehen.
- Stecker für Seiten-Airbag –6– abziehen und dafür Airbag-Adapter VAS 6229 –7– am Anschluss für Seiten-Airbag aufstecken. **Hinweis:** Der Adapter sorgt für eine zusätzliche Absicherung gegen elektrostatische Aufladungen.
- 2 Schrauben –1/2– vorne herausdrehen.
- Kabelstrang vom Fahrzeugboden lösen.
- Vordersitz zusammen mit Gleitschienen aus der Vordertür herausnehmen.

Hinweis: Beim linken Vordersitz dabei mit der rechten Hand hinten zwischen Lehne und Sitzkissen greifen und mit der linken Hand vorne am Sitzkissen untergreifen. Entsprechend beim rechten Vordersitz vorgehen. Sitz nicht am Gurtschloss oder an den Verstellhebeln anheben.

Einbau

- Vordersitz so auf den Fahrzeugboden setzen, dass die Zentrierstifte am Sitz in die Bohrungen am Boden eingreifen.
- Der weitere Einbau erfolgt in umgekehrter Ausbaureihenfolge. Dabei zunächst die beiden vorderen Schrauben und zuletzt die Schrauben hinten festdrehen.
- Schrauben für Vordersitz mit **40 Nm** festziehen. **Hinweis:** Wird das Gewinde im Aufnahmeblech des Sitzquerträgers beschädigt, dann ist eine Reparatur des Gewindes nicht zulässig. In diesem Fall muss das Aufnahmeblech erneuert werden (Werkstattarbeit).

Achtung: Beim Anklemmen der Batterie darf sich keine Person im Innenraum des Fahrzeugs aufhalten.

- Isolierband vom Minuspol der Batterie entfernen, zuerst Pluskabel (+) und danach Massekabel (–) an der Batterie anklemmen. **Achtung:** Hinweise im Kapitel »Batterie aus- und einbauen« beachten.
- Falls die Airbag-Warnlampe im Kombiinstrument nach Einschalten der Zündung nicht erlischt, liegt eine Störung im Airbag-System vor. In diesem Fall muss eine Fachwerkstatt aufgesucht werden.

Rücksitz aus- und einbauen

Rücksitzbank

Ausbau

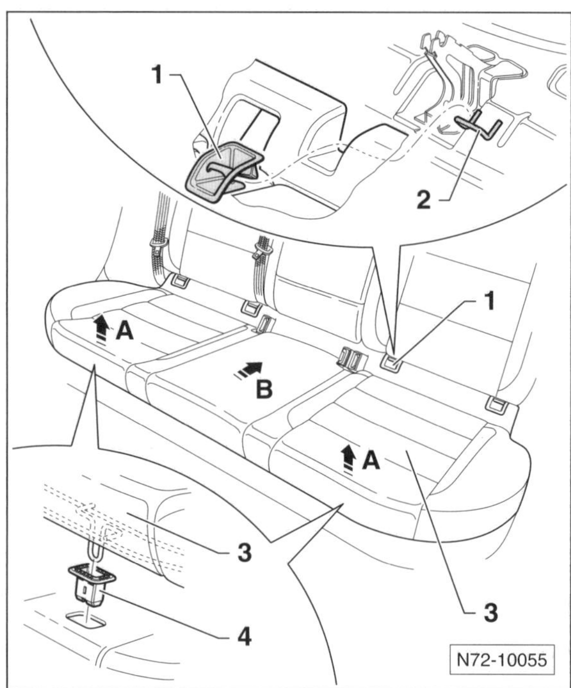

- 4 Führungen –1– aus den Verankerungen –2– für Kindersitze ausclipsen.
- Rücksitzbank –3– vorne anheben –Pfeile A– und aus den 2 Aufnahmen –4– am Boden herausziehen.
- Rücksitzbank nach hinten drücken –Pfeil B–, im hinteren Bereich nach oben ziehen und aushängen.
- Rücksitzbank aus dem Fahrzeug herausheben.

Einbau

- Der Einbau erfolgt in umgekehrter Ausbaureihenfolge.

Rücksitzlehne

Ausbau

- Rücksitzbank ausbauen, siehe entsprechenden Abschnitt.

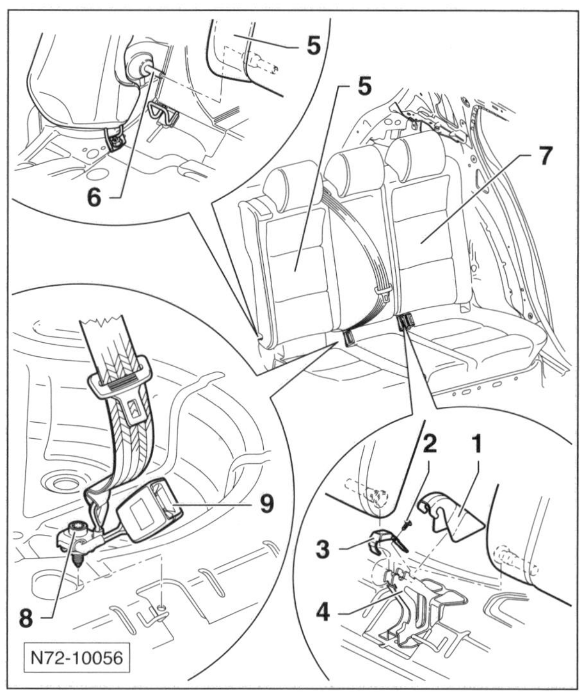

- Bodenbelag zurückklappen und Abdeckkappe –1– vom mittleren Lehnenlager –4– abziehen. Schraube –2– herausdrehen und Schelle –3– vom Mittellager abnehmen.
- Rechte Lehne –5– aus dem Mittellager aushängen und an der Außenseite vom Haltebolzen –6– abziehen.
- Schraube –8– herausdrehen und Sicherheitsgurtschloss –9– vom Fahrzeugboden abnehmen.
- Rechte Lehne –5– aus dem Fahrzeug nehmen.
- Linke Lehne –7– aus dem Mittellager aushängen, an der Außenseite vom Haltebolzen abziehen und aus dem Fahrzeug nehmen.

Einbau

- Der Einbau erfolgt in umgekehrter Ausbaureihenfolge, dabei Sicherheitsgurtschloss mit **40 Nm** am Boden festschrauben und Schelle –3– mit **9 Nm** am Mittellager festschrauben.

Rücksitzseitenpolster aus- und einbauen

GOLF, 4-Türer

Ausbau

- **Seitenpolster mit Seiten-Airbag:** Um ein Auslösen des Seiten-Airbags zu verhindern, Zündung ausschalten, zuerst Massekabel (–) und danach Pluskabel (+) von der Batterie abklemmen. **Minuspol der Batterie mit Isolierband abkleben**. Hinweise im Kapitel »Batterie aus- und einbauen« beachten.
- Rücksitzbank ausbauen, siehe entsprechendes Kapitel.

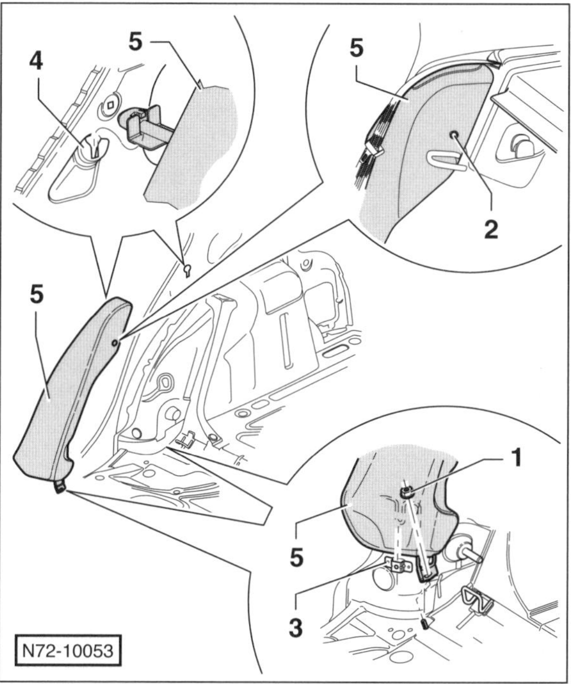

- Mutter –1– abschrauben.
- Rücksitzlehne nach vorne klappen.
- **Seitenpolster mit Seiten-Airbag:** Falls vorhanden, Abdeckkappe abhebeln und Schraube –2– herausdrehen.
- Seitenpolster –5– nach oben aus den Aufnahmen –3– und –4– herausziehen.

Achtung: Vor dem Trennen der Steckverbindung für Seiten-Airbag, elektrostatische Aufladung abbauen, dazu kurz den Schließbügel der Tür oder die Karosserie anfassen. Unbedingt **Airbag-Sicherheitshinweise** befolgen, siehe Seite 148.

- **Seitenpolster mit Seiten-Airbag:** Stecker vom Seiten-Airbag abziehen.

Einbau

- Der Einbau erfolgt in umgekehrter Ausbaureihenfolge, dabei die Schraube sowie die Mutter mit **8 Nm** festziehen.

Seitenpolster mit Seiten-Airbag

Achtung. Beim Anklemmen der Batterie darauf achten, dass sich keine Person im Innenraum des Fahrzeugs aufhält.

- Isolierband vom Minuspol der Batterie entfernen, zuerst Pluskabel (+) und danach Massekabel (–) an der Batterie anklemmen. **Achtung:** Hinweise im Kapitel »Batterie aus- und einbauen« beachten.
- Falls die Airbag-Warnlampe im Kombiinstrument nach Einschalten der Zündung nicht erlischt, liegt eine Störung im Airbag-System vor. In diesem Fall muss eine Fachwerkstatt aufgesucht werden.

Sicherheitsgurt vorn

4-Türer

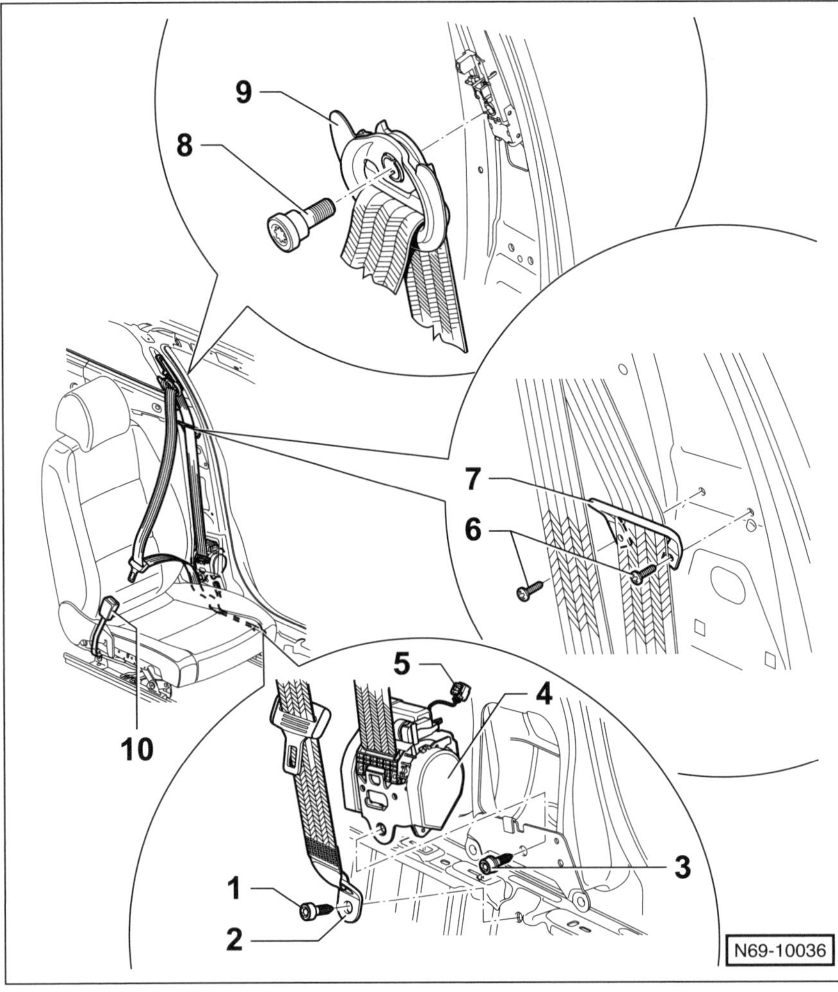

Sicherheitshinweis

Bei Arbeiten am Sicherheitsgurtsystem **unbedingt die Airbag-Sicherheitshinweise befolgen, siehe Seite 148.**

1 – Schraube, selbstsichernd, 40 Nm
Schraube grundsätzlich ersetzen. Schraube vor dem Herausdrehen mit einem Heißluftfön erwärmen, Sicherheitsgurt dabei mit einem feuchten Tuch schützen.

2 – Gurtendbeschlag
Hinweis: Beim 2-Türer ist der Sicherheitsgurt unten am Gurtführungsbügel befestigt.

3 – Schraube, 40 Nm

4 – Gurtaufrollautomat
Um ein Auslösen des Gurtstraffers zu verhindern, Zündung ausschalten, zuerst Massekabel (–) und danach Pluskabel (+) von der Batterie abklemmen. **Minuspol der Batterie mit Isolierband abkleben.** Hinweise im Kapitel »Batterie aus- und einbauen« beachten.

5 – Steckverbindung für Gurtstraffer
Achtung: Vor dem Trennen der Steckverbindung elektrostatische Aufladung abbauen, dazu kurz den Schließbügel der Tür oder die Karosserie anfassen. Unbedingt **Airbag-Sicherheitshinweise** befolgen, siehe Seite 148.

6 – 2 Schrauben, 4,5 Nm

7 – Gurtführung

8 – Schraube, 40 Nm

9 – Gurtumlenkbeschlag

10 – Gurtschloss vorn

Achtung: Selbstsichernde Schrauben nach jedem Lösen **grundsätzlich ersetzen.**

Gurtführungsbügel vorn aus- und einbauen

GOLF, 2-Türer

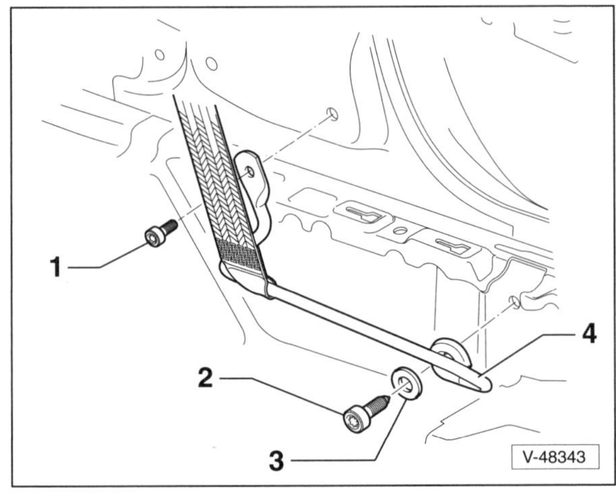

Ausbau

- Einstiegsleiste ausbauen, siehe entsprechendes Kapitel.
- Schrauben –1– und –2– herausdrehen. Scheibe –3– entfernen.
- Sicherheitsgurt aus dem Gurtführungsbügel –4– herausziehen und Gurtführungsbügel abnehmen.

Einbau

- Der Einbau erfolgt in umgekehrter Ausbaureihenfolge. Dabei Schraube –1– mit **20 Nm** festziehen und Schraube –2– mit **40 Nm**.

Karosserie außen

Aus dem Inhalt:

- **Kühlergrill**
- **Stoßfänger**
- **Schlossträger**
- **Kotflügel**
- **Motorhaube**
- **Heckklappe**
- **Tür zerlegen**
- **Außenspiegel**

Bei der selbsttragenden Karosserie des GOLF sind Bodengruppe, Seitenteile, Dach und die hinteren Kotflügel miteinander verschweißt. Die Reparatur größerer Karosserieschäden sowie das Auswechseln von Front- und Heckscheibe sollten von einer Fachwerkstatt durchgeführt werden

Motorhaube, Heckklappe, Türen und die vorderen Kotflügel sind angeschraubt und lassen sich leicht auswechseln. Beim Einbau ist dann unbedingt ein gleichmäßiger Luftspalt einzuhalten, sonst klappert beispielsweise die Tür, oder es können während der Fahrt erhöhte Windgeräusche auftreten. Der Luftspalt muss auf jeden Fall parallel verlaufen, das heißt, der Abstand zwischen den Karosserieteilen muss auf der gesamten Länge des Spaltes gleich groß sein. Abweichungen bis zu 1 mm sind zulässig.

Achtung: Wenn im Rahmen von Arbeiten an der Karosserie auch Arbeiten an der elektrischen Anlage durchgeführt werden, **grundsätzlich** die Zündung ausschalten und den Zündschlüssel abziehen. Als Arbeit an der elektrischen Anlage ist dabei schon zu betrachten, wenn eine elektrische Leitung vom Anschluss abgezogen beziehungsweise abgeklemmt wird.

Hinweis: Zum Lösen von Tür- und Heckklappenverkleidungen einen Kunststoffkeil verwenden, zum Beispiel HAZET 1965-20. Clips, die beim Ausbau von Verkleidungen beschädigt werden, immer erneuern.

Sicherheitshinweise bei Karosseriearbeiten

Sicherheitshinweis
Bei Karosseriearbeiten entstehen oft starke Erschütterungen, beispielsweise durch Hammerschläge. Deshalb immer Zündung ausschalten und beide Batteriekabel abklemmen, sonst kann der Airbag ausgelöst werden. Airbag-Sicherheitshinweise durchlesen, siehe Seite 148.

- Muss an der Karosserie geschweißt werden, soll dies grundsätzlich durch Widerstandspunktschweißen (RP) durchgeführt werden. Nur wenn sich die Schweißzange nicht ansetzen lässt, ist das Schutzgas-Schweißverfahren anzuwenden.
- So weit Schweißarbeiten oder andere funkenerzeugende Arbeiten durchgeführt werden, grundsätzlich die Batterie komplett abklemmen (Pluskabel und Massekabel) und beide Batteriepole (+) und (–) sorgfältig mit Klebeband isolieren. Bei Arbeiten in Batterienähe muss die Batterie ausgebaut werden. **Achtung:** Unbedingt Hinweise im Kapitel »Batterie aus- und einbauen« beachten.
- **Fahrzeuge mit Klimaanlage:** An Teilen der befüllten Klimaanlage darf weder geschweißt noch hart- oder weichgelötet werden. Das gilt auch für Schweiß- und Lötarbeiten am Fahrzeug, wenn die Gefahr besteht, dass sich Teile der Klimaanlage erwärmen.

Sicherheitshinweis
Der **Kältemittelkreislauf** der Klimaanlage darf **nicht geöffnet** werden, da das Kältemittel bei Hautberührung Erfrierungen hervorrufen kann.
Bei versehentlichem Hautkontakt, die Stelle sofort mindestens 15 Minuten lang mit kaltem Wasser spülen. Austretendes Kältemittel verdampft bei Umgebungstemperatur. Das Kältemittel ist farb- und geruchlos sowie schwerer als Luft. Da das Kältemittel nicht wahrnehmbar ist, besteht am Boden beziehungsweise in einer Montagegrube Erstickungsgefahr.

- **Lackierung trocknen:** Im Rahmen einer Reparatur-Lackierung darf das Fahrzeug im Trockenofen oder in der Vorwärmzone nicht über **+80° C** aufgeheizt werden. Sonst können elektronische Steuergeräte im Fahrzeug beschädigt werden. Außerdem kann dadurch in der Klimaanlage ein starker Überdruck entstehen, der möglicherweise zum Platzen der Anlage führt.

- **PVC-Unterbodenschutz entfernen:** Als Korrosionsschutz ist auf dem Unterboden ein PVC-Unterbodenschutz aufgetragen. Unterbodenschutz an der Reparaturstelle mit rotierender Drahtbürste entfernen oder mit einem Heißluftgebläse auf maximal +180° C erwärmen und mit einem Spachtel ablösen. **Achtung:** Durch Abbrennen beziehungsweise Erwärmen von PVC-Material über +180° C entsteht korrosionsfördernde Salzsäure, außerdem werden gesundheitsschädliche Dämpfe frei.

Steinschlagschäden an der Frontscheibe

Hinweis: Kleinere Schäden an der Frontscheibe, zum Beispiel durch Steinschlag verursacht oder Scheibenwischerstreifen, beeinträchtigen die Sicht und können zu Folgeschäden an der Scheibe (Risse) führen. Diese Schäden sollten so bald wie möglich behoben werden. Verschiedene Glas-Unternehmen sind auf Reparaturen an Auto-Scheiben spezialisiert. Der Austausch der Scheibe kann auf diese Weise vermieden werden. Überdies werden die Kosten für die Scheibenreparatur von der Kaskoversicherung übernommen.

Spreiznieten aus- und einbauen

Viele Abdeckungen und Verkleidungen sind mit Spreiznieten befestigt. Aus- und Einbau weiterer Halteclips, siehe Seite 235.

Ausbau

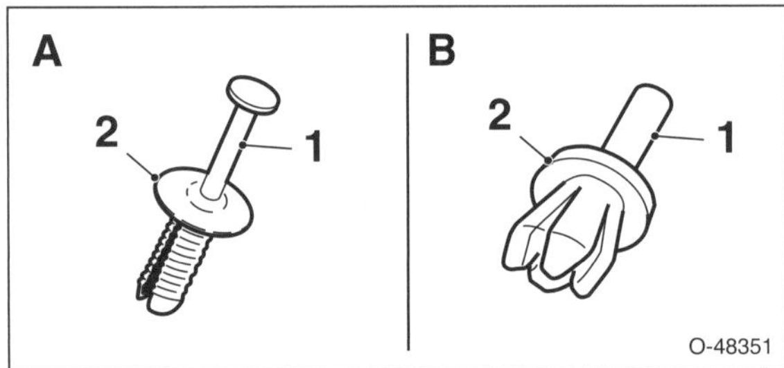

- A – Spreizniete mit Kappe: Bolzen –1– mit einem Schraubendreher herausziehen.
- B – Spreizniete ohne Kappe: Bolzen –1– mit einem geeigneten Dorn durchdrücken. **Hinweis:** Der Bolzen geht dabei unter Umständen verloren und muss ersetzt werden.
- Spreizniete –2– aus der Bohrung herausziehen.

Einbau

- Beschädigte oder fehlende Spreiznieten durch Neuteile ersetzen.
- Spreizniete –2– in die Bohrung setzen und Bolzen –1– eindrücken. **Hinweis:** Dadurch werden die Clipnasen gespreizt und die Spreizniete sitzt sicher in der Bohrung.

Blindnieten aus- und einbauen

Zum Entfernen von Blindnieten (Popnieten) zunächst nur den Nietkopf ausbohren und dann die Niete mit einem Dorn aus der Bohrung heraustreiben. Dadurch wird verhindert, dass die Bohrung ausgeweitet wird.

Neue Niete in die Bohrung einsetzen und mit einer Blindniet-Zange festquetschen, die Niethülse hat dabei denselben Durchmesser wie die Bohrung.

Häufig verwendete Nieten-Durchmesser: 2,4 mm, 3,2 mm, 4,0 mm und 4,8 mm.

Motorraumabdeckung unten aus- und einbauen

Ausbau

> **Sicherheitshinweis**
> Beim Aufbocken des Fahrzeugs besteht Unfallgefahr! Deshalb vorher das Kapitel »Fahrzeug aufbocken« durchlesen.

- Fahrzeug vorne aufbocken.

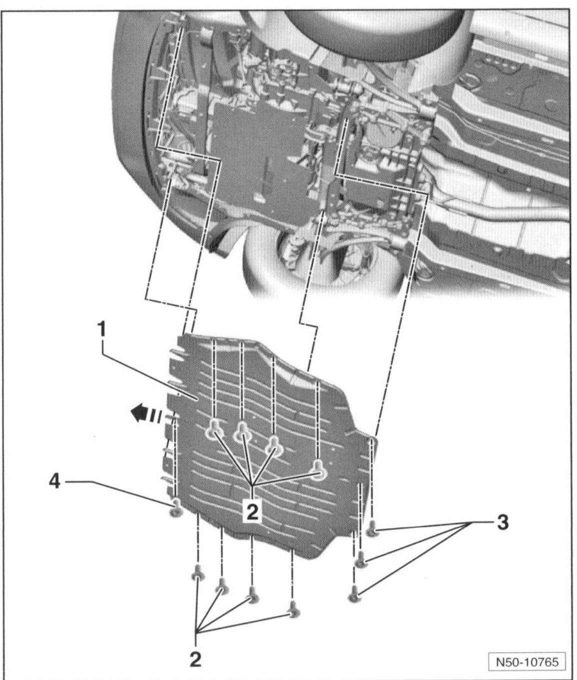

Hinweis: Je nach Modell und Motor gibt es unterschiedliche Motorraumabdeckungen –1–.

- Schrauben –2–, –3– und –4– herausdrehen.
- Motorraumabdeckung –1– nach hinten herausziehen und abnehmen. **Hinweis:** Der Pfeil zeigt in Fahrtrichtung.

Einbau

- Der Einbau erfolgt in umgekehrter Ausbaureihenfolge. Schrauben –2– und –4– mit **2 Nm**, Schrauben –3– mit **6 Nm** anziehen.

Windlaufgrill aus- und einbauen

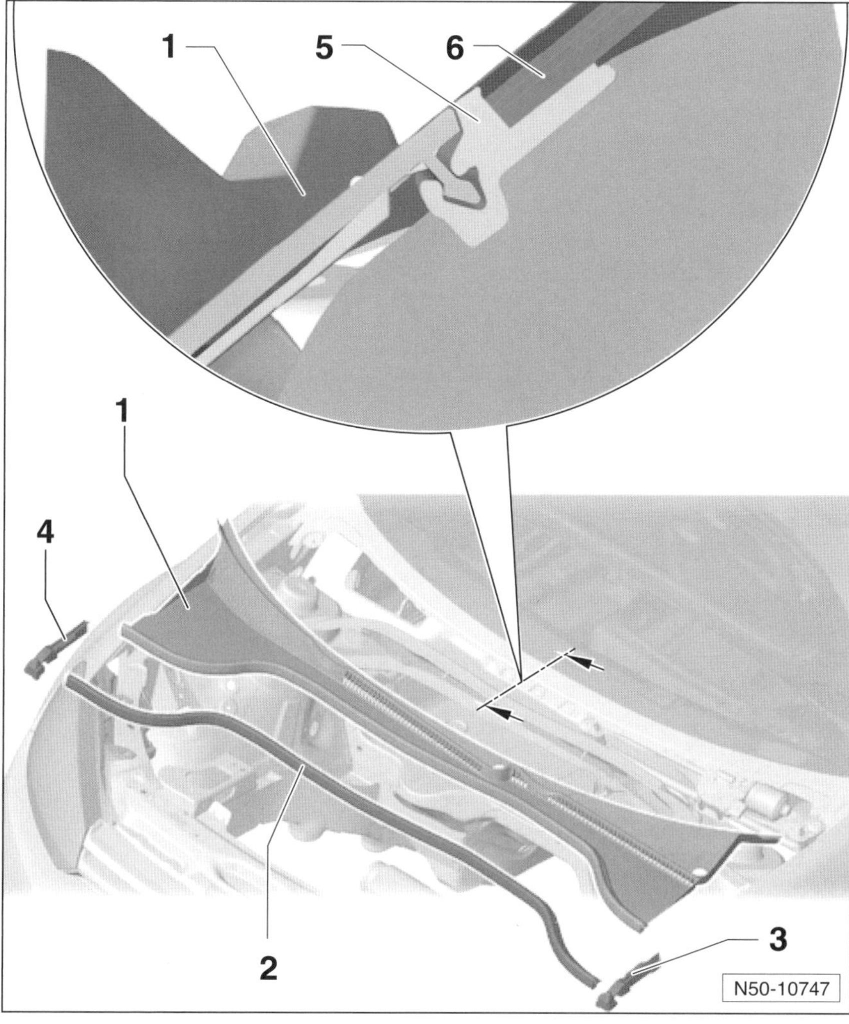

1 – Windlaufgrill

Ausbau

- ◆ Wischerarme ausbauen, siehe Seite 85.
- ◆ Dichtung –2– vom Windlaufgrill –1– abziehen.
- ◆ Windlaufgrill am Rand der Frontscheibe von Hand anheben.
- ◆ Windlaufgrill vorsichtig nach oben aus der Aufnahme –5– herausziehen. Dabei am Rand der Frontscheibe beginnen. **Achtung:** Windlaufgrill –1– nicht mit einem Hebelwerkzeug (Schraubendreher) von der Frontscheibe –6– abhebeln. Diese kann dabei beschädigt werden und später reißen.

Einbau

Achtung: Windlaufgrill nicht durch Schläge in die Aufnahme einsetzen, dadurch kann die Frontscheibe anreißen.

- ◆ Bereich um Aufnahme –5– mit Seifenlauge einsprühen. Dies erleichtert das Einsetzen des Windlaufgrills in die Aufnahme.
- ◆ Windlaufgrill auf die Aufnahme setzen und dann von der Mitte aus nach beiden Seiten vorsichtig in die Aufnahme drücken.
- ◆ Dichtung –2– einlegen und am Windlaufgrill aufdrücken.
- ◆ Wischerarme einbauen, siehe Seite 85.

2 – Dichtung

3 – Schaumformteil links

4 – Schaumformteil rechts

5 – Aufnahme

6 – Frontscheibe

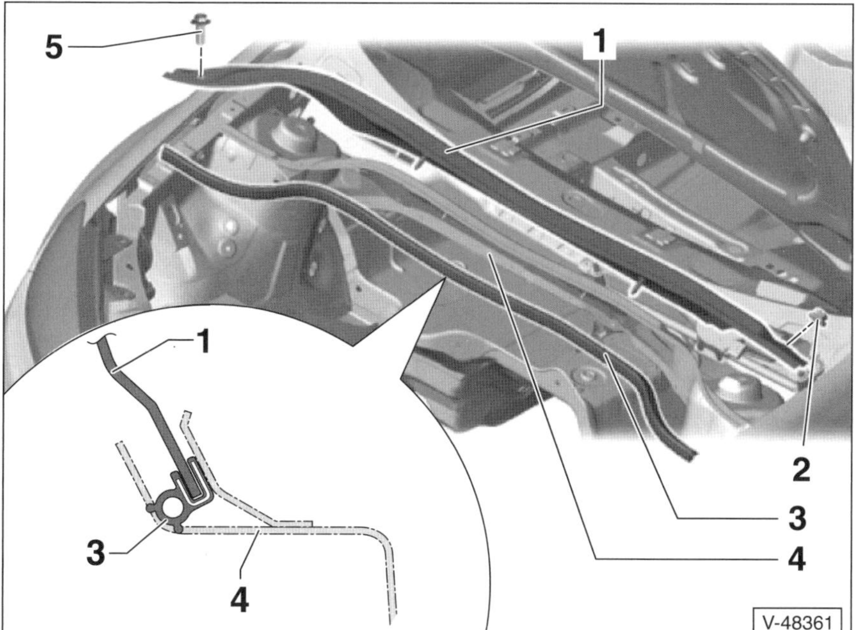

Wasserkasten-Stirnwand

1 – Wasserkasten-Stirnwand

Ausbau

- ◆ Windlaufgrill ausbauen.
- ◆ Schraube –5– herausdrehen.
- ◆ Mutter –2– abschrauben.
- ◆ Stirnwand nach oben aus dem Wasserkasten –4– herausziehen.

Einbau

- ◆ Der Einbau erfolgt in umgekehrter Ausbaureihenfolge.

2 – Mutter, 8 Nm

3 – Dichtung

Beim Einbau der Stirnwand auf richtigen Sitz der Dichtung achten.

4 – Wasserkasten

5 – Schraube, 8 Nm

Schlossträger in Servicestellung bringen

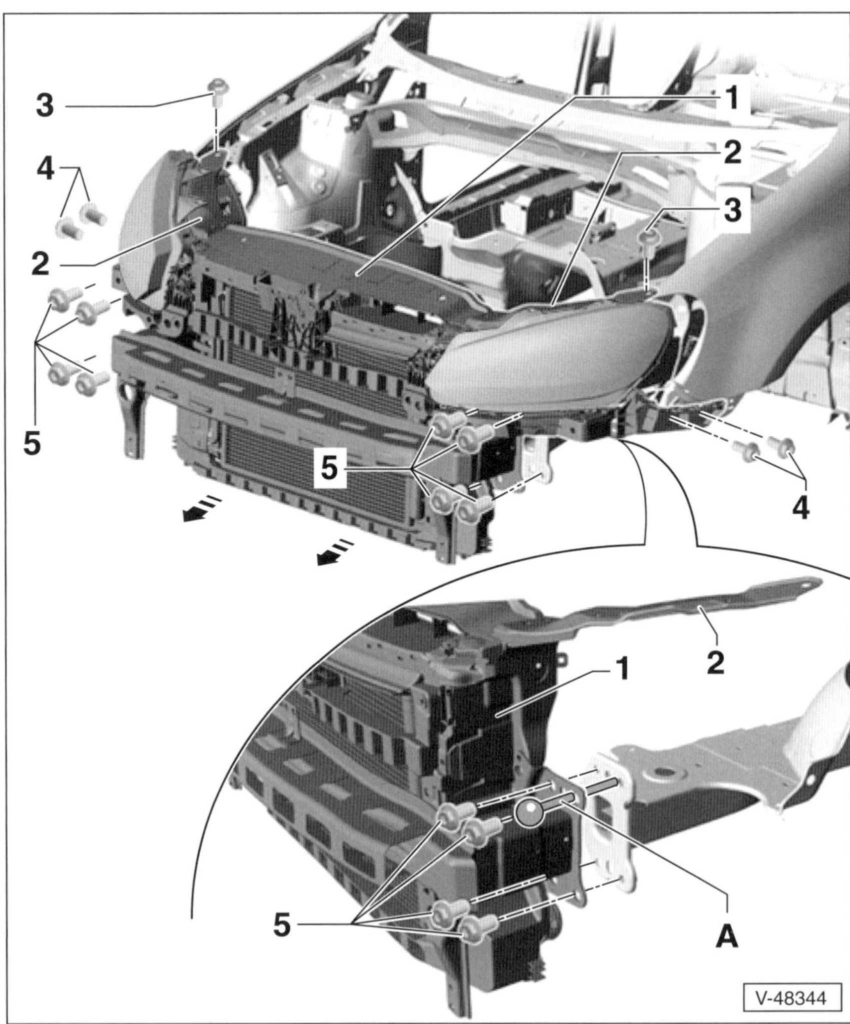

1 – Schlossträger

2 – Haltewinkel

3 – Schrauben, 8 Nm

4 – Schrauben, 2 Nm

5 – Schrauben, 60 Nm

A – Führungsstangen
Spezialwerkzeug VW T10093.

Servicestellung

Zum Ausbau des Motors oder des Kühlers muss das Fahrzeug-Vorderteil in die so genannte Servicestellung gebracht werden. Dabei wird der Schlossträger nach vorne geschoben.

- Stoßfängerabdeckung vorn ausbauen, siehe entsprechendes Kapitel.
- Seilzug am Motorhaubenschloss aushängen, siehe Kapitel »Motorhaubenschloss aus- und einbauen«.

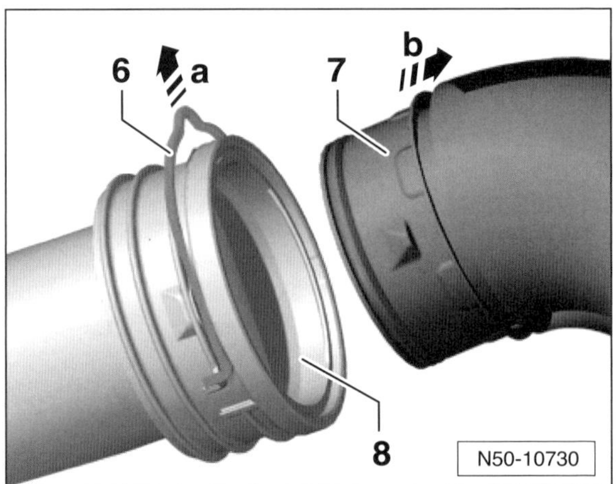

- Turbodiesel mit Ladeluftkühler: Druckschläuche abziehen. Dazu Halteklammer –6– in Pfeilrichtung –a– ziehen und Steckkupplung –8– entriegeln. Druckschlauch –7– in Pfeilrichtung –b– abziehen.

- Schrauben –4– an der Führung rechts und links herausdrehen.
- Je 1 Schraube –5– rechts und links aus den Längsträgern herausdrehen und Führungsstangen –A– in die beiden Bohrungen einschrauben.
- Weitere Schrauben –5– rechts und links an den Längsträgern herausdrehen.
- Schrauben –3– oben an den Haltewinkeln –2– herausdrehen.

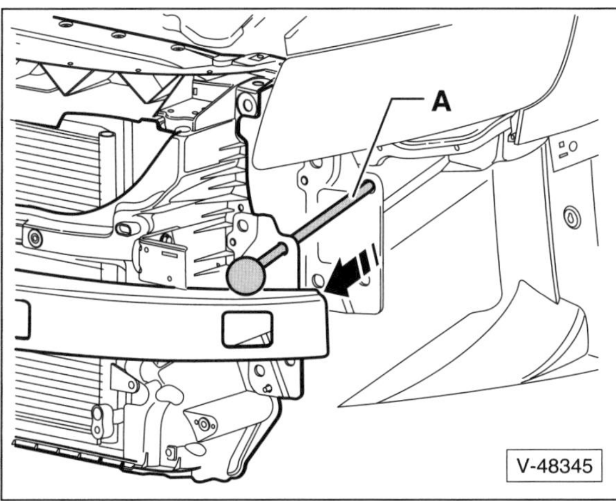

- Schlossträger auf den Führungsstangen –A– etwa 10 cm nach vorne ziehen –Pfeil–.

Einbau

- Schlossträger auf den Führungsstangen an die Längsträger heranschieben und festschrauben.
- Schrauben –3– eindrehen und mit **8 Nm** festziehen.
- Führungsstangen herausdrehen und restliche Schrauben –5– eindrehen. Schrauben –5– mit **60 Nm** festziehen.
- Turbodiesel mit Ladeluftkühler: Druckschläuche am Ladeluftkühler einrasten.
- Der weitere Einbau erfolgt in umgekehrter Ausbaureihenfolge. Dabei darauf achten, dass Schläuche und Leitungen nicht eingeklemmt werden.
- Nach dem Einbau Scheinwerfereinstellung überprüfen, gegebenenfalls einstellen (Werkstattarbeit).

Stoßfänger/Stoßfängerabdeckung vorn aus- und einbauen

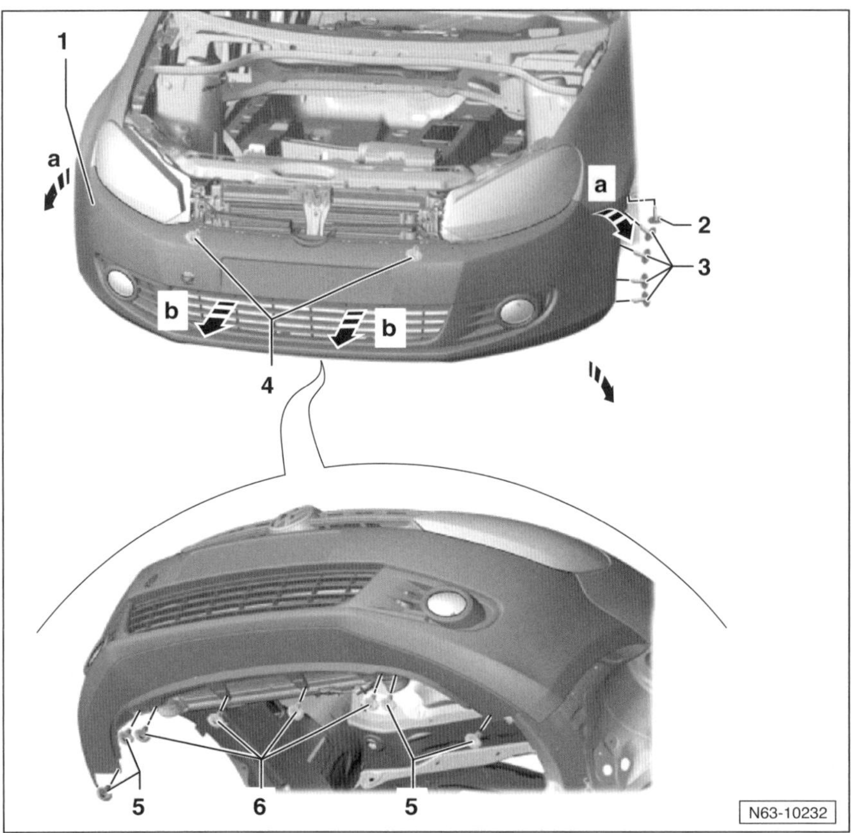

1 – Stoßfängerabdeckung

Ausbau

- ◆ Kühlergrill ausbauen, siehe entsprechendes Kapitel.
- ◆ Schrauben –4– herausdrehen.
- ◆ Nach oben gerichtete Schrauben –2– vom Radhaus herausdrehen.
- ◆ Schrauben –3– vom Radhaus herausdrehen.
- ◆ Schrauben –5/6– von unten herausdrehen.
- ◆ Stoßfängerabdeckung mit Helfer rechts und links aus den Führungsteilen an den Kotflügeln ausrasten –Pfeile a–.
- ◆ Stoßfängerabdeckung mit Helfer parallel nach vorne ziehen –Pfeile b– und abnehmen.
- ◆ Alle Steckverbindungen trennen.
- ◆ Scheinwerferreinigungsanlage: Waschwasserleitungen trennen.

2-5 Schrauben, 2 Nm

Hinweis: Je nach Ausstattung kann die Anzahl der Schrauben unterschiedlich sein.

1 – Stoßfängerabdeckung

Einbau

- ◆ Steckverbindungen und, falls vorhanden, Waschwasserleitungen zusammenstecken.
- ◆ Stoßfängerabdeckung mit Helfer parallel auf den Schlossträger aufschieben –Pfeile a–.
- ◆ Stoßfängerabdeckung seitlich auf die Führungsteile drücken und einrasten –Pfeile b–.
- ◆ Stoßfängerabdeckung ausrichten, dabei auf parallele Spaltmaße achten, und die Schrauben –2– bis –6– eindrehen und festziehen.
- ◆ Kühlergrill einbauen, siehe entsprechendes Kapitel.

2-5 Schrauben, 2 Nm

6 Schrauben, 1,5 Nm

7 – Stoßfängerträger

Mit 8 Sechskantschrauben (**60 Nm**) und 6 Torxschrauben (**8 Nm**) befestigt.

Hinweis: Je nach Ausstattung kann die Anzahl der Schrauben unterschiedlich sein.

Stoßfänger/Stoßfängerabdeckung hinten aus- und einbauen

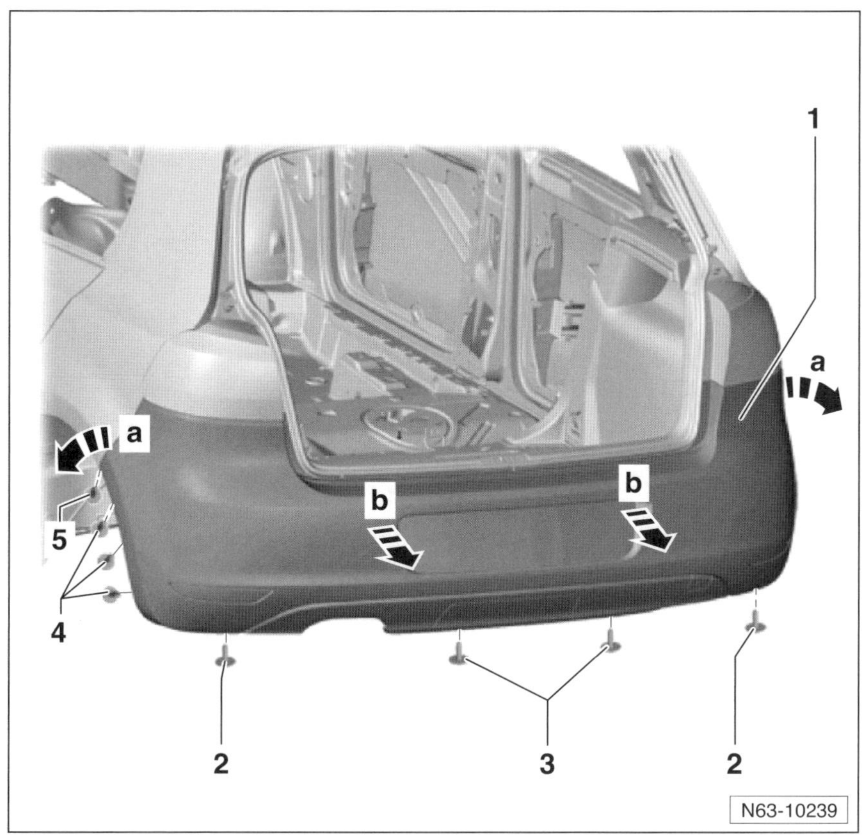

1 – Stoßfängerabdeckung

Ausbau

- ◆ Heckleuchten ausbauen, siehe Seite 108.
- ◆ Schrauben –4– an beiden Innenkotflügeln herausdrehen.
- ◆ Nach oben gerichtete Schrauben –5– links und rechts herausdrehen.
- ◆ Schrauben –2/3– von unten herausdrehen.
- ◆ Stoßfängerabdeckung mit Helfer rechts und links aus den Führungsteilen an den Kotflügeln ausrasten –Pfeile a–.
- ◆ Stoßfängerabdeckung mit Helfer parallel nach hinten ziehen –Pfeile b– und abnehmen.
- ◆ Alle Steckverbindungen trennen.

2-5 Schrauben, 2 Nm

Hinweis: Je nach Ausstattung kann die Anzahl der Schrauben unterschiedlich sein.

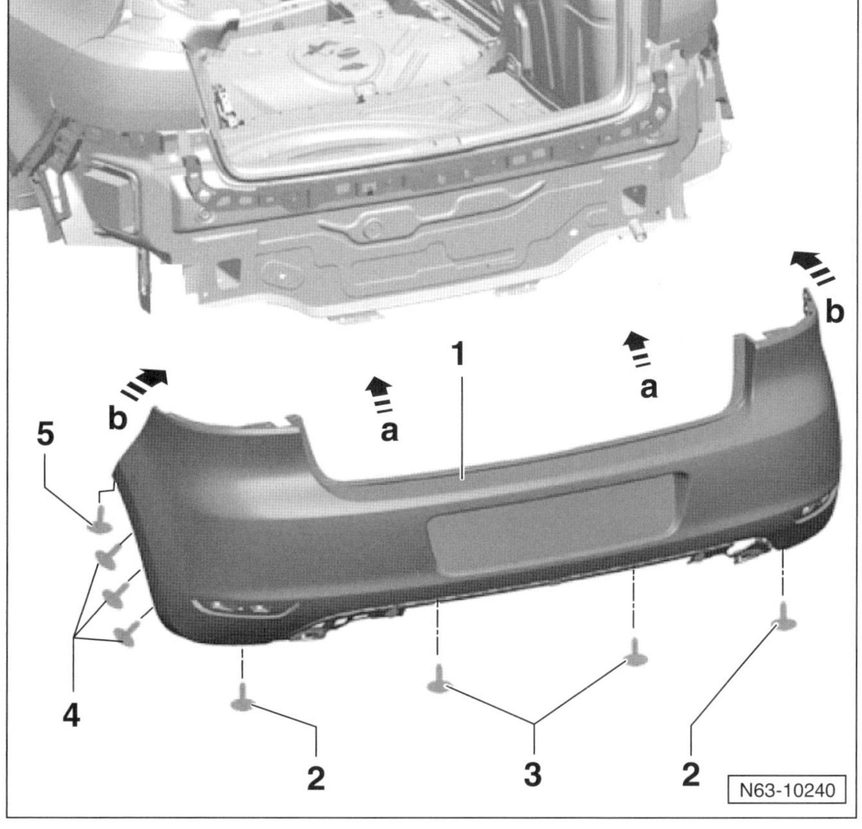

1 – Stoßfängerabdeckung

Einbau

- ◆ Steckverbindungen zusammenstecken.
- ◆ Stoßfängerabdeckung mit Helfer parallel auf das Fahrzeugheck aufschieben –Pfeile a–.
- ◆ Stoßfängerabdeckung seitlich auf die Führungsteile drücken und hörbar einrasten –Pfeile b–.
- ◆ Stoßfängerabdeckung ausrichten, dabei auf parallele Spaltmaße achten, und die Schrauben –2– bis –5– eindrehen und festziehen.

2-5 Schrauben, 2 Nm

Hinweis: Je nach Ausstattung kann die Anzahl der Schrauben unterschiedlich sein.

Kühlergrill aus- und einbauen

Ausbau

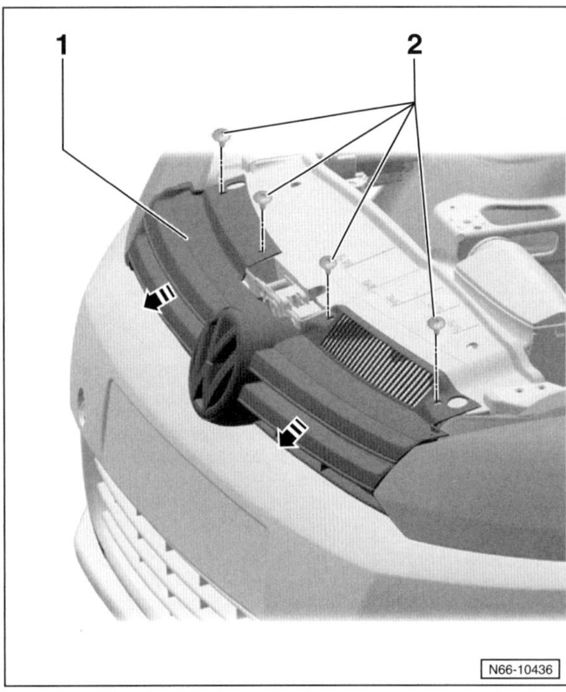

- Schrauben –2– herausdrehen.
- Kühlergrill –1– in Pfeilrichtung aus der Stoßfängerabdeckung vorn herausziehen.

Einbau

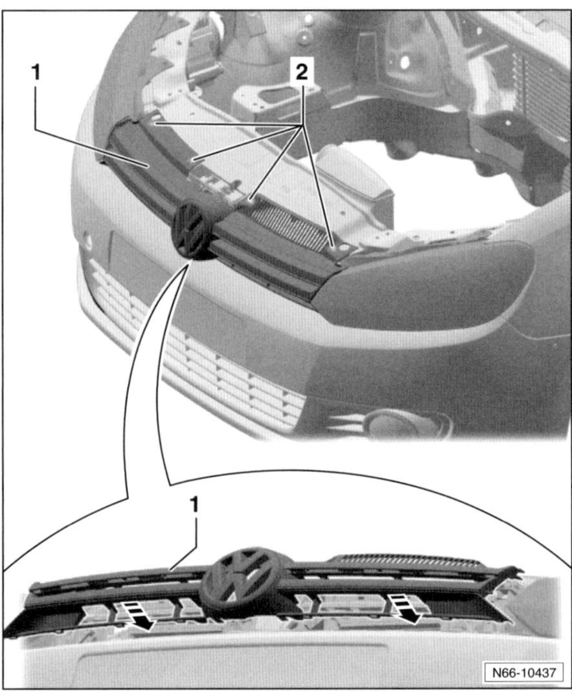

- Kühlergrill –1– mit den Laschen in die Aufnahmen an der Stoßfängerabdeckung einführen –Pfeile– und unter leichtem Druck einrasten.
- Spalte zu den umgebenden Bauteilen prüfen, gegebenenfalls Kühlergrill ausrichten.
- Schrauben –2– einsetzen und mit **2 Nm** festziehen.

Kotflügel aus- und einbauen

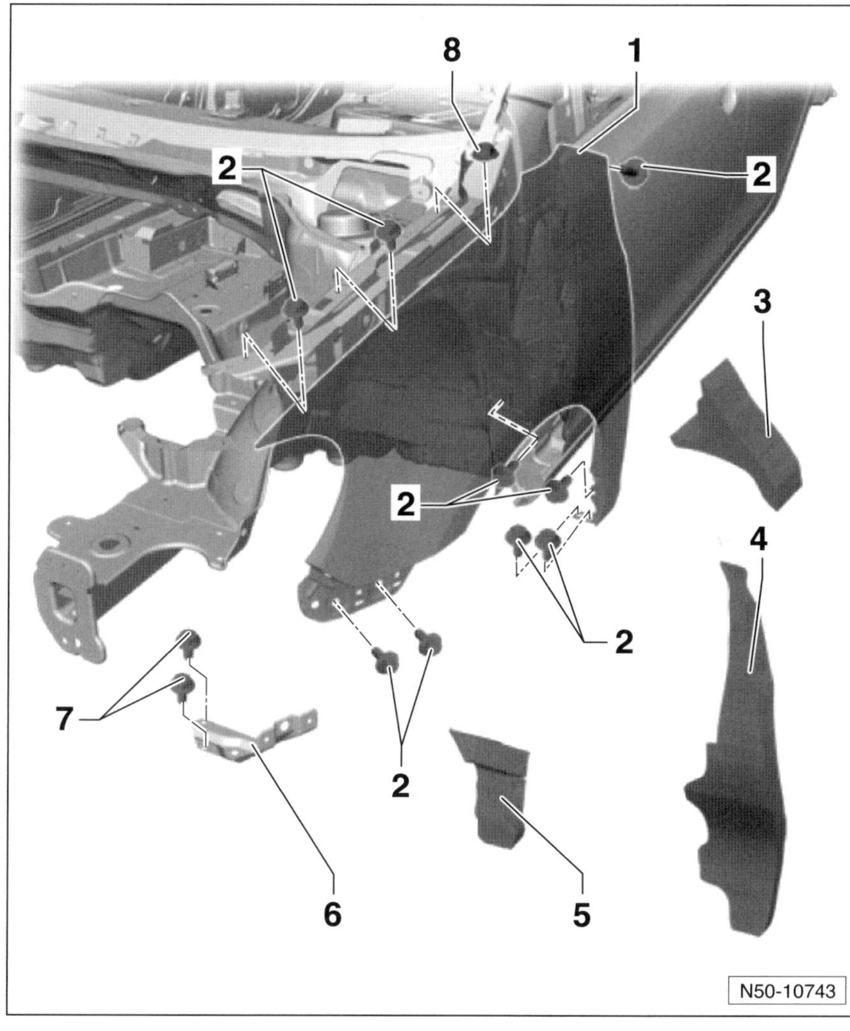

1 – Kotflügel

2 – Schrauben, 6 Nm
1 Stück an der A-Säule
2 Stück am Unterholm
2 Stück am Innenkotflügel
2 Stück an der Kotflügelstrebe
2 Stück am Kotflügel-Anschlussstück

3 – Formteil
Lose zwischen Kotflügel und Längsträger vorn oben eingesteckt.

4 – Dämpfung Stegblech
Ist vor das Stegblech des Kotflügels gestellt.

5 – Füllstück
Mit Butylkautschuk an die A-Säule angeklebt. Bleibt beim Ausbau des Kotflügels an der A-Säule kleben.

6 – Kotflügelstrebe

7 – Schraube, 6 Nm

8 – Sechskantmutter, 6 Nm
Am Kotflügel-Anschlussstück.

Ausbau

- Stoßfängerabdeckung vorn ausbauen, siehe entsprechendes Kapitel.
- Innenkotflügel vorn ausbauen, siehe entsprechendes Kapitel.
- Formteil zwischen Kotflügel und oberem Längsträger herausziehen.
- Dämpfung Stegblech aus dem Radhaus herausziehen.
- Schrauben –2– herausdrehen.
- Mutter –3– abschrauben
- Kotflügel vorsichtig abnehmen.

Einbau

- Kotflügel ansetzen. Dabei zwischen Kotflügel und Unterholm unbedingt die Zink-Zwischenlage VW-AKL 381 035 50 einfügen.
- Schrauben leicht beiziehen, nicht festziehen.
- Dämpfungen und Formteile einsetzen.
- Kotflügel bei gelöster Kotflügelstrebe auf gleichmäßige Spaltmaße spannungsfrei ausrichten.

  Spaltmaße:

  Kotflügel – Motorhaube: . . . . $3{,}5^{\pm 0{,}5}$ mm

  Oberflächen-Unterschied . . . . $0{,}5^{\pm 0{,}5}$ mm

  Kotflügel – Tür vorn: . . . . $3{,}5^{\pm 0{,}5}$ mm

  Oberflächen-Unterschied . . . . $0{,}0^{-1{,}0}$ mm
- Sämtliche Schrauben und Sechskantmutter mit **6 Nm** festziehen.
- Der weitere Einbau erfolgt in umgekehrter Ausbaureihenfolge.

Innenkotflügel aus- und einbauen

Innenkotflügel vorn

Ausbau

Sicherheitshinweis
Beim Aufbocken des Fahrzeugs besteht Unfallgefahr! Deshalb vorher das Kapitel »Fahrzeug aufbocken« durchlesen.

- Vorderrad ausbauen, siehe Seite 155.

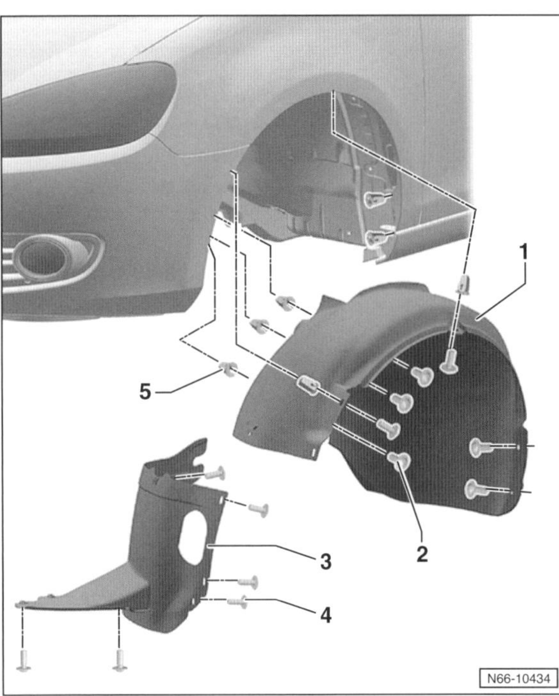

- 6 Schrauben –4– herausdrehen und Innenkotflügel-Vorderteil –3– aus dem Radkasten herausziehen.
- 7 Schrauben –2– herausdrehen und Innenkotflügel-Hinterteil –1– aus dem Radkasten herausziehen. 5 – Spreizmuttern.

Einbau

- Innenkotflügelteile in den Radkasten setzen und mit **2 Nm** festschrauben.
- Vorderrad einbauen, siehe Seite 155.

Innenkotflügel hinten

Ausbau

- Hinterrad ausbauen, siehe Seite 155.

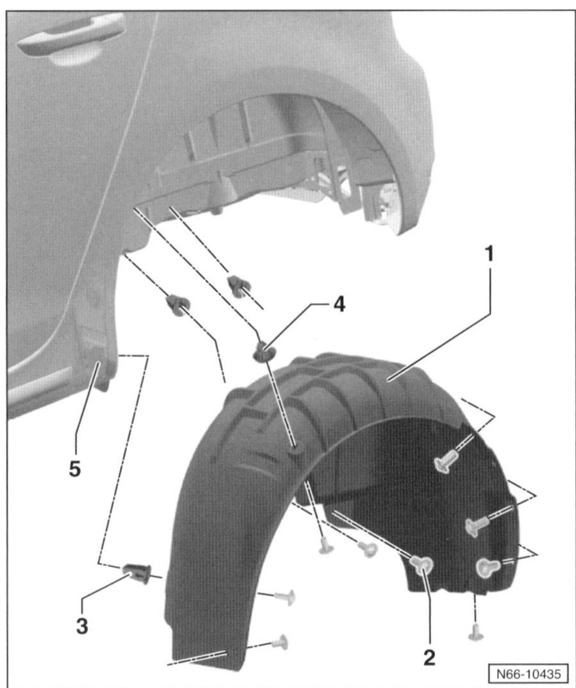

- 9 Schrauben –2– herausdrehen und Innenkotflügel –1– aus dem hinteren Radkasten herausziehen. 3 – Spreizmuttern.

Einbau

- Spreizmuttern auf Beschädigung prüfen, gegebenenfalls ersetzen. **Achtung:** Die **Spreizmutter –4–** dichtet den Innenraum gegen Abgase ab und **muss bei Beschädigung auf jeden Fall ersetzt werden.**
- Innenkotflügel knickfrei in den Radkasten einsetzen und mit **2 Nm** festschrauben.
- Hinterrad einbauen, siehe Seite 155.

Motorhaube aus- und einbauen

Ausbau

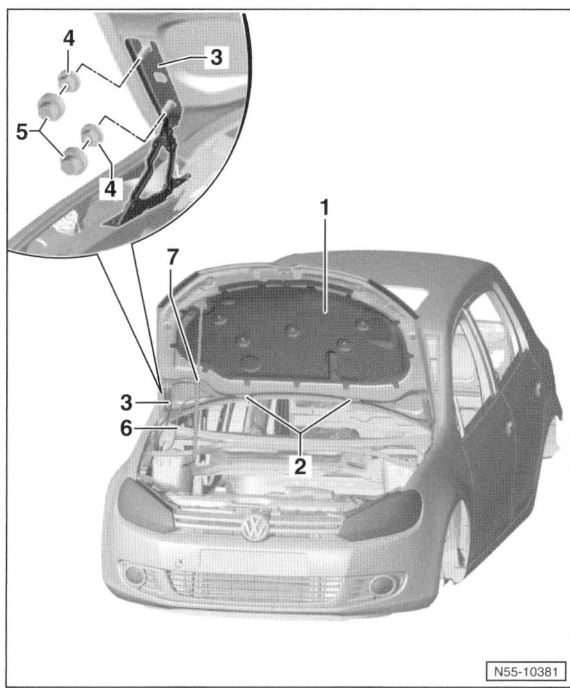

- Motorhaube –1– öffnen.
- Scheibenwaschdüsen –2– ausbauen, siehe Seite 92.
- Wasserschlauch –6– sowie Leitung für Düsenheizung an der Motorhaube und am Scharnier –3– ausclipsen und aus der Motorhaube herausziehen.

Hinweis: Soll die bisherige Motorhaube wieder eingebaut werden, an den Schlauchenden eine Schnur befestigen. Beim Herausziehen der Schläuche wird die Schnur eingezogen und bleibt anschließend in der Motorhaube.

- Für den Wiedereinbau Einbaulage der Scharniere –3– mit Filzstift an der Motorhaube markieren.
- Falls eingebaut, Abdeckkappen –5– von den Scharniermuttern abhebeln.
- Auf jeder Seite 2 Scharniermuttern –4– an der Motorhaube lockern, aber nicht abschrauben.
- Motorhaube von einem Helfer abstützen lassen. Gasdruckfeder –7– vom oberen Kugelzapfen abziehen, siehe Kapitel »Gasdruckfeder aus- und einbauen«.
- Muttern –4– abschrauben, Motorhaube mit dem Helfer von den Scharnieren abnehmen und vorsichtig ablegen.

Einbau

- Motorhaube mit dem Helfer am Scharnier ansetzen. Die alte Motorhaube dabei nach den Markierungen ausrichten. Scharniermuttern –4– handfest aufschrauben.
- Gasdruckfeder auf Kugelzapfen aufdrücken und einrasten.
- Motorhaube schließen und auf korrekte Spaltmaße einstellen, siehe entsprechendes Kapitel.
- Scharniermuttern mit **22 Nm** festziehen.
- Wasserschlauch für die Waschdüse sowie elektrische Leitung für die Düsenheizung mithilfe der Schnur einziehen beziehungsweise bei einer neuen Motorhaube verlegen.
- Scheibenwaschdüsen einbauen, siehe Seite 92.

Motorhaube einstellen

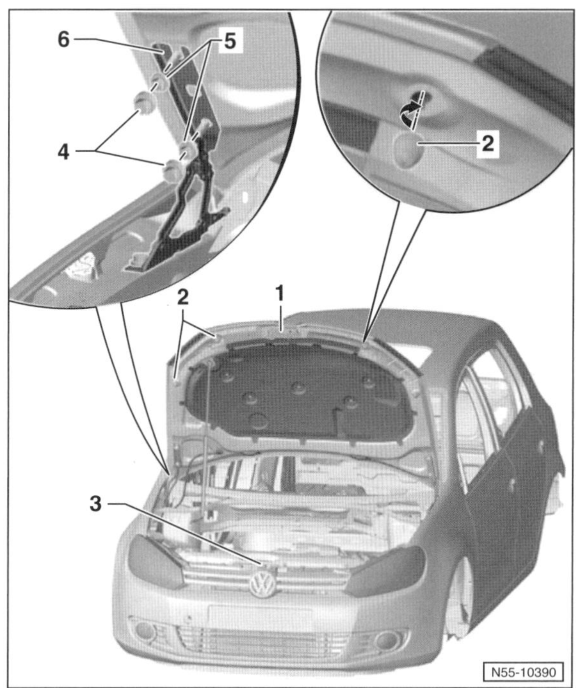

Einstellhinweise:

- Das Fahrzeug muss auf einere ebenen Fläche auf den Rädern stehen.
- Die Puffer –2– links und rechts dienen nicht der Einstellung. Sie stabilisieren beziehungsweise dämpfen die Motorhaube.
- Die Motorhaube ist richtig eingestellt, wenn sie im geschlossenen Zustand überall ein gleichmäßiges Spaltmaß hat. Sie darf nicht zu weit nach innen oder außen stehen, und die Konturen müssen mit den umliegenden Bauteilen fluchten.
- Die Motorhaube muss ohne größeren Kraftaufwand mit dem Schließbügel –1– im Haubenschloss –3– einrasten.
- Zum Einstellen links und rechts die Sechskantmuttern –5– nur lockern, nicht abschrauben. 4 – Abdeckkappen, 6 – Haubenscharnier.

Einstellen

- Schließbügel –3– ausbauen, siehe entsprechendes Kapitel.
- Falls vorhanden, Abdeckkappen –4– abhebeln.

- Muttern –5– so weit lösen, dass die Motorhaube an den Scharnierbügeln gerade noch verschoben werden kann.
- Motorhaube schließen und zu den Kotflügeln so ausrichten, dass die Spaltmaße zum rechten und linken Kotflügel jeweils gleichmäßig breit sind und parallel verlaufen. Sollwerte siehe unter Abbildung N00-10610.
- Motorhaube vorsichtig öffnen und Scharniermuttern –5– mit **22 Nm** festziehen.
- Schließbügel mit **10 Nm** an der Motorhaube festschrauben.
- Prüfen, ob die Höhe der Motorhaube im vorderen Bereich bündig zu den Kotflügel ist. Gegebenenfalls Höhe der Motorhaube durch Einstellen des Haubeschlosses korrigieren.
- Puffer –2– so weit verdrehen, bis die Motorhaube vorne bündig mit den Kotflügeln ist.

Hinweis: Als Einstellhilfe etwas Knetmasse an den Puffern aufdrücken. Nach Schließen der Motorhaube ist am Abdruck in der Knetmasse zu erkennen, ob die Motorhaube richtig aufliegt.

- Scharniere –6– und Muttern –5– gegen Rost schützen.

Spaltmaße

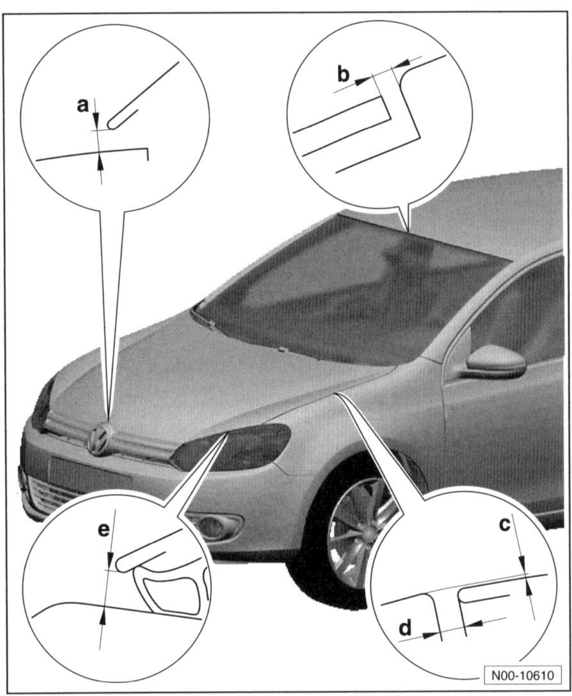

Maß –a–: .... $4{,}5^{\pm 0{,}5}$ mm
Maß –b–: .... $3{,}5^{\pm 0{,}5}$ mm
Maß –c–: .... $0{,}5^{\pm 0{,}5}$ mm
Maß –d–: .... $3{,}5^{\pm 0{,}5}$ mm
Maß –e–: .... $5{,}0^{\pm 0{,}5}$ mm

Schließbügel der Motorhaube aus- und einbauen

Ausbau

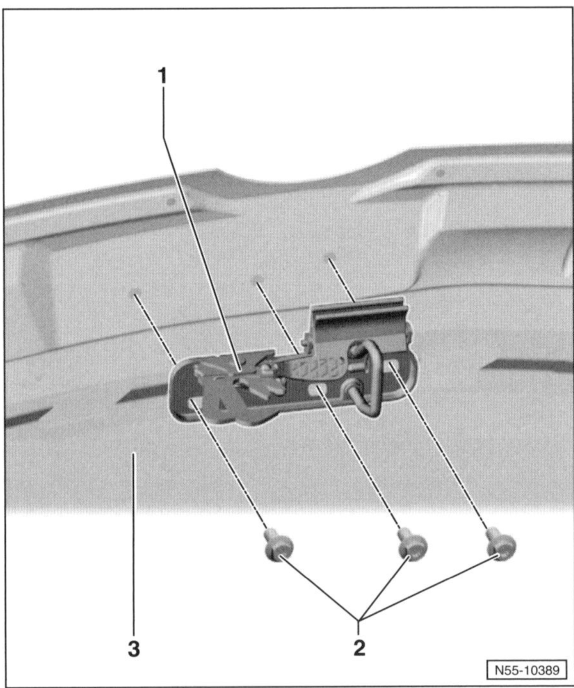

- Einbaulage markieren, dazu Schließbügel und Schraubenköpfe mit Filzstift umkreisen.
- Schrauben –2– herausdrehen und Schließbügel –1– von der Motorhaube –3– abnehmen.

Einbau

- Schließbügel ansetzen und mit **10 Nm** anschrauben.
- Schließmechanismus der Motorhaube prüfen, gegebenenfalls Haubenschloss einstellen.

Motorhaubenschloss aus- und einbauen/einstellen

Ausbau

- Motorhaube öffnen.
- Kühlergrill ausbauen, siehe entsprechendes Kapitel.
- Seilzug für Motorhaube trennen, siehe Kapitel »Seilzug für Motorhaube aus- und einbauen«.

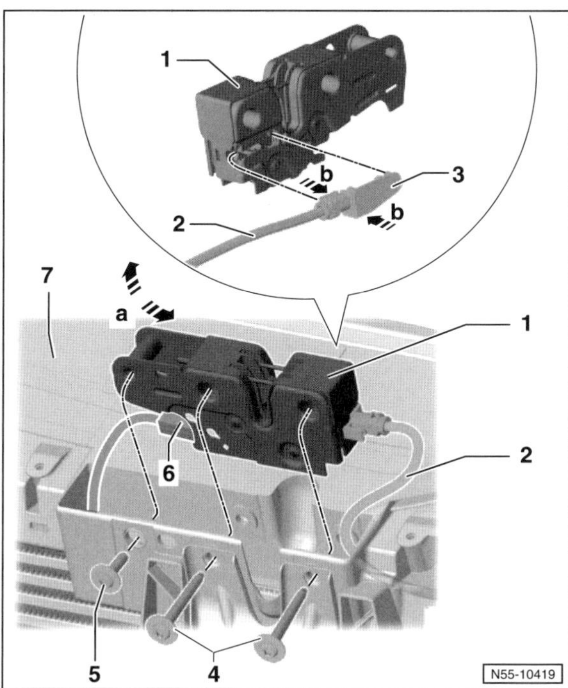

- Steckverbindung –6– für Motorhauben-Kontaktschalter trennen. **Hinweis:** Die Steckverbindung befindet sich über dem rechten Scheinwerfer.
- Für den Wiedereinbau Einbaulage des Motorhaubenschlosses –1– mit Filzstift markieren.
- 3 Schrauben –4– und –5– am Schlossträger –7– herausdrehen und Motorhaubenschloss –1– nach oben –Pfeil a– aus dem Schlossträger –7– herausziehen.
- Lasche am Halter –3– zusammendrücken –Pfeile b– und Seilzug –2– aus dem Motorhaubenschloss ausclipsen.

Einbau

- Seilzug am Motorhaubenschloss einclipsen.
- Motorhaubenschloss handfest am Schlossträger anschrauben und dabei nach den angebrachten Markierungen ausrichten.
- Steckverbindung für Motorhauben-Kontaktschalter verbinden.
- Seilzug für Motorhaube einbauen, siehe entsprechendes Kapitel.
- Einstellung der Motorhaube prüfen und Schrauben für Motorhaubenschloss mit **12 Nm** festziehen. Falls erforderlich, Motorhaubenschloss einstellen.

Einstellen

- Puffer –2– vollständig in die Motorhaube einschrauben, siehe Abbildung N55-10390.

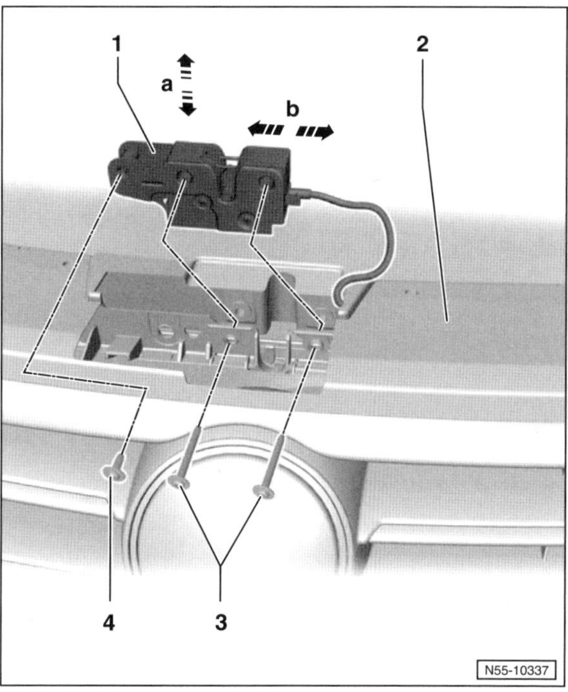

- Schrauben –3– und –4– für Motorhaubenschloss so weit lockern, dass sich das Haubenschloss gerade noch verschieben lässt.
- Motorhaube vorsichtig schließen, zwischen den Kotflügeln ausmitteln –Pfeile b– und in der Höhe bündig zu den Kotflügeln ausrichten –Pfeile a–.
- Motorhaube vorsichtig öffnen und Haubenschloss in dieser Position festschrauben. Dazu die Schrauben –3– und –4– mit **12 Nm** festziehen.
- Puffer –2– so weit verdrehen, bis die Motorhaube vorne bündig mit den Kotflügeln ist, siehe Abbildung N55-10390.

Hinweis: Als Einstellhilfe etwas Knetmasse an den Puffern aufdrücken. Nach Schließen der Motorhaube ist am Abdruck in der Knetmasse zu erkennen, ob die Motorhaube richtig aufliegt.

- Kühlergrill –2– einbauen, siehe entsprechendes Kapitel.

Betätigungshebel/Seilzug für Motorhaube aus- und einbauen

Ausbau

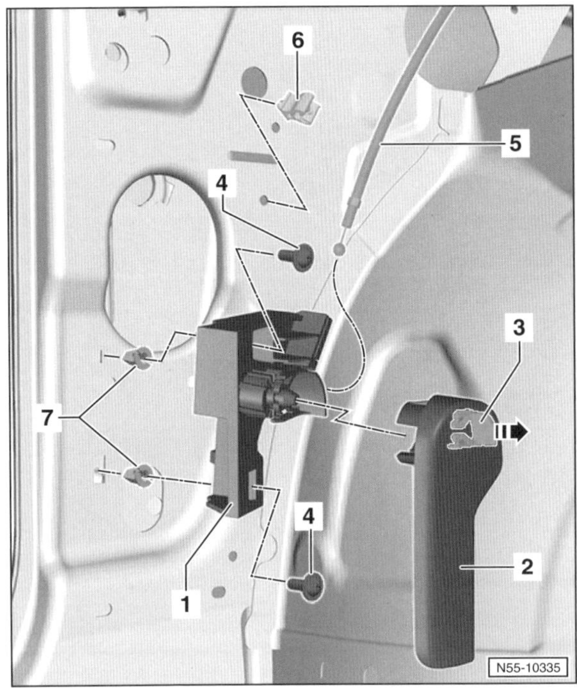

- Im Fahrerfußraum den Betätigungshebel –2– für die Motorhaube nach hinten ziehen und Motorhaube entriegeln.
- Schraubendreher in den Spalt zwischen Betätigungshebel –2– und Halteklammer –3– stecken. Halteklammer mit dem Schraubendreher in Pfeilrichtung aus dem Betätigungshebel heraushebeln.
- Betätigungshebel –2– vom Lagerbock –1– abnehmen.
- Untere A-Säulen-Verkleidung ausbauen, siehe Seite 249.
- Seilzug –5– aus dem Lagerbock –1– des Betätigungshebels aushängen. 4 – Befestigungsschrauben für Lagerbock.
- Seilzug am Motorhaubenschloss aushängen, siehe Kapitel »Motorhaubenschloss aus- und einbauen«.

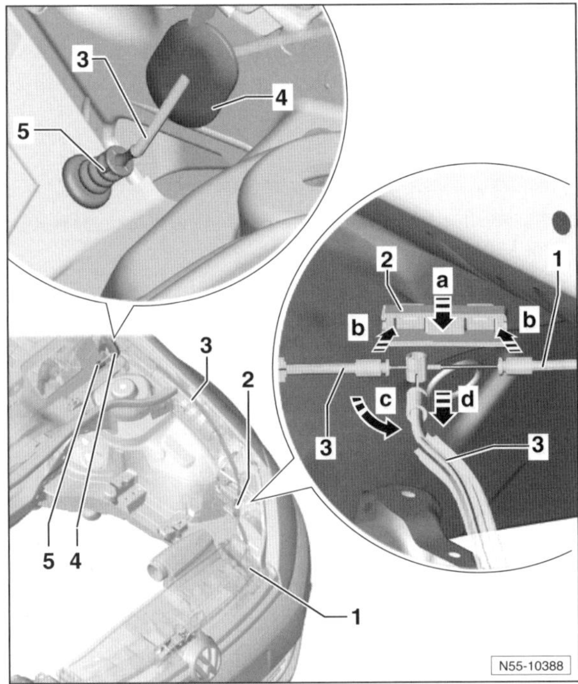

- Abdeckung der Seilzugkupplung –2– über dem linken Scheinwerfer am Schlossträger ausclipsen –Pfeil a–.
- Seilzüge –1– und –3– aus der Abdeckung –2– herausnehmen –Pfeil b–.
- Seilzug –3– in Pfeilrichtung –c– um 90° schwenken und in Pfeilrichtung –d– aus der Aufnahme des Seilzugs –1– herausnehmen.
- Seilzug –1– gegebenenfalls aus den Halterungen am Schlossträger ausclipsen und herausnehmen.
- Tüllen –4– und –5– lösen.
- Am Seilzugnippel im Bereich des Betätigungshebels eine Schnur befestigen und Seilzug von der Motorraumseite aus dem Fahrzeuginnenraum herausziehen und ausbauen. **Hinweis:** Die Schnur dient beim Einbau als Einziehhilfe.

Einbau

- Der Einbau erfolgt in umgekehrter Ausbaureihenfolge. Dabei ist folgendes zu beachten.
- Beim Einbau des Seilzuges –3– darauf achten, dass die Tüllen –4– und –5– richtig eingesetzt sind, damit kein Wasser in den Innenraum eindringen kann.
- Seilzug in die Kupplung einlegen, dabei auf korrekten Sitz des Bowdenzugmantels achten. Kupplung schließen und einrasten.
- Der weitere Einbau erfolgt in umgekehrter Ausbaureihenfolge.
- Zuletzt Halteklammer in den Betätigungshebel schieben und Betätigungshebel auf den Lagerbock drücken.

Achtung: Vor Schließen der Motorhaube korrekte Funktion des Betätigungshebels und des Seilzuges prüfen.

Gasdruckfeder aus- und einbauen

Ausbau

Hnweis: Es wird der Ausbau der Gasdruckfeder an der Motorhaube beschrieben. Spezielle Hinweise zu den Gasdruckfedern der Heckklappe stehen am Ende des Kapitels.

- Motorhaube öffnen und durch einen Helfer abstützen lassen.

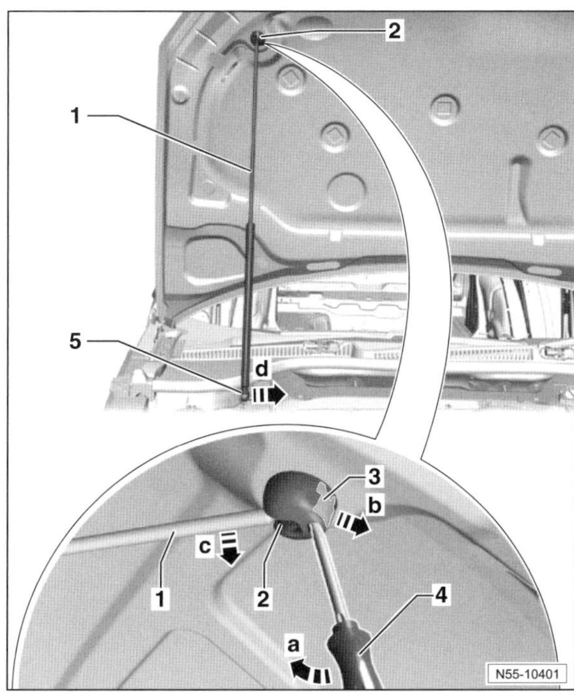

- Mit kleinem Schraubendreher –4– Sicherungsbügel –3– durch Hebelbewegungen –Pfeil a– in Pfeilrichtung –b– herausdrücken.
- Klammer –3– vollständig aus der Halterung –2– herausnehmen.
- Gasdruckfeder –1– in Pfeilrichtung –c– aus der Halterung –2– herausnehmen.
- Federklammer –5– mit einem kleinen Schraubendreher so weit heraushebeln, dass sich die Federklammer über die Kugelpfanne in Pfeilrichtung –d– verschieben lässt.
- Gasdruckfeder –1– vom unteren Kugelzapfen abziehen. Anschließend die Federklammer –5– sofort wieder zurückschieben.

Achtung: Die Federklammer –5– darf nicht ganz aus der Kugelpfanne herausgehebelt werden, sonst ist beim späteren Einbau kein sicherer Sitz der Gasdruckfeder sichergestellt und es kann im späteren Betrieb durch unkontrolliertes Herausspringen der Gasdruckfeder zu Verletzungen und Beschädigungen kommen.

Einbau

- Motorhaube durch einen Helfer abstützen lassen.
- Gasdruckfeder auf unteren Kugelzapfen aufdrücken und einrasten.
- Gasdruckfeder in die obere Halterung einsetzen und die Sicherungsklammer bis zum Anschlag in die Halterung schieben.
- Motorhaube schließen.

Gasdruckfeder entsorgen

Achtung: Falls die Gasdruckfeder ersetzt wird, muss die alte Feder entgast werden, bevor sie entsorgt wird.

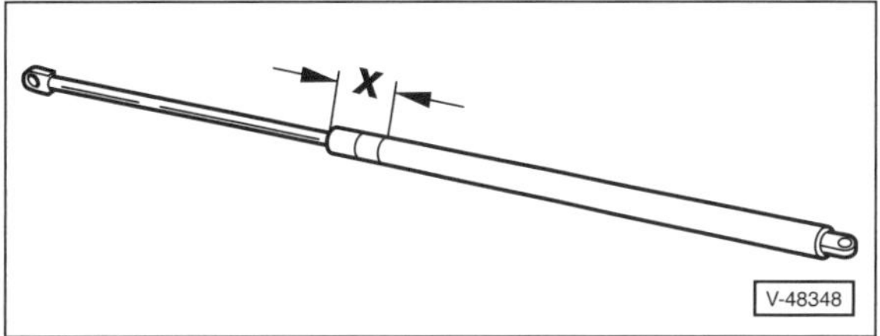

- Gasdruckfeder im **Bereich x = 50 mm** in den Schraubstock einspannen.

Achtung: Feder unbedingt **nur in diesem Bereich** einspannen, sonst besteht Unfallgefahr!

- Zylinder im ersten Drittel der Zylindergesamtlänge – ausgehend von der Bezugskante auf der Kolbenstangenseite – aufsägen. Um herausspritzendes Öl aufzufangen, Bereich des Sägetrennschnittes mit einem Lappen abdecken. **Achtung:** Während des Sägevorganges Schutzbrille tragen.

Speziell Gasdruckfeder der Heckklappe

Sicherheitshinweis
Heckklappe unbedingt durch einen Helfer abstützen lassen, bevor eine Gasdruckfeder gelöst wird. Sonst fällt die Heckklappe herunter, da sie durch einen Dämpfer allein nicht gehalten werden kann.

- Die Befestigung der Gasdruckfeder auf beiden Seiten entspricht der unteren Befestigung der Gasdruckfeder für die Motorhaube.

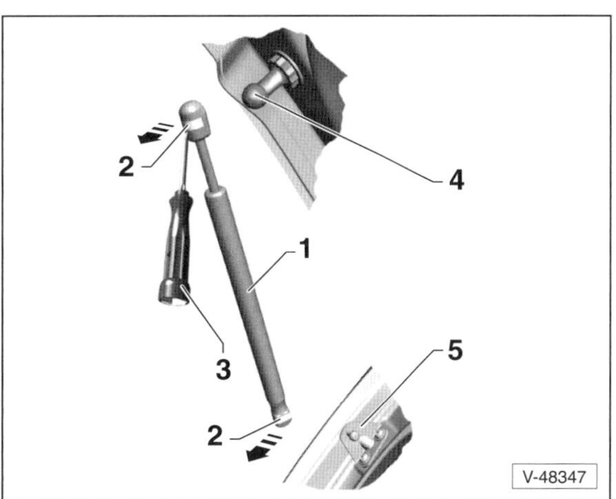

1 – Gasdruckfeder
2 – Federklammer
3 – Schraubendreher
4 – Oberer Kugelkopf
5 – Unterer Kugelkopf

Heckklappe aus- und einbauen/ einstellen

Ausbau

- Heckklappenverkleidung ausbauen, siehe entsprechendes Kapitel.
- Elektrische Steckverbindungen für Heckscheibenheizung und -wischer sowie für Zusatzbremsleuchte und Zentralverriegelung trennen. Schlauch für Heckscheibenwaschanlage abziehen und mit einem geeigneten Stopfen verschließen.
- Faltenbalg für Leitungen aus der Heckklappe lösen und herausziehen.

Hinweis: Als Montagehilfe für den Wiedereinbau an den Leitungsenden eine Schnur befestigen, die nach dem Herausziehen der Leitungen in der Klappe bleibt.

- Leitungen und Schlauch durch die Öffnungen in der Heckklappe herausziehen.

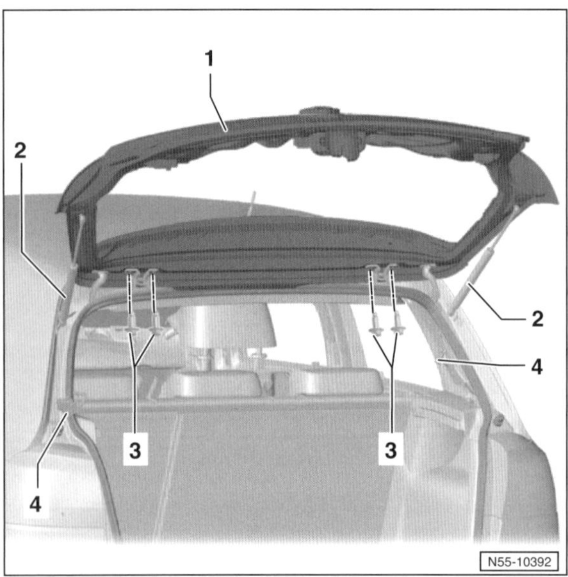

- Für den Wiedereinbau Einbaulage der Scharniere an der Heckklappe –1– mit einem Filzschreiber markieren.
- Auf jeder Seite 2 Scharnierschrauben –3– an der Heckklappe lockern, aber nicht herausdrehen.
- Heckklappe von einem Helfer abstützen lassen. Beide Gasdruckfedern –2– vom oberen Kugelzapfen abziehen, siehe Kapitel »Gasdruckfeder aus- und einbauen«.
- Schrauben –3– herausdrehen, Heckklappe –1– mit Helfer abnehmen und vorsichtig ablegen.

Hinweis: Die zentralen Steckverbindungen –4– befinden sich links und rechts an der C-Säule.

Einbau

- Heckklappe mit Helfer am Scharnier ansetzen. Die alte Heckklappe dabei nach den Markierungen ausrichten.
- Schrauben –3– links und rechts handfest eindrehen.
- Gasdruckfeder auf Kugelzapfen aufdrücken und einrasten. Zweite Gasdruckfeder einbauen.

Achtung: Vor Schließen der Heckklappe korrekte Funktion der Schließ- und Öffnungsvorrichtung prüfen.

- Heckklappe schließen und auf korrekte Spaltmaße prüfen, gegebenenfalls einstellen, siehe entsprechendes Kapitel.
- Scharnierschrauben –3– mit **10 Nm** festziehen.
- Wasserschlauch sowie elektrische Leitungen mithilfe der Schnur einziehen beziehungsweise bei einer neuen Heckklappe verlegen. Wasserschlauch und elektrische Leitungen anschließen.
- Heckklappenverkleidung einbauen, siehe entsprechendes Kapitel.

Heckklappe einstellen

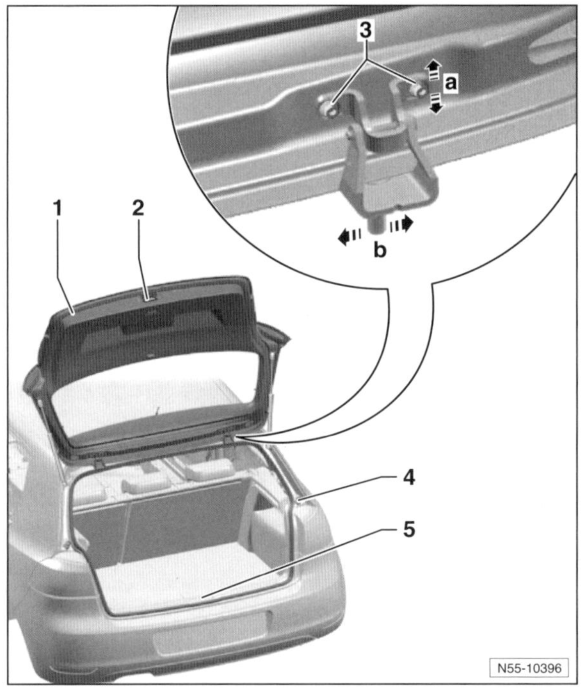

Einstellhinweise:

- Das Fahrzeug muss auf einer ebenen Fläche auf den Rädern stehen.
- Das Heckklappenschloss –2– ist direkt an die Heckklappe –1– angeschraubt. Es hat keine Langlöcher und kann somit nicht eingestellt werden.
- Die Puffer –4– links und rechts dienen nicht der Einstellung. Sie stabilisieren beziehungsweise dämpfen die Heckklappe.
- Die Heckklappe ist richtig eingestellt, wenn sie im geschlossenen Zustand überall ein gleichmäßiges Spaltmaß hat. Sie darf nicht zu weit nach innen oder außen stehen und die Konturen müssen mit den umliegenden Bauteilen fluchten.

- Die Heckklappe muss ohne größeren Kraftaufwand im Schließbügel –5– einrasten.
- Schrauben –3– werden nicht abgeschraubt, nur gelöst.

Einstellen

- Heckabschlussverkleidung ausbauen, siehe entsprechendes Kapitel.
- Schließbügel –5– ausbauen, siehe entsprechendes Kapitel.
- Schrauben –3– so weit lösen, dass die Heckklappe an den Scharnierbügeln gerade noch verschoben werden kann.
- Heckklappe schließen und zu den umliegenden Bauteilen so ausrichten, dass die Spaltmaße jeweils gleichmäßig breit sein und parallel verlaufen.
  Spaltmaße – Sollwerte:
  Heckklappe – hintere Seitenteile: . . . . $4{,}0^{\pm 0{,}5}$ mm
- Heckklappe vorsichtig öffnen und Scharnierschrauben –3– mit **10 Nm** festziehen.

Spaltmaße

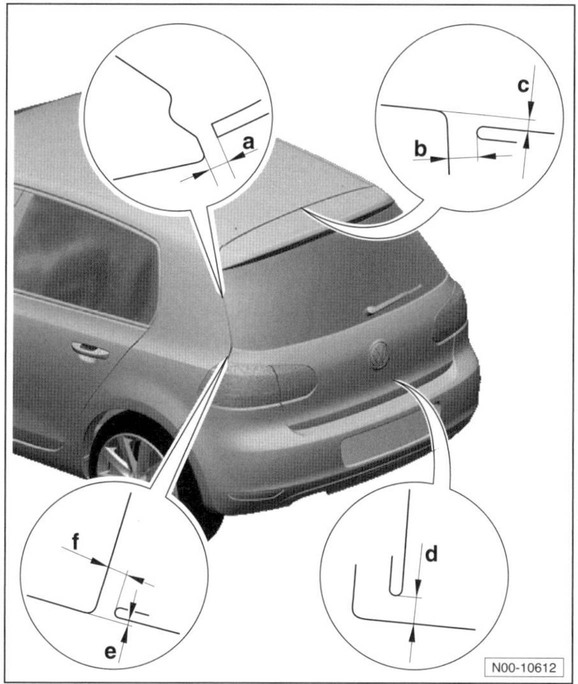

Maß –a–: . . . . $4{,}0^{\pm 1{,}0}$ mm
Maß –b–: . . . . $5{,}0^{\pm 0{,}5}$ mm
Maß –c–: . . . . $2{,}0^{-1{,}0}$ mm
Maß –d–: . . . . $5{,}0^{\pm 0{,}5}$ mm
Maß –e–: . . . . $4{,}5^{\pm 1{,}0}$ mm
Maß –f–: . . . . $1{,}0^{\pm 0{,}5}$ mm

Dämpfungspuffer einstellen

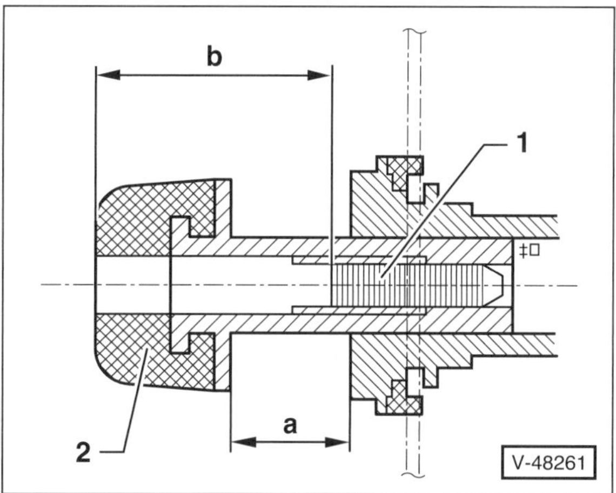

- Klemmschraube –1– mit Inbusschlüssel so weit lösen, bis sich der Dämpfungspuffer –2– herausziehen lässt. Dämpfungspuffer auf das Maß a = 12,5 mm einstellen.
- Heckklappe mit leichtem Druck schließen, Heckklappenöffner dabei betätigen. Der Dämpfungspuffer wird bei diesem Vorgang auf die korrekte Länge eingeschoben.
- Heckklappe öffnen und Klemmschraube –1– eindrehen, maximal bis auf die Tiefe b = 20 mm.

Schließbügel einstellen

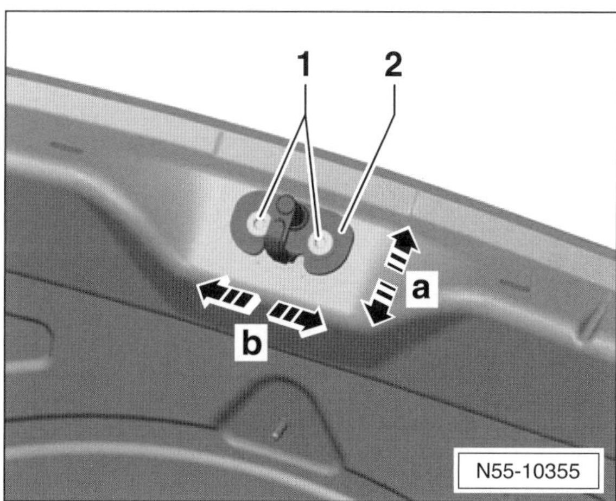

- Schließbügel –2– ansetzen Schrauben –1– eindrehen.
- Schließbügel ganz nach oben stellen und Schrauben so weit festziehen, dass sich der Schließbügel –2– gerade noch verschieben lässt.
- Heckklappe schließen und Stellung der Heckklappe prüfen. Die Aussparung des Heckklappenschlosses soll mit der Drehfalle mittig zum Schließbügel einrasten. Gegebenenfalls Schließzapfen entsprechend verschieben –Pfeile a– und –b–.
- Heckklappe vorsichtig öffnen und Schrauben –1– mit **18 Nm** festziehen.

Heckklappenschloss aus- und einbauen

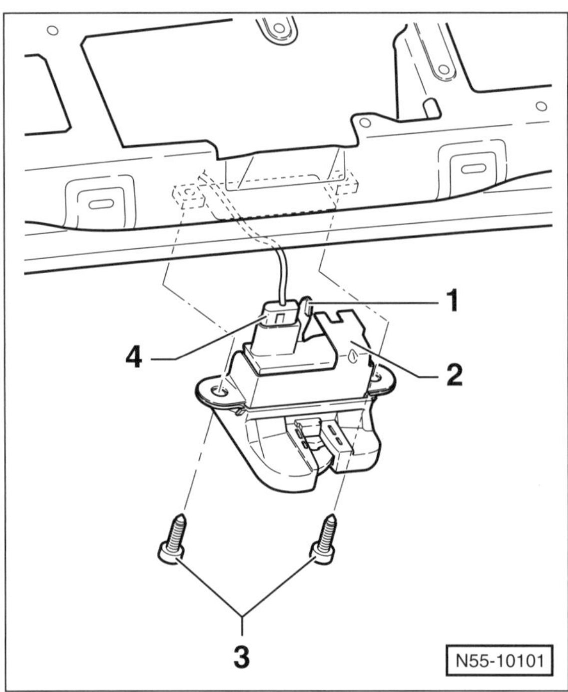

Hinweis: Läßt sich die Heckklappe nicht öffnen, kann sie von Hand über die Notbetätigung –1– durch die Verkleidung der Heckklappe geöffnet werden.

Ausbau

- Heckklappenverkleidung ausbauen, siehe entsprechendes Kapitel.
- Stecker –4– am Heckklappenschloss –2– entriegeln und abziehen.
- 2 Schrauben –3– herausdrehen und Heckklappenschloss –2– von der Heckklappe nehmen.

Einbau

- Der Einbau erfolgt in umgekehrter Ausbaureihenfolge, Schrauben dabei mit **23 Nm** festziehen.
- Schließfunktion des Heckklappenschlosses prüfen.

Heckklappenverkleidung aus- und einbauen

Verkleidung unten

Ausbau

- Heckklappe –5– öffnen.

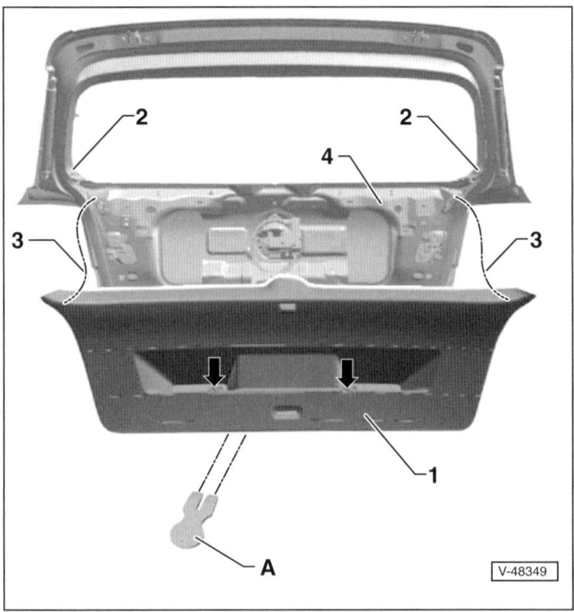

- 2 Schrauben –Pfeile– aus den Griffmulden herausdrehen.
- Kunststoffkeil oder Lösezange, zum Beispiel HAZET 799-4 beziehungsweise VW-Werkzeug-T10383 –A– unter die Verkleidung schieben und Verkleidung an den Halteklammern ablösen. Dabei am unteren Rand beginnen.
- Verkleidung an beiden Seiten von der Fensterrahmenverkleidung –2– ablösen.
- Führungsnasen aus den Aufnahmen in der Heckklappe herausziehen –3–.
- Verkleidung –1– von der Heckklappe –4– abnehmen.

Einbau

- Halteklammern auf Beschädigungen und auf richtigen Sitz an der Verkleidung überprüfen, wenn nötig, ersetzen.
- Der Einbau erfolgt in umgekehrter Ausbaureihenfolge, dabei darauf achten, dass die Halteklammern korrekt in die Aufnahmen der Heckklappe eingreifen. Schrauben mit **1,5 Nm** anziehen.

Verkleidung oben

Ausbau

- Heckklappenverkleidung unten ausbauen.

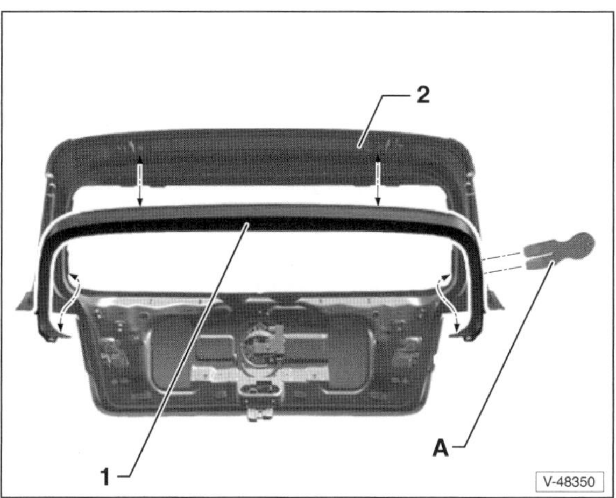

- Kunststoffkeil oder Lösezange, zum Beispiel HAZET 799-4 beziehungsweise VW-Werkzeug-T10383 –A– unter die Verkleidung am Fensterrahmen schieben und Verkleidung an den Halteklammern ablösen.
- Führungsnasen aus den Aufnahmen im Fensterrahmen herausziehen.
- Fensterrahmenverkleidung –1– von der Heckklappe –2– abnehmen.

Einbau

- Halteklammern auf Beschädigungen und auf richtigen Sitz an der Verkleidung überprüfen, wenn nötig, ersetzen.
- Der Einbau erfolgt in umgekehrter Ausbaureihenfolge, dabei darauf achten, dass die Halteklammern korrekt in die Aufnahmen der Heckklappe eingreifen.

Tür aus- und einbauen

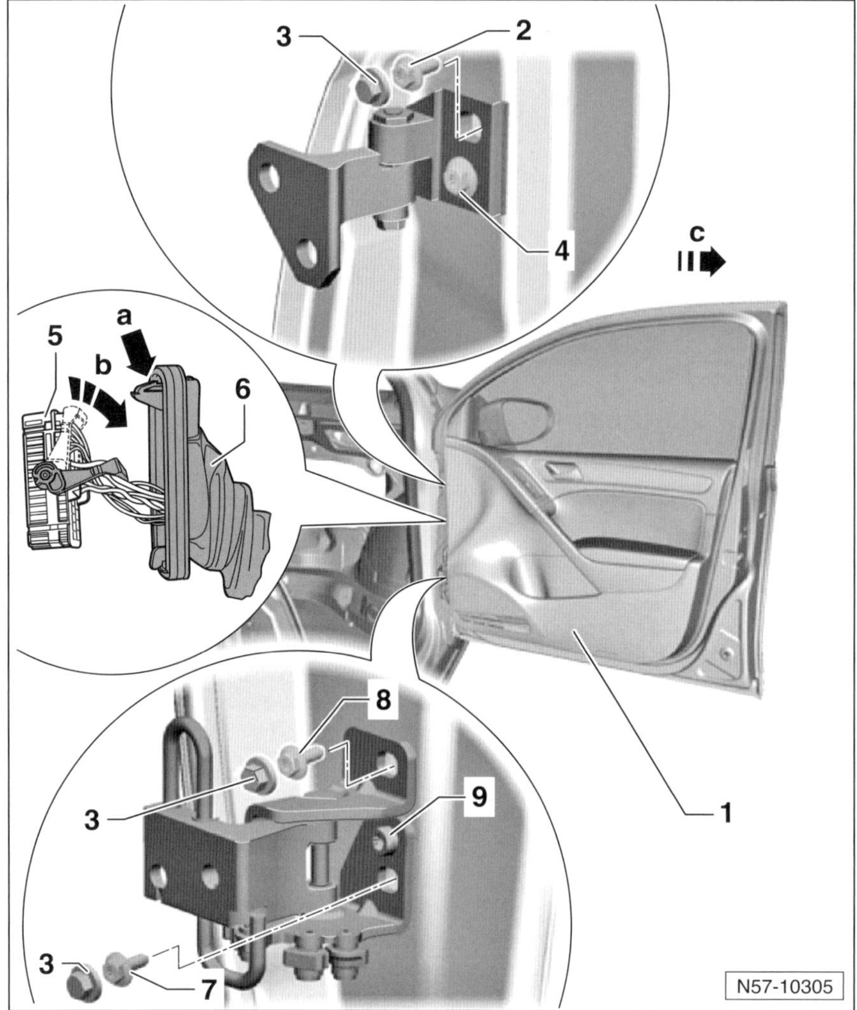

Tür vorn

1 – Tür vorn

Ausbau

- Tür öffnen.
- Mit einem Kunststoffkeil auf den Rasthaken –Pfeil a– drücken und Faltenbalg –6– von der A-Säule ziehen.
- Verriegelungshebel nach unten schwenken –Pfeil b– und Stecker –5– von der Kupplung an der A-Säule abziehen.
- Abdeckkappen –3– von den Schrauben abheben.
- Tür von einem Helfer abstützen lassen.
- Schrauben –2/7/8– an den Scharnieren herausdrehen, dabei Spezialschlüssel verwenden, zum Beispiel HAZET 2597 mit Vielzahn-Bit HAZET 2597-03.

Hinweis: Die Schrauben –4– und –9– sind Führungsschrauben und bleiben im Scharnier.

- Tür –1– in Pfeilrichtung –c– von den Führungsschrauben –4/9– ziehen und auf einer weichen Unterlage ablegen.

Einbau

- Der Einbau erfolgt im umgekehrter Ausbaureihenfolge.
- Tür mit **neuen** Schrauben –2/7/8– und **38 Nm** anschrauben.
- Tür schließen und Spaltmaße prüfen. Gegebenenfalls Tür einstellen, siehe entsprechendes Kapitel.

2 – Schraube[1], 38 Nm

3 – Abdeckkappen

4 – Führungsschraube

5 – Steckverbindung

6 – Faltenbalg

7 – Schraube[1], 38 Nm

8 – Schraube[1], 38 Nm

9 – Führungsschraube

[1]) Schraube immer ersetzen.

Hinweis: Die hintere Tür des 4-Türers wird in gleicher Weise ausgebaut.

Tür einstellen

Spaltmaße prüfen

- Zum Einstellen der Tür muss das Fahrzeug auf einer ebenen Fläche auf den Rädern stehen.

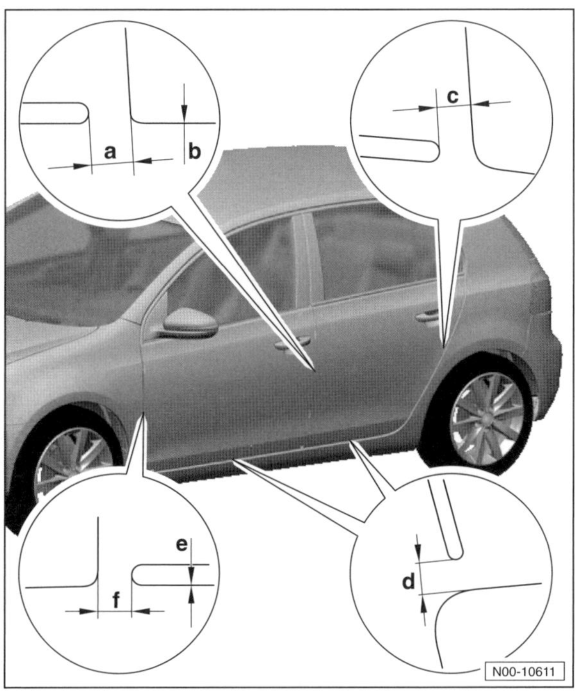

- Spaltmaße der Tür prüfen. Die Tür ist richtig eingestellt, wenn sie im geschlossenen Zustand überall ein gleichmäßiges Spaltmaß hat, nicht zu weit nach innen oder außen steht und die Konturen mit den umliegenden Karosserieteilen fluchten. Die hintere Tür darf maximal 1 mm weiter innen stehen als die Vordertür.

  Spaltmaße, Sollwerte:

  Maß –a–: . . . . $4{,}5^{\pm 0{,}5}$ mm
  Maß –b–: . . . . $0{,}0^{-0{,}5}$ mm
  Maß –c–: . . . . $3{,}5^{\pm 0{,}5}$ mm
  Maß –d–: . . . . $4{,}5^{\pm 0{,}5}$ mm
  Maß –e–: . . . . $0{,}0^{-0{,}5}$ mm
  Maß –f–: . . . . $3{,}5^{\pm 0{,}5}$ mm

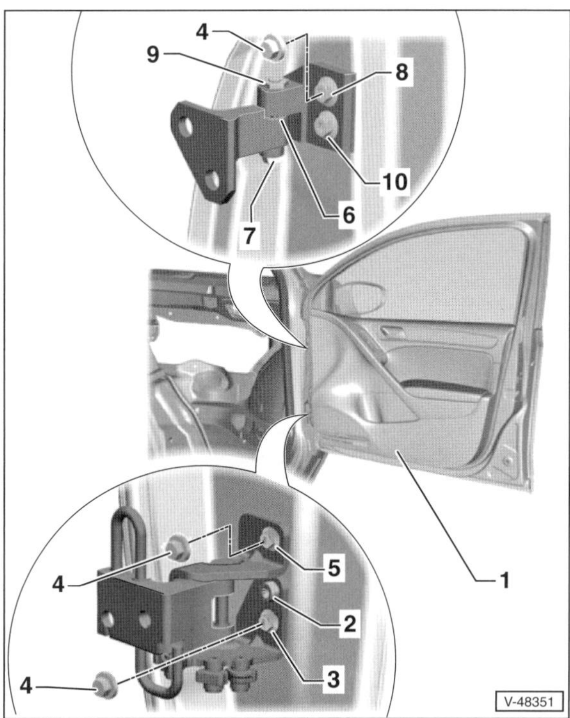

- Spaltmaße einstellen. Dazu Mutter –9– lockern und durch Verstellen des Exzenterbolzens –7– mit einem Ringschlüssel (SW 15) innerhalb des Einstellbereichs –6– einstellen. Anschließend Mutter –9– mit **28 Nm** festziehen und Einstellung überprüfen.

Achtung: Können dadurch die Sollwerte für die Spaltmaße nicht erreicht werden, Spaltmaße nachstellen, siehe Abschnitt am Ende des Kapitels.

Hinweis: Andere Einstellmaßnahmen, wie zum Beispiel das Richten der Tür nach oben, sind wirkungslos, weil die Tür danach wieder absackt.

- Zum Einstellen der Konturbündigkeit werden die Werkzeuge HAZET 2597 mit Vielzahn-Bit HAZET 2597-03 oder VW-3320 mit Einsatz 3320/3 benötigt.
- Tür im oberen Bereich einstellen. Dazu Schrauben –8– und –10– lockern und Tür ausrichten.

  Anzugsdrehmoment:

  Schraube –10– . . . . **10 Nm**
  Schraube –8– . . . . **38 Nm**

- Tür im unteren Bereich einstellen. Dazu Schrauben –2–, –3– sowie –5– lockern und Tür ausrichten.

  Anzugsdrehmoment:

  Schraube –2– . . . . **10 Nm**
  Schraube –3– und –5– . . . . **38 Nm**

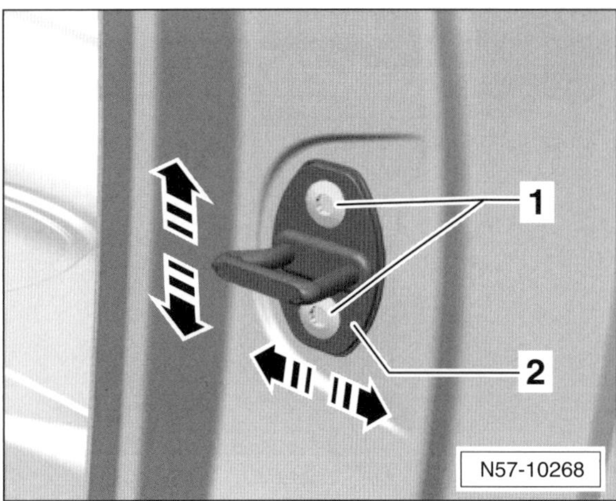

- Schließbügel –2– anschrauben und Schrauben –1– handfest anziehen, so dass der Schließbügel leicht verschoben werden kann.
- Tür schließen und so ausrichten, dass die Tür vorn im geschlossenen Zustand zur Tür hinten fluchtet. Dadurch wird der Schließbügel ausgerichtet. Anschließend Tür vorsichtig öffnen und Schließbügel mit **20 Nm** festschrauben.

Hinweis: Wenn die vordere Tür zur hinteren nicht fluchtet können im späteren Fahrbetrieb zusätzliche Windgeräusche auftreten.

Achtung: Bei richtig eingestelltem Schließbügel muss die Tür beim Schließen ohne zusätzlichen Kraftaufwand vollständig verriegeln und darf kein Spiel haben. Durch die Einstellung des Schließbügels darf die Tür nicht nach oben oder nach unten gedrückt werden.

Speziell Spaltmaße nachstellen

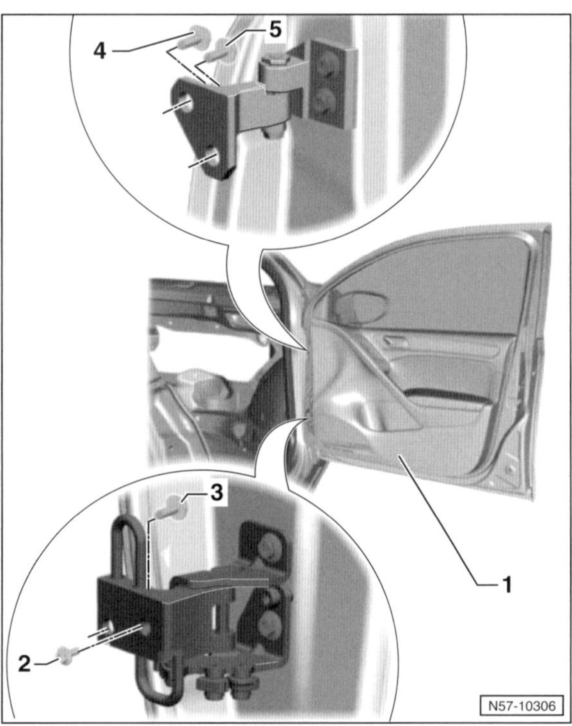

Reicht die Einstellung der Tür –1– über den Exzenterbolzen –7– (Abbildung V-48351) nicht aus, dann ist die weitere Einstellung der Spaltmaße durch Lösen der Schrauben –2/3/4/5– am Türscharnier durchzuführen. Dazu werden die Werkzeuge HAZET 2597 mit Vielzahn-Bit HAZET 2597-03 oder VW-3320 mit Einsatz 3320/3 benötigt. **Achtung:** Die Schrauben – 2/3/4/5– müssen nach jedem Lösen ersetzt werden.

- Schrauben – 2/3/4/5– nacheinander herausdrehen und durch neue Schrauben ersetzen. **Neue** Schrauben nur beiziehen, nicht festziehen.
- Tür ausrichten und auf korrekte Spaltmaße einstellen. Anschließend die Schrauben – 2/3/4/5– mit **50 Nm** festziehen.

Tür-Aggregateträger vorn mit Fensterheber aus- und einbauen

Am Aggregateträger der Tür sind die Anbauteile Fensterheber, Fensterhebermotor und Lautsprecher befestigt. Aggregateträger und Fensterheber können nur zusammen ersetzt werden.

Der Tür-Aggregateträger kann nur ausgebaut werden, wenn die Türfensterscheibe an den Klemmbacken des Fensterhebers abgeschraubt ist. Dazu muss die Türfensterscheibe bis auf die Höhe der Montagelöcher im Aggregateträger heruntergefahren und die Klemmbacken müssen gelöst werden.

Achtung: Am Aggregateträger ist auch der Crashsensor angebaut, deshalb unbedingt die Sicherheitsvorschriften zum Airbag und pyrotechnischen Bauteilen befolgen, siehe Seite 148.

Ausbau

- Türverkleidung ausbauen, siehe entsprechendes Kapitel.

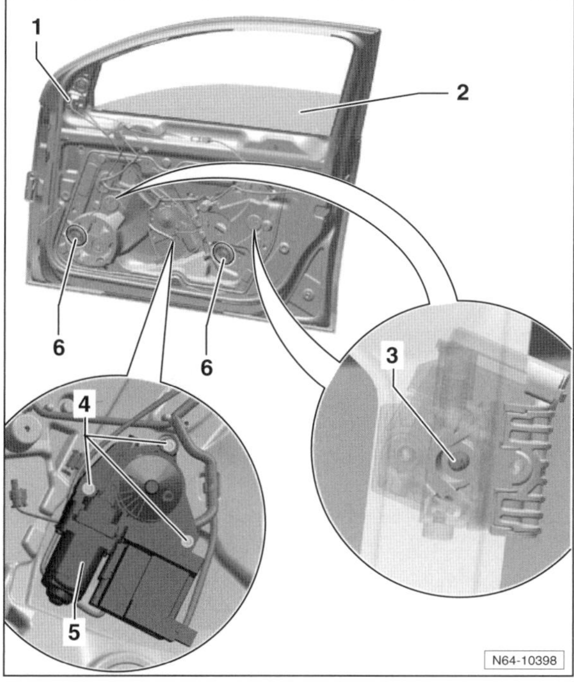

- Abdeckkappen –6– heraushebeln.
- Türfensterscheibe –2– absenken bis die Befestigungsschrauben –3– der Türfensterscheibe in den Montageöffnungen zugänglich sind.

Achtung: Lässt sich die Fensterscheibe nicht absenken, zum Beispiel wegen einer Störung des elektrischen Fensterhebers, Fensterhebermotor abschrauben und Fensterscheibe von Hand herunterdrücken.

- Schrauben –3– für Fensterklemmbacken lösen, nicht abschrauben. **Achtung:** Die Schrauben –3– haben Linksgewinde, also im Uhrzeigersinn lösen.
- Klemmbacken des Fensterhebers auseinanderdrücken.
- Türfensterscheibe nach oben schieben und festsetzen, beispielsweise mit Klebeband oder Kunststoffkeil.
- Da sich am Aggregateträger der Crashsensor befindet, Batterie abklemmen, Dazu Zündung ausschalten, zuerst Massekabel (–) und danach Pluskabel (+) von der Batterie abklemmen. **Minuspol der Batterie mit Isolierband abkleben**. Hinweise im Kapitel »Batterie aus- und einbauen« beachten.

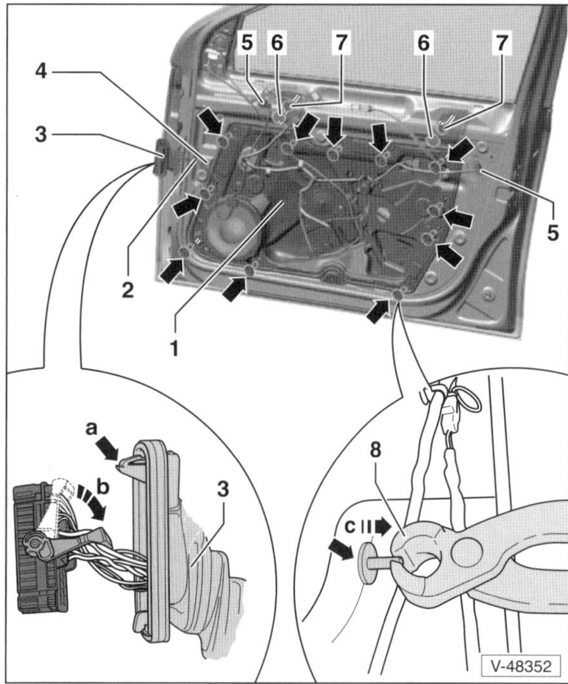

- Gummitülle –3– ausrasten. Dazu mit einem Kunststoffkeil auf den Rasthaken –Pfeil a– drücken und Faltenbalg –3– von der A-Säule ziehen.
- Steckerverriegelung herunterklappen –Pfeil b– und Tür-Steckverbindung trennen.
- Steckverbindungen am Türschloss und zum Lausprecher –5– trennen.
- Abdeckkappen –6– abhebeln und Schrauben –7– herausdrehen.
- Clips –Pfeile– mit einer Zange –8– herausziehen –Pfeil c–. **Achtung:** Anstelle von bis zu 3 Clips können auch Nieten vorhanden sein. In diesem Fall Nieten ausbohren und beim Einbau durch Clips ersetzen.

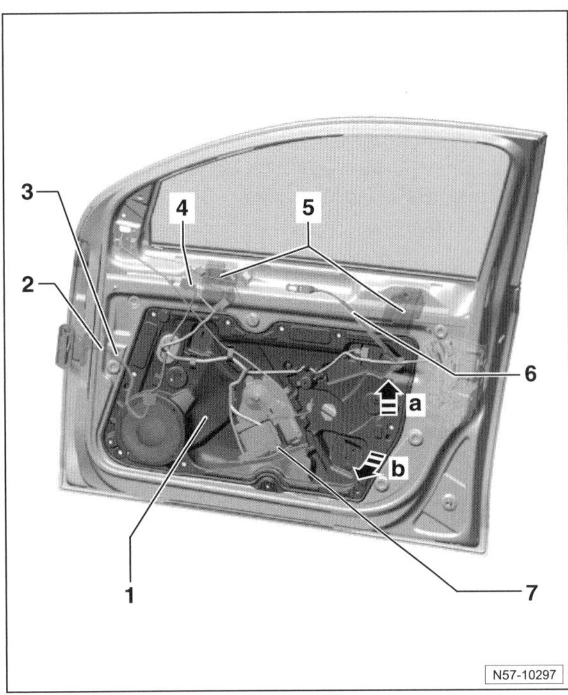

- Steckverbindung –7– für Außenspiegel am Fensterhermotor trennen.
- Kabel –4– zum Außenspiegel aus den Leitungshaltern herausnehmen.
- Aggregateträger –1– etwas nach oben schieben –Pfeil a–.
- Aggregateträger –1– mit Fensterheber –5– schräg nach unten –Pfeil b– aus der Tür herausziehen.
- Leitungsstrang –2– am Halter –3– lösen.
- Aggregateträger komplett abnehmen, dabei Kabel –2– entsprechend nachführen.

Einbau

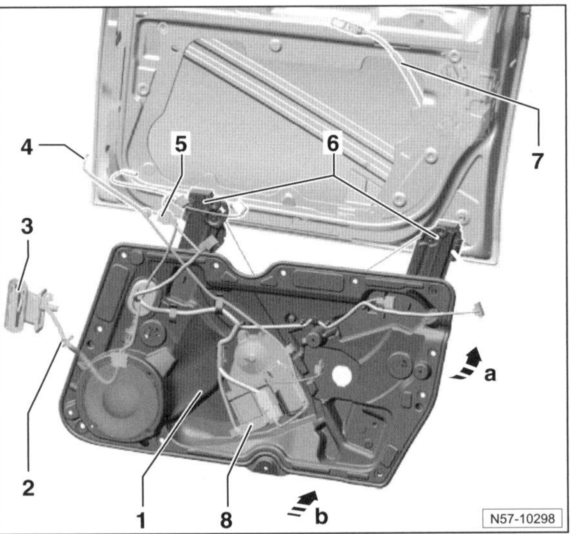

- Aggregateträger –1– von unten schräg nach oben –Pfeil a– in die Tür einsetzen.
- Steckverbindung –3– durch die Tür einziehen und Leitungshalter –2– einclipsen.
- Seilzug –7– durch den Aggregateträger hindurchziehen. Dabei auf richtigen Sitz der Tülle achten.
- Aggregateträger im unteren Bereich an die Tür andrücken –Pfeil b–.
- Leitungen –4– am Aggregateträger verlegen und an den Leitungenhaltern fixieren.
- Stecker –5– und –8– aufstecken.
- Aggregateträger fest an die Tür andrücken, Clips einsetzen und Sicherungsstifte eindrücken. **Achtung:** Nur wenn der Aggregateträger fest angedrückt wird, lassen sich die Clips leicht einsetzen und die Dichtung liegt richtig an. Andernfalls lassen sich die Clips nur schwer einsetzen, die Clips werden verquetscht und die Dichtung liegt nicht richtig an. Als Folge davon ist die Tür undicht.
- Schrauben –7– mit **8 Nm** anschrauben, siehe Abbildung N57-10296.
- Türfensterscheibe einstellen. Dazu Klemmbacken lösen, Türfensterscheibe nach unten zwischen die Klemmbacken schieben und Türfensterscheibe in die hintere Fensterführung drücken. Klemmbacken in dieser Position mit **8 Nm** festziehen. **Achtung:** Die Schrauben haben Linksgewinde, also entgegen dem Uhrzeigersinn festziehen.
- Stecker –3– und –5– verbinden.
- Batterie anklemmen, siehe Seite 67.
- Abdeckkappen aufdrücken.
- Falls vorhanden, Automatiklauf der elektrischen Fensterheber aktivieren, siehe Kapitel »Batterie aus- und einbauen«.
- Fensterheber auf Funktion prüfen.
- Türverkleidung einbauen, siehe entsprechendes Kapitel.
- Bevor die Tür geschlossen wird, Funktonsprüfung des Schließmechanismus vornehmen.

Türverkleidung aus- und einbauen

Ausbau

- Zündung ausschalten

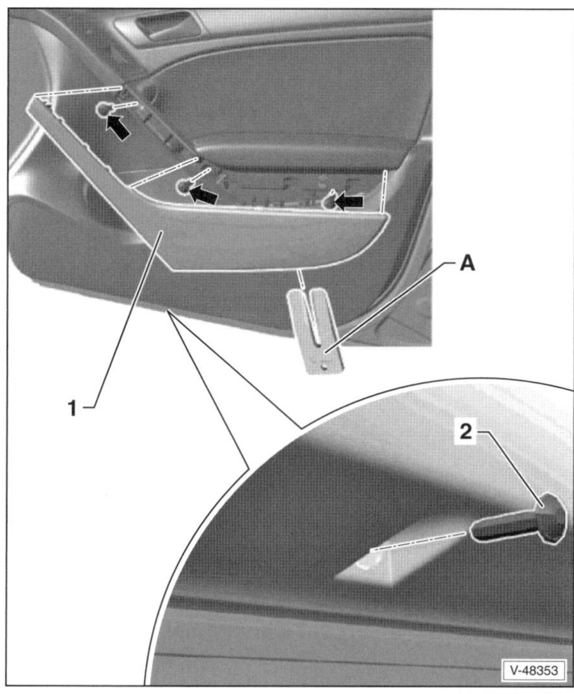

- Blende –1– mit einem Kunststoffkeil –A–, zum Beispiel HAZET 1965-21 oder VW-T10383/1, lösen.
- 3 Schrauben –Pfeile– herausdrehen. **Hinweis:** Die Abbildung zeigt die vordere Tür des 4-Türers, beim 2-Türer und bei der Hintertür sind lediglich 2 Schrauben vorhanden.
- An der Unterseite die Schraube –2– herausdrehen.

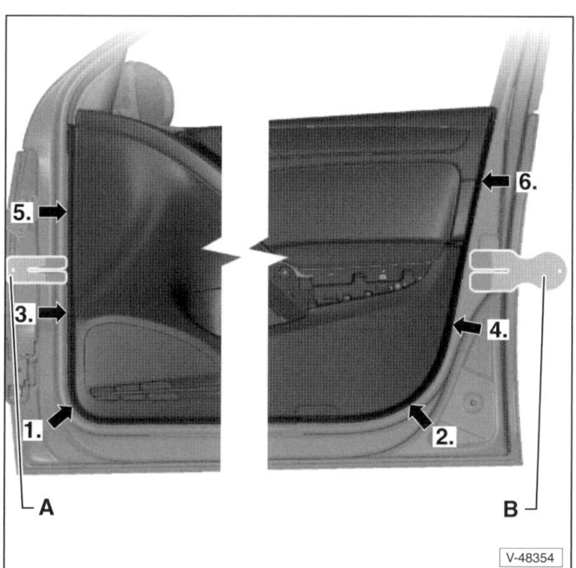

- Clips der Türverkleidung in der Reihenfolge von –1– bis –6– mit Kunststoffkeilen –A– und –B– lösen. A – VW-T10383/1, B – VW-T10383.
- Türverkleidung senkrecht nach oben aus dem Fensterschacht herausziehen.

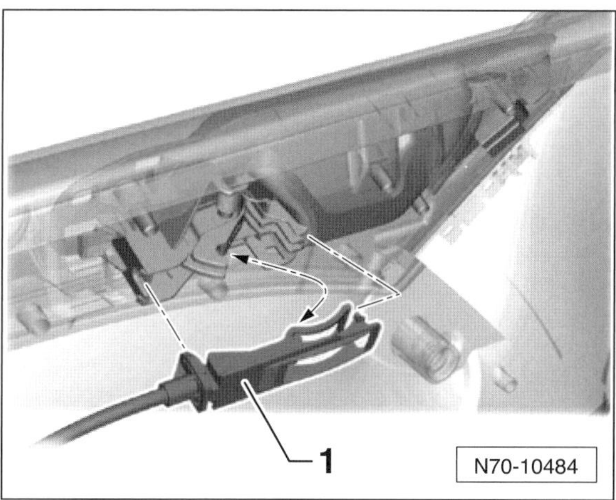

- An der Innenseite der Türverkleidung den Seilzug –1– der Türinnenbetätigung aushängen.
- Sämtliche Kabel und Stecker von der Türinnenverkleidung abziehen.
- Türinnenverkleidung abnehmen.

Einbau

- Halteclips für Türinnenverkleidung prüfen, gegebenenfalls ersetzen.

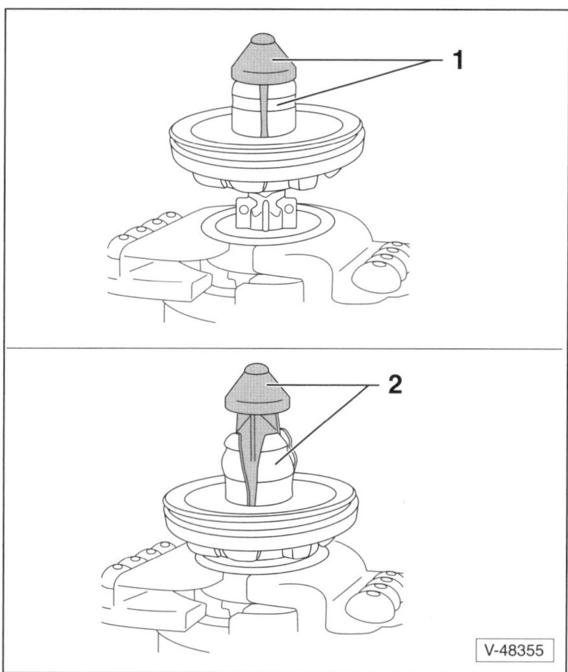

- Stellung der Halteclips prüfen, gegebenenfalls Clips in Stellung –1– bringen. **Hinweis:** Mit Clips in Stellung –2– kann die Türverkleidung nicht sicher befestigt werden.
- Der weitere Einbau erfolgt in umgekehrter Ausbaureihenfolge. Schrauben mit **4,5 Nm** festziehen.
- Vor Schließen der Tür Öffnungsmechanismus der Türinnenbetätigung prüfen.

Dreieckblende/Hochtonlautsprecher an der Vordertür aus- und einbauen

Ausbau

- Zündung ausschalten.
- Türverkleidung ausbauen, siehe entsprechendes Kapitel.

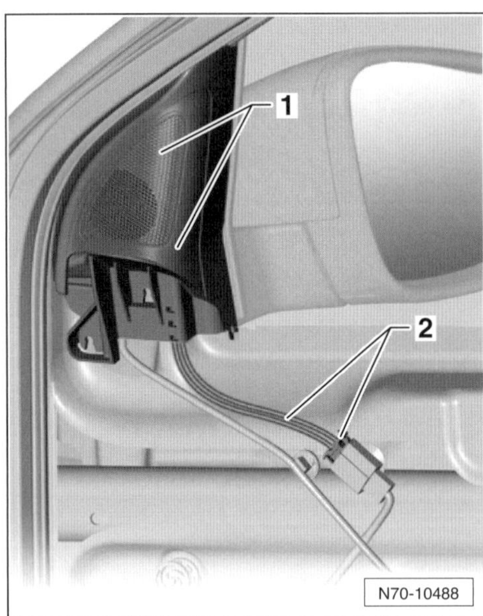

- Blende –1– aus den Aufnahmen im Türinnenblech herausziehen.
- Elektrische Leitung –2– abziehen.

Einbau

- Der Einbau erfolgt in umgekehrter Ausbaureihenfolge.

Türfensterscheibe aus- und einbauen

Ausbau

- Schrauben an den Klemmbacken der Türscheibe lockern, siehe »Tür-Aggregateträger aus- und einbauen«.
- Klemmbacken auseinanderdrücken.

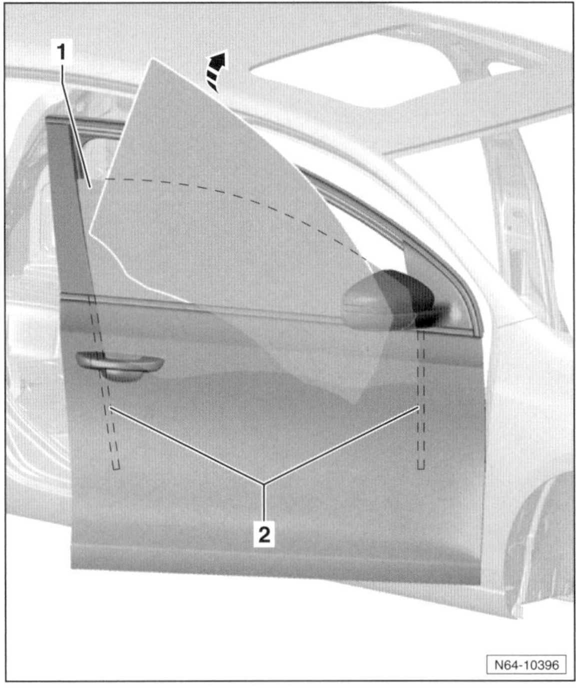

- Türscheibe –1– hinten anheben und in Pfeilrichtung nach vorn aus den Fensterführungen –2– herausschwenken.

Einbau

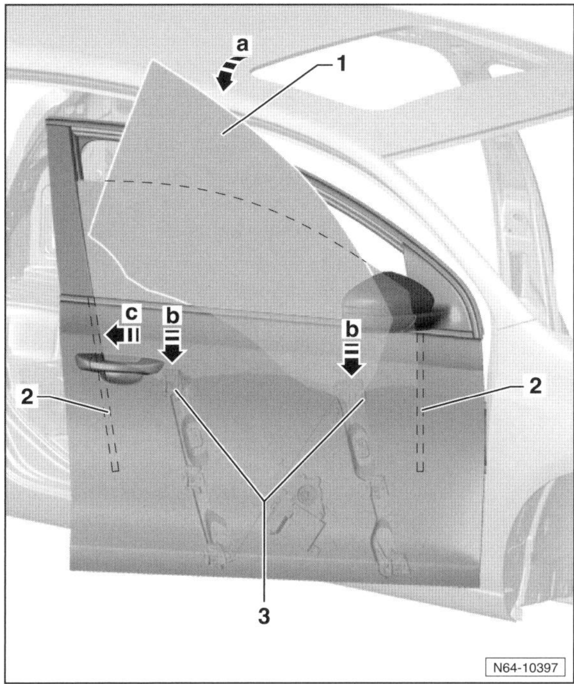

- Beim Einsetzen der Türscheibe –1– in die Fensterführungen –2– die Scheibe in Pfeilrichtung –a– schwenken.
- Türscheibe ohne Druck in die Klemmbacken –3– einsetzen –Pfeile b–.
- Türscheibe in Pfeilrichtung –c– an den Fensterrahmen andrücken und in dieser Stellung die Schrauben für die Klemmbacken mit **8 Nm** festziehen. **Achtung:** Die Schrauben haben Linksgewinde, zum Anziehen also im Gegenuhrzeigersinn drehen.
- Der weitere Einbau erfolgt in umgekehrter Ausbaureihenfolge.

Fensterhebermotor aus- und einbauen

Ausbau

- Zündung ausschalten.
- Türverkleidung ausbauen, siehe entsprechendes Kapitel.
- Türscheibe mit Klebeband fixieren, damit sie bei ausgebautem Motor nicht herunterrutscht.

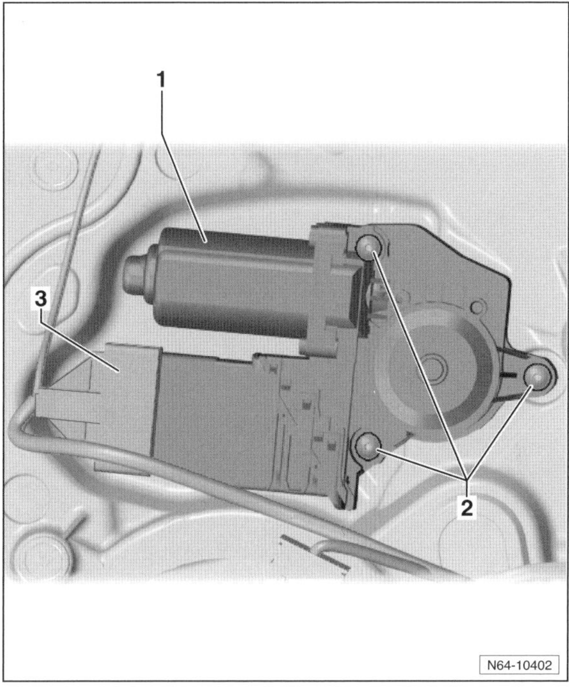

- Stecker –3– vom Fensterhebermotor –1– abziehen.
- 3 Schrauben –2– herausdrehen und Fensterhebermotor mit Steuergerät abnehmen.

Einbau

- Fensterhebermotor ansetzen und Fensterscheibe leicht nach oben und unten bewegen, damit die Verzahnung zwischen Motor und Seiltrommel ineinander greifen kann.
- Fensterhebermotor mit **3,5 Nm** anschrauben.
- Stecker aufschieben.
- Neuen Motor mit dem Fahrzeugdiagnosegerät, zum Beispiel VAS-5051A, codieren lassen (Werkstattarbeit).
- Fensterheberschalter anschließen und Zündung einschalten.
- Türfenster durch Betätigen des Fensterheberschalters bis zum Anschlag nach oben fahren und Schalter noch einmal für 2 Sekunden betätigen. Dadurch erkennt das Steuergerät den oberen Anschlag und der Einklemmschutz ist aktiviert.
- Zündung ausschalten.
- Türverkleidung einbauen, siehe entsprechendes Kapitel.

Türgriff/Türschloss – Detailansicht

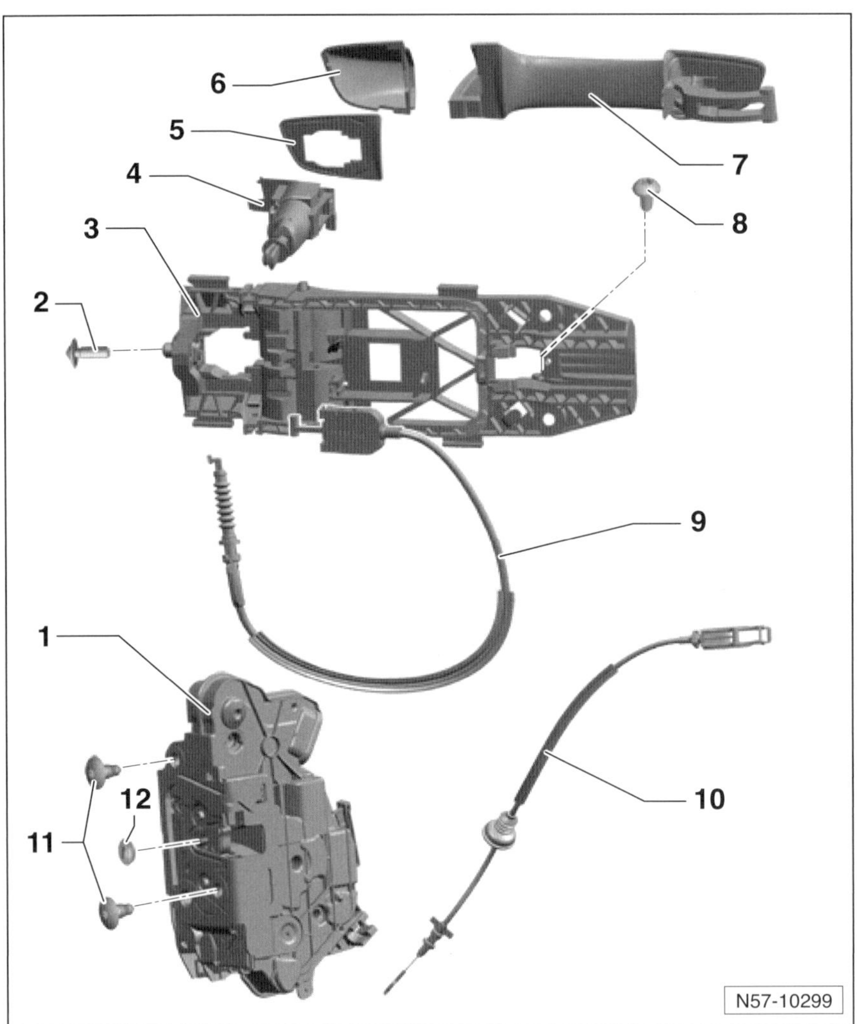

1 – **Türschloss**
Kann nur zusammen mit dem Aggregateträger ausgebaut werden.

2 – **Schraube, 4 Nm**
Für Schließzylinder.

3 – **Lagerbügel**

4 – **Schließzylinder**
Nur an der Fahrertür.

5 – **Unterlage**

6 – **Abdeckkappe**

7 – **Türgriff**

8 – **Schraube, 1 Nm**
Durch Lösen der Schraube wird der Lagerbügel von der Tür gelöst.

9 – **Seilzug**
Vom Türschloss zum Lagerbügel.

10 – **Seilzug**
Vom Türschloss zur Türinnenbetätigung. Mit Tülle für die Durchführung am Aggregateträger.

11 – **Schrauben, 20 Nm**

12 – **Abdeckkappe**

Türschloss aus- und einbauen

Ausbau

- Türverkleidung ausbauen, siehe entsprechendes Kapitel.

2-Türer

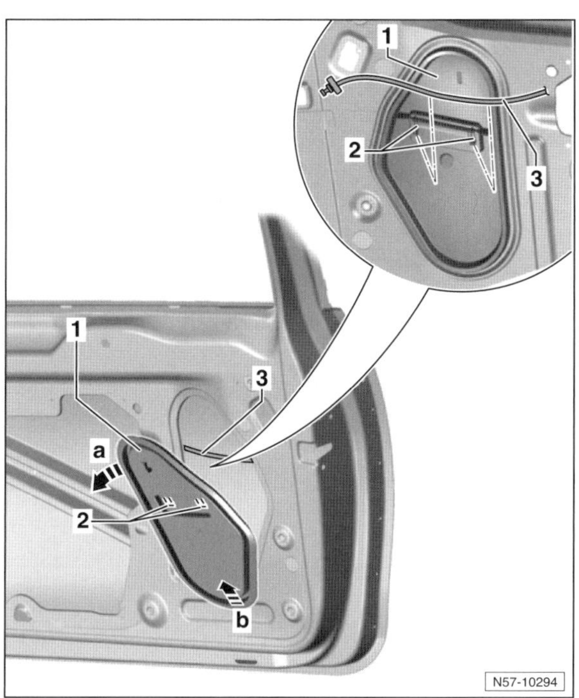

- Abdeckung –1– im oberen Bereich abheben –Pfeil a–.
- Seilzug –3– aus den Haltern –2– herausziehen.
- Abdeckung nach oben aus der Tür herausnehmen –Pfeil b–.

4-Türer

- Aggregateträger ausbauen, siehe entsprechendes Kapitel.

Alle Fahrzeuge

- Schließzylinder ausbauen, siehe entsprechendes Kapitel.

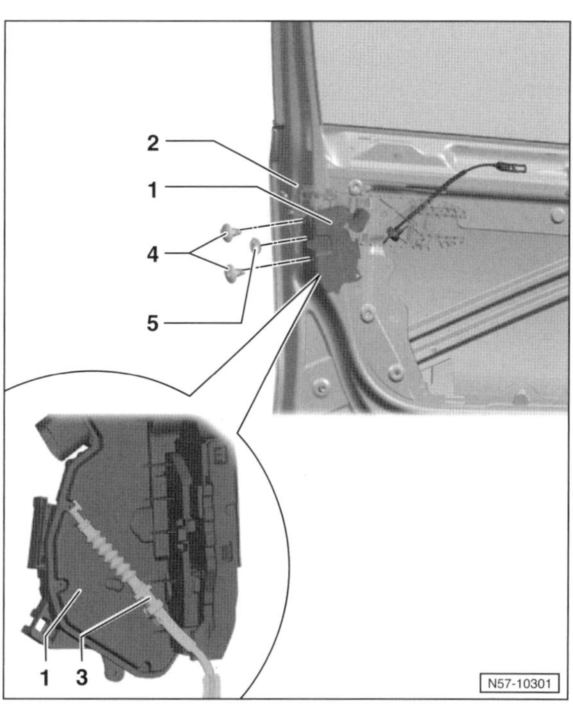

- Schrauben –4– herausdrehen.
- Seilzug –3– zum Lagerbügel am Türschloss –1– aushängen.
- Türschloss –1– aus der Tür –2– herausnehmen. 5 – Abdeckkappe.

Einbau

- Der Einbau erfolgt in umgekehrter Ausbaureihenfolge. Schrauben mit **20 Nm** festziehen.
- Vor Schließen der Tür unbedingt Funktionsprüfung des Türschlosses durchführen, da bei nicht korrekter Einstellung und Verriegelung der Bowdenzüge das Schloss nicht geöffnet werden kann.

Schließzylinder aus- und einbauen

Hinweis: Schließzylinder und Abdeckkappe sind nur auf der Fahrerseite eingebaut.

Ausbau

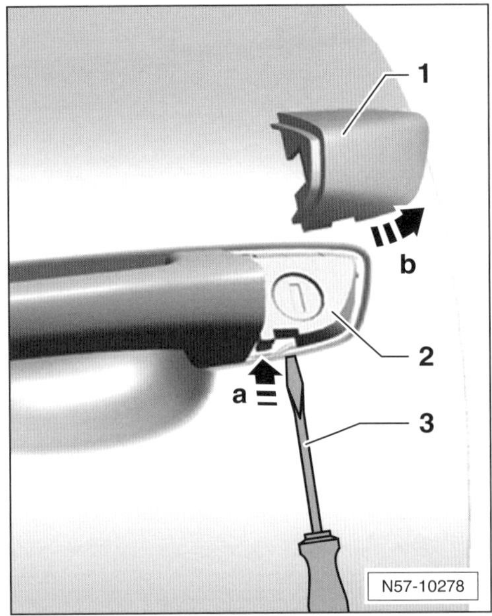

- Mit einem kleinen Schraubendreher –3– in Pfeilrichtung –a– in die Öffnung an der Unterseite der Abdeckkappe des Schließzylinders drücken.
- Abdeckkappe –1– mit dem Schraubendreher an der Unterseite leicht von der Tür abziehen –Pfeil b– und nach oben vom Schließzylinder herunterschieben.

Achtung: Abdeckkappe nicht abhebeln. Schraubendreher nicht drehen zum Abnehmen der Abdeckkappe.

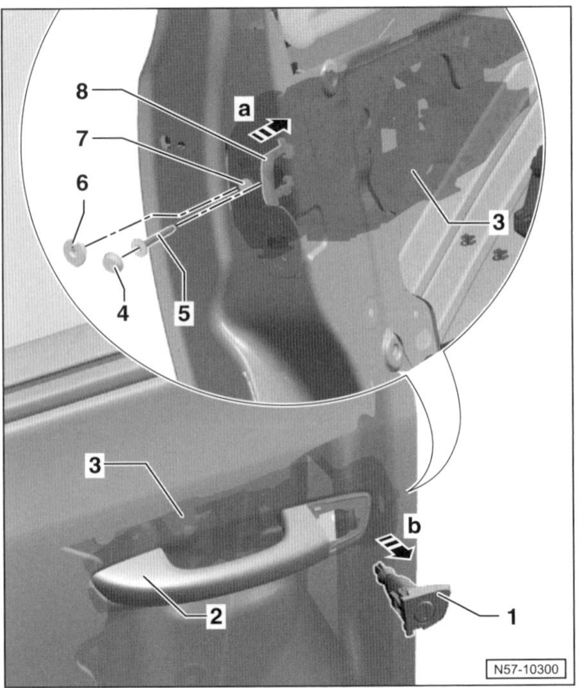

- Abdeckkappen –4– und –6– abhebeln.
- Schraube –5– herausdrehen.
- Schraube –7– bis zum Anschlag herausdrehen und anschließend hineindrücken –Pfeil a–, damit der Sicherungsbügel –8– den Schließzylinder frei gibt.
- Schlließzylindergehäuse –1– im rechten Winkel zur Tür in Pfeilrichtung –b– aus dem Lagerbügel –3– herausziehen.

Einbau

- Schießzylinder im rechten Winkel in den Lagerbügel hineinstecken.

Achtung: Während der Montage muss das Schließzylindergehäuse an das Türaußenblech angedrückt werden.

- Schrauben –5– und –7– in den Lagerbügel hineinschrauben und mit **4 Nm** anziehen.
- Abdeckkappen auf die Schrauben aufdrücken.

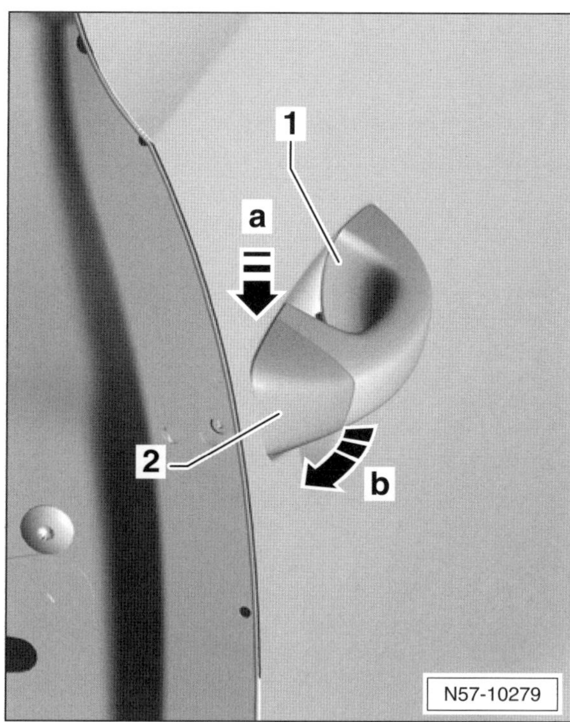

- Abdeckkappe –2– leicht abgewinkelt von oben auf den Schließzylinder ansetzen –Pfeil a–.
- Abdeckkappe nach unten schwenken –Pfeil b–, gegen die Tür drücken und einrasten.
- Vor Schließen der Tür unbedingt Funktionsprüfung von Schließzylinder und Türschloss durchführen.

Abdeckkappe am Türgriff aus- und einbauen

Beifahrerseite/hintere Türen

Hinweis: Der Ausbau der Abdeckkappe für die Fahrertür steht im Kapitel »Schließzylinder aus- und einbauen«. Hier wird der Ausbau an Türen ohne Schließzylinder beschrieben.

Aubau

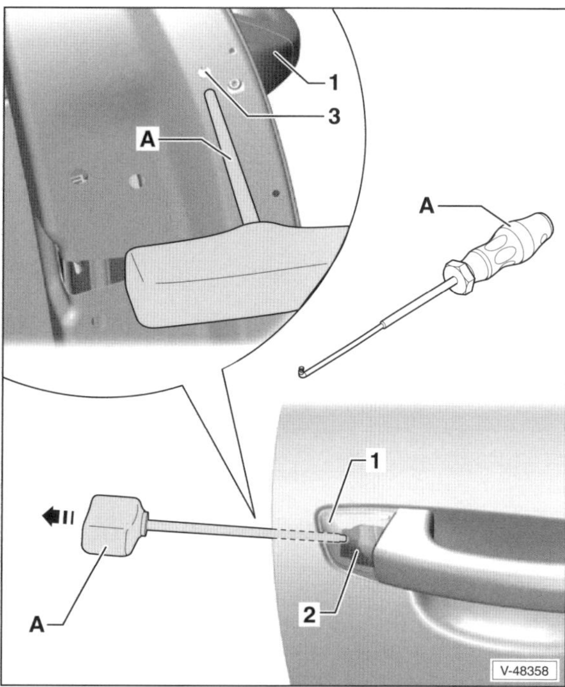

- Stopfen –3– an der Stirnseite der Tür heraushebeln.
- Durch diese Öffnung den Montagehaken –A–, zum Beispiel VW-T10389– etwa 60 mm in die Tür einschieben und hinter den Verriegelungshaken –2– des Lagerbügels bringen.
- Montagehaken so weit herausziehen –Pfeil–, bis der Verriegelungshaken entriegelt.

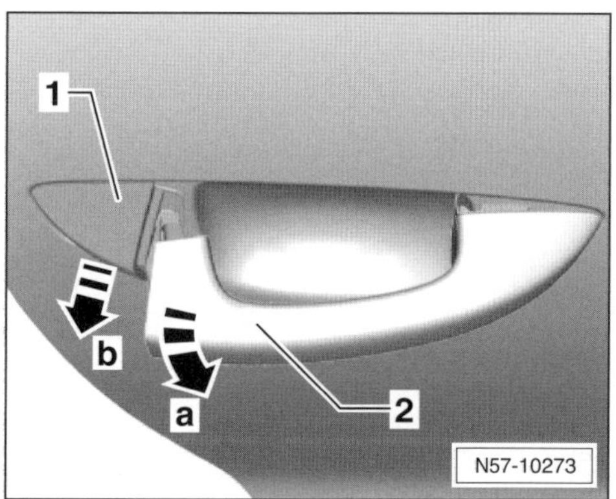

- Türgriff in Pfeilrichtung –a– ziehen und Abdeckkappe –1– in Pfeilrichtung –b– abziehen.

Einbau

- Türgriff in Öffnungsstellung ziehen und halten.
- In dieser Stellung die Abdeckkappe in den Lagerbügel hineinschieben.

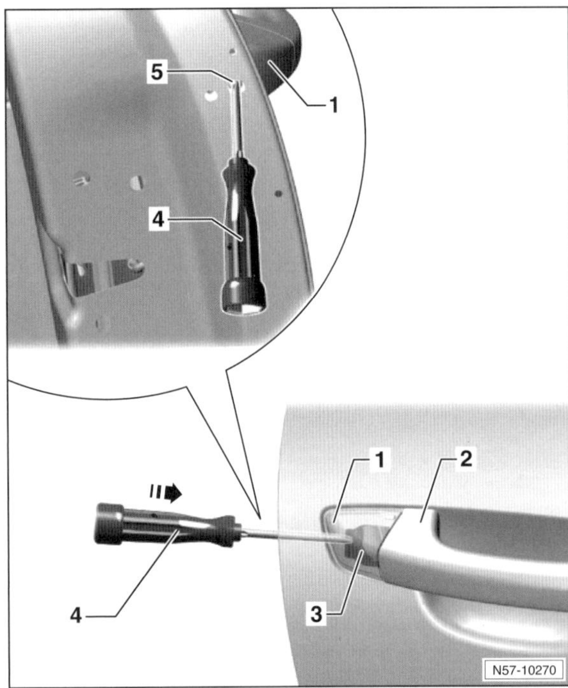

- Stopfen –5– an der Türstirnseite heraushebeln.
- Durch diese Öffnung einen Schraubendreher –1– einschieben und an den Verriegelunshaken –3– des Lagerbügels anlegen.
- Schraubendreher so weit hineindrücken –Pfeil–, bis der Haken verriegelt.
- Beide Stopfen einsetzen.

Türaußengriff aus- und einbauen

Ausbau

- Schließzylinder ausbauen, siehe entsprechendes Kapitel.

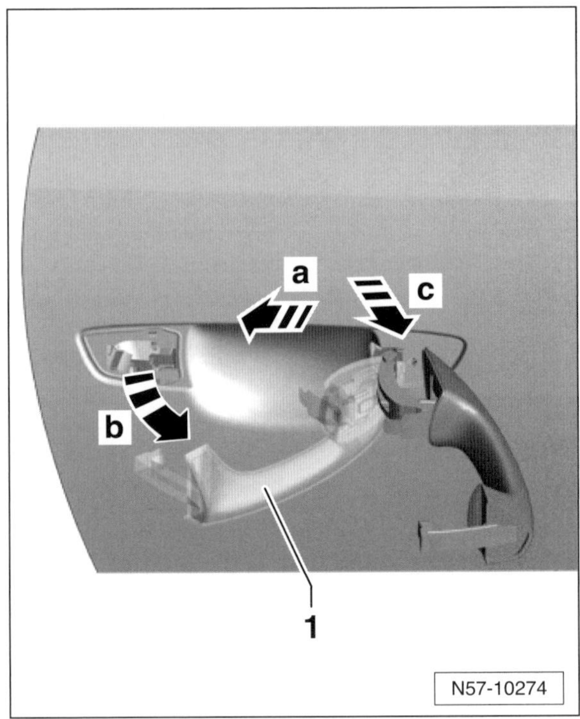

- Türgriff –1– etwas nach hinten ziehen –Pfeil a–.
- Türgriff in Pfeilrichtung –b– von der Tür wegschwenken.
- Türgriff im rechten Winkel –Pfeil c– aus dem Lagerbügel herausziehen und abnehmen.

Einbau

- Türgriff im rechten Winkel zur Tür in den Lagerbügel einsetzen.
- Türgriff zur Tür schwenken und in die Öffnung am Türblech einsetzen.
- Türgriff parallel zur Türoberfläche kräftig nach vorn in den Lagerbügel drücken.
- Schließzylinder einbauen, siehe entsprechendes Kapitel.
- Vor Schließen der Tür unbedingt Funktionsprüfung von Türgriff, Schließzylinder und Türschloss durchführen.

Hintere Türblende aus- und einbauen

Ausbau

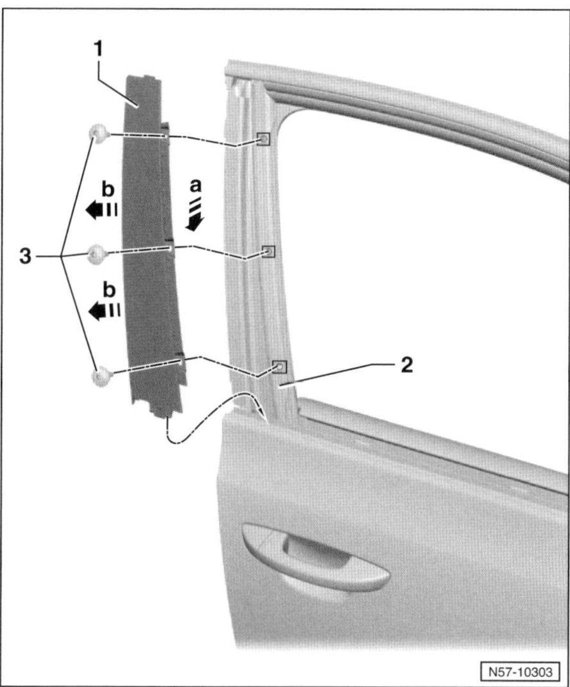

- Fensterführung –2– aus der Tür herausziehen.
- Schrauben –3– herausdrehen.
- Blende –1– etwas nach unten schieben –Pfeil a– und dann von der Tür abziehen –Pfeile b–.

Einbau

- Schnappmuttern am Türrahmen auf einwandfreien Zustand prüfen, gegebenenfalls ersetzen.
- Blende unten an der Tür einhängen, dann nach oben schieben, bis die Bohrungen mit den Schnappmuttern übereinstimmen.
- 3 Schrauben eindrehen und mit **2 Nm** festziehen.
- Fensterführung in die Tür eindrücken.

Außenspiegel – Detailübersicht

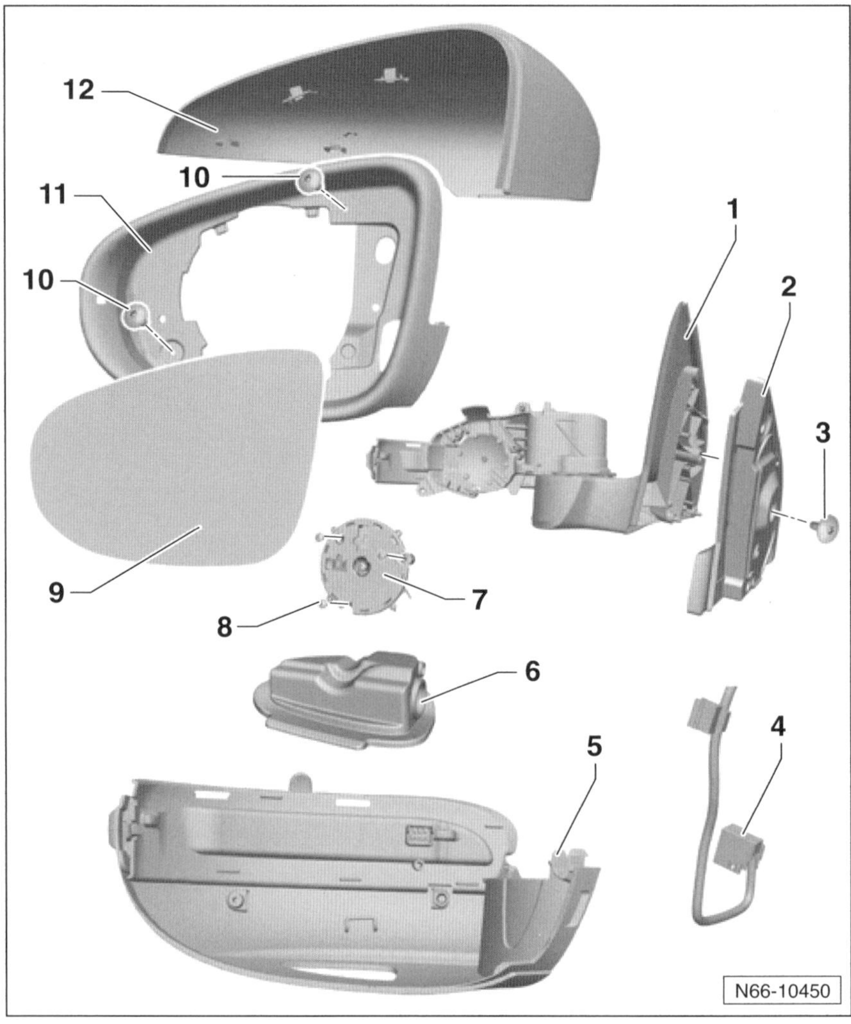

1 – **Spiegelträger**

2 – **Dämpfung**

3 – **Schraube, 10 Nm**

4 – **Steckverbindung**

5 – **Spiegelgehäuse-Unterteil**
Mit integrierter Seitenblinkleuchte.

6 – **Einstiegsleuchte**

7 – **Verstelleinheit mit Motor**

8 – **Schraube, 1 Nm**
3 Stück

9 – **Spiegelglas**

10 – **Schraube, 1 Nm**
2 Stück

11 – **Rahmen**

12 – **Spiegelgehäuse-Oberteil**

Außenspiegel aus- und einbauen

Ausbau

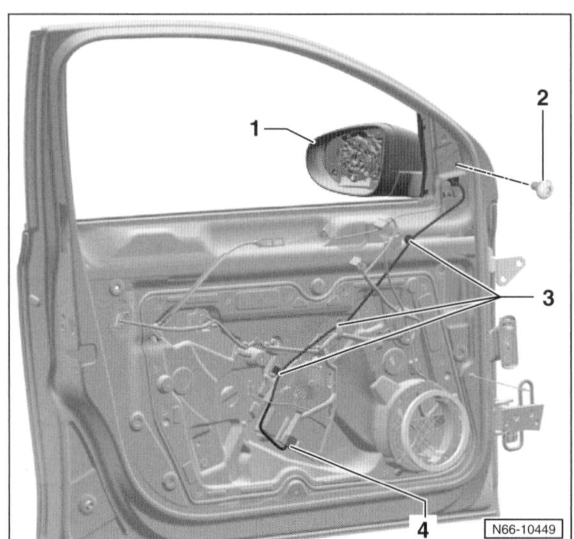

- Türverkleidung ausbauen, siehe entsprechendes Kapitel.
- Kabelbinder –3– trennen.
- Steckverbindung –4– trennen, siehe Abbildung N66-10450.
- Außenspiegel festhalten, Schraube –2– herausdrehen und Außenspiegel von der Tür abnehmen. Elektrische Leitung durch die Öffnung in der Tür herausführen.

Einbau

- Der Einbau erfolgt in umgekehrter Ausbaureihenfolge. Spiegel mit **10 Nm** anschrauben.

Spiegelglas aus- und einbauen

Ausbau

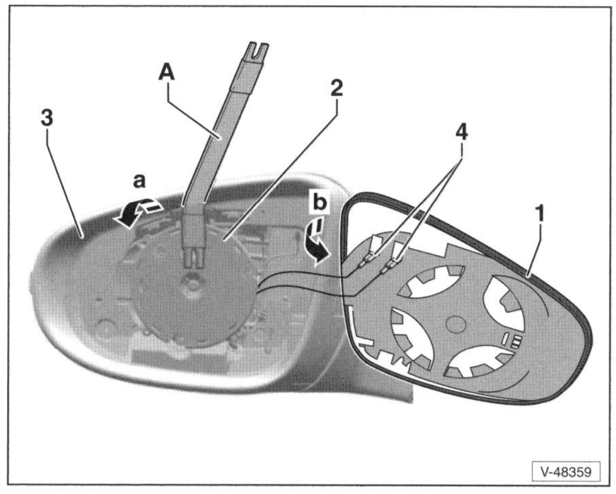

- Gehäusekante mit textilverstärktem Klebeband abkleben und dadurch vor Beschädigungen schützen.
- Spiegelglas –1– unten in das Spiegelgehäuse –3– drücken.
- Kunststoffkeil –A–, zum Beispiel HAZET 1965-21, oben zwischen Gehäuse und Spiegelglas einführen.
- Spiegelglas vorsichtig mit dem Kunststoffkeil vom Halter –2– abhebeln –Pfeil a– und aus dem Gehäuse ziehen.
- Spiegelglas zur Seite schwenken –Pfeil b– und beide Anschlusskabel –4– für elektrisch beheizbaren Außenspiegel von der Spiegelglas-Rückseite abziehen. Dabei die angenieteten Kontaktzungen festhalten, um Beschädigungen zu vermeiden.

Einbau

- Anschlusskabel am Spiegelglas aufstecken.

Sicherheitshinweis
Beim Aufdrücken des Spiegelglases unbedingt Handschuhe anziehen oder sauberen Lappen unterlegen. Bruch- und Verletzungsgefahr!

- Spiegelglas entgegen der Pfeilrichtung –b– schwenken und mittig auf den Halter setzen.
- Spiegelglas aufdrücken und hörbar einrasten. Durch Hin- und Herbewegen des Spiegelglases festen Sitz in der Halterung prüfen.
- Außenspiegel einstellen.

Seitenblinkleuchte/Einstiegsleuchte aus- und einbauen

Hinweis: In der Seitenblinkleuchte sind Leuchtdioden (LED) eingebaut. Bei einem Defekt muss deshalb das komplette Spiegelgehäuse-Unterteil mit Leuchte ersetzt werden.

Ausbau

- Spiegelglas ausbauen, siehe entsprechendes Kapitel.
- Spiegelrahmen ausbauen, siehe entsprechendes Kapitel.
- Spiegelgehäuse-Oberteil ausbauen, siehe entsprechendes Kapitel.

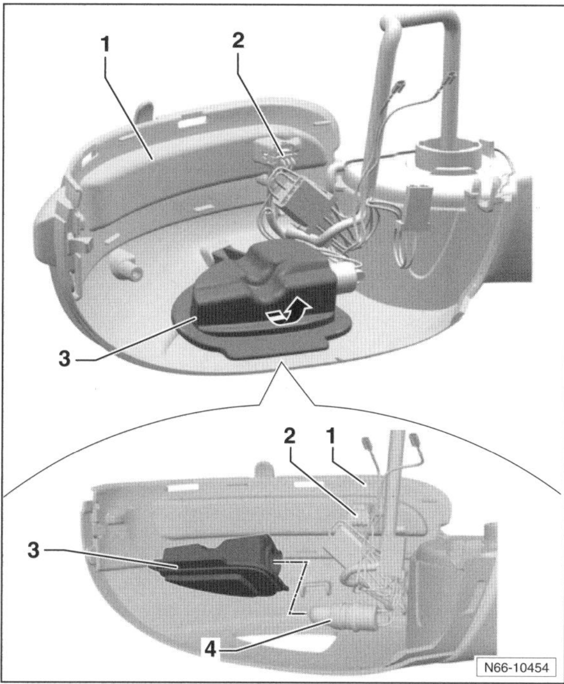

- Einstiegsleuchte –3– in Pfeilrichtung aus dem Spiegelgehäuse-Unterteil –1– herausdrücken.
- Falls erforderlich, Lampenfassung –4– aus dem Lampengehäuse herausziehen.
- Steckverbindung –2– für Blinkleuchte abziehen.
- Spiegelgehäuse-Unterteil und Seitenblinkleuchte sind ein Bauteil und können nur komplett ersetzt werden.

Einbau

- Der Einbau erfolgt in umgekehrter Ausbaureihenfolge.

Spiegelrahmen aus- und einbauen

Ausbau

- Spiegelglas ausbauen, siehe entsprechendes Kapitel.

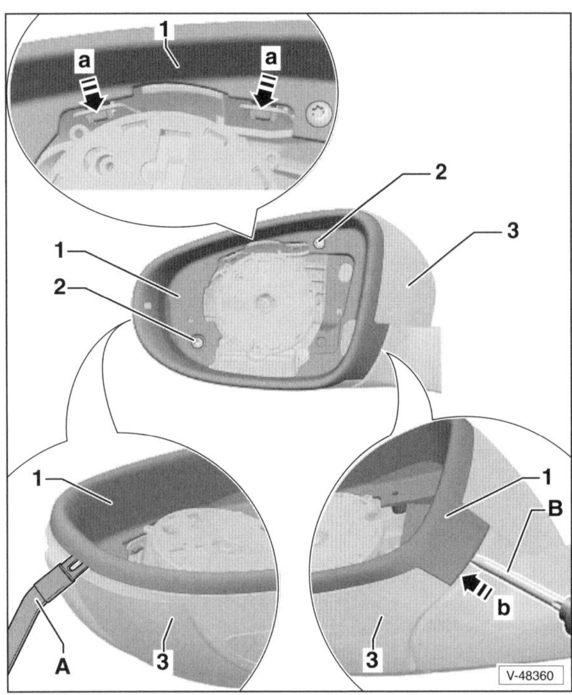

- Schrauben –2– herausdrehen.
- Mit einem Schraubendreher die Rasthaken –Pfeile a– aus dem Spiegelgehäuse-Oberteil ausclipsen.
- Rahmen –1– von unten mit einem Schraubendreher –B– aus der Verrastung aushebeln –Pfeile b–.
- Rahmen –1– von der Seite mit einem Kunststoffkeil –A– anheben und abnehmen.
  A = HAZET 1965-21 oder VW-80-200.

Einbau

- Verrastungen prüfen, gegebenenfalls Bauteil ersetzen.
- Der Einbau erfolgt in umgekehrter Ausbaureihenfolge. Schrauben mit **1 Nm** anziehen.

Spiegelgehäuse-Oberteil aus- und einbauen

Ausbau

- Spiegelglas ausbauen, siehe entsprechendes Kapitel.
- Spiegelrahmen ausbauen, siehe entsprechendes Kapitel.

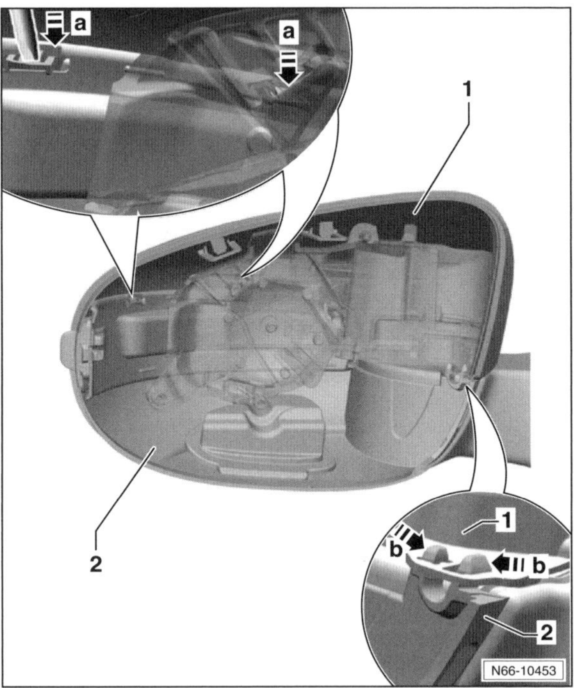

- Mit einem Schraubendreher die Rasthaken –Pfeile a– ausclipsen.
- Die Rasthaken –Pfeile b– zusammendrücken und Spiegelgehäuse-Oberteil –1– vom Spiegelgehäuse-Unterteil –2– abnehmen.

Einbau

- Verrastungen prüfen, gegebenenfalls Bauteil ersetzen.
- Der Einbau erfolgt in umgekehrter Ausbaureihenfolge. Schrauben mit **1 Nm** anziehen.

Stromlaufpläne

Aus dem Inhalt:

- **Zeichenerklärung**
- **Stromlaufplan-Übersicht**
- **Einzelpläne**

Der Umgang mit dem Stromlaufplan

In einem Personenwagen werden je nach Ausstattung bis über 1.000 Meter Leitungen verlegt, um alle elektrischen Verbraucher (Scheinwerfer, Radio usw.) mit Strom zu versorgen. Will man einen Fehler in der elektrischen Anlage aufspüren oder nachträglich ein elektrisches Zubehör montieren, kommt man nicht ohne Stromlaufplan aus; anhand dessen der Stromverlauf und damit die Kabelverbindungen aufgezeigt werden.

Die Kennbuchstaben der wichtigsten Bauteile sind:

Kennbuchstabe	Bauteil
A	Batterie
B	Anlasser
C	Drehstromgenerator
D	Zündanlassschalter
E	Schalter für Handbedienung
F	Mechanische Schalter
G	Geber, Kontrollgeräte
H	Horn, Doppeltonhorn, Fanfare
J	Relais, Steuergerät
K, L, M, W, X	Kontrolllampen, Lampen, Leuchten
N	Elektroventile, Widerstände, Schaltgeräte
O	Zündverteiler
P, Q	Zündkerzenstecker, Zündkerzen
R	Radio
S	Sicherungen
T	Steckverbindungen
V	Elektromotoren

Zur genaueren Unterscheidung werden den Kennbuchstaben noch Zahlen angefügt.

Relais und elektronische Steuergeräte sind in der Regel grau unterlegt. Die darin eingezeichneten Linien sind interne Verdrahtungen. Sie zeigen, wie Relais und andere elektrische/elektronische Bauteile sowohl zueinander als auch auf der Relaisplatte verschaltet sind.

Die Bezeichnung der Klemmen ist nach DIN genormt. **Die wichtigsten Klemmenbezeichnungen sind:**

Klemme 30. An dieser Klemme liegt immer die Batteriespannung an. Die Kabel sind meist rot oder rot mit Farbstreifen.

Klemme 31 führt zur Masse. Die Masse-Leitungen sind in der Regel braun.

Klemme 15 wird über das Zündschloss gespeist. Die Leitungen führen nur bei eingeschalteter Zündung Strom. Die Kabel sind meist grün oder grün mit farbigem Streifen.

Klemme X führt ebenfalls nur bei eingeschalteter Zündung Strom, dieser wird jedoch unterbrochen, wenn der Anlasser betätigt wird. Dadurch ist sichergestellt, dass während des Startvorganges der Zündanlage die volle Batterieleistung zur Verfügung steht. Alle größeren Stromaufnehmer liegen in diesem Stromkreis. Das Fernlicht wird ebenfalls über diese Klemme mit Strom versorgt. So wird bei eingeschaltetem Fernlicht und ausgeschalteter Zündung automatisch auf Standlicht umgeschaltet.

Im Stromlaufplan sind in den einzelnen Leitungen Ziffern und darunter Buchstabenkombinationen eingefügt.

Beispiel: **1,5**
ws/ge

Die Ziffern geben den Leitungsquerschnitt an; hier: 1,5 mm^2. Die Buchstaben weisen auf die Leitungsfarben hin. Besteht die Kennzeichnung aus zwei Buchstabengruppen, die durch einen Schrägstrich getrennt sind, dann wird zuerst die Leitungsgrundfarbe genannt; hier: ws = weiß. Die zweite Buchstabenfolge gibt die Zusatzfarbe an; hier: ge = gelb.

Zuordnung der Stromlaufpläne

VW GOLF ab Oktober 2008

Wegen des großen Umfangs können nicht alle Stromlaufpläne aus jedem Modelljahr berücksichtigt werden. Jedoch kann man sich auch an den vorliegenden Stromlaufplänen orientieren, wenn das eigene Fahrzeug einem anderen Modelljahr angehört, da die Änderungen in der Regel nur Teilbereiche betreffen.

Gebrauchsanleitung für Stromlaufpläne

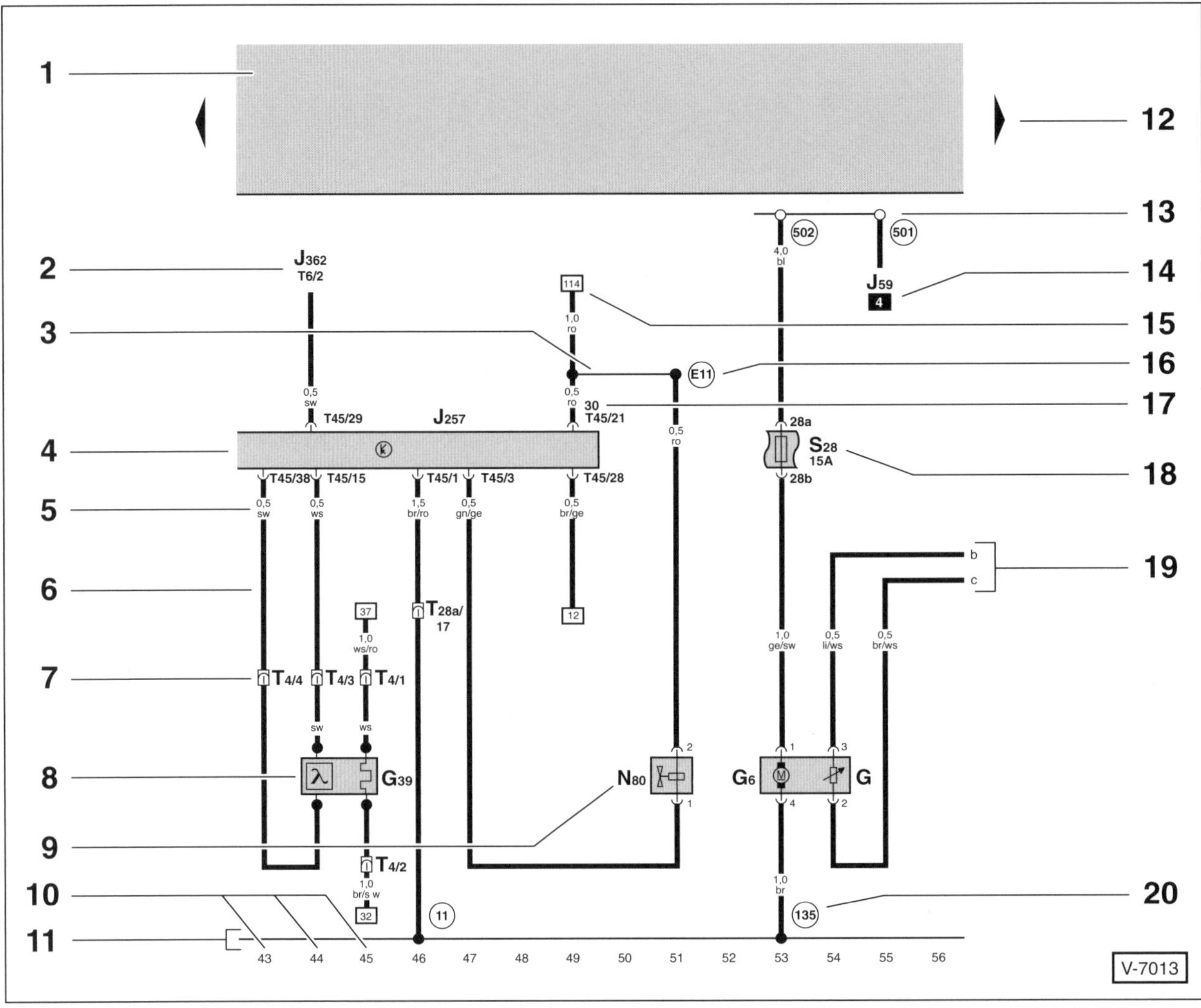

1 – Relaisplatte
Durch ein graues Feld gekennzeichnet. Stellt die plusseitigen Anschlüsse dar.

2 – Verweis auf Weiterführung der Leitung zu einem anderen Bauteil
J362 = Steuergerät für Wegfahrsicherung, T6/2 = 6-fach-Steckerverbindung, Kontakt 2.

3 – Interne Verbindung (dünner Strich)
Diese Verbindung ist nicht als Leitung vorhanden.

4 – Schaltzeichen
Die offen gezeichnete Seite des Schaltzeichens weist auf die Fortsetzung des Bauteils in einem anderen Stromlaufplan hin.

5 – Leitungsquerschnitt in mm² und Leitungsfarbe
0,5 = 0,5 mm², sw = schwarz. Abkürzungen für die Leitungsfarben stehen im Kapitel »Umgang mit dem Stromlaufplan«.

6 – Stromkreis mit Leitungsführung
Alle Schalter und Kontakte sind in mechanischer Ruhestellung dargestellt.

7 – Steckverbindung T4/4
T4 = 4-fach-Steckverbindung, »/4« = Kontakt 4.

8 – Schaltzeichen für Bauteil
G39 = Lambdasonde mit Heizung.

9 – Teile-Bezeichnung
N80 = Magnetventil 1. In der Legende unterhalb des Stromlaufplans steht, wie das Teil heißt.

10 – Strompfad-Nummer

11 – Fahrzeugmasse

12 – Pfeil
Weist auf die Fortsetzung des Stromlaufplans auf der anschließenden Seite hin.

13 – Gewindebolzen an der Relaisplatte
Der weiße Kreis zeigt an, dass es sich hier um eine lösbare Verbindung handelt.

14 – Relaisplatz-Nummer
Kennzeichnet den Relaisplatz auf oder an der Relaisplatte.

15 – Verweis auf Weiterführung der Leitung zu einem anderen Bauteil
Die Zahl im Rechteck kennzeichnet, in welchem Strompfad die Leitung weitergeführt wird; hier in Strompfad 114.

16 – Verbindung im Leitungsstrang
Nicht lösbare Verbindung.

17 – Anschlussklemme
Hier: Klemme 30, 45-fach-Steckverbindung, Kontakt 21.

18 – Sicherung
S28 = Sicherung Nr. 28, 15 Ampere.

19 – Verweis auf Weiterführung der Leitung im anschließenden Stromlaufplanteil
Der Buchstabe kennzeichnet, wo im nächsten Stromlaufplanteil die Leitung weitergeführt wird.

20 – Massepunkt oder Masseverbindung im Leitungsstrang
In der Legende stehen Angaben zur Lage des Massepunktes im Fahrzeug.

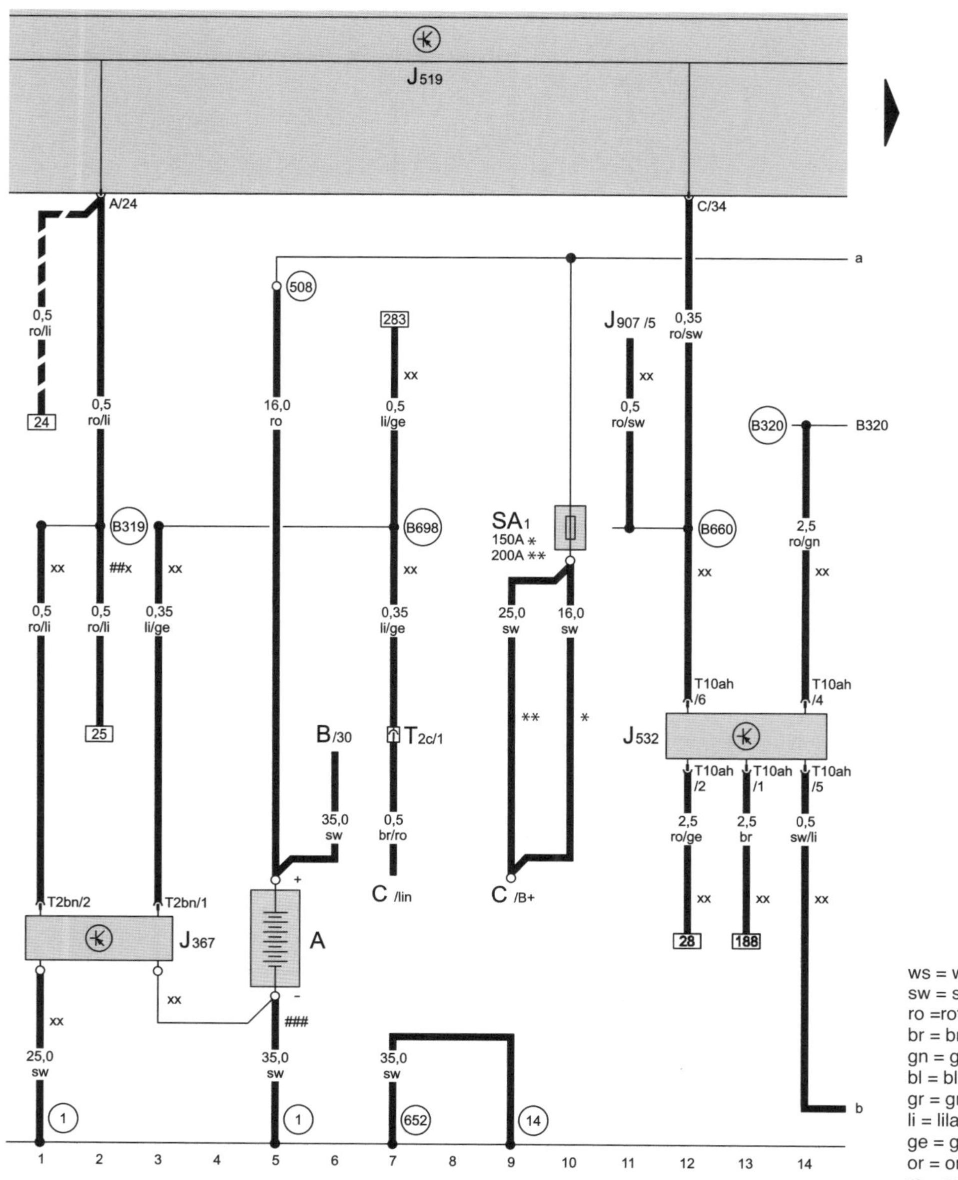

ws = weiss
sw = schwarz
ro =rot
br = braun
gn = grün
bl = blau
gr = grau
li = lila
ge = gelb
or = orange
rs = rosa

Steuergerät für Batterieüberwachung, Batterie, Spannungsstabilisator

A – Batterie
B – Anlasser
C – Drehstromgenerator
J367 – Steuergerät für Batterieüberwachung, an der Batterie
J519 – Bordnetzsteuergerät
J532 – Spannungsstabilisator
J907 – Starterrelais 2
SA1 – Sicherung 1 auf Sicherungshalter A
T2bn – Steckverbindung, 2fach
T2c – Steckverbindung, 2fach, nähe Anlasser
T10ah – Steckverbindung, 10fach
(1) – Masseband, Batterie - Aufbau
(14) – Massepunkt am Getriebe
(508) – Schraubverbindung (30) an der E-Box
(652) – Massepunkt Getriebe- und Motormasse
(B319) – Plusverbindung 5 (30a) im Hauptleitungsstrang
(B320) – Plusverbindung 6 (30a) im Hauptleitungsstrang
(B660) – Verbindung (Diagnose Kl.50) im Hauptleitungsstrang
(B698) – Verbindung 3 (LIN-Bus) im Hauptleitungsstrang

* – Bei Fahrzeugen mit 90 A/ 120 A Generator
** – Bei Fahrzeugen mit 140 A Generator
##x – Ab Mai 2009
/// – Bis April 2009
– Nur bei Fahrzeugen ohne Start-Stopp System
xx – Nur bei Fahrzeugen mit Start-Stopp System

1/2
6.09

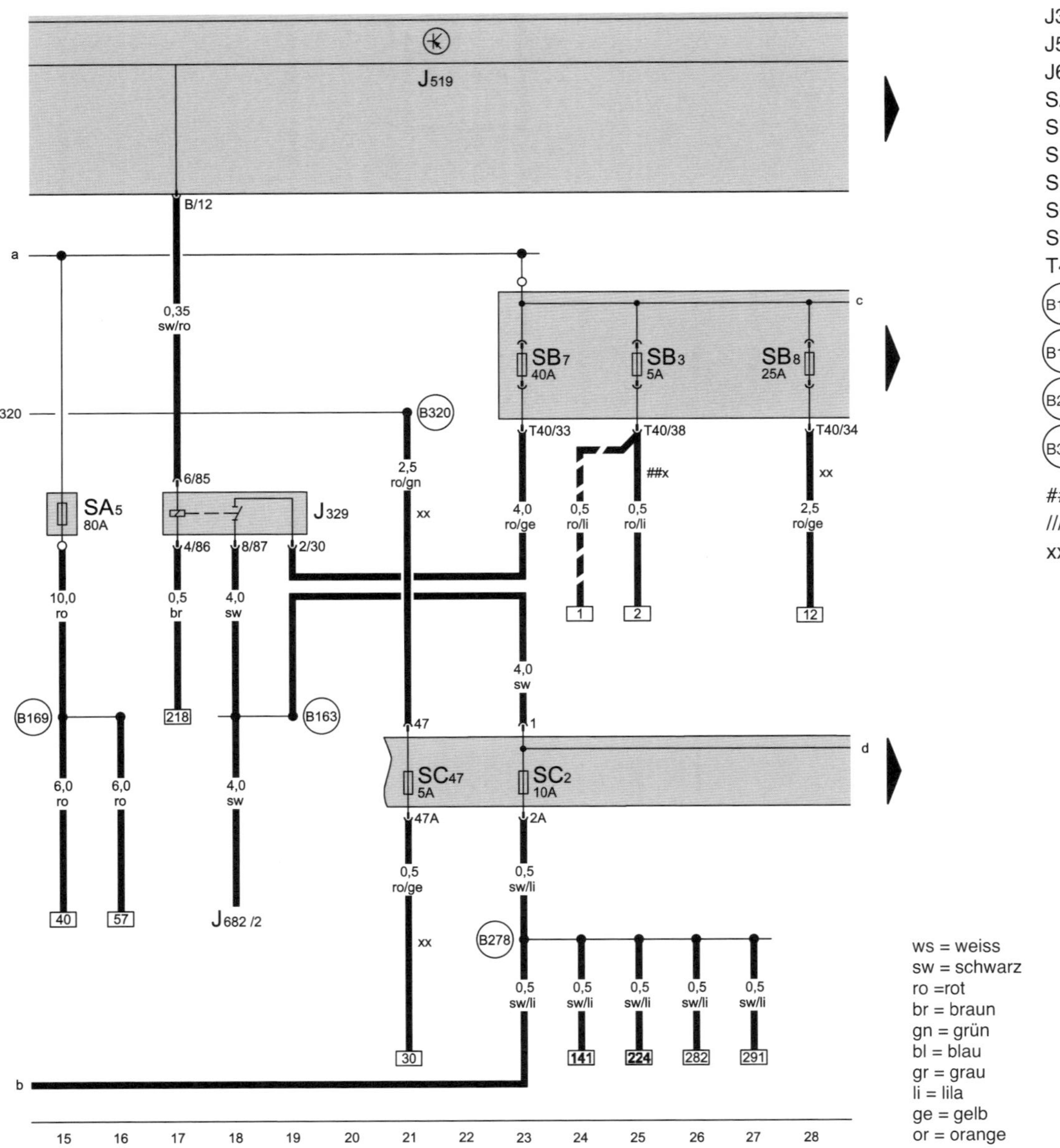

ws = weiss
sw = schwarz
ro =rot
br = braun
gn = grün
bl = blau
gr = grau
li = lila
ge = gelb
or = orange
rs = rosa

Relais für Spannungsversorgung Klemme 15, Sicherungen

J329	– Relais für Spannungsversorgung der Kl. 15 (53)
J519	– Bordnetzsteuergerät
J682	– Relais für Spannungsversorgung, Kl. 50
SA5	– Sicherung 5 auf Sicherungshalter A
SB3	– Sicherung 3 auf Sicherungshalter B
SB7	– Sicherung 7 auf Sicherungshalter B
SB8	– Sicherung 8 auf Sicherungshalter B
SC2	– Sicherung 2 auf Sicherungshalter C
SC47	– Sicherung 47 auf Sicherungshalter C
T40	– Steckverbindung, 40fach
B163	– Plusverbindung 1 (15) im Leitungsstrang Innenraum
B169	– Plusverbindung 1 (30) im Leitungsstrang Innenraum
B278	– Plusverbindung 2 (15a) im Hauptleitungsstrang
B320	– Plusverbindung 6 (30a) im Hauptleitungsstrang
##x	– Ab Mai 2009
///	– Bis April 2009
xx	– Nur bei Fahrzeugen mit Start-Stopp System

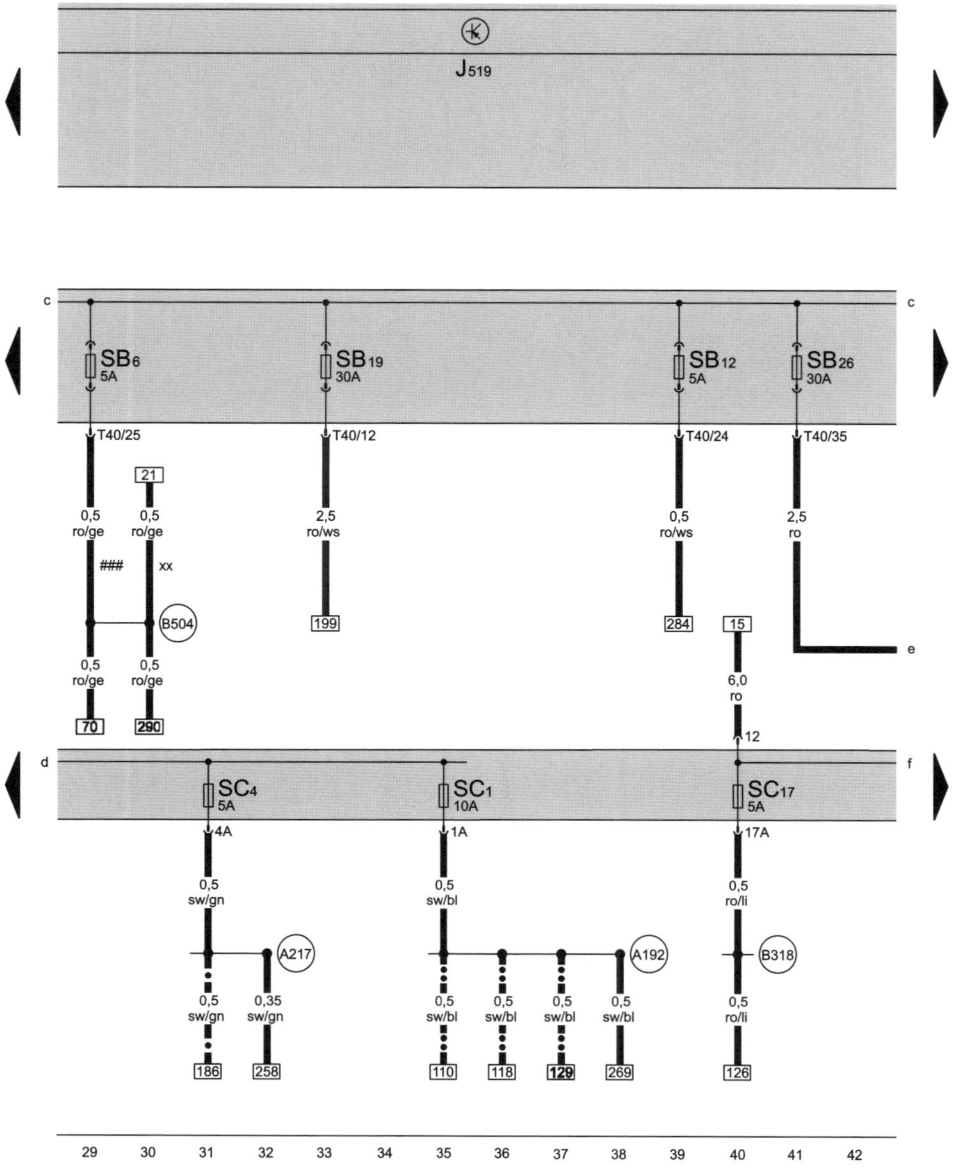

Sicherungen

J519 – Bordnetzsteuergerät
SB6 – Sicherung 6 auf Sicherungshalter B
SB12 – Sicherung 12 auf Sicherungshalter B
SB19 – Sicherung 19 auf Sicherungshalter B
SB26 – Sicherung 26 auf Sicherungshalter B
SC1 – Sicherung 1 auf Sicherungshalter C
SC4 – Sicherung 4 auf Sicherungshalter C
SC17 – Sicherung 17 auf Sicherungshalter C
T40 – Steckverbindung, 40fach
(A192) – Plusverbindung 3 (15a) im Schalttafelleitungsstrang
(A217) – Plusverbindung 8 (15a) im Schalttafelleitungsstrang
(B318) – Plusverbindung 4 (30a) im Hauptleitungsstrang
(B504) – Plusverbindung 8 (30a) im Schalttafelleitungsstrang
-●●- – Nur bei Fahrzeugen mit statischer Leuchtweitenregelung
-●- – Nicht bei Fahrzeugen mit Doppelkupplungsgetriebe 02E/0AM (DSG)
– Nur bei Fahrzeugen ohne Start-Stopp System
xx – Nur bei Fahrzeugen mit Start-Stopp System

ws = weiss
sw = schwarz
ro =rot
br = braun
gn = grün
bl = blau
gr = grau
li = lila
ge = gelb
or = orange
rs = rosa

1/4
6.09

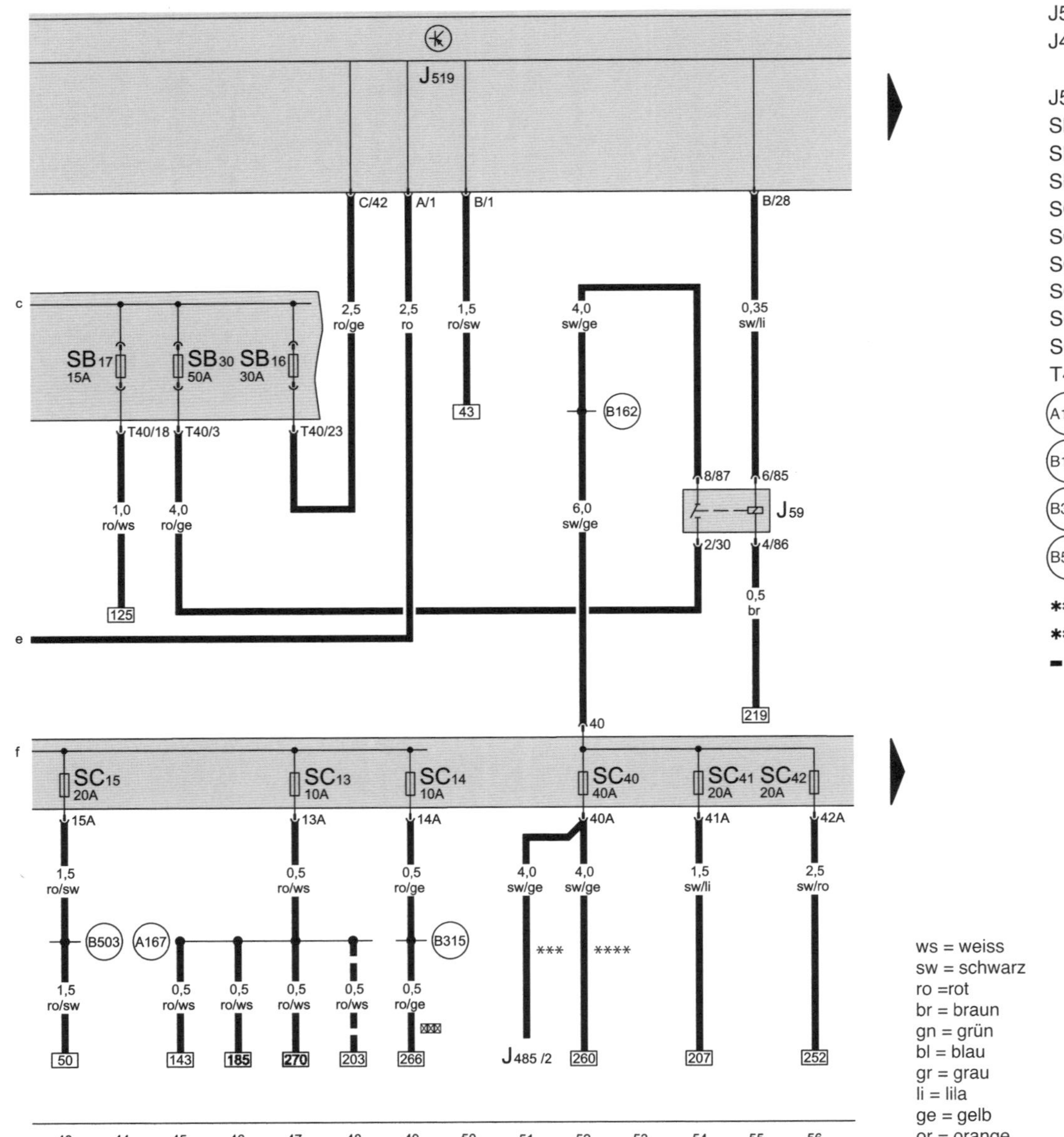

Entlastungsrelais für X-Kontakt, Sicherungen

J59 – Entlastungsrelais für X-Kontakt (53)
J485 – Relais für Standheizbetrieb (nicht bei Fahrzeugen mit Climatronic)
J519 – Bordnetzsteuergerät
SB16 – Sicherung 16 auf Sicherungshalter B
SB17 – Sicherung 17 auf Sicherungshalter B
SB30 – Sicherung 30 auf Sicherungshalter B
SC13 – Sicherung 13 auf Sicherungshalter C
SC14 – Sicherung 14 auf Sicherungshalter C
SC15 – Sicherung 15 auf Sicherungshalter C
SC40 – Sicherung 40 auf Sicherungshalter C
SC41 – Sicherung 41 auf Sicherungshalter C
SC42 – Sicherung 42 auf Sicherungshalter C
T40 – Steckverbindung, 40fach
A167 – Plusverbindung 3 (30a) im Schalttafelleitungsstrang
B162 – Verbindung (75a) im Leitungsstrang Innenraum
B315 – Plusverbindung 1 (30a) im Hauptleitungsstrang
B503 – Plusverbindung 7 (30a) im Leitungsstrang Innenraum

*** – Nur bei Fahrzeugen mit Zusatzheizung
**** – Nur bei Fahrzeugen ohne Zusatzheizung
▬ ▬ ▬ – Nur bei Fahrzeugen mit Sensor für Regen- und Lichterkennung

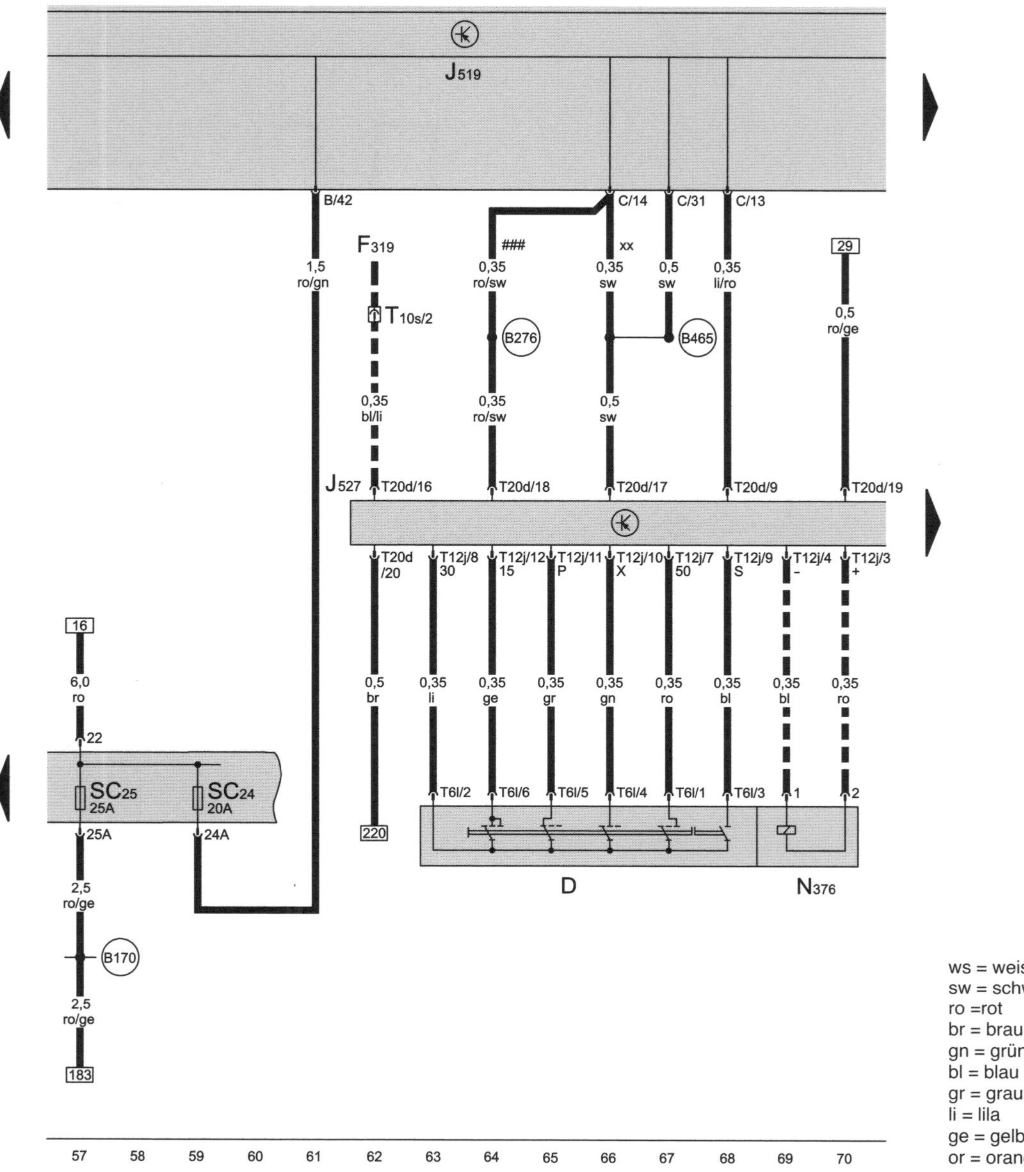

Steuergerät für Lenksäulenelektronik, Zündanlassschalter, Magnet für Zündschlüsselabzugsperre

D – Zündanlassschalter
F319 – Schalter für Wählhebel in P gesperrt
J519 – Bordnetzsteuergerät
J527 – Steuergerät für Lenksäulenelektronik
N376 – Magnet für Zündschlüsselabzugsperre
SC24 – Sicherung 24 auf Sicherungshalter C
SC25 – Sicherung 25 auf Sicherungshalter C
T6l – Steckverbindung, 6fach
T10s – Steckverbindung, 10fach, unter Wählhebelabdeckung
T12j – Steckverbindung, 12fach
T20d – Steckverbindung, 20fach
B170 – Plusverbindung 2 (30) im Leitungsstrang Innenraum
B276 – Plusverbindung (50) im Hauptleitungsstrang
B465 – Verbindung 1 im Hauptleitungsstrang
– – – – Nur bei Fahrzeugen mit Doppelkupplungsgetriebe 02E/ 0AM (DSG)
– Nur bei Fahrzeugen ohne Start-Stopp System
xx – Nur bei Fahrzeugen mit Start-Stopp System

ws = weiss
sw = schwarz
ro =rot
br = braun
gn = grün
bl = blau
gr = grau
li = lila
ge = gelb
or = orange
rs = rosa

1/6
6.09

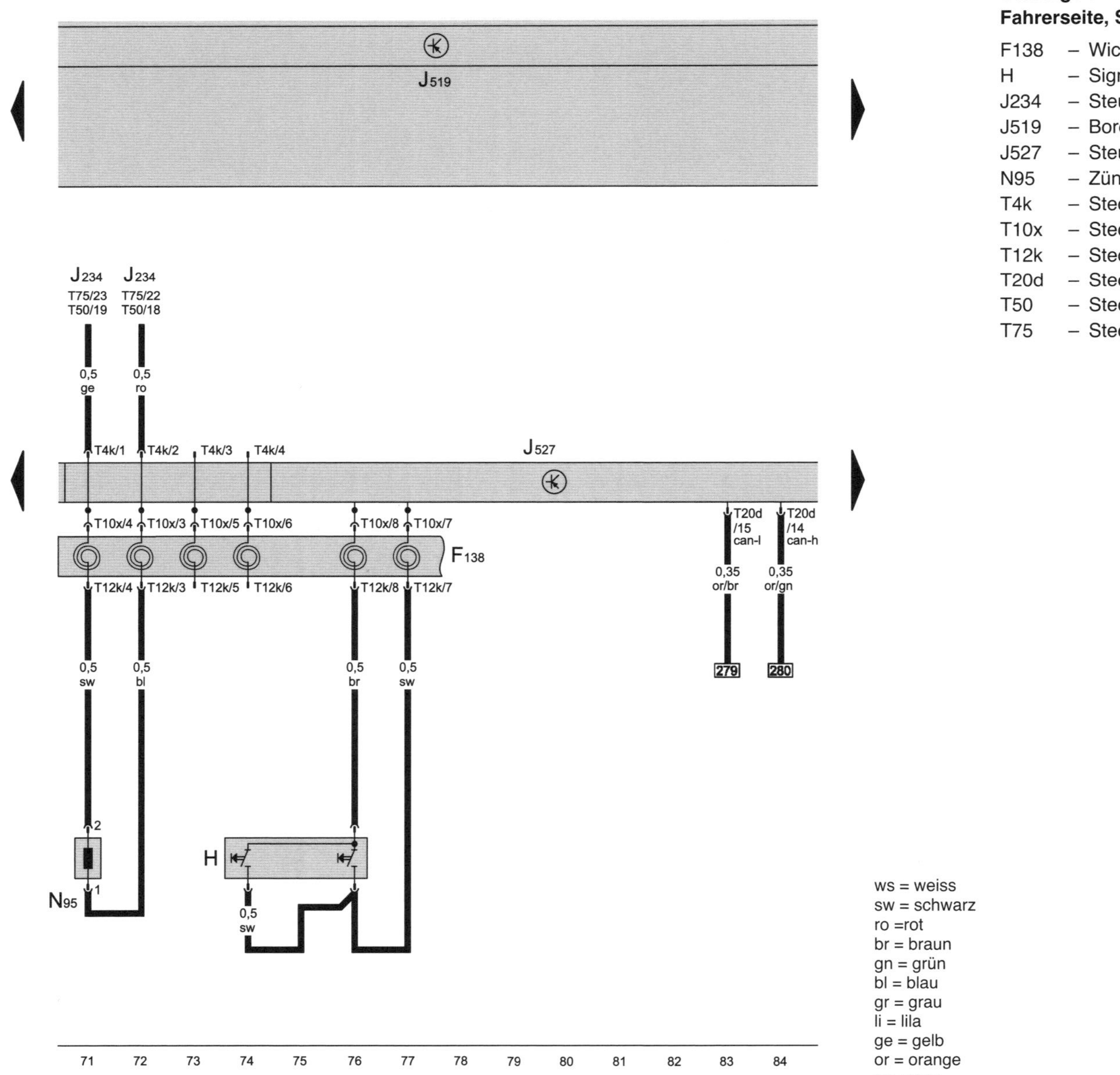

Steuergerät für Lenksäulenelektronik, Zünder für Airbag-Fahrerseite, Signalhornbetätigung

F138 – Wickelfeder für Airbag
H – Signalhornbetätigung
J234 – Steuergerät für Airbag
J519 – Bordnetzsteuergerät
J527 – Steuergerät für Lenksäulenelektronik
N95 – Zünder für Airbag Fahrerseite
T4k – Steckverbindung, 4fach
T10x – Steckverbindung, 10fach
T12k – Steckverbindung, 12fach
T20d – Steckverbindung, 20fach
T50 – Steckverbindung, 50fach
T75 – Steckverbindung, 75fach

ws = weiss
sw = schwarz
ro =rot
br = braun
gn = grün
bl = blau
gr = grau
li = lila
ge = gelb
or = orange
rs = rosa

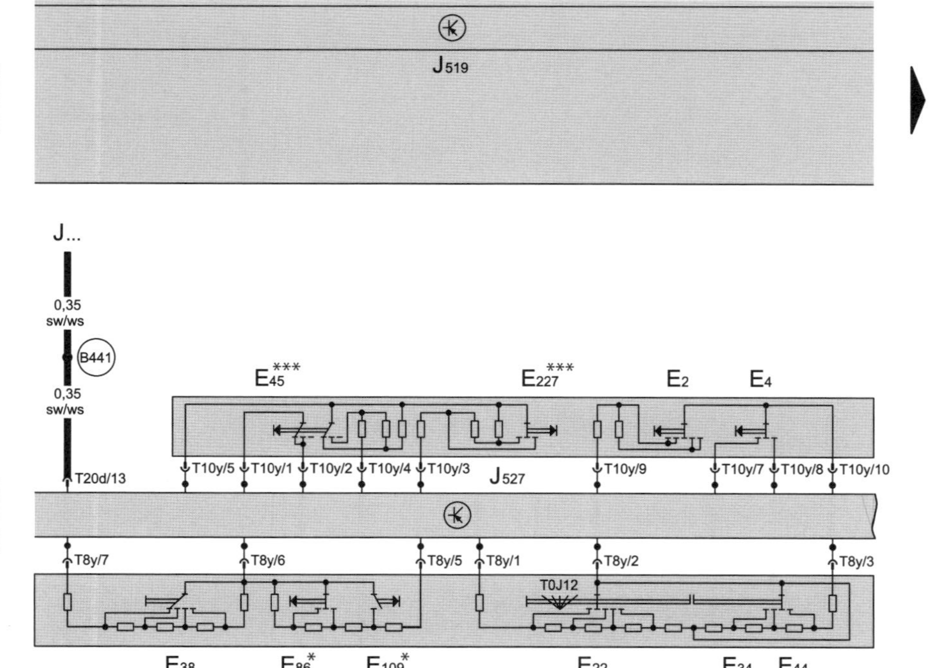

Blinklichtschalter, Schalter für Handabblendung und Lichthupe, Scheibenwischerschalter, Schalter für Scheibenwaschpumpe, Schalter für GRA, Abruftaste für Multifunktionsanzeige

E2	– Blinklichtschalter
E4	– Schalter für Handabblendung und Lichthupe
E22	– Scheibenwischerschalter für Intervallbetrieb
E34	– Schalter für Heckscheibenwischer
E38	– Regler für Scheibenwischer-Intervallschaltung
E44	– Schalter für Scheibenwaschpumpe (Wisch-Wasch-Automatik und Scheinwerferreinigungsanlage)
E45	– Schalter für GRA (**G**eschwindigkeits-**R**egel-**A**nlage)
E86	– Abruftaste für Multifunktionsanzeige
E109	– Speicherschalter für Multifunktionsanzeige
E227	– SET-Taster für GRA
J519	– Bordnetzsteuergerät
J527	– Steuergerät für Lenksäulenelektronik
J...	– Motorsteuergeräte
T8y	– Steckverbindung, 8fach
T10y	– Steckverbindung, 10fach
T20d	– Steckverbindung, 20fach
(B441)	– Verbindung (GRA) im Hauptleitungsstrang
*	– Nur bei Fahrzeugen mit Multifunktionsanzeige
***	– Nur bei Fahrzeugen mit Geschwindigkeitsregelanlage

ws = weiss
sw = schwarz
ro =rot
br = braun
gn = grün
bl = blau
gr = grau
li = lila
ge = gelb
or = orange
rs = rosa

1/8
6.09

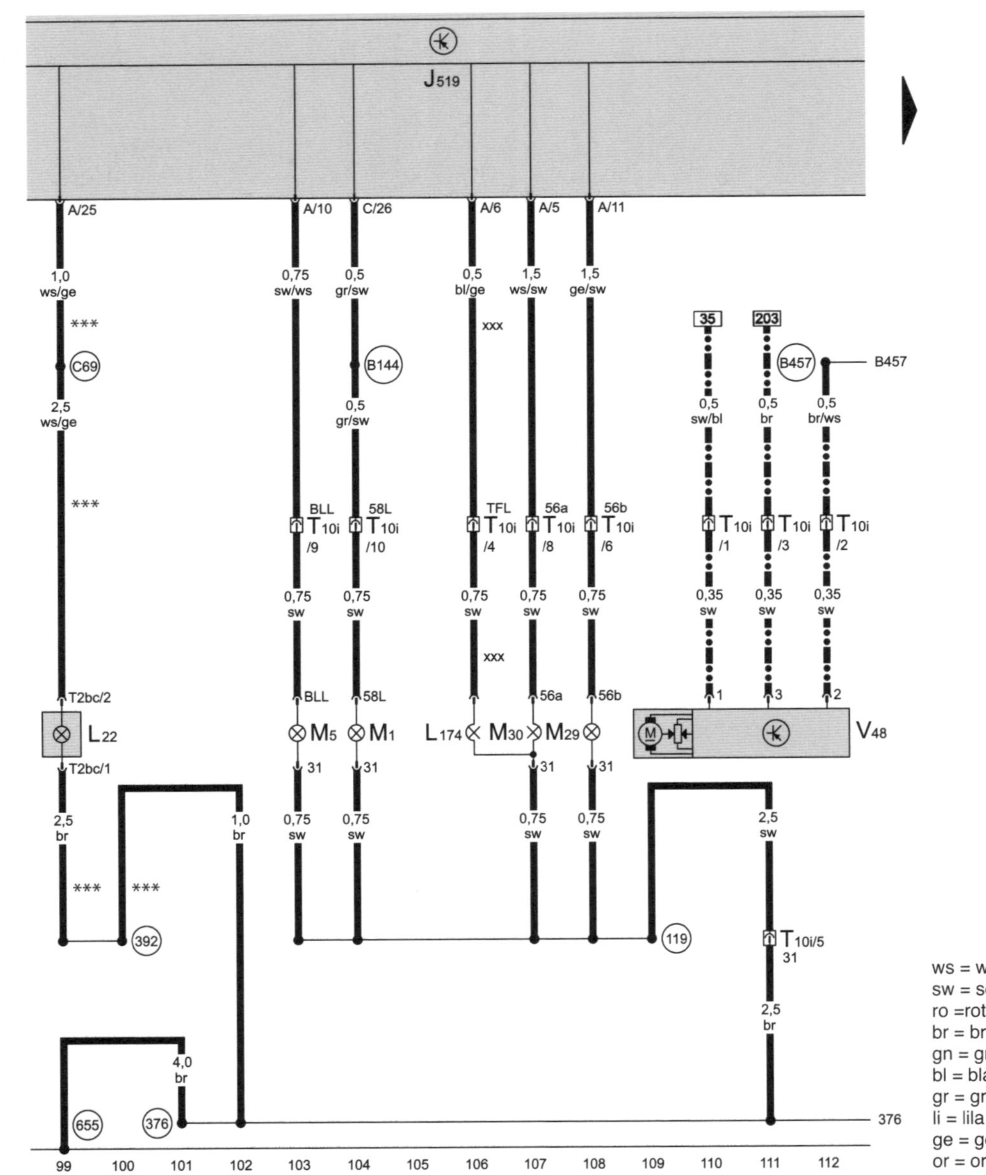

ws = weiss
sw = schwarz
ro =rot
br = braun
gn = grün
bl = blau
gr = grau
li = lila
ge = gelb
or = orange
rs = rosa

Scheinwerfer links, Lampe für Tagfahrlicht links, Nebelscheinwerfer links, Stellmotor links für Leuchtweitenregelung

J519	– Bordnetzsteuergerät
L22	– Lampe für Nebelscheinwerfer links
L174	– Lampe für Tagfahrlicht links
M1	– Lampe für Standlicht links
M5	– Lampe für Blinklicht vorn links
M29	– Lampe für Abblendlichtscheinwerfer links
M30	– Lampe für Fernlichtscheinwerfer links
T2bc	– Steckverbindung, 2fach
T10i	– Steckverbindung, 10fach, am Scheinwerfer links
V48	– Stellmotor links für Leuchtweitenregelung
(119)	– Masseverbindung 1 im Leitungsstrang Scheinwerfer
(376)	– Masseverbindung 11 im Hauptleitungsstrang
(392)	– Masseverbindung 27 im Hauptleitungsstrang
(655)	– Massepunkt am Scheinwerfer links
(B144)	– Plusverbindung (58L) im Leitungsstrang Innenraum
(B457)	– Verbindung 1 (Potenziometer) im Hauptleitungsstrang
(C69)	– Verbindung (Nebelscheinwerfer) im Leitungsstrang vorn links
***	– Nur bei Fahrzeugen mit Nebelscheinwerfer
-●●-	– Nur bei Fahrzeugen mit statischer Leuchtweitenregelung
xxx	– Nur bei Fahrzeugen mit Tagfahrlicht

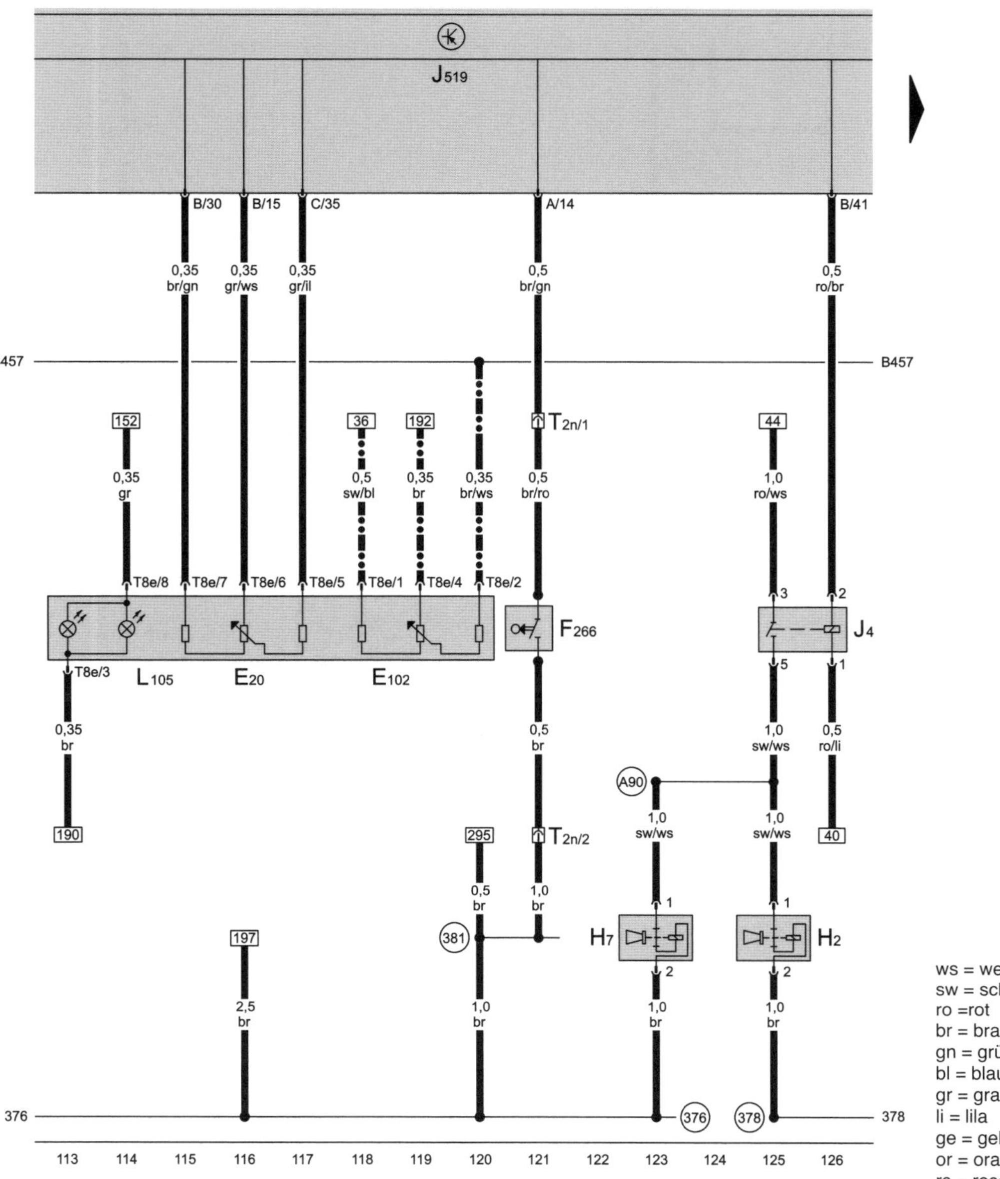

ws = weiss
sw = schwarz
ro =rot
br = braun
gn = grün
bl = blau
gr = grau
li = lila
ge = gelb
or = orange
rs = rosa

Regler für Schalter- und Instrumentenbeleuchtung, Einsteller für Leuchtweitenregelung, Relais für Doppeltonhorn, Tieftonhorn, Hochtonhorn, Kontaktschalter für Motorhaube

E20 – Regler für Schalter- und Instrumentenbeleuchtung
E102 – Einsteller für Leuchtweitenregelung
F266 – Kontaktschalter für Motorhaube
H2 – Hochtonhorn
H7 – Tieftonhorn
J4 – Relais für Doppeltonhorn
J519 – Bordnetzsteuergerät
L105 – Lampe für Beleuchtung des Beleuchtungsreglers
T2n – Steckverbindung 2fach, nähe Scheinwerfer links
T8e – Steckverbindung, 8fach
(376) – Masseverbindung 11 im Hauptleitungsstrang
(378) – Masseverbindung 13 im Hauptleitungsstrang
(381) – Masseverbindung 16 im Hauptleitungsstrang
(A90) – Verbindung (Doppeltonhorn) im Schalttafelleitungsstrang
-●●- – Nur bei Fahrzeugen mit statischer Leuchtweitenregelung

1/10
6.09

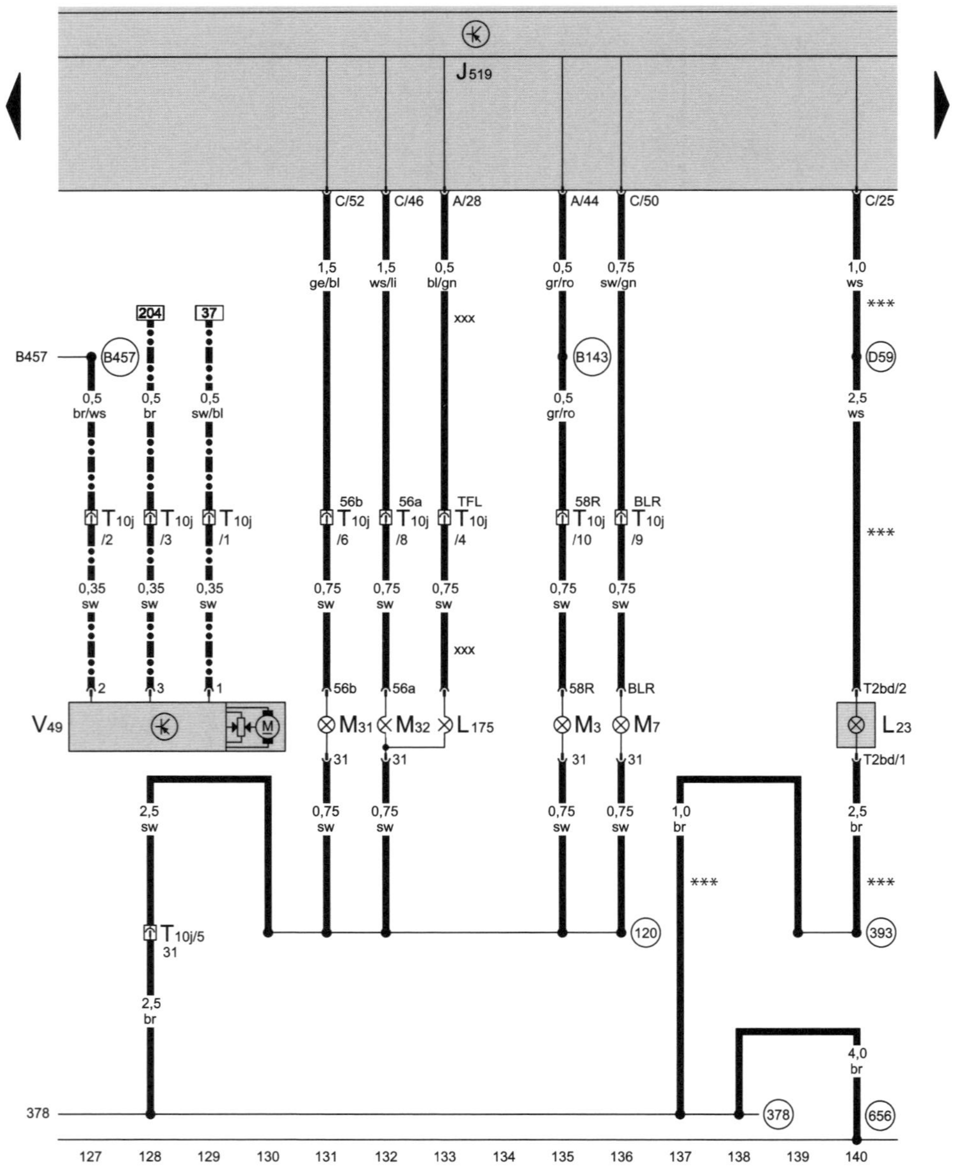

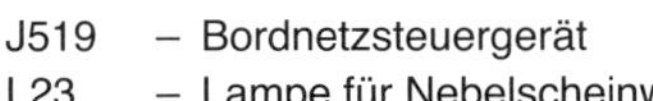

ws = weiss
sw = schwarz
ro =rot
br = braun
gn = grün
bl = blau
gr = grau
li = lila
ge = gelb
or = orange
rs = rosa

Scheinwerfer rechts, Lampe für Tagfahrlicht rechts, Seitenblinkleuchte rechts, Nebelscheinwerfer rechts, Stellmotor rechts für Leuchtweitenregelung

J519 – Bordnetzsteuergerät
L23 – Lampe für Nebelscheinwerfer rechts
L175 – Lampe für Tagfahrlicht rechts
M3 – Lampe für Standlicht rechts
M7 – Lampe für Blinklicht vorn rechts
M31 – Lampe für Abblendlichtscheinwerfer rechts
M32 – Lampe für Fernlichtscheinwerfer rechts
T2bd – Steckverbindung, 2fach
T10j – Steckverbindung, 10fach, am Scheinwerfer rechts
V49 – Stellmotor rechts für Leuchtweitenregelung
(120) – Masseverbindung 2 im Leitungsstrang Scheinwerfer
(378) – Masseverbindung 13 im Hauptleitungsstrang
(393) – Masseverbindung 28 im Hauptleitungsstrang
(656) – Massepunkt am Scheinwerfer rechts
(B143) – Plusverbindung (58R) im Leitungsstrang Innenraum
(B457) – Verbindung 1 (Potenziometer) im Hauptleitungsstrang
(D59) – Verbindung (Nebelscheinwerfer) im Leitungsstrang Motorraum
*** – Nur bei Fahrzeugen mit Nebelscheinwerfer
-●●- – Nur bei Fahrzeugen mit statischer Leuchtweitenregelung
xxx – Nur bei Fahrzeugen mit Tagfahrlicht

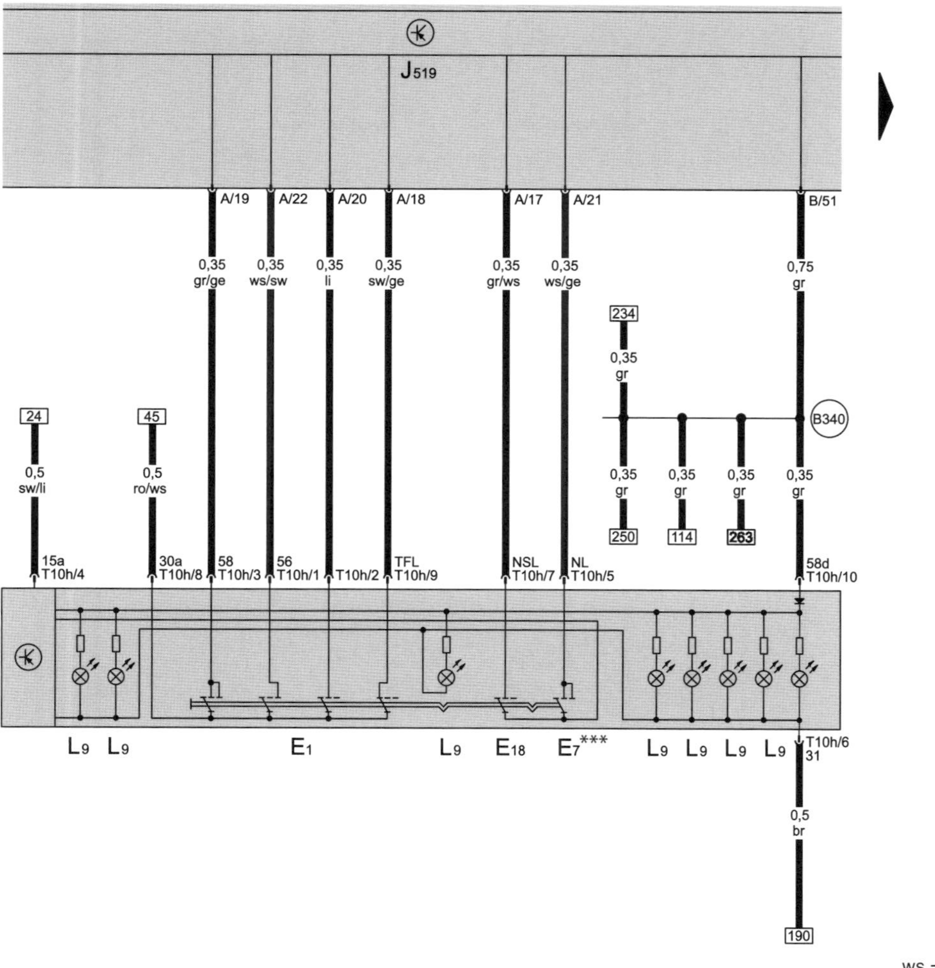

Lichtschalter, Schalter für Nebelscheinwerfer, Schalter für Nebelschlussleuchte

E1	– Lichtschalter
E7	– Schalter für Nebelscheinwerfer
E18	– Schalter für Nebelschlussleuchte
J519	– Bordnetzsteuergerät
L9	– Lampe für Lichtschalterbeleuchtung
T10h	– Steckverbindung, 10fach
B340	– Verbindung 1 (58d) im Hauptleitungsstrang
***	– Nur bei Fahrzeugen mit Nebelscheinwerfer

ws = weiss
sw = schwarz
ro =rot
br = braun
gn = grün
bl = blau
gr = grau
li = lila
ge = gelb
or = orange
rs = rosa

1/12
6.09

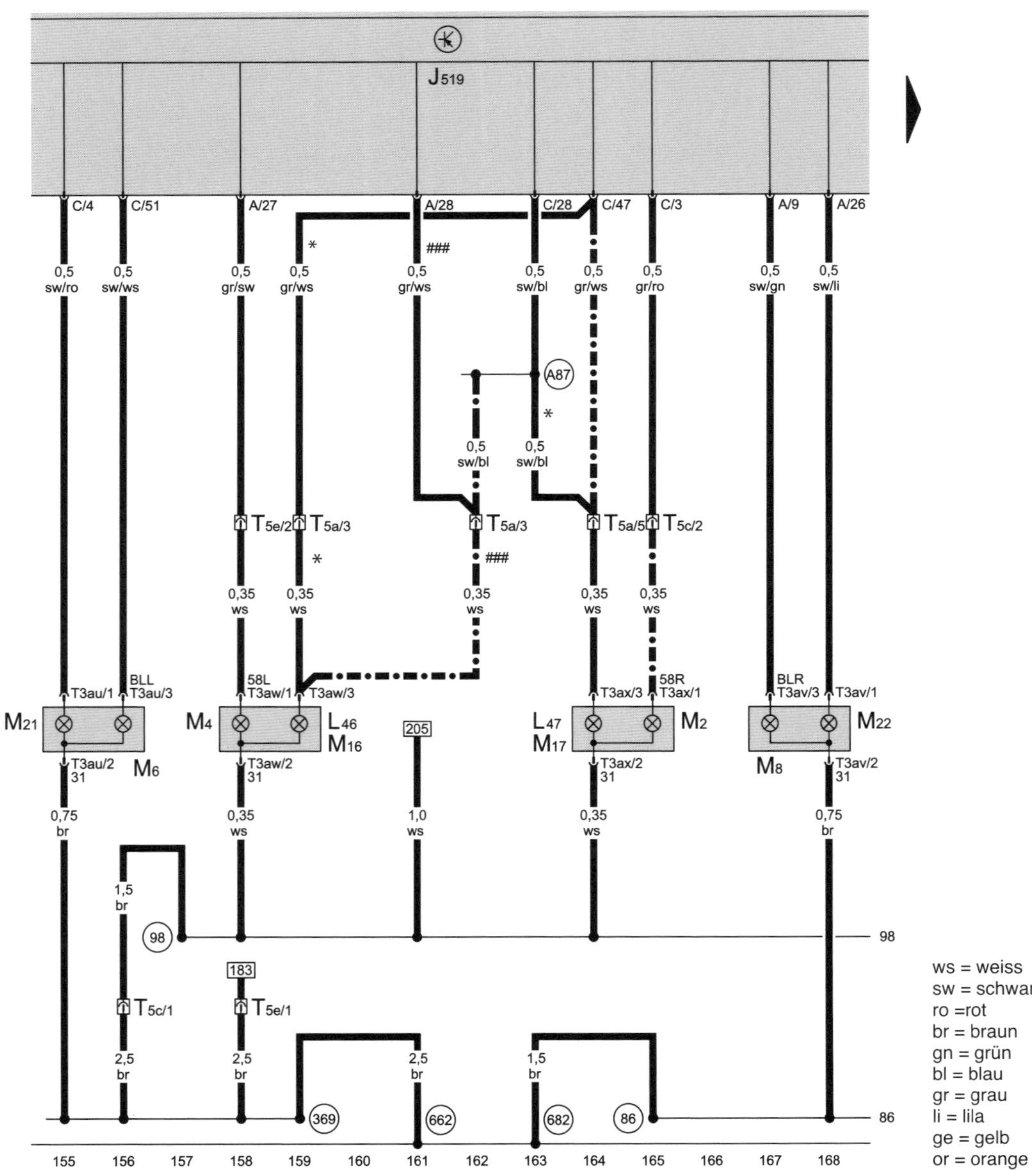

ws = weiss
sw = schwarz
ro =rot
br = braun
gn = grün
bl = blau
gr = grau
li = lila
ge = gelb
or = orange
rs = rosa

Blinklicht hinten, Bremslicht links, Bremslicht rechts, Rückfahrlicht, Schlusslicht, Nebelschlussleuchte

J519 – Bordnetzsteuergerät
L46 – Lampe für Nebelschlussleuchte links
L47 – Lampe für Nebelschlussleuchte rechts
M2 – Lampe für Schlusslicht rechts
M4 – Lampe für Schlusslicht links
M6 – Lampe für Blinklicht hinten links
M8 – Lampe für Blinklicht hinten rechts
M16 – Lampe für Rückfahrlicht links
M17 – Lampe für Rückfahrlicht rechts
M21 – Lampe für Brems- und Schlusslicht links
M22 – Lampe für Brems- und Schlusslicht rechts
T3au – Steckverbindung, 3fach
T3av – Steckverbindung, 3fach
T3aw – Steckverbindung, 3fach
T3ax – Steckverbindung, 3fach
T5a – Steckverbindung, 5fach, schwarz, im Seitenteil hinten links
T5c – Steckverbindung, 5fach, braun, im Seitenteil hinten links
T5e – Steckverbindung, 5fach, rosa, im Seitenteil hinten links
(86) – Masseverbindung 1 im Leitungsstrang hinten
(98) – Masseverbindung im Leitungsstrang Heckklappe
(369) – Masseverbindung 4 im Hauptleitungsstrang
(662) – Massepunkt im Seitenteil hinten links
(682) – Massepunkt 2 im Seitenteil hinten rechts
(A87) – Verbindung (RF) im Schalttafelleitungsstrang

* – Linkslenker Fahrzeuge
-●- – Rechtslenker Fahrzeuge
– Fahrzeuge ohne Nebelschlussleuchte

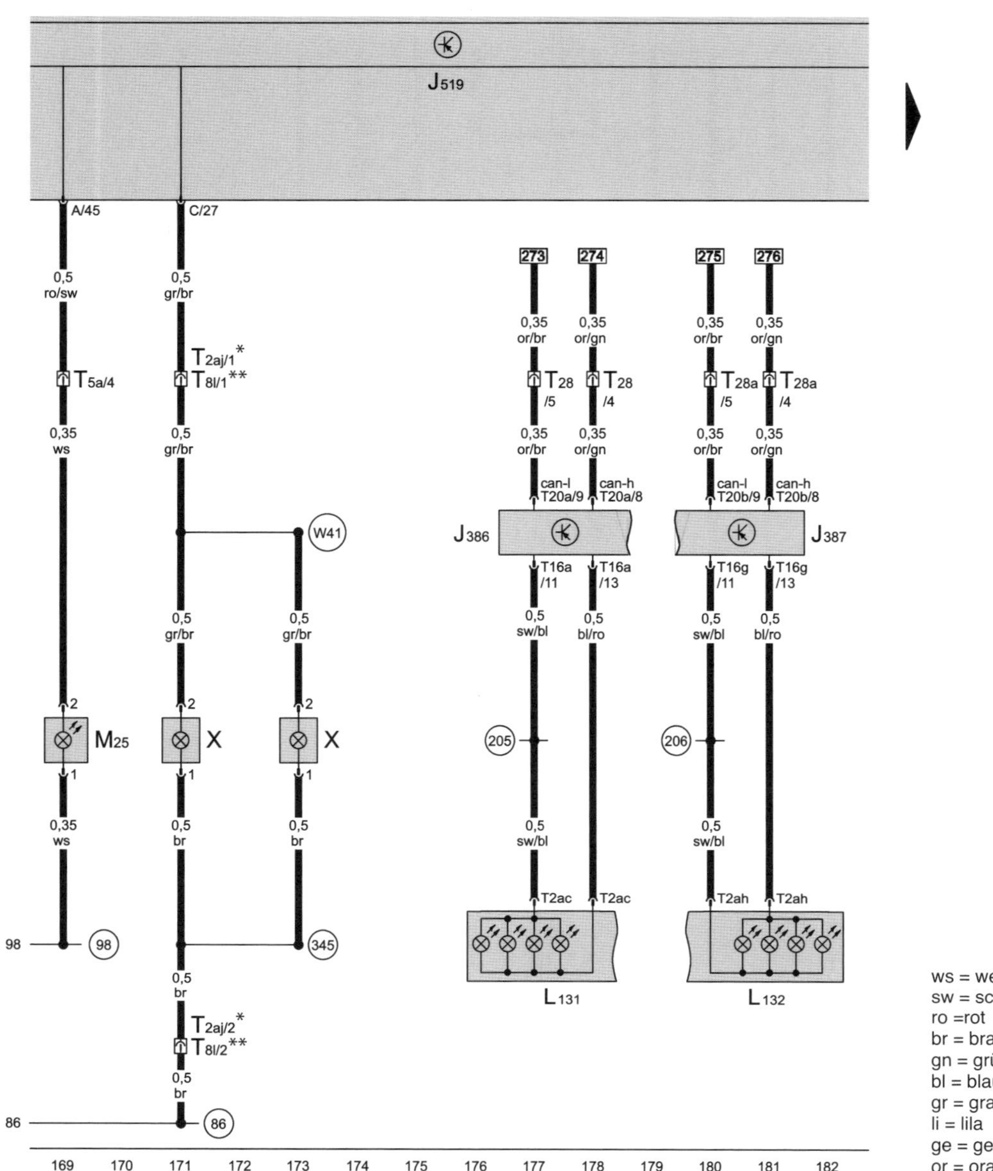

ws = weiss
sw = schwarz
ro =rot
br = braun
gn = grün
bl = blau
gr = grau
li = lila
ge = gelb
or = orange
rs = rosa

Lampe für hochgesetzte Bremsleuchte, Kennzeichenleuchte, Blinkleuchte im Außenspiegel

J386	– Türsteuergerät Fahrerseite
J387	– Türsteuergerät Beifahrerseite
J519	– Bordnetzsteuergerät
L131	– Lampe für Blinkleuchte im Außenspiegel Fahrerseite
L132	– Lampe für Blinkleuchte im Außenspiegel Beifahrerseite
M25	– Lampe für hochgesetzte Bremsleuchte
T2ac	– Steckverbindung, 2fach
T2ah	– Steckverbindung, 2fach
T2aj	– Steckverbindung, 2fach, unter dem Stoßfänger hinten rechts
T5a	– Steckverbindung, 5fach, schwarz, im Seitenteil hinten links
T8l	– Steckverbindung, 8fach, unter dem Stoßfänger hinten rechts
T16a	– Steckverbindung, 16fach
T16g	– Steckverbindung, 16fach
T20a	– Steckverbindung, 20fach
T20b	– Steckverbindung, 20fach
T28	– Steckverbindung, 28fach, Koppelstelle, A-Säule links
T28a	– Steckverbindung, 28fach, Koppelstelle, A-Säule rechts
X	– Kennzeichenleuchte
(86)	– Masseverbindung 1 im Leitungsstrang hinten
(98)	– Masseverbindung im Leitungsstrang Heckklappe
(205)	– Masseverbindung im Leitungsstrang Türverkabelung Fahrerseite
(206)	– Masseverbindung im Leitungsstrang Türverkabelung Beifahrerseite
(345)	– Masseverbindung im Leitungsstrang Stoßfänger
(W41)	– Plusverbindung (58) im Leitungsstrang Kennzeichenleuchte
*	– Nur bei Fahrzeugen ohne Einparkhilfe
**	– Nur bei Fahrzeugen mit Einparkhilfe

1/14
6.09

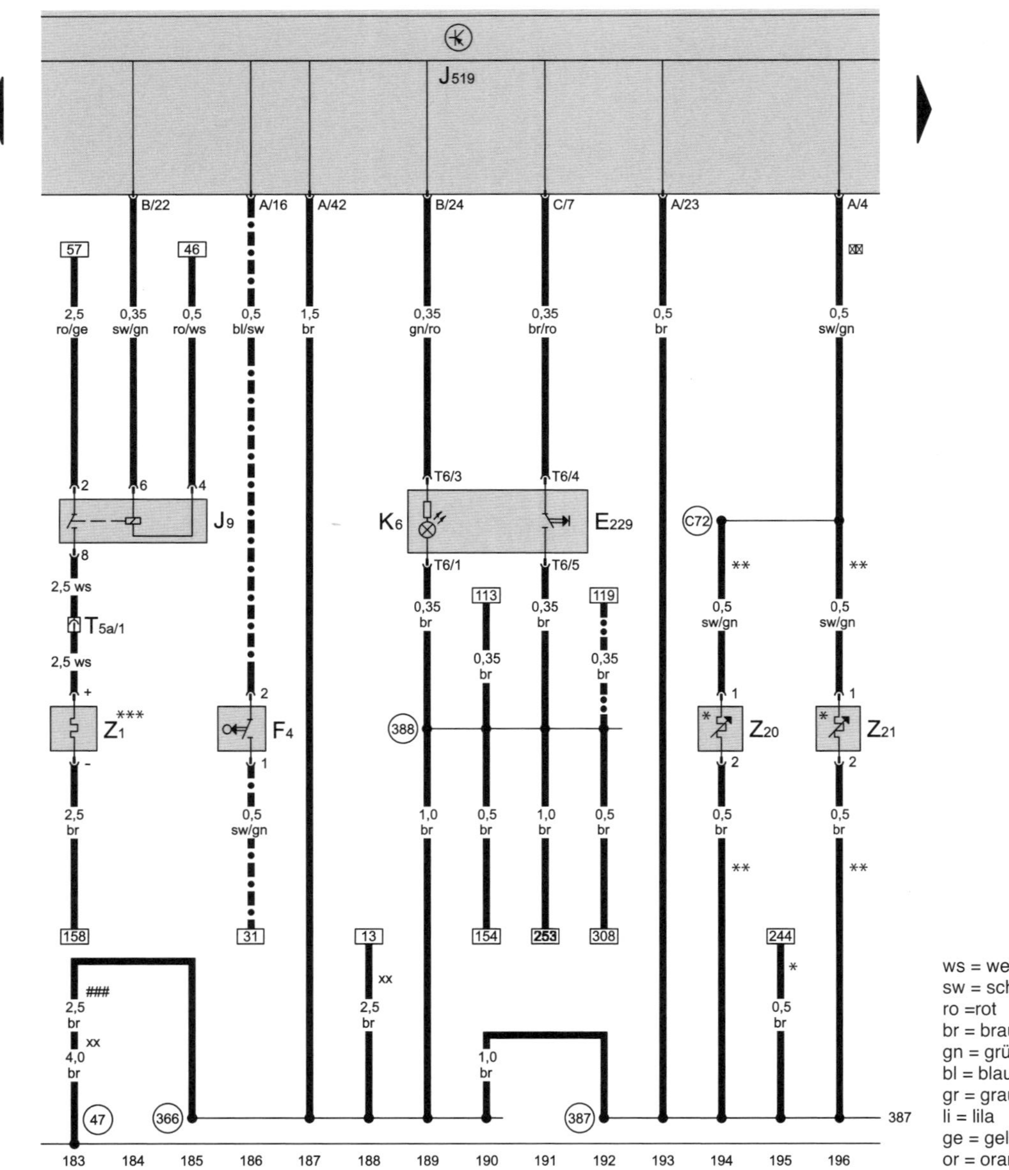

ws = weiss
sw = schwarz
ro =rot
br = braun
gn = grün
bl = blau
gr = grau
li = lila
ge = gelb
or = orange
rs = rosa

Taster für Warnlicht, Schalter für Rückfahrleuchten, beheizbare Spritzdüsen, Relais für beheizbare Heckscheibe, beheizbare Heckscheibe

E229 – Taster für Warnlicht
F4 – Schalter für Rückfahrleuchten
J9 – Relais für beheizbare Heckscheibe
J519 – Bordnetzsteuergerät
K6 – Kontrollleuchte für Warnblinkanlage
T6 – Steckverbindung, 6fach
T5a – Steckverbindung, 5fach, schwarz, im Seitenteil hinten links
Z1 – Beheizbare Heckscheibe
Z20 – Heizwiderstand für Spritzdüse links
Z21 – Heizwiderstand für Spritzdüse rechts
(47) – Massepunkt im Fußraum vorn rechts
(366) – Masseverbindung 1 im Hauptleitungsstrang
(387) – Masseverbindung 22 im Hauptleitungsstrang
(388) – Masseverbindung 23 im Hauptleitungsstrang
(C72) – Plusverbindung im Leitungsstrang heizbare Spritzdüse
* – Nur bei Fahrzeugen mit Fußraumleuchten
** – Nur bei Fahrzeugen mit beheizbaren Spritzdüsen
-●- – Nicht bei Fahrzeugen mit Doppelkupplungsgetriebe 02E/0AM (DSG)
-●●- – Nur bei Fahrzeugen mit statischer Leuchtweitenregelung
*** – Fahrzeuge mit Radio/ Radio Navigationssystem, siehe Stromlaufplan »Radioanlagen«
– Nur bei Fahrzeugen ohne Start-Stopp System
xx – Nur bei Fahrzeugen mit Start-Stopp System

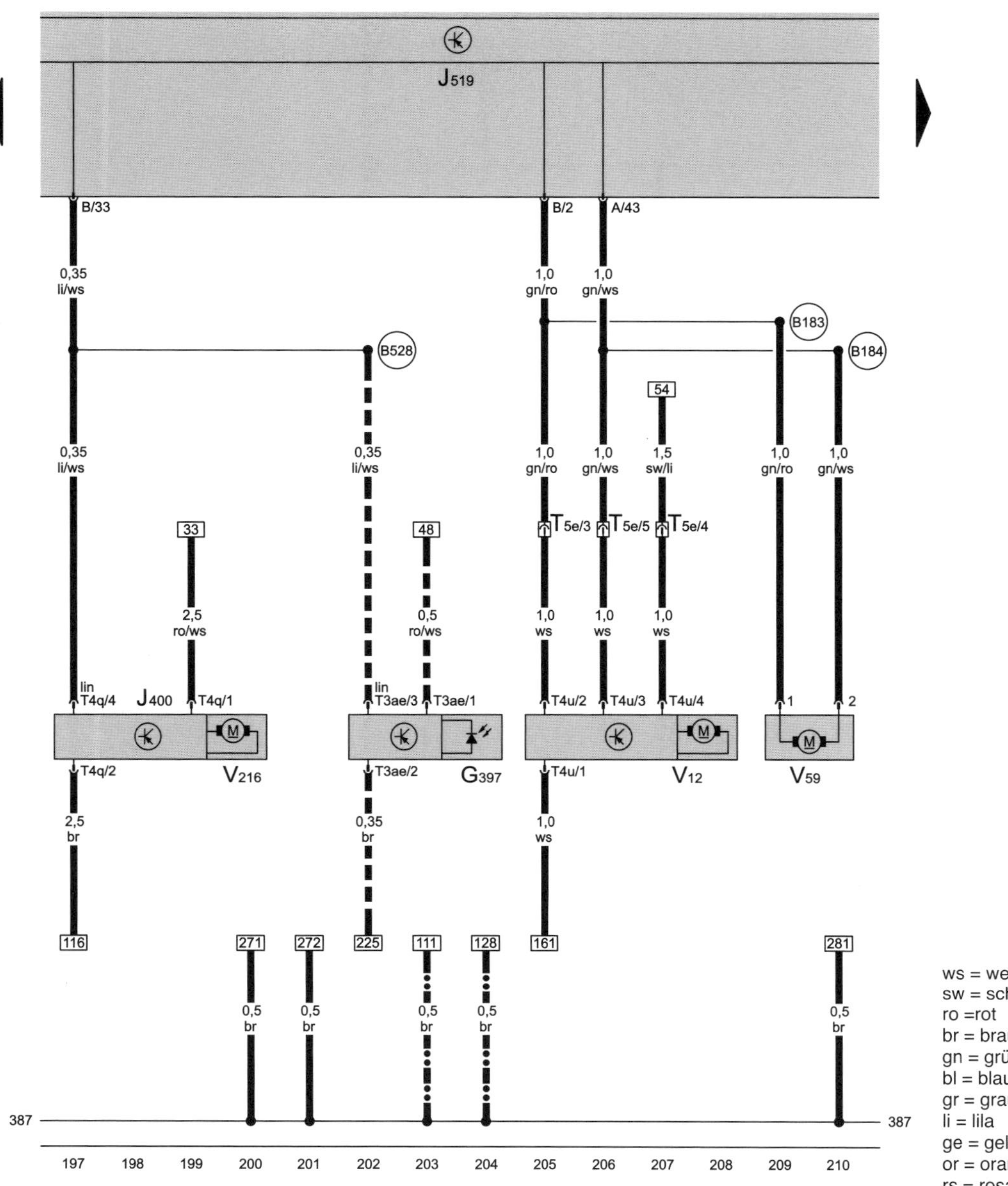

ws = weiss
sw = schwarz
ro =rot
br = braun
gn = grün
bl = blau
gr = grau
li = lila
ge = gelb
or = orange
rs = rosa

Scheibenwischermotor Fahrerseite, Sensor für Regen- und Lichterkennung, Motor für Heckscheibenwischer, Frontscheibenwasch- und Heckscheibenwaschpumpe

G397 – Sensor für Regen- und Lichterkennung
J400 – Steuergerät für Wischermotor
J519 – Bordnetzsteuergerät
T3ae – Steckverbindung, 3fach
T4q – Steckverbindung, 4fach
T4u – Steckverbindung, 4fach
T5e – Steckverbindung, 5fach, rosa, im Seitenteil hinten links
V12 – Motor für Heckscheibenwischer
V59 – Frontscheibenwasch- und Heckscheibenwaschpumpe
V216 – Scheibenwischermotor Fahrerseite
B183 – Verbindung 1 (Scheibenwaschpumpe) im Leitungsstrang Innenraum
B184 – Verbindung 2 (Scheibenwaschpumpe) im Leitungsstrang Innenraum
B528 – Verbindung 1 (LIN-Bus) im Hauptleitungsstrang
▬ ▬ ▬ – Nur bei Fahrzeugen mit Sensor für Regen- und Lichterkennung
-●●- – Nur bei Fahrzeugen mit statischer Leuchtweitenregelung

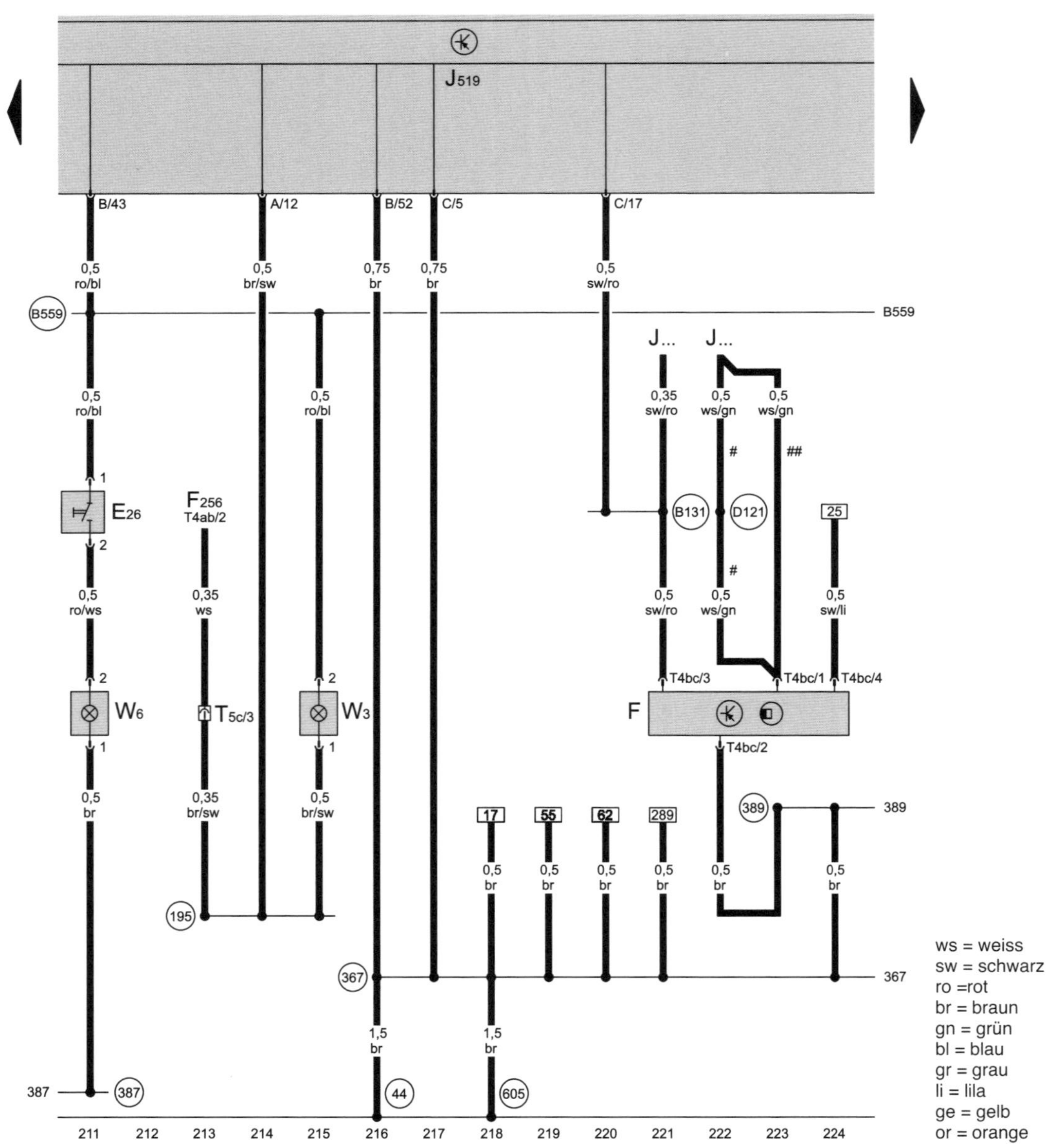

ws = weiss
sw = schwarz
ro =rot
br = braun
gn = grün
bl = blau
gr = grau
li = lila
ge = gelb
or = orange
rs = rosa

Bremslichtschalter, Handschuhfachleuchte, Kofferraumleuchte

E26 – Schalter für Handschuhfachleuchte
F – Bremslichtschalter
F256 – Schließeinheit für Heckklappe
J519 – Bordnetzsteuergerät
J... – Motorsteuergeräte
T4ab – Steckverbindung, 4fach
T4bc – Steckverbindung, 4fach
T5c – Steckverbindung, 5fach, braun, im Seitenteil hinten links
W3 – Kofferraumleuchte
W6 – Handschuhfachleuchte
(44) – Massepunkt Säule A links unten
(195) – Masseverbindung im Leitungsstrang Türkontaktschalter hinten
(367) – Masseverbindung 2 im Hauptleitungsstrang
(387) – Masseverbindung 22 im Hauptleitungsstrang
(389) – Masseverbindung 24 im Hauptleitungsstrang
(605) – Massepunkt an der Lenksäule oben
(B131) – Verbindung (54) im Leitungsstrang Innenraum
(B559) – Plusverbindung 1 (30g) im Hauptleitungsstrang
(D121) – Verbindung 19 im Leitungsstrang Motorraum
– Nur bei Motorkennduchstaben BSE, BSF, CCSA
– Nicht bei Motorkennduchstaben BSE, BSF, CCSA

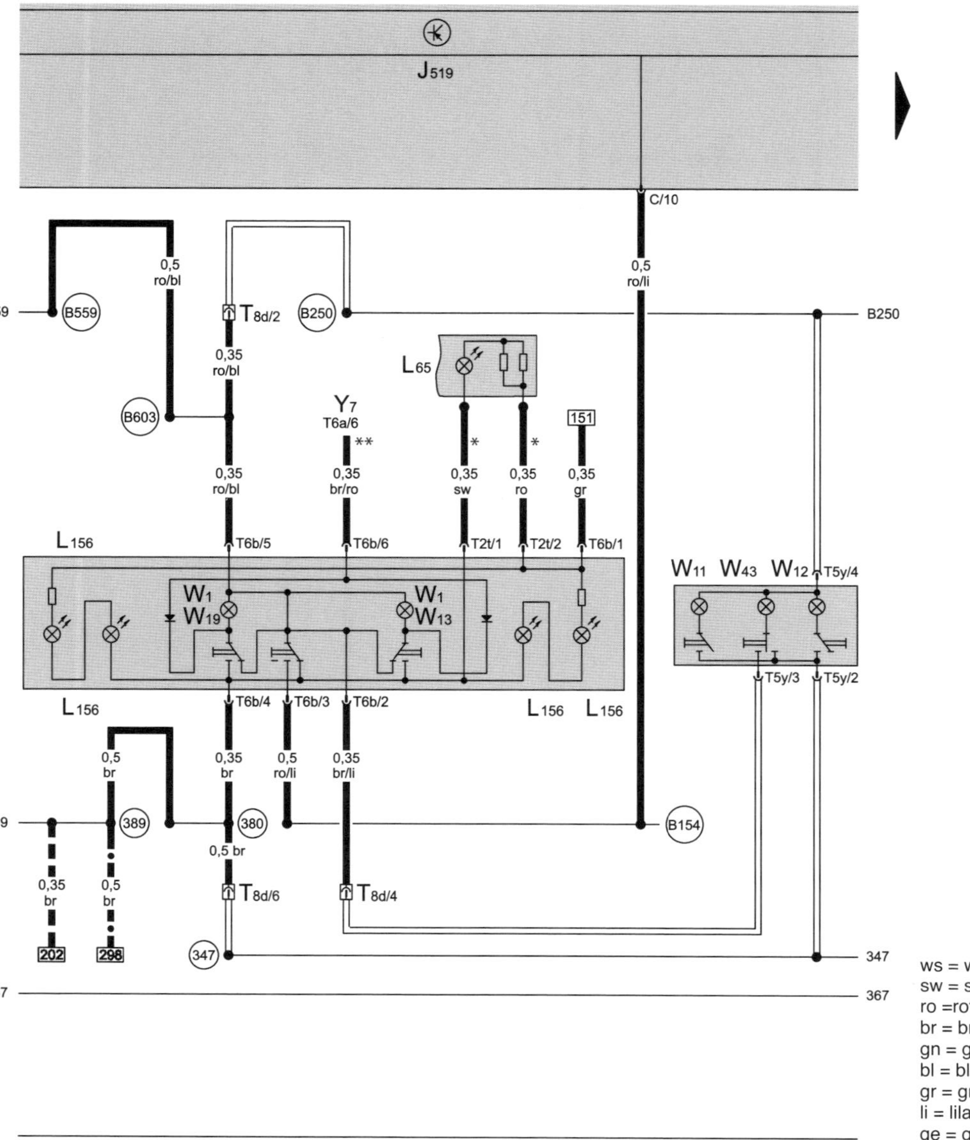

ws = weiss
sw = schwarz
ro =rot
br = braun
gn = grün
bl = blau
gr = grau
li = lila
ge = gelb
or = orange
rs = rosa

Innenleuchte vorn, Leseleuchten, Innenleuchte hinten

J519 – Bordnetzsteuergerät
L65 – Lampe für Beleuchtung des Schiebedachschalters
L156 – Lampe für Schalterbeleuchtung
T2t – Steckverbindung, 2fach
T5y – Steckverbindung, 5fach
T6a – Steckverbindung, 6fach
T6b – Steckverbindung, 6fach
T8d – Steckverbindung, 8fach, nähe Innenleuchte vorn
W1 – Innenleuchte vorn
W11 – Leseleuchte hinten links
W12 – Leseleuchte hinten rechts
W13 – Leseleuchte Beifahrerseite
W19 – Leseleuchte Fahrerseite
W43 – Innenleuchte hinten
Y7 – Automatisch abblendbarer Innenspiegel
(347) – Masseverbindung im Leitungsstrang Dach
(380) – Masseverbindung 15 im Hauptleitungsstrang
(389) – Masseverbindung 24 im Hauptleitungsstrang
(B154) – Verbindung 1 (TK) im Leitungsstrang Innenraum
(B250) – Plusverbindung im Leitungsstrang Dach
(B559) – Plusverbindung 1 (30g) im Hauptleitungsstrang
(B603) – Plusverbindung 2 (30g) im Hauptleitungsstrang
* – Nur bei Fahrzeugen mit Steuergerät für Schiebedach
- - - – Nur bei Fahrzeugen mit Sensor für Regen- und Lichterkennung
** – Nur bei Fahrzeugen mit automatisch abblendbarem Innenspiegel
-●- – Nur bei Fahrzeugen mit Bremsbelagverschleißanzeige - Folienleiter

1/18
6.09

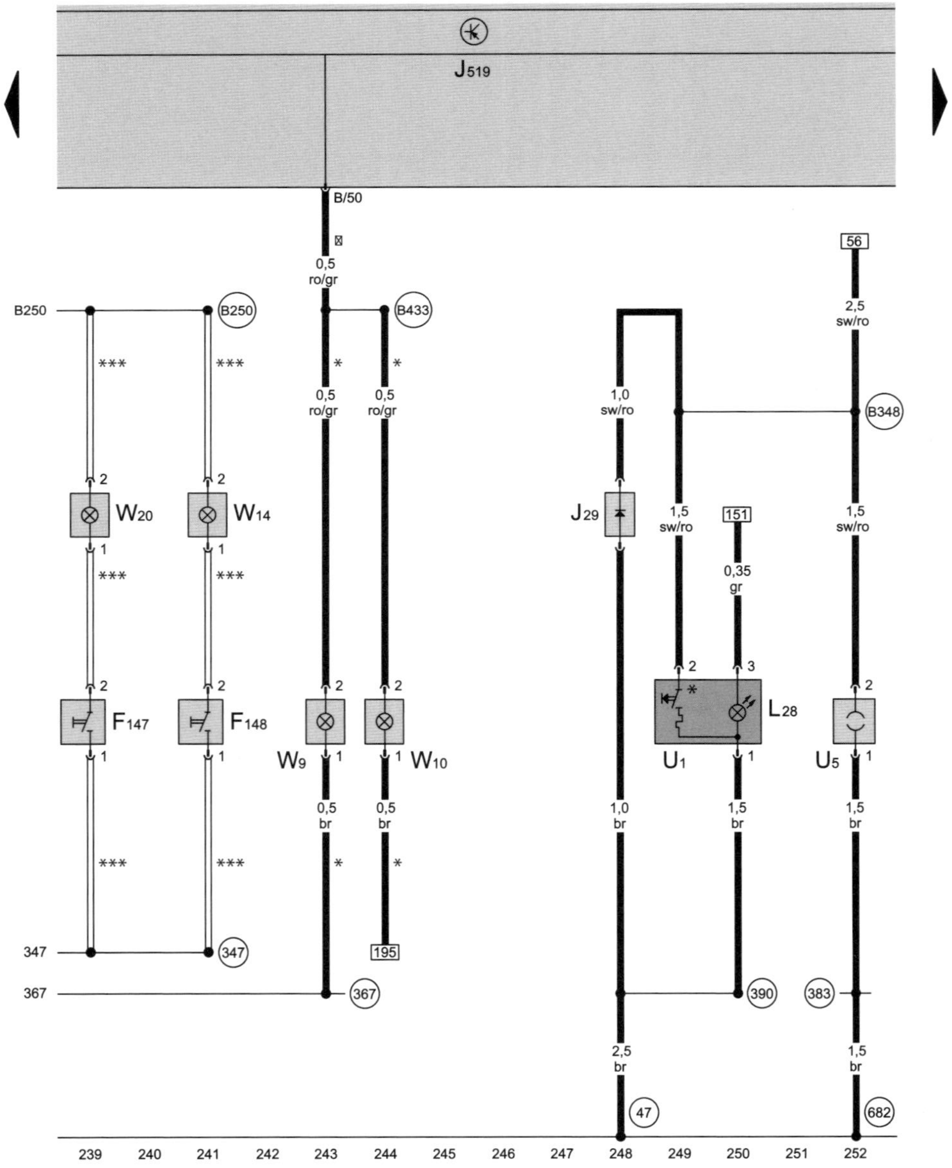

Kontaktschalter für Make-up-Spiegel, Zigarettenanzünder, 12-VSteckdose, Fußraumleuchten

F147	– Kontaktschalter für Make-up-Spiegel Fahrerseite
F148	– Kontaktschalter für Make-up-Spiegel Beifahrerseite
J29	– Sperrdiode
J519	– Bordnetzsteuergerät
L28	– Lampe für Zigarettenanzünderbeleuchtung
T3	– Steckverbindung, 3fach
U1	– Zigarettenanzünder
U5	– 12-V-Steckdose, Kofferraum rechts
W9	– Fußraumleuchte links
W10	– Fußraumleuchte rechts
W14	– Beleuchteter Make-up-Spiegel Beifahrerseite
W20	– Beleuchteter Make-up-Spiegel Fahrerseite
(47)	– Massepunkt im Fußraum vorn rechts
(347)	– Masseverbindung im Leitungsstrang Dach
(367)	– Masseverbindung 2 im Hauptleitungsstrang
(383)	– Masseverbindung 18 im Hauptleitungsstrang
(390)	– Masseverbindung 25 im Hauptleitungsstrang
(682)	– Massepunkt 2 im Seitenteil hinten rechts
(B250)	– Plusverbindung im Leitungsstrang Dach
(B348)	– Verbindung 1 (75a) im Hauptleitungsstrang
(B433)	– Verbindung (Fußraumleuchte) im Hauptleitungsstrang
*	– Nur bei Fahrzeugen mit Fußraumleuchten
***	– Nur bei Fahrzeugen mit beleuchteten Make-up-Spiegel Folienleiter

ws = weiss
sw = schwarz
ro =rot
br = braun
gn = grün
bl = blau
gr = grau
li = lila
ge = gelb
or = orange
rs = rosa

Schalter für Heizung bzw. Heizleistung, Schalter für Frischluftgebläse, Frischluftgebläse, Stellmotor der Umluftklappe, Taster für beheizbare Heckscheibe

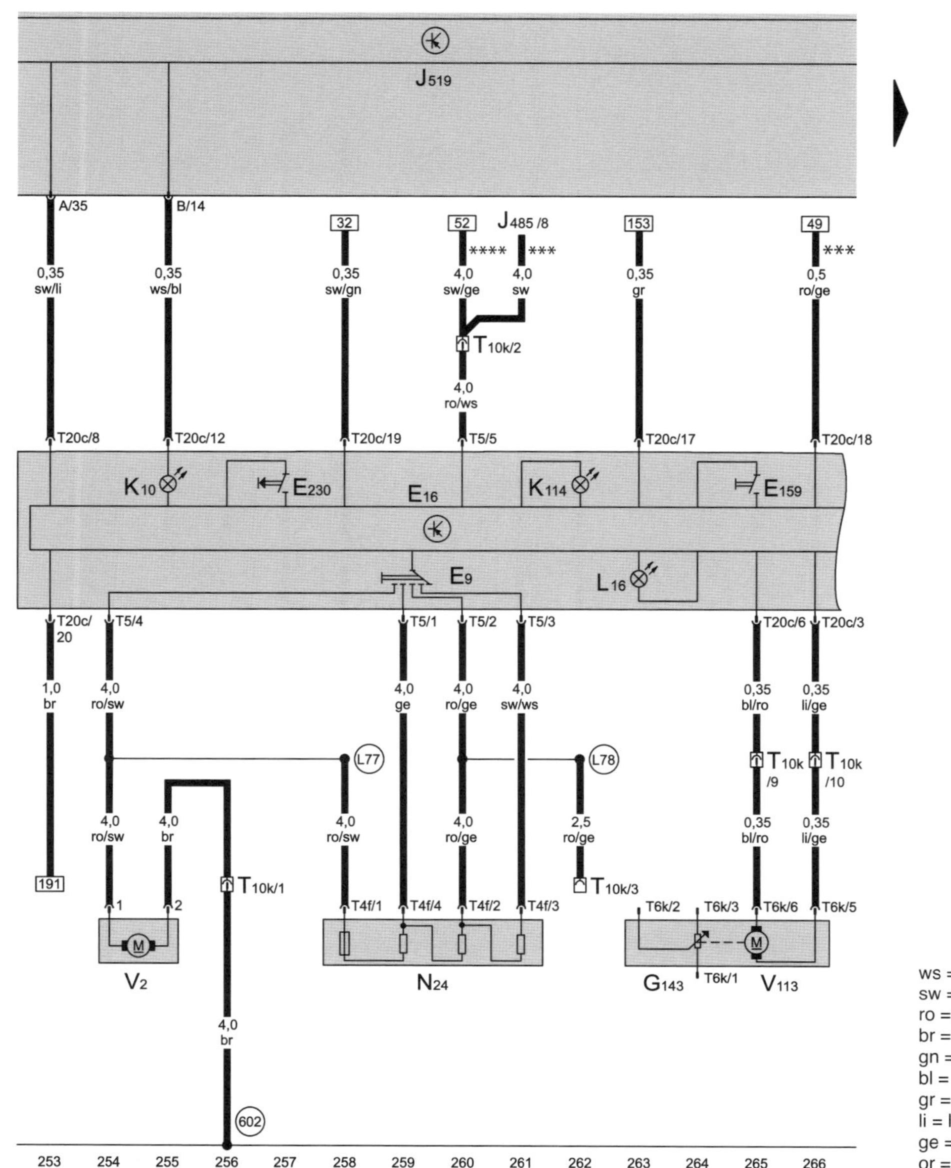

ws = weiss
sw = schwarz
ro =rot
br = braun
gn = grün
bl = blau
gr = grau
li = lila
ge = gelb
or = orange
rs = rosa

E9	– Schalter für Frischluftgebläse
E16	– Schalter für Heizung bzw. Heizleistung
E159	– Schalter für Frischluft- und Umluftklappe
E230	– Taster für beheizbare Heckscheibe
G143	– Potenziometer für Stellmotor der Umluftklappe
J485	– Relais für Standheizbetrieb (nicht bei Fahrzeugen mit Climatronic)
J519	– Bordnetzsteuergerät
K10	– Kontrollleuchte für beheizbare Heckscheibe
K114	– Kontrollleuchte für Frischluft- und Umluftbetrieb
L16	– Lampe für Beleuchtung bei Frischluftregulierung
N24	– Vorwiderstand für Frischluftgebläse mit Überhitzungssicherung
T4f	– Steckverbindung, 4fach
T5	– Steckverbindung, 5fach
T6k	– Steckverbindung, 6fach
T10k	– Steckverbindung, 10fach, unter Schalttafel rechts
T20c	– Steckverbindung, 20fach
V2	– Frischluftgebläse
V113	– Stellmotor der Umluftklappe
(602)	– Massepunkt im Fußraum vorn links
(L77)	– Verbindung im Leitungsstrang Frischluftgebläse
(L78)	– Verbindung 2 im Leitungsstrang Frischluftgebläse
***	– Nur bei Fahrzeugen mit Zusatzheizung
****	– Nur bei Fahrzeugen ohne Zusatzheizung

1/20
6.09

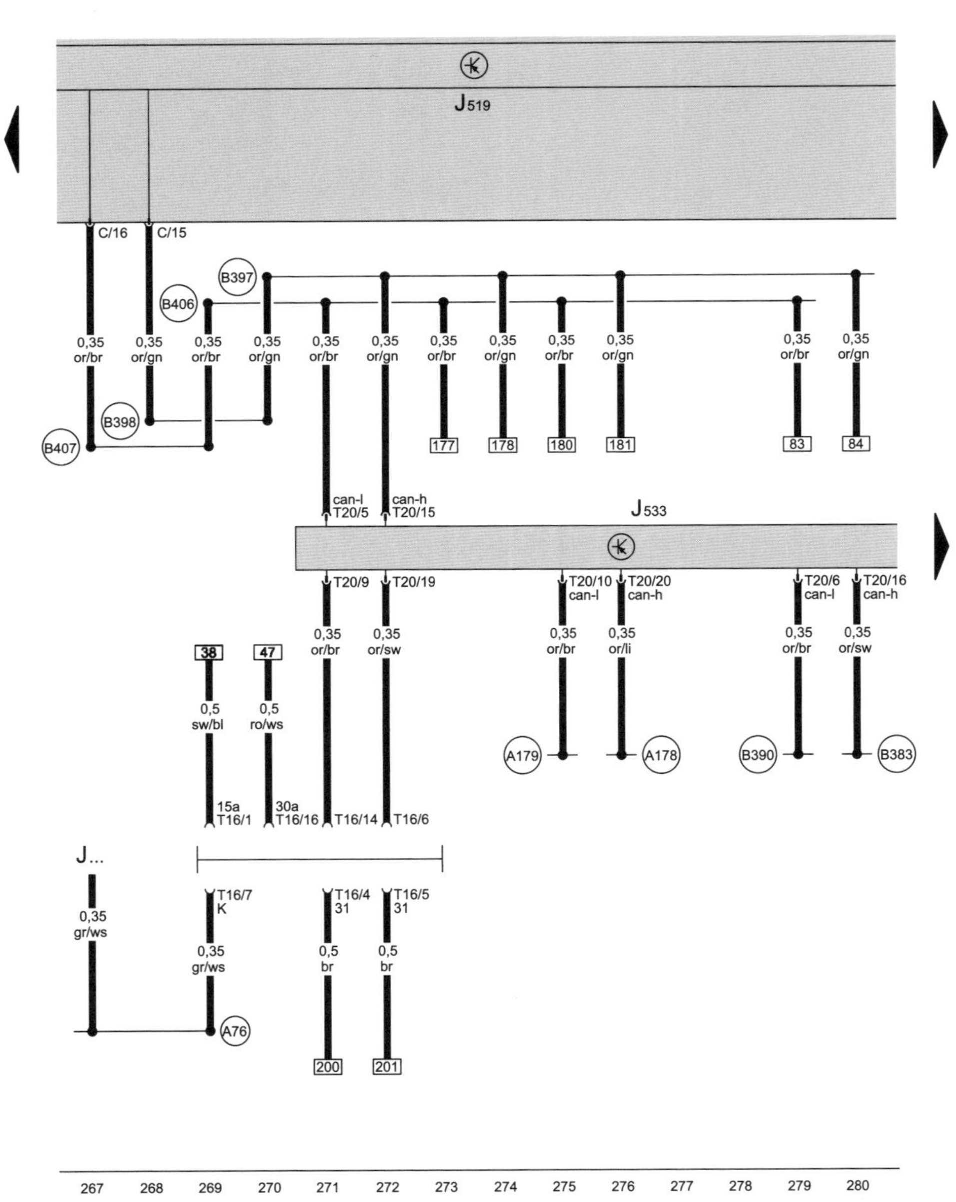

Diagnose-Interface für Datenbus, Anschluss Eigendiagnose

J519	– Bordnetzsteuergerät
J533	– Diagnose-Interface für Datenbus, im Fußraum links, nähe Mittelkonsole
J...	– Motorsteuergeräte
T16	– Steckverbindung, 16fach, unter Schalttafel links, Anschluss Eigendiagnose
T20	– Steckverbindung, 20fach
A76	– Verbindung (K-Diagnoseleitung) im Schalttafelleitungsstrang
A178	– Verbindung (CAN-Bus Infotainment, High) im Schalttafelleitungsstrang
A179	– Verbindung (CAN-Bus Infotainment, Low) im Schalttafelleitungsstrang
B383	– Verbindung 1 (CAN-Bus Antrieb High) im Hauptleitungsstrang
B390	– Verbindung 1 (CAN-Bus Antrieb Low) im Hauptleitungsstrang
B397	– Verbindung 1 (CAN-Bus Komfort High) im Hauptleitungsstrang
B398	– Verbindung 2 (CAN-Bus Komfort High) im Hauptleitungsstrang
B406	– Verbindung 1 (CAN-Bus Komfort Low) im Hauptleitungsstrang
B407	– Verbindung 2 (CAN-Bus Komfort Low) im Hauptleitungsstrang

ws = weiss
sw = schwarz
ro =rot
br = braun
gn = grün
bl = blau
gr = grau
li = lila
ge = gelb
or = orange
rs = rosa

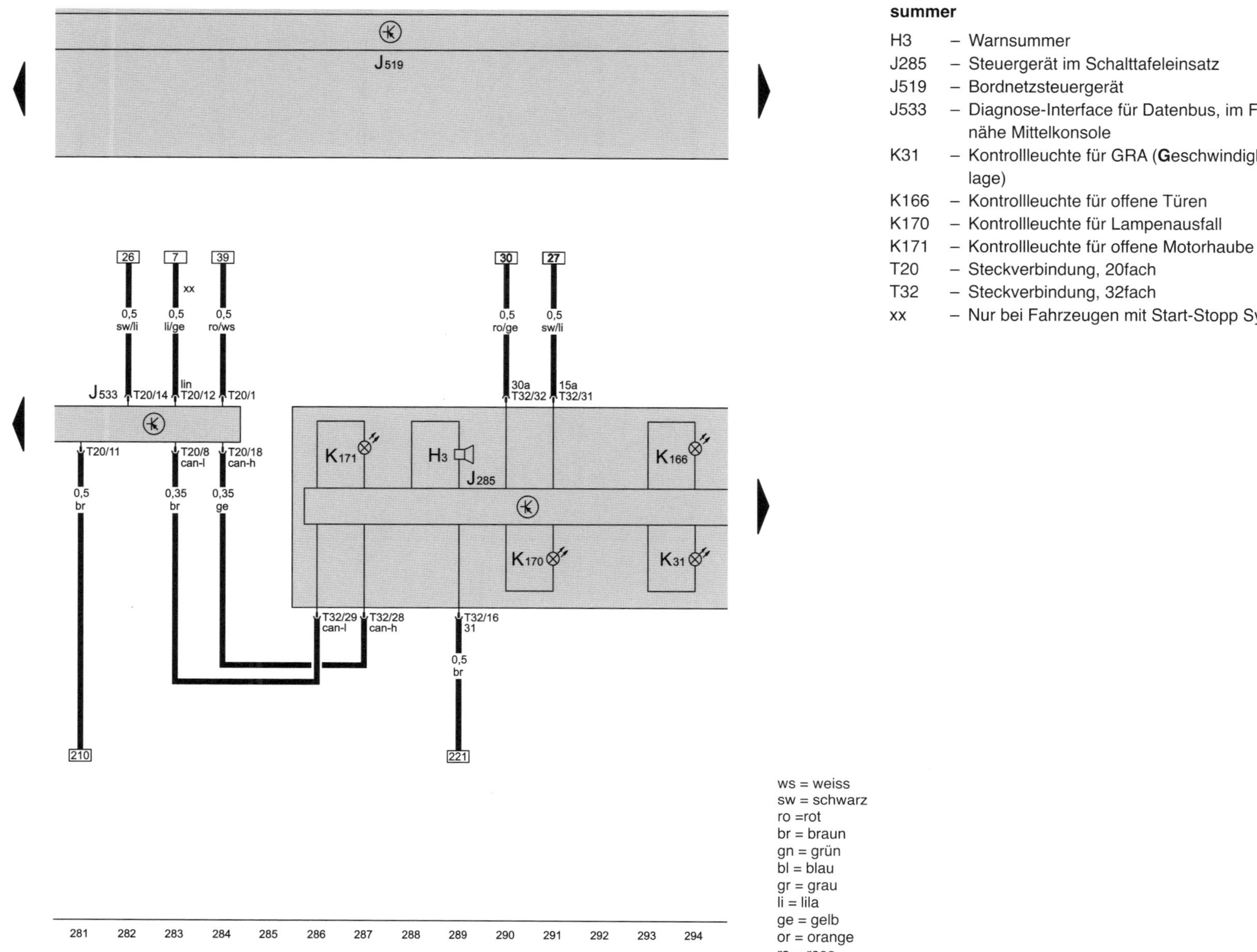

Diagnose-Interface für Datenbus, Schalttafeleinsatz, Warnsummer

H3	– Warnsummer
J285	– Steuergerät im Schalttafeleinsatz
J519	– Bordnetzsteuergerät
J533	– Diagnose-Interface für Datenbus, im Fußraum links, nähe Mittelkonsole
K31	– Kontrollleuchte für GRA (**G**eschwindigkeits-**R**egel-**A**nlage)
K166	– Kontrollleuchte für offene Türen
K170	– Kontrollleuchte für Lampenausfall
K171	– Kontrollleuchte für offene Motorhaube
T20	– Steckverbindung, 20fach
T32	– Steckverbindung, 32fach
xx	– Nur bei Fahrzeugen mit Start-Stopp System

ws = weiss
sw = schwarz
ro =rot
br = braun
gn = grün
bl = blau
gr = grau
li = lila
ge = gelb
or = orange
rs = rosa

1/22
6.09

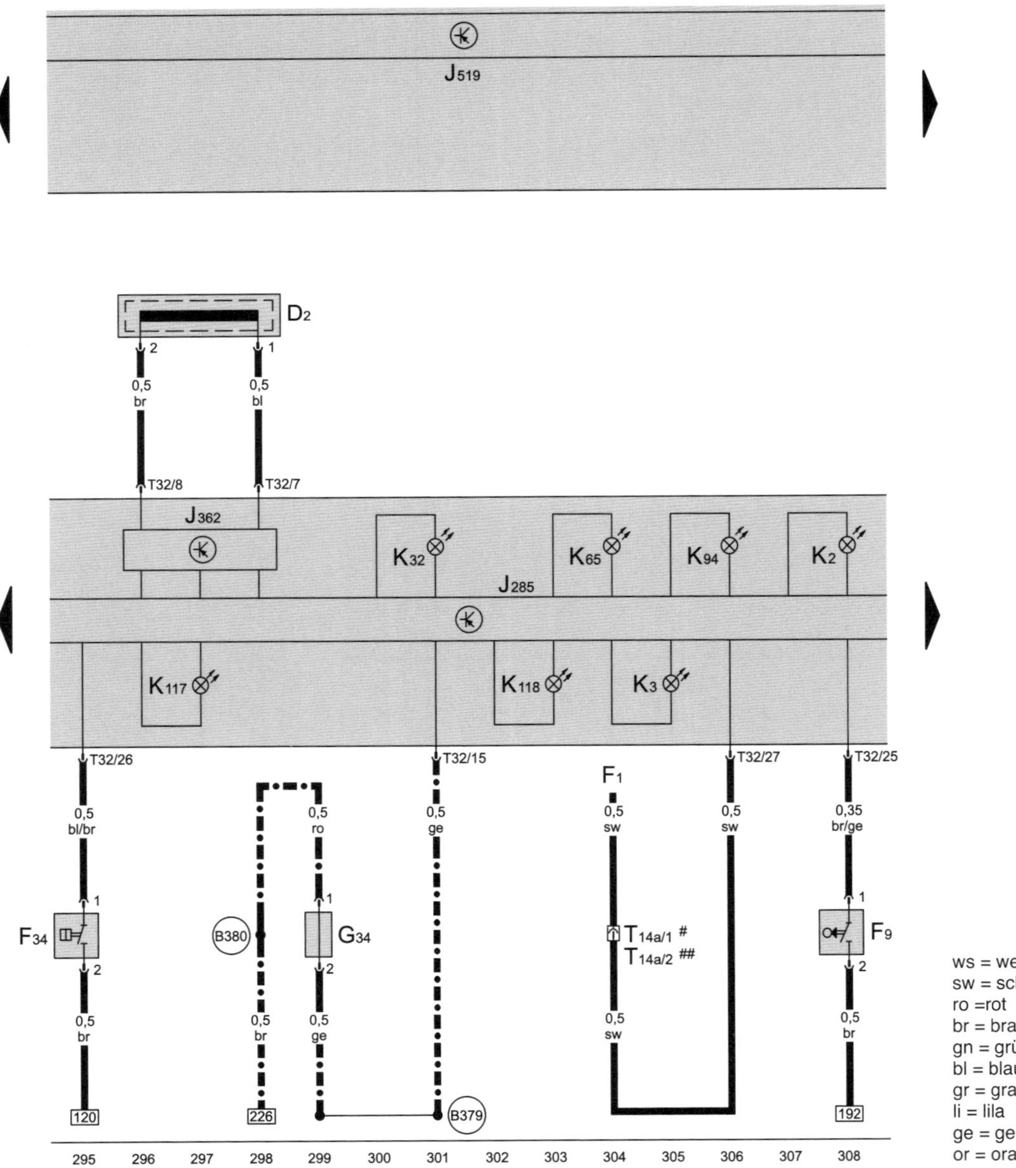

ws = weiss
sw = schwarz
ro =rot
br = braun
gn = grün
bl = blau
gr = grau
li = lila
ge = gelb
or = orange
rs = rosa

Schalttafeleinsatz, Steuergerät für Wegfahrsicherung, Bremsbelagverschleißanzeige, Warnkontakt für Bremsflüssigkeitsstand, Öldruckkontrollle, Handbremskontrolle

D2 – Lesespule für Wegfahrsicherung
F1 – Öldruckschalter
F9 – Schalter für Handbremskontrolle
F34 – Warnkontakt für Bremsflüssigkeitsstand
G34 – Geber für Bremsbelagverschleiß vorn links
J285 – Steuergerät im Schalttafeleinsatz
J362 – Steuergerät für Wegfahrsicherung
J519 – Bordnetzsteuergerät
K2 – Kontrollleuchte für Generator
K3 – Kontrollleuchte für Öldruck
K32 – Kontrollleuchte für Bremsbelag
K65 – Kontrollleuchte für Blinklicht links
K94 – Kontrollleuchte für Blinklicht rechts
K117 – Kontrollleuchte für Wegfahrsicherung
K118 – Kontrollleuchte für Bremsanlage
T14a – Steckverbindung, 14fach, nähe Batterie
T32 – Steckverbindung, 32fach
B379 – Verbindung 1 (Bremsbelagverschleißanzeige) im Hauptleitungsstrang
B380 – Verbindung 2 (Bremsbelagverschleißanzeige) im Hauptleitungsstrang
-●- – Nur bei Fahrzeugen mit Bremsbelagverschleißanzeige
– Nicht bei Motorkennduchstaben CCZB
– Nur bei Motorkennduchstaben CCZB

Kraftstoffvorratsanzeige, Kühlmitteltemperatur und Kühlmittelmangelanzeige, Scheibenwaschwasserstandskontrolle, Außentemperaturanzeige

G – Geber für Kraftstoffvorratsanzeige
G1 – Kraftstoffvorratsanzeige
G3 – Kühlmitteltemperaturanzeige
G17 – Temperaturfühler für Außentemperatur
G32 – Geber für Kühlmittelmangelanzeige
G33 – Scheiben-Waschwasserstandsgeber
J119 – Multifunktionsanzeige
J285 – Steuergerät im Schalttafeleinsatz
J519 – Bordnetzsteuergerät
J538 – Steuergerät für Kraftstoffpumpe
K28 – Kontrollleuchte für Kühlmitteltemperatur und Kühlmittelmangelanzeige
K37 – Kontrollleuchte für Scheibenwaschwasserstand
K105 – Kontrollleuchte für Kraftstoffreserve
T2z – Steckverbindung, 2fach
T5b – Steckverbindung, 5fach
T10n – Steckverbindung, 10fach, nähe Batterie
T32 – Steckverbindung, 32fach
(410) – Masseverbindung 1 (Gebermasse) im Hauptleitungsstrang Golf

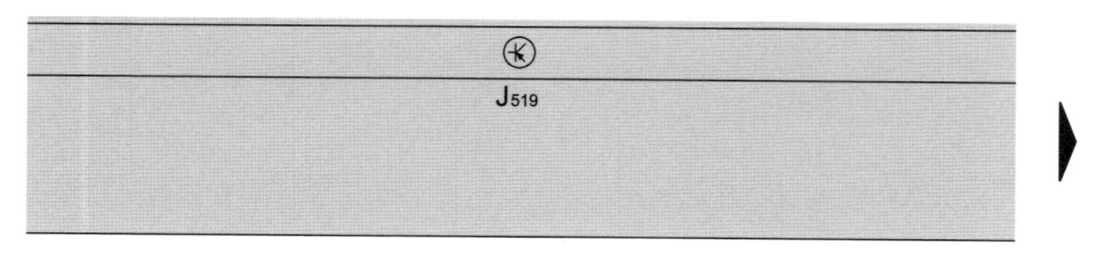

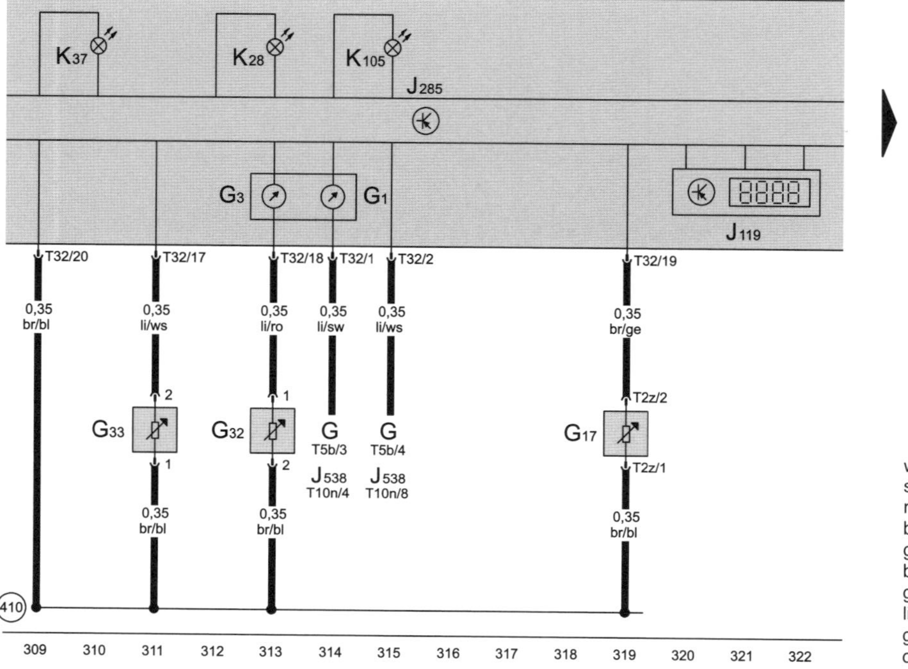

ws = weiss
sw = schwarz
ro =rot
br = braun
gn = grün
bl = blau
gr = grau
li = lila
ge = gelb
or = orange
rs = rosa

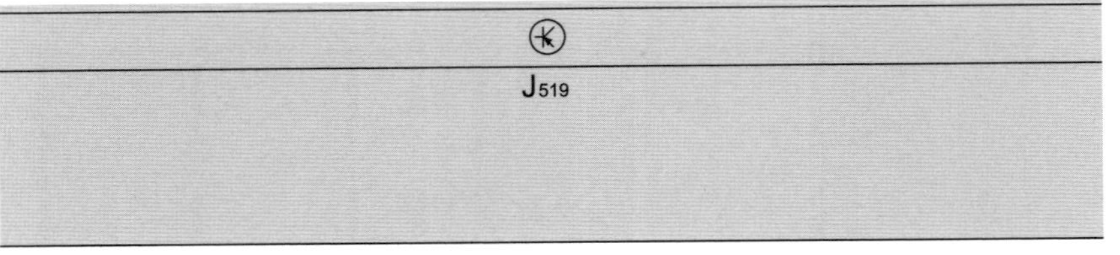

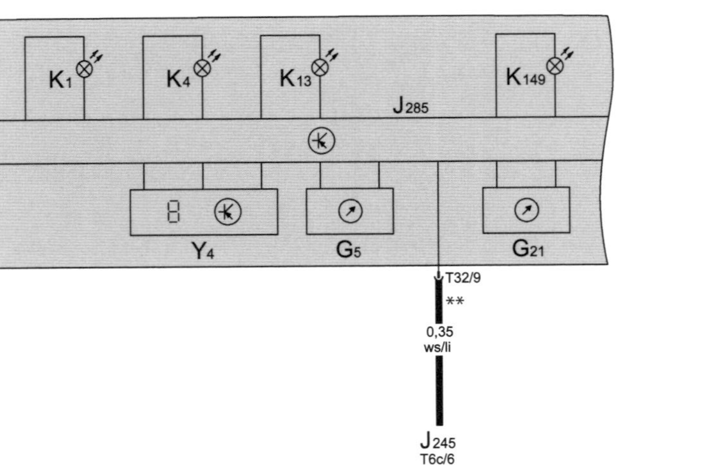

Schalttafeleinsatz, Kontrollleuchte für Fernlicht- Standlicht- Nebelschlussleuchte und Motorelektronik, Geschwindigkeitsmesser, Drehzahlmesser

G5 – Drehzahlmesser
G21 – Geschwindigkeitsmesser
J245 – Steuergerät für Schiebedach
J285 – Steuergerät im Schalttafeleinsatz
J519 – Bordnetzsteuergerät
K1 – Kontrollleuchte für Fernlicht
K4 – Kontrollleuchte für Standlicht
K13 – Kontrollleuchte für Nebelschlussleuchte
K149 – Kontrollleuchte für Motorelektronik
T6c – Steckverbindung, 6fach
T32 – Steckverbindung, 32fach
Y4 – Wegstreckenanzeige
** – Nur bei Steuergerät für Schiebedach (Geschwindigkeitssignal)

ws = weiss
sw = schwarz
ro =rot
br = braun
gn = grün
bl = blau
gr = grau
li = lila
ge = gelb
or = orange
rs = rosa